高等职业教育土木工程类专业课改新教材

JIANZHU GONGCHENG DINGE JIJIA SHIWU

建筑工程定额计价实务

主　编 ⊙ 胡一杰　胡淑贞
副主编 ⊙ 温世洲

北京师范大学出版集团
BEIJING NORMAL UNIVERSITY PUBLISHING GROUP
北京师范大学出版社

图书在版编目(CIP)数据

建筑工程定额计价实务 /胡一杰，胡淑贞主编. —北京：北京师范大学出版社，2019.2

(高等职业教育土木工程类专业课改新教材)

ISBN 978-7-303-23882-8

Ⅰ.①建… Ⅱ.①胡… ②胡… Ⅲ.①建筑经济定额—高等职业教育—教材 Ⅳ.①TU723.3

中国版本图书馆 CIP 数据核字(2018)第 140890 号

营销中心电话 010-58802181 58805532
北师大出版社职业教育分社网 http://zjfs.bnup.com
电子信箱 zhijiao@bnupg.com

出版发行：北京师范大学出版社 www.bnup.com
北京市海淀区新街口外大街 19 号
邮政编码：100875
印 刷：北京玺诚印务有限公司
经 销：全国新华书店
开 本：787 mm×1092 mm 1/16
印 张：32.25
字 数：730 千字
版 次：2019 年 2 月第 1 版
印 次：2019 年 2 月第 1 次印刷
定 价：64.00 元

策划编辑：庞海龙 责任编辑：欧阳美玲
美术编辑：焦 丽 装帧设计：高 霞
责任校对：韩兆涛 责任印制：陈 涛

前 言

随着建筑市场的不断发展，工程造价咨询市场和从业人员队伍也在不断发展和壮大。为了提升高等职业院校学生的专业知识应用能力，适应技能型人才的培养目标，本书依照全国高等教育建筑工程技术专业教育标准、培养方案，及主干课程教学大纲的基本要求，结合作者多年的教学经验编写而成。

本课程是专业性较强的一门课程，既需要以建筑识图、房屋建筑学、建筑材料及建筑施工技术等课程作为学习的基础，又是一门注重实际应用的课程，长期以来学生都感觉难以掌握。因此，本书在编写中，以情境任务模式展开，采用模块教学的方法，将知识点分为若干模块，每一个模块又收入了大量的实际案例题，充分体现了“应用性、实用性、综合性、先进性”原则，注重提高学生的实际操作能力，即能方便教师授课，又使学生更容易掌握本课程的内容。

本书由兰州现代职业学院胡一杰、胡淑贞、温世洲编写，温世洲主编任务 1、任务 2、任务 3.1、任务 3.2，胡淑贞主编任务 3.3～3.8，胡一杰主编文前部分，任务 3.9～3.11、任务 4、任务 5、案例实训及习题答案。本书在编写过程中，得到了兰州现代职业学院土木分院领导和主要部门负责人的大力支持，在此表示衷心感谢。

本书参考了书后所附参考文献的部分资料，在此向其作者表示衷心感谢，也敬请提出宝贵意见。

由于编者水平有限，不足之处在所难免，恳请广大读者批评指正，以便及时修订与完善，联系邮箱：805499570@qq.com。

编　者

2017 年 11 月

内容简介

定额计价法是我国传统的计价方法，可以作为单独的一种计价方法，也是目前工程量清单计价过程中计算招标控制价和投标报价的基础，所以掌握定额计价法下的工程量计算规则和计价方法，是造价从业人员不可或缺的基本技能。

《建筑工程定额计价实务》主要以情境任务模式展开，主要分为建筑工程计量计价概述、建筑与装饰工程工程量计算、工程造价的计算、案例实训四部分。“建筑工程计量计价概述”主要介绍定额计价下的基础知识；“建筑与装饰工程工程量计算”围绕“知识背景—定额项目划分—定额项目适用范围—工程量计算规则—典型案例分析—复习思考题”分层次展开，每个章节根据任务划分，有明确的学习目标及学习要求；“工程造价的计算”主要介绍增值税下工程造价的计取流程；“案例实训”依托实际案例，要求用3～5天完成练习案例工程施工图预算书编制，展开建筑及装饰工程分部分项项目任务化实训，并附有详细的计算式及工程造价的计取过程，供教师授课及学生课堂练习使用。

本书根据《建筑工程建筑面积计算规范》(GB/T 50353—2013)、《甘肃省建筑与装饰工程预算定额》(DBJD 25—44—2013)、《甘肃省建筑安装工程费用定额》(甘建价〔2013〕585号)、《关于建筑业营业税改征增值税调整甘肃省建设工程计价依据的实施意见》(甘建价〔2016〕119号)及《建筑与装饰工程预结算》(由甘肃省建设工程造价管理协会主编的甘肃省建设工程造价专业人员培训教材)编写。

本书主要作为高等职业院校建筑工程技术、建筑工程管理、工程造价等专业的识图算量教材，也可作为土建类专业技术人员及企业管理人员岗位培训教材，或供相关专业人员学习及造价员考试参考所用。

目录

学习情境1　建筑工程计量计价概述 …………………………… 1

任务1　工程造价基础知识 ……………………………………… 1

1.1　概述 ……………………………………………………… 1

1.2　我国建设项目投资及工程造价的构成 ……………… 10

1.3　建筑安装工程费用构成 ……………………………… 16

1.4　建设工程计价方法 …………………………………… 27

任务2　建筑工程定额解析 …………………………………… 33

2.1　定额概述 ……………………………………………… 33

2.2　施工定额人工、材料及机械台班消耗量的编制 …………………………………………………… 38

2.3　建筑安装工程人工、材料及机械台班单价 ………… 48

2.4　预算定额的编制及应用 ……………………………… 54

2.5　施工图预算的编制 …………………………………… 73

学习情境2　建筑与装饰工程工程量计算 …………………… 84

任务3　土建工程工程量计算 ………………………………… 84

3.1　土建算量工程图纸及业务分析 ……………………… 84

3.2　工程计量计价概述 …………………………………… 92

3.3　建筑面积的计算 ……………………………………… 104

3.4　基础工程工程量计算 ………………………………… 127

3.5　土石方工程工程量计算 …………………………… 148

3.6　钢筋工程工程量计算 …………………………… 168

3.7　混凝土工程工程量计算 …………………………… 215

3.8　门窗工程工程量计算 …………………………… 240

3.9　砌筑工程工程量计算 …………………………… 249

3.10　屋面及防水工程工程量计算 …………………… 269

3.11　保温隔热工程工程量计算 ……………………… 287

任务4　装饰装修工程工程量计算 ……………………… 298

4.1　楼地面工程工程量计算 …………………………… 298

4.2　墙柱面工程工程量计算 …………………………… 317

4.3　天棚工程工程量计算 …………………………… 337

学习情境3　工程造价的计算 ……………………………… 351

任务5　定额计价法下工程造价的计算 ………………… 351

5.1　措施项目费计算 ………………………………… 351

5.2　增值税概述 ……………………………………… 377

5.3　定额计价法下工程造价的计算 ………………… 386

案例实训　建筑工程施工图预算编制 ……………………… 400

习题答案 ………………………………………………… 471

参考文献 ………………………………………………… 507

学习情境 1 建筑工程计量计价概述

任务 1 工程造价基础知识

1.1 概述

学习目的

工程造价的计价过程体现在基本建设程序的各个阶段，整个计价过程是一个由粗到细、由浅到深，最后确定工程实际造价的过程，基本建设项目划分的规则确定了施工图预算的编制对象和工程量计算对象的范围。通过本节内容的学习，学生理解和掌握基本建设程序与工程计价文件之间的对应关系、基本建设项目的划分，为后续学习打下基础。

知识目标

1. 熟悉基本建设及基本建设程序。
2. 掌握基本建设程序与工程计价文件之间的对应关系。
3. 掌握基本建设项目的划分。

重点难点

1. 基本建设程序与工程计价文件之间的对应关系。
2. 基本建设项目的划分及各层次之间的关系。

1.1.1 基本建设

1. 基本建设概念

建筑工程预算是基本建设预算的重要组成部分。那么，什么是基本建设呢？基本建设就是以新建、扩建、改建的形式来实现固定资产的扩大再生产。基本建设是指国民经济各部门中固定资产的再生产以及相关的其他工作。例如，工厂、矿井、铁路、公路、水利、商店、住宅、医院、学校等工程的建设和各种设备的购置。基本建设是再生产的重要手段，是国民经济发展的重要物质基础。对于某些报废的重建项目的简单再生产，我国也把它划归于基本建设的范畴。

基本建设是一个物质资料生产的动态过程，这个过程概括起来，就是将一定的建筑材料、机器设备等通过购置、建造和安装等活动把它转化为固定资产，形成新的生产能力或具有使用效益的建设工作。与此相关的其他工作，如征用土地、勘察设计、筹建机构和生产职工的培训等，也都属于基本建设工作的组成部分。

所谓固定资产，是指在生产和消费领域中实际发挥效能并长期使用着的劳动资料和消费资料，使用年限在 1 年以上，且单位价值在规定限额以上的一种物质财富。

2. 基本建设内容

基本建设的内容包括建筑工程、设备安装工程、设备购置、勘察与设计及其他基本建设工作。

(1)建筑工程

建筑工程包括永久性和临时性的建筑物、构筑物以及设备基础的建造，照明、水卫、暖通等设备的安装，建筑场地的清理、平整、排水，竣工后的整理、绿化以及水利、铁道、公路、桥梁、电力线路、防空设施等的建设。

(2)设备安装工程

设备安装工程包括生产、电力、电信、起重、运输、传动、医疗、实验等各种机器设备的安装，与设备相连的工作台、梯子等的装设工程，附属于被安装设备的管线敷设和设备的绝缘、保温、油漆等，以及为测定安装质量对单个设备进行各种试运行的工作。

(3)设备购置

设备购置包括各种机械设备、电气设备和工具、器具的购置，即一切需要安装与不需要安装设备的购置。

(4)勘察与设计

勘察与设计包括地质勘探、地形测量及工程设计方面的工作。

(5)其他基本建设工作

其他基本建设工作指上述各项工作以外的各项基本建设工作及其他生产准备工作，如征用土地、建设场地原有建筑物的拆迁赔偿、筹建机构、生产职工的培训等。

1.1.2　基本建设程序

1. 基本建设程序概念

基本建设程序是指建设项目从酝酿、提出、决策、设计、施工到竣工验收、投入生产或交付使用的整个建设过程中各项工作必须遵循的先后顺序。它是对基本建设经验的科学总结，是客观存在的经济规律的正确反映。按照建设项目发展的内在联系和发展过程，将建设项目分成若干阶段，这些发展阶段有严格的先后次序，可以进行合理的交叉，但不能任意颠倒。

2. 基本建设程序内容

(1)项目建议书阶段

项目建议书是建设起始阶段，是业主单位向国家提出的要求建设某一项目的建议性文件，是对拟建项目的初步设想。项目建议书的主要作用是通过论述其建设的必要性、可行性以及获利、获益的可能性，向国家推荐建设项目，供国家选择并确定是否进行下一步工作。

项目建议书经批准后，可以进行详细的可行性研究工作，但并不表明项目非上不可，项目建议书不是项目的最终决策。

(2)可行性研究阶段

项目建议书一经批准，即可着手开展项目可行性研究工作。可行性研究是对工程项目在技术上是否可行和经济上是否合理进行科学的分析和论证。凡未经可行性研究确认的项目，不得编制向上报送的可行性研究报告和进行下一步工作。

可行性研究报告经有关部门审查通过，拟建项目才算正式“立项”。随后组建项目管理班子，并着手项目实施阶段的工作。

(3)建设地点的选择阶段

建设地点的选择，按照隶属关系，由主管部门组织勘察设计等单位和所在地有关部门共同进行。凡在城市辖区内选点的，要取得城市规划部门的同意，并且要有协议文件。

(4)设计工作阶段

设计是对拟建工程的实施在技术上和经济上进行全面而详尽地安排，是基本建设计划的具体化，同时也是组织施工的依据。工程项目的设计工作一般划分为两个阶段，即初步设计和施工图设计。重大项目和技术复杂项目，可根据需要增加技术设计阶段。

初步设计。初步设计是根据可行性研究报告的要求所做的具体实施方案，目的是阐明在指定的地点、时间和投资控制数额内，拟建项目在技术上的可能性和经济上的合理性，并根据对工程项目所做出的基本技术经济规定编制项目总概算。

技术设计。技术设计应根据初步设计和更详细的调查研究资料编制，以进一步解决初步设计中的重大技术问题，如工艺流程、建筑结构、设备选型及数量确定等，使工程建设项目的设计更具体、更完善，技术指标更合理。

施工图设计。施工图设计根据初步设计或技术设计的要求，结合现场实际情况，完整地表现建筑物外形、内部空间分隔、结构体系、构造状况以及建筑群的组成和周围环境的配合。它还包括各种运输、通信、管道系统、建筑设备的设计。在工艺方面，应具体确定各种设备的型号、规格及各种非标准设备的制造加工图。

(5)建设准备阶段

项目在开工建设之前要切实做好各项准备工作，主要内容包括：征地、拆迁和场地平整；完成施工用水、电、道路准备等工作；组织设备、材料订货；准备必要的施工图纸；组织施工招标，择优选定施工单位。

一般项目在报批开工前，必须由审计机关对项目的有关内容进行审计证明。审计机关主要是对项目的资金来源是否正当及落实情况、项目开工前的各项支出是否符合国家有关规定、资金是否存入规定的专业银行等内容进行审计。新开工的项目还必须具备按施工顺序需要至少3个月的工程施工图纸，否则不能开工建设。

(6)编制年度基本建设投资计划阶段

按规定进行了建设准备和具备了开工条件以后，便应组织开工。建设单位申请批准开工要经国家发展和改革委员会(以下简称“发改委”)统一审核后，编制年度大、中型和限额以上工程建设项目新开工计划，并报国务院批准。发改委和地方政府无权自行审批大、中型和限额以上工程建设项目开工报告。年度大、中型和限额以上新开工项目经国务院批准，由发改委下达项目计划。

(7)建设实施阶段

工程项目经批准开工实施，项目即进入了施工阶段。项目新开工时间，是指工程建设项目设计文件中规定的任何一项永久性工程第一次正式破土开槽开始施工的日期；不需开槽的工程，正式开始打桩的日期就是开工日期；铁路、公路、水库等需要进行大量土、石方工程的，以开始进行土、石方工程的日期作为正式开工日期。工程地质勘查、平整场地、旧建筑物的拆除、临时建筑、施工用临时道路和水、电等工程开始施工的日期不能算作正式开工日期。分期建设的项目分别按各期工程开工的日期计算，如二期工程应根据工程设计文件规定的永久性工程开工的日期计算。

(8)生产准备阶段

对于生产性工程建设项目而言，生产准备是项目投产前由建设单位进行的一项重要工作。它是衔接建设和生产的桥梁，是项目由建设转入生产经营的必要条件。建设单位应适时组成专门班子或机构做好生产准备工作，确保项目建成后能及时投产。

(9)竣工验收阶段

当工程项目按设计文件的规定内容和施工图纸的要求全部建完后，便可组织验收。竣工验收是工程建设过程的最后一个环节，是投资成果转入生产或使用的标志，也是全面考核基本建设成果、检验设计和工程质量的重要步骤。竣工验收对促进建设项目及时投产、发挥投资效益及总结建设经验都有重要作用。通过竣工验收，可以检查建设项目实际形成的生产能力或效益，也可避免项目建成后继续消耗建设费用。

(10)建设项目后评价阶段

建设项目后评价是工程项目竣工投产、生产运营一段时间后，再对项目的立项决策、设计施工、竣工投产、生产运营等全过程进行系统评价的一种技术经济活动，是固定资产投资管理的一项重要内容，也是固定资产投资管理的最后一个环节。通过建设项目后评价，可以达到肯定成绩、总结经验，研究问题、吸取教训，提出建议、改进工作，不断提高项目决策水平和投资效果的目的。

1.1.3　基本建设程序与工程计价文件

工程计价文件是指在基本建设的各个阶段，计算和确定工程造价的技术经济文件，主要包括投资估算、设计概算、施工图预算、合同价、结算价、竣工决算。

1. 投资估算

投资估算是指在项目建议书和可行性研究阶段，对拟建项目所需的投资数额预先计算和确定的工程造价文件，是论证拟建项目在经济上是否合理的重要依据之一，也是实行工程限额设计的依据。一般可按规定的投资估算指标，类似工程的造价资料，现行的设备、材料价格并结合工程的实际情况进行投资估算的编制。投资估算一经批准，即作为建设项目投资的最高限额，不得随意突破。

2. 设计概算

设计概算是在初步设计阶段，在已批准的投资估算的控制下，由设计单位依据初步设计图纸、概算定额或概算指标、费用定额等资料编制的确定工程造价的文件。设计概算可分为单位工程概算、单项工程综合概算和建设项目总概算三个等级，是工程设计文件的重要组成部分，也是不同设计方案进行经济合理性比较的重要依据。

当项目采用三阶段设计时，由于技术设计阶段对初步设计阶段的成果要进一步深化，这就使设计概算与技术设计阶段的设计深度不相适应。因此，需编制修正概算，使其准确性比设计概算进一步提高。

设计概算是确定建设工程投资、编制工程建设计划、控制工程拨款或贷款、考核设计的合理性、进行材料订货等工作的依据。

3. 施工图预算

施工图预算是根据施工图纸、施工组织设计、现行的预算定额(消耗量定额)、取费标准等资料计算和编制的单位工程或单项工程建设费用的经济文件。它是确定招标标底、投标报价、合同价款的依据，也是施工单位编制施工计划和考核单位经营成果的依据。

4. 合同价

合同价是在确定中标单位后，根据所签订合同的范围，以施工图预算为基础，由买卖双方根据市场行情共同认定的工程价格。

5. 结算价

结算价是在工程实施阶段，按合同条款约定、计价规定及设计变更等资料对合同价进行调整、计算所确定的价格。它是工程实际价格的反映，也是施工单位进行经济核算分析的依据。在工程完工后，买卖双方进行的最后一次价款结算即为竣工结算，它用以表达工程的最终实际价格。

6. 竣工决算

竣工决算是建设单位编制的，用以反映整个项目从立项到竣工验收、交付使用全过程中实际支付的全部工程费用及其使用情况的文件。通过编制竣工决算，可以最终确定工程实际造价，反映建设单位投资效果。

从投资估算、设计概算、施工图预算到合同价，再到各项工程的结算价和最后在结算价基础上编制竣工决算，整个计价过程是一个由粗到细、由浅到深，最后确定工程实际造价的过程，计价过程中各个环节之间相互衔接，前者制约后者，后者补充前者。在这种情况下，实行技术与经济相结合，研究和建立工程造价"全过程一体化"管理，对建设项目投资或成本控制十分必要。

基本建设程序与工程计价文件之间的关系如图 1-1-1 所示。

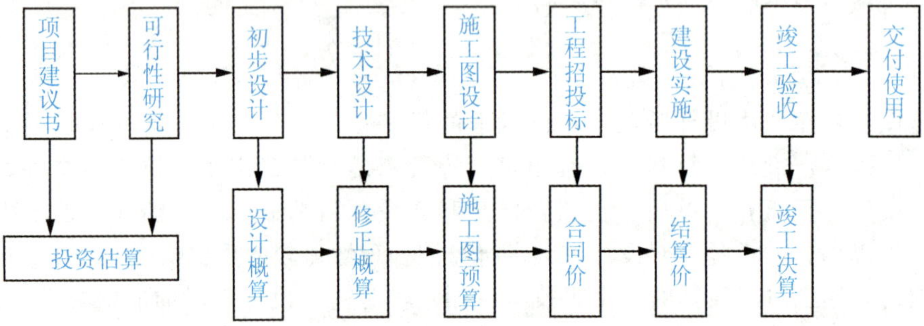

图 1-1-1　基本建设程序与工程计价文件之间的关系

1.1.4　基本建设项目

1. 基本建设项目概念

工程建设项目是以实物形态表示的具体项目，它以形成固定资产为目的。基本建设项目一般指在一个总体设计或初步设计范围内，由一个或几个单位工程组成，在经济上进行统一核算，行政上有独立组织形式，实行统一管理的建设单位。

基本建设项目按照投资的用途分为生产性建设项目和非生产性建设项目。生产性建设项目是指直接用于物质生产或为满足物质生产需要而进行的建设项目；非生产性建设项目是指用于人民的物质和文化生活需要的建设项目。

2. 基本建设项目的划分

基本建设项目按照合理确定工程造价和基本建设管理工作的需要，划分为建设项目、单项工程、单位工程、分部工程、分项工程五个层次，如图 1-1-2 所示。工程量和造价是由局部到整体的一个分部组合计算的过程。认识建设项目的组成，对研究工程计量与工程造价(计价)确定与控制具有重要作用。

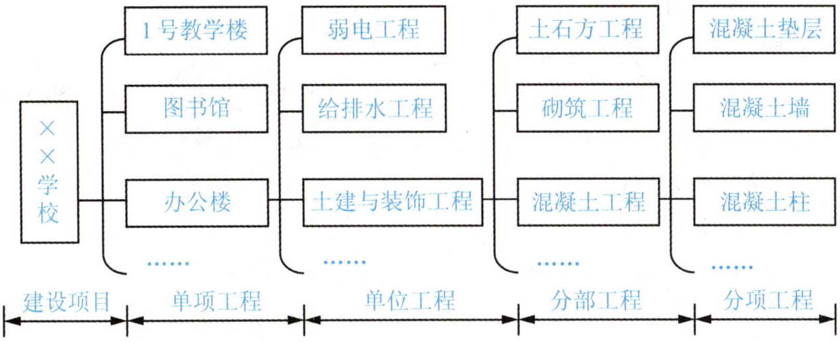

图1-1-2　基本建设项目划分示意图

(1)建设项目

建设项目一般是指在一个总体设计范围内，由一个或几个工程项目组成，经济上实行独立核算，行政上实行独立管理，并且具有法人资格的建设单位。例如，新建一个工厂、一所学校、一个住宅小区等都可称为一个建设项目。一个建设项目一般由若干个单项工程组成，特殊情况下也可以只包含一个单项工程。

(2)单项工程

单项工程又称工程项目，它是建设项目的组成部分，是指具有独立的设计文件，竣工后可以独立发挥生产能力或使用效益的工程。例如，工业建设中的一个车间或住宅区建设中的一幢住宅楼都是构成该建设项目的单项工程。有时，一个建设项目只有一个单项工程，则此单项工程也就是建设项目。

单项工程的工程量与工程造价，分别由构成该单项工程的各单位工程的工程量和造价的总和组成。

(3)单位工程

单位工程是指具有独立的设计文件，可以独立组织施工，但建成后不能独立发挥生产能力或使用效益的工程。例如，某个生产车间中的土建工程、电气照明工程、给排水工程、机械设备安装工程、电气设备安装工程等都是单位工程。

施工图预算，往往针对单位工程进行编制。一个单位工程又由若干个分部工程组成。

(4)分部工程

分部工程是单位工程的组成部分，一般按工种工程来划分，而土建工程的分部工程是按建筑工程的主要部位划分的。例如，土石方工程、砖石工程、脚手架工程、钢筋混凝土工程、木结构工程、金属结构工程、装饰工程等。分部工程也可按单位工程的构成部分来划分，例如，基础工程、墙体工程、梁柱工程、楼地面工程、门窗工程、屋面工程等。《甘肃省建筑与装饰工程预算定额》中分部工程划分综合了上述两种方法，共分为二十个分部工程，分别是土石方工程、桩基工程、砌筑工程、混凝土工程、钢筋工程、金属结构工程、木结构工程、屋面与防水工程、保温隔热工程、防腐及防火涂料工程、普通楼地面工程、普通抹灰工程、门窗工程、装饰楼地面工程、装饰墙柱面工程、装饰天棚工程、门窗配套装饰及其他、柜类工程、油漆涂料裱糊工程、措施项目。一个分部工程由若干个分项工程组成。

(5)分项工程

分项工程是分部工程的组成部分。按照分部工程划分的方法，将分部工程划分为若干个分项工程。一般是按生产分工，并能按某种计量单位计算、便于测定或统计工程基本构造要素和工程量来划分的。例如，人工土石方工程可以划分为平整场地、人工挖土方、人工挖地槽、人工挖地坑、人工挖桩孔、夯填土、土方运输等分项工程项目。分项工程划分的粗细程度，视具体编制概预算的不同要求而确定。

分项工程是建筑工程的基本构造要素。这一概念在预算编制原理、计划统计、建筑施工、工程概预算、工程成本核算等方面都是必不可少的重要概念。

建筑工程预算、安装工程预算、装饰工程预算等统称为施工图预算，因为它们都是根据施工图纸和预算定额编制的。一个完整的施工图预算是以单位工程为研究对象进行编制的，即施工图预算可以确定单位工程的工程造价。

虽然施工图预算以单位工程为对象编制，但计算工程量时，必须以分项工程为对象进行一项一项地计算。从基本建设项目划分中，我们知道，建设项目、单项工程、单位工程、分部工程、分项工程之间是层层分解的关系。因此，当我们从分项工程开始计算工程量后，就可以层层汇总为一个单位工程。施工图预算就是从分项工程计算工程量开始，然后套用对口的预算定额基价算出分项工程直接工程费，再汇总成单位工程直接费，最后根据有关费率计算和汇总成单位工程造价。

由此可见，基本建设项目划分的规则确定了施工图预算的编制对象和工程量计算对象的范围，也确定了施工图预算编制的主要顺序。

复习思考题

一、填空题

1. 基本建设就是以________、________、________的形式来实现固定资产的扩大再生产。基本建设是指国民经济各部门中固定资产的________________工作。

2. 基本建设的内容包括________、________、________、勘察与设计及其他基本建设工作。

3. 基本建设程序是指建设项目从________、________、________、设计、施工到________、投入生产或交付使用的整个建设过程中各项工作必须遵循的先后顺序。

4. 工程建设项目是以实物形态表示的具体项目，它以形成固定资产为目的。一般指在一个总体设计或初步设计范围内，由________组成，在经济上进行统一核算，行政上有独立组织形式，实行统一管理的________。

5. 基本建设项目按照合理确定工程造价和基本建设管理工作的需要，划分为建设项目、________、________、________、________五个层次。

二、判断题

1. 设计概算是在施工图设计阶段，在已批准的投资估算的控制下，由设计单位依据初步设计图纸、概算定额或概算指标、费用定额等资料编制的确定工程造价的文件。（　　）

2. 勘察与设计包括地质勘探、地形测量及工程设计方面的工作。（　　）

3. 施工图预算，往往针对单位工程进行编制。（　　）

4. 单位工程是指具有独立的设计文件，可以独立组织施工，建成后能独立发挥生产能力或使用效益的工程。（　　）

5. 竣工决算是建设单位编制的。（　　）

三、单选题

1. 一个建设项目的土建工程属于（　　）。

A. 单项工程　　B. 分部工程　　C. 单位工程　　D. 分项工程

2.（　　）是指在项目建议书和可行性研究阶段，对拟建项目所需的投资数额预先计算和确定的工程造价文件。

A. 投资估算　　B. 设计概算　　C. 施工预算　　D. 施工图预算

3. 下列属于单位工程的是（　　）。

A. 冷轧车间　　B. 土建工程　　C. 混凝土工程　　D. 模板工程

4.（　　）表达工程的最终实际价格。

A. 设计概算　　B. 施工图预算　　C. 结算价　　D. 竣工决算

5. 某工程有独立设计的施工图纸和施工组织设计，但建成后不能独立发挥生产能力，此工程应属于（　　）。

A. 分部分项工程　　B. 单项工程　　C. 分项工程　　D. 单位工程

6. 根据建设项目划分，某新建住宅小区的防盗门项目属于（　　）。

A. 单位工程　　B. 项目工程　　C. 分项工程　　D. 分部工程

7.（　　）是建设起始阶段，是业主单位向国家提出的要求建设某一项目的建议性文件。

A. 可行性研究　　B. 项目建议书　　C. 初步设计　　D. 施工图设计

四、多选题

1. 下列项目属于分部工程的有（　　）。

A. C20 砼梁的制作　　B. 土石方工程

C. 水磨石地面　　D. 人工挖地槽土方

E. 天棚工程

2. 基本建设项目按照合理确定工程造价和基本建设管理工作的需要，划分为（　　）和分项工程五个层次。

A. 建设项目　　B. 单项工程　　C. 单位工程　　D. 分部工程

E. 工序

3. 基本建设的内容包括(　　)及其他基本建设工作。

A. 装饰装修工程　B. 建筑工程　C. 设备安装工程　D. 设备购置

E. 勘察与设计

4. 投资估算是指在(　　)阶段，对拟建项目所需的投资数额预先计算和确定的工程造价文件。

A. 初步设计　B. 技术设计　C. 项目建议书　D. 可行性研究

E. 施工图设计

五、简答题

1. 在基本建设的各个阶段，计算和确定的工程造价技术经济文件有哪些?

2. 基本建设项目如何划分?

1.2 我国建设项目投资及工程造价的构成

学习目的

建设项目总投资包括固定资产投资和流动资产投资，其中固定资产投资部分是工程造价计价的对象及内容。通过对本节内容的学习，学生熟悉和理解建设项目总投资的构成，并重点掌握工程造价的构成。

知识目标

1. 熟悉我国建设项目总投资的构成。
2. 掌握工程建设其他费包含的内容。
3. 掌握预备费包含的内容。

重点难点

1. 我国建设项目总投资的构成。
2. 工程造价的构成。

建设项目总投资是为完成工程项目建设并达到使用要求或生产条件，在建设期内预计或实际投入的全部费用总和。生产性建设项目总投资包括建设投资、建设期利息和流动资金三部分；非生产性建设项目总投资包括建设投资和建设期利息两部分。其中建设投资和建设期利息之和对应于固定资产投资，固定资产投资与建设项目的工程造价在量上相等。工程造价基本构成包括用于购买工程项目所含各种设备的费用，用于建筑施工和安装施工所需支出的费用，用于委托工程勘察设计应支付的费用，用于购置土地所需的费用，也包括用于建设单位自身进行项目筹建和项目管理所需的费用等。总之，工程造价是按照确定的建设内容、建设规模、建设标准、功能要求和使用要求等将工程项目全部建成，在建设期预计或实际支出的建设费用。

工程造价中的主要构成部分是建设投资，建设投资是为完成工程项目建设，在建设期内投入且形成现金流出的全部费用。根据国家发改委和建设部发布的《建设项目经济评价方法与参数(第三版)》(发改投资〔2006〕1325 号)的规定，建设投资包括工程费用、工程建设其他费用和预备费三部分。工程费用是指建设期内直接用于工程建造、设备购置及其安装的建设投资，可以分为设备及工器具购置费和建筑安装工程费；工程建设其他费用是指建设期发生的与土地使用权取得、整个工程项目建设以及未来生产经营有关的构成建设投资但不包括在工程费用中的费用；预备费是在建设期内为各种不可预见因素的变化而预留的可能增加的费用，包括基本预备费和价差预备费。建设项目总投资的具体构成内容如图 1-2-1 所示。

- 建设项目总投资
  - 固定资产投资——工程造价
    - 建设投资
      - 工程费用
        - 设备及工器具购置费
        - 建筑安装工程费
      - 工程建设其他费用
        - 建设用地费
        - 与项目建设有关的其他费用
        - 与未来生产经营有关的其他费用
      - 预备费
        - 基本预备费
        - 价差预备费
    - 建设期利息
    - 固定资产投资方向调节税（目前已暂停征收）
  - 流动资产投资——流动资金

图 1-2-1　我国现行建设项目总投资构成

1.2.1　设备及工器具购置费

设备及工器具购置费是由设备购置费和工具、器具及生产家具购置费组成的，它是固定资产投资中的积极部分。在生产性工程建设中，设备及工器具购置费占工程造价比重的增大，意味着生产技术的进步和资本有机构成的提高。

设备购置费是指购置或自制的达到固定资产标准的设备、工器具及生产家具等所需的费用。它由设备原价和设备运杂费构成。

工具、器具及生产家具购置费，是指新建或扩建项目初步设计规定的，保证初期正常生产必须购置的没有达到固定资产标准的设备、仪器、工卡模具、器具、生产家具和备品备件等的购置费用。一般以设备购置费为计算基数，按照部门或行业规定的工具、器具及生产家具费率计算。

1.2.2　建筑安装工程费

建筑安装工程费是指为完成工程项目建造、生产性设备及配套工程安装所需的费用。

1. 建筑工程费

建筑工程费包含以下内容。

①各类房屋建筑工程和列入房屋建筑工程预算的供水、供暖、卫生、通风、煤气等设备费用及其装设、油饰工程的费用，列入建筑工程预算的各种管道、电力、电信和电缆导线敷设工程的费用。

②设备基础、支柱、工作台、烟囱、水塔、水池、灰塔等建筑工程以及各种炉窑的砌筑工程和金属结构工程的费用。

③为施工而进行的场地平整，工程和水文地质勘查，原有建筑物和障碍物的拆除以及施工临时用水、电、气、路和完工后的场地清理，环境绿化、美化等工作的费用。

④矿井开凿、井巷延伸、露天矿剥离，石油、天然气钻井，修建铁路、公路、桥梁、水库、堤坝、灌渠及防洪等工程的费用。

2. 安装工程费

安装工程费包含以下内容。

①生产、动力、起重、运输、传动和医疗、实验等各种需要安装的机械设备的装配费用，与设备相连的工作台、梯子、栏杆等设施的工程费用，附属于被安装设备的管线敷设工程费用，以及被安装设备的绝缘、防腐、保温、油漆等工作的材料费和安装费。

②为了测定安装工程的质量，对单台设备进行单机试运转、对系统设备进行系统联动无负荷试运转工作的调试费。

1.2.3 工程建设其他费用

工程建设其他费用，是指从工程筹建起到工程竣工验收交付使用止的整个建设期间，除建筑安装工程费用和设备及工器具购置费用以外的，为保证工程建设顺利完成和交付使用后能够正常发挥效用而发生的各项费用。

1. 建设用地费

任何一个建设项目都固定于一定地点与地面相连接，必须占用一定量的土地，也就必然要发生为获得建设用地而支付的费用，这就是建设用地费。它是指为获得工程项目建设土地的使用权而在建设期内发生的各项费用，包括通过划拨方式取得土地使用权而支付的土地征用及迁移补偿费，或者通过土地使用权出让方式取得土地使用权而支付的土地使用权出让金。

2. 与项目建设有关的其他费用

(1)建设管理费

建设管理费是指建设单位为组织完成工程项目建设，在建设期内发生的各类管理性费用，包括建设单位管理费和工程监理费。

(2)可行性研究费

可行性研究费是指在工程项目投资决策阶段，依据调研报告对有关建设方案、技术方案或生产经营方案进行的技术经济论证，以及编制、评审可行性研究报告所需的费用。

(3)研究试验费

研究试验费是指为建设项目提供或验证设计数据、资料等进行必要的研究试验及按照相关规定在建设过程中必须进行试验、验证所需的费用，包括自行或委托其他部门研究试验所需人工费、材料费、试验设备及仪器使用费等。

(4)勘察设计费

勘察设计费是指对工程项目进行工程水文地质勘查、工程设计所发生的费用。

(5)环境影响评价费

环境影响评价费是指按照《中华人民共和国环境保护法》《中华人民共和国环境影响评价法》等法规，在工程项目投资决策过程中，对其进行环境污染或影响评价所需的费用。

(6)劳动安全卫生评价费

劳动安全卫生评价费是指按照劳动部《建设项目(工程)劳动安全卫生监察规定》和《建设项目(工程)劳动安全卫生预评价管理办法》的规定，在工程项目投资决策过程中，为编制劳动安全卫生评价报告所需的费用。

(7)场地准备及临时设施费

建设项目场地准备费是指为使工程项目的建设场地达到开工条件，由建设单位组织进行的场地平整等准备工作而发生的费用。

建设单位临时设施费是指建设单位为满足工程项目建设、生活、办公的需要，用于临时设施建设、维修、租赁、使用所发生或摊销的费用。此项费用不包括已列入建筑安装工程费用中的施工单位临时设施费用。

(8)引进技术和引进设备其他费

引进技术和引进设备其他费是指引进技术和设备发生的但未计入设备购置费中的费用。

(9)工程保险费

工程保险费是指为转移工程项目建设的意外风险，在建设期内对建筑工程、安装工程、机械设备和人身安全进行投保而发生的费用。它包括建筑安装工程一切险、引进设备财产保险和人身意外伤害险等。

(10)特殊设备安全监督检验费

特殊设备安全监督检验费是指安全监察部门对在施工现场组装的锅炉及压力容器、压力管道、消防设备、燃气设备、电梯等特殊设备和设施实施安全检验收取的费用。

(11)市政公用设施费

市政公用设施费是指使用市政公用设施的工程项目，按照项目所在地省级人民政府有关规定建设或缴纳的市政公用设施建设配套费用，以及绿化工程补偿费用。

3. 与未来生产经营有关的其他费用

(1)联合试运转费

联合试运转费是指新建或新增加生产能力的工程项目，在交付生产前按照设计文件规定的工程质量标准和技术要求，对整个生产线或装置进行负荷联合试运转所发生的费用净支出(试运转支出大于收入的差额部分费用)。

(2)专利及专有技术使用费

专利及专有技术使用费包括：国外设计及技术资料费，引进有效专利、专有技术使用费和技术保密费；国内有效专利、专有技术使用费；商标权、商誉和特许经营权费等。

(3)生产准备及开办费

生产准备及开办费指在建设期内，建设单位为保证项目正常生产而发生的人员培训费、提前进厂费以及投产使用必备的办公、生活家具用具及工器具等的购置费用。它具体包括以下几个方面。

①人员培训费及提前进厂费，包括自行组织培训或委托其他单位培训的人员工资、工资性补贴、职工福利费、差旅交通费、劳动保护费、学习资料费等。

②为保证初期正常生产(或营业、使用)所必需的生产办公、生活家具用具购置费。

③为保证初期正常生产(或营业、使用)所必需的第一套不够固定资产标准的生产工具、器具、用具购置费，不包括备品备件费。

1.2.4 预备费

按我国现行规定，预备费包括基本预备费和价差预备费。

1. 基本预备费

基本预备费是指针对项目实施过程中可能发生难以预料的支出而事先预留的费用，又称工程建设不可预见费，主要指设计变更及施工过程中可能增加工程量的费用，基本预备费一般由以下四个部分构成。

①在批准的初步设计范围内，技术设计、施工图设计及施工过程中所增加的工程费用；设计变更、工程变更、材料代用、局部地基处理等增加的费用。

②一般自然灾害造成的损失和预防自然灾害所采取的措施费用。实行工程保险的工程项目，该费用应适当降低。

③竣工验收时为鉴定工程质量对隐蔽工程进行必要的挖掘和修复费用。

④超规超限设备运输增加的费用。

2. 价差预备费

价差预备费是指为在建设期内利率、汇率或价格等因素的变化而预留的可能增加的费用，亦称为价格变动不可预见费。价差预备费的内容包括：人工、设备、材料、施工机械的价差费，建筑安装工程费及工程建设其他费用调整，利率、汇率调整等增加的费用。

1.2.5 建设期利息

建设期利息主要是指在建设期内发生的为工程项目筹措资金的融资费用及债务资金利息。

复习思考题

一、填空题

1. 生产性建设项目总投资包括________、________和________三部分。

2. 非生产性建设项目总投资包括________和________两部分。

3. 工程造价中的主要构成部分是建设投资，建设投资包括________、________和________三部分。

4. ________是指为在建设期内利率、汇率或价格等因素的变化而预留的可能增加的费用。

5. 建设投资和建设期利息之和对应于固定资产投资，固定资产投资与建设项目的工程造价在________上相等。

二、多选题

1. 按我国现行规定，预备费包括(　　)。

A. 土地出让金　B. 建设期利息　C. 工程保险费　D. 价差预备费

E. 基本预备费

2.(　　)之和对应于固定资产投资，固定资产投资与建设项目的工程造价在量上相等。

A. 建设投资　B. 建设期利息　C. 预备费　D. 建设用地费

E. 工程费用

3. 工程费用是指建设期内直接用于工程建造、设备购置及其安装的建设投资，可以分为(　　)。

A. 建设投资　B. 建设期利息

C. 预备费　D. 建筑安装工程费

E. 设备及工器具购置费

4. 工程建设其他费用包括(　　)。

A. 建设用地费　B. 与项目建设有关的其他费用

C. 建设期利息　D. 商标权、商誉和特许经营权费

E. 与未来生产经营有关的其他费用

5. 工程建设其他费用中与项目建设有关的其他费用包括(　　)。

A. 可行性研究费　B. 勘察设计费

C. 工程保险费　D. 价差预备费

E. 基本预备费

三、简答题

1. 与项目建设有关的其他费用有哪些？

2. 与未来生产经营有关的其他费用有哪些？

3. 什么是预备费？包含哪些内容？

4. 什么是建设项目总投资？包含哪些内容？

1.3 建筑安装工程费用构成

学习目的

建筑安装工程费用是工程造价的重要组成部分，也是编制工程造价时花费时间和精力最多的部分。我国现行建筑安装工程费用项目按两种不同的方式划分。

通过本节内容的学习，学生理解和掌握建筑安装工程费用项目的划分方法及构成，为后续学习打下基础。

知识目标

1. 掌握按费用构成要素划分的建筑安装工程费用项目构成。
2. 掌握按造价形成划分的建筑安装工程费用项目构成。

重点难点

1. 人工费、材料费、施工机具使用费的构成。
2. 规费的构成。
3. 税金的构成。
4. 措施项目费包含哪些内容。
5. 其他项目费包含哪些内容。

根据住房和城乡建设部、财政部颁布的《关于印发〈建筑安装工程费用项目组成〉的通知》(建标〔2013〕44 号)，我国现行建筑安装工程费用项目按两种不同的方式划分，即按费用构成要素划分和按造价形成划分，其具体构成如图 1-3-1 所示。

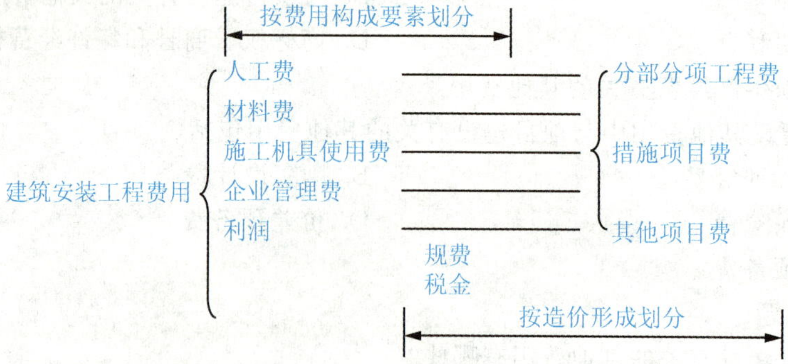

图 1-3-1 建筑安装工程费用项目构成

1.3.1　按费用构成要素划分建筑安装工程费用项目构成

建筑安装工程费按照费用构成要素划分，分为人工费、材料(包含工程设备，下同)费、施工机具使用费、企业管理费、利润、规费和税金。其中，人工费、材料费、施工机具使用费、企业管理费和利润包含在分部分项工程费、措施项目费、其他项目费中，其具体构成如图1-3-2所示。

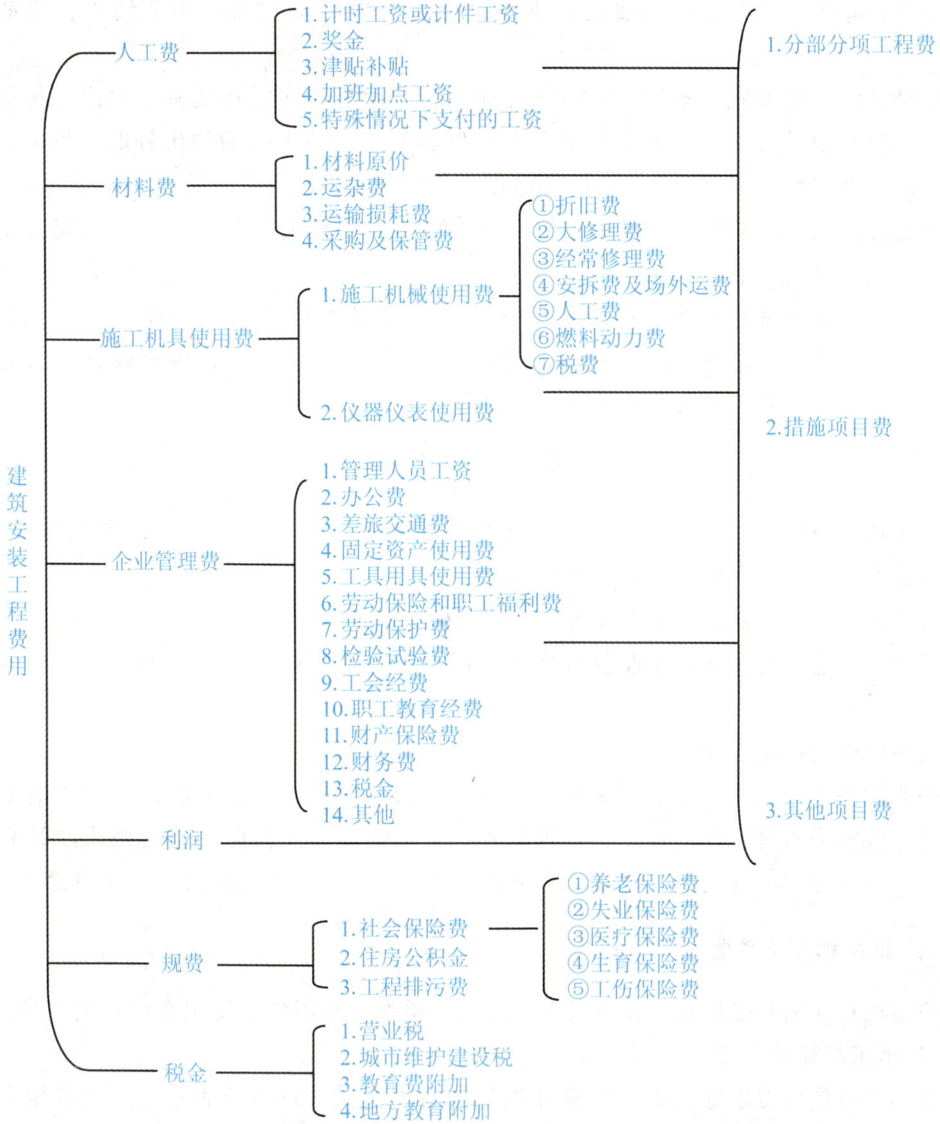

图1-3-2　建筑安装工程费用项目构成(按费用构成要素划分)

1. 人工费

人工费是指按工资总额构成规定，支付给从事建筑安装工程施工的生产工人和附属生产单位工人的各项费用。其内容包括以下几个方面。

计时工资或计件工资：是指按计时工资标准和工作时间或对已做工作按计件单价支付给个人的劳动报酬。

奖金：是指对超额劳动和增收节支支付给个人的劳动报酬，如节约奖、劳动竞赛奖等。

津贴补贴：是指为了补偿职工特殊或额外的劳动消耗和因其他特殊原因支付给个人的津贴，以及为了保证职工工资水平不受物价影响支付给个人的物价补贴。例如，流动施工津贴、特殊地区施工津贴、高温(寒)作业临时津贴、高空津贴等。

加班加点工资：是指按规定支付的在法定节假日工作的加班工资和在法定日工作时间外延时工作的加点工资。

特殊情况下支付的工资：是指根据国家法律、法规和政策规定，因病、工伤、产假、计划生育假、婚丧假、事假、探亲假、定期休假、停工学习、执行国家或社会义务等原因按计时工资标准或计时工资标准的一定比例支付的工资。

2. 材料费

材料费是指施工过程中耗费的原材料、辅助材料、构配件、零件、半成品或成品、工程设备的费用。其内容包括以下几个方面。

材料原价：是指材料、工程设备的出厂价格或商家供应价格。

运杂费：是指材料、工程设备自来源地运至工地仓库或指定堆放地点所发生的全部费用。

运输损耗费：是指材料在运输装卸过程中不可避免的损耗。

采购及保管费：是指为组织采购、供应和保管材料、工程设备的过程中所需要的各项费用，包括采购费、仓储费、工地保管费、仓储损耗。工程设备是指构成或计划构成永久工程一部分的机电设备、金属结构设备、仪器装置及其他类似的设备和装置。

3. 施工机具使用费

施工机具使用费是指施工作业所发生的施工机械、仪器仪表使用费或其租赁费。

(1)施工机械使用费

施工机械使用费以施工机械台班耗用量乘施工机械台班单价表示，施工机械台班单价应由下列七项费用组成。

折旧费：指施工机械在规定的使用年限内，陆续收回其原值的费用。

大修理费：指施工机械按规定的大修理间隔台班进行必要的大修理，以恢复其正常功能所需的费用。

经常修理费：指施工机械除大修理以外的各级保养和临时故障排除所需的费用，包括为保障机械正常运转所需替换设备与随机配备工具附具的摊销和维护费用，机械运转中日常保养所需润滑与擦拭的材料费用及机械停滞期间的维护和保养费用等。

安拆费及场外运费：安拆费指施工机械（大型机械除外）在现场进行安装与拆卸所需的人工、材料、机械和试运转费用以及机械辅助设施的折旧、搭设、拆除等费用；场外运费指施工机械整体或分体自停放地点运至施工现场或由一施工地点运至另一施工地点的运输、装卸、辅助材料及架线等费用。

人工费：指机上司机（司炉）和其他操作人员的人工费。

燃料动力费：指施工机械在运转作业中所消耗的各种燃料及水、电费等。

税费：指施工机械按照国家规定应缴纳的车船使用税、保险费及年检费等。

(2)仪器仪表使用费

仪器仪表使用费是指工程施工所需使用的仪器仪表的摊销及维修费用。

4. 企业管理费

企业管理费是指建筑安装企业组织施工生产和经营管理所需的费用。其内容包括以下几个方面。

管理人员工资：是指按规定支付给管理人员的计时工资、奖金、津贴补贴、加班加点工资及特殊情况下支付的工资等。

办公费：是指企业管理办公用的文具、纸张、账表、印刷、邮电、书报、办公软件、现场监控、会议、水电、烧水和集体取暖降温（包括现场临时宿舍取暖降温）等费用。

差旅交通费：是指职工因公出差、调动工作的差旅费、住勤补助费，市内交通费和误餐补助费，职工探亲路费，劳动力招募费，职工退休、退职一次性路费，工伤人员就医路费，工地转移费以及管理部门使用的交通工具的油料、燃料等费用。

固定资产使用费：是指管理和试验部门及附属生产单位使用的属于固定资产的房屋、设备、仪器等的折旧、大修、维修或租赁费。

工具用具使用费：是指企业施工生产和管理使用的不属于固定资产的工具、器具、家具、交通工具和检验、试验、测绘、消防用具等的购置、维修和摊销费。

劳动保险和职工福利费：是指由企业支付的职工退职金、按规定支付给离休干部的经费，集体福利费、夏季防暑降温、冬季取暖补贴、上下班交通补贴等。

劳动保护费：是企业按规定发放的劳动保护用品的支出，如工作服、手套、防暑降温饮料以及在有碍身体健康的环境中施工的保健费用等。

检验试验费：是指施工企业按照有关标准规定，对建筑以及材料、构件和建筑安装物进行一般鉴定、检查所发生的费用，包括自设试验室进行试验所耗用的材料等费用。检验试验费不包括新结构、新材料的试验费，对构件做破坏性试验及其他特殊要求检验试验的费用和建设单位委托检测机构进行检测的费用，对此类检测发生的费用，由建设单位在工程建设其他费用中列支。但对施工企业提供的具有合格证明的材料进行检测不合格的，该检测费用由施工企业支付。

工会经费：是指企业按《中华人民共和国工会法》规定的全部职工工资总额比例计提的工会经费。

职工教育经费：是指按职工工资总额的规定比例计提，企业为职工进行专业技术和职业技能培训，专业技术人员继续教育、职工职业技能鉴定、职业资格认定以及根据需要对职工进行各类文化教育所发生的费用。

财产保险费：是指施工管理用财产、车辆等的保险费用。

财务费：是指企业为施工生产筹集资金或提供预付款担保、履约担保、职工工资支付担保等所发生的各种费用。

税金：是指企业按规定缴纳的房产税、车船使用税、土地使用税、印花税等。

其他：技术转让费、技术开发费、投标费、业务招待费、绿化费、广告费、公证费、法律顾问费、审计费、咨询费、保险费等。

根据《关于建筑业营业税改征增值税调整甘肃省建设工程计价依据的实施意见》，“营改增”后企业管理费增加城市维护建设税、教育费附加和地方教育附加等管理费用。

5. 利润

利润是指施工企业完成所承包工程获得的盈利。

6. 规费

规费是指按国家法律、法规规定，由省级政府和省级有关权力部门规定必须缴纳或计取的费用。其内容包括以下几方面。

(1)社会保险费

养老保险费：是指企业按照规定标准为职工缴纳的基本养老保险费。

失业保险费：是指企业按照规定标准为职工缴纳的失业保险费。

医疗保险费：是指企业按照规定标准为职工缴纳的基本医疗保险费。

生育保险费：是指企业按照规定标准为职工缴纳的生育保险费。

工伤保险费：是指企业按照规定标准为职工缴纳的工伤保险费。

(2)住房公积金

住房公积金：是指企业按规定标准为职工缴纳的住房公积金。

(3)工程排污费

工程排污费：是指按规定缴纳的施工现场工程排污费。

其他应列而未列入的规费，按实际发生计取。

7. 税金

税金是指国家税法规定的应计入建筑安装工程造价内的营业税、城市维护建设税、教育费附加以及地方教育附加。

实施“营改增”后，根据《关于建筑业营业税改征增值税调整甘肃省建设工程计价依据的实施意见》，税金计取增值税，营业税不再计取。

1.3.2　按造价形成划分建筑安装工程费用项目构成

建筑安装工程费按照工程造价形成由分部分项工程费、措施项目费、其他项目费、规费、税金组成，分部分项工程费、措施项目费、其他项目费包含人工费、材料费、施工机具使用费、企业管理费和利润，其具体构成如图1-3-3所示。

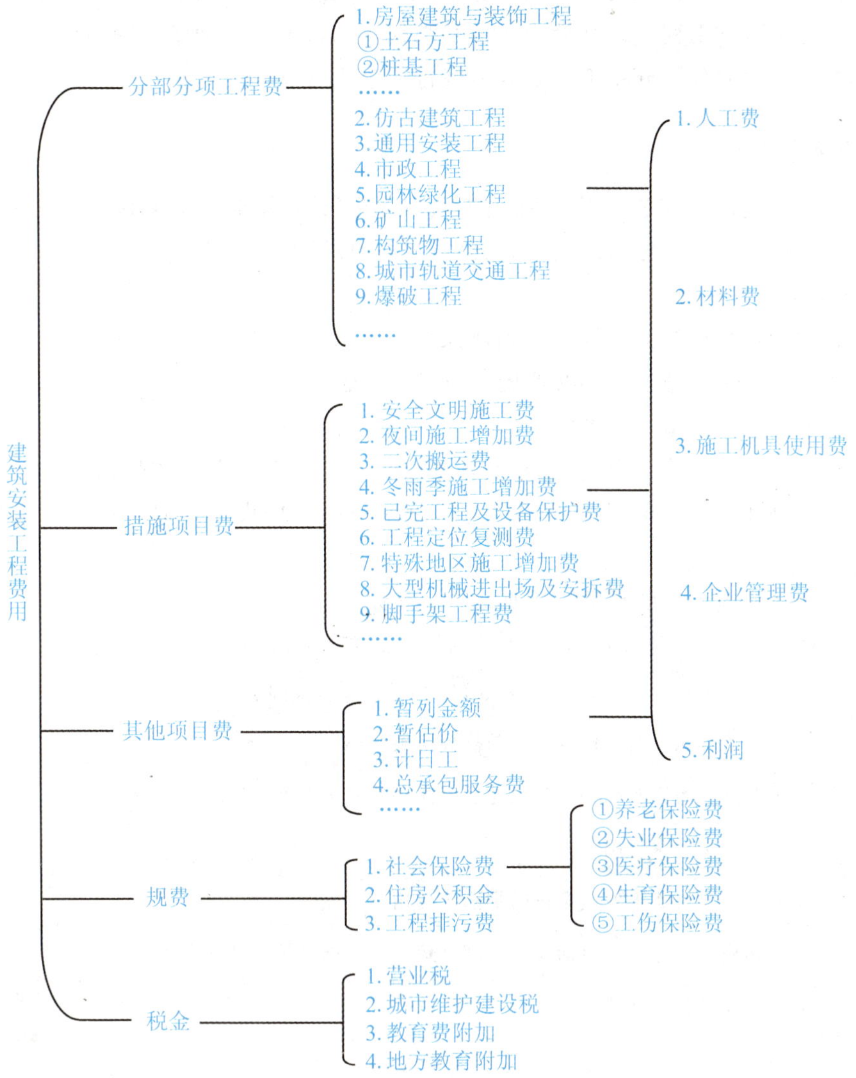

图1-3-3　建筑安装工程费用项目构成(按造价形成划分)

1. 分部分项工程费

分部分项工程费是指各专业工程的分部分项工程应予列支的各项费用。

(1)专业工程

专业工程是指按现行国家计量规范划分的房屋建筑与装饰工程、仿古建筑工程、抗震加固及维修等各类工程。

(2)分部分项工程

分部分项工程是指按现行国家计量规范对各专业工程划分的项目，如房屋建筑与装饰工程划分的土石方工程、地基处理与桩基工程、砌筑工程、钢筋及钢筋混凝土工程等。

各类专业工程的分部分项工程划分见现行国家或行业计量规范。

2. 措施项目费

措施项目费是指为完成建设工程施工，发生于该工程施工前和施工过程中的技术、生活、安全、环境保护等方面的费用。其内容包括以下几个方面。

(1)安全文明施工费

环境保护费：是指施工现场为达到环保部门要求所需要的各项费用。

文明施工费：是指施工现场文明施工所需要的各项费用。

安全施工费：是指施工现场安全施工所需要的各项费用。

临时设施费：是指施工企业为进行建设工程施工所必须搭设的生活和生产用的临时建筑物、构筑物和其他临时设施费用，包括临时设施的搭设、维修、拆除、清理费或摊销费等。

各项安全文明施工费的具体内容如表 1-3-1 所示。

表 1-3-1　安全文明施工措施费的主要内容

项目名称	工作内容及包含范围
环境保护	现场施工机械设备降低噪声、防扰民措施费用
	水泥和其他易飞扬细颗粒建筑材料密闭存放或采取覆盖措施等费用
	工程防扬尘洒水费用
	土石方、建筑渣土外运车辆防护措施费用
	现场污染源的控制、生活垃圾清理外运、场地排水排污措施费用
	其他环境保护措施费用

续表

项目名称	工作内容及包含范围
文明施工	“五牌一图”[工程概况牌、管理人员名单及监督电话牌、消防保卫(防火责任)牌、安全生产牌、文明施工和环境保护牌及施工现场总平面图]费用
	现场围挡的墙面美化(包括内外墙粉刷、刷白、标语等)，压顶装饰费用
	现场厕所便槽刷白、贴面砖，水泥砂浆地面或地砖费用，建筑物内临时便溺设施费用
	其他施工现场临时设施的装饰装修、美化措施费用
	现场生活卫生设施费用
	符合卫生要求的饮水设备、淋浴、消毒等设施费用
	生活用洁净燃料费用
	防煤气中毒、防蚊虫叮咬等措施费用
	施工现场操作场地的硬化费用
	现场绿化费用、治安综合治理费用
	现场配备医药保健器材、物品费用和急救人员培训费用
	现场工人用来防暑降温的电风扇、空调等设备及用电费用
	其他文明施工措施费用
安全施工	安全资料、特殊作业专项方案的编制，安全施工标志的购置及安全宣传费用
	“三宝”(安全帽、安全带、安全网)，“四口”(楼梯口、电梯井口、通道口、预留洞口)，“五临边”(阳台围边、楼板围边、屋面围边、槽坑围边、卸料平台两侧)及水平防护架、垂直防护架、外架封闭等防护费用
	施工安全用电的费用，包括配电箱三级配电、两级保护装置要求、外电防护措施费用
	起重机、塔吊等起重设备(含井架、门架)及外用电梯的安全防护措施(含警示标志)及卸料平台的临边防护、层间安全门、防护棚等设施费用
	建筑工地起重机械的检验检测费用
	施工机具防护棚及其围栏的安全保护设施费用
	施工安全防护通道费用
	工人的安全防护用品、用具购置费用
	消防设施与消防器材的配置费用
	电气保护、安全照明设施费
	其他安全防护措施费用
临时设施	施工现场采用彩色、定型钢板，砖、混凝土砌块等围挡的安砌、维修、拆除费用
	施工现场临时建筑物、构筑物的搭设、维修、拆除费用，如临时宿舍、办公室、食堂、厨房、厕所、诊疗所、文化福利用房、仓库、加工场、搅拌台、简易水塔、水池等费用
	施工现场临时设施的搭设、维修、拆除费用，如临时供水管道、供电管线及其他小型临时设施等费用
	施工现场规定范围内临时简易道路铺设及临时排水设施安砌、维修、拆除费用
	其他临时设施搭设、维修、拆除费用

(2)夜间施工增加费

夜间施工增加费是指因夜间施工所发生的夜班补助费、夜间施工降效、夜间施工照明设备摊销及照明用电等费用。

(3)二次搬运费

二次搬运费是指由于施工场地条件限制而发生的材料、成品、半成品等一次运输不能达到堆放地点，必须进行二次或多次搬运的费用。

建筑与装饰工程及附属的安装工程、仿古建筑工程、外购构件工程计取二次搬运费的条件是：施工使用占地面积除以单位工程外墙外边线周长小于15 m。

安装工程计取二次搬运费的条件是：安装的设备、材料运输中有障碍物，不能一次通过，需再次装卸的。

其他工程计取二次搬运费的条件是：施工场地狭小，工程用材料、成品、半成品需进行二次倒运的。

(4)冬雨季施工增加费

冬雨季施工增加费是指在冬季或雨季施工需增加的临时设施、防滑、排除雨雪，人工及施工机械效率降低等费用。但不包括采用抗雨施工及电热法、暖棚法、外加剂等特殊措施费用。

(5)已完工程及设备保护费

已完工程及设备保护费是指竣工验收前，对已完工程及设备采取的必要保护措施所发生的费用。

(6)工程定位复测费

工程定位复测费是指工程施工过程中进行全部施工测量放线和复测工作的费用。

(7)特殊地区施工增加费

特殊地区施工增加费是指工程在沙漠或其边缘地区、高海拔、高寒、原始森林等特殊地区施工增加的费用。

(8)大型机械设备进出场及安拆费

大型机械设备进出场及安拆费是指机械整体或分体自停放场地运至施工现场或由一个施工地点运至另一个施工地点，所发生的机械进出场运输及转移费用及机械在施工现场进行安装、拆卸所需的人工费、材料费、机械费、试运转费和安装所需的辅助设施的费用，由安拆费和进出场费组成。

(9)脚手架工程费

脚手架工程费是指施工需要的各种脚手架搭、拆、运输费用以及脚手架购置费的摊销(或租赁)费用。

(10)建筑物超高费(高层建筑增加费)

建筑物超高费是指建筑物檐高超过20 m需要增加的人工降效、施工用水加压、脚手架使用期延长增加摊销量、脚手架超高加固等所需费用。

高层建筑增加费是指安装工程预算定额所规定的费用。

(11)施工排水费

施工排水费是指为确保工程在正常条件下施工，采取各种排水措施所发生的费用。

费用内容包括：施工现场为排除既有地表水、上层滞水、积水等措施所发生的人工、材料及机械费用。施工排水费不包括雨季施工时，雨后排除积水的费用。

(12)施工降水费

施工降水费是指为确保工程在正常条件下施工，采取各种降水措施所发生的费用。费用内容包括：根据地质水文勘察资料和设计要求，现场为排除地下水或降低地下水位，采取各种降水措施所发生的人工、材料及机械费用。

(13)混凝土、钢筋混凝土模板及支架(撑)费

混凝土、钢筋混凝土模板及支架(撑)费是指混凝土施工过程中需要搭设的各种钢模板、木模板、竹胶模板、支架(撑)等的支、拆、保养、运输以及模板、支架(撑)的周转摊销(或租赁)费用。

(14)地上、地下设施和建筑物的临时保护设施费

地上、地下设施和建筑物的临时保护设施费是指在工程施工过程中，对已建成的地上、地下设施和建筑物进行的遮盖、封闭、隔离等必要保护措施所发生的费用。

(15)施工因素增加费

施工因素增加费是指具有市政或仿古建筑及园林工程特点又不属于临时设施范围并在施工前可预见的因素所发生的费用。费用内容包括施工受行车、行人干扰的影响，导致人工、机械效率降低而增加的措施费用；为保证行车、行人安全，现场增设维护交通与疏导人员而增加的措施费用。园林工程包括防游人干扰及路面保护等措施费用。

(16)其他项目

其他项目指以上未包括的施工现场实际发生的其他措施费用及专业工程措施费。

措施项目及其包含的内容详见各类专业工程的现行国家或行业计量规范。

3. 其他项目费

暂列金额：是指建设单位在工程量清单中暂定并包括在工程合同价款中的一笔款项，用于施工合同签订时尚未确定或者不可预见的所需材料、工程设备、服务的采购，施工中可能发生的工程变更、合同约定调整因素出现时的工程价款调整以及发生的索赔、现场签证确认等的费用。

暂估价：是指招标人在工程量清单中提供的用于支付必然发生但暂时不能确定价格的材料、工程设备的单价以及专业工程的金额。

计日工：是指在施工过程中，承包人完成发包人提出的工程合同范围以外的零星项目或工作，按照合同中约定的单价计价的一种方式。

总承包服务费：是指总承包人为配合、协调发包人进行的专业工程发包，对发包人自行采购的材料、工程设备等进行保管以及施工现场管理、竣工资料汇总整理等服务所需的费用。

4. 规费和税金

规费和税金的构成和计算与按费用构成要素划分建筑安装工程费用项目组成部分是相同的。

复习思考题

一、填空题

1. 我国现行建筑安装工程费用项目按两种不同的方式划分，即按________划分和按________划分。

2. 为完成建设工程施工，发生于该工程施工前和施工过程中的技术、生活、安全、环境保护等方面的费用是________。

3. ________是指招标人在工程量清单中提供的用于支付必然发生但暂时不能确定价格的材料、工程设备的单价以及专业工程的金额。

4. 规费是指按国家法律、法规规定，由________规定必须缴纳或计取的费用。

5. 建筑与装饰工程及附属的安装工程、仿古建筑工程、外购构件工程计取二次搬运费的条件是：____。

6. 冬雨季施工增加费是指在冬季或雨季施工需增加的临时设施、防滑、排除雨雪，人工及施工机械效率降低等费用。但不包括采用________及电热法、________、外加剂等特殊措施费用。

二、单选题

1. 建筑工程超高费是指建筑物檐高超过(　　)需要增加的人工降效、施工用水加压、脚手架使用期延长增加摊销量、脚手架超高加固等所需费用。

A. 10 m　　B. 20 m　　C. 50 m　　D. 100 m

2. 机上司机(司炉)和其他操作人员的人工工资属于(　　)。

A. 人工费　　B. 材料费

C. 施工机械使用费　　D. 企业管理费

3. 从事建筑安装工程施工的生产工人和附属生产单位工人的工资属于(　　)。

A. 人工费　　B. 材料费

C. 施工机械使用费　　D. 企业管理费

4. 公司管理人员的工资属于(　　)。

A. 人工费　　B. 材料费

C. 施工机械使用费　　D. 企业管理费

5. 为完成建设工程施工，发生于该工程施工前和施工过程中的技术、生活、安全、环境保护等方面的费用是(　　)。

A. 单项工程费　　B. 其他项目费　　C. 直接工程费　　D. 措施项目费

6. 以下费用中，属于企业管理费的是(　　)。

A. 生产工具用具使用费　　B. 工具用具使用费

C. 临时设施费　　D. 安全保险费

三、多选题

1. 规费中社会保险费包括(　　)。

A. 养老保险费　　B. 失业保险费　　C. 住房公积金　　D. 医疗保险费

E. 工伤保险费

2. 其他项目费包括(　　)。

A. 暂列金额　　B. 暂估价　　C 企业管理费　　D. 计日工

E. 总承包服务费

3. 建筑安装工程费按照费用构成要素划分，是由人工费、材料费、施工机具使用费、(　　)组成。

A. 企业管理费　　B. 利润　　C. 规费　　D. 税金

E. 风险费用

4. 建筑安装工程费按照工程造价形成由(　　)、规费、税金组成。

A. 分部分项工程费　　B. 人工费

C. 措施项目费　　D. 其他项目费

E. 施工机具使用费

5. 安全文明施工措施费包括(　　)。

A. 环境保护　　B. 安全施工　　C. 文明施工　　D. 临时设施

E. 施工排水降水

四、简答题

1. 建筑安装工程费按照费用构成要素如何划分?

2. 建筑安装工程费按照工程造价形成如何划分?

3. 规费包含哪些内容?

1.4 建设工程计价方法

学习目的

工程造价的计价方法有清单计价法和定额计价法。本节通过对工程计价基本原理及两种计价方法下基本计价程序的介绍，让学生了解两种计价方法的不同。定额计价法是本教材的编制和讲授依据，定额计价法下列项、工程量的计算及分项工程费用的计取，也是目前清单报价的依据。通过对本节内容的学习，学生对两种计价方法有初步的认识。

知识目标

1. 熟悉工程计价基本原理。
2. 熟悉工程计价标准和依据。
3. 掌握工程计价基本程序。

重点难点

1. 定额计价基本程序。
2. 清单计价基本程序。

工程计价是指按照规定的程序、方法和依据，对工程造价及其构成内容进行估计或确定的行为。工程计价依据是指在工程计价活动中，所要依据的与计价内容、计价方法和价格标准相关的工程计量计价标准、工程计价定额及工程造价信息等。

1.4.1 工程计价基本原理

建设项目是兼具单件性与多样性的集合体。每一个建设项目的建设都需要按业主的特定需要进行单独设计、单独施工，不能批量生产和按整个项目确定价格，只能采用特殊的计价程序和计价方法，即将整个项目进行分解，划分为可以按有关技术经济参数测算价格的基本构造单元(如定额项目、清单项目)，这样就可以计算出基本构造单元的费用。一般来说，分解结构层次越多，基本子项也越细，计算也更精确。

任何一个建设项目都可以分解为一个或几个单项工程，任何一个单项工程都是由一个或几个单位工程组成的。作为单位工程的各类建筑工程和安装工程仍然是一个比较复杂的综合实体，还需要进一步分解。单位工程可以按照结构部位、路段长度及施工特点或施工任务分解为分部工程。分解成分部工程后，从工程计价的角度，还需要把分部工程按照不同的施工方法、材料、工序及路段长度等，加以更为细致地分解，划分为更简单细小的部分，即分项工程。分解到分项工程后还可以根据需要进一步划分或组合为定额项目或清单项目，这样就可以得到基本构造单元了。

工程造价计价的主要思路就是将建设项目细分至最基本的构造单元，找到适当的计量单位及当时当地的单价，采取一定的计价方法，进行分部组合汇总，计算出相应工程造价。工程计价的基本原理就在于项目的分解与组合。工程计价的基本原理可以用公式的形式表达如下：

分部分项工程费 $=\sum$[基本构造单元工程量(定额项目或清单项目)×相应单价]。

工程造价的计价可分为工程计量和工程计价两个环节。

1. 工程计量

工程计量工作包括工程项目的划分和工程量的计算。

单位工程基本构造单元的确定，即划分工程项目。编制工程概算预算时，主要是按工程定额进行项目的划分；编制工程量清单时主要是按照工程量清单计量规范规定的清单项目进行划分。

工程量的计算就是按照工程项目的划分和工程量计算规则，就施工图设计文件和施工组织设计对分项工程实物量进行计算。工程实物量是计价的基础，不同的计价依据有不同的计算规则规定。目前，工程量计算规则包括两大类：各类工程定额规定的计算规则；各专业工程计量规范附录中规定的计算规则。

2. 工程计价

工程计价包括工程单价的确定和总价的计算。

(1)工程单价

工程单价是指完成单位工程基本构造单元的工程量所需要的基本费用。工程单价包括工料单价和综合单价。

工料单价也称直接工程费单价，包括人工、材料、机械台班费用，是各种人工消耗量、各种材料消耗量、各类机械台班消耗量与其相应单价的乘积。用下式表示：

$$工料单价 = \sum(人材机消耗量 \times 人材机单价)。$$

综合单价包括人工费、材料费、机械台班费，还包括企业管理费、利润和风险因素。综合单价根据国家、地区、行业定额或企业定额消耗量和相应生产要素的市场价格来定。

(2)工程总价

工程总价是指经过规定的程序或办法逐级汇总形成的相应工程造价。

根据采用单价的不同，总价的计算程序有所不同。

采用工料单价时，在工料单价确定后，乘相应定额项目工程量并汇总，得出相应工程直接工程费，再按照相应的取费程序计算其他各项费用，汇总后形成相应工程价。

采用综合单价时，在综合单价确定后，乘相应项目工程量，经汇总即可得出分部分项工程费，再按相应的办法计取措施项目、其他项目、规费项目、税金项目费，各项目费汇总后得出相应工程造价。

1.4.2　工程计价标准和依据

工程计价标准和依据主要包括计价活动的相关规章规程、工程量清单计价和计量规范、工程定额和工程造价信息。

计价活动的相关规章规程则根据其具体内容可能适用于不同阶段的计价活动。工程量清单计价和计量规范主要适用于合同价格形成以及后续的合同价格管理阶段。从目前我国现状来看，工程定额主要用于项目建设前期各阶段对建设投资的预测和估计，在工程建设交易阶段，工程定额通常只能作为建设产品价格形成的辅助依据。工程造价信息是计价活动所必需的依据。

1. 计价活动的相关规章规程

现行计价活动相关的规章规程主要包括《建筑工程施工发包与承包计价管理办法》《建设项目投资估算编审规程》《建设项目设计概算编审规程》《建设项目施工图预算编审规程》《建设工程招标控制价编审规程》《建设项目工程结算编审规程》《建设项目全过程造价咨询规程》《建设工程造价咨询成果文件质量标准》《建设工程造价鉴定规程》等。

2. 工程量清单计价和计量规范

工程量清单计价和计量规范由《建设工程工程量清单计价规范》(GB 50500—2013)、《房屋建筑与装饰工程工程量计算规范》(GB 50854—2013)、《仿古建筑工程工程量计算规范》(GB 50855—2013)、《通用安装工程工程量计算规范》(GB 50856—2013)、《市政工程工程量计算规范》(GB 50857—2013)、《园林绿化工程工程量计算规范》(GB 50858—

2013)、《矿山工程工程量计算规范》(GB 50859—2013)、《构筑物工程工程量计算规范》(GB 50860—2013)、《城市轨道交通工程工程量计算规范》(GB 50861—2013)、《爆破工程工程量计算规范》(GB 50862—2013)等组成。

3. 工程定额

工程定额主要指国家、省、有关专业部门制定的各种定额，包括工程消耗量定额和工程计价定额等。

4. 工程造价信息

工程造价信息主要包括价格信息、工程造价指数和已完工程信息等。

1.4.3 工程计价基本程序

1. 工程概预算编制(定额计价)的基本程序

工程概预算的编制是国家通过颁布统一的计价定额或指标，对建筑产品价格进行计价的活动。国家以假定的建筑安装产品为对象，制定统一的预算和概算定额；然后按概预算定额规定的分部分项子目，逐项计算工程量，套用概预算定额单价(或单位估价表)确定直接工程费；最后按规定的取费标准确定措施费、间接费、利润和税金，经汇总后即为工程概预算价值。工程概预算编制的基本程序如图 1-4-1 所示。

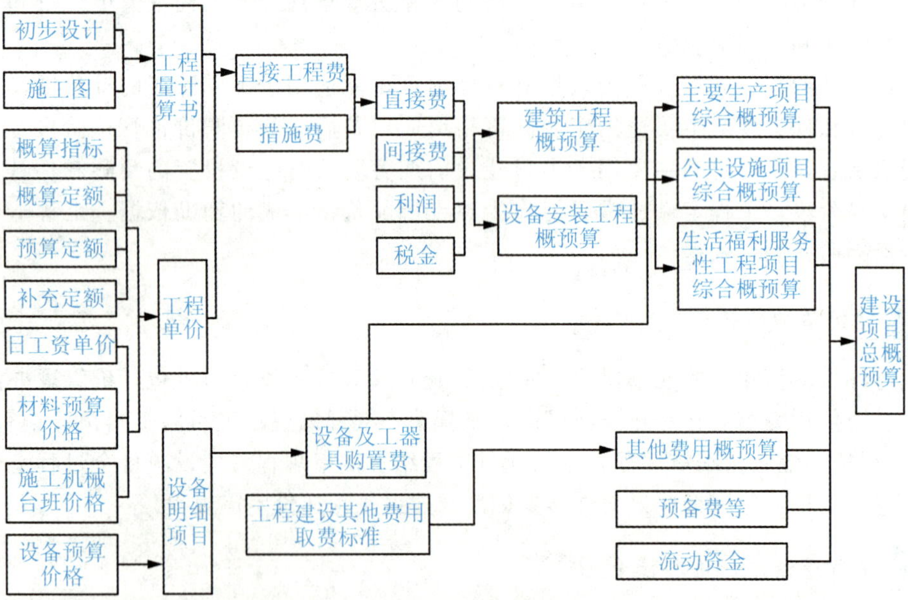

图 1-4-1 工程概预算编制程序示意图

工程概预算单位价格的形成过程，就是依据概预算定额所确定的消耗量乘定额单价或市场价，经过不同层次的计算形成相应造价的过程。可以用如下公式进一步明确工程概预算编制的基本方法和程序。

①每一计量单位建筑产品的基本构造要素（假定建筑产品）的直接工程费单价＝人工费＋材料费＋施工机械使用费。

其中：人工费 $=\sum$（人工工日数量 × 人工单价），

材料费 $=\sum$（材料用量 × 材料单价），

机械使用费 $=\sum$（机械台班用量 × 机械台班单价）。

② 单位工程直接费 $=\sum$（假定建筑产品工程量 × 直接工程费单价）＋ 措施费。

③ 单位工程概预算造价 ＝ 单位工程直接费 ＋ 间接费 ＋ 利润 ＋ 税金。

④ 单项工程概预算造价 $=\sum$ 单位工程概预算造价 ＋ 设备、工器具购置费。

⑤ 建设项目全部工程概预算造价 $=\sum$ 单项工程概预算造价＋预备费＋有关的其他费用。

2. 工程量清单计价的基本程序

工程量清单计价可分为工程量清单的编制和工程量清单的应用两个程序。工程量清单的编制程序如图 1-4-2 所示，工程量清单的应用程序如图 1-4-3 所示。

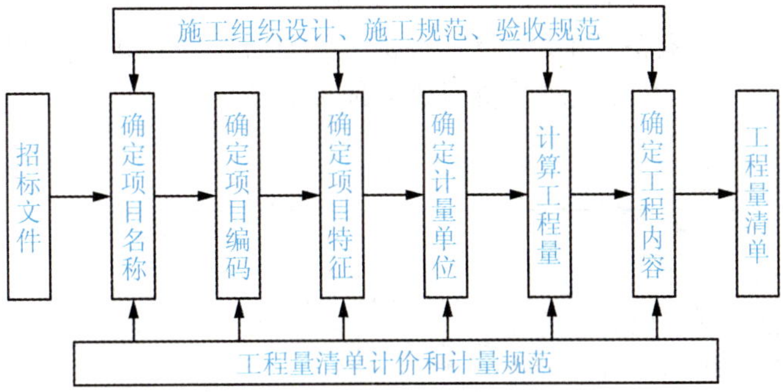

图 1-4-2　工程量清单的编制程序

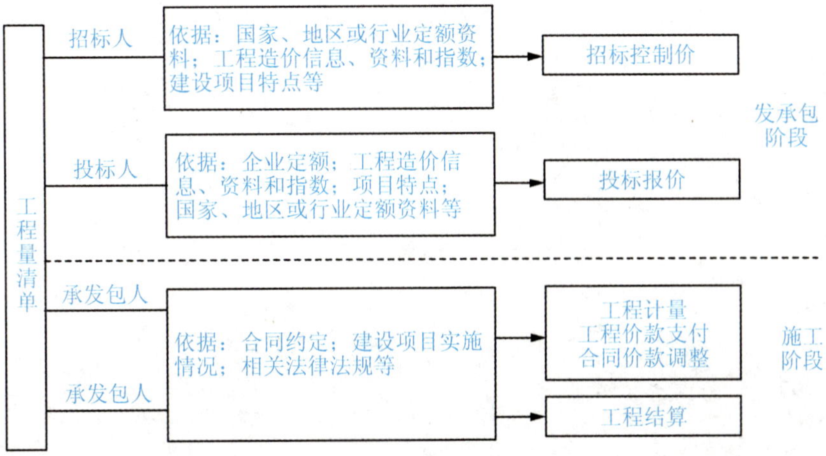

图 1-4-3　工程量清单的应用程序

工程量清单计价的基本原理可以描述为：按照工程量清单计价规范规定，在各相应专业工程计量规范规定的工程量清单项目设置和工程量计算规则基础上，针对具体工程的施工图纸和施工组织设计计算出各个清单项目的工程量，根据规定的方法计算出综合单价，并汇总各清单合价得出工程总价。

① 分部分项工程费 $=\sum$(分部分项工程量 × 相应分部分项综合单价)。

② 措施项目费 $=\sum$ 各措施项目费。

③ 其他项目费 = 暂列金额 + 暂估价 + 计日工 + 总承包服务费。

④ 单位工程报价 = 分部分项工程费 + 措施项目费 + 其他项目费 + 规费 + 税金。

⑤ 单项工程报价 $=\sum$ 单位工程报价。

⑥ 建设项目总报价 $=\sum$ 单项工程报价。

公式中，综合单价是指完成一个规定清单项目所需的人工费、材料和工程设备费、施工机具使用费和企业管理费、利润，以及一定范围内的风险费用。风险费用是隐含于已标价工程量清单综合单价中，用于化解发承包双方在工程合同中约定内容和范围内的市场价格波动风险的费用。

工程量清单计价活动涵盖施工招标、合同管理，以及竣工交付全过程，主要包括：编制招标工程量清单、招标控制价、投标报价，确定合同价，进行工程计量与价款支付、合同价款的调整、工程结算和工程计价纠纷处理等活动。

复习思考题

简答题

1. 工程计量包含哪些内容？
2. 工程计价包含哪些内容？
3. 工程计价基本程序有哪些？

任务2　建筑工程定额解析

2.1　定额概述

学习目的

通过对定额的产生和发展过程的学习，学生掌握什么是工程定额；通过对定额类别的学习，学生对定额体系有一个直观的理解——不同定额虽然适用于不同的情况和用途，但是它们是一个互相联系的有机整体，在实际工作中需要配合使用。

知识目标

1. 了解定额的产生和发展过程。
2. 掌握工程定额的概念。
3. 掌握工程定额的分类。

重点难点

按照不同的原则和方法对定额进行分类。

定额是一种规定的额度，广义地说，是处理特定事物的数量界限。在现代社会经济生活中，定额几乎无处不在。就生产领域来说，工时定额、原材料消耗定额、原材料和成品半成品储备定额、流动资金定额等，都是企业管理的重要基础。更为重要的是，在市场经济条件下，从市场价格机制角度，该如何看待现行工程建设定额在工程价格形成中的作用。因此，在研究工程造价的计价依据和计价方式时，首先有必要对定额和工程定额的基本原理有一个基本认识。

2.1.1　定额的产生与发展

定额是客观存在的，但人们对这种数量关系的认识却不是与其存在和发展同步的，而是随着生产力的发展、生产经验的积累和人类自身认识能力的提高，随着社会生产管理的客观需要由自发到自觉，又由自觉到定额的制定和管理这样一个逐步深化和完善的过程。定额是企业科学管理的产物，最初由美国工程师泰勒(F. W. Taylor，1856—1915)开始研究。

20世纪初，在资本主义国家，企业的生产技术得到很大提高，但由于管理跟不上，经济效益仍然不理想。为了通过加强管理提高劳动生产率，泰勒开始研究管理方法。他首先将工人的工作时间划分为若干个组成部分，如划分为准备工作时间、基本工作时间、辅助工作时间等，然后用秒表来测定完成各项工作所需的劳动时间，以此为基础制定工时消耗定额，作为衡量工人工作效率的标准。

在研究工人工作时间的同时，泰勒把工人在劳动中的操作过程分解为若干个操作步骤，除掉那些多余和无效的动作，制定出操作顺序最佳、付出体力最少、节省工作时间最多的操作方法. 以期达到提高工作效率的目的。可见，运用该方法制定工时消耗定额是建立在先进合理的操作方法基础上的。

制定科学的工时定额，实行标准的操作方法，采用先进的工具和设备，再加上有差别的计件工资制，就构成了“泰勒制”的主要内容。

泰勒制给资本主义企业管理带来了根本的变革。因而，在资本主义管理史上，泰勒被尊为“科学管理之父”。

在企业管理中采用定额管理的方法来促进劳动生产率的提高，正是泰勒制中科学的、有价值的内容。我们应该用来为社会主义市场经济建设服务。定额虽然是管理科学发展初期的产物，但它在企业管理中占有重要地位。因为定额提供的各项数据，是实现科学管理的必要条件。所以，定额是企业科学管理的基础。

2.1.2 定额的基本概念

1. 定额的概念

所谓“定”就是规定；“额”就是额度或限额，是进行生产经营活动时，在人力、物力、财力消耗方面所应遵守或达到的数量标准。从广义理解，定额就是规定的额度或限额，即标准或尺度，也是处理特定事物的数量界限。

2. 工程定额的概念

工程定额是完成规定计量单位的合格建筑安装产品所消耗资源的数量标准，即在一定生产力水平下，在工程建设中单位产品上人工、材料、机械、资金消耗的规定额度，这种数量关系体现出正常施工条件、合理的施工组织设计、合格产品下各种生产要素消耗的社会平均合理水平。

工程定额是工程造价的计价依据。反映社会生产力投入和产出关系的定额，在建设管理中不可缺少。尽管建设管理科学在不断发展，但是仍然离不开工程定额。

2.1.3 工程定额体系

工程定额是一个综合概念，是建设工程造价计价和管理中各类定额的总称，包括许多种类的定额，可以按照不同的原则和方法进行分类。

1. 按定额反映的生产要素消耗内容分类

可以把工程定额划分为劳动消耗定额、材料消耗定额和机械消耗定额三种。

劳动消耗定额。劳动消耗定额简称劳动定额(也称人工定额)，是在正常的施工技术和组织条件下，完成规定计量单位合格的建筑安装产品所消耗的人工工日的数量标准。劳动定额的主要表现形式是时间定额，但同时也表现为产量定额。时间定额与产量定额互为倒数。

材料消耗定额。材料消耗定额简称材料定额，是指在正常的施工技术和组织条件下，完成规定计量单位合格的建筑安装产品所消耗的原材料、成品、半成品、构配件、燃料，以及水、电等动力资源的数量标准。

机械消耗定额。机械消耗定额以一台机械一个工作班为计量单位，所以又称为机械台班定额。机械消耗定额是指在正常的施工技术和组织条件下，完成规定计量单位合格的建筑安装产品所消耗的施工机械台班的数量标准。机械消耗定额的主要表现形式是机械时间定额，同时也以产量定额表现。

2. 按定额的编制程序和用途分类

按定额的编制程序和用途可以把工程定额分为施工定额、预算定额、概算定额、概算指标、投资估算指标五种。

施工定额：是完成一定计量单位的某一施工过程或基本工序所需消耗的人工、材料和机械台班数量标准。施工定额是施工企业(建筑安装企业)在内部使用的一种组织生产和加强管理的定额，属于企业定额的性质。施工定额是以某一施工过程或基本工序作为研究对象，表示生产产品数量与生产要素消耗综合关系编制的定额。为了适应组织生产和管理的需要，施工定额的项目划分很细，是工程定额中分项最细、定额子目最多的一种定额，也是工程定额中的基础性定额。

预算定额：是在正常的施工条件下，完成一定计量单位的合格分项工程和结构构件所需消耗的人工、材料、施工机械台班数量及其费用标准。预算定额是一种计价性定额。从编制程序上看，预算定额是以施工定额为基础综合扩大编制的，同时它也是编制概算定额的基础。

概算定额：是完成单位合格扩大分项工程或扩大结构构件所需消耗的人工、材料和施工机械台班数量及其费用标准，是一种计价性定额。概算定额是编制扩大初步设计概算、确定建设项目投资额的依据。概算定额的项目划分粗细，与扩大初步设计的深度相适应，一般是在预算定额的基础上综合扩大而成的，每一综合分项概算定额都包含了数项预算定额。

概算指标：是以单位工程为对象，反映出完成一个规定计量单位建筑安装产品的经济消耗指标。概算指标是概算定额的扩大与合并，以更为扩大的计量单位来编制的。概算指标的内容包括人工、机械台班、材料定额三个基本部分，同时还列出了各结构分部的工程量及单位建筑工程(以体积计或面积计)的造价，是一种计价定额。

投资估算指标：是以建设项目、单项工程、单位工程为对象，反映建设总投资及其各项费用构成的经济指标。它是在项目建议书和可行性研究阶段编制投资估算、计算投资需要量时使用的一种定额。它的概略程度与可行性研究阶段相适应。投资估算指标往往根据历史的预、决算资料和价格变动等资料编制，但其编制基础仍然离不开预算定额、概算定额。

上述各种定额间关系的比较可参见表 2-1-1。

表 2-1-1 各种定额间关系的比较

	施工定额	预算定额	概算定额	概算指标	投资估算指标
对象	施工过程或基本工序	分项工程和结构构件	扩大的分项工程或扩大的结构构件	单位工程	建设项目、单项工程、单位工程
用途	编制施工预算	编制施工图预算	编制扩大初步设计概算	编制初步设计概算	编制投资估算
项目划分	最细	细	较粗	粗	很粗
定额水平	平均先进	平均			
定额性质	生产性定额	计价性定额			

3. 按照专业分类

由于工程建设涉及众多的专业，不同的专业所含的内容也不同，因此就确定人工、材料和机械台班消耗数量标准的工程定额来说，也需按不同的专业分别进行编制和执行。

建筑工程定额按专业对象分为建筑及装饰工程定额、房屋修缮工程定额、市政工程定额、铁路工程定额、公路工程定额、矿山井巷工程定额等。

安装工程定额按专业对象分为电气设备安装工程定额、机械设备安装工程定额、热力设备安装工程定额、通信设备安装工程定额、化学工业设备安装工程定额、工业管道安装工程定额、工艺金属结构安装工程定额等。

4. 按主编单位和管理权限分类

工程定额可以分为全国统一定额、行业统一定额、地区统一定额、企业定额、补充定额五种。

全国统一定额是由国家建设行政主管部门综合全国工程建设中技术和施工组织管理的情况编制，并在全国范围内适用的定额。

行业统一定额是考虑到各行业部门专业工程技术特点，以及施工生产和管理水平编制的，一般是只在本行业和相同专业性质的范围内使用。

地区统一定额包括省、自治区、直辖市定额。地区统一定额主要是考虑地区性特点和全国统一定额水平做适当调整和补充编制的。

企业定额是施工单位根据本企业的施工技术、机械装备和管理水平编制的人工、施工机械台班和材料等的消耗标准。企业定额在企业内部使用，是企业综合素质的一个标志。企业定额水平一般应高于国家现行定额，才能满足生产技术发展、企业管理和市场竞争的需要。在工程量清单计价方式下，企业定额作为施工企业进行建设工程投标报价的计价依据，发挥着越来越大的作用。

补充定额是指随着设计、施工技术的发展，现行定额不能满足需要的情况下，为了补充缺陷所编制的定额。补充定额只能在指定的范围内使用，可以作为以后修订定额的基础。

上述各种定额虽然适用于不同的情况，但是它们是一个互相联系的有机整体，在实际工作中配合使用。

复习思考题

一、单选题

1.(　　)在企业内部使用，是企业综合素质的一个标志。

A. 补充定额　　B. 行业统一定额

C. 地区统一定额　　D. 企业定额

2. 预算定额基价是指(　　)的人工、材料、施工机械使用费之和。

A. 单位工程　　B. 分项工程或结构构件

C. 扩大分部分项工程　　D. 单项工程

3. 施工定额是以(　　)作为研究对象，表示生产产品数量与生产要素消耗综合关系编制的定额。

A. 某一施工过程或基本工序　　B. 分项工程和结构构件

C. 扩大的分项工程或扩大的结构构件　　D. 单位工程

4. 把工程定额划分为劳动消耗定额、机械消耗定额和材料消耗定额三种的分类方法是(　　)。

A. 按主编单位和管理权限分类　　B. 按照专业划分

C. 按定额的编制程序和用途分类　　D. 按定额反映的生产要素消耗内容分类

5.(　　)是指随着设计、施工技术的发展，现行定额不能满足需要的情况下，为了补充缺陷所编制的定额。

A. 补充定额　　B. 行业统一定额

C. 地区统一定额　　D. 企业定额

6. 施工定额的编制水平是(　　)水平，属于(　　)性定额。

A. 平均先进，计价　　B. 平均先进，生产

C. 平均，计价　　D. 平均，生产

7. 预算定额的编制水平是(　　)水平，属于(　　)性定额。

A. 平均先进，计价　　B. 平均先进，生产

C. 平均，计价　　D. 平均，生产

8. 概算指标是(　　)的扩大与合并，以更为扩大的计量单位来编制的。

A. 施工定额　　B. 概算指标　　C. 概算定额　　D. 预算定额

9. 预算定额是以(　　)为基础综合扩大编制的，同时它也是编制概算定额的基础。

A. 施工定额　　B. 概算指标　　C. 概算定额　　D. 预算定额

10.(　　)是工程定额中分项最细、定额子目最多的一种定额，也是工程定额中的基础性定额。

A. 施工定额　　B. 概算指标　　C. 概算定额　　D. 预算定额

11. 劳动定额的主要表现形式是时间定额和产量定额，它们之间的关系是(　　)。

A. 之和为 1　　B. 互为相反数　　C. 互为倒数　　D. 没有关系

二、多选题

1. 按主编单位和管理权限分类，可将建设工程定额分为(　　)和补充定额五种。

A. 全国统一定额　　B. 行业统一定额　　C. 地区统一定额

D. 企业定额　　E. 材料消耗定额

2. 按定额的编制程序和用途分类可以把工程定额分为(　　)投资估算指标五种。

A. 人工定额　　B. 概算指标　　C. 概算定额

D. 预算定额　　E. 施工定额

3. 按照反映的生产要素消耗内容，可将建设工程定额分为(　　)。

A. 人工定额　　B. 材料消耗定额　　C. 机械台班定额

D. 时间定额　　E. 产量定额

4. 投资估算指标是以(　　)为对象，反映建设总投资及其各项费用构成的经济指标。

A. 建设项目　　B. 单项工程　　C. 扩大的分项工程

D. 单位工程　　E. 分项工程

5.《甘肃省建筑与装饰工程预算定额》属于(　　)。

A. 施工定额　　B. 预算定额　　C. 地区统一定额

D. 建筑工程定额　　E. 材料消耗定额

三、简答题

什么是工程定额？工程定额如何分类？

2.2 施工定额人工、材料及机械台班消耗量的编制

学习目的

本部分内容介绍施工定额中人工、材料及机械台班消耗量的编制方法。施工定额是预算定额的编制基础，通过对施工定额中消耗量的编制方法的学习，学生对定额中人工、材料、机械台班的构成和编制有初步的了解，为后续预算定额的学习和使用打下基础。

知识目标

1. 工作时间的分类。
2. 人工定额的两种表现形式及关系。
3. 确定材料定额消耗量的基本方法。
4. 确定机械台班定额消耗量的基本方法。

重点难点

1. 必需消耗的工作时间(定额时间)包含的内容。
2. 时间定额和产量定额的计算。
3. 利用理论计算法计算材料消耗量。

施工定额是按编制程序和用途分类的一种最基础的定额，由劳动定额、材料消耗定额、机械台班使用定额组成，是按照社会平均先进生产力水平编制的，反映企业的施工水平、装备水平和管理水平，是考核施工企业劳动生产力水平、管理水平的标尺，是施工企业确定工程成本和投标报价的依据。

2.2.1　工作时间分类

编制施工定额人工、材料、机械台班消耗量的基础是先将工人和机械的工作时间进行分类，哪些时间在确定人工和机械消耗量时需要考虑，哪些时间在确定人工和机械消耗量时不需要考虑。

研究施工中的工作时间最主要的目的是确定施工的时间定额和产量定额，其前提是对工作时间按其消耗性质进行分类，以便研究工时消耗的数量及其特点。

工作时间，指的是工作班延续时间。例如，8 小时工作制的工作时间就是 8 小时，午休时间不包括在内。对工作时间消耗的研究，可以分为两个系统进行，即工人工作时间的消耗和工人所使用的机器工作时间消耗。

工人在工作班内消耗的工作时间，按其消耗的性质，基本可以分为两大类：必需消耗的时间和损失时间。工人工作时间的分类一般如图 2-2-1 所示。

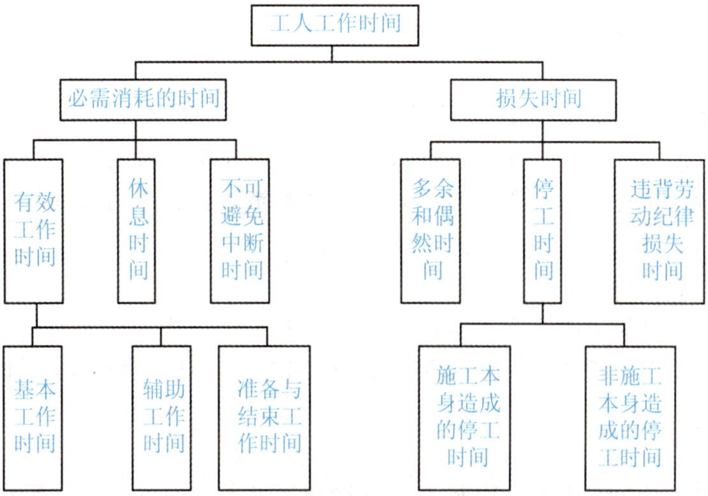

图 2-2-1　工人工作时间分类图

1. 必需消耗的时间

必需消耗的工作时间是工人在正常施工条件下，为完成一定合格产品(工作任务)所消耗的时间，是制定定额的主要依据，包括有效工作时间、休息时间和不可避免中断时间的消耗。

(1)有效工作时间

有效工作时间是从生产效果来看与产品生产直接有关的时间消耗，包括基本工作时间、辅助工作时间、准备与结束工作时间的消耗。

基本工作时间是工人完成能生产一定产品的施工工艺过程所消耗的时间。通过这些工艺过程可以使材料改变外形，如钢筋煨弯等；可以改变材料的结构与性质，如混凝土制品的养护干燥等；可以使预制构配件安装组合成型；也可以改变产品外部及表面的性质，如粉刷、油漆等。基本工作时间所包括的内容依工作性质各不相同。基本工作时间的长短和工作量大小成正比。

辅助工作时间是为保证基本工作能顺利完成所消耗的时间。在辅助工作时间里，不能使产品的形状大小、性质或位置发生变化。辅助工作时间的结束，往往就是基本工作时间的开始。辅助工作一般是手工操作。但如果在机手并动的情况下，辅助工作是在机械运转过程中进行的，为避免重复则不应再计辅助工作时间的消耗。辅助工作时间长短与工作量大小有关。

准备与结束工作时间是执行任务前或任务完成后所消耗的工作时间，如工作地点、劳动工具和劳动对象的准备工作时间，工作结束后的整理工作时间等。准备和结束工作时间的长短与所担负的工作量大小无关，但往往和工作内容有关。这项时间消耗可以分为班内的准备与结束工作时间和任务的准备与结束工作时间。其中，任务的准备和结束工作时间是在一批任务的开始与结束时产生的，如熟悉图纸、准备相应的工具、事后清理场地等，通常不反映在每一个工作班里。

(2)休息时间

休息时间是工人在工作过程中为恢复体力所必需的短暂休息和生理需要的时间消耗。这种时间是为了保证工人精力充沛地进行工作，所以在定额时间中必须进行计算。休息时间的长短和劳动条件、劳动强度有关，劳动越繁重紧张、劳动条件越差(如高温)，则休息时间越长。

(3)不可避免中断时间

不可避免中断时间是由于施工工艺特点引起的工作中断所必需的时间。与施工过程工艺特点有关的工作中断时间，应包括在定额时间内，但应尽量缩短此项时间消耗。

2. 损失时间

损失时间与产品生产无关，而与施工组织和技术上的缺点有关，是与工人在施工过程中的个人过失或某些偶然因素有关的时间消耗，损失时间中包括多余和偶然工作、停工、违背劳动纪律所引起的工时损失。

(1)多余和偶然时间

多余工作就是工人进行了任务以外而又不能增加产品数量的工作，如重砌质量不合格的墙体。多余工作的工时损失，一般是由工程技术人员和工人的差错而引起的，因此，不应计入定额时间中。偶然工作也是工人在任务外进行的工作，但能够获得一定产品，如抹灰工不得不补上偶然遗留的墙洞等。由于偶然工作能获得一定产品，拟定定额时要适当考虑它的影响。

(2)停工时间

停工时间是指工作班内停止工作造成的工时损失。停工时间按其性质可分为施工本身造成的停工时间和非施工本身造成的停工时间两种。施工本身造成的停工时间，是由于施工组织不善、材料供应不及时、工作面准备工作做得不好、工作地点组织不良等情况引起的停工时间。非施工本身造成的停工时间，是由于水源、电源中断引起的停工时间。前一种情况在拟定定额时不应该计算，后一种情况定额中则应给予合理考虑。

(3)违背劳动纪律所引起的工时损失

违背劳动纪律所引起的工时损失是指工人在工作班开始和午休后的迟到、午饭前和工作班结束前的早退、擅自离开工作岗位、工作时间内聊天或办私事等造成的工时损失。由于个别工人违背劳动纪律而影响其他工人无法工作的时间损失，也包括在内。

工作时间消耗的确定采用计时观察法。

2.2.2　确定人工定额消耗量的基本方法

时间定额和产量定额是人工定额的两种表现形式。时间定额是指在一定的技术装备和劳动组织条件下，规定完成合格的单位产品所需消耗工作时间的数量标准。一般以工时或工日为计量单位。产量定额是指在一定的技术装备和劳动组织条件下，规定劳动者在单位时间(工日)内，应完成合格产品的数量标准，由于产品多种多样，产量定额的计量单位也就无法统一，一般有米、平方米、立方米、千克、吨、块、套、组、台等。时间定额与产量定额互为倒数，即时间定额＝1/产量定额。拟定出时间定额，也就可以计算出产量定额。

在全面分析各种影响因素的基础上，通过计时观察资料，我们可以获得定额的各种必需消耗时间。将这些时间进行归纳，有的是经过换算得到的，有的是根据不同的工时规范附加得到的，最后把各种定额时间加以综合和类比就是整个工作过程的人工消耗的时间定额。

1.　确定工序作业时间

根据对计时观察资料的分析和选择，我们可以获得各种产品的基本工作时间和辅助工作时间，将这两种时间合并称为工序作业时间。它是产品主要的必需消耗的工作时间，是各种因素的集中反映，决定着整个产品的定额时间。

(1)拟定基本工作时间

基本工作时间在必需消耗的工作时间中占的比重最大。在确定基本工作时间时，必须细致、精确。基本工作时间消耗一般应根据计时观察资料来确定。其做法是，首先确定工作过程每一组成部分的工时消耗，然后再综合出工作过程的工时消耗。如果组成部分的产品计量单位和工作过程的产品计量单位不符，就需先求出不同计量单位的换算系数，进行产品计量单位的换算，然后再相加，求得工作过程的工时消耗。

各组成部分单位与最终产品单位一致时的基本工作时间计算。此时，单位产品基本工作时间就是施工过程各个组成部分作业时间的总和。

各组成部分单位与最终产品单位不一致时的基本工作时间计算。此时，各组成部分基本工作时间应分别乘以相应的换算系数。

(2)拟定辅助工作时间

辅助工作时间的确定方法与基本工作时间相同。如果在计时观察时不能取得足够的资料，也可采用工时规范或经验数据来确定。如有现行的工时规范，可以直接利用工时规范中规定的辅助工作时间的百分比来计算。

2. 确定规范时间

规范时间包括工序作业时间以外的准备与结束时间、不可避免中断时间以及休息时间。

(1)确定准备与结束时间

准备与结束时间包括班内的准备与结束时间和任务的准备与结束时间。任务的准备与结束时间通常不能集中在某一个工作日中，而要采取分摊计算的方法，分摊在单位产品的时间定额里。

(2)确定不可避免中断时间

在确定不可避免中断时间的定额时，必须注意由工艺特点所引起的不可避免中断才可列入工作过程的时间定额。

(3)拟定休息时间

休息时间应根据工作班作息制度、经验资料、计时观察资料，以及对工作的疲劳程度的全面分析来确定。同时，应考虑尽可能利用不可避免中断时间作为休息时间。

3. 拟定定额时间

确定的基本工作时间、辅助工作时间、准备与结束工作时间、不可避免中断时间与休息时间之和，就是劳动定额的时间定额。根据时间定额可计算出产量定额，二者互为倒数。

【例 2.2.1】通过计时观察资料得知：人工挖二类土 1 m^3 的基本工作时间为 6 h，辅助工作时间占工序作业时间的 2%。准备与结束工作时间、不可避免中断时间、休息时间分别占工作日的 3%、2%、18%。则该人工挖二类土的时间定额及产量定额是多少？

【解】基本工作时间＝6 h＝0.75 工日/米^3。

工序作业时间＝基本工作时间＋辅助工作时间

＝基本工作时间/(1－辅助时间%)

$=0.75/(1-2\%)=0.765$ 工日/米^3。

时间定额$=0.765/(1-3\%-2\%-18\%)=0.994$ 工日/米^3。

产量定额$=1/0.994=1.006$ 米^3/工日。

2.2.3　确定材料定额消耗量的基本方法

1.　材料的分类

合理确定材料消耗定额，必须研究和区分材料在施工过程中的类别。

(1)根据材料消耗的性质划分

施工中材料的消耗可分为必需消耗的材料和损失的材料两类。

必需消耗的材料是指在合理用料的条件下，生产合格产品所需消耗的材料。它包括直接用于建筑和安装工程的材料，不可避免的施工废料，不可避免的材料损耗。

必需消耗的材料属于施工正常消耗，是确定材料消耗定额的基本数据。其中，直接用于建筑和安装工程的材料，编制材料净用量定额；不可避免的施工废料和材料损耗，编制材料损耗定额。

(2)根据材料消耗与工程实体的关系划分

施工中的材料可分为实体材料和非实体材料两类。

实体材料是指直接构成工程实体的材料。它包括工程直接性材料和辅助性材料。工程直接性材料主要是指一次性消耗、直接用于工程上构成建筑物或结构本体的材料，如钢筋混凝土柱中的钢筋、水泥、砂、碎石等；辅助性材料主要是指施工过程中所必需的，却并不构成建筑物或结构本体的材料，如土石方爆破工程中所需的炸药、引信、雷管等。工程直接性材料用量大，辅助性材料用量少。

非实体材料是指在施工中必须使用但又不能构成工程实体的施工措施性材料。非实体材料主要是指周转性材料，如模板、脚手架等。

2.　确定实体材料消耗量的基本方法

确定实体材料的净用量定额和材料损耗定额的计算数据，是通过现场技术测定、实验室试验、现场统计和理论计算等方法获得的。

(1)现场技术测定法

现场技术测定法，又称为观测法，是根据对材料消耗过程的测定与观察，通过完成产品数量和材料消耗量的计算，而确定各种材料消耗定额的一种方法。现场技术测定法主要适用于确定材料损耗量，因为该部分数值用统计法或其他方法较难得到。通过现场观察，还可以区别出哪些是可以避免的损耗，哪些是属于难以避免的损耗，明确定额中不应列入的可以避免的损耗。

(2)实验室试验法

实验室试验法，主要用于编制材料净用量定额。通过试验，能够对材料的结构、化学成分和物理性能以及按强度等级控制的混凝土、砂浆、沥青、油漆等配比做出科学的结论，给编制材料消耗定额提供有技术根据的、比较精确的计算数据。但其缺点在于无法估计施工现场某些因素对材料消耗量的影响。

(3)现场统计法

现场统计法是以施工现场积累的分部分项工程使用材料数量、完成产品数量、完成工作原材料的剩余数量等统计资料为基础，经过整理分析，获得材料消耗的数据。这种方法由于不能分清材料消耗的性质，因而不能作为确定材料净用量定额和材料损耗定额的依据，只能作为编制定额的辅助性方法使用。

上述三种方法的选择必须符合国家有关标准规范，即材料的产品标准，计量要使用标准容器和称量设备，质量符合施工验收规范要求，以保证获得可靠的定额编制依据。

(4)理论计算法

理论计算法是运用一定的数学公式计算材料消耗定额。

【例 2.2.2】计算砌筑 1 m^3 1/2 砖墙，砖和砂浆的净用量和消耗量，已知砖和砂浆的损耗率均为 1%。

【分析要点】在计算砖的净用量时需要考虑灰缝所占的体积；砖和砂浆的损耗量是根据现场观察资料计算的，并以损耗率表现出来。一般由定额主编单位统一规定损耗率。

$$\text{砖的净用量}=\frac{\text{墙厚砖数}\times 2}{\text{墙厚}\times(\text{砖长}+\text{灰缝})\times(\text{砖厚}+\text{灰缝})}\text{。}$$

墙厚砖数：1/2 砖墙取 0.5，1 砖墙取 1，$1\frac{1}{2}$砖墙取 1.5，以此类推。

$$\text{砖的消耗量}=\frac{\text{砖的净用量}}{1-\text{砖的损耗率}}\text{。}$$

$$\text{砂浆净用量}=1-\text{砖数}\times\text{每块砖体积}\text{。}$$

$$\text{砂浆消耗量}=\frac{\text{砂浆净用量}}{1-\text{砂浆损耗率}}\text{。}$$

【解】已知标准砖的规格为 240 mm×115 mm×53 mm，每块砖的体积为 0.0014628 m^3。按规范规定，垂直灰缝和水平灰缝均为 10 mm。

(1)计算 1 m^3 1/2 砖墙砖的净用量。

$$\text{砖的净用量}=\frac{0.5\times 2}{0.115\times(0.24+0.01)\times(0.053+0.01)}=552.10\text{ 块。}$$

(2)计算 1 m^3 1/2 砖墙中砂浆净用量。

由于砖的体积与砂浆的体积之和为 1 m^3，因此

$$\text{砂浆净用量}=1-552.10\times 0.0014628=0.1924\ m^3\text{。}$$

(3)计算 1 m^3 1/2 砖墙砖和砂浆的消耗量。

$$\text{砖的消耗量}=\frac{552.10}{1-1\%}=558\text{ 块。}$$

$$\text{砂浆消耗量}=\frac{0.1924}{1-1\%}=0.1943\ m^3\text{。}$$

【例 2.2.3】使用 1∶2 水泥砂浆铺 500 mm×500 mm×12 mm 花岗岩板地面，灰缝宽 1 mm，水泥砂浆结合层厚 5 mm，花岗岩板损耗率 2%，水泥砂浆损耗率 1%。问题：

(1)计算每 100 m^2 地面花岗岩板材的消耗量。

(2)计算每 100 m^2 地面花岗岩板材的结合层砂浆和灰缝砂浆消耗量。

【分析要点】(1)计算地面花岗岩板材消耗量要考虑灰缝所占的面积，其板材净用量计算公式如下：

$$每\ 100\ m^2\ 花岗岩板材净用量=\frac{100}{(块料长+灰缝)\times(块料宽+灰缝)}。$$

$$每\ 100\ m^2\ 花岗岩板材消耗量=\frac{每\ 100\ m^2\ 花岗岩板材净用量}{(1-花岗岩板材损耗率)}。$$

(2)计算砂浆用量时，要考虑结合层的用量和灰缝砂浆的用量，计算公式如下：

每 100 m^2 地面花岗岩板材的结合层砂浆和灰缝砂浆净用量体积

=100×结合层砂浆厚+(100−块料净用量×每块面积)×块料厚。

$$每\ 100\ m^2\ 地面花岗岩板材的结合层砂浆和灰缝砂浆消耗量体积=\frac{砂浆净用量}{(1-砂浆损耗率)}。$$

【解】(1)计算每 100 m^2 地面贴花岗岩板材消耗量。

首先根据上式计算每 100 m^2 地面贴花岗岩板材的净用量：

$$净用量=\frac{100}{(0.5+0.001)\times(0.5+0.001)}=398.40\ 块。$$

然后再计算每 100 m^2 地面贴花岗岩板材的消耗量：

$$消耗量=\frac{398.40}{1-2\%}=406.53\ 块。$$

(2)计算每 100 m^2 地面贴花岗岩板材的砂浆消耗量。

根据上式，每 100 m^2 地面贴花岗岩板材的砂浆净用量

=100×0.005+(100−398.40×0.5×0.5)×0.012=0.505 m^3。

每 100 m^2 地面贴花岗岩板材的结合层砂浆和灰缝砂浆消耗量

=0.505/(1−1%)=0.51 m^3。

【例 2.2.4】若采用 350 号石油沥青油毡，油毡规格宽为 915 mm，长为 21.86 m，每卷面积为 20 m^2；按规定油毡搭接长度，长边搭接 80 mm，短边为 125 mm，求每 100 m^2 两毡三油卷材屋面油毡的净用量。

【分析要点】每 100 m^2 两毡三油卷材屋面油毡的净用量

$$=\frac{100}{(卷材宽-顺向搭接宽)\times(每卷卷材长-横向搭接宽)}\times每卷卷材面积\times层数。$$

【解】按公式计算如下：

每 100 m^2 两毡三油卷材屋面油毡的净用量

$$=\frac{100}{(0.915-0.08)\times(21.86-0.125)}\times20\times2=220.40\ m^2。$$

2.2.4　确定机械台班定额消耗量的步骤

1. 确定机械 1 h 纯工作正常生产率

机械纯工作时间，就是指机械的必需消耗时间。机械 1 h 纯工作正常生产率，就是在

正常施工组织条件下，具有必需的知识和技能的技术工人操纵机械 1 h 的生产率。

根据机械工作特点的不同，机械 1 h 纯工作正常生产率的确定方法，也有所不同。

工作时间内的产品数量和工作时间的消耗，要通过多次现场观察和机械说明书来取得数据。

2. 确定施工机械的正常利用系数

施工机械的正常利用系数，是指机械在工作班内对工作时间的利用率。机械的利用系数和机械在工作班内的工作状况有着密切的关系。所以，要确定机械的正常利用系数，首先要拟定机械工作班的正常工作状况，保证合理利用工时。

3. 计算施工机械台班产量定额

计算施工机械台班产量定额是编制机械定额工作的最后一步。在确定了机械工作正常条件、机械 1 h 纯工作正常生产率和机械正常利用系数之后，采用下列公式计算施工机械台班产量定额：

$$\text{施工机械台班产量定额}=\text{机械 1 h 纯工作正常生产率}\times\text{工作班纯工作时间},$$

或

$$\text{施工机械台班产量定额}=\text{机械 1 h 纯工作正常生产率}\times\text{工作班延续时间}\times\text{机械正常利用系数}。$$

$$\text{施工机械时间定额}=\frac{1}{\text{机械台班产量定额指标}}。$$

【例 2.2.5】某工程现场采用出料容量 500 L 的混凝土搅拌机，每一次循环中，装料、搅拌、卸料、中断需要的时间分别为 1 min、3 min、1 min、1 min，机械正常利用系数为 0.9，求该机械的台班产量定额。

【解】该搅拌机一次循环的正常延续时间＝1＋3＋1＋1＝6 min＝0.1 h。

该搅拌机纯工作 1 h 循环次数＝10 次。

该搅拌机纯工作 1 h 正常生产率＝10×500＝5000 L＝5 m^3。

该搅拌机台班产量定额＝5×8×0.9＝36 米^3/台班。

复习思考题

一、单选题

1.（　　）是工人完成能生产一定产品的施工工艺过程所消耗的时间。

A. 基本工作时间　　B. 辅助工作时间

C. 准备与结束工作时间　　D. 不可避免中断时间

2.（　　）是根据对材料消耗过程的测定与观察，通过完成产品数量和材料消耗量的计算，而确定各种材料消耗定额的一种方法。

A. 实验室试验法　　B. 现场统计法

C. 理论计算法　　D. 现场技术测定法

3.(　　)是运用一定的数学公式计算材料消耗定额。

A. 实验室试验法　　B. 现场统计法

C. 理论计算法　　D. 现场技术测定法

4.(　　)是制定定额的主要依据。

A. 基本工作时间　　B. 辅助工作时间

C. 准备与结束工作时间　　D. 必需消耗的工作时间

5.(　　)是为保证基本工作能顺利完成所消耗的时间。

A. 基本工作时间　　B. 辅助工作时间

C. 准备与结束工作时间　　D. 不可避免中断时间

6.(　　)是由于施工工艺特点引起的工作中断所必需的时间。

A. 准备与结束工作时间　　B. 基本工作时间

C. 不可避免中断所消耗的时间　　D. 休息时间

7.(　　)又称非定额时间，在确定定额时不予考虑。

A. 准备与结束工作时间　　B. 损失时间

C. 不可避免中断所消耗的时间　　D. 休息时间

8. 工作时间消耗的确定采用(　　)。

A. 计时观察法　　B. 现场统计法

C. 理论计算法　　D. 现场技术测定法

9. 拟定定额时间时要适当考虑(　　)的影响。

A. 多余工作　　B. 偶然工作　　C. 停工时间　　D. 违纪时间

10.(　　)是指在施工中必须使用但又不能构成工程实体的施工措施性材料，主要是指周转性材料，如模板、脚手架等。

A. 必需消耗的材料　　B. 损失的材料

C. 实体材料　　D. 非实体材料

二、多选题

1. 劳动定额的主要表现形式是时间定额和产量定额，它们之间的关系是(　　)。

A. 相乘为1　　B. 互为倒数　　C. 相除为1　　D. 相加为1

E. 相减为1

2. 必需消耗的工作时间包括(　　)。

A. 有效工作时间　　B. 停工时间　　C. 偶然时间　　D. 休息时间

E. 不可避免中断所消耗的时间

3. 有效工作时间包括(　　)。

A. 准备与结束工作时间　　B. 基本工作时间

C. 辅助工作时间　　D. 休息时间

E. 不可避免中断所消耗的时间

4. 根据材料消耗的性质划分，施工中材料的消耗可分为(　　)。

A. 必需消耗的材料　　B. 损失的材料

C. 实体材料　　D. 非实体材料

E. 其他材料

5. 根据材料消耗与工程实体的关系划分施工中材料的消耗可分为(　　)。

A. 必需消耗的材料　　B. 损失的材料

C. 实体材料　　D. 非实体材料

E. 其他材料

三、简答题

1. 工作时间如何分类?

2. 确定材料定额消耗量的基本方法有哪些?

3. 确定机械台班定额消耗量的步骤是什么?

四、综合训练

1. 用1∶1水泥砂浆贴150 mm×150 mm×5 mm瓷砖墙面，结合层厚度为10 mm，试计算每100 m^2瓷砖墙面中瓷砖和砂浆的消耗量(灰缝宽为2 mm)。假设瓷砖损耗率为1.5%，砂浆损耗率为1%。

2. 计算1 m^3 1砖墙厚砖和砂浆的净用量和消耗量，已知砖和砂浆的损耗率都为1%。

2.3 建筑安装工程人工、材料及机械台班单价

学习目的

本节内容介绍了人工日工资单价的组成、材料单价的组成和确定方法、施工机械台班单价的组成，通过本节内容的学习，学生对定额中人、材、机单价的构成有初步的了解，为后续预算定额的学习和使用打下基础。

知识目标

1. 人工日工资单价的组成。

2. 材料单价的构成和分类。

3. 施工机械台班单价的组成。

重点难点

1. 影响人工日工资单价的因素。

2. 材料单价的确定方法。

3. 施工机械台班单价的组成。

2.3.1　人工日工资单价的组成

人工日工资单价是指施工企业平均技术熟练程度的生产工人在每工作日（国家法定工作时间内）按规定从事施工作业应得的日工资总额。合理确定人工日工资单价是正确计算人工费和工程造价的前提和基础。

1. 人工日工资单价组成内容

人工日工资单价由计时工资或计件工资、奖金、津贴补贴以及特殊情况下支付的工资组成。

计时工资或计件工资是指按计时工资标准和工作时间或对已做工作按计件单价支付给个人的劳动报酬。

奖金是指对超额劳动和增收节支支付给个人的劳动报酬，如节约奖、劳动竞赛奖等。

津贴补贴是指为了补偿职工特殊或额外的劳动消耗和因其他原因支付给个人的津贴，以及为了保证职工工资水平不受物价影响支付给个人的物价补贴，如流动施工津贴、特殊地区施工津贴、高温（寒）作业临时津贴、高空津贴等。

特殊情况下支付的工资是指根据国家法律、法规和政策规定，因病、工伤、产假、计划生育假、婚丧假、事假、探亲假、定期休假、停工学习、执行国家或社会义务等原因按计时工资标准或计时工资标准的一定比例支付的工资。

2. 影响人工日工资单价的因素

影响人工日工资单价的因素很多，归纳起来有以下几个方面。

社会平均工资水平。建筑安装工人人工日工资单价必然和社会平均工资水平趋同。社会平均工资水平取决于经济发展水平。由于经济的增长，社会平均工资也会增长，从而影响人工日工资单价。

生活消费指数。生活消费指数提高会使人工日工资单价提高，以减少生活水平的下降，或维持原来的生活水平。生活消费指数的变动取决于物价的变动，尤其取决于生活消费品物价的变动。

人工日工资单价的组成内容。《关于印发〈建筑安装工程费用项目组成〉的通知》（建标〔2013〕44号）将职工福利费和劳动保护费从人工日工资单价中删除，这也必然影响人工日工资单价。

劳动力市场供需变化。劳动力市场如果需求大于供给，人工日工资单价就会提高；供给大于需求，市场竞争激烈，人工日工资单价就会下降。

政府推行的社会保障和福利政策也会影响人工日工资单价。

2.3.2　材料单价的组成和确定方法

在建筑工程中，材料费占总造价的60%～70%，在金属结构工程中所占比重还要大，是直接工程费的主要组成部分。因此，合理确定材料价格构成，正确计算材料单价，有利于合理确定和有效控制工程造价。

1. 材料单价的构成和分类

(1)材料单价的构成

材料单价是指材料(包括构件、成品及半成品等)从其来源地(或交货地点、供应者仓库提货地点)到达施工工地仓库(施工地点内存放材料的地点)后出库的综合平均价格。材料单价一般由材料原价(或供应价格)、材料运杂费、运输损耗费、采购及保管费组成。此外，在计价时，材料费中还应包括单独列项计算的检验试验费。

$$材料费 = \sum(材料消耗量 \times 材料单价) + 检验试验费。$$

(2)材料单价的分类

材料单价按适用范围划分，有地区材料单价和某项工程使用的材料单价。地区材料单价按地区(城市或建设区域)编制，供该地区所有工程使用；某项工程(一般指大中型重点工程)使用的材料单价，是以一个工程为编制对象，专供该工程项目使用。

地区材料单价与某项工程使用的材料单价的编制原理和方法是一致的，只是在材料来源地、运输数量权数等具体数据上有所不同。

2. 材料单价的确定方法

材料单价是由材料原价(或供应价格)、材料运杂费、运输损耗费以及采购保管费合计而成的。

(1)材料原价(或供应价格)

材料原价是指国内采购材料的出厂价格，国外采购材料抵达买方边境、港口或车站并缴纳完各种手续费、税费后形成的价格。在确定原价时，凡同一种材料因来源地、交货地、供货单位、生产厂家不同，而有几种价格(原价)时，根据不同来源地供货数量比例，采取加权平均的方法确定其综合原价。

(2)材料运杂费

材料运杂费是指国内采购材料自来源地、国外采购材料自到岸港运至工地仓库或指定堆放地点发生的费用。材料运杂费含外埠中转运输过程中所发生的一切费用和过境过桥费用，包括调车和驳船费、装卸费、运输费及附加工作费等。

同一品种的材料有若干个来源地，应采用加权平均的方法计算材料运杂费。

(3)运输损耗费

在材料的运输中应考虑一定的场外运输损耗费用。这是指材料在运输装卸过程中不可避免的损耗。运输损耗的计算公式如下：

$$运输损耗费=(材料原价+运杂费)\times 相应材料损耗率。$$

(4)采购及保管费

采购及保管费是指组织材料采购、检验、供应和保管过程中发生的费用，包含采购费、仓储费、工地管理费和仓储损耗。

采购及保管费一般按照材料到库价格以费率取定。材料采购及保管费计算公式如下：

采购及保管费=材料运到工地仓库价格×采购及保管费率(%)或采购及保管费=(材料原价+运杂费+运输损耗费)×采购及保管费率(%)。

综上所述，材料单价的一般计算公式为：

材料单价={(供应价格+运杂费)×[1+运输损耗率(%)]}×[1+采购及保管费率(%)]。

由于我国幅员广阔，建筑材料产地与使用地点的距离各地差异很大，建筑材料采购、保管、运输方式也不尽相同，因此材料单价原则上按地区范围编制。

3. 影响材料单价变动的因素

市场供需变化。材料原价是材料单价中最基本的组成。市场供大于求材料原价就会下降，反之，材料原价就会上升，从而也就会影响材料单价的涨落。

材料生产成本的变动直接影响材料单价的波动。

流通环节的多少和材料供应体制也会影响材料单价。

运输距离和运输方法的改变会影响材料运输费用的增减，从而也会影响材料单价。

国际市场行情会对进口材料单价产生影响。

2.3.3　施工机械台班单价的组成

施工机械使用费是根据施工机械台班耗用量和机械台班单价确定的。施工机械台班耗用量按有关定额规定计算；施工机械台班单价是指一台施工机械，在正常运转条件下一个工作班中所发生的全部费用，每台班按8小时工作制计算。正确制定施工机械台班单价是合理确定和控制工程造价的重要方面。

根据《全国统一施工机械台班费用编制规则》的规定，施工机械台班单价由七项费用组成，包括折旧费、大修理费、经常修理费、安拆费及场外运费、人工费、燃料动力费、其他费用。

1. 折旧费

折旧费是指施工机械在规定使用期限内，陆续收回其原值及购置资金的时间价值。

2. 大修理费

大修理费是指机械设备按规定的大修理间隔台班进行必要的大修理，以恢复机械正常功能所需的费用。台班大修理费是机械使用期限内全部大修理费之和在台班费用中的分摊额，取决于一次大修理费用、大修理次数和耐用总台班的数量。

3. 经常修理费

经常修理费是指施工机械除大修理以外的各级保养和临时故障排除所需的费用，包括为保障机械正常运转所需替换与随机配备工具附具的摊销和维护费用，机械运转及日常保养所需润滑与擦拭的材料费用及机械停滞期间的维护和保养费用等。各项费用分摊到台班中，即为台班经常修理费。

4. 安拆费及场外运费

安拆费是指施工机械在现场进行安装与拆卸所需的人工、材料、机械和试运转费用以及机械辅助设施的折旧、搭设、拆除等费用；场外运费是指施工机械整体或分体自停放地点运至施工现场或由一施工地点运至另一施工地点的运输、装卸、辅助材料及架线等费用。

安拆费及场外运费根据施工机械不同分为计入台班单价、单独计算和不计算三种类型。

①工地间移动较为频繁的小型机械及部分中型机械，其安拆费及场外运费应计入台班单价。

②移动有一定难度的特、大型(包括少数中型)机械，其安拆费及场外运费应单独计算。单独计算的安拆费及场外运费除应计算安拆费、场外运费外，还应计算辅助设施(包括基础、底座、固定锚桩、行走轨道枕木等)的折旧、搭设和拆除等费用。

③不需安装、拆卸且自身又能开行的机械和固定在车间不需安装、拆卸及运输的机械，其安拆费及场外运费不计算。

④自升式塔式起重机安装、拆卸费用的超高起点及其增加费，各地区(部门)可根据具体情况确定。

5. 人工费

人工费是指机上司机(司炉)和其他操作人员的工作日人工费及上述人员在施工机械规定的年工作台班以外的人工费。

6. 燃料动力费

燃料动力费是指施工机械在运转作业中所耗用的固体燃料(煤、木柴)，液体燃料(汽油、柴油)及水、电等费用。

7. 其他费用

其他费用是指按照国家和有关部门规定应缴纳的养路费、车船使用税、保险费及年检费用等。

复习思考题

一、单选题

1. 机上司机(司炉)和其他操作人员的工作日人工费属于(　　)。

A. 人工费　　B. 机械费中的人工费

C. 机械费中的折旧费　　D. 机械费中的修理费

2. 同一品种的材料有若干个来源地，应采用(　　)的方法计算材料运杂费。

A. 算数平均　　B. 取最小值　　C. 取最大值　　D. 加权平均

3. 因病、工伤、产假、计划生育假、婚丧假、事假、探亲假、定期休假、停工学习、执行国家或社会义务等原因按计时工资标准或计时工资标准的一定比例支付的工资，是(　　)。

A. 计时工资或计件工资　　B. 奖金

C. 津贴补贴　　D. 特殊情况下支付的工资

4.(　　)是指组织材料采购、检验、供应和保管过程中发生的费用。

A. 材料原价(或供应价格)　　B. 采购保管费

C. 材料运杂费　　D. 运输损耗费

5.(　　)是指国内采购材料的出厂价格，国外采购材料抵达买方边境、港口或车站并缴纳完各种手续费、税费后形成的价格。

A. 材料原价(或供应价格)　　B. 采购保管费

C. 材料运杂费　　D. 运输损耗费

二、多选题

1. 人工日工资单价由(　　)组成。

A. 计时工资或计件工资　　B. 奖金　　C. 津贴补贴

D. 特殊情况下支付的工资　　E. 职工教育经费

2. 施工机械台班单价中的其他费用包括(　　)。

A. 养路费　　B. 车船使用税　　C. 燃料费　　D. 保险费

E. 年检费用

3. 材料单价是由(　　)合计而成的。

A. 材料原价(或供应价格)　　B. 供销部门手续费

C. 材料运杂费　　D. 运输损耗费　　E. 采购保管费

4. 采购及保管费是指组织材料采购、检验、供应和保管过程中发生的费用，包含(　　)。

A. 采购费　　B. 仓储费　　C. 工地管理费　　D. 仓储损耗

E. 装卸费

5. 影响人工日工资单价的因素有(　　)。

A. 社会平均工资水平　　B. 生活消费指数

C. 人工日工资单价的组成内容　　D. 劳动力市场供需变化

E. 国际市场行情

三、简答题

1. 影响人工日工资单价的因素有哪些?

2. 材料单价如何确定?

3. 施工机械台班单价的组成有哪些?

2.4 预算定额的编制及应用

学习目的

本节内容介绍了预算定额的编制，包括实物量消耗(人、材、机消耗量的编制方法)和价值量消耗(预算定额基价编制)，目的是让学生能够更好地应用预算定额。通过对《甘肃省建筑与装饰工程预算定额》及基价的介绍，学生对甘肃省预算定额有初步认知。

知识目标

1. 预算定额人、材、机消耗量的编制方法。
2. 预算定额基价编制。
3.《甘肃省建筑与装饰工程预算定额》及基价的初步认识。

重点难点

1. 预算定额与施工定额的区别与联系。
2. 预算定额的编制原则、依据和步骤。
3. 预算定额的应用。

工程计价定额是指工程定额中直接用于工程计价的定额或指标，包括预算定额、概算定额和估算指标等。工程计价定额主要用来在建设项目的不同阶段作为确定和计算工程造价的依据。本节以预算定额为例，介绍工程计价定额的编制。

2.4.1 预算定额及其基价编制

1. 预算定额的概念与用途

(1)预算定额的概念

预算定额，是在正常的施工条件下，完成一定计量单位合格分项工程和结构构件所需消耗的人工、材料、机械台班数量及相应费用标准。预算定额是工程建设中的一项重要的技术经济文件，是编制施工图预算的主要依据，是确定和控制工程造价的基础。

(2)预算定额的用途

①预算定额是编制施工图预算、确定建筑安装工程造价的基础。施工图设计一经确定，工程预算造价就取决于预算定额水平和人工、材料及机械台班的价格。预算定额起着控制劳动消耗、材料消耗和机械台班使用的作用，进而起着控制建筑产品价格的作用。

②预算定额是编制施工组织设计的依据。施工组织设计的重要任务之一，是确定施工中所需人力、物力的供求量，并做出最佳安排。施工单位在缺乏本企业的施工定额的

情况下，根据预算定额，亦能够比较精确地计算出施工中各项资源的需要量，为有计划地组织材料采购和预制件加工、劳动力和施工机械的调配，提供了可靠的计算依据。

③预算定额是工程结算的依据。工程结算是建设单位和施工单位按照工程进度对已完成的分部分项工程实现货币支付的行为。按进度支付工程款，需要根据预算定额将已完分项工程的造价算出。单位工程验收后，再按竣工工程量、预算定额和施工合同规定进行结算，以保证建设单位建设资金的合理使用和施工单位的经济收入。

④预算定额是施工单位进行经济活动分析的依据。预算定额规定的物化劳动和劳动消耗指标，是施工单位在生产经营中允许消耗的最高标准。施工单位必须以预算定额作为评价企业工作的重要标准，作为努力实现的目标。施工单位可根据预算定额对施工中的劳动、材料、机械的消耗情况进行具体的分析，以便找出并克服低功效、高消耗的薄弱环节，提高竞争能力。只有在施工中尽量降低劳动消耗，采用新技术，提高劳动者素质，提高劳动生产率，才能取得较好的经济效益。

⑤预算定额是编制概算定额的基础。概算定额是在预算定额基础上综合扩大编制的。利用预算定额作为编制依据，不但可以节省编制工作的大量人力、物力和时间，收到事半功倍的效果，还可以使概算定额在水平上与预算定额保持一致，以免造成执行中的不一致。

⑥预算定额是合理编制招标控制价、投标报价的基础。在深化改革中，预算定额的指令性作用将日益削弱，而施工单位按照工程个别成本报价的指导性作用仍然存在，因此预算定额作为编制招标控制价的依据和施工企业报价的基础性作用仍将存在，这也是由预算定额本身的科学性和指导性决定的。

2. 预算定额的编制原则、依据和步骤

(1)预算定额的编制原则

为保证预算定额的质量，充分发挥预算定额的作用，实际使用简便，在编制工作中应遵循以下原则。

第一，按社会平均水平确定预算定额的原则。预算定额是确定和控制建筑安装工程造价的主要依据。因此，它必须遵照价值规律的客观要求，即按生产过程中所消耗的社会必要劳动时间确定定额水平。所以预算定额的平均水平，是在正常的施工条件下，合理的施工组织和工艺条件、平均劳动熟练程度和劳动强度下，完成单位分项工程基本构造要素所需要的劳动时间。

第二，简明适用的原则。简明适用一是指在编制预算定额时，对于那些主要的、常用的、价值量大的项目，分项工程划分宜细；次要的、不常用的、价值量相对较小的项目则可以粗一些。二是指预算定额要项目齐全，要注意补充那些因采用新技术、新结构、新材料而出现的新的定额项目。如果项目不全，缺项多，就会使计价工作缺少充足可靠的依据。三是要求合理确定预算定额的计算单位，简化工程量的计算，尽可能地避免同一种材料用不同的计量单位和一量多用，尽量减少定额附注和换算系数。

(2)预算定额的编制依据

第一，现行劳动定额和施工定额。预算定额是在现行劳动定额和施工定额的基础上编制的。预算定额中人工、材料、机械台班消耗水平，需要根据劳动定额或施工定额取定；预算定额的计量单位的选择，也要以施工定额为参考，从而保证两者的协调和可比性，减轻预算定额的编制工作量，缩短编制时间。

第二，现行设计规范、施工及验收规范、质量评定标准和安全操作规程。

第三，具有代表性的典型工程施工图及有关标准图。对这些图纸进行仔细分析研究，并计算出工程数量，作为编制定额时选择施工方法确定定额含量的依据。

第四，新技术、新结构、新材料和先进的施工方法等。这类资料是调整定额水平和增加新的定额项目所必需的依据。

第五，有关科学实验、技术测定和统计、经验资料。这类工程是确定定额水平的重要依据。

第六，现行的预算定额、材料预算价格及有关文件规定等。过去定额编制过程中积累的基础资料，也是编制预算定额的依据和参考。

(3)预算定额的编制步骤

预算定额的编制，大致可以分为准备工作、收集资料、编制定额、报批和修改定稿五个阶段。各阶段工作相互有交叉，有些工作还有多次反复。其中，预算定额编制阶段的主要工作如下。

①确定编制细则。这主要包括：统一编制表格及编制方法；统一计算口径、计量单位和小数点位数的要求；有关统一性规定，名称统一，用字统一，专业用语统一，符号代码统一，简化字要规范，文字要简练明确。

预算定额与施工定额计量单位往往不同。施工定额的计量单位一般按照工序或施工过程确定；而预算定额的计量单位主要是根据分部分项工程和结构构件的形体特征及其变化确定。由于工作内容综合，预算定额的计量单位亦具有综合的性质。工程量计算规则的规定应确切反映定额项目所包含的工作内容。预算定额的计量单位关系到预算工作的繁简和准确性。因此，要正确地确定各分部分项工程的计量单位。一般依据建筑结构构件形状的特点确定。

②确定定额的项目划分和工程量计算规则。计算工程数量，是为了通过计算出典型设计图纸所包括的施工过程的工程量，以便在编制预算定额时，有可能利用施工定额的人工、材料和机械台班消耗指标确定预算定额所含工序的消耗量。

③定额人工、材料、机械台班耗用量的计算、复核和测算。

3. 预算定额消耗量的编制方法

确定预算定额人工、材料、机械台班消耗指标时，必须先按施工定额的分项逐项计算出消耗指标，然后，再按预算定额的项目加以综合。但是，这种综合不是简单的合并和相加，而需要在综合过程中增加两种定额之间的适当的水平差。预算定额的水平，首先取决于这些消耗量的合理确定。

人工、材料和机械台班消耗量指标，应根据定额编制原则和要求，采用理论与实际相结合、图纸计算与施工现场测算相结合、编制人员与现场工作人员相结合等方法进行计算和确定，使定额既符合政策要求，又与客观情况一致，便于贯彻执行。

(1)预算定额中人工工日消耗量的计算

人工的工日数可以有两种确定方法。一种是以劳动定额为基础确定；另一种是以现场观察测定资料为基础计算，主要用于遇到劳动定额缺项时，采用现场工作日写实等测时方法测定和计算定额的人工耗用量。

预算定额中人工工日消耗量是指在正常施工条件下，生产单位合格产品所必需消耗的人工工日数量，是由分项工程所综合的各个工序劳动定额包括的基本用工、其他用工两部分组成的。

①基本用工。基本用工指完成一定计量单位的分项工程或结构构件的各项工作过程的施工任务所必需消耗的技术工种用工。按技术工种相应劳动定额工时定额计算，以不同工种列出定额工日。基本用工包括完成定额计量单位的主要用工和按劳动定额规定应增(减)计算的用工量。

完成定额计量单位的主要用工，要用按综合取定的工程量和相应劳动定额进行计算，计算公式如下：

$$基本用工=\sum(综合取定的工程量\times劳动定额)。$$

例如，工程实际中的砖基础，有1砖厚，$1\frac{1}{2}$砖厚，2砖厚等之分，用工各不相同，在预算定额中由于不区分厚度，需要按照统计的比例，加权平均得出综合的人工消耗。

按劳动定额规定应增(减)计算的用工量。例如，在砖墙项目中，分项工程的工作内容包括了附墙烟囱孔、垃圾道、壁橱等零星组合部分的内容，其人工消耗量相应增加附加人工消耗。由于预算定额是在施工定额子目的基础上综合扩大的，包括的工作内容较多，施工的工效视具体部位而不一样，所以需要另外增加人工消耗，而这种人工消耗也可以列入基本用工内。

②其他用工。其他用工是辅助基本用工消耗的工日，包括超运距用工、辅助用工和人工幅度差用工。

超运距是指劳动定额中已包括的材料、半成品场内水平搬运距离与预算定额所考虑的现场材料、半成品堆放地点到操作地点的水平运输距离之差。超运距用工计算公式如下：

$$超运距=预算定额取定运距-劳动定额已包括的运距,$$

$$超运距用工=\sum(超运距材料数量\times时间定额)。$$

需要指出，实际工程现场运距超过预算定额取定运距时，可另行计算现场二次搬运费。

辅助用工指技术工种劳动定额内不包括而在预算定额内又必须考虑的用工。例如，机械土方工程配合用工，材料加工(筛砂、洗石、淋化石膏)，电焊点火用工等。辅助用工计算公式如下：

$$辅助用工=\sum(材料加工数量\times相应的加工劳动定额)。$$

人工幅度差，即预算定额与劳动定额的差额，主要是指在劳动定额中未包括而在正常施工情况下不可避免但又很难准确计量的用工和各种工时损失。人工幅度差用工内容包括：各工种间的工序搭接及交叉作业相互配合或影响所发生的停歇用工；施工机械在单位工程之间转移及临时水电线路移动所造成的停工；质量检查和隐蔽工程验收工作的影响；班组操作地点转移用工；工序交接时对前一工序不可避免的修整用工；施工中不可避免的其他零星用工。人工幅度差计算公式如下：

人工幅度差=(基本用工+辅助用工+超运距用工)×人工幅度差系数。

人工幅度差系数一般为10%～15%。在预算定额中，人工幅度差的用工量列入其他用工量中。

(2)预算定额中材料消耗量的计算

预算定额中的材料消耗量指标由材料净用量和材料损耗量构成，如图 2-4-1 所示。

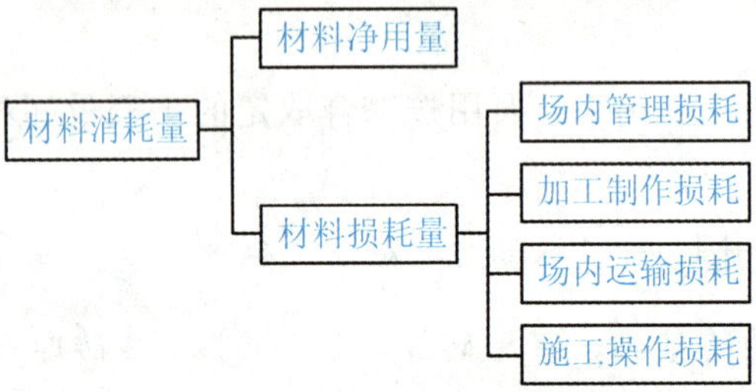

图 2-4-1　预算定额中材料消耗量的构成

与施工定额的确定方法一样，凡能计量的材料、成品、半成品均按品种、规格逐一列出数量，其主要材料的消耗量为：

$$\begin{aligned}材料消耗量&=材料净用量+材料损耗量\\&\approx材料净用量\times(1+材料损耗率)。\end{aligned}$$

预算定额中材料损耗率与施工定额中的不同，预算定额中的材料损耗比施工定额中的范围更广，它考虑了整个施工现场范围内材料堆放、运输、制备、制作及施工过程中的损耗。

预算定额中规定主要材料的损耗量是在计算出主材净用量的基础上乘损耗率得到的，即主材的损耗量≈材料净用量×材料损耗率。

材料消耗量计算方法主要有以下几种。

①凡有标准规格的材料，按规范要求计算定额计量单位的耗用量，如砖、防水卷材、块料面层等。

②凡设计图纸标注尺寸及下料要求的按设计图纸尺寸计算材料净用量，如门窗制作用材料，方、板料等。

③换算法。各种胶结、涂料等材料的配合比用料，可以根据要求条件换算，得出材料用量。

④测定法包括实验室试验法和现场测定法。例如，各种强度等级的混凝土及砌筑砂浆配合比的耗用原材料数量的计算，须按照规范要求试配，经过试压合格以后并经过必要的调整后得出水泥、砂子、石子、水的用量；对新材料、新结构又不能用其他方法计算定额消耗用量时，须用现场测定法来确定，根据不同条件可以采用写实记录法和观察法，得出定额的消耗量。

材料损耗量，指在正常条件下不可避免的材料损耗，如现场内材料运输及施工操作过程中的损耗等。其关系式如下：

材料损耗率＝损耗量/净用量×100％，

材料损耗量＝材料净用量×损耗率(％)。

材料消耗量＝材料净用量＋损耗量，

或　　材料消耗量＝材料净用量×[1＋损耗率(％)]。

(3)预算定额中机械台班消耗量的计算

预算定额中的机械台班消耗量是指在正常施工条件下，生产单位合格产品(分部分项工程或结构构件)必须消耗的某种型号施工机械的台班数量。

①根据施工定额确定机械台班消耗量。

这种方法是指用施工定额中机械台班产量加机械幅度差计算预算定额的机械台班消耗量。

机械台班幅度差是指在施工定额中所规定的范围内没有包括，而在实际施工中又不可避免产生的影响机械或使机械停歇的时间。其内容包括：

施工机械转移工作面及配套机械相互影响损失的时间；

在正常施工条件下，机械在施工中不可避免的工序间歇；

工程开工或收尾时工作量不饱满所损失的时间；

检查工程质量影响机械操作的时间；

临时停机、停电影响机械操作的时间；

机械维修引起的停歇时间。

大型机械幅度差系数为：土方机械25％，打桩机械33％，吊装机械30％。砂浆、混凝土搅拌机由于按小组配用，以小组产量计算机械台班产量，不另外增加机械幅度差。其他分部工程中如钢筋、木材、水磨石加工等各项专用机械的幅度差为10％。

综上所述，预算定额的机械台班消耗量按下式计算：

预算定额机械耗用台班＝施工定额机械耗用台班×(1＋机械幅度差系数)。

②以现场测定资料为基础确定机械台班消耗量。

如遇到施工定额缺项者，则需要依据单位时间完成的产量测定。

4. 预算定额基价编制

预算定额基价就是预算定额分项工程或结构构件的单价，包括人工费、材料费和机械台班使用费，也称工料单价或直接工程费单价。

预算定额基价一般通过编制单位估价表、地区单位估价表及设备安装价目表所确定的单价，用于编制施工图预算。在预算定额中列出的“预算价值”或“基价”，应视作该定额编制时的工程单价。

预算定额基价的编制方法，简单地说就是工、料、机的消耗量和工、料、机单价的结合过程。其中，人工费是由预算定额中每一分项工程用工数乘地区人工工日单价算出；材料费是由预算定额中每一分项工程的各种材料消耗量乘地区相应材料预算价格之和算出；机械费是由预算定额中每一分项工程的各种机械台班消耗量乘地区相应施工机械台班预算价格之和算出。

分项工程预算定额基价＝人工费＋材料费＋机械使用费。

其中：人工费 $=\sum$(现行预算定额中人工工日用量×人工日工资单价)，

材料费 $=\sum$(现行预算定额中各种材料耗用量×相应材料单价)，

机械使用费 $=\sum$(现行预算定额中机械台班用量×机械台班单价)。

预算定额基价是根据现行定额和当地的价格水平编制的，具有相对稳定性。但是为了适应市场价格的变动，在编制预算时，必须根据工程造价管理部门发布的调价文件对固定的工程预算单价进行修正。修正后的工程单价乘根据图纸计算出来的工程量，就可以获得符合实际市场情况的工程的直接工程费。

【例 2.4.1】某市政工程需砌筑一段毛石护坡，断面尺寸如图 2-4-2 所示，拟采用 M5.0 水泥砂浆砌筑。根据甲乙双方商定，工程单价的确定方法是，首先现场测定每 10 m^3 砌体人工工日、材料、机械台班消耗指标，并将其乘相应的当地价格确定。各项测定参数如下。

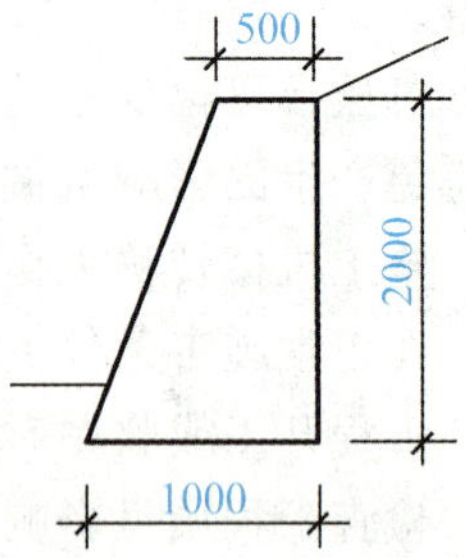

图 2-4-2 毛石护坡剖面图

(1)砌筑 1 m^3 毛石砌体需工时参数为：基本工作时间为 12.6 工时；辅助工作时间为工作延续时间的 3%；准备与结束时间为工作延续时间的 2%；不可避免的中断时间为工作延续时间的 2%；休息时间为工作延续时间的 18%；人工幅度差系数为 10%。

(2)砌筑 1 m^3 毛石砌体需各种材料净用量为：毛石 0.72 m^3；M5.0 水泥砂浆 0.28 m^3；水 0.75 m^3。毛石和砂浆的损耗率分别为：20%、8%。

(3)砌筑 1 m^3 毛石砌体需 200 L 砂浆搅拌机 0.5 台班，机械幅度差系数为 15%。

问题：

(1)试确定该砌体工程的人工时间定额和产量定额。

(2)设当地人工工资标准为 20.50 元/工日，毛石单价为 55.60 元/米³，M5.0 水泥砂浆单价为 105.80 元/米³，水单价为 0.60 元/米³，其他材料费为毛石、水泥砂浆及水费用之和的 2%，200 L 砂浆搅拌机台班费为 39.50 元/台班。试确定每 10 m^3 砌体的单价。

(3)计算该工程每 100 延长米的砌筑工程量及其直接工程费。

【解】问题(1)：

人工时间定额＝12.6/[(1－3%－2%－2%－18%)×8]＝2.1 工日/米³。

人工产量定额＝1/人工时间定额＝1/2.1＝0.48 米^3/工日。

问题(2)：

每 1 m^{3}砌体人工费＝2.1×(1＋10%)×20.50＝47.36 元。

每 1 m^{3}砌体材料费＝[0.72×(1＋20%)×55.60＋0.28×(1＋8%)×105.80＋0.75×0.60]×(1＋2%)＝82.09 元。

每 1 m^{3}砌体机械台班费＝0.5×(1＋15%)×39.50＝22.71 元。

每 10 m^{3}砌体的单价＝(47.36＋82.09＋22.71)×10＝1521.60 元。

问题(3)：

每 100 m 护坡砌筑工程量＝[(0.5＋1.0)×2.0/2]×100＝150 m^3。

每 100 m 护坡砌筑直接工程费＝15.0×1521.60＝22824.00 元。

5. 预算定额与施工定额的联系与区别

(1)预算定额与施工定额的联系

预算定额以施工定额为基础进行编制，都规定了完成单位合格产品所需人工、材料、机械台班消耗的数量标准。

(2)预算定额与施工定额的区别

研究对象不同。预算定额以分部分项工程为研究对象，施工定额以施工过程为研究对象，前者在后者基础上编制，在研究对象上进行了科学的综合扩大。

编制水平不同。预算定额采用社会平均水平编制，施工定额采用平均先进水平编制。人工消耗量方面，预算定额一般比施工定额低 10%～15%。

编制程序不同。预算定额是在施工定额的基础上编制而成的。

所起作用不同。施工定额为非计价定额，是施工企业内部作为管理使用的一种工具。而预算定额是一种计价定额，是确定建筑安装工程价格的依据。

2.4.2　预算定额及其基价的应用

1. 甘肃省预算定额简介

为进一步适应工程造价计价的需要，根据国家标准《建设工程工程量清单计价规范》(GB 50500—2013)、《房屋建筑与装饰工程工程量计算规范》(GB 50854—2013)等工程量计算规范，结合甘肃省实际，甘肃省住房和城乡建设厅组织编制了《甘肃省建筑与装饰工程预算定额》(DBJD 25—44—2013)，自 2014 年 1 月 1 日起执行。

《甘肃省建筑与装饰工程预算定额》由总说明、建筑工程建筑面积计算规范、目录、各分部工程工程量计算规则及说明、定额项目表、附图等部分构成。

(1)总说明

①定额的作用。

《甘肃省建筑与装饰工程预算定额》(以下简称本定额)是完成规定计量单位建筑与装饰工程分项工程的人工、材料、机械台班消耗量的标准，是编制甘肃省建筑与装饰工程地区基价、编制施工图预算、招标控制价、投标报价和签订施工合同价款、办理竣工结算、调解工程造价纠纷及办理工程造价鉴定的依据。

②定额的适用范围。

适用于一般工业与民用建筑的新建、扩建和改建工程。

③定额的主要编制依据。

《建筑工程建筑面积计算规范》(GB/T 50353—2005)。

《建设工程工程量清单计价规范》(GB 50500—2013)、《房屋建筑与装饰工程工程量计算规范》(GB 50854—2013)。

《建设工程劳动定额 建筑工程》(LD/T 72.1～11—2008)、《建设工程劳动定额 装饰工程》(LD/T 73.1～4—2008)。

《全国统一建筑工程基础定额》(GJD—101—95)。

《甘肃省建筑工程消耗量定额》(DBJD 25—14—2004)、《甘肃省建筑装饰装修工程消耗量定额》(DBJD 25—15—2004)及《甘肃省建设工程补充定额》等。

国家和甘肃省现行的建筑与装饰工程施工及验收规范、质量评定标准、安全操作规程。

结合甘肃省的工程结构、建筑与装饰标准图集、施工机械装备程度、施工工艺及正常的施工条件编制，反映社会平均消耗水平。

有代表性的工程设计、施工资料和其他资料。

④有关定额人工、材料、机械消耗量的说明。

本定额考虑了人工、材料、机械台班消耗量的相对稳定性和人工单价、材料价格、机械台班费的动态管理要求，采用量价分离的表现形式。本定额是分项工程的人工、材料、机械台班消耗量定额，不反映定额项目的地区基价，定额项目的地区基价按《甘肃省建筑与装饰工程预算定额地区基价》规定计算。

本定额人工工日是按八小时工作制计算的，工种类别按一类工、二类工和三类工划分，消耗量包括基本用工、超运距用工、辅助用工及人工幅度差。

本定额中材料用量包括主要材料和辅助材料，对个别消耗量较小的零星材料，以其他材料费表示。定额中混凝土、砌筑砂浆、抹灰砂浆、各种胶泥、灰土、多合土、水磨石、水刷石及饰面材料的水泥砂浆结合层等均按半成品用量以体积或质量表示，其各种强度等级及配合比的材料用量应按《甘肃省建设工程混凝土砂浆材料消耗量定额》的规定确定。

本定额中已包括材料从工地仓库、现场集中堆放地点或现场加工地点至操作或安装地点的运输损耗、施工损耗及现场堆放损耗。

本定额中已包括材料、半成品、成品从工地仓库、现场集中堆放地点或现场加工地点至操作安装地点的水平运输所需的费用。

本定额中施工机械的规格型号是按照工程对象的需要合理配置的，除各章节说明允许调整换算者外，其他不再调整换算。

本定额的机械台班用量包括主机和辅助机械，对个别用量较小的辅助机械，以其他机械费表示。

凡单位价值在2000元以内，使用年限2年以内的，不构成固定资产的工具、用具等费用，未列入本定额，均包括在《甘肃省建筑安装工程费用定额》中。

本定额中人工、材料、机械的用量及各种费用等，是综合计算确定的，除各章节另有规定者外，不再调整换算。本定额中所取定的材料、半成品、成品的品种、规格型号与设计不符时，可按各章规定调整。

⑤其他。

本定额中注有×××以内或以下者均包括本身，×××以外或以上者，则不包括本身。

(2)《建筑工程建筑面积计算规范》(GB/T 50353—2005)由《建筑工程建筑面积计算规范》(GB/T 50353—2013)代替，详见第3.3节。

(3)定额的内容和章节划分

本定额包括总说明、建筑工程建筑面积计算规范、各章节工程量计算规则及说明、定额项目、工作内容及人工、材料、机械台班消耗量。

本定额共设置二十章，100节，3561个子目。

第一章　土石方工程(260个子目)

第二章　桩基工程(215个子目)

第三章　砌筑工程(67个子目)

第四章　混凝土工程(395个子目)

第五章　钢筋工程(46个子目)

第六章　金属结构工程(107个子目)

第七章　木结构工程(63个子目)

第八章　屋面与防水工程(254个子目)

第九章　保温隔热工程(71个子目)

第十章　防腐及防火涂料工程(249个子目)

第十一章　普通楼地面工程(42个子目)

第十二章　普通抹灰工程(113个子目)

第十三章　门窗工程(156个子目)

第十四章　装饰楼地面工程(109个子目)

第十五章　装饰墙柱面工程(256个子目)

第十六章　装饰天棚工程(219个子目)

第十七章　门窗配套装饰及其他(276个子目)

第十八章　柜类工程(53个子目)

第十九章　油漆涂料裱糊工程(108个子目)

第二十章　措施项目(502个子目)

定额项目表包括分项工程名称，工作内容，计量单位，定额编号，人工、材料、机械定额消耗量，如表2-4-1所示。

表 2-4-1 定额项目表(砖基础、砖墙节选)

工作内容：1. 制运砂浆，运砖，浸砖，砌砖，现场清理

2. 安放木砖

计量单位：m^3

定额编号			3-1	3-2	3-3	3-4
项目名称			砖基础	1/2 砖墙	3/4 砖墙	1 砖墙
名称		单位	消耗量			
人工	二类工	工日	0.6881	1.1425	1.1147	0.9108
	三类工	工日	0.4586	0.7619	0.7438	0.6075
	合计	工日	1.1467	1.9044	1.8585	1.5183
材料	标准砖(240 mm×115 mm×53 mm)	千块	0.5236	0.5641	0.5510	0.5394
	砂浆	m^3	0.2360	0.1950	0.2130	0.2290
	水	m^3	0.1050	0.1130	0.1100	0.1060
机械	灰浆搅拌机 拌筒容量(L)200	台班	0.0390	0.0330	0.0350	0.0380

2. 甘肃省预算定额地区基价简介

地区基价的编制依据：《甘肃省建筑与装饰工程预算定额地区基价》(以下简称本基价)以甘肃省住房和城乡建设厅甘建价〔2013〕540 号文发布的《甘肃省建筑与装饰工程预算定额》(DBJD 25—44—2013)，甘建价〔2013〕541 号文发布的《甘肃省建筑安装工程人工单价》及甘建价〔2013〕8 号文发布的《甘肃省建设工程材料预算价格汇编》(DBJD 25—50—2013)为依据编制。

地区基价的适用范围：本基价由甘肃省兰州、定西、天水、平凉、庆阳、武威、金昌、张掖、酒泉、嘉峪关、白银、武都、临夏、合作十四个市、州所在地及甘肃矿区的地区基价及有关附录组成。

兰州地区基价适用于兰州市。

定西地区基价适用于安定区。

天水地区基价适用于秦州、麦积两区的北至南河川、南至皂角镇、西至西十里、东至社棠镇。

平凉地区基价适用于平凉市城区。

武威地区基价适用于武威市、郊区、武南镇、黄羊镇及九条岭地区。

金昌地区基价适用于金川区。

张掖地区基价适用于甘州区城区半径 10 km 以内及火车站、平原堡、张掖糖厂。

酒泉地区基价适用于酒泉市肃州区。

嘉峪关地区基价适用于嘉峪关市区(包括酒钢)、黑山湖、安远沟及嘉峪关所辖的各镇政府所在地。

白银地区基价适用于白银市区。

武都地区基价适用于武都城区及脚弓、安化、汉王。

临夏地区基价适用于临夏市所属区域和临夏经济开发区。

合作地区基价适用于合作市。

甘矿地区基价适用于甘肃矿区以物资局为中心，半径20 km范围以内。

以上使用范围的具体界限由各市(州、地)建设工程造价(定额)管理站负责解释。

3. 地区基价的构成及费用确定

《甘肃省建筑与装饰工程预算定额地区基价》由人工费、材料费、机械费三部分构成，如表2-4-2所示。

表2-4-2 《甘肃省建筑与装饰工程预算定额地区基价》(节选)

定额编号	定额项目	单位	价格/元		兰州	定西	天水	平凉
3-1-1	砖基础 水泥砂浆M5.0	m^3	基价		313.70	341.90	297.88	254.12
			其中	人工费	68.57	68.57	68.57	68.57
				材料费	240.79	268.99	224.99	181.23
				机械费	4.34	4.34	4.32	4.32

(1)人工费

《甘肃省建筑与装饰工程预算定额地区基价》中，人工费=(一类工×一类工人工单价+二类工×二类工人工单价+三类工×三类工人工单价)，其中人工工日按《甘肃省建筑与装饰工程预算定额》确定。人工费标准详见《甘肃省建筑与装饰工程预算定额地区基价》附录一“人工单价”，如表2-4-3所示。

表2-4-3 附录一：人工单价(节选) 单位：元

序号	材料名称及规格	单位	兰州	定西	天水	平凉
1	一类工	工日	70.00	70.00	70.00	70.00
2	二类工	工日	65.00	65.00	65.00	65.00
3	三类工	工日	52.00	52.00	52.00	52.00

(2)材料费

《甘肃省建筑与装饰工程预算定额地区基价》中，材料费=Σ(材料消耗量×材料综合单价)，其中材料消耗量按《甘肃省建筑与装饰工程预算定额》中的每个子目各种材料的消耗量确定，材料综合单价按《甘肃省建设工程材料预算价格汇编》(DBJD 25—50—2013)进行综合确定，详见《甘肃省建筑与装饰工程预算定额地区基价》附录二“材料综合单价”，如表2-4-4所示。

表2-4-4 附录二：材料综合单价(节选) 单位：元

序号	材料名称及规格	单位	兰州	定西	天水	平凉
12	螺纹钢 Ⅱ级	t	4612.50	4674.00	4623.37	4635.56
397	砂(水泥砂浆用)	m^3	71.75	61.50	85.30	71.75
1557	水	m^3	3.59	6.15	3.63	4.75

(3)机械费

《甘肃省建筑与装饰工程预算定额地区基价》中，机械费＝∑(机械台班消耗量×台班综合单价)，其中机械台班消耗量按《甘肃省建筑与装饰工程预算定额》中的每个子目各种机械的消耗量确定，台班综合单价按《甘肃省施工机械台班地区基价》(DBJD 25—56—2013)计算，详见《甘肃省建筑与装饰工程预算定额地区基价》附录三“台班综合单价”，如表 2-4-5 所示。

表 2-4-5　附录三：台班综合单价(节选)

单位：元

序号	材料名称及规格	单位	兰州	定西	天水	平凉
27	灰浆搅拌机　拌筒容量(L)200	台班	111.28	111.28	110.76	110.76
43	机动翻斗车　装载质量(t)1	台班	161.71	161.83	161.71	161.95
62	塔式起重机　起重力矩(kN·m)80	台班	485.66	485.66	482.36	482.36

4. 半成品材料的取定原则

所谓半成品材料是指建筑工程施工过程中的一个或几个阶段已完工，但尚未最终形成产品的中间材料，主要是混凝土、砂浆、灰土拌合料等，详见《甘肃省建设工程混凝土砂浆材料消耗量定额》。在《甘肃省建筑与装饰工程预算定额》中半成品材料仅表现出不同半成品的消耗量，如混凝土，在定额中不划分强度等级，同时也不列入组成混凝土的水泥、石子、砂子等单项材料消耗量，砌筑砂浆在定额中也不反映其分类，在《甘肃省建筑与装饰工程预算定额地区基价》中列入了半成品材料的品种规格(强度等级等)，所以出现了一个定额子目有两个或两个以上的定额基价子目的情况，如砌筑工程中，定额编号为 3-1“砖基础”，在地区基价中列入了 3-1-1“砖基础水泥砂浆 M5.0”、3-1-2“砖基础水泥砂浆 M7.5”、3-1-3“砖基础水泥砂浆 M10”、3-1-4“砖基础水泥石灰膏砂浆 M5.0”、3-1-5“砖基础水泥石灰膏砂浆 M7.5”、3-1-6“砖基础水泥石灰膏砂浆 M10”六种不同强度等级和品种规格的水泥砂浆和混合砂浆砖基础。

在《甘肃省建筑与装饰工程预算定额》中对半成品采用如此表现形式后，组成半成品材料的单项材料就要进行二次分析，给手工完成半成品材料分析带来一些麻烦。如何进行半成品材料分析，下面就以混凝土组成材料为例对这个问题进行说明。

混凝土是由水泥、砂、石、水及外加剂组成的，用不同的水泥等级、卵石或碎石都可以配制同一种强度等级的混凝土，如在《甘肃省建设工程混凝土砂浆材料消耗量定额地区基价》中，普通混凝土强度等级 C20，有 1-3、1-14、1-25、1-36、1-47、1-58、1-69、1-80 等几种，有好多种普通混凝土 C20 的价格，那么在地区基价中是如何取定的，在《甘肃省建筑与装饰工程预算定额地区基价》说明中做了规定。

(1)石子

石子粒径以构件大小按以下原则确定。

①毛石混凝土用 ϕ63 mm 以内的石子。

②现浇基础、柱、梁、有梁板、楼梯、地沟、台阶、构筑物及厚度大于150 mm的墙混凝土均采用ϕ40 mm以内的石子。

③现浇板、栏板、挑檐、贮仓、叠合楼板、压顶、小型构件及厚度小于150 mm的墙混凝土均采用ϕ20 mm以内的石子。

④池槽、扶手、嵌缝、空心楼盖混凝土均采用ϕ10 mm以内的石子。

⑤预制柱、桩、梁、楼梯等混凝土采用ϕ40 mm以内的石子。

⑥预制过梁、挑檐板、盖板、墙板、平板、屋架等混凝土采用ϕ20 mm以内的石子。

⑦预制空心板、槽形板、屋面板、天沟板、隔板、带肋板等采用ϕ10 mm以内的石子。

(2)水泥

本基价中混凝土、砂浆等半成品材料价格是以甘建价〔2013〕543号文发布的《甘肃省建设工程混凝土砂浆材料消耗量定额地区基价》(DBJD 25—54—2013)为依据进行计算的。混凝土中水泥用量，除兰州地区外，其他地区按《甘肃省建设工程混凝土砂浆材料消耗量定额》规定的水泥调整系数执行，如表2-4-6所示。

表2-4-6　水泥调整系数表(节选)

地区	石子类别	混凝土强度等级										
		C10	C15	C20	C25	C30	C35	C40	C45	C50	C55	C60
兰州市	卵石	1.00	1.00	1.00	1.00	1.00	1.00	1.00	1.00	1.00	1.00	1.00
	碎石	1.00	1.00	1.00	1.00	1.00	1.00	1.00	1.00	1.00	1.00	1.00
天水市	卵石	0.99	0.99	0.99	0.99	0.99	0.99	0.99	0.99	0.99	0.99	0.99
	碎石	0.99	0.99	0.99	0.99	0.99	0.99	0.99	0.99	0.99	0.99	0.99
平凉市	卵石	1.01	1.01	1.01	1.01	1.01	1.01	1.01	1.01	1.01	1.01	1.01
	碎石	1.01	1.01	1.01	1.02	1.01	1.05	1.01	1.01	1.01	1.01	1.01
定西市	卵石	1.01	1.01	1.01	1.01	1.01	1.01	1.01	1.01	1.01	1.01	1.01
	碎石	1.01	1.01	1.01	1.02	1.01	1.05	1.01	1.01	1.01	1.01	1.01

①混凝土强度等级C20以下，采用32.5水泥配制，强度等级C25～C40时，采用42.5水泥配制。

②砂浆中砌筑砂浆采用32.5水泥配制，抹灰砂浆采用32.5水泥配制。

③如设计要求必须采用不同水泥强度等级配制混凝土或砂浆时，可以进行调整。

(3)混凝土

①现浇构件及用于灌缝、嵌缝、找平的混凝土采用塑性混凝土。

②预制构件中除空心板、大型屋面板、槽形板、天沟板、柱、桩按预制厂集中预制采用低流动性混凝土外，其他预制构件按现场预制采用塑性混凝土。

③如设计要求混凝土强度等级和品种不同时，可以进行换算。

2.4.3 预算定额的应用

1. 预算定额的直接套用

当设计要求与定额项目的内容一致时，可直接套用定额的预算基价及工料机消耗量，计算该分项工程的直接工程费，以及工料机需要量。

【例 2.4.2】已知某砖混结构工程，砖基础工程量为 12.33 m^3，M5 水泥砂浆砌筑，试计算该分项工程的工程费及主要材料消耗量。

【解】(1)确定定额编号和项目名称。

查表 2-4-1 和表 2-4-2 得：该项目的定额编号为“3-1-1 砖基础　水泥砂浆 M5.0”。

(2)计算该分项工程的工程费。

分项工程的工程费＝预算定额地区基价×工程量。

以兰州地区为例：313.70×12.33＝3867.92 元。

(3)计算主要材料消耗量。

材料消耗量＝定额消耗量×工程量。

标准砖(240 mm×115 mm×53 mm)用量＝0.5236×12.33＝6.456 千块。

M5 水泥砂浆用量＝0.2360×12.33＝2.91 m^3。

水用量＝0.1050×12.33＝1.295 m^3。

2. 预算定额的换算套用

预算定额换算有以下几种类型。

(1)系数换算

在甘肃省预算定额二十个分部工程中，每一章都有调整系数，针对不同的情况进行调整。

例如，《甘肃省建筑与装饰工程预算定额》第一章土石方工程中规定“土壤含水率均以天然湿度为准，若挖土时含水率达到或超过 25%时，应将定额相应项目的人工、机械用量乘系数 1.18”。某工程采用正铲挖掘机挖三类土时，其土壤含水率为 25%，查表 2-4-7，计算调整后的基价。

表 2-4-7 《甘肃省建筑与装饰工程预算定额地区基价》(节选)

定额编号	定额项目	单位	价格/元		兰州	定西	天水	平凉
1-106	正铲挖土　三类土	m^3	基价		6.87	6.87	6.87	6.87
			其中	人工费	4.22	4.22	4.22	4.22
				材料费	0.00	0.00	0.00	0.00
				机械费	2.65	2.65	2.65	2.65

以兰州地区为例：

换算后基价＝4.22×1.18＋2.65×1.18＝8.11 元/米^3。

调整后的基价，在定额编码后加一个“换”字，以示和原基价的区别，如“1-106$_{换}$　正铲挖土　三类土　8.11 元/米^3”。

(2)既有基本子目，又有增加子目的换算

①运距的换算。

当设计运距与定额运距不同时，根据定额规定通过增减运距进行换算。换算价格的计算公式为：

换算后基价＝基本运距基价＋增减运距定额部分基价。

例如，某工程余土外运，运距为 5000 m，查表 2-4-8，计算调整后土方运输的基价。

表 2-4-8　《甘肃省建筑与装饰工程预算定额地区基价》(节选)

定额编号	定额项目	单位	价格/元		兰州	定西	天水	平凉
1-89	土方运输 运输距离 1000 m 以上 1000 m	m^3	基价		18.38	18.39	18.38	18.41
			其中	人工费	6.11	6.11	6.11	6.11
				材料费	0.00	0.00	0.00	0.00
				机械费	12.27	12.28	12.27	12.30
1-90	土方运输 运输距离 1000 m 以上每增 1000 m	m^3	基价		2.20	2.20	2.20	2.21
			其中	人工费	0.00	0.00	0.00	0.00
				材料费	0.00	0.00	0.00	0.00
				机械费	2.20	2.20	2.20	2.21

以兰州地区为例，其基本运距 1000 m，基价为 18.38 元/米^3，增加运距 4000 m，即 4 个 1000 m，增加运距定额部分基价为 4×2.20＝8.80 元/米^3。

换算后基价＝18.38＋4×2.20＝27.18 元/米^3。

②厚度的换算。

当设计厚度与定额厚度不同时，根据定额规定通过增减厚度进行换算。其计算公式为：

换算后基价＝基本厚度基价＋增减厚度定额部分基价。

例如，某工程地面找平层为 1∶2 水泥砂浆，设计厚度为 30 mm，查表 2-4-9，计算 30 mm 厚 1∶2 水泥砂浆找平层基价。

表 2-4-9　《甘肃省建筑与装饰工程预算定额地区基价》(节选)

定额编号	定额项目	单位	价格/元		兰州	定西	天水	平凉
11-27-1	水泥砂浆 1∶2 在混凝土或硬基层上 厚度 20 mm	m^2	基价		12.26	10.46	11.99	10.80
			其中	人工费	4.77	4.77	4.77	4.77
				材料费	7.11	5.31	6.84	5.65
				机械费	0.38	0.38	0.38	0.38

续表

定额编号	定额项目	单位	价格/元		兰州	定西	天水	平凉
11-29-1	水泥砂浆 1∶2 厚度每增减 5 mm	m^2	基价		2.59	2.19	2.54	2.27
			其中	人工费	0.87	0.87	0.87	0.87
				材料费	1.62	1.22	1.57	1.30
				机械费	0.10	0.10	0.10	0.10

以兰州地区为例，其基本厚度，基价为 12.26 元/米²，增加厚度 10 mm，即 2 个 5 mm，增加运距定额部分基价为 2×2.59＝5.18 元/米²。

换算后基价＝12.26＋2×2.59＝17.44 元/米²。

(3)材料比例的换算

例如，《甘肃省建筑与装饰工程预算定额》第十一章普通楼地面工程中规定“踢脚线定额内，踢脚板的高度是按 15 cm 计算的，设计规定高度与定额计算高度不同时，定额内的材料用量可进行换算，人工和机械用量不再调整”。

例如，某工程地面 1∶2 水泥砂浆踢脚板，设计高度为 12 mm，查表 2-4-10，计算 12 mm 高 1∶2 水泥砂浆踢脚板基价。

表 2-4-10 《甘肃省建筑与装饰工程预算定额地区基价》(节选)

定额编号	定额项目	单位	价格/元		兰州	定西	天水	平凉
11-35-1	踢脚板 水泥砂浆 1∶2	m	基价		4.18	3.95	4.15	3.99
			其中	人工费	3.14	3.14	3.14	3.14
				材料费	0.98	0.75	0.95	0.79
				机械费	0.06	0.06	0.06	0.06

以兰州地区为例，其人工费、机械费不发生变化，材料用量按比例调整。

$$换算后基价=3.14+\frac{12}{15}\times0.98+0.06=3.984\ 元/米。$$

(4)混凝土的换算

在《甘肃省建筑与装饰工程预算定额地区基价》中共编制了三千多个基价子目，但因工程设计的不同要求，有些同品种不同规格的半成品材料可以进行换算，这部分材料如何进行换算，工程造价专业人员应熟练掌握。

①混凝土品种的换算，即同品种混凝土强度等级的换算。

在《甘肃省建筑与装饰工程预算定额地区基价》中，一般现浇、预制混凝土是按塑性混凝土或低流动性混凝土两种确定，如果与实际采用混凝土品种不同，可以进行换算。

换算子目基价材料费＝原基价材料费＋(换算材料综合预算价格－原材料的综合预算价格)×定额消耗量。

换算后基价＝原基价＋(换算材料综合预算价格－原材料的综合预算价格)×定额消耗量。

例如，兰州地区4-63-1“现浇无梁式满堂基础混凝土C20”基价为265.99元/米^3，其混凝土价格按地区基价中混凝土的原则确定为“塑性混凝土卵石40 mm水泥32.5级”[在《甘肃省建设工程混凝土砂浆材料消耗量定额》(DBJD 25—47—2013)中编号为1-36]，191.11元/米^3。如果实际施工中设计要求采用抗渗混凝土C20，抗渗标号P8，其混凝价格(编号1-124)227.51元/米^3，相应换算4-63-1“现浇无梁式满堂基础混凝土C20、P8”基价为265.99+(227.51－191.11)×1.015＝302.936元/米^3，其中人工费、机械费不变，材料费相应调整。

②混凝土强度等级换算。

在《甘肃省建筑与装饰工程预算定额地区基价》中，混凝土的强度等级按现浇或预制构件不同划分成若干个，一般均能满足工程要求，但如果实际工程中所采用的混凝土强度等级地区基价划分不够时，可进行换算。

例如，兰州地区4-65-3“现浇矩形柱混凝土C30”基价为333.70元/米^3，其混凝土价格按地区基价中混凝土的原则确定为“塑性混凝土卵石粒径40 mm水泥42.5级”[在《甘肃省建设工程混凝土砂浆材料消耗量定额》(DBJD 25—47—2013)中编号为1-38]，203.52元/米^3。如果实际施工采用混凝土强度等级C25，其混凝土价格(编号1-37)为190.17元/米^3，相应换算4-65-2“现浇矩形柱混凝土C25”基价为333.70＋(190.17－203.52)×0.9860＝320.54元/米^3，其中人工费、机械费不变，材料费相应调整。

(5)砂浆的换算

砌筑砂浆。砂浆的强度等级划分得比较细，基本满足实际工作的需要，如遇到不同强度等级砂浆需换算时，可参照上述混凝土强度等级的换算办法进行。

抹灰砂浆及其他砂浆。定额中列入了抹灰砂浆、防水及保温砂浆、防腐砂浆等。抹灰砂浆原则上不能换算，定额中允许换算的砂浆可参照上述办法进行换算。

(6)其他材料的换算

在《甘肃省建筑与装饰工程预算定额地区基价》中除上述混凝土、砂浆外，有些项目中因材料品种、规格、材质与定额不同时也可进行换算，其换算办法和原则与上述半成品材料一样，换算公式如下：

换算子目基价材料费＝原基价材料费＋(换算材料综合预算价格－原材料的综合预算价格)×定额消耗量。

换算后基价＝原基价＋(换算材料综合预算价格－原材料的综合预算价格)×定额消耗量。

复习思考题

综合训练

1. 熟悉《甘肃省建筑与装饰工程预算定额》，根据《甘肃省建筑与装饰工程预算定额》查表2-4-11中分项工程的定额编号及计量单位。

表 2-4-11 分项工程定额编号及计量单位

序号	定额编号	分项工程名称	单位
1		人工挖土方 一二类土深度 1.5 m 以内	
2		人工挖地槽、地沟 三类土深度 3 m 以内	
3		夯填土	
4		土方运输 运输距离 1000 m 以内 500 m	
5		土方运输 运输距离 1000 m 以内 每增 100 m	
6		平整场地	
7		砖基础 水泥砂浆 M5.0	
8		1 砖墙 水泥石灰膏砂浆 M5.0	
9		柱 商品混凝土	
10		泵送 泵送高度 20 m 以内	
11		现浇混凝土垫层 C10	
12		现浇满堂基础 有梁式 混凝土 C25	
13		现浇矩形柱 混凝土 C25	
14		现浇墙 墙厚 300 mm 以内 混凝土 C25	
15		现浇有梁板 混凝土 C30	
16		现浇楼梯 板式 直形 混凝土 C25	
17		现浇台阶 混凝土 C20	
18		预制过梁 混凝土 C20	
19		预制混凝土构件运输 Ⅲ类构件 运输距离 1 km 以内	
20		过梁每个构件体积 0.4 m^3 以内安装高度(三层以内)塔式起重机	
21		过梁(接头灌缝)	
22		现浇构件非预应力钢筋 螺纹钢Ⅱ级	
23		现浇构件非预应力钢筋 螺纹钢Ⅲ级	
24		电渣压力焊接 钢筋直径 20 mm 以内	
25		改性沥青卷材(SBS-I)满铺 厚度 4 mm	
26		内墙、柱面抹灰 砖墙面、墙裙 水泥砂浆	
27		现浇混凝土天棚 水泥砂浆底面	
28		安装夹板门 不带亮子	
29		安装塑钢推拉窗 中空玻璃	
30		大理石 楼地面(每块周长 mm)2400 以内	
31		水磨石 楼地面 普通水泥白石子	
32		内墙涂料 乳胶漆抹灰面二遍	
33		现浇构件混凝土模板 满堂基础	
34		综合脚手架 高度(20 m)以内	

2. 某建筑物2～7层楼板均为预制空心板，设计要求电气走线在空心板内穿二芯塑料护套线，经测算空心板内穿护套线的有关基础数据资料如下。

(1)人工消耗：基本用工1.84工日/100米，其他用工占总用工的10%。

(2)材料消耗：护套线预留长度平均10.4 m/100 m，损耗率为1.8%；接线盒13个/100米；钢丝0.12 kg/100 m。

(3)信息价格：人工工日单价为30.50元/工日；接线盒单价为2.5元/个；二芯塑料护套线单价为2.56元/米；钢丝单价为2.80元/千克；其他材料费单价为5.6元/100米。

问题：编制预制空心板内安装二芯塑料护套线的工料单价。

3. 某项毛石护坡砌筑工程，定额测定资料如下。

(1)完成每立方米毛石砌体的基本工作时间为7.9 h。

(2)辅助工作时间、准备与结束工作时间、不可避免的中断时间和休息时间等，分别占毛石砌体的工作延续时间3%、2%、2%和16%。

(3)每10 m^3毛石砌体需要M5水泥砂浆3.93 m^3，毛石11.22 m^3，水0.79 m^3。

(4)每10 m^3毛石砌体需要200 L砂浆搅拌机0.66台班。

(5)该地区有关资源的现行价格如下：人工工日单价为25元/工日；M5水泥砂浆单价为95.51元/米^3；毛石单价为58元/米^3；水单价1.85元/米^3。200 L砂浆搅拌机台班单价为51.41元/台班。

问题：(1)确定砌筑每立方米毛石护坡的人工时间定额和产量定额。

(2)若预算定额的其他用工占基本用工的12%，试编制该分项工程的预算工料机单价。

(3)若砌筑此护坡的砂浆换为M10水泥砂浆，单价为111.20元/米^3，试计算换算后的新工料机单价。

4. 预算定额的换算套用。

(1)根据表2-4-8，某工程余土外运，运距为3000 m，计算调整后土方运输的基价。

(2)某工程地面找平层为1∶2水泥砂浆，设计厚度为25 mm，查表2-4-9，计算30 mm厚1∶2水泥砂浆找平层基价。

(3)某工程地面1∶2水泥砂浆踢脚板，设计高度为18 mm，查表2-4-10，计算18 mm高1∶2水泥砂浆踢脚板基价。

2.5 施工图预算的编制

学习目的

施工图预算依据施工图纸和预算定额、施工方案及其他有关资料编制。本节内容介绍施工图预算编制的内容、依据、步骤等。通过对本节内容的学习，学生初步掌握单位工程施工图预算的编制程序。

知识目标

1. 施工图预算的作用。
2. 施工图预算的内容。
3. 施工图预算的编制步骤。

重点难点

1. 施工图预算的编制依据。
2. 单位工程施工图预算的编制。

2.5.1 施工图预算的概述

1. 施工图预算的含义

施工图预算是以施工图设计文件为依据，按照规定的程序、方法和依据，在工程施工前对工程项目的工程费用进行的预测与计算。施工图预算的成果文件称作施工图预算书，也简称施工图预算，它是在施工图设计阶段对工程建设所需资金做出较精确计算的设计文件。

施工图预算价格既可以是按照政府统一规定的预算单价、取费标准、计价程序计算得到的属于计划或预期性质的施工图预算价格，也可以是通过招标投标法定程序后施工企业根据自身的实力即企业定额、资源市场单价以及市场供求及竞争状况计算得到的反映市场性质的施工图预算价格。

2. 施工图预算的作用

施工图预算作为建设工程建设程序中一个重要的技术经济文件，在工程建设实施过程中具有十分重要的作用，可以归纳为以下几个方面。

(1)施工图预算对投资方的作用

施工图预算是设计阶段控制工程造价的重要环节，是控制施工图设计不突破设计概算的重要措施。

施工图预算是控制造价及资金合理使用的依据。施工图预算确定的预算造价是工程的计划成本，投资方按施工图预算造价筹集建设资金，合理安排建设资金计划，确保建设资金的有效使用，保证项目建设顺利进行。

施工图预算是确定工程招标控制价的依据。在设置招标控制价的情况下，建筑安装工程的招标控制价可按照施工图预算来确定。招标控制价通常是在施工图预算的基础上考虑工程的特殊施工措施、工程质量要求、目标工期、招标工程范围以及自然条件等因素进行编制的。

施工图预算可以作为确定合同价款、拨付工程进度款及办理工程结算的基础。

(2)施工图预算对施工企业的作用

施工图预算是建筑施工企业投标报价的基础。在激烈的建筑市场竞争中，建筑施工企业需要根据施工图预算，结合企业的投标策略，确定投标报价。

施工图预算是建筑工程预算包干的依据和签订施工合同的主要内容。在采用总价合同的情况下，施工单位通过与建设单位协商，可在施工图预算的基础上，考虑设计或施工变更后可能发生的费用与其他风险因素，增加一定系数作为工程造价一次性包干价。同样，施工单位与建设单位签订施工合同时，其中工程价款的相关条款也必须以施工图预算为依据。

施工图预算是施工企业安排调配施工力量、组织材料供应的依据。施工企业在施工前，可以根据施工图预算的工、料、机分析，编制资源计划，组织材料、机具、设备和劳动力供应，并编制进度计划，统计完成的工作量，进行经济核算并考核经营成果。

施工图预算是施工企业控制工程成本的依据。施工图预算确定的中标价格是施工企业收取工程款的依据，企业只有合理利用各项资源，采取先进技术和管理方法，将成本控制在施工图预算价格以内，才能获得良好的经济效益。

施工图预算是进行“两算”(施工图预算和施工预算)对比的依据。施工企业可以通过施工图预算和施工预算的对比分析，找出差距，采取必要的措施。

(3)施工图预算在其他方面的作用

对于工程咨询单位而言，尽可能客观、准确地为委托方做出施工图预算，不仅体现出其水平、素质和信誉，而且强化了投资方对工程造价的控制，有利于节省投资，提高建设项目的投资效益。

对于工程项目管理、监督等中介服务企业而言，客观准确的施工图预算是为业主方提供投资控制的依据。

对于工程造价管理部门而言，施工图预算是其监督、检查执行定额标准、合理确定工程造价、测算造价指数以及审定工程招标控制价的重要依据。

如在履行合同的过程中发生经济纠纷，施工图预算还是有关仲裁、管理、司法机关按照法律程序处理、解决问题的依据。

3. 施工图预算的编制内容

(1)施工图预算文件的组成

施工图预算由建设项目总预算、单项工程综合预算和单位工程预算组成。建设项目总预算由单项工程综合预算汇总而成，单项工程综合预算由组成本单项工程的各单位工程预算汇总而成，单位工程预算包括建筑工程预算和设备及安装工程预算。

施工图预算根据建设项目实际情况可采用三级预算编制或二级预算编制形式。当建设项目有多个单项工程时，应采用三级预算编制形式，三级预算编制形式由建设项目总预算、单项工程综合预算、单位工程预算组成。当建设项目只有一个单项工程时，应采用二级预算编制形式，二级预算编制形式由建设项目总预算和单位工程预算组成。

采用三级预算编制形式的工程预算文件包括：封面、签署页及目录、编制说明、总预算表、综合预算表、单位工程预算表、附件等内容。采用二级预算编制形式的工程预算文件包括：封面、签署页及目录、编制说明、总预算表、单位工程预算表、附件等内容。

(2)施工图预算的内容

按照预算文件的不同，施工图预算的内容有所不同。建设项目总预算是反映施工图设计阶段建设项目投资总额的造价文件，是施工图预算文件的主要组成部分，由组成该建设项目的各个单项工程综合预算和相关费用组成，具体包括：建筑安装工程费、设备及工器具购置费、工程建设其他费用、预备费、建设期利息及铺底流动资金。施工图总预算应控制在已批准的设计总概算投资范围以内。

单项工程综合预算是反映施工图设计阶段一个单项工程(设计单元)造价的文件，是总预算的组成部分，由构成该单项工程的各个单位工程施工图预算组成。其编制的费用项目是各单项工程的建筑安装工程费、设备及工器具购置费和工程建设其他费用总和。

单位工程预算是依据单位工程施工图设计文件、现行预算定额以及人工、材料和施工机械台班价格等，按照规定的计价方法编制的工程造价文件。它包括单位建筑工程预算和单位设备及安装工程预算。单位建筑工程预算是建筑工程各专业单位工程施工图预算的总称，按其工程性质分为一般土建工程预算，给排水工程预算，采暖通风工程预算，燃气工程预算，电气照明工程预算，弱电工程预算，特殊构筑物如烟窗、水塔等工程预算以及工业管道工程预算等。安装工程预算是安装工程各专业单位工程预算的总称，安装工程预算按其工程性质分为机械设备安装工程预算、电气设备安装工程预算、工业管道工程预算和热力设备安装工程预算等。

2.5.2 施工图预算的编制

1. 施工图预算的编制依据、原则及程序

(1)施工图预算的编制依据

施工图预算的编制必须遵循以下依据。

①国家、地方政府和行业有关工程建设和造价管理的法律、法规和规定。

②经过批准和会审的施工图设计文件，包括设计说明书、标准图、图纸会审纪要、设计变更通知单及经建设主管部门批准的设计概算文件。

③施工现场勘察地质、水文、地貌、交通、环境及标高测量资料等。

④预算定额(或单位估价表)、地区材料市场与预算价格等相关信息以及颁布的材料预算价格、工程造价信息、材料调价通知、取费调整通知等；工程量清单计价规范。

⑤当采用新结构、新材料、新工艺、新设备而定额缺项时，按规定编制的补充预算定额，也是编制施工图预算的依据。

⑥合理的施工组织设计和施工方案等文件。

⑦工程量清单、招标文件、工程合同或协议书。它们明确了施工单位承包的工程范围，应承担的责任、享受的权利及应尽的义务。

⑧项目有关的设备、材料供应合同、价格及相关说明书。

⑨项目的技术复杂程度，以及新技术、专利使用情况等。

⑩项目所在地区有关的气候、水文、地质地貌等的自然条件。

⑪项目所在地区有关的经济、人文等社会条件。

⑫预算工作手册、常用的各种数据、计算公式、材料换算表、常用标准图集及各种必备的工具书。

(2)施工图预算的编制原则

第一，严格执行国家的建设方针和经济政策的原则。施工图预算要严格按照党和国家的方针、政策办事，坚决执行勤俭节约的方针，严格执行规定的设计和建设标准。

第二，完整、准确地反映设计内容的原则。编制施工图预算时，要认真了解设计意图，根据设计文件、图纸准确计算工程量，避免重复和漏算。

第三，坚持结合拟建工程的实际，反映工程所在地当时价格水平的原则。编制施工图预算时，要求实事求是地对工程所在地的建设条件、可能影响造价的各种因素进行认真的调查研究。在此基础上，正确使用定额、费率和价格等各项编制依据，按照现行工程造价的构成，根据有关部门发布的价格信息及价格调整指数，考虑建设期的价格变化因素，使施工图概算尽可能地反映设计内容、施工条件和实际价格。

(3)施工图预算的编制程序

施工图预算编制的程序主要包括三大内容：单位工程施工图预算编制、单项工程综合预算编制、建设项目总预算编制。单位工程施工图预算是施工图预算的关键。施工图预算的编制应在设计交底及会审图纸的基础上，按照图 2-5-1 所示的步骤进行。

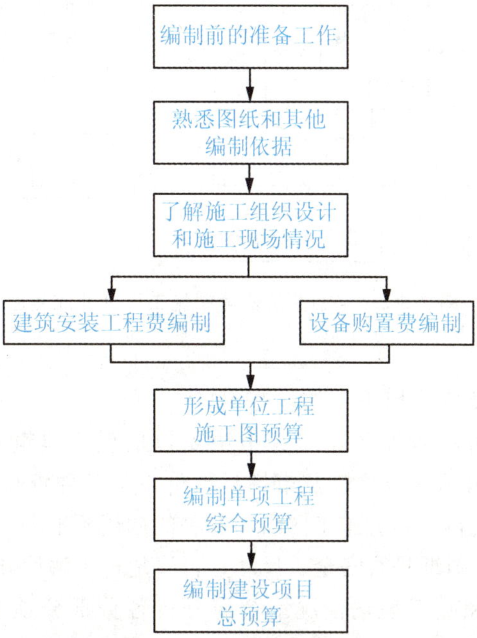

图 2-5-1　施工图预算编制程序

2. 单位工程施工图预算的编制

(1)建筑安装工程费计算

单位工程施工图预算包括建筑安装工程费和设备及工器具购置费。单位工程施工图预算中的建筑安装工程费应根据施工图设计文件、预算定额(或综合单价)以及人工、材料及施工机械台班等价格资料进行计算。建筑安装工程费的主要编制方法有单价法和实物量法，其中单价法分为定额单价法和工程量清单单价法，在单价法中，使用较多的还是定额单价法。

定额单价法又称工料单价法或预算单价法，是指分部分项工程的单价为工料单价，将分部分项工程量乘对应分部分项工程单价后的合计作为单位人、材、机费，人、材、机费汇总后，再根据规定的计算方法计取企业管理费、利润、规费和税金，将上述费用汇总后得到该单位工程的施工图预算造价。定额单价法中的单价一般采用地区统一单位估价表中的各分项工程工料单价(定额基价)。定额单价法计算公式如下：

$$建筑安装工程预算造价 = \sum(分项工程量 \times 分项工程工料单价) + 企业管理费 + 利润 + 规费 + 税金。$$

定额单价法编制施工图预算的基本步骤如图 2-5-2 所示。

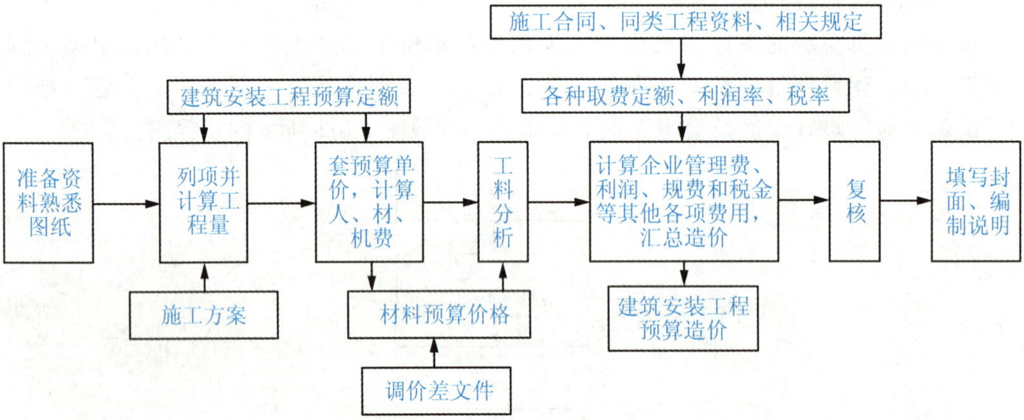

图 2-5-2　定额单价法编制施工图预算流程图

①准备工作。

准备工作阶段应主要完成以下工作内容。

收集编制施工图预算的编制依据。其中主要包括现行建筑安装定额、取费标准、工程量计算规则、地区材料预算价格以及市场材料价格等各种资料。

熟悉施工图等基础资料。熟悉施工图纸、有关的通用标准图、图纸会审记录、设计变更通知等资料，并检查施工图纸是否安全、尺寸是否清楚，了解设计意图，掌握工程全貌。

了解施工组织设计和施工现场情况。全面分析各分部分项工程，充分了解施工组织设计和施工方案，如工程进度、施工方法、人员使用、材料消耗、施工机械、技术措施等内容，注意影响费用的关键因素；核实施工现场情况，包括工程所在地地质、地形、地貌等情况，工程实地情况，当地气象资料，当地材料供应地点及运距等情况；了解工程布置、地形条件、施工条件、料场开采条件、场内外交通运输条件等。

②列项并计算工程量。

工程量计算一般按下列步骤进行：首先将单位工程划分为若干分项工程，划分的项目必须和定额规定的项目一致，这样才能正确地套用定额。不能重复列项计算，也不能漏项少算。工程量应严格按照图纸尺寸和现行定额规定的工程量计算规则进行计算，分项子目的工程量应遵循一定的顺序逐项计算，避免漏算和重算。

根据工程内容和定额项目，列出需计算工程量的分部分项工程。

根据一定的计算顺序和计算规则，列出分部分项工程量的计算式。

根据施工图纸上的设计尺寸及有关数据，代入计算式进行数值计算。

对计算结果的计量单位进行调整，使之与定额中相应的分部分项工程的计量单位保持一致。

③套用定额预算单价，计算人、材、机费。

核对工程量计算结果后，将定额子项中的基价填于预算表单价栏内，并将单价乘工程量得出合价，将结果填入合价栏，汇总求出单位工程人、材、机费。计算人、材、机费时需要注意以下几个问题。

分项工程的名称、规格、计量单位与预算单价或单位估价表中所列内容完全一致时，可以直接套用预算单价。

分项工程的主要材料品种与预算单价或单位估价表中规定材料不一致时，不可以直接套用预算单价，需要按实际使用材料价格换算预算单价。

分项工程施工工艺条件与预算单价或单位估价表不一致而造成人工、机械的数量增减时，一般调量不调价。

④编制工料分析表。

工料分析是按照各分项工程，依据定额或单位估价表，首先从定额项目表中分别将各分项工程消耗的每项材料和人工的定额消耗量查出；再分别乘该工程项目的工程量，得到分项工程工料消耗量，最后将各分项工程工料消耗量加以汇总，得出单位工程人工、材料的消耗数量。即

人工消耗量＝某工种定额用工量×某分项工程量，

材料消耗量＝某种材料定额用量×某分项工程量。

分部分项工程工料分析表如表 2-5-1 所示。

表 2-5-1 分部分项工程工料分析表

项目名称： 编号：

序号	定额编号	分部(项)工程名称	单位	工程量	人工/工日	主要材料			其他材料费/元
						材料1	材料2	…	

编制人： 审核人：

⑤计算主材费并调整人、材、机费。

部分定额项目基价为不完全价格，即未包括主材费用，如商品混凝土，因此还应单独计算出主材费。计算完成后将主材费的价差加入人、材、机费。主材费计算的依据是当时当地的市场价格。

⑥按计价程序计取其他费用，并汇总造价。

根据规定的税率、费率和相应的计取基础，分别计算企业管理费、利润、规费和税金。将上述费用累计后与人、材、机费进行汇总，求出单位工程预算造价。与此同时，计算工程的技术经济指标，如单方造价。

⑦复核。

对项目填列、工程量计算公式、计算结果、套用单价、取费费率、数字计算结果、数据精确度等进行全面复核，及时发现差错并修改，以保证预算的准确性。

⑧填写封面、编制说明。

封面应写明工程编号、工程名称、预算总造价和单方造价等；将封面、编制说明、预算费用汇总表、材料汇总表、工程预算分析表，按顺序编排并装订成册，便完成了单位施工图预算的编制工作。

定额单价法是编制施工图预算的常用方法，具有计算简单、工作量较小和编制速度较快、便于工程造价管理部门集中统一管理的优点。但由于是采用事先编制好的统一的单位估价表，其价格水平只能反映定额编制年份的价格水平，在市场价格波动较大的情况下，定额单价法的计算结果会偏离实际价格水平，虽然可进行调价，但调价系数和指数从测定到颁布有滞后且计算也较烦琐；另外由于单价法采用地区统一的单位估价表进行计价，承包商之间竞争的并不是自身的施工、管理水平，所以定额单价法并不完全适应市场经济环境。

(2)设备及工器具购置费计算

设备购置费由设备原价和设备运杂费构成；未达到固定资产标准的工器具购置费一般以设备购置费为计算基数，按照规定的费率计算。

(3)单位工程施工图预算书编制

单位工程施工图预算由建筑安装工程费和设备及工器具购置费组成，将计算好的建筑安装工程费和设备及工器具购置费相加，即得到单位工程施工图预算，即单位工程施工图预算＝建筑安装工程预算＋设备及工器具购置费。

单位工程施工图预算由单位建筑工程预算书和单位设备及安装工程预算书组成。单位建筑工程预算书则主要由建筑工程预算表和建筑工程费用计算表构成，具体表格形式如表 2-5-2、表 2-5-3 所示；单位设备及安装工程预算书则主要由设备及安装工程预算表和设备及安装工程费用计算表构成。

表 2-5-2　建筑工程预算表

单项工程预算编号：　　　　　　工程名称(单位工程)：　　　　　　共　页第　页

序号	定额编号	定额名称	单位	数量	单价/元	其中人工费/元	合价/元	其中人工费/元
		土石方工程						
1								
2								
		砌筑工程						
1								
2								
		楼地面工程						
1								
2								
		合　　计						

编制人：　　　　　　　　　　　　　　审核人：

表 2-5-3　建筑工程费用计算表

单项工程预算编号：　　　　　　工程名称(单位工程)：　　　　　　共　页第　页

序号	工程项目或费用名称		表达式	费率/%	合价/元
1	定额人、材、机费				
	其中	人工费			
		材料费			
		机械费			
2	企业管理费				
3	利润				
4	规费				
5	税金				
6	单位工程造价				

编制人：　　　　　　　　　　　　　　审核人：

3. 单项工程综合预算的编制

单项工程综合预算造价由组成该单项工程的各个单位工程预算造价汇总而成。计算公式如下：

单项工程施工图预算 $= \sum$ 单位建筑工程费用 $+ \sum$ 单位设备及安装工程费用。

单项工程综合预算书主要由综合预算表构成，综合预算表格式如表 2-5-4 所示。

表 2-5-4　综合预算表

综合预算编号：　　　　　　工程名称(单项工程)：　　　　　　单位：万元　　共　页第　页

序号	预算编号	工程项目或费用名称	设计规模或主要工程量	建筑工程费	设备及工器具购置费	安装工程费	合计	其中：引进部分	
								美元	折合人民币
		主要工程							
1									
2									
		辅助工程							
1									
2									
		配套工程							
1									
2									
		单项工程预算费用合计							

编制人：　　　　　　　　　　审核人：　　　　　　　　　　项目负责人：

4. 建设项目总预算的编制

建设项目总预算由组成该建设项目的各个单项工程综合预算，以及经计算的工程建设其他费、预备费和建设期利息和铺底流动资金汇总而成。三级预算编制中总预算由综合预算和工程建设其他费、预备费、建设期利息及铺底流动资金汇总而成，计算公式如下：

$$总预算=\sum 单项工程施工图预算+工程建设其他费+预备费+建设期利息+铺底流动资金。$$

二级预算编制中总预算由单位工程施工图预算和工程建设其他费、预备费、建设期贷款利息及铺底流动资金汇总而成，计算公式如下：

$$总预算=\sum 单位建筑工程费用+\sum 单位设备及安装工程费用+工程建设其他费+预备费+建设期利息+铺底流动资金。$$

复习思考题

简答题

1. 建设项目总预算由哪些内容组成?
2. 施工图预算的作用是什么?
3. 定额单价法编制施工图预算的基本步骤是什么?

学习情境2　建筑与装饰工程工程量计算

任务3　土建工程工程量计算

3.1　土建算量工程图纸及业务分析

学习目的

通过对土建算量工程图纸的分析，学生对建筑施工图和结构施工图有初步认识，并结合图纸信息，从造价的角度进行识图，最终正确识读建筑施工图和结构施工图。

知识目标

1. 能分析图纸的重点内容，提取算量的关键信息。
2. 能从造价的角度进行识图。
3. 能描述土建算量的基本流程。

重点难点

1. 正确识读建筑施工图。
2. 正确识读结构施工图。

3.1.1　建筑施工图

房屋建筑土建施工图纸，大多分为建筑施工图和结构施工图。建筑施工图纸大多由总平面布置图、建筑设计说明、各楼层平面图、立面图、剖面图、楼梯详图、节点详图等组成。

1. 总平面布置图

(1)概念

建筑总平面布置图，是表明新建房屋所在基础有关范围内的总体布置，它反映新建、拟建、原有和拆除的房屋、构筑物等的位置和朝向，室外场地、道路、绿化等的布置，地形、地貌、标高等以及原有环境的关系和邻界情况等。建筑总平面图也是房屋及其他设施施工的定位、土方施工以及绘制水、暖、电等管线总平面图和施工总平面图的依据。

(2)对编制工程预算的作用

结合拟建建筑物位置，确定塔吊的位置及数量。

结合场地总平面位置情况，考虑是否存在二次搬运。

结合拟建工程与原有建筑物的位置关系，考虑土方支护、放坡、土方堆放调配等问题。

结合拟建工程之间的关系，综合考虑建筑物的共有构件等问题。

2. 建筑设计说明

(1)概念

建筑设计说明，是对拟建建筑物的总体说明。

(2)主要内容

①建筑施工图目录。

②设计依据：设计所依据的标准、规定、文件等。

③工程概况：内容一般应包括建筑名称、建设地点、建设单位、建筑面积、建筑基底面积、建筑工程等级、设计使用年限、建筑层数和建筑高度、防火设计建筑分类和耐火等级、人防工程防护等级、屋面防水等级、地下室防水等级、抗震设防烈度等，以及能反映建筑规模的主要技术经济指标，如住宅的套型和套数、旅馆的客房间数和床位数、医院的门诊人次和住院部的床位数、车库的停车泊位数等。

④建筑物定位及设计标高、高度。

⑤图例。

⑥用料说明和室内外装修。

⑦对采用新技术、新材料的做法说明及对特殊建筑造型和必要的建筑构造的说明。

⑧门窗表及门窗性能(防火、隔声、防护、抗风压、保温、空气渗透、雨水渗透等)，用料，颜色，玻璃，五金件等的设计要求。

⑨其他需要说明的问题。

(3)编制预算需思考的问题

该建筑物的建设地点在哪里?(涉及税金等费用问题)

该建筑物的总建筑面积是多少?地上、地下建筑面积各是多少?(可根据经验,对此建筑物估算大约造价金额)

图纸中的特殊符号表示什么意思?(帮助我们读图)

层数是多少?高度是多少?(是否产生超高增加费?)

填充墙体采用什么材质?厚度有多少?砌筑砂浆标号是多少?特殊部位墙体是否有特殊要求?(查套填充墙子目)

是否有关于墙体粉刷防裂的具体措施?(比如在混凝土构件与填充墙交接部位设置钢丝网片)

是否有相关构造柱、过梁、压顶的设置说明?(此内容不在图纸上画出,但也需计算造价)

门窗采用什么材质?对玻璃的特殊要求是什么?对框料的要求是什么?有什么五金?门窗的油漆情况如何?是否需要设置护窗栏杆?(查套门窗、栏杆相关子目)

有几种屋面?构造做法分别是什么?或者采用哪本图集?(查套屋面子目)

屋面排水的形式是什么?(计算落水管的工程量及查套子目)

外墙保温的形式是什么?保温材料是什么?厚度多少?(查套外墙保温子目)

外墙装修分几种?做法分别是什么?(查套外装修子目)

室内有几种房间?它们的楼地面、墙面、墙裙、踢脚、天棚(吊顶)装修做法是什么?或者采用哪本图集?(查套房间装修子目)

3. 各楼层平面图

在窗台上边用一个水平剖切面将房子水平剖开,移去上半部分,从上向下透视它的下半部分,可看到房子的四周外墙和墙上的门窗、内墙和墙上的门,以及房子周围的散水、台阶等。将看到的部分都画出来,并注上尺寸,就是平面图。

编制预算时须思考以下问题。

(1)首层平面图

通看平面图,是否存在对称的情况?

台阶、坡道的位置在哪里?台阶的构造做法采用哪本图集?坡道的位置在哪里?坡道的构造做法采用哪本图集?坡道栏杆的做法是什么?(台阶、坡道的做法有时也在“建筑设计说明”中明确)

散水的宽度是多少?做法采用的图集号是多少?(散水做法有时也在“建筑设计说明”中明确)

首层的大门、门厅位置在哪里?

首层墙体的厚度是多少?材质是什么?砌筑有什么要求?(可结合“建筑设计说明”对照来读)

是否有节点详图引出标志?(如有节点引出标志,则需对照相应节点号找到详图,以

帮助全面理解图纸）

注意图纸下方对此楼层的特殊说明。

(2)二层平面图

是否存在平面对称或户型相同的情况？

雨篷、阳台的位置在哪里？

二层墙体的厚度是多少？材质是什么？砌筑有什么要求？（可结合“建筑设计说明”对照来读）

是否有节点详图引出标志？（如有节点引出标志，则需对照相应节点号找到详图，以帮助全面理解图纸）

注意图纸下方对此楼层的特殊说明。

(3)其他层平面图

是否存在平面对称或户型相同的情况？

当前层墙体的厚度是多少？材质是什么？砌筑有什么要求？（可结合“建筑设计说明”对照来读）

是否有节点详图引出标志？（如有节点引出标志，则需对照相应节点号找到详图，以帮助全面理解图纸）

注意当前楼层与其他楼层平面的异同，并结合立面图、详图、剖面图综合理解。

注意图纸下方对此楼层的特殊说明。

(4)屋面平面图

屋面结构板顶标高是多少？（结合层高、相应位置结构层板顶标高来读）

屋面女儿墙顶标高是多少？（结合屋面板顶标高计算出女儿墙高度）

查看屋面女儿墙详图。（理解女儿墙造型、压顶造型等信息）

屋面的排水方式是什么？落水管位置及根数是多少？（结合“建筑设计说明”中关于落水管的说明来理解）

注意屋面造型平面形状，并结合相关详图理解。

注意屋面楼梯间的信息。

4. 立面图

从建筑的正面看，将可看到建筑的正立面形状、门窗、外墙裙、台阶、散水、挑檐等都画出来，即形成建筑立面图。

编制预算时需注意以下问题。

①室外地坪标高是多少？

②查看立面图中门窗洞口尺寸、离地标高等信息，结合各层平面图中门窗的位置，思考过梁的信息；结合“建筑设计说明”中关于护窗栏杆的说明，确定是否存在护窗栏杆。

③结合屋面平面图，从立面图上理解女儿墙及屋面造型。

④结合各层平面图，从立面图上理解空调板、阳台栏板等信息。

⑤结合各层平面图，从立面图上理解各层节点位置及装饰位置的信息。

⑥从立面图上理解建筑物各个立面的外装修信息。

⑦结合平面图理解门斗造型信息。

5. 剖面图

剖面图的作用是对无法在平面图及立面图上表述清楚的局部剖切，以表述清楚建筑内部的构造，从而补充说明平面图、立面图所不能显示的建筑物内部信息。

编制预算时需注意以下问题。

①结合平面图、立面图、结构板的标高信息、层高信息及剖切位置，理解建筑物内部构造的信息。

②查看剖面图中关于首层室内外标高信息，结合平面图、立面图理解室内外高差的概念。

③查看剖面图中屋面标高信息，结合屋面平面图及其详图，正确理解屋面板的高差变化。

6. 楼梯详图

楼梯详图由楼梯剖面图、平面图组成。由于平面图、立面图只能显示楼梯的位置，而无法清楚显示楼梯的走向、踏步、标高、栏杆等细部信息，因此设计中楼梯一般采用详图展示。

编制预算时需注意以下问题。

①结合平面图中楼梯位置、楼梯详图的标高信息，正确理解楼梯作为竖向交通工具的立体状况。(思考关于楼梯平台、楼梯踏步、楼梯休息平台的概念，进一步理解楼梯及楼梯间装修的工程量计算及定额套用的注意事项)

②结合楼梯详图，了解楼梯井的宽度，进一步思考楼梯工程量的计算规则。

③了解楼梯栏杆的详细位置、高度及所用到的图集。

7. 节点详图

(1)表示方法

为了补充说明建筑物细部的构造，从建筑物的平面图、立面图中特意引出需要说明的部位，对相应部位做进一步详细描述，就构成了节点详图。下面就节点详图的表示方法做简要说明。

①被索引的详图在同一张图纸内，如图 3-1-1 所示。

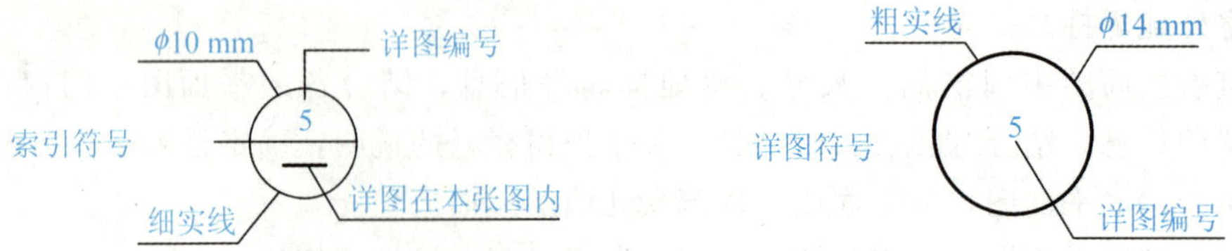

图 3-1-1 被索引的详图在同一张图纸内

②被索引的详图不在同一张图纸内，如图 3-1-2 所示。

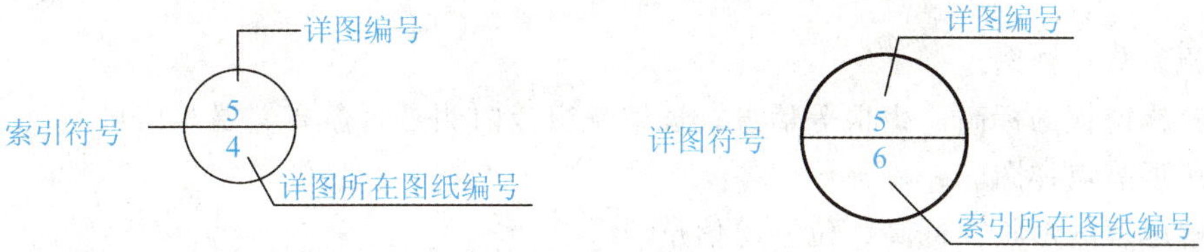

图 3-1-2　被索引的详图不在同一张图纸内

③被索引的详图参见图集，如图 3-1-3 所示。

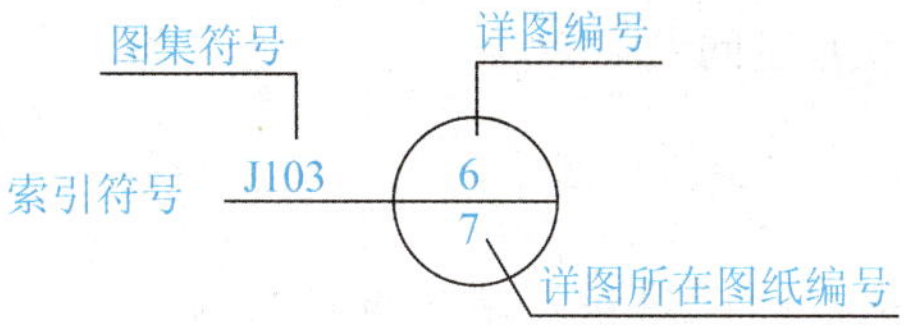

图 3-1-3　被索引的详图参见图集

④索引的剖视详图在同一张图纸内，如图 3-1-4 所示。

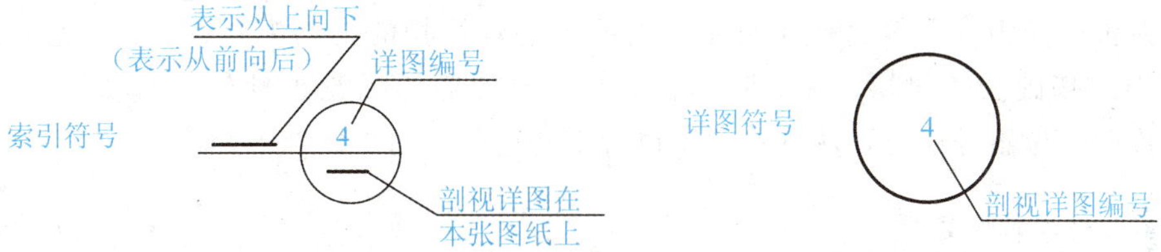

图 3-1-4　索引的剖视详图在同一张图纸内

⑤索引的剖视详图不在同一张图纸内，如图 3-1-5 所示。

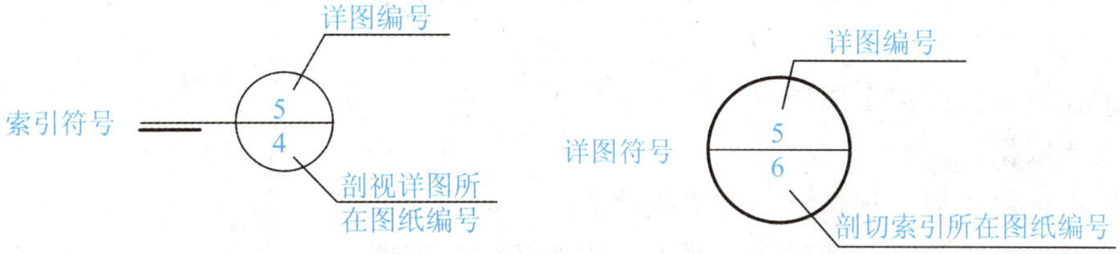

图 3-1-5　索引的剖视详图不在同一张图纸内

(2)编制预算时需注意的问题

①墙身节点详图。

墙身节点详图底部：查看关于散水、排水沟、台阶、勒脚等方面的信息，对照散水宽度是否与平面图一致？参照的散水、排水沟图集是否明确？（图集有时在平面图或“建筑设计说明”中明确）

墙身节点详图中部：了解墙体各个标高处外装修、外保温信息；理解外窗中关于窗台板、窗台压顶等信息；理解关于圈梁位置、标高的信息。

墙身节点详图顶部：理解相应墙体顶部关于屋面、阳台、露台、挑檐等位置的构造信息。

②飘窗节点详图。

理解飘窗板的标高、生根等信息；理解飘窗板内侧是否需要保温等信息。

③压顶节点详图。

了解压顶的形状、标高、位置等信息。

④空调板节点详图。

了解空调板的立面标高、生根的信息；了解空调板栏杆(或百叶)的高度及位置信息。

⑤其他详图。

请结合实训案例，思考上述问题。

3.1.2 结构施工图

结构施工图纸一般包括：图纸目录，结构设计总说明，基础平面图及其详图，墙柱定位图，各层结构平面图(模板图、板配筋图、梁配筋图)，墙柱配筋图及其留洞图，楼梯及其他构筑物详图(水池、坡道、电梯机房、挡土墙等)。

作为造价工作者来讲，结构施工图主要是计算混凝土、模板、钢筋等工程量，进而计算其造价，而为了计算这些工程量，需要了解建筑物的钢筋配置、摆放信息，需要了解建筑物的基础及其垫层、墙、梁、板、柱、楼梯等的混凝土标号、截面尺寸、高度、长度、厚度、位置等信息，从预算角度也着重从这些方面加以详细阅读。

1. 结构设计总说明

(1)主要内容

结构设计总说明的主要内容包括以下几个方面。

①工程概况：建筑物的位置、面积、层数、结构抗震类别、设防烈度、抗震等级、建筑物合理使用年限等。

②工程地质情况：土质情况、地下水位等。

③设计依据。

④结构材料类型、规格、强度等级等。

⑤分类说明建筑物各部位设计要点、构造及注意事项等。

⑥需要说明的隐蔽部位的构造详图，如后浇带加强、洞口加强筋、锚拉筋、预埋件等。

⑦重要部位图例等。

(2)编制预算需要注意的问题

①建筑物抗震等级、设防烈度、檐高、结构类型等信息，作为钢筋搭接、锚固的计算依据。

②土质情况，作为针对土方工程清单项目组价的依据。

③地下水位情况，考虑是否需要采取降排水措施。

④混凝土强度等级、保护层等信息，作为查套定额、计算钢筋的依据。

⑤钢筋接头的设置要求，作为计算钢筋的依据。

⑥砌体构造要求，包括构造柱、圈梁的设置位置及配筋、过梁的参考图集、砌体加固钢筋的设置要求或参考图集，作为计算圈梁、构造柱、过梁的工程量及钢筋量的依据。

⑦砌体的材质及砌筑砂浆要求，作为套砌体定额的依据。

⑧其他文字性要求或详图，有时不在结构平面图纸中画出，但要计算其工程量，例如，现浇板分布钢筋，施工缝止水带，次梁加筋、吊筋，洞口加强筋，后浇带加强钢筋等。

2. 基础平面图及其详图

编制预算时需注意以下问题。

①基础类型决定查套的子目。例如，需要注意判断是有梁式条基还是无梁式条基等。

②基础详图情况，帮助理解基础构造，特别注意基础标高、厚度、形状等信息，了解在基础上生根的柱、墙等构件的标高及插筋情况。

③注意基础平面图及详图的设计说明，有些内容是不画在平面图上的，而是以文字的形式表现，如筏板厚度、筏板配筋、基础混凝土的特殊要求(如抗渗)等。

3. 柱子平面布置图及柱表

编制预算时需注意以下问题。

①对照柱子位置信息(b 边、h 边的偏心情况)及梁、板、建筑平面图柱的位置，从而理解柱子作为支座类构件的准确位置，为以后计算梁、墙、板等工程量做准备。

②柱子不同标高部位的配筋及截面信息(常以柱表或平面标注的形式出现)。

③特别注意柱子生根部位及高度截止信息，为理解柱子高度信息做准备。

4. 梁平面布置图

编制预算时需注意以下问题。

①结合柱平面布置图、板平面布置图综合理解梁的位置信息。

②结合柱子位置，理解梁跨的信息，进一步理解主梁、次梁的概念及在计算工程量过程中的次序。

③注意图纸说明，捕捉关于次梁加筋、吊筋、构造钢筋的文字说明信息，防止漏项。

5. 板平面布置图

编制预算时需注意以下问题。

①结合图纸说明，阅读不同板厚的位置信息。

②结合图纸说明，理解受力筋范围信息。

③结合图纸说明，理解负弯矩钢筋的范围及其分布筋信息。

④仔细阅读图纸说明，捕捉关于洞口加强筋、阳角加筋、温度筋等信息，防止漏项。

6. 楼梯结构详图

编制预算时需注意以下问题。

①结合建筑平面图，了解不同楼梯的位置。

②结合建筑立面图、剖面图，理解楼梯的使用性能。

③结合建筑楼梯详图及楼层的层高、标高等信息，理解不同踏步板的数量、休息平台、平台的标高及尺寸。

④结合图纸说明及相应踏步板的钢筋信息，理解楼梯钢筋的布置状况，注意分布筋的特殊要求。

⑤结合详图及位置，阅读梯板厚度、宽度及长度，平台厚度及面积，楼梯井宽度等信息，为计算楼梯实际混凝土体积做准备。

复习思考题

简答题

1. 建筑施工图纸一般由哪些部分构成？在编制预算时需要注意哪些问题？试结合实训案例进行说明。

2. 结构施工图纸一般由哪些部分构成？在编制预算时需要注意哪些问题？试结合实训案例进行说明。

3.2 工程计量计价概述

学习目的

通过本节的学习，学生初步掌握工程计量计价业务操作过程（识图、列项、算量、对量、计价、调价、报价），重点掌握列项和工程量计算的基本思路，为后续学习打下基础。

知识目标

1. 初步掌握工程计量计价业务操作过程。
2. 掌握列项和工程量计算的基本思路。

重点难点

1. 列项的基本思路。
2. “三线一面”的计算。

3.2.1　工程计量计价业务操作过程

工程计量计价业务操作过程主要包括以下七个步骤，如图3-2-1所示。

图3-2-1　工程计量计价业务操作过程

1. 识图

工程识图是工程计价的第一步，如果连工程图纸都看不懂，就无从进行工程量的计算和工程计价。虽然识图是在前期课程工程制图或工程识图中就应该解决的问题，但是在工程计价时大多数同学拿到图纸仍然是“眼前一抹黑，搞不懂”。因此，我们从实践中总结出来的观点是：在工程量计算的过程中学会识图。

2. 列项

在计算工程量(不管是清单工程量还是计价工程量)时遇到的第一个问题不是怎么计算的问题，而是计算什么的问题，计算什么的问题在这里就叫作列项。列项不准确会直接影响后面工程量的计算结果。因此，计算工程量时不要拿起图纸就计算，这样很容易漏算或者重算，在计算工程量之前首先要学会列项，即弄明白整个工程要计算哪些工程量，然后再根据不同的工程量计算规则计算所列项的工程量。

3. 算量

在定额计价法下，根据各地定额中的工程量计算规则计算定额工程量；在清单计价法下，包括根据国家标准《房屋建筑与装饰工程工程量计算规范》(GB 50854—2013)中的工程量计算规则计算房屋建筑与装饰工程的分部分项清单工程量和根据各地定额中的工程量计算规则计算与清单项目工作内容相配套的计价工程量两部分。

4. 对量

对量是工程计价过程中最重要的一个环节，包括自己和自己对，自己和别人对。对不上的要找出原因，今后在做工程中想办法避免或者修正。

5. 计价

把前面的算量做对了，接下来的工作就是计价，计价要求熟悉国家标准《房屋建筑与装饰工程工程量计算规范》(GB 50854—2013)、企业定额、当地建筑装饰工程预算定额及建设工程费用定额。

6. 调价

并不是算出来多少就报多少，往往根据具体的施工方案、报价技巧及当时的具体环境对计价做相应的调整，这也需要有经验的造价师和单位领导协商来做，新手要积极向老造价师学习，多问几个为什么，算的工程项目多了，就能报出一个有竞争力的价格。

7. 报价

前面一切都做好了，报价实际上就是一个打印装订的问题了。

3.2.2 列项

列项的目的就是为了计算工程量时不漏项、不重项，学会自查或查别人。图纸有很多内容，而且很杂，如果没有一套系统的思路，计算工程量时将无法下手，很容易漏项。

列项是一个从粗到细，从宏观到微观的过程。通过以下 4 个步骤对建筑物进行工程量列项，可以达到不重项、不漏项的目的，如图 3-2-2 所示。

图 3-2-2 建筑物列项分解图

1. 分层

对于建筑物的工程量计算而言，列项的第一步就是先把建筑物分层，建筑物从下往上一般分为七个基本层，分别是：基础层、$-n\sim-2$ 层、-1 层、首层、$2\sim n$ 层、顶层和屋面层，如图 3-2-3 所示。

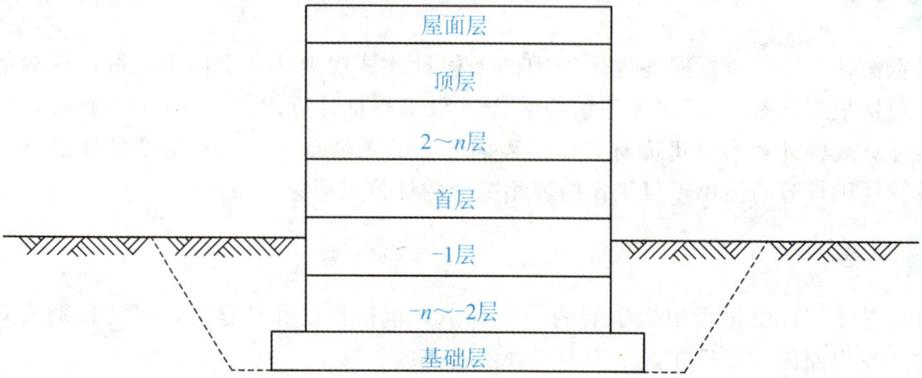

图 3-2-3 分层示意图

这七个基本层每层都有其不同的特点。

①基础层与房间(无论是地下房间还是地上房间)列项完全不同，因此，单独作为一个基本层。

②$-n\sim-2$ 层与首层相比，全部埋在地下，外墙不是装修，而是防潮、防水，而且没有室外构件，由于$-n\sim-2$ 层列项方法相同，因此将$-n\sim-2$ 层看作一个基本层。

③-1 层与首层相比部分在地上，部分在地下。因此，外墙既有外墙装修又有外墙防

水，看作一个基本层。

④首层与其他层相比有台阶、雨篷、散水等室外构件，看作一个基本层。

⑤2～n 层不管是不是标准层，与首层相比没有台阶、雨篷、散水等室外构件，由于 2～n 层其列项方法相同，因此，将 2～n 层看作一个基本层。

⑥顶层与 2～n 层的区别是有挑檐，看作一个基本层。

⑦屋面层与其他层相比，没有顶部构件、室内构件和室外构件，看作一个基本层。

分层以后还不能计算每一层的工程量，需要进行第二步：分块。

2. 分块

对于建筑物分解的每一层建筑，一般分解为围护结构、顶部结构、室内结构、室外结构、室内装修以及室外装修六大块。

分块之后，仍不能计算每一块的工程量，需要进行第三步：分构件。

3. 分构件

以首层或标准层为例，各块包含以下构件。

①围护结构包含的构件：柱子，梁(墙上梁如圈梁、过梁)，墙(内外)，门，窗，门连窗，墙洞，过梁，窗台板及护窗，栏杆等，如图 3-2-4 所示。

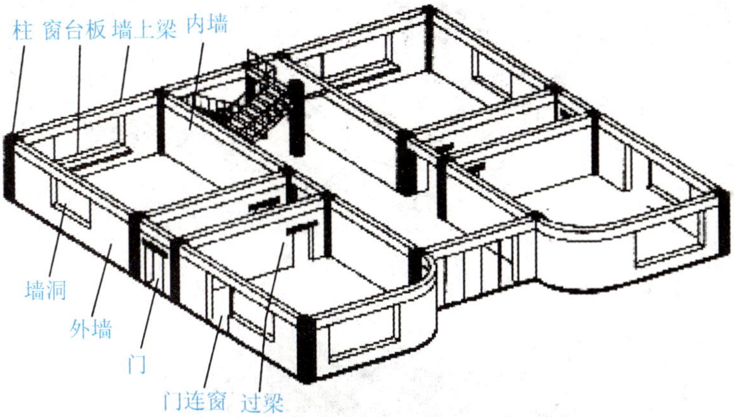

图 3-2-4 围护结构

②顶部结构包含的构件：梁(下空梁)、板(含斜板)、板洞及天窗，如图 3-2-5 所示。

③室内结构包含的构件：楼梯、独立柱、水池、化验台以及讲台，如图 3-2-6 所示。其中楼梯、水池、化验台属于复合构件，需要再往下分解。

例如，楼梯往下分解为休息平台、楼梯斜跑、楼梯梁、楼梯栏杆、楼梯扶手及楼层平台。水池往下可分解为水池和水池腿。化验台往下可分解为化验台板和化验台腿。

④室外结构包含的构件：腰线、飘窗、门窗套、散水、坡道、台阶、阳台、雨篷、挑檐、遮阳板以及空调板等，如图 3-2-7 所示。

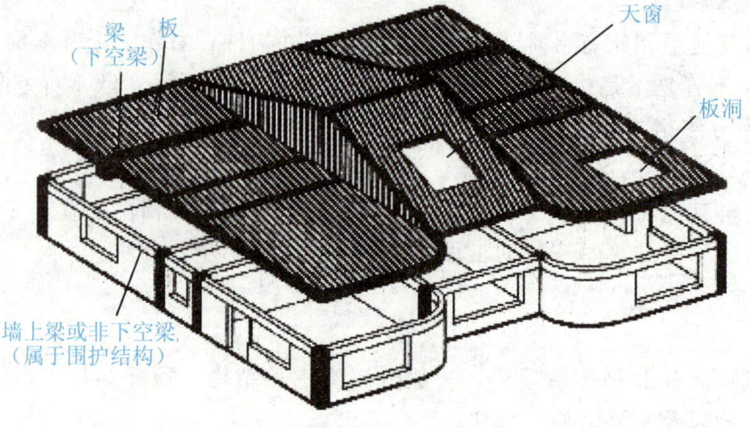

图 3-2-5　顶部结构

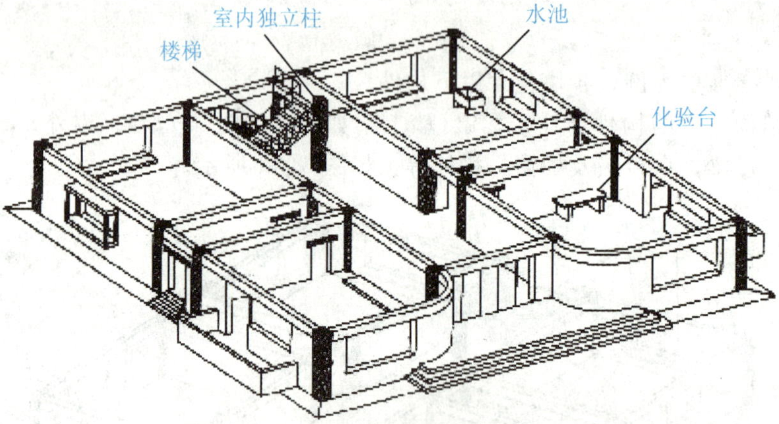

图 3-2-6　室内结构

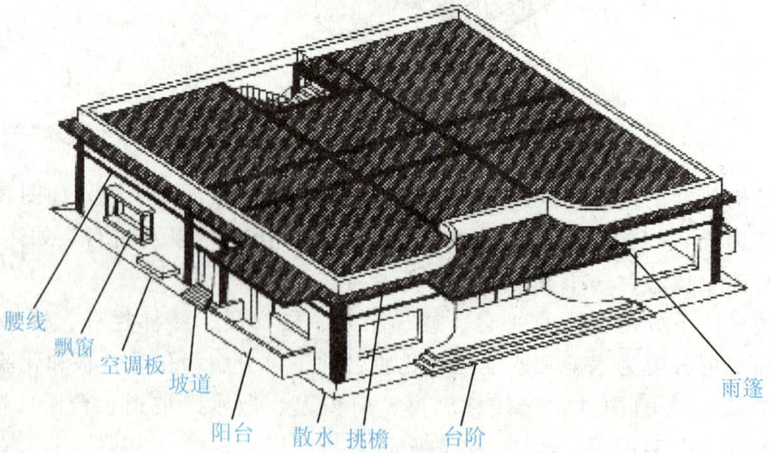

图 3-2-7　室外结构

其中飘窗、坡道、台阶、阳台、雨篷和挑檐属于复合构件，需要再往下分解。例如，飘窗再往下分解，如图 3-2-8 所示。

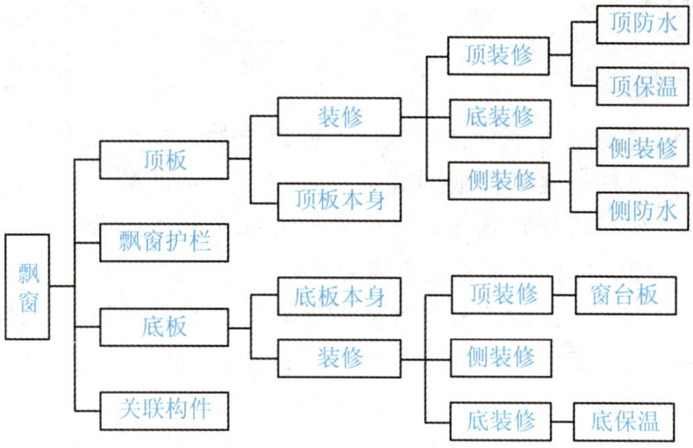

图 3-2-8　飘窗分解

⑤室内装修包含的构件：地面、踢脚、墙裙、墙面、天棚、天棚保温及吊顶。

⑥室外装修包含的构件：外墙裙、外墙面、外保温、装饰线和玻璃幕墙。

分构件之后，仍不能根据《房屋建筑与装饰工程工程量计算规范》和当地预算定额计算每一类构件的工程量，需要进行第四步：列项。

4. 列项

对以上分解的每一类构件，在列项时需要结合以下几个方面来考虑：

查看图纸中每一类构件包含哪些构件；

这些具体构件有什么属性；

这些具体构件应该套什么清单项目或定额项目；

清单或者定额项目的工程量计量单位是什么；

清单或者定额项目对应的计算规则是什么。

3.2.3　工程量计算

工程量是指以物理计量单位或自然计量单位表示的各个具体分部分项工程项目的数量。

1. 工程量计算的作用

(1)工程量是确定建筑工程造价的重要依据

准确计算工程量，才能正确计算招标控制价、投标报价，才能合理确定工程实际造价。

(2)工程量是施工企业进行生产经营管理的重要依据

准确的工程量是施工单位编制施工组织设计、安排作业进度、组织材料供应计划、进行统计工作和实现经济核算的重要依据。

(3)工程量是业主管理工程建设的重要依据

准确的工程量是业主编制建设计划、筹集资金、安排工程价款的拨付和结算、进行财务管理和核算的重要依据。

2. 工程量计算的方法

一个建筑物或构筑物是由多个分部分项工程组成的，少则几十项，多则上百项。计算工程量时，为避免出现重复计算或漏算，必须按照一定的顺序进行。在工程量计算之前，首先应安排分部工程的计算顺序，然后安排分部工程中各分项工程的计算顺序。分部分项工程的计算顺序，应根据其相互之间的关联因素确定。

同一分项工程中不同部位的工程量计算顺序，是工程量计算的基本方法。分项工程由同一种类的构件或同一工程做法的项目组成。例如，“钢筋混凝土现浇板”为一个分项工程，但由于建筑物的开间不同，板的荷载等级不同，因此出现各种不同的型号，其计算方法就是分别按板的型号逐层统计汇总数量，然后再计算出相应的混凝土体积及钢筋用量。再如，“内墙面一般抹灰”为一个分项工程，按计算范围应包括外墙的内面及内墙的双面抹灰，其计算方法就是按照工程量计算规则的规定，将各楼层相同工程做法的内墙抹灰加在一起，算出内墙抹灰总面积。

计算工程量时应注意：按设计图纸所列项目的工程内容和计量单位，必须与相应的工程量计算规则中相应项目的工程内容和计量单位一致，不得随意改变。

为了保证工程量计算的精确度，工程数量的有效位数应遵守以下规定：以“吨”为单位，应保留小数点后三位数字，第四位四舍五入；以“立方米”“平方米”“米”为单位，应保留小数点后两位数字，第三位四舍五入；以“个”“项”等为单位，应取整数。

计算工程量，应分不同情况，一般采用以下几种方法。

(1)按顺时针顺序计算

以图纸左上角为起点，按顺时针方向依次进行计算，当按计算顺序绕图一周后又重新回到起点。这种方法一般用于各种带形基础、墙体、现浇及预制构件计算，其特点是能有效防止漏算和重复计算。

(2)按编号顺序计算

结构图中包括不同种类、不同型号的构件，而且分布在不同的部位，为了便于计算和复核，需要按构件编号顺序统计数量，然后进行计算。

(3)按轴线编号计算

对于结构比较复杂的工程量，为了方便计算和复核，有些分项工程可按施工图轴线编号的方法计算。例如，在同一平面中，带形基础的长度和宽度不一致时，可按A轴①～③轴，B轴③⑤⑦轴这样的顺序计算。

(4)分段计算

在通长构件中，当其中截面有变化时，可采取分段计算。例如，多跨连续梁，当某跨的截面高度或宽度与其他跨不同时可按柱间尺寸分段计算；再如，楼层圈梁在门窗洞口处截面加厚时，其混凝土及钢筋工程量都应按分段计算。

(5)分层计算

该方法在工程量计算中较为常见，如墙体、构件布置、墙柱面装饰、楼地面做法等各层不同时，都应按分层计算，然后再将各层相同工程做法的项目分别汇总项。

(6)分区域计算

大型工程项目平面设计比较复杂时，可在伸缩缝或沉降缝处将平面图划分成几个区域分别计算工程量，然后再将各区域相同特征的项目合并计算。

【例 3.2.1】欲计算某砖混结构房屋各分项工程的工程量，试确定其合理的计算顺序。

【解】(1)按预算定额确定各分部工程计算顺序。

依据《甘肃省建筑与装饰工程预算定额》的排列顺序，土建分部工程的计算顺序为土石方工程、砌筑工程、混凝土工程、钢筋工程、金属结构工程、屋面与防水工程、保温隔热工程；装饰工程分部工程的计算顺序为楼地面工程、墙柱面工程、天棚工程、门窗工程等。

(2)按施工顺序确定各分项工程计算顺序。

按施工顺序确定各分项工程计算顺序，如土石方工程中，各分项工程的施工顺序为平整场地、挖土方、回填土、土方运输，则其计算顺序也应如此；楼地面工程中，各分项工程的施工顺序为垫层、找平层、面层，应按此顺序列项并计算工程量。

3.2.4　工程量计算基数

基数是指计算分项工程量时重复使用的数据。它可以使有关数据重复使用而不重复计算，从而减少工作量，提高功效。

经过对土建工程施工图预算中各分项工程量计算过程的分析，我们发现：各分项工程量的计算尽管各有特点，但都离不开“线”“面”。归纳起来，包括“三线一面”。

(1)三线

①外墙外边线($L_{外}$)。

外墙外边线是指外墙的外侧与外侧之间的距离，即外墙皮一周的总长度。其计算式如下：

每段墙的外边线＝外墙定位轴线长＋外墙定位轴线至外墙外侧的距离。

与“外墙外边线”有关的计算项目：勒脚、腰线、勾缝、外墙抹灰、散水等分项工程工程量计算。

②外墙中心线($L_{中}$)。

外墙中心线是指外墙中线至中线之间的距离，墙中心线至墙内侧、外侧的距离相等。这一计算基数在工程量计算中应用频率很高，如 L 形接头处长度几乎都取中心线长，准确应用能简化计算程序并节约时间。其计算式如下：

每段墙的中心线＝外墙定位轴线长＋外墙定位轴线至外墙中心线的距离

$=L_{外}-4\times$墙厚。

与“外墙中心线”有关的计算项目：外墙基挖地槽、基础垫层、基础砌筑、墙基防潮层、基础梁、圈梁、墙身砌筑等分项工程工程量计算。

③内墙净长线($L_{内}$)。

内墙净长线是指内墙与外墙(内墙)交点之间的边线距离。其计算式如下:

每段墙的内墙净长线=墙定位轴线长－墙定位轴线至所在墙体内侧的距离。

与"内墙净长线"有关的计算项目:内墙基挖地槽、基础垫层、基础砌筑、墙基防潮层、基础梁、圈梁、墙身砌筑、墙身抹灰等分项工程工程量计算。

(2)一面

"一面"是建筑物的建筑面积(S)。详见本任务3.3节。

与"面"有关的计算项目:平整场地、地面、楼面、屋面和顶棚等分项工程。

一般工业与民用建筑工程,都可在这三条"线"和一个"面"的基数上,连续计算出它的工程量。也就是:把这三条"线"和一个"面"先计算好,作为基数,然后利用这些基数再计算与它们有关的分项工程量。例如,以外墙中心线长度为基数,可以连续计算出与它有关的地槽挖土、墙基垫层、墙基砌体、墙基防潮层等分项工程量。

【例3.2.2】根据图3-2-9计算"三线"。

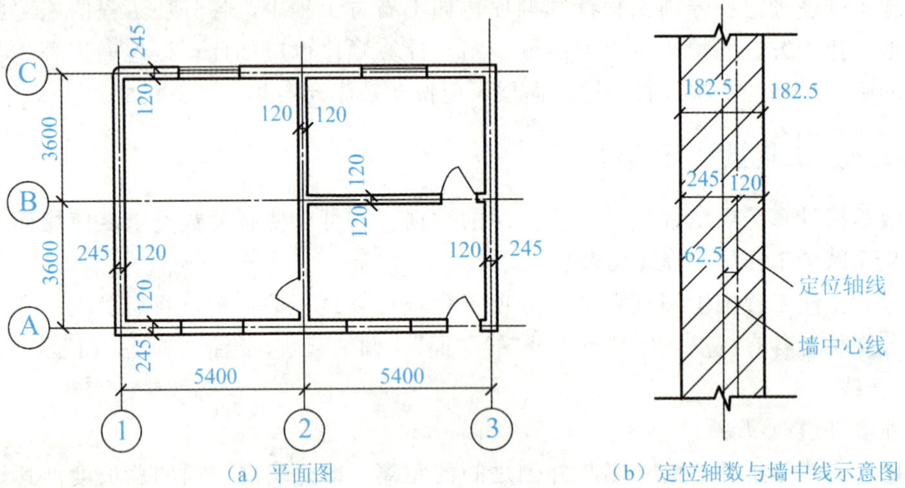

图3-2-9 基数计算示意图

【解】(1)计算外墙外边线。

如图3-2-9(a)所示,外墙定位轴线至外墙外侧距离为245 mm,故有

$L_{外A轴}=5.4\times2+0.245\times2=11.29$ m,

$L_{外①轴}=3.6\times2+0.245\times2=7.69$ m,

$L_{外}=(L_{外A轴}+L_{外①轴})\times2=(11.29+7.69)\times2=37.96$ m。

(2)计算外墙中心线。

图3-2-9(b)显示了外墙中心线与外墙定位轴线之间的关系。故有

$L_{外A轴}=5.4\times2-0.24+\dfrac{0.365}{2}\times2=10.925$ m,

$L_{外①轴}=3.6\times2-0.24+\dfrac{0.365}{2}\times2=7.325$ m,

$L_{中}=(L_{外A轴}+L_{外①轴})\times2=L_{外}-4\times$外墙墙厚

$=(10.925+7.325)\times2=37.96-4\times0.365=36.50$ m。

(3)计算内墙净长线。

由图 3-2-9(a)可知，外墙定位轴线至外墙内侧及内墙定位轴线至内墙两侧的距离均为 120 mm，故有

$L_{内B轴}=5.4-0.12\times2=5.16$ m，

$L_{内②轴}=3.6\times2-0.12\times2=6.96$ m，

$L_{内}=L_{内B轴}+L_{内②轴}=5.16+6.96=12.12$ m。

【例 3.2.3】根据图 3-2-10、图 3-2-11 计算下列基础数据。

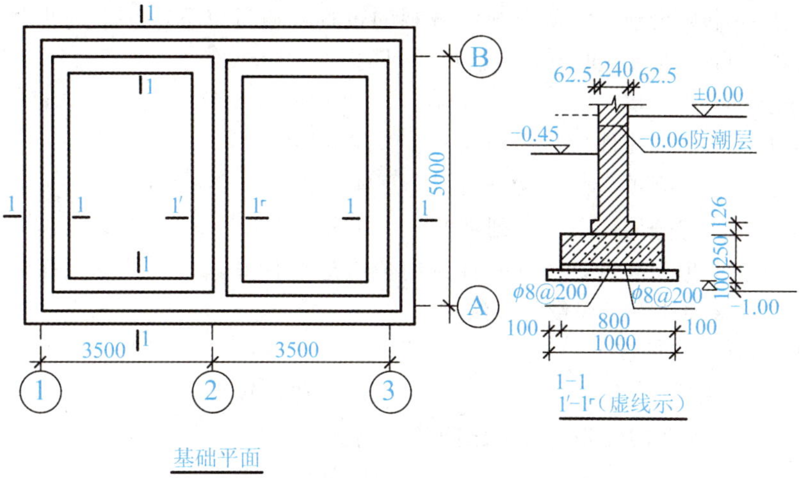

图 3-2-10　工程量计算示意图

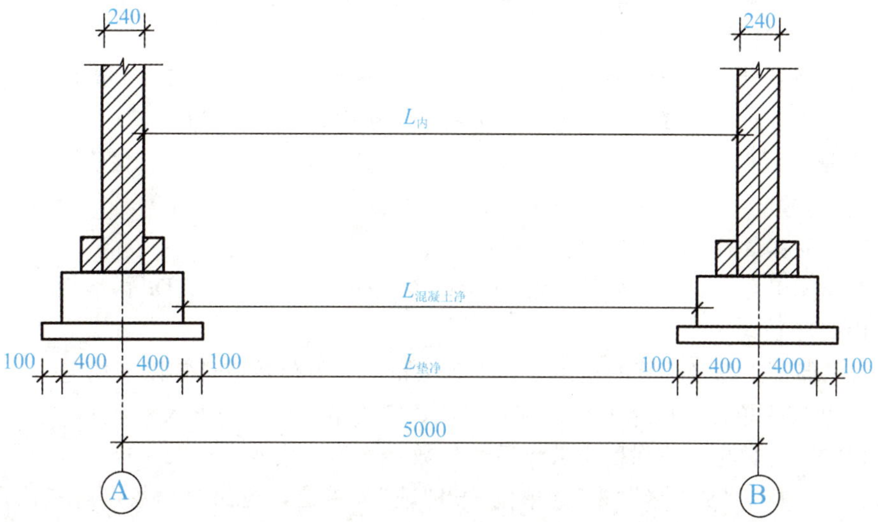

图 3-2-11　不同净长线示意图

(1)内墙净长线 $L_{内}$。

(2)内墙混凝土基础净长线 $L_{混凝土净}$。

(3)内墙混凝土垫层净长线 $L_{垫净}$。

【解】(1)内墙净长线：$L_{内}=5-0.24=4.76$ m。

(2)内墙混凝土基础净长线：$L_{混凝土净}=5-0.80=4.20$ m。

(3)内墙混凝土垫层净长线：$L_{垫净}=5-1.00=4.00$ m。

复习思考题

一、单选题

1. 列项是一个从粗到细，从宏观到微观的过程。通过以下(　　)的步骤对建筑物进行工程量列项，可以达到不重项、不漏项的目的。

A. ①分层　②分块　③分构件　④列项

B. ①分块　②分构件　③列项　④分层

C. ①分层　②列项　③分块　④分构件

D. ①分块　②分层　③列项　④分构件

2. 以图纸左上角为起点，按顺时针方向依次进行计算，当按计算顺序绕图一周后又重新回到起点，这种计算工程量的方法称(　　)。

A. 按顺时针顺序计算　B. 分层计算

C. 按编号顺序计算　D. 分段计算

3. (　　)是指外墙的外侧与外侧之间的距离。

A. 外墙外边线　B. 外墙中心线

C. 外墙净长线　D. 内墙净长线

4. 外墙基挖地槽、基础垫层、基础砌筑、墙基防潮层、基础梁、圈梁、墙身砌筑等分项工程工程量计算与(　　)有关。

A. 外墙外边线　B. 外墙中心线　C. 外墙净长线　D. 内墙净长线

5. 工程计量计价业务操作过程主要包括七个步骤，第一步是(　　)。

A. 算量　B. 列项　C. 识图　D. 报价

二、多选题

1. 计算工程量时，基数"三线"是指(　　)。

A. 外墙外边线　B. 外墙中心线　C. 外墙净长线　D. 内墙中心线

E. 内墙净长线

2. 为了保证工程量计算的精确度，工程数量的有效位数应遵守以下规定(　　)。

A. 以"吨"为单位，应保留小数点后三位数字，第四位四舍五入

B. 以"吨"为单位，应保留小数点后两位数字，第三位四舍五入

C. 以"立方米""平方米""米"为单位，以"吨"为单位，应保留小数点后三位数字，第四位四舍五入

D. 以"立方米""平方米""米"为单位，应保留小数点后两位数字，第三位四舍五入

E. 以“个”“项”等为单位，应取整数

3. 计算工程量，应分不同情况，一般采用以下(　　)的方法。

A. 按顺时针顺序计算　　B. 分块计算

C. 按编号顺序计算　　D. 分段计算

E. 分层计算

4. 与“外墙外边线”有关的计算项目有(　　)等分项工程工程量计算。

A. 勒脚　　B. 外墙抹灰　　C. 散水　　D. 外墙砌砖

E. 台阶坡道

5. 工程量计量单位中属于自然计量单位的是(　　)。

A. 樘　　B. 面积　　C. 体积　　D. 重量　　E. 座

三、简答题

1. 工程计量计价业务操作过程分为哪七步?

2. 室外结构包含哪些构件?

3. 室内装修室外装修包含哪些构件?

四、综合训练

1. 请计算图 3-2-12 的“三线”，其中墙厚 240 mm。

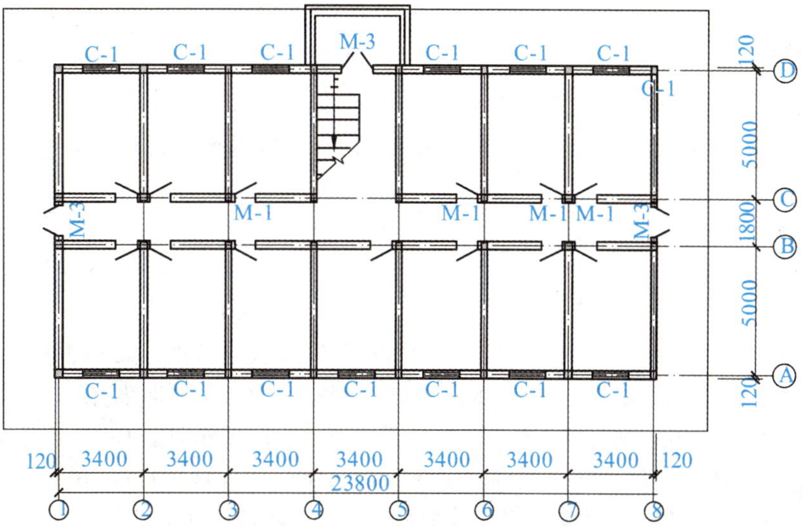

图 3-2-12　某建筑物底层平面图

2. 请计算图 3-4-20 的“三线”，其中墙厚 240 mm。

3. 请计算图 3-4-21 的“三线”。

3.3 建筑面积的计算

学习目的

通过建筑面积计算实施过程的学习，学生体验完成具体工作任务必须依据的规范和原则，感受任务实施对知识、能力、素质的需求，理解完成本项任务的流程，最终能根据《建筑工程建筑面积计算规范》(GB/T 50353—2013)计算不同的建筑物的建筑面积。

知识目标

1. 理解计算建筑面积的意义、基本概念。
2. 熟悉建筑面积计算的相关术语。
3. 掌握单层建筑物计算建筑面积的规则和方法。
4. 掌握多层建筑物建筑面积的规则和方法。
5. 掌握不计算建筑面积的规则。

重点难点

1. 能够正确理解并应用建筑面积计算规则。
2. 能够正确应用《建筑工程建筑面积计算规范》，根据施工图纸，正确计算建筑物的建筑面积。

3.3.1 建筑面积概述

我国的《建筑面积计算规则》最初是在20世纪70年代制订的，之后根据需要进行了多次修订。1982年国家经委基本建设办公室(82)经基设字58号印发了《建筑面积计算规则》，对20世纪70年代制订的《建筑面积计算规则》进行了修订。1995年建设部发布《全国统一建筑工程预算工程量计算规则》(土建工程 GJDGZ—101—95)，其中含“建筑面积计算规则”，是对1982年的《建筑面积计算规则》进行的修订。2005年建设部以国家标准发布了《建筑工程建筑面积计算规范》(GB/T 50353—2005)。2013年建设部在2005年建筑面积计算规范的基础上进行了调整，发布了《建筑工程建筑面积计算规范》(GB/T 50353—2013)，也是本节内容的编制依据，适用于新建、扩建、改建的工业与民用建筑工程建设全过程的建筑面积计算。

1. 建筑面积的定义

建筑面积就是建筑物(包括墙体、外保温层)所形成的楼地面面积，既包括建筑物主体结构内形成建筑空间，满足计算面积结构层高要求部分的面积，又包括主体结构外的室外阳台、雨篷、檐廊、室外走廊、室外楼梯等。

2. 建筑面积的作用

建筑面积是一项重要的技术经济指标，一直以来，《建筑工程建筑面积计算规范》在建筑工程造价管理方面起着非常重要的作用，是建筑房屋计算工程量的主要指标，是计算单位工程每平方米预算造价的主要依据，是统计部门汇总发布房屋建筑面积完成情况的基础。其作用贯穿于建设项目的全过程与各方面，可用于计划、统计、规划、计算单方造价、招投标、施工发承包、竣工结算、房地产计价与房屋权属登记及政府宏观管理等。同时也是部分分项工程量的计算依据，如综合脚手架费用、建筑物的超高施工增加费、垂直运输等费用的计算，所以，正确计算建筑面积，有着十分重要的意义。

3. 与计算建筑面积相关的几个基本概念

(1)相对标高、建筑标高和结构标高

相对标高是指以建筑物室内首层主要地面高度为零作为标高的起点，所计算的标高。

建筑标高是指装修后的相对标高。例如，首层地面建筑标高为±0.000 m。

结构标高是指装修前的相对标高，是构件安装或施工的高度。

(2)单层建筑物的层高

单层建筑物的层高是指室内地面标高(±0.000 m)至屋面板板面结构最低处标高之间的垂直距离。如图 3-3-1 所示平屋顶建筑物的高度为 3.850 m。

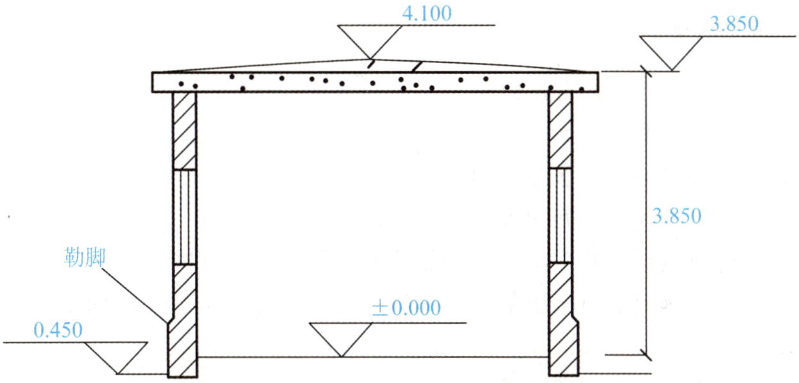

图 3-3-1　单层建筑物层高

(3)多层建筑物的层高

多层建筑物的层高是指上下两层楼面建筑标高或楼面结构标高之间的垂直距离。如图 3-3-2 所示，多层建筑物的层高为 2.800 m。

(4)多层建筑物的净高

多层建筑物的净高是指楼面或地面至上部楼板底面或吊顶底面之间的垂直距离。如图 3-3-2 所示，多层建筑物的净高为 2.700 m。

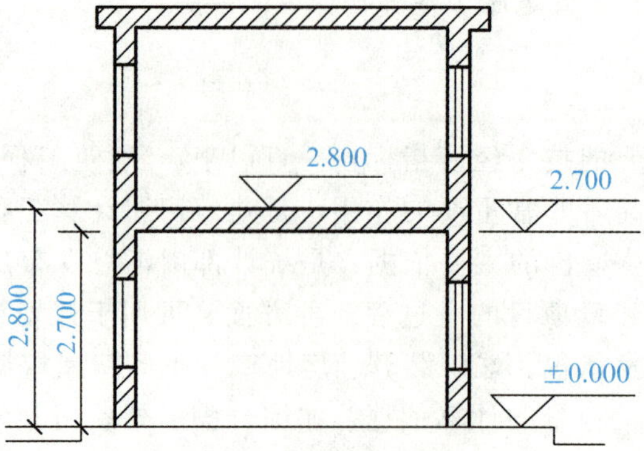

图 3-3-2　多层建筑物的层高和净高

(5)屋面板找坡

屋面板找坡是指屋顶为了排水，把屋面板搭成斜的。高度是指地面至最低点的距离。如图 3-3-1 所示，单层建筑物的高度应该从地面计算到屋面的最低点，即 3.850 m。

(6)自然层

自然层是指楼房自然状态有几层，一般是按楼板、地板结构分层的楼层。

(7)跃层和错层

跃层主要用在住宅中，在每一个住户内部以小楼梯上下联系。

错层是指一幢房屋中几部分之间的楼地面，高低错开。

4. 建筑面积术语

自然层——按楼地面结构分层的楼层。

结构层高——上下两层楼面或楼面与地面之间的垂直距离。

结构净高——楼层减楼层板厚度的净值。

围护结构——围合建筑空间的墙体、门、窗。

地下室——房间地平面低于室外地平面的高度超过该房间净高的 1/2 者为地下室。

半地下室——房间地平面低于室外地平面的高度超过该房间净高的 1/3 且不超过 1/2 者为半地下室。

走廊——建筑物的水平交通空间。

挑廊——挑出建筑物外墙的水平交通空间。

檐廊——设置在建筑物底层檐下的水平交通空间。

回廊——设置在建筑物门厅、大厅内在二层或二层以上的回形走廊。

门斗——在建筑物的出入口设置的起分隔、挡风、御寒等作用的建筑过渡空间。

建筑物的通道——为道路穿过建筑物而设置的建筑空间。

架空走廊——建筑物与建筑物之间，在二层或二层以上专门为水平交通设置的走廊。

勒脚——建筑物的外墙与室外地面或散水接触部位墙体的加厚部分。

雨篷——建筑物出入口上方、突出墙面、为遮挡雨水而单独设立的建筑部件。雨篷划分为有柱雨篷和无柱雨篷。若突出建筑物，且不单独设立顶盖，利用上层结构板(如楼板、阳台、底板)进行遮挡，则不视为雨篷。

围护性幕墙——直接作为外墙起围护作用的幕墙。

装饰性幕墙——设置在建筑物墙体外起装饰作用的幕墙。

落地橱窗——凸出外墙面根基落地的橱窗。

眺望间——设置在建筑物顶层或挑出房间的供人们远眺或观察周围情况的建筑空间。

凸窗(飘窗)——为房间采光和美化造型而设置的凸出外墙的窗。凸窗(飘窗)不同于楼(地)延伸出去的窗，凸窗(飘窗)窗台应只是墙面的一部分且距(楼)地面应有一定的高度。

骑楼——楼层部分跨在人行道上的临街楼房。

过街楼——有道路穿过建筑空间的楼房。

平台——供居住者进行室外活动的上人屋面或由住宅底层地面伸出室外的部分。

架空层——建筑物深基础或坡地建筑吊脚架空部位不回填土石方形成的建筑空间。

变形缝——防止建筑物在某些因素作用下开裂甚至被破坏而预留的构造缝。变形缝是指在建筑物因温差、不均匀沉降以及地震而可能引起结构破坏变形的敏感部位或其他必要的部位，预先设缝将建筑物断开。变形缝一般分为伸缩缝、沉降缝、抗震缝三种。

主体结构——承受荷载，维持建筑物整体结构性、稳定性和安全性的有机联系的构造。

结构层——整体结构体系中承重的楼板层。

3.3.2　建筑面积的计算规则

根据《建筑工程建筑面积计算规范》(GB/T 50353—2013)的具体条款，其建筑面积计算规则如下。

①建筑物的建筑面积应按自然层外墙结构外围水平面积之和计算。结构层高在 2.20 m 及以上者应计算全面积；结构层高在 2.20 m 以下者应计算 1/2 面积。

说明：建筑面积的计算，在主体结构内形成的建筑空间，满足计算面积结构层高要求的均应按本条规定计算建筑面积。主体结构外的室外阳台、雨篷、檐廊、室外走廊、室外楼梯等按相应条款计算建筑面积。当外墙本身在一个层高范围内不等厚时，以楼地面结构标高处的外围水平面积计算。

②建筑物内设有局部楼层者，局部楼层的二层及以上楼层，有围护结构的应按其围护结构外围水平面积计算，无围护结构的应按其结构底板水平面积计算。层高在 2.20 m 及以上者应计算全面积；层高不足 2.20 m 者应计算 1/2 面积。

如图 3-3-3 所示，其建筑面积计算可用下式表示。

当层高均大于等于 2.2 m 时，单层建筑物的建筑面积＝单层建筑物的建筑面积＋楼隔层建筑面积$=L\times B+l\times b$。

当层高均小于 2.2 m 时，单层建筑物的建筑面积＝1/2×(单层建筑物的建筑面积＋楼隔层建筑面积)$=1/2\times(L\times B+l\times b)$。

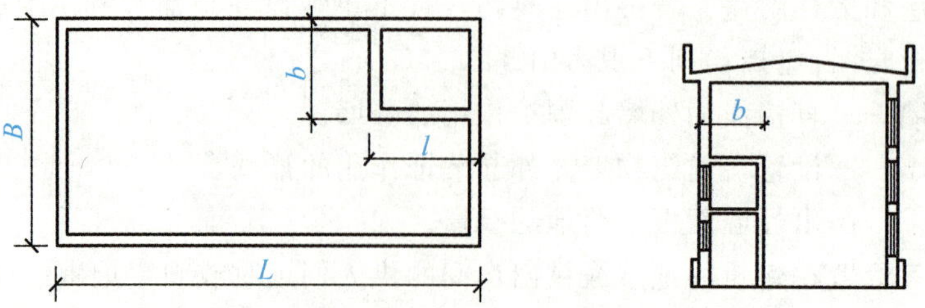

（a）平面　　（b）剖面

图 3-3-3　单层建筑物示意图

③对于形成建筑空间的坡屋顶，结构净高在 2.10 m 及以上的应计算全面积；结构净高在 1.20～2.10 m 的部位应计算 1/2 面积；结构净高不足 1.20 m 的部位不应计算建筑面积。

说明：根据建筑空间的定义，在判断坡屋顶内围合空间是否计算建筑面积时，不论设计图纸是否说明用途，当同时具备可出入(设计有楼梯，而不是检修口)及结构净高超过 1.2 m 这两个条件时，即可计算建筑面积。

④对于场馆看台下的建筑空间，结构净高在 2.10 m 及以上的部位应计算全面积；结构净高在 1.20 m 及以上至 2.10 m 以下的部位应计算 1/2 面积；结构净高在 1.20 m 以下的部位不应计算建筑面积。室内单独设置的有围护设施的悬挑看台，应按看台结构底板水平投影面积计算建筑面积。有顶盖无围护结构的场馆看台应按其顶盖水平投影面积的 1/2 计算面积。

说明：场馆看台下的建筑空间因其上部结构多为斜板，所以采用净高的尺寸划定建筑面积的计算范围和对应规则。室内单独设置的有围护设施的悬挑看台，因其看台上部设有顶盖且可供人使用，所以按看台板的结构底板水平投影计算建筑面积。“有顶盖无围护结构的场馆看台”所称的“场馆”为专业术语，指各种“场”类建筑，如体育场、足球场、网球场、带看台的风雨操场等。

⑤地下室、半地下室应按其结构外围水平面积计算。结构层高在 2.20 m 及以上者应计算全面积；结构层高在 2.20 m 以下的，应计算 1/2 面积。

说明：地下室的围护结构不垂直于水平面的，按后文第⑱条规定；地下室的各种竖向井道，按第⑲条规定；地下室作为设备、管道层，按第㉖条规定。

⑥出入口外墙外侧坡道有顶盖的部位，应按其外墙结构外围水平面积的 1/2 计算面积。

说明：出入口坡道分有顶盖出入口坡道和无顶盖出入口坡道，出入口坡道顶盖的挑出长度，为顶盖结构外边线至外墙结构外边线的长度；顶盖以设计图纸为准，对后增加及建设单位自行增加的顶盖等，不计算建筑面积。顶盖不分材料种类(如钢筋混凝土顶盖、彩钢板顶盖、阳光板顶盖等)。地下室出入口如图 3-3-4 所示。

⑦建筑物架空层及坡地的建筑物吊脚架空层、深基础架空层的建筑面积应按其顶板水平投影面积计算。结构层高在 2.20 m 及以上的部位应计算全面积，结构层高不足 2.20 m 的部位应计算 1/2 面积。

说明：本条既适用于建筑物吊脚架空层、深基础架空层建筑面积的计算，也适用于目前部分住宅、学校教学楼等工程在底层架空或在二楼或以上某个甚至多个楼层架空，

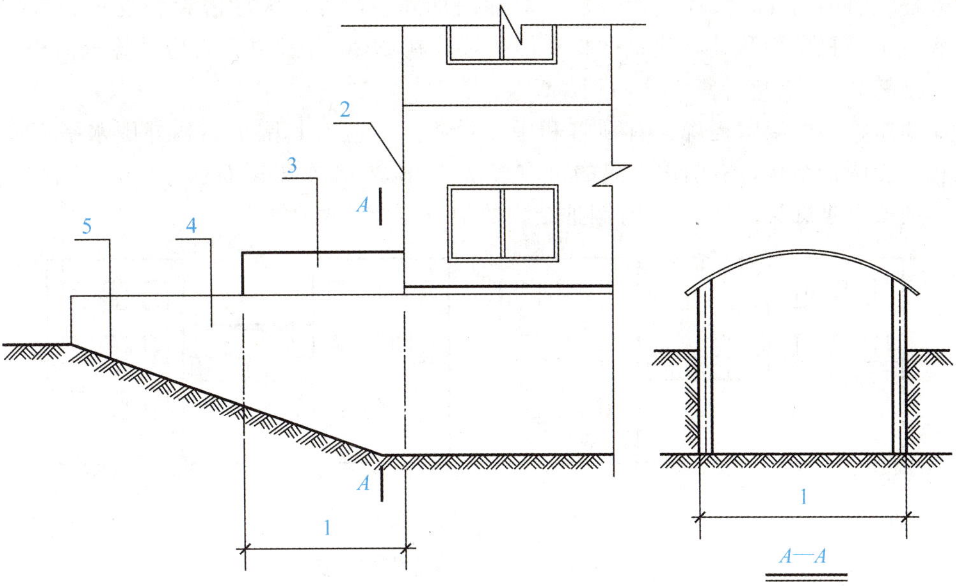

1—计算 1/2 投影面积部位；2—主体建筑；3—出入口顶盖；
4—封闭出入口侧墙；5—出入口坡道

图 3-3-4　地下室出入口

作为公共活动、停车、绿化等空间的建筑面积的计算。架空层中有围护结构的建筑空间按相关规定计算，建筑物吊脚架空层见图 3-3-5。

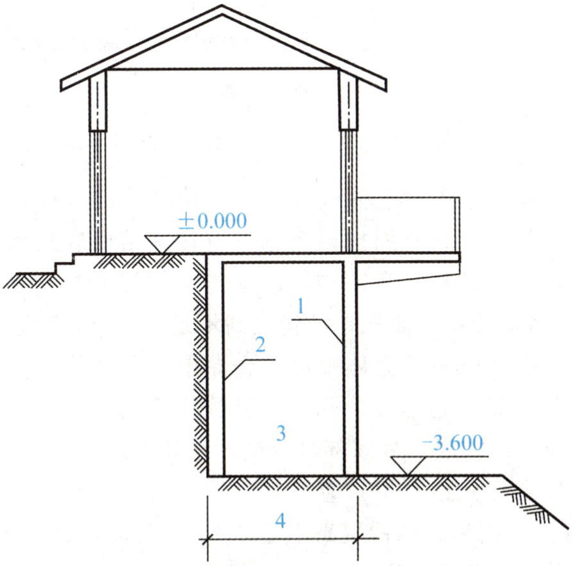

1—柱；2—墙；3—吊脚架空层；4—计算建筑面积部位

图 3-3-5　建筑物吊脚架空层

⑧建筑物的门厅、大厅，按一层计算建筑面积。门厅、大厅内设置的走廊应按走廊结构底板水平投影面积计算建筑面积。结构层高在 2.20 m 及以上者应计算全面积；结构层高不足 2.20 m 者应计算 1/2 面积。

⑨建筑物间的架空走廊，有顶盖和围护设施的，应按其围护结构外围水平面积计算全面积；无围护结构、有围护设施的，应按其结构底板水平投影面积计算 1/2 面积。无围护结构的架空走廊见图 3-3-6，有围护结构的架空走廊见图 3-3-7。

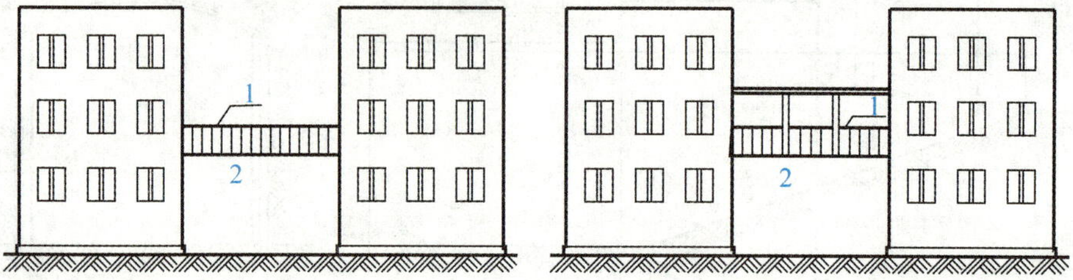

1—栏杆；2—架空走廊

图 3-3-6　无围护结构的架空走廊

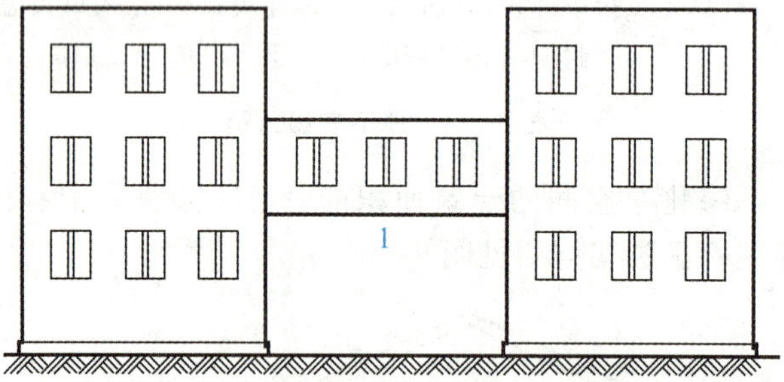

1—架空走廊

图 3-3-7　有围护结构的架空走廊

⑩对于立体书库、立体车库、立体仓库，有围护结构的，按其维护结构外围水平面积计算建筑面积；无围护结构、有围护设施的，应按其结构底板水平投影面积计算建筑面积。无结构层的应按一层计算，有结构层的应按结构层面积分别计算建筑面积。结构层高在 2.20 m 及以上者应计算全面积；结构层高不足 2.20 m 者应计算 1/2 面积。

说明：本条适用于图书馆中的立体书库、仓储中心的立体仓库、大型停车场的立体车库等建筑的建筑面积计算。起局部分隔、存储等作用的书架层、货架层或可升降的立体钢结构停车层均不属于结构层，故该部分分层不计算建筑面积。

⑪有围护结构的舞台灯光控制室，应按其围护结构外围水平面积计算。结构层高在 2.20 m 及以上者应计算全面积。结构层高不足 2.20 m 者应计算 1/2 面积。

⑫附属在建筑物外墙的落地橱窗(图 3-3-8)，应按其围护结构外围水平面积计算。结构层高在 2.20 m 及以上者应计算全面积；结构层高不足 2.20 m 者应计算 1/2 面积。

⑬门斗应按其围护结构外围水平面积计算建筑面积，结构层高在 2.20 m 及以上者应

计算全面积；结构层高不足 2.20 m 者应计算 1/2 面积。门斗见图 3-3-8。

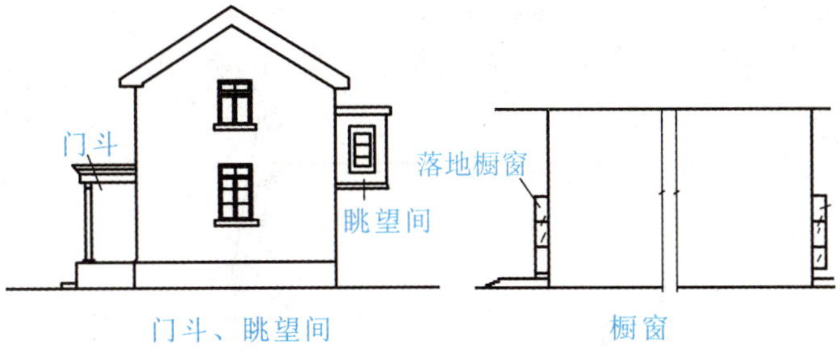

图 3-3-8　门斗、橱窗示意图

⑭凸(飘)窗建筑面积的计算：当凸(飘)窗的窗台与室内楼地面高差在 0.45 m 以下且结构净高在 2.10 m 及以上的，应按其围护结构外围水平面积计算 1/2 面积。

⑮有围护设施的室外走廊(挑廊)，应按其结构底板水平投影面积计算 1/2 面积。有围护设施或柱的檐廊，应按其结构或柱外围水平面积计算 1/2 面积。走廊、檐廊、挑廊示意图见图 3-3-9。

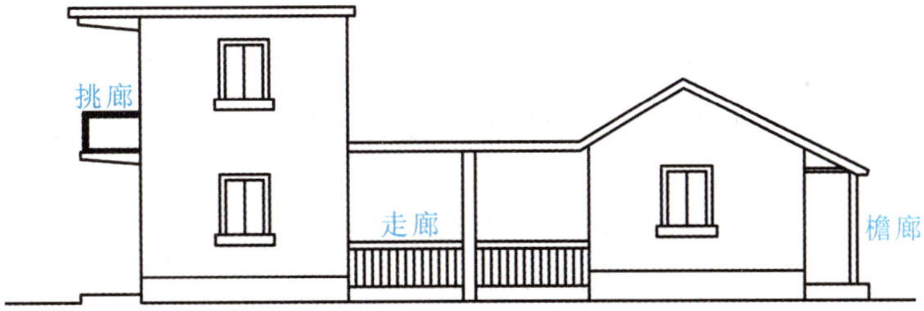

图 3-3-9　走廊、檐廊、挑廊示意图

⑯门廊应按其顶板的水平投影面积的 1/2 计算建筑面积；有柱雨篷应按其结构板水平投影面积的 1/2 计算建筑面积；无柱雨篷的结构外边线至外墙结构外边线的宽度在 2.10 m 及以上的，应按雨篷结构板的水平投影面积的 1/2 计算建筑面积。

说明：雨篷分为有柱雨篷和无柱雨篷。有柱雨篷，没有出挑宽度的限制，也不受跨越层数的限制，均计算建筑面积。无柱雨篷，其结构板不能跨层，并受出挑宽度的限制，设计出挑宽度大于或等于 2.10 m 时才计算建筑面积。出挑宽度，指雨篷结构外边线至外墙结构外边线的宽度，弧形或异形时，取最大宽度。

⑰建筑物顶部有围护结构的楼梯间、水箱间、电梯机房等，结构层高在 2.20 m 及以上者应计算全面积，层高不足 2.20 m 者应计算 1/2 面积。当无围护结构时，不计算建筑面积。

⑱围护结构不垂直于水平面的楼层，应按其底板面的外墙外围水平面积计算。结构净高在 2.10 m 及以上的部位应计算全面积；结构净高在 1.20～2.10 m 的部位应计算 1/2 面积；结构净高在 1.20 m 以下的不计算建筑面积。

说明：本条文对于向内、向外倾斜均适用。在划分高度上，本条使用的是“结构净高”，与其他正常平楼层按层高划分不同，但与斜屋面的划分原则一致。由于目前很多建筑设计追求新、奇、特，造型越来越复杂，很多时候根本无法明确区分什么是围护结构、什么是屋顶，因此对于斜围护结构与斜屋顶采用相同的计算规则，即只要外壳倾斜，就按结构净高划段，分别计算建筑面积。斜围护结构见图 3-3-10。

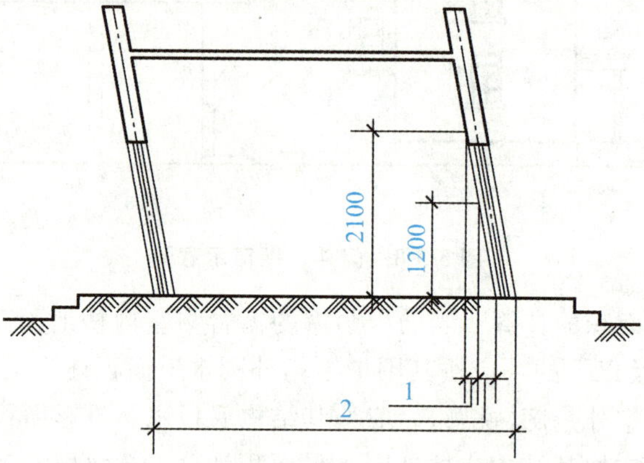

1—计算 1/2 建筑面积部位；2—不计算建筑面积部位

图 3-3-10　斜围护结构

⑲建筑物室内楼梯、电梯井、提物井、垃圾道、管道井、通风排气竖井、烟道等应并入建筑物自然层计算建筑面积。有顶盖的采光井应按一层计算面积，且结构净高在 2.10 m 及以上的部位应计算全面积，结构净高不足 2.10 m 的部位应计算 1/2 面积。

说明：建筑物的楼梯间层数按建筑物的层数计算。有顶盖的采光井包括建筑物中的采光井和地下室采光井。地下室采光井见图 3-3-11。

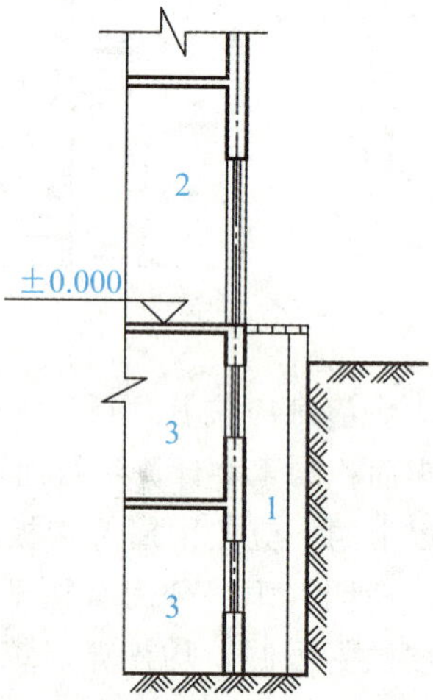

1—采光井；2—室内；3—地下室

图 3-3-11　地下室采光井

⑳室外楼梯应并入所依附建筑物自然层，并应按其水平投影面积的 1/2 计算建筑面积。

说明：室外楼梯作为连接该建筑物层与层之间交通不可缺少的基本部件，无论从其功能，还是工程计价的要求来说，均需计算建筑面积。层数为室外楼梯所依附的楼层数，即梯段部分投影到建筑物范围的层数。利用室外楼梯下部的建筑空间不得重复计算建筑面积；利用地势砌筑的为室外踏步，不计算建筑面积。

㉑建筑物的阳台，不论其形式如何，均以建筑物主体结构为界分别计算建筑面积。在主体结构内的阳台，应按结构外围水平面积计算全面积；在主体结构外的阳台，按其结构板水平投影面积的 1/2 计算面积。

说明：阳台是供使用者进行活动和晾晒衣物的建筑空间。阳台在建筑主体结构内的，即内凹且三面临墙部分，按水平面积计算；在主体结构外的，按结构底板水平投影面积一半计算。入户花园、住宅室内设备平台的建筑面积计算规则同阳台。阳台示意图见图 3-3-12。

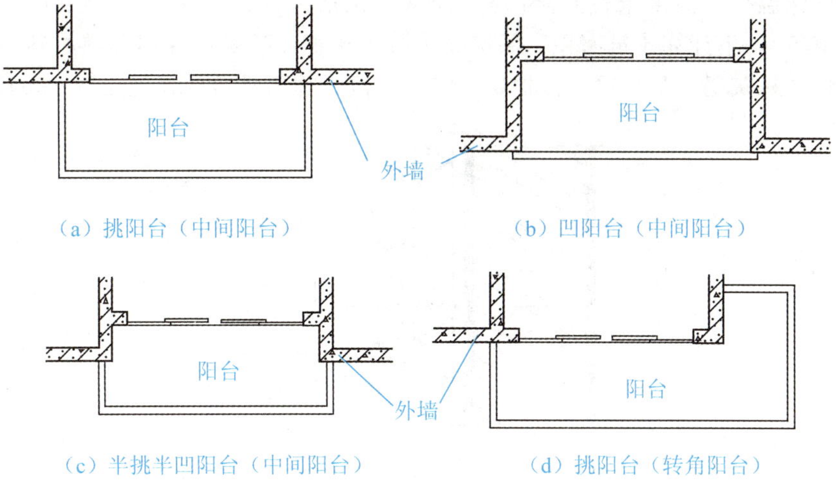

（a）挑阳台（中间阳台）　（b）凹阳台（中间阳台）

（c）半挑半凹阳台（中间阳台）　（d）挑阳台（转角阳台）

图 3-3-12　阳台示意图

㉒有永久性顶盖无围护结构的车棚、货棚、站台、加油站、收费站等，应按其顶盖水平投影面积的 1/2 计算建筑面积。车棚、货棚示意图见图 3-3-13 和图 3-3-14。

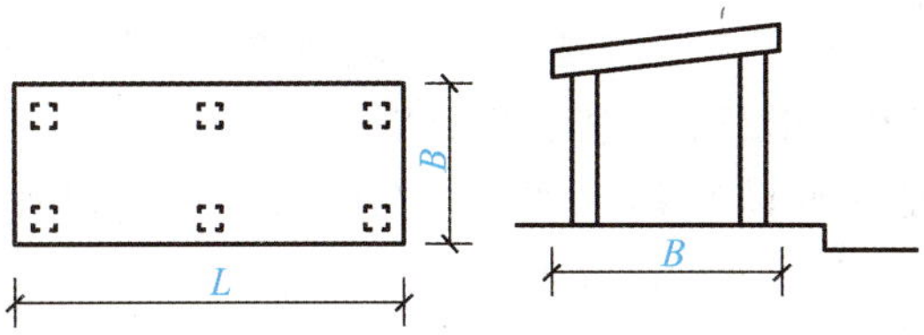

图 3-3-13　车棚示意图

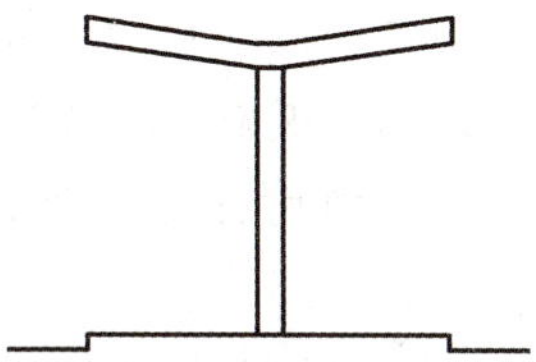

图 3-3-14　车棚、货棚示意图

$$\text{车棚、货棚、站台建筑面积}=\frac{1}{2}\times L\times B。$$

㉓以幕墙作为围护结构的建筑物，应按幕墙外边线计算建筑面积。

说明：幕墙以其在建筑物中所起的作用和功能来区分。直接作为外墙起围护作用的幕墙，按其外边线计算建筑面积；设置在建筑物墙体外起装饰作用的幕墙，不计算建筑面积。

㉔建筑物的外墙外保温层，应按其保温材料的水平截面积计算，并计入自然层建筑面积。

说明：为贯彻国家节能要求，鼓励建筑外墙采取保温措施，《建筑工程建筑面积计算规范》将保温材料的厚度计入建筑面积。建筑物外墙外侧有保温隔热层的，保温隔热层以保温材料的净厚度乘外墙结构外边线长度按建筑物的自然层计算建筑面积，其外墙外边线长度不扣除门窗和建筑物外已计算建筑面积构件（如阳台、室外走廊、门斗、落地橱窗等部件）所占长度。当建筑物外已计算建筑面积的构件（如阳台、室外走廊、门斗、落地橱窗等部件)有保温隔热层时，其保温隔热层也不再计算建筑面积。外墙是斜面者按楼面楼板处的外墙外边线长度乘保温材料的净厚度计算。外墙外保温以沿高度方向满铺为准，某层外墙外保温铺设高度未达到全部高度时(不包括阳台、室外走廊、门斗、落地橱窗、雨篷、飘窗等)，不计算建筑面积。保温隔热层的建筑面积是以保温隔热材料的厚度来计算的，不包含抹灰层、防潮层、保护层(墙)的厚度。建筑外墙外保温见图 3-3-15。

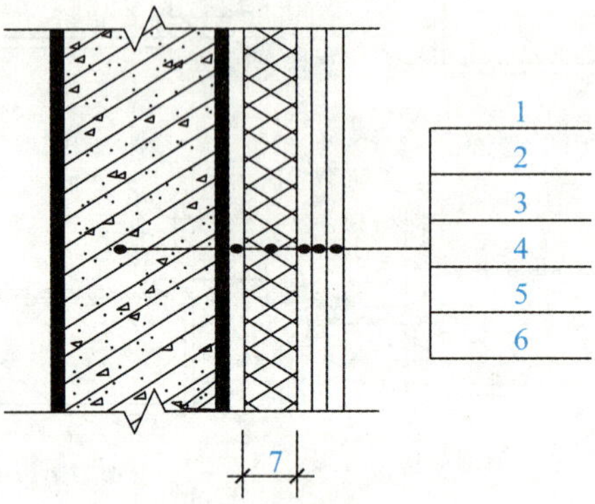

1—墙体；2—黏结胶浆；3—保温材料；4—标准网；5—加强网；
6—抹面胶浆；7—计算建筑面积部位

图 3-3-15 建筑外墙外保温

㉕与室内相通的变形缝，应按其自然层合并在建筑物建筑面积内计算。对于高低联跨的建筑物，当高低跨内部连通时，其变形缝应计算在低跨面积内。

说明：与室内相通的变形缝，是指暴露在建筑物内，在建筑物内可以看得见的变形缝。

㉖建筑物内的设备层、管道层、避难层等有结构层的楼层，结构层高在 2.20 m 及以上者应计算全面积，结构层高不足 2.20 m 者应计算 1/2 面积。

㉗下列项目不计算建筑面积。

a. 与建筑物内不相连通的建筑部件。

b. 骑楼、过街楼底层的开放公共空间和建筑物通道。骑楼见图 3-3-16，过街楼见图 3-3-17。

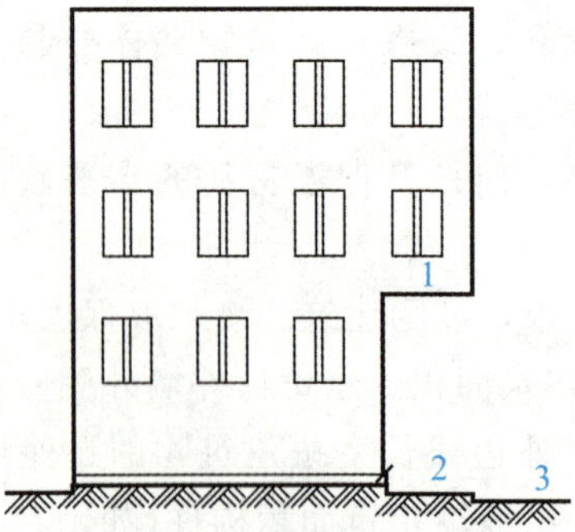

1—骑楼；2—人行道；3—街道

图 3-3-16 骑楼

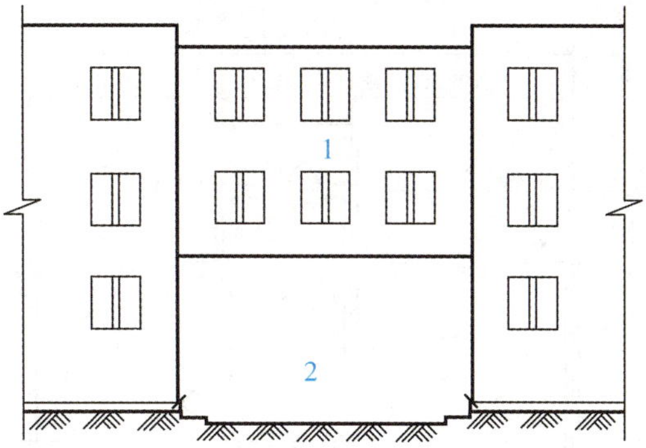

1—过街楼；2—建筑物通道

图 3-3-17　过街楼

c. 舞台及后台悬挂幕布和布景的天桥、挑台等。

d. 露台、露天游泳池、花架、屋顶的水箱及装饰性结构构件。

说明：露台应满足四个条件。一是位置，设置在屋面、地面或雨篷顶，二是可出入，三是有围护设施，四是无盖，这四个条件须同时满足。如果是设置在首层并有围护设施的平台，且其上层为同体量阳台，则该平台应视为阳台，按阳台的规则计算建筑面积。

e. 建筑物内的操作平台、上料平台、安装箱和罐体的平台。

说明：建筑物内不构成结构层的操作平台、上料平台，包括工业厂房、搅拌站和料仓等建筑中的设备操作控制平台、上料平台等，其主要作用为室内构筑物或设备服务的独立上人设施，因此不计算建筑面积。

f. 勒脚、附墙柱、垛、台阶、墙面抹灰、装饰面、镶贴块料面层、装饰性幕墙，主体结构外的空调室外机搁板(箱)、构件、配件，挑出宽度在 2.10 m 以下的无柱雨篷和顶盖高度达到或超过两个楼层的无柱雨篷。

说明：附墙柱是指非结构性装饰柱。

g. 窗台与室内地面高差在 0.45 m 以下且结构净高在 2.10 m 以下的凸(飘)窗，窗台与室内地面高差在 0.45 m 及以上的凸(飘)窗；室外爬梯、室外专用消防钢楼梯。

说明：室外钢楼梯需要区分具体用途，如专用于消防楼梯，则不计算建筑面积，如果是建筑物唯一通道，兼用于消防，则需要参照第⑳条室外楼梯计算建筑面积。

h. 无围护结构的观光电梯。

i. 建筑物以外的地下人防通道，独立的烟囱、烟道、地沟、油(水)罐、气柜、水塔、贮油(水)池、贮仓、栈桥等构筑物。

3.3.3　典型案例分析

【例 3.3.1】某住宅楼底层平面图如图 3-3-18 所示。已知内、外墙墙厚均为 240 mm，轴线居中。有柱雨篷挑出墙外 1.20 m，阳台为挑阳台，试计算住宅底层建筑面积。

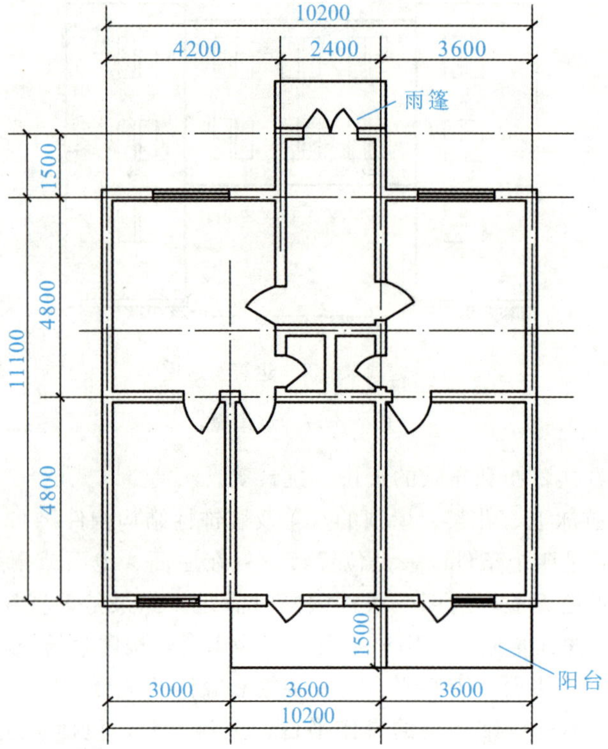

图 3-3-18 某住宅平面图

【解】房屋建筑面积计算过程：

房屋建筑面积按其外墙结构外围水平面积计算，应为：

房屋建筑面积＝(3＋3.6＋3.6＋0.12×2)×(4.8＋4.8＋0.12×2)＋(2.4＋0.12×2)×(1.5－0.12＋0.12)＝102.73＋3.96＝106.69 m^2。

结构主体外阳台应按其水平投影面积的一半计算建筑面积，应为：

挑阳台建筑面积＝$\frac{1}{2}$×(3.6＋3.6)×1.5＝5.40 m^2。

雨篷为有柱雨篷，应按其结构板水平投影面积一半计算建筑面积，应为：

有柱雨篷建筑面积＝(2.4＋0.24)×1.2×1/2＝1.58 m^2。

则住宅楼底层建筑面积为：

住宅楼底层建筑面积＝房屋建筑面积＋挑阳台建筑面积＋有柱雨篷建筑面积＝106.69＋5.40＋1.58＝113.67 m^2。

【例 3.3.2】如图 3-3-19 所示，某多层住宅变形缝宽度为 0.20 m，挑阳台水平投影尺寸为 1.80 m×3.60 m(共 18 个)，雨篷水平投影尺寸为 2.60 m×4.00 m，坡屋面阁楼室内净高最高点为 3.65 m，坡屋面坡度为 1∶2。请计算图 3-3-19 的建筑面积。

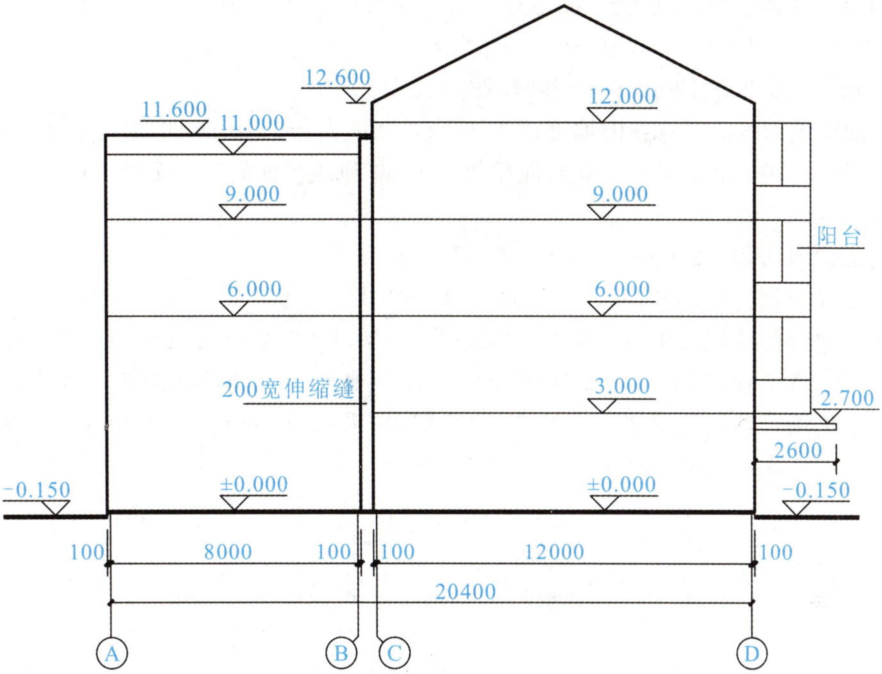

（a）立面图

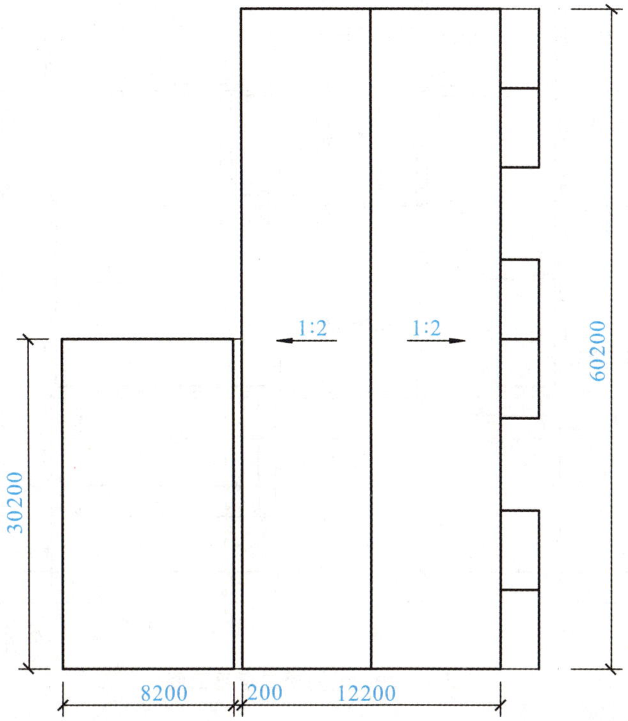

（b）屋面平面图

图 3-3-19　某建筑物立面图和平面图

【解】A～B 轴(包括变形缝，共三层，第三层层高不足 2.20 m 按一半计算)：30.20×(8.40×2+8.40×1/2)=634.20 m²。

C～D 轴：60.20×12.20×4=2937.76 m²。

坡屋面建筑面积的计算：因坡度比为 1∶2，高度大于 2.10 m，计算全面积为(3.65−2.1)×2×2=6.20 m，计算一半建筑面积的 3.6 m，则坡屋面的建筑面积=60.20×(6.20+3.6×1/2)=481.60 m²。

雨篷的建筑面积=2.60×4.00×1/2=5.20 m²。

阳台的建筑面积=18×1.80×3.60×1/2=58.32 m²。

则该建筑物的建筑面积为 634.2+2937.76+481.6+5.2+58.32=4117.08 m²。

【例 3.3.3】某别墅二层设计如图 3-3-20 所示，层高为 3 m。墙体除注明者外均为 200 mm 厚加气混凝土墙，轴线位于墙中。外墙(包括阳台)采用 50 mm 厚聚苯板保温，飘窗结构净高 1.8 m。计算二层建筑面积。

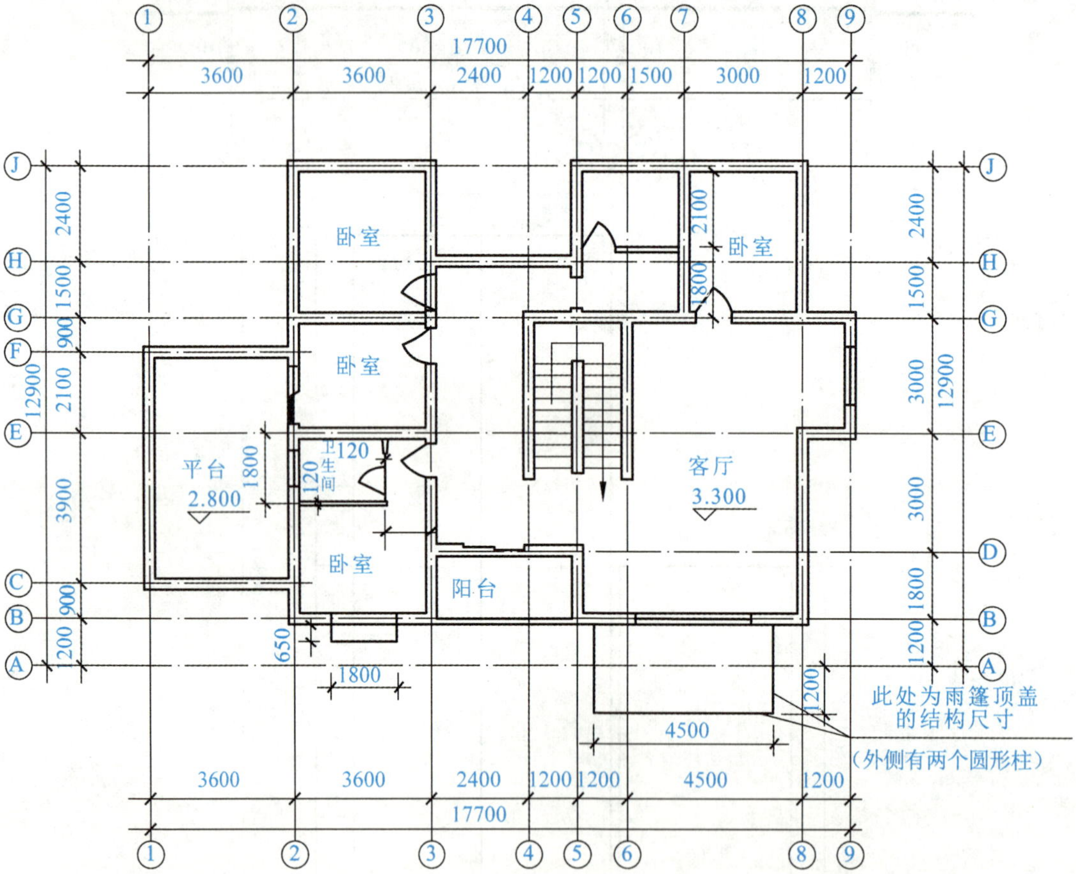

图 3-3-20　某别墅二层平面图

【解】第一，二层及以上楼层应按其外墙结构外围水平面积计算。层高在 2.20 m 及以上者应计算全面积；高度不足 2.20 m 者应计算 1/2 面积。第二，无柱雨篷结构的外边线至外墙结构外边线的宽度超过 2.10 m 者，应按雨篷结构板的水平投影面积的 1/2 计算。第三，建筑物外墙外侧有保温隔热层的，应按保温隔热层外边线计算建筑面积。第四，阳台为结构主体内阳台应按全面积计算。第五，平台视同为露台，不计算建筑面积。

则二层建筑面积

$S_{建}=(3.6+0.2+0.05\times2)\times(12.9-1.2+0.2+0.05\times2)+(2.4+1.2-0.2-0.05\times2)\times(12.9-1.2-1.8-2.4+0.2+0.05\times2)+(1.2+4.5+0.2+0.05\times2)\times(12.9-1.2+0.2+0.05\times2)+1.2\times(3+0.2+0.05\times2)+$ 阳台 $(2.4+1.2-0.2-0.05\times2)\times1.8+$ 雨篷 $1/2\times4.5\times(1.2+1.2-0.1-0.05)=159.50\ m^2$。

复习思考题

一、填空题

1. 建筑物的建筑面积应按自然层__________之和计算。结构层高在__________应计算全面积；结构层高在 2.20 m 以下者应计算__________。

2. 结构层高是指______至______之间的垂直距离。

3. 建筑物内设有局部楼层者，局部楼层的二层及以上楼层，有围护结构的应按__________计算，无围护结构的应按__________计算。层高在 2.20 m 及以上者应计算全面积；层高不足 2.20 m 者应计算 1/2 面积。

4. 对于形成建筑空间的坡屋顶，结构净高在__________应计算全面积；结构净高在__________部位应计算 1/2 面积，结构净高不足______的部位不应计算建筑面积。

5. 结构净高是指________至________之间的垂直距离。

6. 高低联跨的建筑物应以高跨结构外边线为界计算建筑面积，其高低跨内部连通时，其变形缝应计算在________。

7. 地下室、半地下室应按其______面积计算。结构层高在 2.20 m 及以上者应计算全面积；结构层高在 2.20 m 以下的，应计算 1/2 面积。

8. 建筑物的门厅、大厅，按______计算建筑面积。门厅、大厅内设置的走廊应按走廊结构底板水平投影面积计算建筑面积。结构层高在______者应计算全面积；结构层高______应计算 1/2 面积。

9. 凸(飘)窗建筑面积的计算：当凸(飘)窗的窗台与室内楼地面高差在 0.45 m 及以下且结构净高在 2.10 m 及以上的应按__________计算面积。

10. 有围护设施的室外走廊(挑廊)，应按其结构底板水平投影面积计算______；有围护设施或柱的檐廊，应按其结构或柱外围水平面积计算 1/2 面积。

11. 门斗应按其围护结构外围水平面积计算建筑面积，结构层高在 2.20 m 及以上者应______，结构层高不足 2.20 m 者应计算______。

12. 雨篷分有柱雨篷与无柱雨篷，有柱雨篷应按__________计算建筑面积，无柱雨篷的结构外边线至外墙结构外边线的宽度在______，应按雨篷结构板的水平投影面积的1/2计算，________的不计算建筑面积。

13. 建筑物室内楼梯、电梯井、提物井、垃圾道、管道井、通风排气竖井、烟道等应________________计算建筑面积。有顶盖的采光井应________计算面积，且结构净高在2.10 m及以上的部位应计算全面积，结构净高不足2.10 m的部位应计算1/2面积。

14. 室外楼梯应并入所依附建筑物________，并应按________________计算建筑面积。

15. 建筑物的阳台，不论其形式如何，均以建筑物主体结构为界分别计算建筑面积。在主体结构内的阳台，应按结构外围水平面积计算________；在主体结构外的阳台，按其结构板水平投影面积的________计算面积。

16. 建筑物外墙外侧有保温隔热层的，应按________________计算建筑面积。

17. 建筑物内的设备层、管道层等有结构层的楼层，结构层高在________者应计算全面积，结构层高不足________者应计算1/2面积。

18. 以幕墙作为围护结构的建筑物，应按________计算建筑面积。

二、判断题

1. 当凸(飘)窗的窗台与室内楼地面高差在0.45 m及以下且结构净高在2.10 m及以上的应按其围护结构外围水平面积计算全面积。（　　）

2. 有围护设施的室外走廊(挑廊)，应按其围护结构外围水平面积计算1/2面积。（　　）

3. 门斗应按其围护结构外围水平面积计算建筑面积，结构层高在2.20 m以上者应计算全面积，结构层高不足2.20 m者应计算1/2面积。（　　）

4. 无柱雨篷的结构外边线至外墙结构外边线的宽度在2.10 m以上者，应按雨篷结构板的水平投影面积的1/2计算，2.10 m及以下的不计算建筑面积。（　　）

5. 建筑物顶部有围护结构的楼梯间、水箱间、电梯机房等，结构层高在2.20 m及以上者应计算全面积。当无围护结构时，计算1/2建筑面积。（　　）

6. 建筑物室内楼梯、电梯井、提物井、垃圾道、管道井、通风排气竖井、烟道等应并入建筑物自然层计算建筑面积。（　　）

7. 构筑物如地下人防通道，独立的烟囱、烟道、地沟、水塔、贮油(水)池、贮仓等不计算建筑面积。（　　）

8. 建筑物的阳台，不论其形式如何，均以建筑物主体结构为界分别计算建筑面积。（　　）

9. 以幕墙作为围护结构的建筑物，应按幕墙外边线计算建筑面积。当幕墙不是围护结构只起装饰作用时，不计算建筑面积。（　　）

10. 建筑物外墙外侧有保温隔热层的，保温隔热层不计算建筑面积。（　　）

三、单选题

1. 根据《建筑工程建筑面积计算规范》，下列关于建筑物雨篷建筑面积计算正确的是（　　）。

A. 有柱雨篷按支撑雨篷板的柱外围面积计算

B. 无柱雨篷按雨篷水平投影面积计算

C. 无柱雨篷外边线至外墙结构外边线不足 2.10 m 不计算面积

D. 无柱雨篷外边线至外墙结构外边线超过 2.10 m 按投影计算面积

2. 根据《建筑工程建筑面积计算规范》，建筑物屋顶无围护结构的水箱建筑面积计算应为(　　)。

A. 层高超过 2.20 m 应计算全面积

B. 不计算建筑面积

C. 层高不足 2.20 m 不计算建筑面积

D. 层高不足 2.20 m 按 1/2 面积计算

3. 根据《建筑工程建筑面积计算规范》，多层建筑物屋顶内和场馆看台下，建筑面积的计算，正确的是(　　)。

A. 净高 2.10 m 的部位计算全面积

B. 净高 2.10 m 部位计算 1/2 面积

C. 净高在 1.20～2.10 m 的部位计算 1/2 面积

D. 净高在 1.20 m 的部位不计算面积

4. 根据《建筑工程建筑面积计算规范》，说法正确的是(　　)。

A. 建筑物凹阳台按其水平投影面积的 1/2 计算

B. 有永久性顶盖的室外楼梯，按自然层水平投影面积计算全面积

C. 建筑物顶部有围护结构的楼梯间，层高超过 2.10 m 的部分计算全面积

D. 雨篷外挑宽度大于等于 2.10 m 时，按雨篷结构板的水平投影面积的 1/2 计算

5. 根据《建筑工程建筑面积计算规范》，不应计算建筑面积的是(　　)。

A. 建筑物外墙外侧保温隔热层

B. 建筑物内的变形缝

C. 无永久性顶盖的架空走廊

D. 有围护结构的屋顶水箱间

6. 按照《建筑工程建筑面积计算规范》，不应计算建筑面积的是(　　)。

A. 层高在 2.10 m 以下的场馆看台下的空间

B. 不足 2.20 m 高的单层建筑

C. 层高不足 2.20 m 的立体仓库

D. 外挑宽度在 2.10 m 以内的无柱雨篷

7. 关于建筑面积计算，正确的说法是(　　)。

A. 建筑物顶部有围护结构的楼梯间层高不足 2.20 m 按 1/2 计算面积

B. 建筑物上的阳台按 1/2 计算面积

C. 深基础架空层，净高不足 2.20 m 按 1/2 计算面积

D. 建筑物雨篷外挑宽度超过 1.20 m 按水平投影面积 1/2 计算

8. 相邻建筑物之间层高超过 2.20 m 有围护结构的架空走廊建筑面积的计算，正确的说法是(　　)。

A. 按结构底板水平投影面积的 1/2 计算

B. 不计算建筑面积

C. 按围护结构的外围水平计算面积

D. 按围护结构面积的 1/2 计算

9. 上下两个错层户室共用的室内楼梯，建筑面积应按(　　)。

A. 上一层的自然层计算　　B. 下一层的自然层计算

C. 上一层的结构层计算　　D. 下一层的结构层计算

10. 建筑物之间的架空走廊，可全部计算建筑面积的是(　　)。

A. 有顶盖的　　B. 有围护设施的

C. 有顶盖和围护设施的　　D. 层高 2.20 m 及以上

11. 某工程设计采用深基础地下架空层，层高 2.30 m，结构外围水平长 60 m、宽 18 m，其内隔出一间外围水平面积为 18 m^2 的房间，经初装饰后作水泵房使用。根据《建筑工程建筑面积计算规范》规定，该工程基础以上的建筑面积为 6400 m^2，该工程总建筑面积应为(　　)m^2。

A. 6418　　B. 6480　　C. 6940　　D. 7480

12. 某展览馆为 7 层框架结构，每层高 3 m，各层外墙的外围水平面积均为 4000 m^2，馆内布置有大厅并设有两层回廊，大厅长 36 m、宽 24 m、高 8.9 m，每层回廊长 110 m、宽 2.4 m。根据《建筑工程建筑面积计算规范》规定，该展览馆的建筑面积为(　　)m^2。

A. 26800　　B. 27400　　C. 28000　　D. 29200

13. 某高校新建一栋六层数学楼，建筑面积 18000 m^2，经消防部门检查认定，建筑物内楼梯不能满足紧急疏散要求。为此又在两端墙外各增设一个封闭疏散楼梯，每个楼梯间的每层水平投影面积为 16 m^2。根据《建筑工程建筑面积计算规范》规定，该教学楼的建筑面积应为(　　)m^2。

A. 18192　　B. 18160　　C. 18096　　D. 18000

14. 根据《建筑工程建筑面积计算规范》，多层建筑物二层及以上楼层应以层高判断如何计算建筑面积，关于层高的说法，正确的是(　　)。

A. 最上层按楼面结构标高至屋面板板面结构标高之间的垂直距离

B. 以屋面板找坡的，按楼面结构标高至屋面板最高处标高之间的垂直距离

C. 有基础底板的按底板下表面至上层楼面结构标高之间的垂直距离

D. 没有基础底板的按基础底面至上层楼面结构标高之间的垂直距离

15. 多层建筑物二层以上楼层按其外墙结构外围水平面积计算，层高在 2.20 m 及以上者计算全面积，其层高是指(　　)。

A. 上下两层楼面结构标高之间的垂直距离

B. 本层地面与屋面板底结构标高之间的垂直距离

C. 最上一层层高是其楼面至屋面板底结构标高之间的垂直距离

D. 最上层遇屋面板找坡的以其楼面至屋面板最高处板面结构之间的垂直距离

16. 地下室的建筑面积计算正确的是(　　)。

A. 外墙保护墙上口外边线所围水平面积

B. 层高 2.10 m 及以上者计算全面积

C. 层高不足 2.20 m 者应计算 1/2 面积

D. 层高在 1.20 m 以下者不计算面积

17. 有永久性顶盖且顶高 4.20 m 无围护结构的场馆看台，其建筑面积计算正确的是(　　)。

A. 按看台底板结构外围水平面积计算

B. 按顶盖水平投影面积计算

C. 按看台底板结构外围水平面积的 1/2 计算

D. 按顶盖水平投影面积的 1/2 计算

18. 建筑物内的管道井，其建筑面积计算说法正确的是(　　)。

A. 不计算建筑面积

B. 按管道井图示结构内边线面积计算

C. 按管道井净空面积的 1/2 乘层数计算

D. 按自然层计算建筑面积

四、多选题

1. 根据《建筑工程建筑面积计算规范》，下列内容中，应计算建筑面积的是(　　)。

A. 坡地建筑设计利用但无围护结构的吊脚架空层

B. 建筑门厅内层高不足 2.20 m 的回廊

C. 层高不足 2.20 m 的立体仓库

D. 建筑物内钢筋混凝土操作平台

E. 公共建筑物内自动扶梯

2. 根据《建筑工程建筑面积计算规范》，下列内容中，不应计算建筑面积的是(　　)。

A. 悬挑宽度为 1.80 m 的无柱雨篷

B. 与建筑物不连通的装饰性阳台

C. 用于检修的室外钢楼梯

D. 层高不足 1.20 m 的单层建筑坡屋顶空间

E. 层高不足 2.20 m 的地下室

3. 根据《建筑工程建筑面积计算规范》，坡屋顶内空间利用时，关于建筑面积的计算说法正确的是(　　)。

A. 净高大于 2.10 m 计算全面积

B. 净高等于 2.10 m 计算 1/2 全面积

C. 净高等于 2.0 m 计算全面积

D. 净高小于 1.20 m 不计算面积

E. 净高等于 1.20 m 不计算面积

4. 关于建筑面积计算，正确的说法是(　　)。

A. 建筑物内的变形缝不计算建筑面积

B. 建筑物室外台阶按水平投影面积计算

C. 建筑物外有围护结构的挑廊按围护结构外围水平面积计算

D. 地下人防通道超过 2.20 m 按结构底板水平面积计算

E. 无永久性顶盖的架空走廊不计算面积

5. 计算建筑面积时，正确的计算规则是(　　)。

A. 建筑物顶部有围护结构的楼梯间，层高不足 2.20 m 的不计算面积

B. 建筑物外有永久性顶盖的无围护结构的走廊，层高超过 2.20 m 计算全面积

C. 建筑物大厅内层高不足 2.20 m 的回廊，按其结构底板水平面积的 1/2 计算

D. 室外楼梯，按自然层水平投影面积的 1/2 计算

E. 建筑物内的变形缝应按其自然层合并在建筑物面积内计算

6. 围护结构是指围合建筑空间的(　　)。

A. 墙体　　B. 门　　C. 柱　　D. 窗　　E. 梁

7. 关于雨篷，不计算建筑面积的有(　　)。

A. 独立柱雨篷　　B. 挑出宽度在 2.10 m 以下的无柱雨篷

C. 挑出宽度 2.10 m 的无柱雨篷　　D. 墙支撑雨篷

E. 顶盖高度达到或超过两个楼层的无柱雨篷

8. 围护设施是指为保障安全而设置的(　　)等围挡。

A. 栏杆　　B. 栏板　　C. 砖墙　　D. 幕墙　　E. 柱

五、简答题

1. 建筑物不计算建筑面积的部分有哪些？

2. 雨篷的建筑面积如何计算？

3. 阳台建筑面积计算规则是什么？

4. 建筑物内设有局部楼层者建筑面积怎么计算？

5. 凸(飘)窗建筑面积怎样计算？

六、综合训练

1. 某工业企业拟兴建一幢五层框架结构综合车间。第 1 层外墙围成的面积为 286 m^2；主入口处一有柱雨篷，雨篷外边线到外墙外边线的距离为 2.3 m，雨篷结构板的水平面积为 12.8 m^2；主入口处平台及踏步台阶水平投影面积为 21.6 m^2；第 2～5 层每层外墙围成的面积为 272 m^2；第 2～5 层每层有 1 个悬挑式半封闭阳台，每个阳台的水平投影面积为 6.4 m^2；屋顶有一突出屋面的有围护结构的楼梯间，高度为 2.0 m，水平投影面积 24.8 m^2。则该建筑物的建筑面积为多少？

2. 某别墅部分设计如图 3-3-21、图 3-3-22、图 3-3-23、图 3-3-24 所示。轴线居中，墙体除注明外均为 240 mm 厚。依据《建筑工程建筑面积计算规范》(GB/T 50353—2013)的规定，计算别墅的建筑面积。

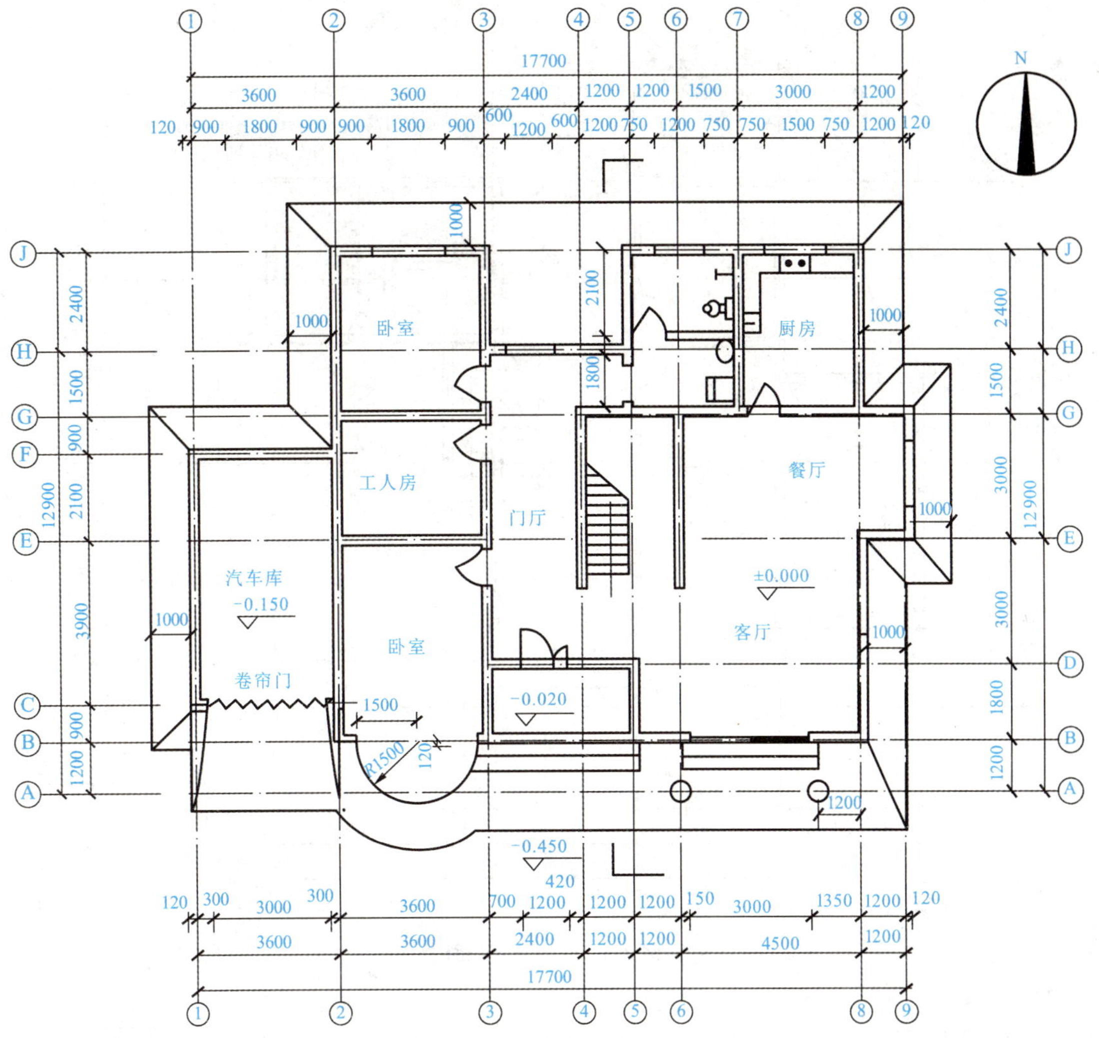

图 3-3-21　一层平面图

图 3-3-22　南立面图

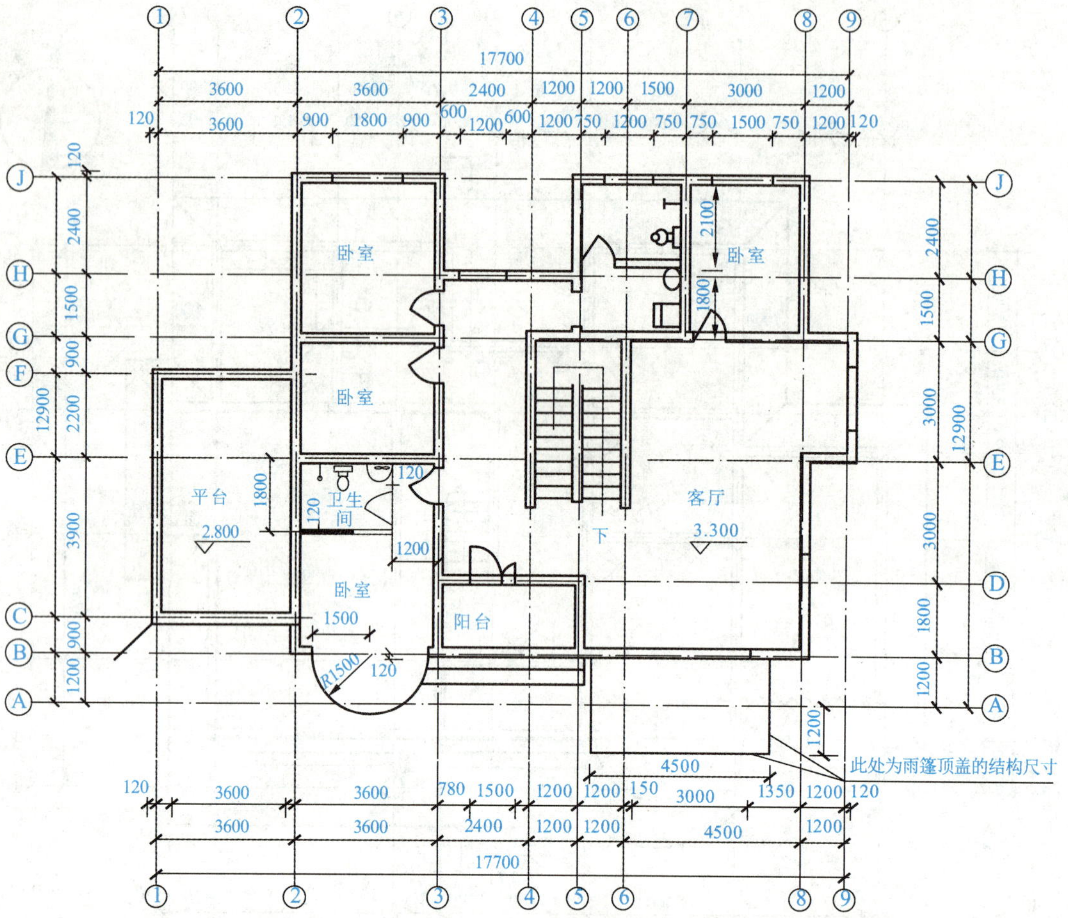

图 3-3-23 二层平面图

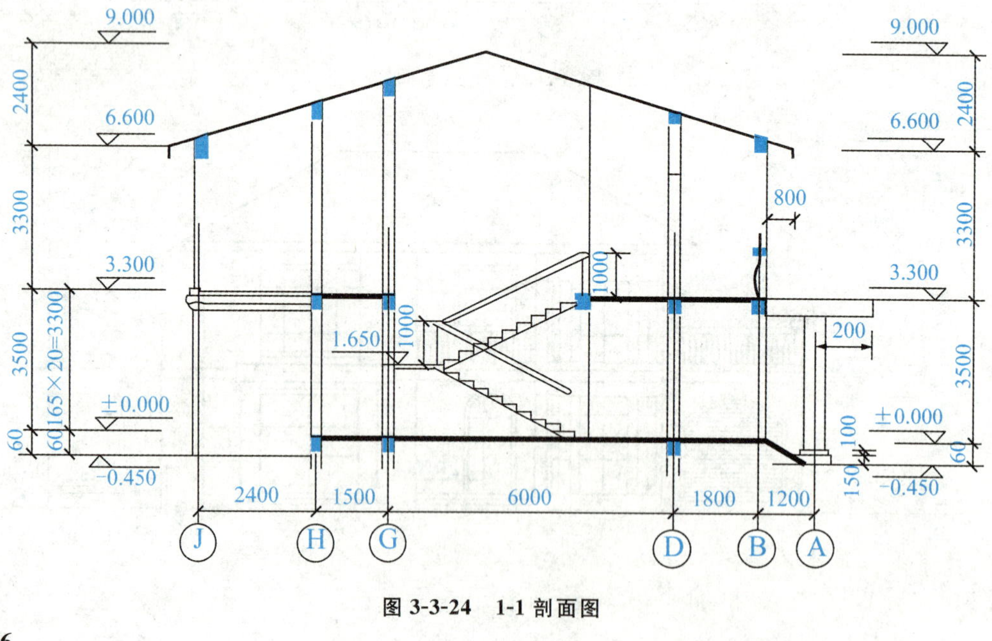

图 3-3-24 1-1 剖面图

3. 某三层小别墅如图 3-3-25 所示，轴线居中，墙厚 240 mm，保温层厚度为 50 mm，层高为 3.3 m，试计算其建筑面积。

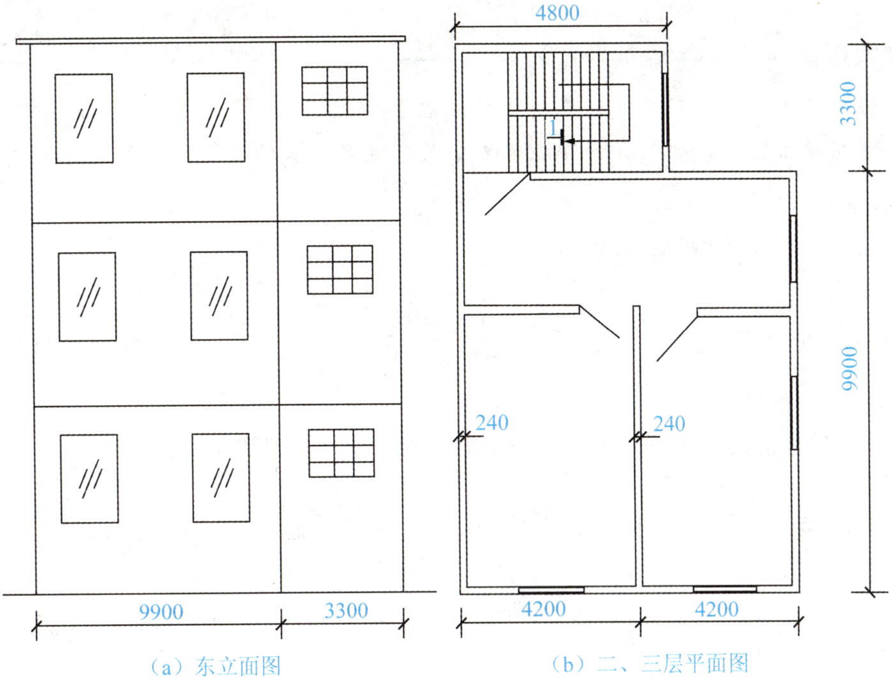

图 3-3-25　某三层小别墅示意图

3.4 基础工程工程量计算

学习目的

通过对不同材料、不同类型基础相关内容的学习，学生体验完成具体工作任务必须依据的规范和原则，感受任务实施对知识、能力、素质的需求，理解完成本项任务的流程，最终能根据《甘肃省建筑与装饰工程预算定额》第三章砌筑工程（砖基础），第四章混凝土工程（井桩基础、带形基础、杯形基础、独立基础及设备基础、桩承台基础、满堂基础）的工程量计算规则，列项并计算不同类型基础的工程量。

知识目标

1. 掌握《甘肃省建筑与装饰工程预算定额》第三章砌筑工程（砖基础），第四章混凝土工程（井桩基础、带形基础、杯形基础、独立基础及设备基础、桩承台基础、满堂基础）定额项目划分方法，常用定额项目名称、计量单位、工作内容。

2. 掌握《甘肃省建筑与装饰工程预算定额》第三章砌筑工程（砖基础），第四章混凝土工程(垫层、井桩基础，带形基础、杯形基础、独立基础及设备基础、桩承台基础、满堂基础)的工程量计算规则。

重点难点

1. 根据施工图纸，列项并计算砖基础工程量。
2. 根据施工图纸，列项并计算混凝土垫层、混凝土基础工程量。

3.4.1 基础工程知识背景

1. 基础的分类

(1)按基础的形式分类

基础的类型按其形式不同可以分为条形基础、独立基础和联合基础。

①条形基础。

基础是连续的带形，也称带形基础。有墙下条形基础和柱下条形基础两种。

墙下条形基础：一般用于多层混合结构的承重墙下，低层或小型建筑常用砖、混凝土等刚性条形基础。如上部为钢筋混凝土墙，或地基较差，荷载较大时，可采用钢筋混凝土条形基础，如图 3-4-1 所示。

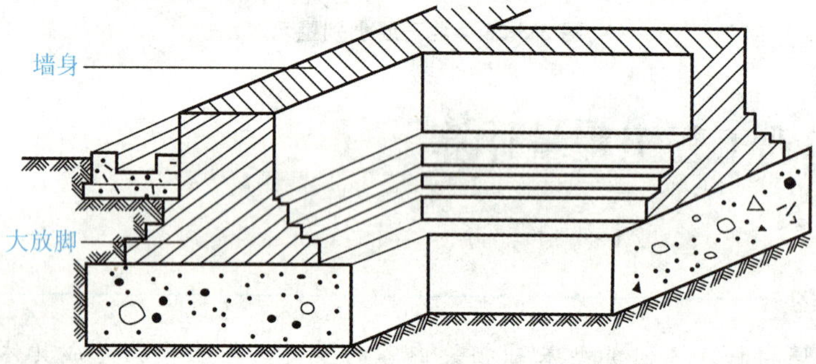

图 3-4-1　墙下条形基础

柱下条形基础：因为上部结构为框架结构或排架结构，荷载较大或荷载分布不均匀，地基承载力偏低，为增加基底面积或增强整体刚度，以减少不均匀沉降，可将柱下基础沿一个方向连续设置成条形基础。

②独立基础。

独立基础呈独立的块状，形式有阶梯形、锥形、杯形等。独立基础主要用于柱下，将柱下扩大形成独立基础，如图 3-4-2 所示。

当建筑物上部为墙承重结构，并且基础要求埋深较大时，为了节约基础材料，减少土方工程量，加快施工进度，亦可采用独立基础。为了支撑上部墙体，在独立基础上面设置基础梁或拱等连续构件来支撑墙体。

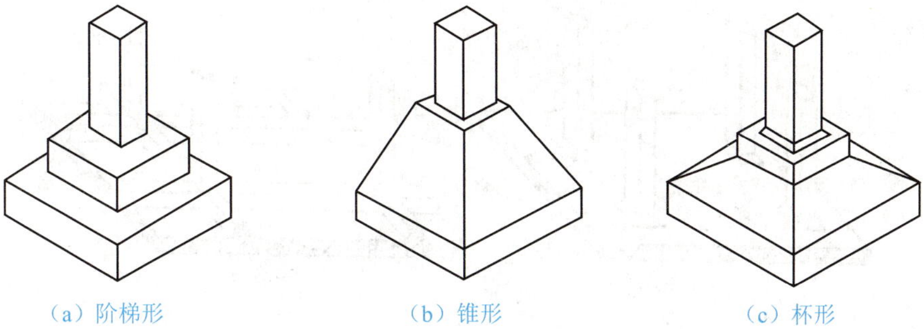

图 3-4-2　独立基础

③联合基础。

联合基础类型较多，常见的有柱下条形基础、柱下十字交叉基础、片筏基础和箱形基础。

当柱子的独立基础置于较弱地基上时，基础底面积可能很大，彼此相距很近甚至碰到一起，这时应把基础连起来，形成柱下条形基础、柱下十字交叉基础(图 3-4-3)。

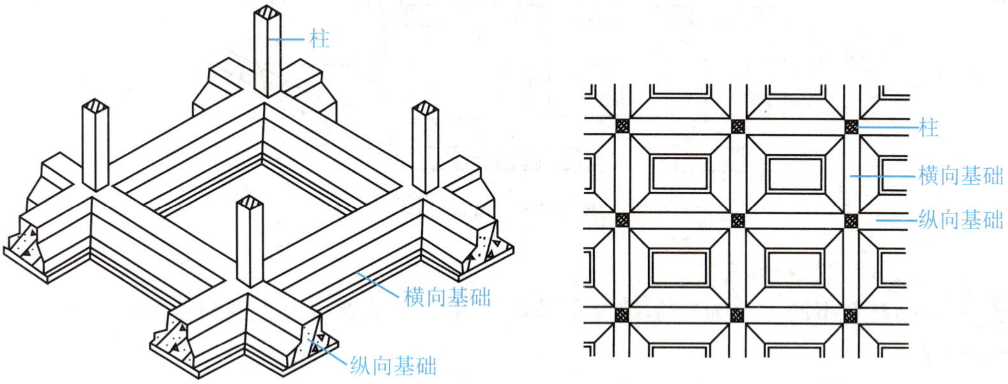

图 3-4-3　柱下十字交叉基础

如果地基特别弱而上部结构荷载又很大，即使做成联合条形基础，地基的承载力仍不能满足设计要求时，可将整个建筑物的下部做成整块钢筋混凝土梁或板，形成满堂基础(又称片筏基础、筏板基础)。满堂基础根据使用的条件和断面形式，分为无梁式和有梁式两种(图 3-4-4)。满堂基础整体性好，具有提高地基承载力和调整地基不均匀沉降的能力，广泛用于多层高层住宅、办公楼等民用建筑中。

当建筑设有地下室且基础埋深较大时，可将地下室做成整浇的钢筋混凝土箱形基础，它能承受很大的弯矩，可用于特大荷载的建筑(图 3-4-5)。

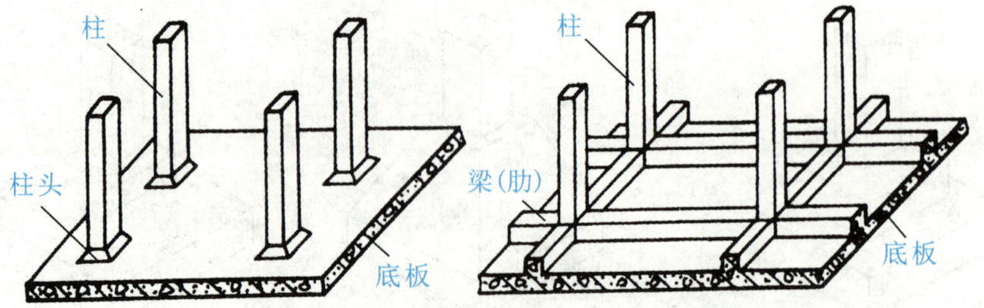

（a）无梁式满堂基础　（b）有梁式满堂基础

图 3-4-4　满堂基础

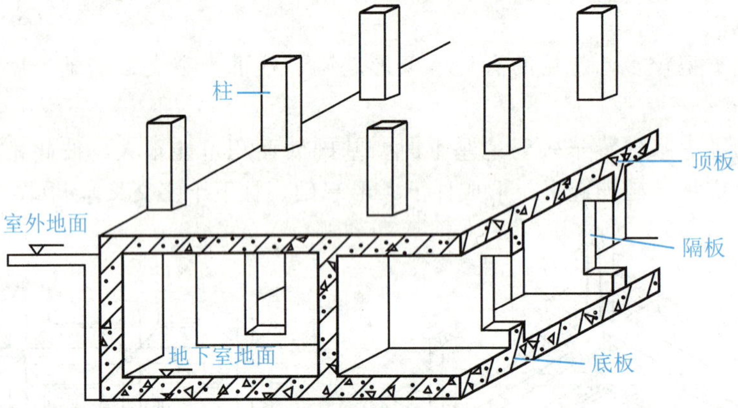

图 3-4-5　箱形基础

(2)按基础的材料分类

按基础材料不同可分为砖基础、石基础、混凝土基础、毛石混凝土基础、钢筋混凝土基础等。

(3)按基础传力情况分类

按基础传力情况不同可分为刚性基础(图 3-4-6)和柔性基础(图 3-4-7)两种。

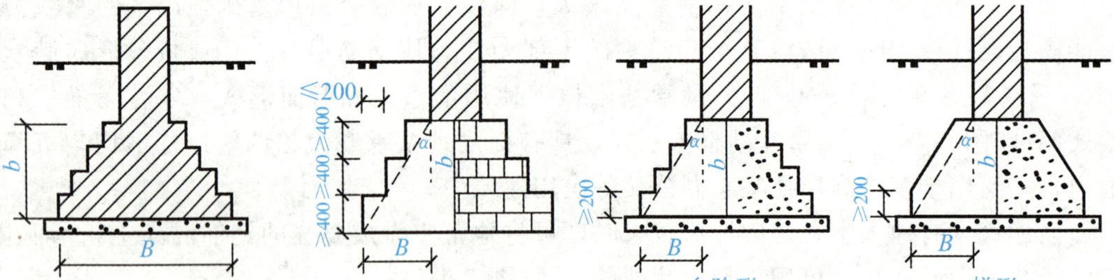

台阶形　梯形

（a）砖基础　（b）毛石基础　（c）混凝土基础

图 3-4-6　刚性基础

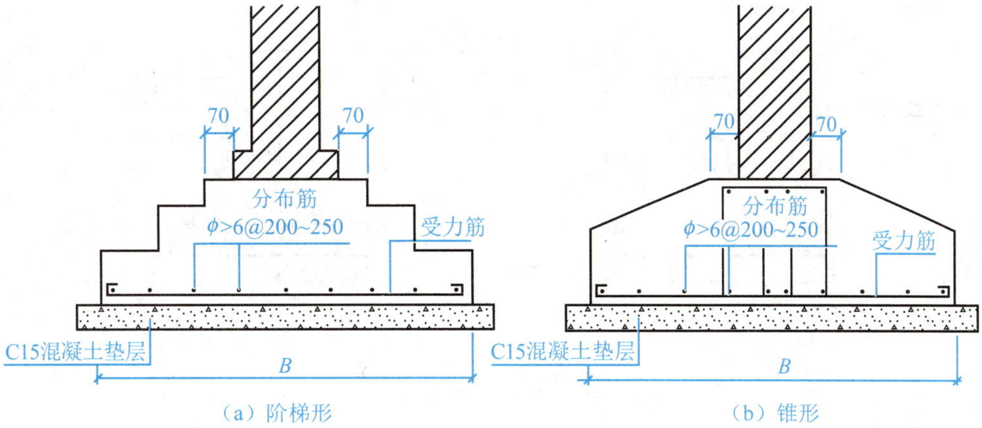

图 3-4-7　柔性基础

采用砖、毛石、混凝土、灰土等抗压强度好而抗弯、抗剪等强度很低的材料做基础时，基础底宽应根据材料的刚性角来决定。由于上部荷载通过基础向下传递的压力是沿一定角度分布扩散的，这个传力的角度即为刚性角，用 α 表示。当基础底面宽度在刚性角以外时，基础会开裂、破坏、失去传力作用。凡受刚性角限制的基础就是刚性基础。

刚性基础常用于地基承载力较好，压缩性较小的中小型民用建筑。刚性基础因受刚性角限制，当建筑物荷载较大，或地基承载能力较差时，如按刚性角逐步放宽，则需要很大的埋置深度，这在土方工程量及材料使用上都很不经济。

在这种情况下宜采用钢筋混凝土基础，以承受较大的弯矩，基础就可以不受刚性角的限制。用钢筋混凝土建造的基础，不仅能承受压应力，还能承受较大的拉应力，不受材料的刚性角限制，故叫作柔性基础。

2. 常用刚性基础构造

(1)砖基础

砖基础取材容易、价格较低、施工方便，是常用的类型之一。但由于强度、耐久性、抗冻性较差，多用于干燥而温暖地区的中小型建筑的基础。

在建筑物防潮层以下部分，砖的等级不得低于 MU10；非承重空心砖、硅酸盐砖和硅酸盐砌块不得用于基础材料。

由于刚性角限制，并考虑砌筑方便，常采用每隔二皮砖厚收进 1/4 砖的断面形式，在基础底宽较大时，也可采取二皮一级与一皮一级的断面形式，但其最底下一级必须用二皮砖厚(图 3-4-8)。

(2)石基础

石基础有毛石基础和料石基础两种。

毛石基础由未加工的块石用水泥砂浆砌筑而成，截面多为台阶形，当基础地面宽小于 700 mm 时也可做成矩形。毛石基础适用于地下水位高、冰冻线较深的低层和多层民用建筑。

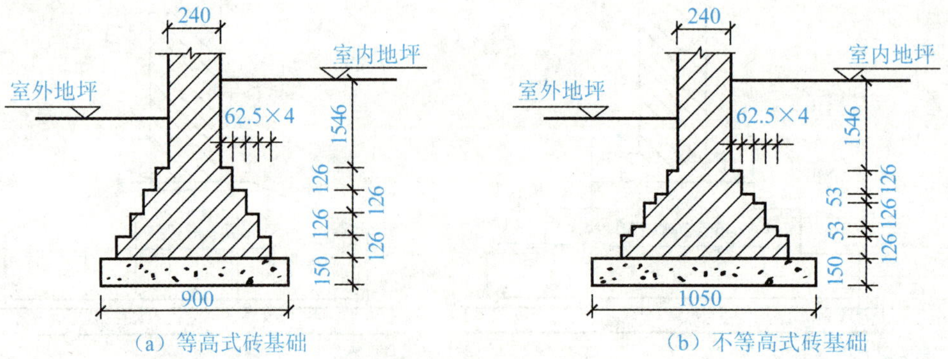

图 3-4-8 砖基础

料石基础是经过加工具有一定规格的石材，用 M2.5 砂浆或 M5 砂浆砌筑而成的基础。料石基础要求上下面平整，石缝错开，灰浆饱满。

石基础的耐久性、抗冻性很高，但毛石基础毛石间黏结依靠砂浆，结合力较差，因而砌体强度不高，但料石的基础强度就高得多。

(3)混凝土和毛石混凝土基础

混凝土基础是用水泥、砂、石子加水拌合浇注而成的。它的剖面形式和有关尺寸，除满足刚性角外，不受材料规格限制，按结构计算确定，其基本形式有矩形、阶梯形、梯形等。

混凝土的强度、耐久性、防水性都较好，是理想的基础材料。在混凝土基础体积过大时可在混凝土中加入适当毛石，即毛石混凝土基础。但填入石块总体积不得大于基础总体积的 30％。

3.4.2 定额项目划分

结合以上基础的分类，在《甘肃省建筑与装饰工程预算定额》中，涉及基础工程的章节内容有：第二章桩基工程(预制桩与机械成孔灌注桩)、第三章砌筑工程(砖基础)，第四章混凝土工程(垫层、井桩基础，带形基础、杯形基础、独立基础及设备基础、桩承台基础、满堂基础)。

1. 砖基础

按砂浆的种类(水泥砂浆、水泥石灰膏砂浆)和强度等级(M5、M7.5、M10)列项。例如，3-1-1 砖基础 水泥砂浆 M5；3-1-4 砖基础 水泥石灰膏砂浆 M5。

2. 混凝土基础

按基础的形式(井桩基础、带形基础、杯形基础、独立基础及设备基础、桩承台基础、满堂基础)，混凝土的种类(商品混凝土、现场搅拌混凝土)列项，对于现场搅拌混凝土还要考虑混凝土强度等级(C15～C30)。例如，4-1 井桩 商品混凝土；4-3 满堂基

础　商品混凝土；4-57-2　现浇带形基础　混凝土 C20。

3. 垫层

常见的垫层按材料分为混凝土垫层和灰土垫层，混凝土垫层按混凝土的种类(商品混凝土、现场搅拌混凝土)列项，对于现场搅拌混凝土还要考虑混凝土强度等级。灰土垫层在 4.1 节介绍列项及计算方法。

3.4.3　定额项目适用范围

砖基础定额适用于砖墙基础、砖柱基础、砖烟囱基础和水塔等基础。

现浇商品混凝土基础定额项目适用于混凝土搅拌厂生产商品混凝土在施工现场浇筑的基础，现浇现场搅拌混凝土基础定额项目适用于在施工现场用普通搅拌机或人工搅拌的现浇混凝土基础，可以依据施工方案确定。

3.4.4　基础工程工程量计算规则

1. 砖基础

常见的砖基础有两种形式，包括墙下基础(条形或带形)、柱下基础(独立基础)。在计算工程量之前首先解决以下问题：基础与墙身(柱身、筒身)的划分；基础长度的计算；砖、石基础工程量的计算方法及需要调整的项目。

(1)基础与墙身(柱身、筒身)的划分

基础与墙身划分如图 3-4-9 所示。

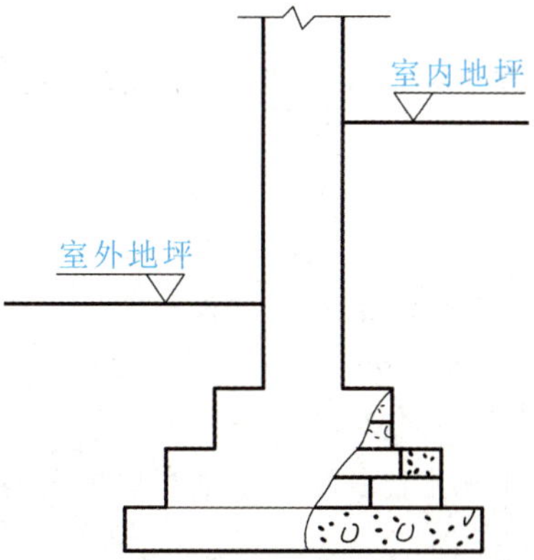

图 3-4-9　基础与墙身划分示意图

①房屋基础与墙(柱)身采用同一种材料时，以设计室内地坪为分界线(有地下室者，以地下室室内设计地坪为界)，以下为基础，以上为墙(柱)身。

②房屋基础与墙(柱)身采用不同材料时，不同材料的接合面和设计室内地坪的高差在±0.3 m 以内时，以不同材料为分界线，超过±0.3 m 时，以设计室内地坪为分界线。

③砖石围墙，以设计室外地坪为分界线，以下为基础，以上为墙身。

(2)基础的长度

外墙基础按外墙中心线长度计算($L_{中}$);内墙基础按内墙大放脚基础以上净长度计算($L_{内}$)。

(3)砖、石基础工程量的计算(以立方米计算)

不扣除的项目:大放脚T形接头处(图3-4-10)的重叠部分以及嵌入基础的钢筋、铁件、管道、基础防潮层及单个面积在0.3 m^2以内的孔洞所占体积。

不增加的项目:靠墙暖气沟挑砖。

应增加的项目:附墙柱基础宽出部分的体积。

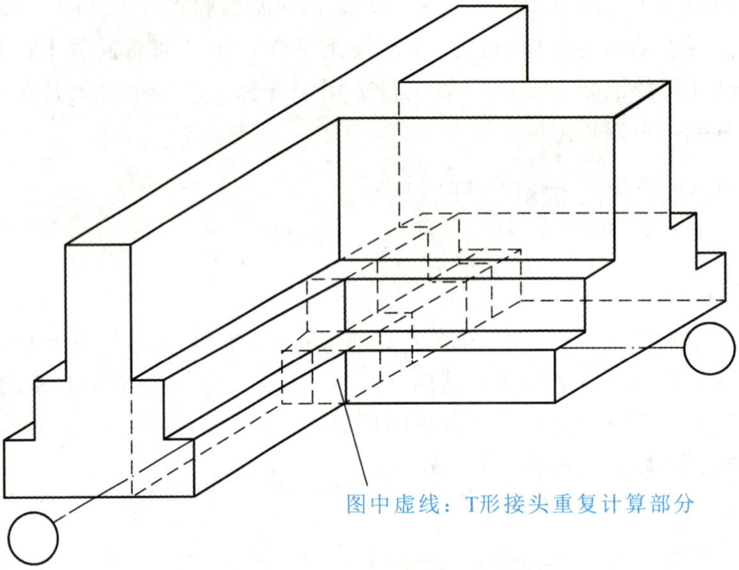

图3-4-10 砖基础T形接头示意图

(4)工程量计算式

①带形基础。

$$V_{带} = \sum (L_{中} + L_{内}) \times S_{断} \pm \Delta V,$$

$$S_{断} = h \times b + \Delta S = (h + \Delta h) \times b 。$$

式中 b——墙厚;

h——基础高度,即基础垫层上表面至基础与墙的分界线的高度;

$S_{断}$——带形基础截面积;

ΔV——计算体积时应增加、应扣减的调整项目;

ΔS——砖基大放脚增加断面积(可查表3-4-1求得);

Δh——砖基大放脚折加高度(可查表3-4-1求得)。

表 3-4-1　等高不等高砖墙基大放脚折加高度和大放脚增加断面积表

放脚层高	折加高度/m												增加断面/m^2	
	0.115		0.24		0.365		0.49		0.615		0.74			
	等高	间隔式	等高	间隔式	等高	间隔式	等高	间隔式	等高	间隔式	等高	间隔式	等高	间隔式
一	0.137	0.137	0.066	0.066	0.043	0.043	0.032	0.032	0.026	0.026	0.021	0.021	0.01575	0.01575
二	0.411	0.342	0.197	0.164	0.129	0.108	0.096	0.080	0.077	0.064	0.064	0.053	0.04725	0.03938
三			0.394	0.328	0.259	0.216	0.193	0.161	0.154	0.128	0.128	0.106	0.0945	0.07875
四			0.656	0.525	0.432	0.345	0.321	0.253	0.256	0.205	0.213	0.170	0.1575	0.126
五			0.984	0.788	0.647	0.518	0.482	0.380	0.384	0.307	0.319	0.255	0.2363	0.189
六			1.378	1.083	0.906	0.712	0.672	0.530	0.538	0.419	0.447	0.351	0.3308	0.2599
七			1.838	1.444	1.208	0.949	0.900	0.707	0.717	0.563	0.596	0.468	0.441	0.3465
八			2.363	1.838	1.553	1.208	1.157	0.900	0.922	0.717	0.766	0.596	0.567	0.4411
九			2.953	2.297	1.942	1.510	1.447	1.125	1.153	0.896	0.958	0.745	0.7088	0.5513
十			3.610	2.789	2.372	1.834	1.768	1.366	1.409	1.088	1.171	0.905	0.8663	0.6694

砖基础受刚性角限制，需在基础底部作成逐步放阶的形式，称大放脚。大放脚部分的工程量应并入所附基础墙内，根据大放脚的层数、基础墙厚、是否等高放阶查表 3-4-1 计算。

等高放阶高两皮砖，放脚高度为(53＋10)×2＝126 mm，放脚宽为 1/4 砖宽，即 1/4×(240＋10)＝62.5 mm。不等高放阶交替放脚，一步为一皮砖，高 63 mm，一步为两皮砖，高 126 mm，放脚宽 62.5 mm。

故等高放阶大放脚增加断面积 $\Delta S = n \times (n+1) \times 0.126 \times 0.0625$，$n$ 为砖基大放脚级数。

例如，等高式三阶放脚砖基础大放脚增加断面积 $\Delta S = 3 \times (3+1) \times 0.126 \times 0.0625 = 0.0945\ m^2$。

折加高度是指将大放脚面积按其相应基础墙厚折合而成的高度。例如，等高式三阶放脚砖基础大放脚增加断面积 0.0945 m^2，若基础墙厚为 0.24 m，折加高度 $\triangle h = 0.0945 \div 0.24 = 0.394$ m。

砖基础大放脚折加高度和增加断面积如图 3-4-11 所示。

注：砖基础中防潮层工程量按墙基顶面水平宽度乘长度以面积计算，有附墙垛时将其面积并入墙基内。

②独立基础。

独立砖基础(砖柱基础)工程量按体积以立方米计算，如图 3-4-12 所示。

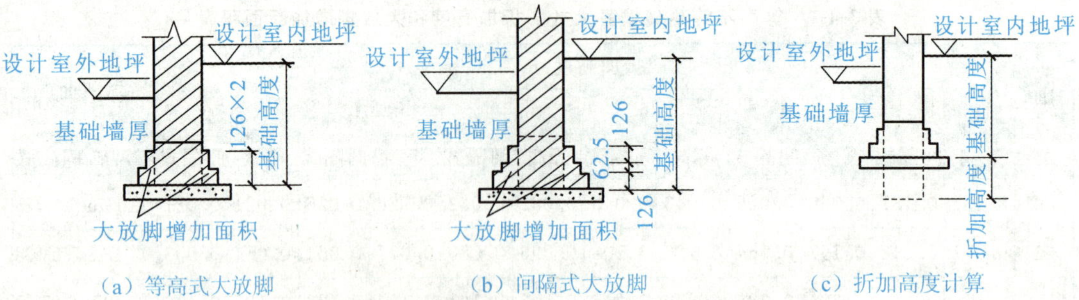

图 3-4-11　砖基础大放脚折加高度和增加断面积示意图

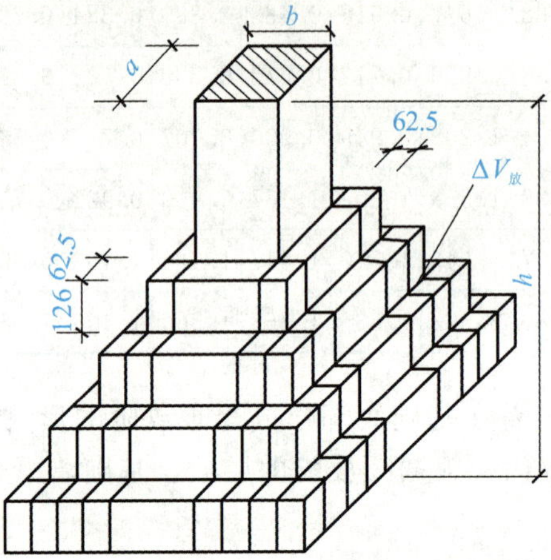

图 3-4-12　等高式砖柱基础示意图

$$V_{独}=a\times b\times h+\Delta V_{放}。$$

式中　$\Delta V_{放}$——砖基大放脚折加体积。

在没有砖基大放脚折加体积表时，独立砖基础可按放脚分成若干立方体的形式，分别计算其体积后汇总求得。

2. 石基础

石基础的计算方法与砖基础相同。

3. 混凝土基础

现浇混凝土构件(包括商品混凝土现浇构件、现场搅拌混凝土现浇构件)均按设计图示尺寸以立方米计算，不扣除钢筋、铁件所占体积。

(1)垫层

混凝土垫层是指砖、石、混凝土、钢筋混凝土等基础下的垫层，其工程量按图示尺寸以立方米计算。

其计算公式：

条形(带形)基础垫层工程量＝垫层长度×垫层宽度×垫层厚度。

其中，垫层长度外墙按中心线，内墙按垫层底的净长计算。

独立基础或满堂基础垫层工程量＝垫层的底面积×垫层厚度。

(2)条形基础

钢筋混凝土条形基础混凝土工程量 V＝基础断面面积×基础长度。

其中，基础长度的取值，根据基础的平面图，L 形接头的长均算至基础的中心线；T 形接头(图 3-4-13、图 3-4-14)的长，直面部分算至接头直面的净长($L1$、$L3$)，斜面部分算至接头斜面的中心线($L2$)。断面积看基础的剖面图根据断面形式计算。

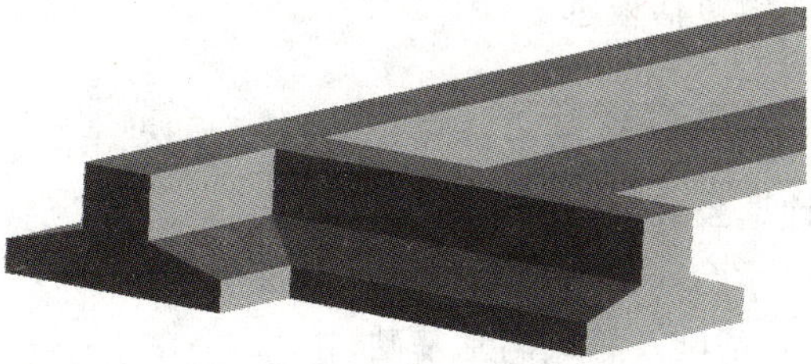

图 3-4-13　条形基础 T 形接头示意图

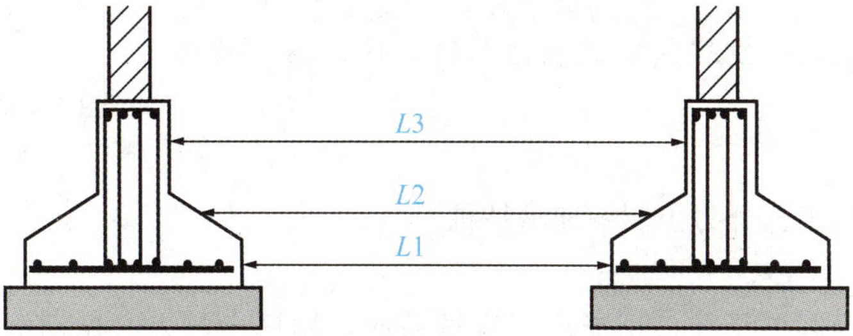

图 3-4-14　T 形接头处基础长度取值示意图

(3)独立基础

如图 3-4-15 所示，独立基础工程量＝六面体的体积＋四棱台体积＝$ABh_2+\frac{1}{6}h_1[AB+ab+(A+a)(B+b)]$。

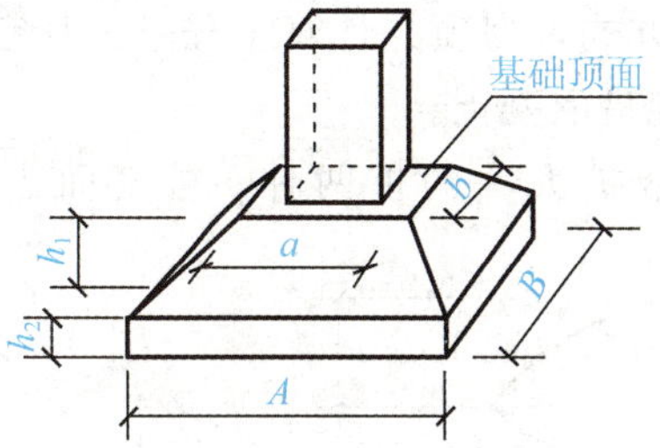

图 3-4-15　独立基础示意图

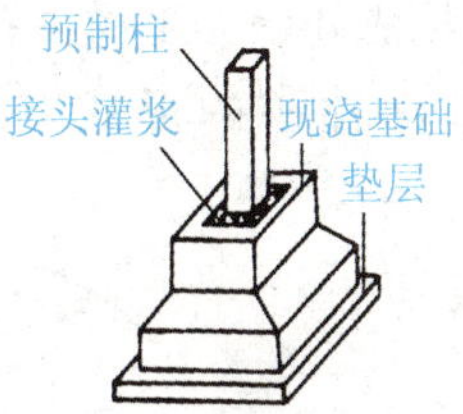

图 3-4-16　杯形基础示意图

(4)杯形基础

如图 3-4-16 所示，杯形基础工程量＝外形体积－中间孔洞的体积。

(5)满堂基础

①无梁式满堂基础。无梁式满堂基础形似倒置的楼板。有时为增大柱与基础的接触面，还会在基础底板上设计角锥形柱墩，如图 3-4-4(a)所示。

无梁式满堂基础混凝土工程量＝基础底板体积＋柱墩体积。

式中柱墩体积的计算与角锥形独立基础相同。

②有梁式满堂基础，如图 3-4-4(b)所示。

有梁式满堂基础混凝土工程量＝基础底板体积＋梁体积。

注意：梁的标注尺寸均包括板厚。

(6)桩承台

如图 3-4-17 所示，桩承台是将多个桩连接为一个整体，承担上部荷载的结构。其计算公式为：

桩承台混凝土工程量＝桩承台长度×桩承台宽度×桩承台高度。

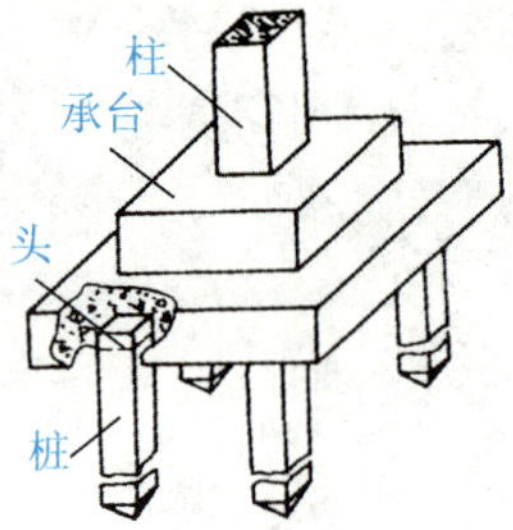

图 3-4-17　桩承台示意图

(7)混凝土框架式设备基础及箱式满堂基础

混凝土框架式设备基础应分别按基础、柱、梁及板计算工程量。

箱式满堂基础应分别按无梁式满堂基础、柱、墙、梁及板计算工程量。

(8)桩基础

桩基础按制作工艺分为预制桩和灌柱桩。

①预制桩。

钢筋混凝土预制桩是在工厂或施工现场预制，用锤击打入、振动沉入等方法，使桩沉入地下。

预制桩的列项和工程量计算见 3.7 节。

②灌注桩。

灌注桩又叫现浇桩，直接在设计桩位的地基上成孔，在孔内放置钢筋笼或不放钢筋，后在孔内灌柱混凝土而成桩，钢筋笼单独列项。

在灌注桩的计算过程中，要考虑其成孔方式，列项并计算工程量。其定额项目包括两部分：成孔(机械成孔、人工挖桩孔)和现浇桩混凝土。

常见人工成孔灌注桩的形式有直桩和带扩大头的桩两种，桩底面为球缺状，如图 3-4-18 所示。

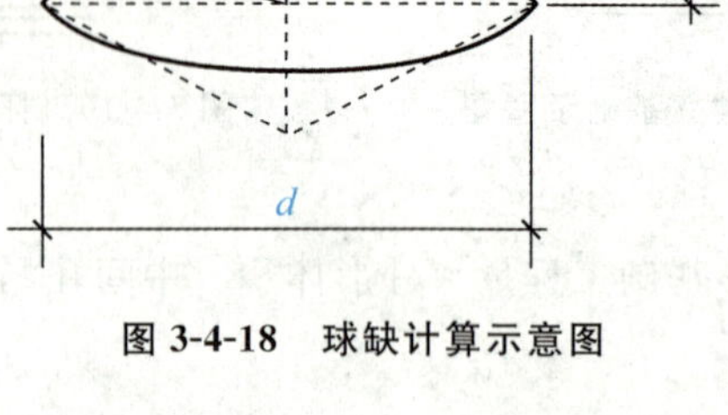

图 3-4-18　球缺计算示意图

直桩计算方法如下：

$$V=R^2\times\pi\times h_1+1/6(3R^2+h_2^2)。$$

式中　h_1——桩孔深度；

h_2——球缺高。

带扩大头的灌注桩，如图 3-4-19 所示，计算方法如下：

$$桩身\ V_1=\pi\times h_1\times r^2。$$

$$圆台\ V_2=1/3\times\pi\times h_2\times(r^2+R^2+Rr)。$$

$$大圆柱\ V_3=\pi\times h_3\times R^2。$$

$$球缺\ V_4=1/6\times\pi\times h_4\times(3R^2+H_4{}^2)。$$

式中　h_1——桩身高；

h_3——大圆台高；

h_2——圆台高；

h_4——球缺高。

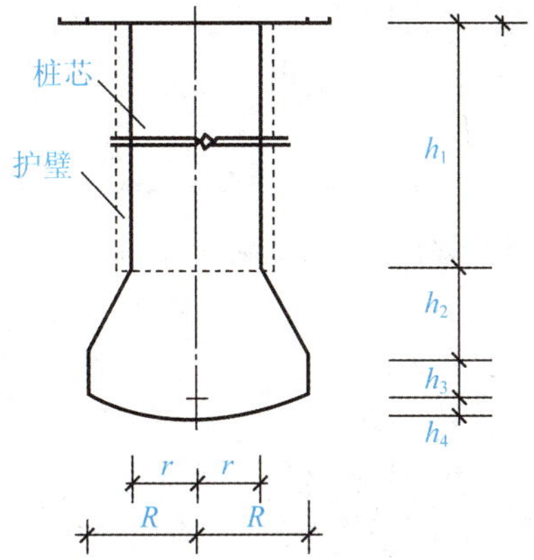

图 3-4-19　带扩大头的灌注桩

机械成孔灌注桩包括机械成孔和现浇桩混凝土两部分。其中成孔工程量按以下规则计算：

机械打孔灌注混凝土桩的工程量，应按设计桩长(包括桩尖)增加 0.5 m 乘钢管外径截面面积以立方米计算；

机械钻孔灌注混凝土桩的工程量，应按设计桩长(包括桩尖)增加 0.5 m 乘钻头外径截面面积以立方米计算；

冲击成孔灌注混凝土桩的钢筋混凝土桩的工程量，按设计图示尺寸的孔深乘孔截面面积以立方米计算。

桩混凝土的工程量均按设计图示尺寸以 m^3 计算，不扣除钢筋、铁件所占体积。

各种机械成孔灌注混凝土桩，定额中混凝土消耗量是包括充盈系数在内的总消耗量，包括商品混凝土搅拌、场外运输损耗及浇筑损耗。

3.4.5 典型案例分析

【例 3.4.1】图 3-4-20 为某单位传达室基础平面图和剖面图。该工程设计室外地坪标高为－0.30 m，室内地坪标高为±0.00 m，防潮层标高－0.06 m，防水砂浆防潮层，M7.5 水泥砂浆砌标准砖基础，C15 混凝土垫层，混凝土采用现场拌制，依定额规定计算垫层、砖基础、防潮层工程量。

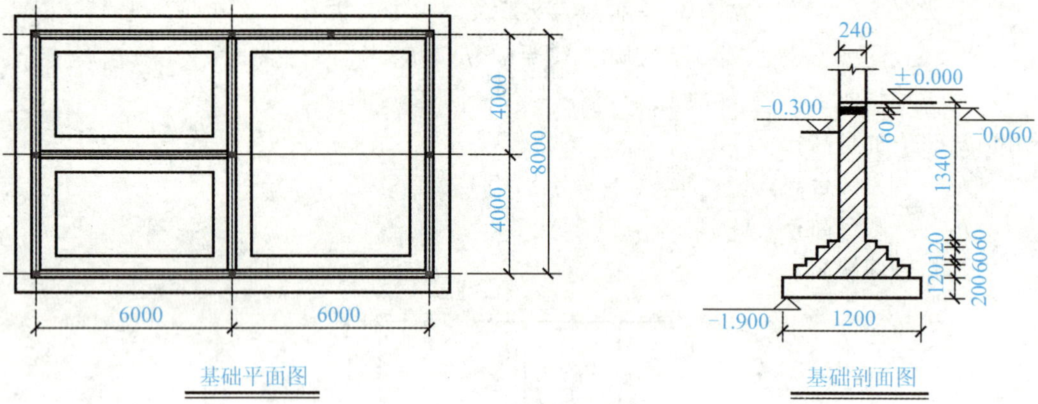

图 3-4-20 基础示意图

【解】(1)查表得，四阶放脚不等高式砖基础增加断面积为 0.126 m^2。

$L_{中}$＝(12.00＋8.00)×2＝40 m。

$L_{内}$＝6－0.24＋8－0.24＝13.52 m。

砖基础计算高度：1.9－0.2＝1.7 m。

砖基础工程量＝(0.24×1.7＋0.126)×(40＋13.52)＝28.58 m^3。

(2)砼防潮层工程量＝(40＋13.52)×0.24＝53.52×0.24＝12.84 m^2。

(3)已知垫层宽 1.2 m，垫层厚 0.2 m，条形基础下垫层长度：外墙基础下垫层长度为 $L_{中}$；内墙基础下垫层长度为 $L_{内垫}$，$L_{内垫}$＝8－1.2＋6－1.2＝11.6 m。

带形基础垫层工程量＝(40＋11.6)×1.2×0.2＝12.38 m^3。

计算结果见表 3-4-2。

表 3-4-2 定额项目表

序号	定额编号	定额名称	计量单位	工程量
1	3-1-2	砖基础 M7.5 水泥砂浆	m^3	28.58
2	8-212	防水砂浆 平面	m^2	12.84
3	4-52-2	现浇混凝土垫层 C15	m^3	12.38

【例 3.4.2】某工程基础平面图如图 3-4-21 所示，现浇钢筋混凝土带形基础、独立基础的尺寸如图 3-4-22、图 3-4-23 所示。混凝土垫层强度等级为 C15，混凝土基础强度等级为 C20，混凝土采用现场拌制，试计算垫层及混凝土基础工程量。

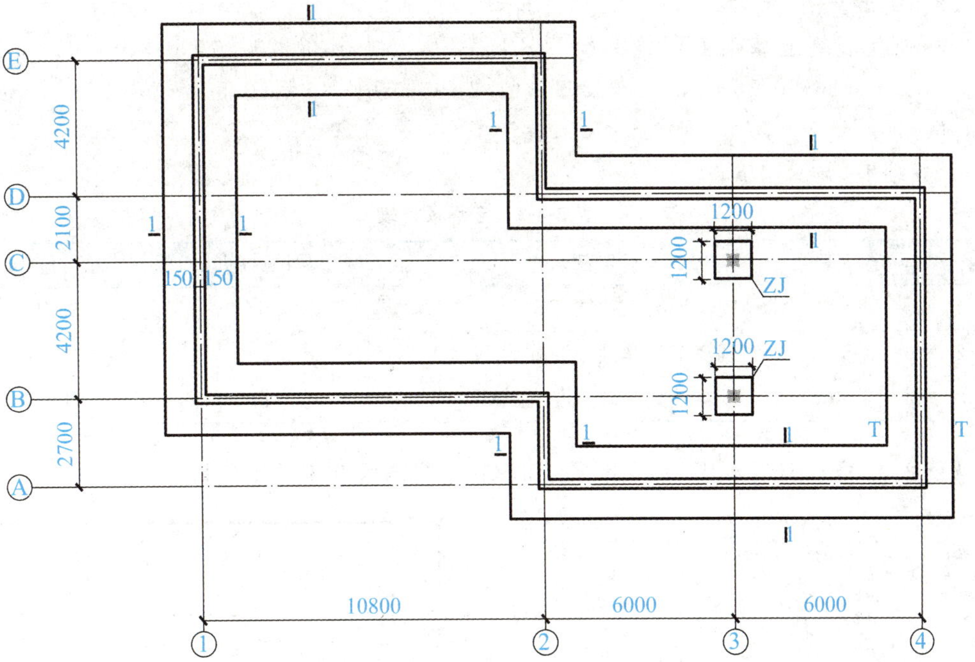

图 3-4-21　基础平面图

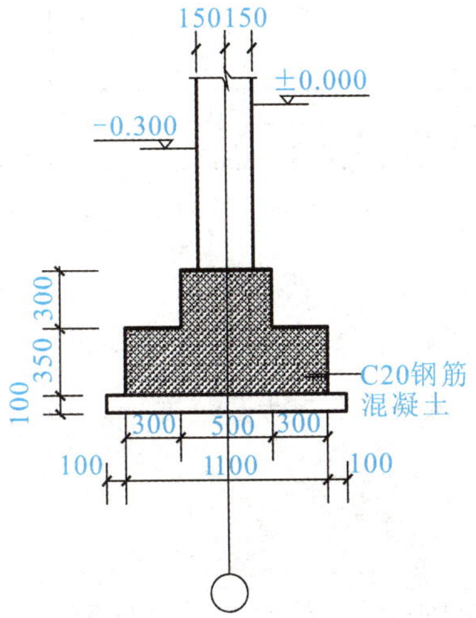

图 3-4-22　1-1 条形基础剖面图

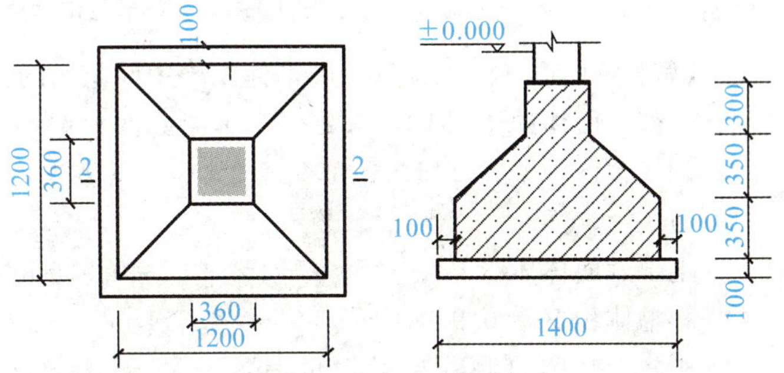

图 3-4-23　独立基础剖面图

【解】(1)垫层工程量。

计算基数 $L_{中}$＝(10.8＋12＋2.7＋4.2＋2.1＋4.2)×2＝72 m。

则条形基础下垫层的工程量＝(1.1＋0.2)×0.1×72＝9.36 m^3。

独立基础下的垫层工程量＝1.4×1.4×0.1×2＝0.392 m^3。

垫层工程量＝9.36＋0.392＝9.752 m^3。

(2)带形基础工程量＝带形基础的断面积×带基的长度＝(1.1×0.35＋0.5×0.3)×

72＝38.52 m^3。

(3)独立混凝土基础工程量＝{1.2×1.2×0.35＋0.36×0.36×0.3＋1/6×0.35×[1.2×1.2＋0.36×0.36＋(1.2＋0.36)×(1.2＋0.36)]}×2＝(0.504＋0.039＋0.234)×2＝1.55 m^3。

计算结果见表 3-4-3。

表 3-4-3　定额项目表

序号	定额编号	定额名称	计量单位	工程量
1	4-52-2	现浇混凝土垫层　C15	m^3	9.752
2	4-57-2	现浇带形基础　混凝土 C20	m^3	38.52
3	4-60-2	现浇独立基础　混凝土 C20	m^3	1.55

【例 3.4.3】试计算如图 3-4-24 所示杯形基础 C25 混凝土的工程量。

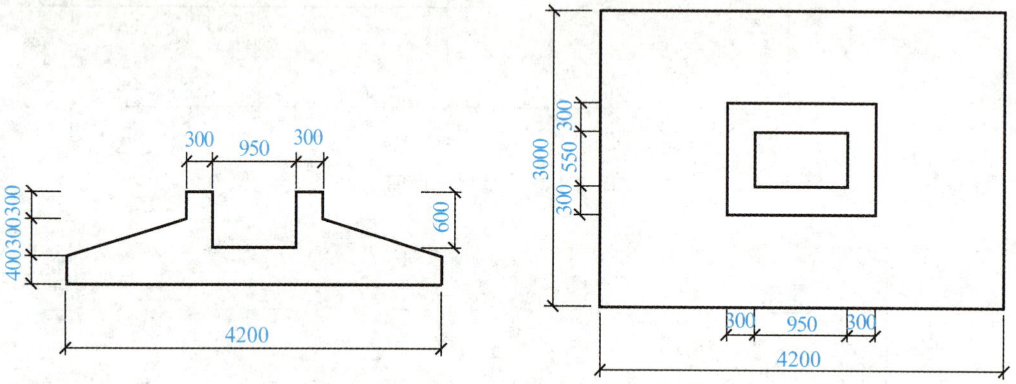

图 3-4-24　杯形基础示意图

【解】砼杯形基础工程量＝外形体积－中间的洞的体积。

下部六面体的体积 V_1＝4.2×3×0.4＝5.04 m^3。

四棱台体积 V_2＝1/6×0.3×[4.2×3＋1.55×1.15＋(4.2＋1.55)×(3＋1.15)]＝1.91 m^3。

上部六面体体积 V_3＝1.55×1.15×0.3＝0.535 m^3。

杯槽体积 V_4＝0.95×0.55×0.6＝0.314 m^3。

则杯形基础的混凝土工程量＝$V_1+V_2+V_3-V_4$＝5.04＋0.535＋1.91－0.314＝7.171 m^3。

计算结果见表 3-4-4。

表 3-4-4　定额项目表

序号	定额编号	定额名称	计量单位	工程量
1	4-58-2	现浇杯形基础　混凝土 C25	m^3	7.171

【例 3.4.4】某办公楼基础如图 3-4-25 所示。设计室外地坪标高为－0.30 m，地下室

的室内地坪标高为−1.50 m。现某土建单位投标该办公楼土建工程。已知该工程采用满堂基础 C30 钢筋砼，垫层为 C10 素砼，垫层底标高为−1.90 m。垫层施工前原土打夯，所有砼均现场拌制。试计算该满堂基础砼和垫层砼部分的工程量。

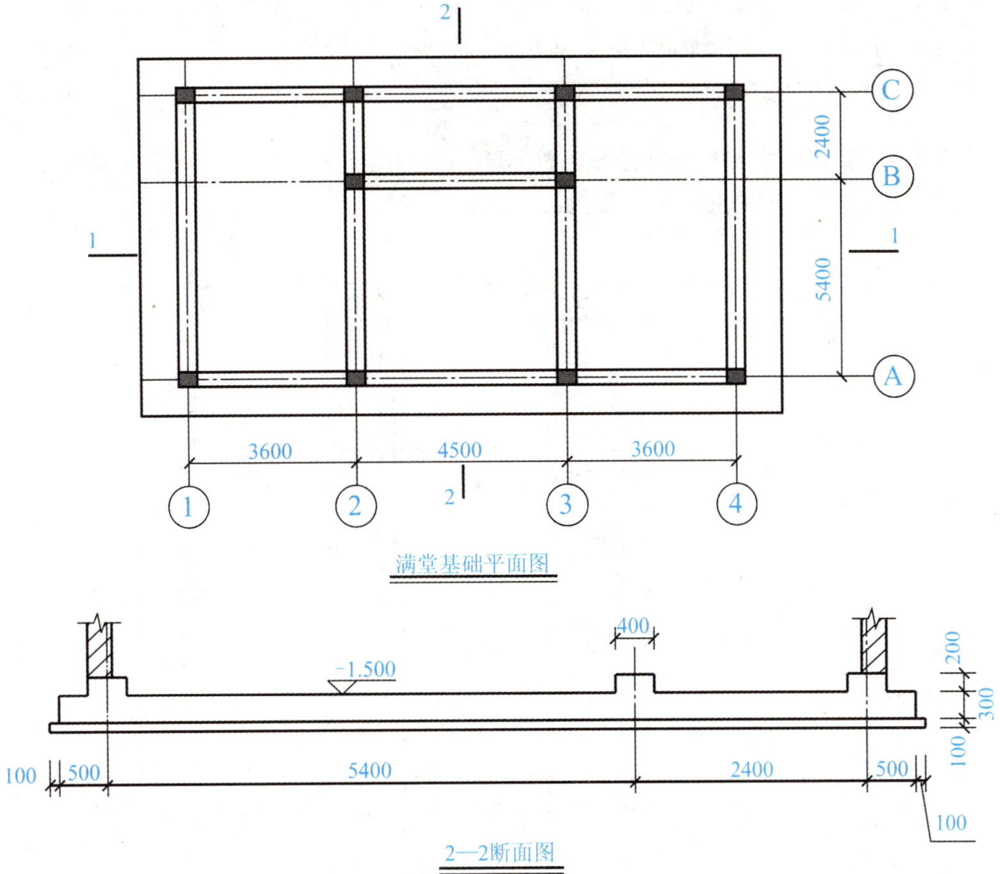

图 3-4-25　满堂基础平面图、断面图

【解】满堂基础工程量为底板和反梁的体积之和。

(1)计算基础垫层工程量。

基础垫层工程量：(3.6×2+4.5+0.5×2+0.1×2)×(5.4+2.4+0.5×2+0.1×2)×0.1=11.61 m^3。

(2)计算满堂基础工程量。

底板：(3.6×2+4.5+0.5×2)×(5.4+2.4+0.5×2)×0.3=33.528 m^3。

反梁：0.4×0.2×[(3.6×2+4.5+5.4+2.4)×2+(7.8×2−0.4+4.5−0.4)]=4.664 m^3。

满堂基础工程量：33.528+4.664=38.19 m^3。

(3)基坑原土打底夯(工作面从基础边留 300 mm)=(3.6×2+4.5+0.6×2+0.3×2)×(7.8+0.6×2+0.3×2)=129.6 m^2。

计算结果见表 3-4-5。

表 3-4-5　定额项目表

序号	定额编号	定额名称	计量单位	工程量
1	1-80	原土夯实	m^2	129.6
2	4-52-1	现浇混凝土垫层　C10	m^3	11.61
3	4-62-3	现浇满堂基础　混凝土 C30	m^3	38.19

【例 3.4.5】某混凝土人工成孔灌注桩 ZHB-14 如图 3-4-26 中 2-2 所示，混凝土 C20，现场拌制，计算圆井桩的混凝土工程量。

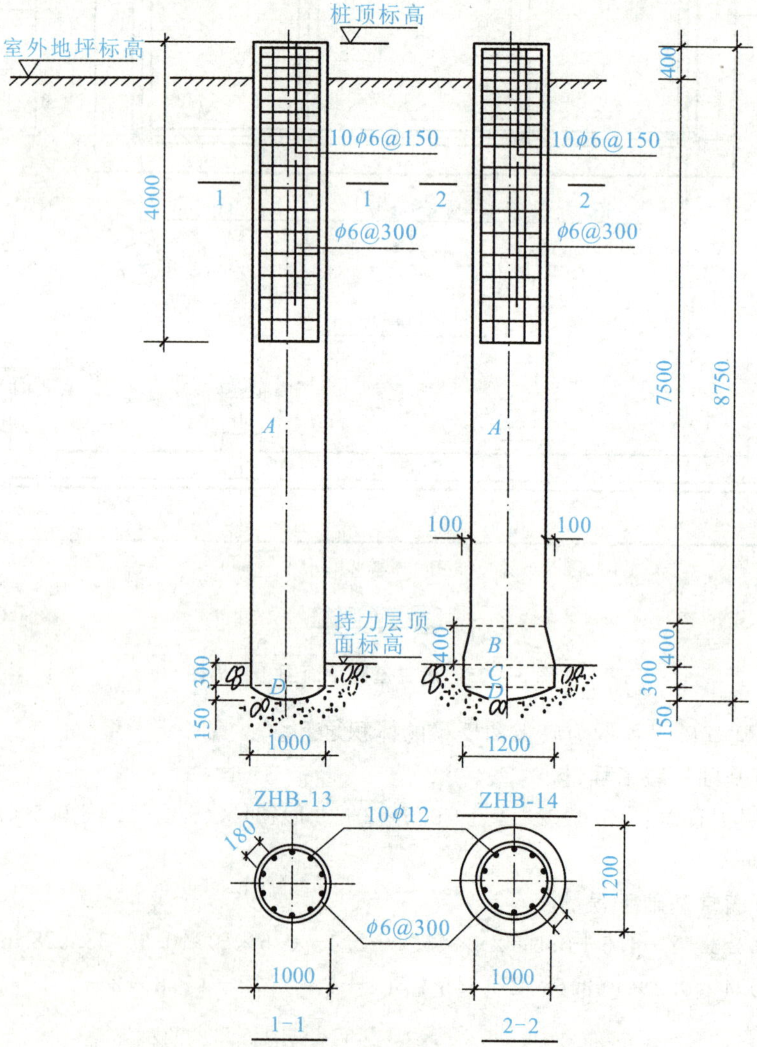

图 3-4-26　圆井桩剖面图

【解】该井桩由小圆柱体 V_1，圆台 V_2，大圆柱体 V_3 和球缺体 V_4 组成。

$V_1=\pi\times0.5^2\times7.9=6.202\ m^3$。

$V_2=1/3\times\pi\times0.4\times(0.6^2+0.5^2+0.6\times0.5)=0.381\ m^3$。

$V_3=\pi\times0.6^2\times0.3=0.339\ m^3$。

$V_4=1/6\times\pi\times0.15\times(3\times0.6^2+0.15^2)=0.087\ m^3$。

圆井桩混凝土工程量 $V=6.202+0.381+0.339+0.087=7.01\ m^3$。

计算结果见表 3-4-6。

表 3-4-6　定额项目表

序号	定额编号	定额名称	计量单位	工程量
1	4-55-2	现浇井桩　混凝土 C20	m^3	7.01

复习思考题

一、填空题

1. 外墙基础按____________计算；内墙基础按____________净长度计算。

2. 房屋基础与墙(柱)身采用同一种材料时，以____________为分界线；有地下室者，以____________为界。

3. 按基础材料不同可将基础分为________、________、毛石混凝土基础和________等。

4. 箱式满堂基础应分别按无梁式满堂基础、________、________、________及________计算工程量。

5. 砖、石基础工程量以________计算。________________________以及嵌入基础的钢筋、铁件、管道、基础防潮层及单个面积在________以内孔洞所占体积不扣除，____________________也不增加。

6. 混凝土基础现浇混凝土构件按设计图示尺寸以立方米计算，不扣除________所占体积。

二、单选题

1. 下列关于砖基础工程量计算中基础与墙身的划分，正确的是(　　)。

A. 以设计室内地坪为界(包括有地下室建筑)

B. 基础与墙身使用材料不同时，以材料接合面为界

C. 基础与墙身使用材料不同时，以材料接合面另加 300 mm 为界

D. 围墙基础应以设计室外地坪为界

2. 计算砖围墙的砖基础工程量时，其基础与墙身的界限划分应为(　　)。

A. 以室外地坪为界　　B. 以不同材料界面为界

C. 以围墙内地坪为界　　D. 以室内地坪以上 300 mm 为界

3. 砖基础工程量计算中，房屋基础与墙(柱)身采用同一种材料时，以(　　)，以下为基础，以上为墙(柱)身。

A. 设计室外地坪为分界线(有地下室者，以地下室室内地坪为界)

B. 设计室外地坪为分界线(有地下室者，以地上室内地坪为界)

C. 设计室内地坪为分界线(有地下室者，以地下室室内地坪为界)

D. 基础顶面为分界线

4. 砖基础工程量计算中，房屋基础与墙(柱)身采用不同材料时，按(　　)计算。

A. 不同材料的接合面和设计室内地坪的高差在±0.3 m以内时，以不同材料为分界线

B. 超过±0.3 m时，以设计室外地坪为分界线。

C. 不同材料的接合面和设计室内地坪的高差在±0.3 m以内时，以室内地面为分界线

D. 不同材料的接合面和设计室内地坪的高差在±0.3 m以内时，以室外地坪为分界线

5. 砖、石基础工程量按设计图示尺寸以立方米计算，应增加的项目是(　　)。

A. 基础大放脚T形接头处的重叠部分　B. 靠墙暖气沟的挑砖

C. 单个面积在0.3 m^2以内的孔洞　D. 附墙柱基础宽出部分的体积

6. 基础与墙体使用不同材料时，砖基础工程量计算规则规定以不同材料为界分别计算基础和墙体工程量，范围是(　　)。

A. 室内地坪±300 mm以内　B. 室内地坪±300 mm以外

C. 室外地坪±300 mm以内　D. 室外地坪±300 mm以外

7. 无梁式满堂基础混凝土工程量等于基础底板体积与(　　)之和。

A. 基础上的反梁　B. 柱墩体积

C. 垫层　D. 室外地坪以下的柱

8. 有梁式满堂基础混凝土工程量等于基础底板体积与(　　)之和。

A. 基础上的反梁　B. 柱墩体积

C. 垫层　D. 室外地坪以下的柱

三、多选题

1. 砖基础工程量按体积以立方米计算，以下(　　)所占体积不予扣除。

A. 基础大放脚T形接头处的重叠部分　B. 靠墙暖气沟的挑砖

C. 单个面积在0.3 m^2以内的孔洞　D. 嵌入基础的地圈梁

E. 嵌入基础的钢筋、铁件、管道、基础防潮层

2. 砖基础砌筑工程量按设计图示尺寸以体积计算，但应扣除(　　)。

A. 地圈梁所占体积

B. 嵌入基础内的构造柱所占体积

C. 嵌入基础内的管道所占体积

D. 基础防潮层所占体积

E. 嵌入基础的钢筋

3. 现浇混凝土基础均按设计图示尺寸以立方米计算，不扣除(　　)所占体积。

A. 单个面积300 mm×300 mm以内的孔洞

B. 吊装孔　　C. 钢筋　　D. 铁件　　E. 预留孔道

4. 箱式满堂基础应分别按无梁式满堂基础、(　　)计算工程量。

A. 柱　　B. 墙　　C. 梁　　D. 板　　E. 楼梯

5. 混凝土框架式设备基础应分别按基础、(　　)计算工程量。

A. 柱　　B. 墙　　C. 梁　　D. 板　　E. 楼梯

6. 砖基础定额适用于(　　)。

A. 砖基础　　B. 柱基础　　C. 烟囱基础　　D. 水塔基础

E. 混凝土基础

四、简答题

1. 基础的分类有哪些?

2. 简述砖基础与墙身(柱身、筒身)的划分。

3. 砖、石基础工程量计算规则是什么?

4. 混凝土条形基础的工程量如何计算?

五、综合训练

1. 某接待室，其基础平面图、剖面图如图 3-4-27 所示。基础为 C25 钢筋砼条形基础，现场自拌混凝土，C10 素砼垫层，±0.00 m 以下墙身采用砼标准砖砌筑，设计室外地坪为−0.150 m。试计算砼垫层以及砼基础的工程量。

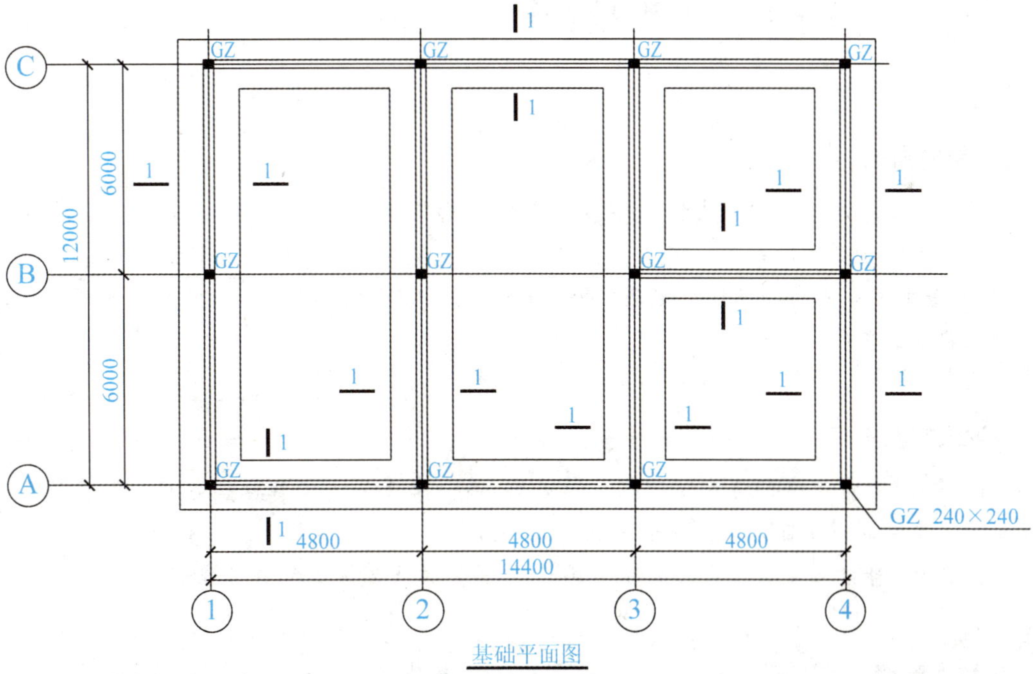

图 3-4-27　基础平面、剖面图

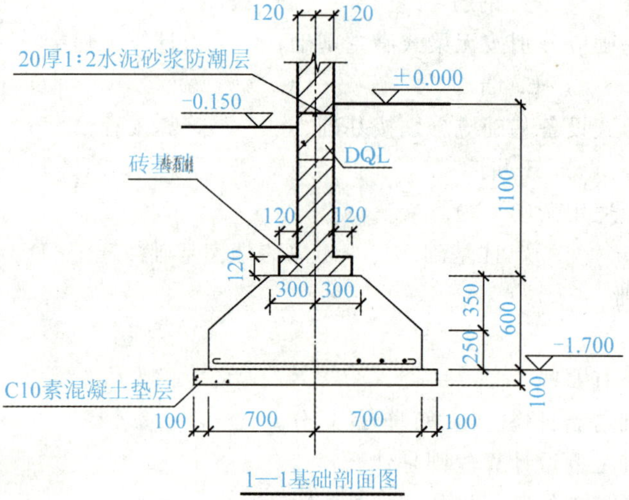

图 3-4-27　基础平面、剖面图(续)

2. 某混凝土人工成孔灌注桩 ZHB-13 如图 3-4-26 中 1-1 所示，混凝土 C15，现场拌制，计算圆井桩的混凝土工程量。

3.5 土石方工程工程量计算

学习目的

通过对土石方工程相关内容的学习，学生体验完成具体工作任务必须依据的规范和原则，感受任务实施对知识、能力、素质的需求，理解完成本项任务的流程，最终能根据《甘肃省建筑与装饰工程预算定额》第一章土石方工程的工程量计算规则，列项并计算有关土石方工程的工程量。

知识目标

1. 掌握《甘肃省建筑与装饰工程预算定额》第一章土石方工程包含内容，定额项目划分方法，常用定额项目名称、计量单位、工作内容。

2. 掌握《甘肃省建筑与装饰工程预算定额》第一章土石方工程的工程量计算规则。

重点难点

1. 根据施工图纸，列项并计算人工土石方中平整场地、挖土、填土、运土的工程量。

2. 根据施工图纸，列项并计算机械土石方中平整场地、挖土、填土、运土的工程量。

3.5.1　土石方工程知识背景

1. 土石方工程的工作内容

土石方分部的工作内容主要涉及土石方的挖掘、运输、爆破、场地平整、回填土、降水等。有人工土石方和机械土石方。

平整场地土方工程量大，施工条件比较复杂。土石方工程可采用人工或机械施工，对于土方工程用人工作业来完成，不仅劳动繁重，而且生产效率很低，工期较长，为了减轻繁重的体力劳动，提高生产效率，加快工程进度，缩短施工工期，应尽可能采取机械的施工方法。对于小型土石方工程，或受施工条件限制不宜机械作业的土石方工程，一般用人工作业来完成。

土方工程施工前，必须确定场地的设计标高，计算挖方和填方工程量，确定挖方和填方的均衡调配，选择土石方机械，拟定施工方案，确定放坡坡度、回填及运输等问题。

(1)平整场地

平整场地是指在开工前为了便于房屋的定位放线，对施工场地厚度在±300 mm 以内的就地挖、填、找平，它与一般所指开工前的三通一平中的“平”不是一回事。

(2)挖土

挖土方及挖地槽、地沟、地坑定额项目的工作内容，均包括挖土、抛土或装土及修整保持地槽、地沟两侧。地坑四侧 1 m 内不得有弃土。挖土包括自然堆坡时的土方运输。

(3)回填土

回填土包括基础回填土和室内(房心)回填土。

(4)运土

运土包括余土外运和取土。

2. 计算土石方工程量前应确定的资料

①土壤及岩石的类别划分。

在《甘肃省建筑与装饰工程预算定额》第一章土石方工程的工程量计算规则及说明中，列出土壤及岩石的分类表：分为一、二类土，三类土，四类土，极软岩，软质岩，硬质岩。

②地下水情况。

地下水情况以现场勘测资料为准。没有现场的水文地质资料，则应以本地区地下常水位为界，地下常水位以上为干土，地下常水位以下为湿土。土壤含水率均以天然湿度为准，若挖土时含水率达到或超过 25%，应将定额项目人工用量乘系数 1.15 进行换算。

③挖运土和排水的施工方法。

运土有人工和机械两种方式，要考虑运距。排水也有抽水机降水和管井降水等方法，在措施费中考虑。

④土方放坡、支挡土板。

土方放坡或支挡土板都能有效地防止挖方过程中土方的垮塌。定额规定，放坡或支挡土板工程量不得重复计算。因此，施工中应选择合适的施工方法，按施工方案规定计算。

设计无规定时，采用放坡，则确定放坡起点高度及放坡系数。根据土壤类别，在挖地槽或地坑时，在一定深度内，立壁可以不放坡，但挖土超过一定深度(此深度称为放坡起点)，为避免土方的垮塌，则应放坡。放坡的起点高度及放坡系数如表3-5-1所示。

表3-5-1 地槽、地坑放坡系数及起点深度

土壤类别	坡度比例(高：宽)								放坡起点深度/m
	人工挖土		机械挖土						
			在坑内作业		在坑上作业		顺沟槽在坑上作业		
	高：宽	K	高：宽	K	高：宽	K	高：宽	K	
一、二类	1：0.50	0.50	1：0.33	0.33	1：0.75	0.75	1：0.5	0.50	1.20
三类	1：0.33	0.33	1：0.25	0.25	1：0.67	0.67	1：0.33	0.33	1.50
四类	1：0.25	0.25	1：0.10	0.10	1：0.33	0.33	1：0.25	0.25	2.00

若支挡土板，按地槽增加工作面后底宽一边加10 cm计算。凡支挡土板的地槽、地坑土方工程，不得再计算放坡的工程量。

⑤挖土底部为斜坡形时，其挖土深度按平均深度计算。

⑥计算放坡挖土工程量时，在交接处所产生的重复工程量可不予扣除。在同一槽(沟)内，如遇土壤类别不同时，应根据地质勘测资料分别计算，其放坡系数可按各类土壤放坡系数与各类土壤占其全部深度的百分比加权计算。

⑦挖土工程量，均按挖掘前的天然密实体积以立方米计算。

3.5.2 定额项目划分

本节主要包含《甘肃省建筑与装饰工程预算定额》第一章土石方工程的内容，在列项时主要考虑以下因素。

施工方法：人工土石方和机械土石方。

项目内容：平整场地，挖土(挖土方、挖地槽、挖地坑、挖桩孔、挖淤泥流沙)，填土，运土等。

人工挖土考虑土壤分类：一二类土，三类土，四类土三个类别。

人工挖地槽、人工挖地沟、人工挖地坑、人工挖土方考虑挖土深度：分为1.5 m内、3 m内、4.5 m内、每增0.5 m四个档次。

例如，1-1 人工挖土方 一二类土 深度1.5 m内；1-19 人工挖地槽地沟 三类土 深度4.5 m内；1-84 平整场地。

人工挖桩孔的定额项目深度分6 m以内，8 m以内，10 m以内，12 m以内，15 m以内，20 m以内，25 m以内。例如，1-41 人工挖桩孔 一二类土 深度 20 m以内。

填土包括松填土和夯填土，如1-78松填土，1-79夯填土。

运土按运距列项，如 1-85 土方运输　运输距离 200 m 以内 50 m，1-86 土方运输　运输距离 200 m 以内每增 50 m。

3.5.3　定额项目的适用范围

平整场地的定额项目适用于挖填厚度在 30 cm 以内的场地平整。

挖地槽、地沟的定额项目适用于地槽、地沟底宽在 7 m 以内，且地槽、地沟长度大于地槽、地沟底宽 3 倍的挖土。

挖地坑的定额项目适用于地坑底面积在 150 m^2 以内的挖土。

挖土方的定额项目适用于平整场地厚度在 0.30 m 以上，地槽、地沟底宽度在 7 m 以上及地坑底面积在 150 m^2 以上的挖土。

挖桩孔的定额项目适用于人工开挖灌注混凝土井桩基础的挖土，考虑到井桩基础挖孔施工的安全和质量要求，定额中将挖孔深度限定在 25 m 以内，超过 25 m 将不能采用人工成孔的方式。

3.5.4　人工土石方工程工程量计算规则

1. 平整场地

平整场地是指厚度在±30 cm 以内人工就地挖、填、找平，便于进行施工放线，如图 3-5-1(a)所示。其工程量按建筑物外墙外边线每边各加 2 m，以平方米计算。如图 3-5-1(b)所示，平整场地工程量计算公式可表示为：

平整场地工程量$=(a+4)\times(b+4)=S_{底}+2\ \text{m}\times L_{外}+16\ \text{m}^2$。(适用于矩形建筑)

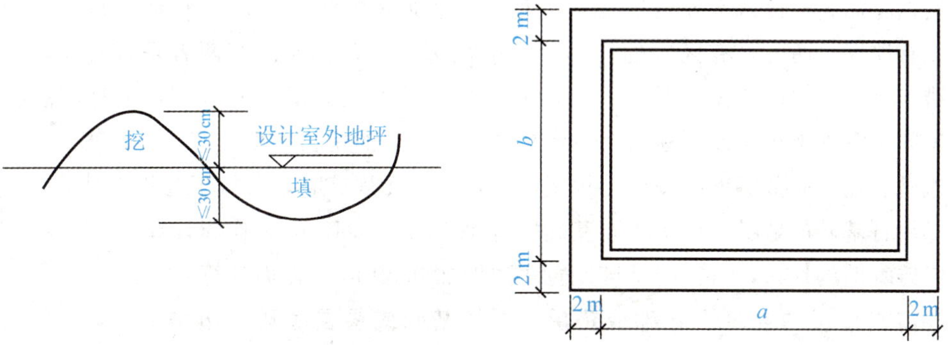

(a)　　(b)

图 3-5-1　平整场地示意图

当挖(填)土方厚度大于 30 cm 时，按挖(填)土方计算工程量。

需要指出的是，上述平整场地计算式仅适合于由矩形组成建筑物平面的建筑物，当出现其他形状或为环形房屋时，应按工程量计算规则计算平整场地工程量。

2. 挖地槽、地沟

地槽指带形基础下地槽，地沟主要指管道沟，如图 3-5-2 所示。

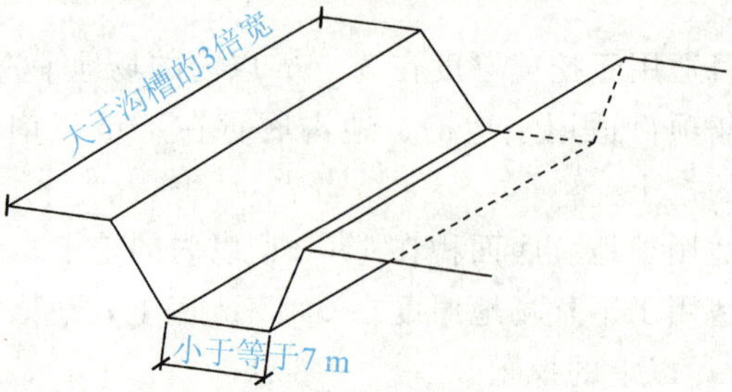

图 3-5-2　挖沟槽示意图

挖地槽、地沟的长度应按下列规定计算。

①外墙的地槽按地槽中心线长度计算(即 $L_{中}$)，内墙的地槽按地槽底部净长度计算，地槽边突出部分的体积应并入地槽内计算。

②主地沟按中心线长度计算，支地沟按净长度计算。地沟中各种井类及管道(不含铸铁管)接口等处需加宽增加的土方量，除底面积大于 20 m² 的井类挖土可将增加工程量并入管沟内计算外，其他均不应增加计算。

③地沟中铺设铸铁管时，其管道接口处增加的挖土工程量，应按铸铁管道沟槽全部土方工程量增加 2.5%计算。

挖土一律以设计室外地坪标高为准计算。要注意的是，设计室外地坪标高不一定等于自然地坪标高。设计室外地坪是指工程竣工后形成的地坪，而自然地坪是指工程开工前的原有地坪，两者是有区别的。在计算槽坑深度时要先弄清楚两者是否合一，以免出现差错。有的工程两者是一致的，有的则不然。若不注意两者的区别，很有可能将自然地坪等同于室外地坪。设计标高与自然标高差所发生的挖土或填土应另行计算。

地槽、地沟底部宽度应按设计规定计算，设计无规定时，可按下列规定计算。

①块石基础的地槽，可按块石基础底宽每边增加 0.15 m 工作面计算。

②砖基础的地槽，可按砖基础底宽每边增加 0.20 m 工作面计算。

③需支模板的混凝土基础或垫层，可按基础或垫层底宽每边增加 0.30 m 工作面计算。

④基础需用卷材或防水砂浆做垂直防水或防潮层时，可将基础有防水层或防潮层的一侧增加 1.00 m 工作面计算。

⑤管沟的宽度可按表 3-5-2 计算。

表 3-5-2　管沟挖土宽度表

管径/mm	混凝土及钢筋混凝土管	其他材质管
	管沟底宽度/m	
50～75	0.80	0.60
100～200	0.90	0.70
250～350	1.00	0.80
400～450	1.30	1.00
500～600	1.50	1.30
700～800	1.80	1.60
900～1000	2.00	1.80
1100～1200	2.30	2.00
1300～1400	2.60	2.20

挖沟槽、基坑因支挡土板增加工作面，其挖土工程量按地槽、地沟、地坑增加工作面以后底宽，单面加 0.10 m，双面加 0.20 m 计算，对支挡土板的土方工程，不再计算放坡的工程量。

挡土板的工程量按实际接触面积以平方米计算。

地槽、地沟挖土工程量计算公式如下。

①不放坡和不支挡土板、不留工作面的地槽、地沟。

$$V=b\times H\times L。$$

式中　b——地槽、地沟底宽；

H——挖土深度，即设计室外地坪到槽(沟)底的深度；

L——地槽、地沟长。

②不放坡和不支挡土板、留工作面的地槽、地沟，如图 3-5-3 所示。

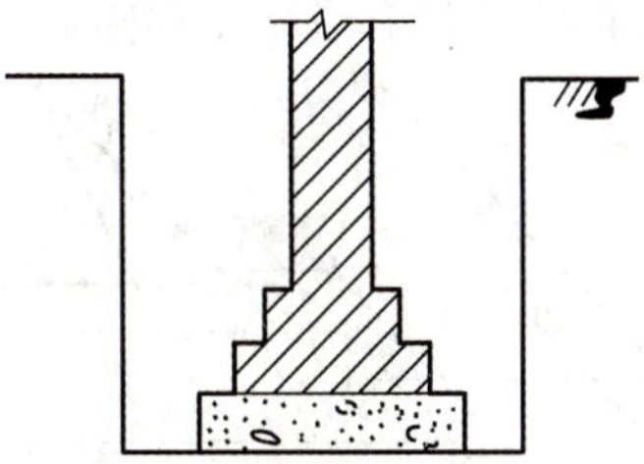

图 3-5-3　不放坡和不支挡土板、留工作面的地槽、地沟

$$V=(b+2c)\times H\times L。$$

式中　c——工作面宽度。

③不放坡、双面支挡土板、留工作面的地槽、地沟，如图 3-5-4 所示。

$$V=(b+2c+0.1\times 2)\times H\times L。$$

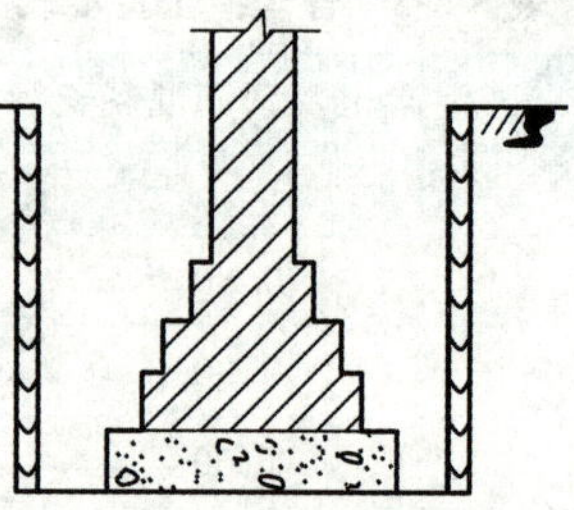

图 3-5-4　支挡土板地槽示意图

④单面放坡、单面支挡土板、留工作面的地槽、地沟。

$$V=(b+2c+0.1+1/2\times k\times H)\times H\times L。$$

式中　k——放坡系数，指放坡宽度 b 与挖土深度 H 的比值。

⑤双面放坡、不支挡土板、留工作面的地槽、地沟，如图 3-5-5、图 3-5-6 所示。

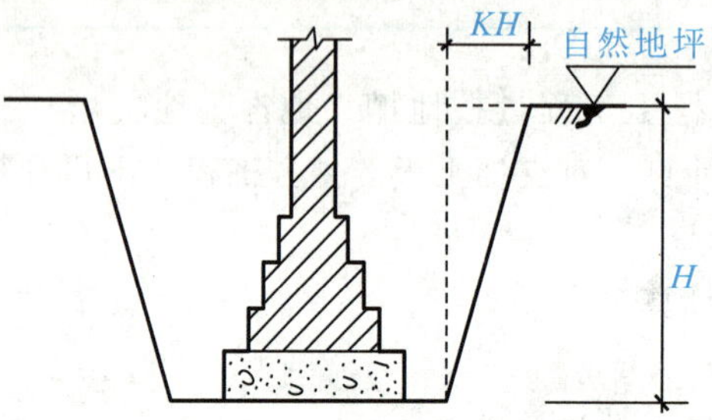

图 3-5-5　垫层下表面放坡地槽断面

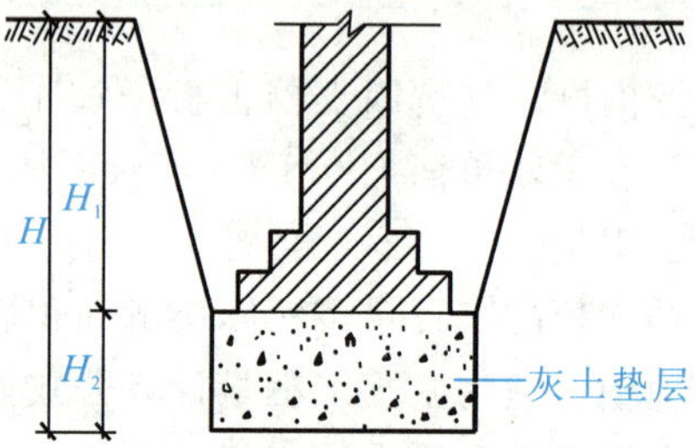

图 3-5-6　垫层上表面放坡地槽断面

由垫层下表面放坡，如图 3-5-5。

$$V=(b+2c+k\times H)\times H\times L。$$

由垫层上表面放坡，如图 3-5-6。

$$V=(b+k\times H_1)\times H_1+b\times H_2\times L。$$

在计算放坡时，交接处产生的重复计算量不予扣除，如图 3-5-7 所示。

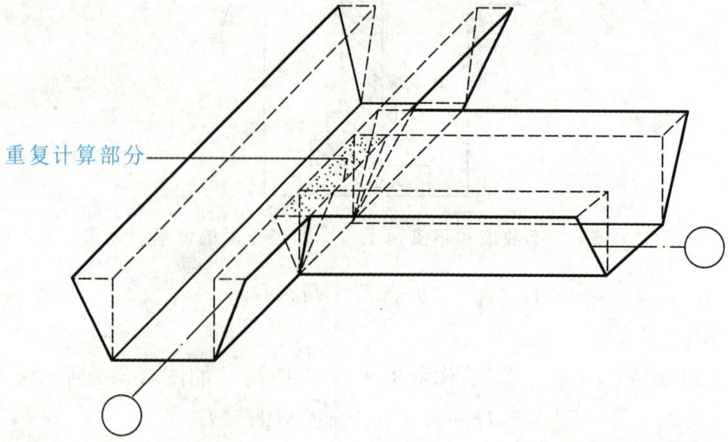

图 3-5-7　两槽相交重复计算部分示意图

地槽长度可用墙长扣除不同槽底宽的 T 形接头处长度之和的办法来计算，其计算公式为：

$$槽长\ L=L_{中}+L_{内}-n\times(槽底宽-墙厚)/2。$$

式中　n——T 形接头个数。

3. 挖地坑

凡图示基坑底面积在 150 m^2 以内的，按挖地坑计算。按挖地坑的空间形式，又分为矩形地坑和圆形地坑。

(1)矩形地坑

①矩形不放坡地坑，其空间形式为一立(长)方体，计算公式为：

$$V=a\times b\times H。$$

式中　a、b——分别表示坑底长、宽(不含工作面)(m)；

H——地坑深度(m)。

②矩形放坡地坑，其空间形式为一倒棱台，如图 3-5-8，计算公式为：

$$V=(a+2c+k\times h)\times(b+2c+k\times h)\times h+1/3\times k^2\times h^3。$$

式中　a、b——分别表示坑底长、宽(不含工作面)(m)；

k——放坡系数；

h——地坑深度(m)。

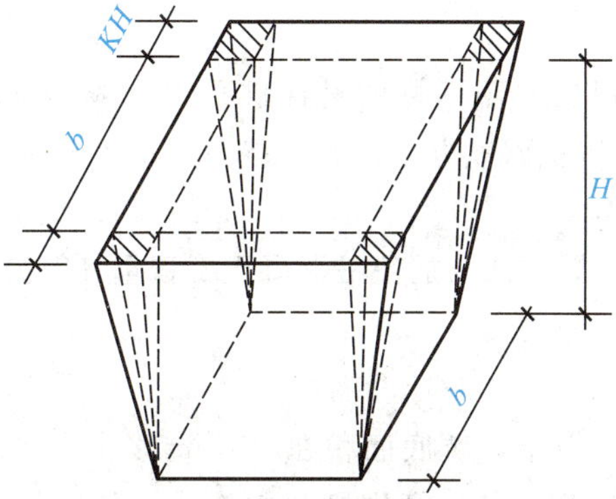

图 3-5-8　矩形放坡地坑计算示意图

或

$$V=H/6\times[AB+ab+(A+a)\times(B+b)]。$$

式中　a——基坑底长度(基础底长加两个工作面)；

b——基坑底宽度(基础底宽加两个工作面)；

H——放坡深度；

A——四棱台上口长$(a+2kh)$；

B——四棱台上口宽$(b+2kh)$。

(2)圆形地坑

①圆形不放坡地坑，其空间形式为一圆柱体，计算公式为：

$$V=\pi\times r^{2}\times H。$$

式中　r——坑底半径(含工作面)(m)；

H——地坑深度(m)。

②圆形放坡地坑，其空间形式为一倒圆台，如图 3-5-9，计算公式为：

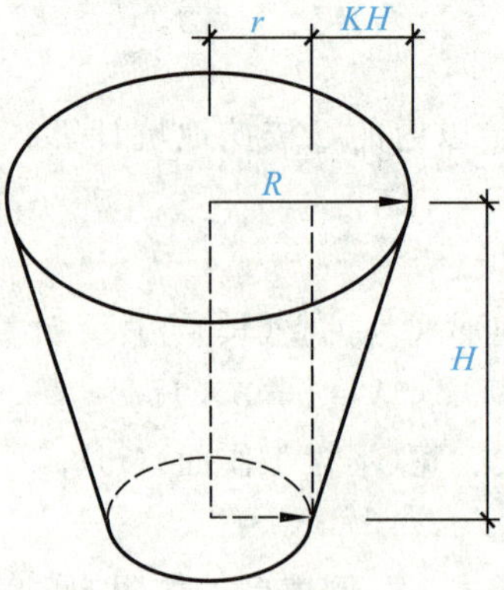

图 3-5-9　圆形放坡地坑计算示图

$$V=1/3\times\pi\times H\times(R^{2}+r^{2}+Rr)。$$

式中　R——坑口半径(m)，$R=r+KH$。

4. 人工挖桩孔

人工挖桩孔的土方工程量按图示桩的设计桩孔中心线深度(含扩大头进入持力层部分)分段乘不同断面积后的体积以立方米计算。持力层扩大头部分的四类土已综合在定额项目中，不得另行计算。

人工挖桩孔工程量的计算方法与灌注桩混凝土工程量计算方法一致，具体见 3.4 节。

5. 挖土方

凡图示沟槽底宽在 7 m 以上，坑底面积在 150 m^2 以上，平整场地土方厚度在 30 cm 以外的挖土，均按挖土方计算。其计算规则与挖沟槽、基坑相同，计算式与挖基坑公式相同。

6. 原土夯实

原土夯实、碾压，按设计图示尺寸以平方米计算。

原土夯实工程量=基坑、基槽底面积。

7. 回填土

回填土是指基础、垫层等隐蔽工程完工后，取土回填的施工过程。其计算包括基础回填土和房心回填土。其工程量按体积以立方米计算。

(1)基础回填土

基础回填土是指基础施工完成后，室外地坪以下的回填，采用夯填土，如图 3-5-10 所示。

基础回填土工程量＝挖土体积－自然地坪标高以下的埋设物(包括基础垫层、基础等)体积。

(2)房心回填土

房心回填土是指室外地坪以上至室内地面垫层之间的回填，也称室内回填土，采用夯填的回填方式，如图 3-5-10 所示。

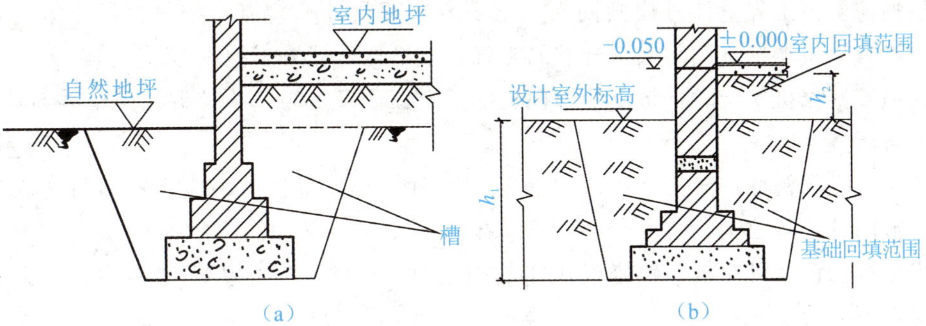

图 3-5-10　回填土示意图

房心回填土工程量＝主墙之间的净面积×回填土厚度

＝(底层建筑面积－主墙所占面积)×回填土厚度

＝($S_{底}$－$L_{中}$×外墙厚度－$L_{内}$×内墙厚度)×回填土厚度。

式中回填土厚度指设计室外地坪至室内地面垫层间的距离。

主墙指墙厚大于 120 mm 的墙体。“主墙之间的净面积”强调的是当墙厚小于 120 mm 时，其所占的面积不扣除。

若设计有地下室，沟槽、基坑回填土应在减去室外地坪以下的基础、垫层后，再减去室外地坪以下地下室所占体积，而此时则没有房心回填土了。

8. 运土

运土包括余土外运和土方回运(取土)。余土外运指单位工程总挖方量大于总填方量时的多余土运至堆土场；土方回运(取土)指单位工程总填方量大于总挖方量时，不足土方从堆土场取回运至填土地点。运土工程量按天然密实体积以立方米计算。

土方运输体积＝挖土体积－(回填土体积×1.2)，计算结果是正值时为余土外运，计算结果是负值时为土方回运(取土)。

3.5.5　机械土方工程量计算

1. 平整场地

机械平整场地工程量按平整面积以平方米计算。

2. 机械挖土方

(1)机械土石方内容

机械土石方主要内容包括：推土机推土、挖掘机挖土、挖掘机挖土自卸汽车运土、铲运机铲运土方、装载机装土自卸汽车运土、装载机装运土方、地基强夯、机械打眼开挖石方、挖掘机挖渣自卸汽车运渣等项目。

(2)机械挖土方计算规则

机械挖土方工程量计算规则同人工土石方工程量计算规则，挖掘机挖土方的定额项目内已综合了机械挖不到需人工开挖的工日数，不再计算人工挖土方。

用抓铲挖掘机挖土时，将反铲挖掘机挖土定额项目内的单斗挖掘机用量乘系数 1.35，其他不再调整。

单位工程的机械挖土方，工程量小于 2000 m^3 时，将各自相应定额项目的人工、材料、机械用量乘系数 1.05。

推土机、铲运机在推、铲未经压实的积土时，应将一、二类土定额项目内人工、机械、材料用量乘系数 0.87。

挖掘机和强夯机在垫板(或垫木)上进行工作时，应分别将定额项目内的挖掘机和强夯机用量乘系数 1.25，其铺设垫板(或垫木)所用材料、人工另行计算。

(3)地基强夯

地基强夯(包括低锤平拍)按设计图示的强夯有效面积、不同的夯击能和每点夯击数以平方米计算。需要分遍强夯时，按不同的夯击能和每点夯击数分遍计算。

定额内未包括打试夯，发生时应按实计算。

地基强夯面积小于 600 m^2 时，将各自相应定额项目的人工、材料、机械用量乘系数 1.05。

(4)机械运土

①土石方运输的运距，应按下列规定计算。

装载机、推土机推土运距：按挖方区重心至回填区(或堆放地点)重心之间的直线距离计算。

铲运机运土运距：按挖方区重心至卸土区重心加转向距离 45 m 计算。

自卸汽车运土、石运距：按挖方区重心至填土区(或堆放地点)重心的最短距离计算。

②推土机推土和铲运机铲运土方，当上坡坡度大于 5%时，其运距按斜坡长度乘表 3-5-3 系数计算。

表 3-5-3 推土机坡度系数表

坡度	5%～10%	15%以内	20%以内	25%以内
系数	1.75	2.00	2.25	2.50

3.5.6　石方工程工程量计算

1. 人工、机械打眼开挖石方

石方一般开挖及平整，按设计图示尺寸以米计算。

石方沟槽或地坑开挖，按设计图示尺寸另加允许超挖量以立方米计算。允许超挖厚度：较软岩按 0.20 m 计算，较硬岩按 0.18 m 计算，坚硬岩按 0.15 m 计算。计算公式如下：

开挖岩石工程量＝岩石长度×(岩石宽度＋允许超挖量)×(岩石深度十允许超挖量)。

定额中的爆破材料是按炮孔中无地下渗水、积水确定的，炮孔中若出现地下渗水、积水时，处理渗水、积水的费用另行计算。爆破需覆盖安全网、草袋及架设安全屏障等设施时，其费用另行计算。

2. 石方运输

石方运输工程量的计算方法与土方运输相同。

3.5.7　典型案例分析

【例 3.5.1】已知某建筑物一层建筑平面图如图 3-5-11 所示，试计算该建筑物平整场地的工程量。(轴线居中)

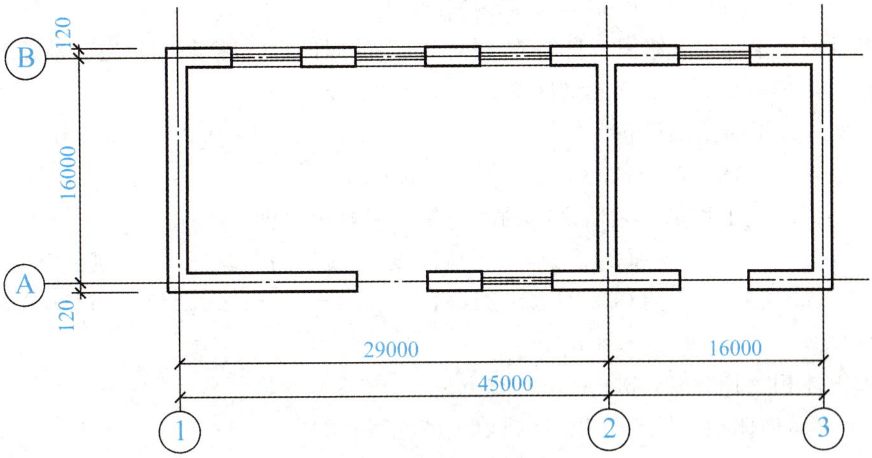

图 3-5-11　某建筑平面图

【解】平整场地的工程量＝(45.24＋4)×(16.24＋4)＝996.62 m^2。

计算结果见表 3-5-4。

表 3-5-4　定额项目表

序号	定额编号	定额名称	计量单位	工程量
1	1-84	平整场地	m^2	996.62

【例 3.5.2】某单位传达室基础平面图和剖面图见图 3-4-20 所示。根据地质勘探报告，土壤类别为三类土，无地下水。该工程设计室外地坪标高为－0.3 m，室内地坪标高为±0.00 m，M7.5 水泥砂浆砌标准砖基础，C15 混凝土垫层，混凝土采用现场拌制。本工程地面面层、找平层、灰土垫层厚度约 200 mm，土方运输采用人工装土自卸汽车运土，运距 10 km，列项并计算土方工程相关工程量。

【解】列项：根据定额中项目的划分情况，本例应列项目为平整场地、人工挖地槽、回填土、运土。

工程量计算如下。

(1)平整场地＝(6×2＋0.12×2＋4)×(8＋0.12×2＋4)＝198.78 m^2。

(2)人工挖地槽：

外槽长 $L_{中}$＝(12＋8)×2＝40 m。

内槽净长 $L_{内净}$＝8－1.8＋6－1.8＝10.4 m。

挖土深度 h＝1.9－0.3＝1.6 m。

三类土放坡起点 1.5 m，本工程挖土深度 1.6 m＞1.5 m，需放坡，放坡系数 K＝0.33，挖土体积 V＝(1.2＋2×0.3＋0.33×1.6)×1.6×(40＋10.4)＝187.73 m^3。

(3)回填土：基础回填土和房心(室内)回填土。

①基础回填土＝挖土体积－自然地坪标高以下的埋设物(包括基础垫层、基础等)体积。

其中：垫层体积为 12.38 m^3(见例 3.4.1 计算结果)。

－0.3 m 以下砖基础体积为 28.58－(40＋13.52)×0.24×0.3＝24.73 m^3。

基础回填土＝187.73－12.38－24.73＝150.62 m^3。

②房心回填土工程量＝主墙之间的净面积×回填土厚度

＝($S_{底}$－$L_{中}$×外墙厚度－$L_{内}$×内墙厚度)×回填土厚度

＝(12.24×8.24－40×0.24－13.52×0.24)×(0.3－0.2)

＝8.8 m^3。

回填土体积＝150.62＋8.8＝159.42 m^3。

(4)土方运输体积＝挖土体积－(回填土体积×1.2)

＝187.73－159.42×1.2

＝－3.57 m^3(取土)。

计算结果见表 3-5-5。

表 3-5-5　定额项目表

序号	定额编号	定额名称	计量单位	工程量
1	1-84	平整场地	m^2	198.78
2	1-18	人工挖地槽、地沟　三类土深度　3 m 以内	m^3	187.73
3	1-79	夯填土	m^3	159.42
4	1-89	土方运输　运输距离　1000 m 以上　1000 m	m^3	3.57
5	1-90×9	土方运输　运输距离　1000 m 以上　每增 1000 m	m^3	3.57

【例 3.5.3】某三类工程其基础平面图、剖面图如图 3-5-12、图 3-5-13 所示，C25 钢筋混凝土独立基础，C15 素混凝土垫层，土壤类别三类土，无地下水，土方运输采用人工装土自卸汽车运土，运距 0.8 km，计算人工挖地坑、基础回填土及运土的工程量。

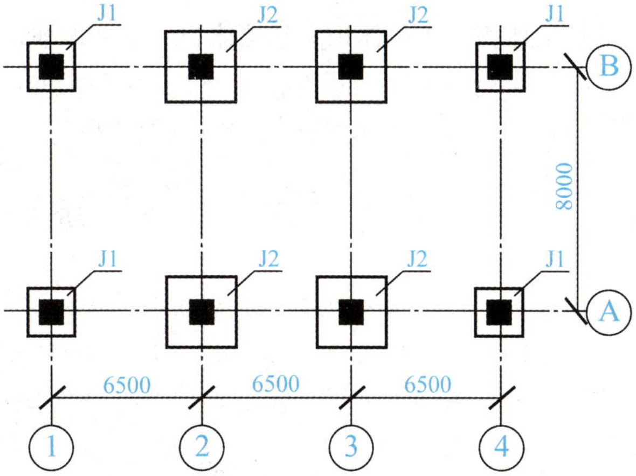

图 3-5-12　独立基础平面布置图

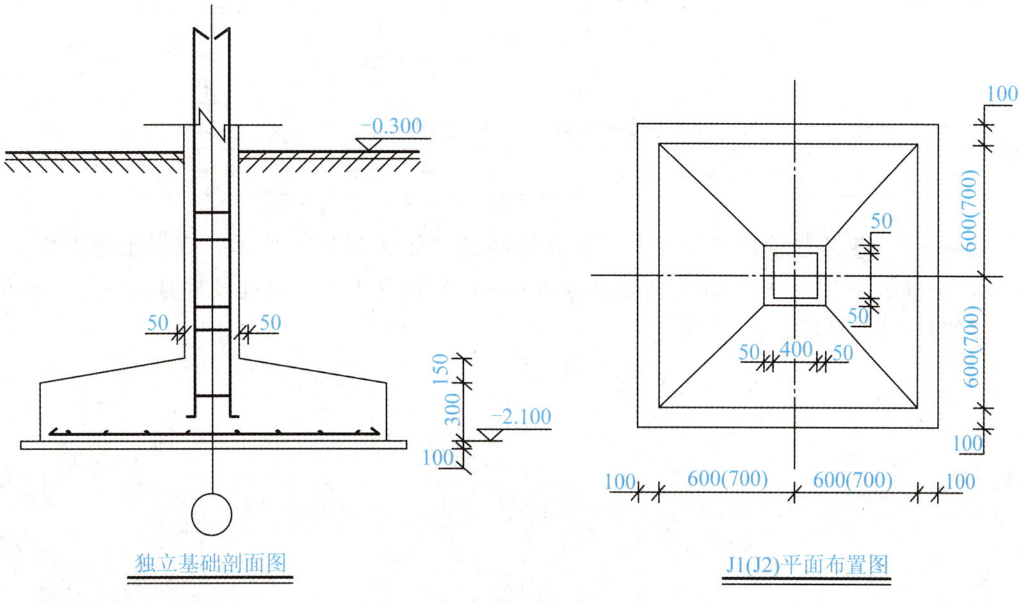

图 3-5-13　独立基础平面、剖面图

【解】(1)人工挖地坑。

挖土深度 $H=2.1+0.1-0.3=1.9$ m，放坡系数 $K=0.33$，工作面 0.3 m。

挖基坑计算公式：$V=(a+2c+k\times h)\times(b+2c+k\times h)\times h+1/3\times k^2\times h^3$。

J1 坑底面积：

$[(0.6\times2+0.1\times2+0.3\times2+0.33\times1.9)\times(0.6\times2+0.1\times2+0.3\times2+0.33\times1.9)\times1.9+1/3\times0.33^2\times1.9^3]\times4=53.44$ m^3。

J2 坑底面积：

$[(0.7\times2+0.1\times2+0.3\times2+0.33\times1.9)\times(0.7\times2+0.1\times2+0.3\times2+0.33\times1.9)\times1.9+1/3\times0.33^2\times1.9^3]\times4=61.74$ m^3。

合计：$53.44+61.74=115.18$ m^3。

(2)基础回填土。

基础回填土体积＝挖土体积－垫层体积－基础体积－室外地坪以下柱的体积。

垫层体积$=1.4\times1.4\times0.1\times4+1.6\times1.6\times0.1\times4=1.808$ m^3。

独立基础 J1 体积$=\{1.2\times1.2\times0.3+0.15/6\times[1.2^2+0.5^2+(1.2+0.5)^2]\}\times4=2.186$ m^3。

独立基础 J2 体积$=\{1.4\times1.4\times0.3+0.15/6\times[1.4^2+0.5^2+(1.4+0.5)^2]\}\times4=2.934$ m^3。

室外地坪以下柱的体积$=0.4\times0.4\times(2.1-0.3-0.15-0.3)\times8=1.728$ m^3。

基础回填土体积$=115.18-1.808-2.186-2.934-1.728=106.52$ m^3。

(3)运土工程量＝挖土体积－回填土体积$=115.18-106.52\times1.2=-12.64$ m^3(取土)。

计算结果见表 3-5-6。

表 3-5-6　定额项目表

序号	定额编号	定额名称	计量单位	工程量
1	1-30	人工挖地坑　三类土　深度　3 m 以内	m^3	115.18
2	1-79	夯填土	m^3	106.52
3	1-87	土方运输　运输距离　1000 m 以内　500 m	m^3	12.64
4	1-88×3	土方运输　运输距离　1000 m 以内　每增 100 m	m^3	12.64

【例 3.5.4】某建筑物基础为人工成孔灌注桩，如图 3-5-14 所示，现场土壤类别为三类土，井桩数量共 10 根，混凝土强度等级 C20，试计算人工挖桩孔及桩身混凝土工程量。

【解】(1)桩身部分：

$$V_1=3.1416\times\left(\frac{1.15}{2}\right)^2\times10.9=11.32\ \text{m}^3。$$

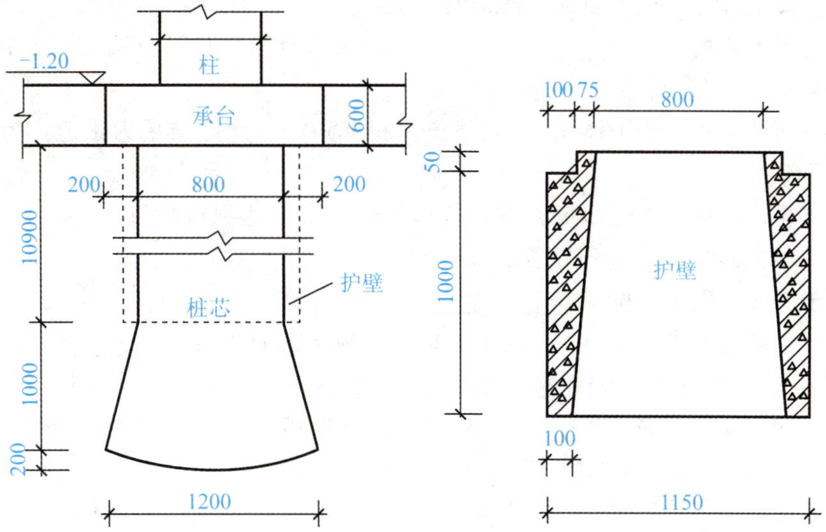

图 3-5-14　井桩立面图

(2)圆台部分：

$$V_2=\frac{1}{3}\times3.1416\times1.0\times\left[\left(\frac{0.8}{2}\right)^2+\left(\frac{1.2}{2}\right)^2+\frac{0.8}{2}\times\frac{1.2}{2}\right]$$

$=1.047\times(0.16+0.36+0.24)$

$=1.047\times0.76$

$=0.8\ m^3$。

(3)球冠部分：

$V_3=1/6\times3.1416\times0.2\times(3\times0.6^2+0.2^2)$

$=0.12\ m^3$。

人工挖桩孔体积$=(11.32+0.8+0.12)\times10=122.4\ m^3$。

桩混凝土工程量等于人工挖桩孔体积。现浇井桩混凝土工程量$=122.4\ m^3$。

计算结果见表 3-5-7。

表 3-5-7　定额项目表

序号	定额编号	定额名称	计量单位	工程量
1	1-46	人工挖桩孔　三类土　深度　15 m 以内	m^3	122.4
2	4-55-2	现浇井桩　混凝土 C20	m^3	122.4

复习思考题

一、填空题

1. 平整场地是指厚度在________的挖、填、找平，以平方米计算。建筑物或构筑物的平整场地工程量应按外墙外边线，每边各加________计算。

2. 土方体积，均以挖掘前的天然密实体积以________计算。

3. 挖土深度应按____________________标高为准计算。设计标高与自然标高差所发生的挖土或填土应另行计算。

4. 土方运输体积＝挖土体积－(回填土体积×1.2)，计算结果为正值，为________，计算结果为负值，为________。

5. 土壤含水率均以天然湿度为准，若挖土时含水率达到或超过________，应将定额项目________乘系数 1.15 进行换算。

6. 原土夯实、碾压，按____________________计算。

7. 凡平整场地厚度在 0.30 m 以上，地槽、地沟底宽度在________及地坑底面积在________的挖土，均按挖土方计算。凡坑底面积在 150 m^2 以内的挖土，按________计算。

8. 凡地槽、地沟底宽在________ m 以内，且地槽、地沟长度大于地槽、地沟底宽________倍的挖土，应按挖地槽、地沟土方计算。

9. 挖土底部为斜坡形时，其挖土深度按____________________计算。

10. 挖沟槽、基坑因支挡土板增加工作面，其挖土工程量按地槽、地沟、地坑增加工作面以后底宽，单面加________，双面加________计算，对支挡土板的土方工程，不再计算放坡的工程量。

二、判断题

1. 已进行过竖向挖土或回填土的工程，还需要计算平整场地的工程量。 (　　)

2. 原土翻夯按相应的挖土项目和夯填土项目分别计算。 (　　)

3. 人工挖砂夹石按相应定额项目的四类土计算。 (　　)

4. 土方体积，均以挖掘前的天然密实体积以立方米计算。 (　　)

5. 混凝土灌注桩的设计深度为 30 m，可以采用人工成孔，也可以采用机械成孔的方式。 (　　)

6. 凡坑底面积在 150 m^2 以内的挖土，按挖地坑计算。 (　　)

7. 土方放坡或支挡土板都能有效地防止挖方过程中土方的垮塌。定额规定，放坡和支挡土板，可以同时采用，工程量重复计算。 (　　)

8. 在挖掘机挖土方时，机械挖不到需人工开挖的部分，需要单独计算人工挖土方。 (　　)

9. 主墙指墙厚大于等于 120 mm 的墙体。 (　　)

10. 挖地槽、地沟的长度，外墙的地槽按 $L_{中}$ 计算，内墙的地槽按 $L_{内}$ 计算，地槽边突出部分的体积应并入地槽内计算。 (　　)

三、单选题

1. 根据《甘肃省建筑与装饰工程预算定额》，平整场地工程量计算规则是(　　)。

A. 按建筑物外围面积乘平均挖土厚度计算

B. 按建筑物外墙外边线每边外放 2 m 以平方米计算

C. 按建筑物首层面积乘平均挖土厚度计算

D. 按设计图示尺寸以建筑物首层建筑面积计算

2. 挖土方的工程量按设计图示尺寸以体积计算，此处的体积是指(　　)。

A. 虚方体积　　B. 夯实后体积

C. 松填体积　　D. 天然密实体积

3. 根据《甘肃省建筑与装饰工程预算定额》计算规则，某建筑物首层平面为矩形，外墙外边线为 20 m×60 m。场地内有部分 150 mm 以内的挖土用 6.5 T 自卸汽车(斗容量 4.5 m^3)运土，弃土共计 20 车，运距 1500 m，则其平整场地的工程量为(　　)m^2。

A. 69.2　　B. 1200　　C. 90　　D. 1536

4. 根据《甘肃省建筑与装饰工程预算定额》计算规则，某建筑物外墙砖基础，混凝土垫层底宽为 850 mm，基槽挖土深度为 1600 mm，设计中心线为 40 m，土质类别为三类土，放坡系数为 0.33。则此外墙基础人工挖沟槽工程量应为(　　)m^3。

A. 126.59　　B. 54.4　　C. 88.2　　D. 113.8

5. 根据《甘肃省建筑与装饰工程预算定额》计算规则，当土方开挖时，槽底长大于 3 倍底宽，且底面积大于 150 m^2，开挖深度 0.8 m 时，应列(　　)项。

A. 挖地沟　　B. 挖地槽　　C. 挖地坑　　D. 挖土方

6. 下列说法错误的有(　　)。

A. 地槽、地沟底宽度在 7 m 以上及地坑底面积在 150 m^2 以上的挖土，均按挖土方计算

B. 凡地槽、地沟底宽在 7 m 以内，且地槽、地沟长度大于地槽、地沟底宽 3 倍的挖土，应按挖地槽、地沟土方计算

C. 凡坑底面积在 150 m^2 以内的挖土，按挖地坑计算

D. 凡地槽、地沟底宽在 3 m 以内，且地槽、地沟长度大于地槽、地沟底宽 3 倍的挖土，应按挖地槽、地沟土方计算

7. 对于工作面说法正确的有(　　)。

A. 块石基础的地槽，可按块石基础底宽每边增加 0.10 m 工作面计算

B. 砖基础的地槽，可按砖基础底宽每边增加 0.15 m 工作面计算

C. 需支模板的混凝土基础，可按基础底宽每边增加 0.30 m 工作面计算

D. 需支模板的混凝土基础或垫层，可按基础或垫层底宽每边增加 0.20 m 工作面计算

8. 人工挖土，四类土的放坡系数和放坡起点深度是(　　)。

A. 1∶0.25，2.00　　B. 0.25，2.00　　C. 1∶0.33，1.5　　D. 0.33，1

9. 砖基础计算挖土工程量时的工作面为(　　)。

A. 0.15 m　　B. 0.3 m　　C. 0.2 m　　D. 0.8 m

10. 三类土的放坡起点深度是(　　)m。

A. 1.2　　B. 1.5　　C. 1.8　　D. 2.0

四、多选题

1. 地槽、地沟的长度应按(　　)规定计算。

A. 外墙的地槽按外墙下地槽中心线长度计算

B. 内墙的地槽按地槽底部净长度计算

C. 主地沟按中心线长度计算，支地沟按净长度计算

D. 地沟中铺设铸铁管时，其管道接口处增加的挖土工程量，应按铸铁管道沟槽全部土方工程量增加2.5%计算

E. 内墙的地槽按内墙净长度计算

2. 石方沟槽或地坑开挖，按设计图示尺寸另加允许超挖量以立方米计算。允许超挖厚度(　　)。

A. 较软岩按0.20 m计算　　B. 较硬岩按0.17 m计算

C. 坚硬岩按0.15 m计算　　D. 较硬岩按0.18 m计算

E. 软岩按0.20 m计算

3. 建筑施工各类土的土方开挖深度是指从(　　)的深度。

A. 室外地坪至基础顶面高差　　B. 室外地坪至垫层顶面高差

C. 室外地坪至垫层底面高差　　D. 室外地坪至基槽底

E. 室内地坪至垫层底面高差

4. 挖土方的定额项目适用于(　　)的挖土。

A. 平整场地厚度在0.30 m以上　　B. 平整场地厚度在0.30 m以内

C. 地槽、地沟底宽度在7 m以上　　D. 地槽、地沟底宽度在7 m以内

E. 地坑底面积在150 m^2 以上

5. 回填土是指基础、垫层等隐蔽工程完工后，取土回填的施工过程，包括(　　)。

A. 基础回填土　　B. 室内回填土　　C. 场地回填土　　D. 松填土

E. 夯填土

五、简答题

1. 地槽长度计算规定是什么?

2. 地槽底部工作面计算规定是什么?

3. 基础回填土工程量怎样计算?

六、综合训练

1. 某传达室，为三类工程，其基础平面图、剖面图如图3-4-27所示。基础为C25钢筋砼条形基础，C15素砼垫层，墙厚为240 mm，设计室外地坪为－0.150 m。根据地质勘探报告，土壤类别为三类土，无地下水。工程采用人工挖土，放坡系数为 $K=0.33$，工作面为300 mm。试按以上施工方案列项并计算平整场地、土方开挖定额工程量。

2. 图3-5-15为某建筑物的基础图，图中轴线为墙中心线，M5水泥砂浆砖基础，墙体为M5混合砂浆普通黏土实心1砖墙，室外地面标高为－0.3 m，土壤类别为三类土，C10混凝土垫层，C20混凝土独立基础，混凝土采用现场拌制，采用人工挖土方，土方运输采用人工装土自卸汽车运土，运距6 km，列项并计算基础及土石方工程的工程量(不考虑房心回填土)。

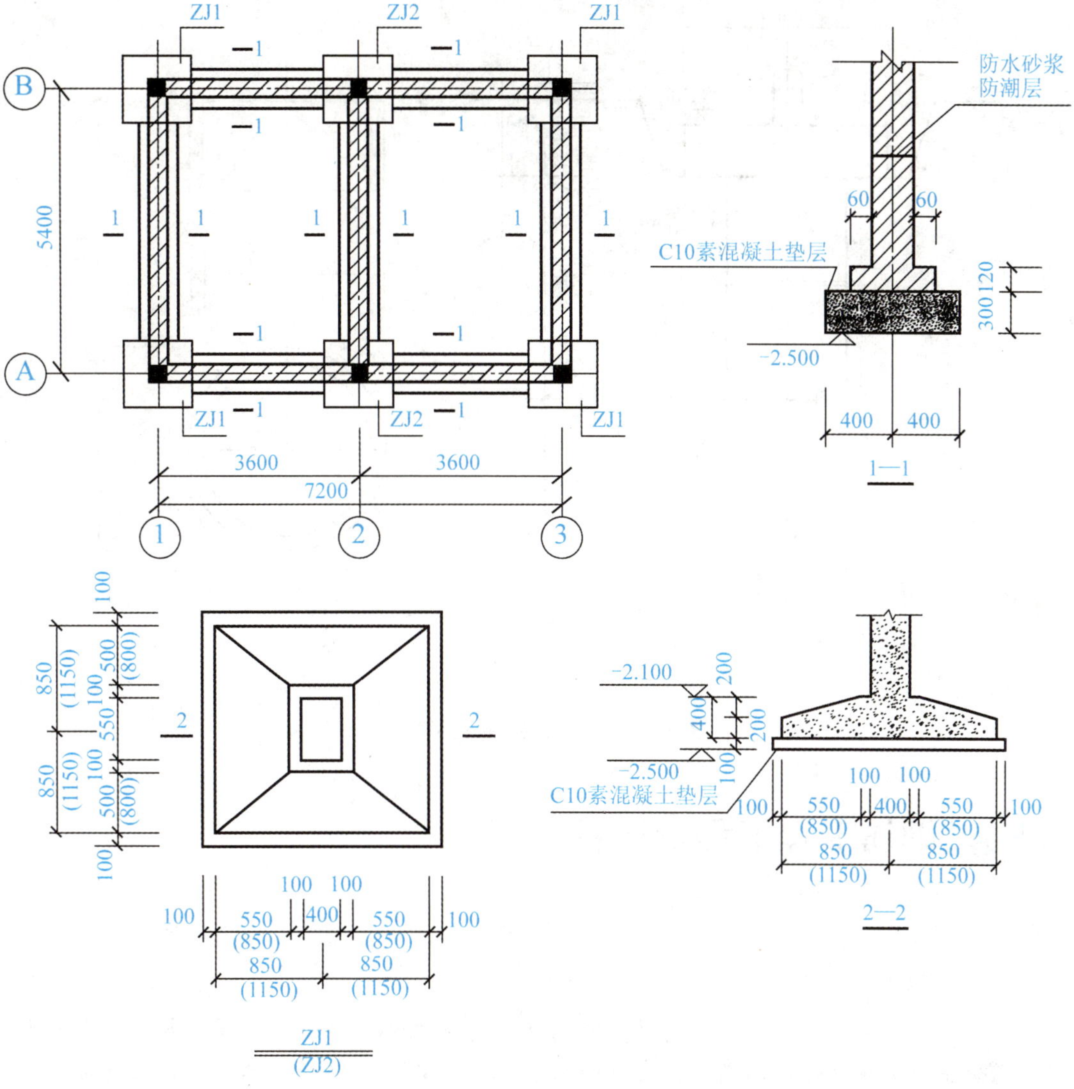

图 3-5-15　某基础结构图

3. 如图 3-5-16 所示，现场土质为三类土，桩下面为钢筋混凝土桩承台(圆形)，承台下部为人工挖土混凝土灌注桩，试列项并计算土石方工程工程量。

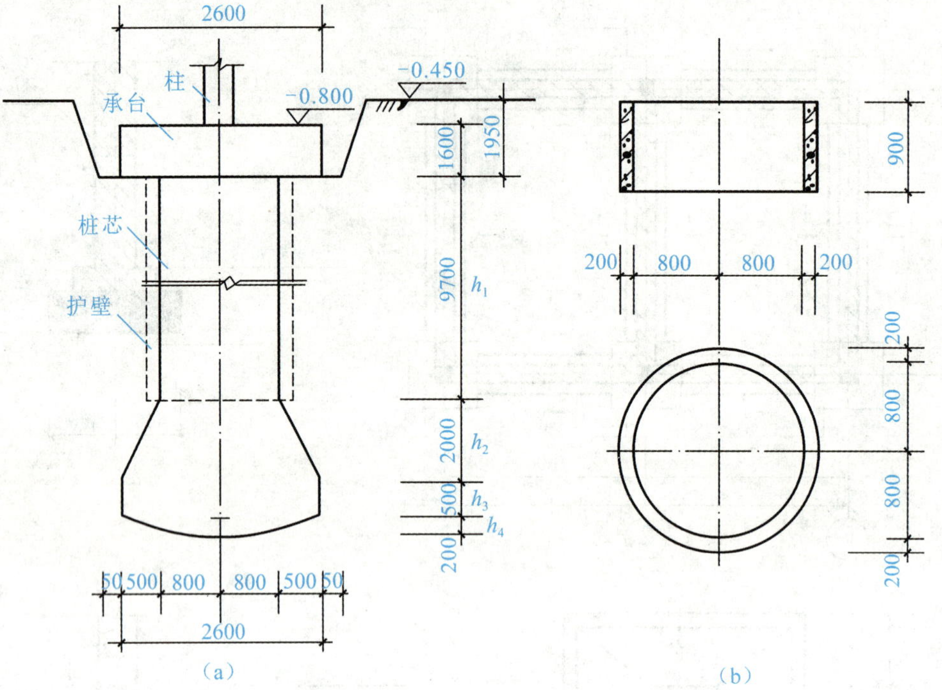

图 3-5-16　人工挖大孔桩示意图

3.6 钢筋工程工程量计算

学习目的

通过对钢筋工程相关内容的学习，学生体验完成具体工作任务必须依据的规范和原则，感受任务实施对知识、能力、素质的需求，理解完成本项任务的流程，最终能根据《甘肃省建筑与装饰工程预算定额》第五章钢筋工程工程量计算规则，列项并计算柱、梁、板中的钢筋工程量。

知识目标

1. 熟悉钢筋平法图集 16G 101-1、16G 101-2、16G 101-3 的基本构造要求。

2. 熟悉不同构件所需要计算的钢筋种类。

3. 掌握《甘肃省建筑与装饰工程预算定额》第五章钢筋工程定额项目划分方法，常用定额项目名称、计量单位、工作内容。

4. 掌握《甘肃省建筑与装饰工程预算定额》第五章钢筋工程工程量计算规则，能够手工计算柱、梁、板中的钢筋工程量。

重点难点

根据施工图纸，列项并计算柱、梁、板中的钢筋工程量。

3.6.1　钢筋工程知识背景

钢筋工程量计算中，重点和难点是钢筋长度的计算，也就是说，我们要通过构件的相关尺寸，计算构件中钢筋的长度，从而计算钢筋的质量。在计算之前，首先要考虑以下因素。

1. 钢筋的混凝土保护层最小厚度

为了使钢筋在混凝土内部不被侵蚀，并保证钢筋与混凝土之间的黏结力，钢筋混凝土构件都必须设置保护层，最外层钢筋外边缘到构件表面的距离称为混凝土保护层厚度(图 3-6-1)。影响保护层厚度的四大因素是环境类别、构件类型、混凝土强度等级和结构设计年限。环境类别的确定见表 3-6-1，不同环境类别混凝土保护层的最小厚度取值见表 3-6-2。

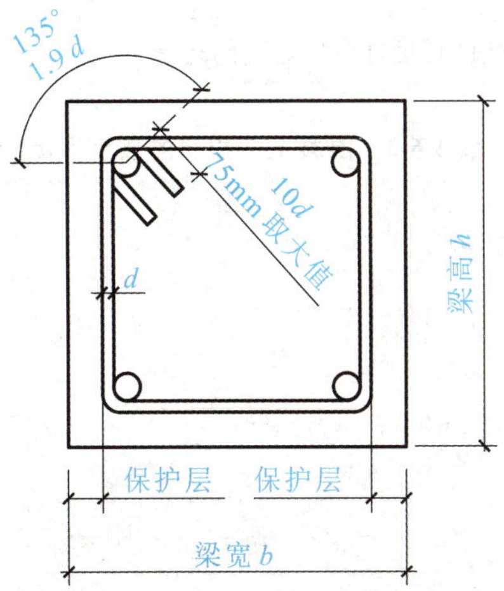

图 3-6-1　混凝土保护层示意图

表 3-6-1　混凝土结构的环境类别

环境类别	条件
一	室内干燥环境； 无侵蚀性静水浸没环境

续表

环境类别	条件
二 a	室内潮湿环境； 非严寒和非寒冷地区的露天环境； 非严寒和非寒冷地区与无侵蚀性的水或土壤直接接触的环境； 严寒和寒冷地区的冰冻线以下与无侵蚀性的水或土壤直接接触的环境
二 b	干湿交替环境； 水位频繁变动环境； 严寒和寒冷地区的露天环境； 严寒和寒冷地区的冰冻线以上与无侵蚀性的水或土壤直接接触的环境
三 a	严寒和寒冷地区冬季水位变动区环境； 受除冰盐影响环境； 海风环境
三 b	盐渍土环境； 受除冰盐作用环境； 海岸环境
四	海水环境
五	受人为或自然的侵蚀性物质影响的环境

表 3-6-2　混凝土保护层的最小厚度　　单位：mm

环境类别	板、墙	梁、柱
一	15	20
二 a	20	25
二 b	25	35
三 a	30	40
三 b	40	50

注：①混凝土强度等级不大于 C25 时，表中保护层厚度数值应增加 5。

②基础底面钢筋的保护层厚度，有混凝土垫层时应从垫层顶面算起，且不应小于 40 mm。

2. 钢筋锚固

为了使钢筋和混凝土共同受力，使钢筋不被从混凝土中拔出来，除了要在钢筋的末端弯钩外，还需要把钢筋伸入支座处。其伸入支座的长度除了满足设计要求外，还要不小于钢筋的锚固长度(图 3-6-2)，在 16G 101-1 图集中受拉钢筋基本锚固长度见表 3-6-3、表 3-6-4，受拉钢筋锚固长度的规定见表 3-6-5、表 3-6-6。

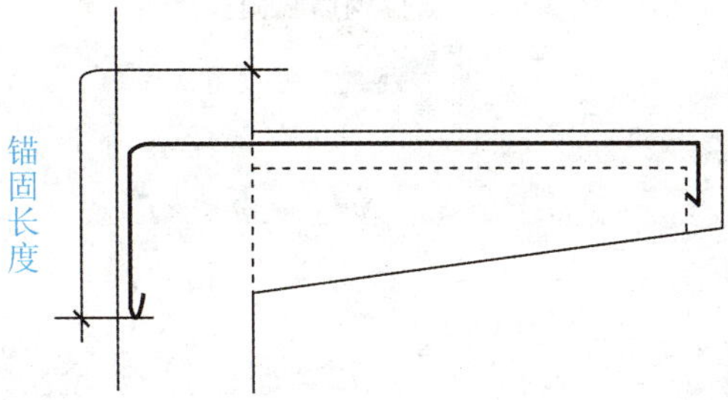

图 3-6-2　锚固长度示意图

表 3-6-3　受拉钢筋基本锚固长度 l_{ab}

钢筋种类	混凝土强度等级								
	C20	C25	C30	C35	C40	C45	C50	C55	≥C60
HPB300	39*d*	34*d*	30*d*	28*d*	25*d*	24*d*	23*d*	22*d*	21*d*
HRB335、HRBF335	38*d*	33*d*	29*d*	27*d*	25*d*	23*d*	22*d*	21*d*	21*d*
HRB400、HRBF400 RRB400	—	40*d*	35*d*	32*d*	29*d*	28*d*	27*d*	26*d*	25*d*
HRB500、HRBF500	—	48*d*	43*d*	39*d*	36*d*	34*d*	32*d*	31*d*	30*d*

表 3-6-4　抗震设计时受拉钢筋基本锚固长度 l_{abE}

钢筋种类及抗震等级		混凝土强度等级								
		C20	C25	C30	C35	C40	C45	C50	C55	≥C60
HPB300	一、二级	45*d*	39*d*	35*d*	32*d*	29*d*	28*d*	26*d*	25*d*	24*d*
	三级	41*d*	36*d*	32*d*	29*d*	26*d*	25*d*	24*d*	23*d*	22*d*
HRB335、HRBF335	一、二级	44*d*	38*d*	33*d*	31*d*	29*d*	26*d*	25*d*	24*d*	24*d*
	三级	40*d*	35*d*	31*d*	28*d*	26*d*	24*d*	23*d*	22*d*	22*d*
HRB400、HRBF400	一、二级	—	46*d*	40*d*	37*d*	33*d*	32*d*	31*d*	30*d*	29*d*
	三级	—	42*d*	37*d*	34*d*	30*d*	29*d*	28*d*	27*d*	26*d*
HRB500、HRBF500	一、二级	—	55*d*	49*d*	45*d*	41*d*	39*d*	37*d*	36*d*	35*d*
	三级	—	50*d*	45*d*	41*d*	38*d*	36*d*	34*d*	33*d*	32*d*

注：四级抗震时，$l_{abE}=l_{ab}$。

表 3-6-5　受拉钢筋锚固长度 l_a

钢筋种类	混凝土强度等级																
	C20	C25		C30		C35		C40		C45		C50		C55		≥C60	
	$d\leqslant25$	$d\leqslant25$	$d>25$	$d\leqslant25$	$d>25$	$d\leqslant25$	$d>25$	$d\leqslant25$	$d>25$	$d\leqslant25$	$d>25$	$d\leqslant25$	$d>25$	$d\leqslant25$	$d>25$	$d\leqslant25$	$d>25$
HPB300	39*d*	34*d*	—	30*d*	—	28*d*	—	25*d*	—	24*d*	—	23*d*	—	22*d*	—	21*d*	—
HRB335、HRBF335	38*d*	33*d*	—	29*d*	—	27*d*	—	25*d*	—	23*d*	—	22*d*	—	21*d*	—	21*d*	—
HRB400、HRBF400、RRB400	—	40*d*	44*d*	35*d*	39*d*	32*d*	35*d*	29*d*	32*d*	28*d*	31*d*	27*d*	30*d*	26*d*	29*d*	25*d*	28*d*
HRB500、HRBF500	—	48*d*	53*d*	43*d*	47*d*	39*d*	43*d*	36*d*	40*d*	34*d*	37*d*	32*d*	35*d*	31*d*	34*d*	30*d*	33*d*

3. 钢筋的连接

在施工过程中，当构件的钢筋不够长时(钢筋出厂长度一般是 8～10 m)，需要对钢筋进行连接。钢筋的主要连接方式有三种：绑扎连接(图 3-6-3)、机械连接、焊接连接(图 3-6-4)。

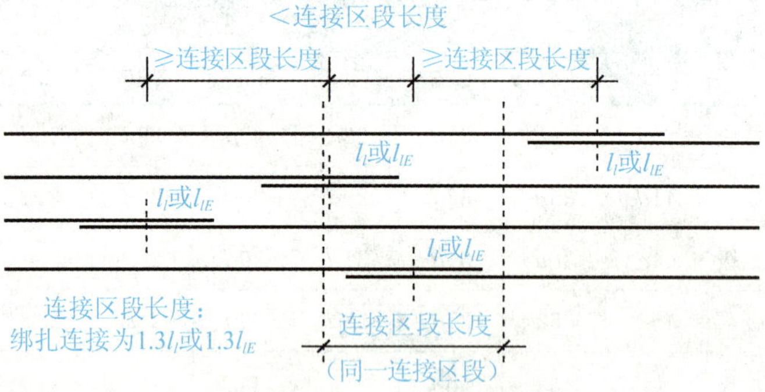

图 3-6-3　钢筋绑扎连接示意图

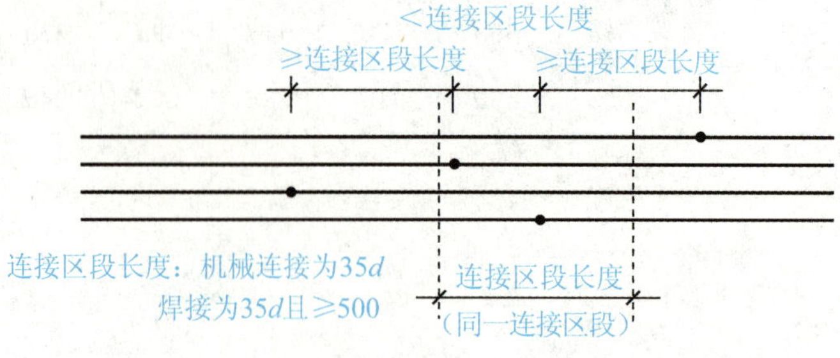

图 3-6-4　钢筋焊接连接示意图

表 3-6-6 受拉钢筋抗震锚固长度 l_{aE}

钢筋种类及抗震等级		混凝土强度等级																
		C20	C25		C30		C35		C40		C45		C50		C55		≥C60	
		$d\leqslant 25$	$d\leqslant 25$	$d>25$	$d\leqslant 25$	$d>25$	$d\leqslant 25$	$d>25$	$d\leqslant 25$	$d>25$	$d\leqslant 25$	$d>25$	$d\leqslant 25$	$d>25$	$d\leqslant 25$	$d>25$	$d\leqslant 25$	$d>25$
HPB300	一、二级	45*d*	39*d*	—	35*d*	—	32*d*	—	29*d*	—	28*d*	—	26*d*	—	25*d*	—	24*d*	—
	三级	41*d*	36*d*	—	32*d*	—	29*d*	—	26*d*	—	25*d*	—	24*d*	—	23*d*	—	22*d*	—
HRB335 HRBF335	一、二级	44*d*	38*d*	—	33*d*	—	31*d*	—	29*d*	—	26*d*	—	25*d*	—	24*d*	—	24*d*	—
	三级	40*d*	35*d*	—	30*d*	—	28*d*	—	26*d*	—	24*d*	—	23*d*	—	22*d*	—	22*d*	—
HRB400 HRBF400	一、二级	—	46*d*	51*d*	40*d*	45*d*	37*d*	40*d*	33*d*	37*d*	32*d*	36*d*	31*d*	35*d*	30*d*	33*d*	29*d*	32*d*
	三级	—	42*d*	46*d*	37*d*	41*d*	34*d*	37*d*	30*d*	34*d*	29*d*	33*d*	28*d*	32*d*	27*d*	30*d*	26*d*	29*d*
HRB500 HRBF500	一、二级	—	55*d*	61*d*	49*d*	54*d*	45*d*	49*d*	41*d*	46*d*	39*d*	43*d*	37*d*	40*d*	36*d*	39*d*	35*d*	38*d*
	三级	—	50*d*	56*d*	45*d*	49*d*	41*d*	45*d*	38*d*	42*d*	36*d*	39*d*	34*d*	37*d*	33*d*	36*d*	32*d*	35*d*

注：①受拉钢筋锚固长度 l_a、l_{aE}计算值不应小于 200。
②四级抗震时，$l_{aE}=l_a$。

为了保证钢筋受力可靠，对钢筋连接接头范围和接头加工质量有如下规定。

①当受拉钢筋直径大于 25 mm 及受压钢筋直径大于 28 mm 时，不宜采用绑扎连接。

②轴心受拉及小偏心受拉构件中纵向受力钢筋不应采用绑扎连接。

③纵向受力钢筋连接位置宜避开梁端、柱端箍筋加密区。如必须在此处连接时，应采用机械连接或焊接。

对于钢筋的连接，在定额中需要列项和计算工程量的有焊接连接中的电渣压力焊，机械连接中的锥螺纹套管连接、直螺纹套管连接、套筒挤压连接，对于绑扎连接，不需要单独列项，但要计算搭接长度，并入相应钢筋工程量中，16 G101-1 图集对搭接长度的规定见 175 页表 3-6-7、176 页表 3-6-8。

4. 钢筋的弯钩

钢筋弯钩增加长度是指为增加钢筋和混凝土的握裹力，在钢筋端部作弯钩时，弯钩相对于钢筋平直部分外包尺寸增加的长度。

弯钩弯曲的角度常有 90°、135°和 180°三种。一般地，Ⅰ级钢筋端部按带 180°弯钩考虑，若无特别的图示说明，Ⅱ级钢筋端部按不带弯钩考虑。

弯钩增加长度可按钢筋弯钩计算简图 3-6-5 及钢筋弯钩增加长度表 3-6-9 计算。

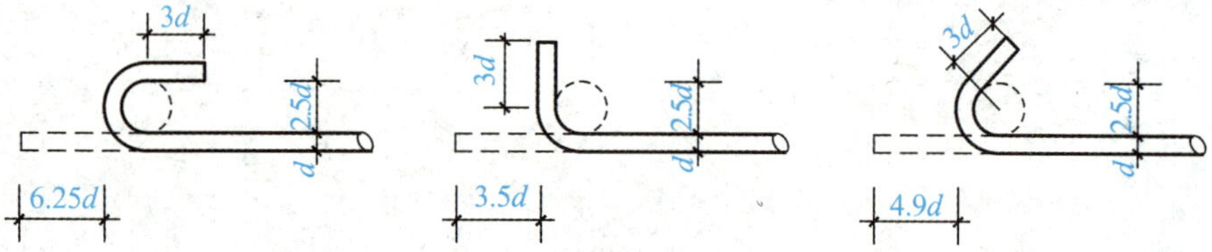

图 3-6-5 钢筋弯钩形式图

表 3-6-9 钢筋弯钩增加长度

弯钩平直部分长度	弯钩增加长度		
	半圆弯钩	直弯钩	斜弯钩
3*d*	6.25*d*	3.5*d*	4.9*d*
5*d*	8.25*d*	5.5*d*	6.9*d*
10*d*	13.25*d*	10.5*d*	11.9*d*

3.6.2 定额项目划分

现浇构件非预应力钢筋定额项目的划分按钢筋不同品种和用途分别列入了 ϕ5 mm 以内、ϕ5 mm 以上圆钢、冷轧带肋钢筋及螺纹钢(分Ⅱ级和Ⅲ级)、墙体钢筋网、楼地面钢筋网、钢筋笼制作、绑扎安装等项目，如 5-3 现浇构件非预应力钢筋 冷轧带肋钢筋 ϕ5 mm 以上，5-4 现浇构件非预应力钢筋 螺纹钢Ⅱ级。

表 3-6-7　纵向受拉钢筋搭接长度 l_l

钢筋种类及同一区段内搭接钢筋面积百分率		混凝土强度等级																
		C20	C25		C30		C35		C40		C45		C50		C55		C60	
		$d\leqslant25$	$d\leqslant25$	$d>25$	$d\leqslant25$	$d>25$	$d\leqslant25$	$d>25$	$d\leqslant25$	$d>25$	$d\leqslant25$	$d>25$	$d\leqslant25$	$d>25$	$d\leqslant25$	$d>25$	$d\leqslant25$	$d>25$
HPB300	≤25%	47d	41d	—	36d	—	34d	—	30d	—	29d	—	28d	—	26d	—	25d	—
	50%	55d	48d	—	42d	—	39d	—	35d	—	34d	—	32d	—	31d	—	29d	—
	100%	62d	54d	—	48d	—	45d	—	40d	—	38d	—	37d	—	35d	—	34d	—
HRB335 HRBF335	≤25%	46d	40d	—	35d	—	32d	—	30d	—	28d	—	26d	—	25d	—	25d	—
	50%	53d	46d	—	41d	—	38d	—	35d	—	32d	—	31d	—	29d	—	29d	—
	100%	61d	53d	—	46d	—	43d	—	40d	—	37d	—	35d	—	34d	—	34d	—
HRB400 HRBF400 RRB400	≤25%	—	48d	53d	42d	47d	38d	42d	35d	38d	34d	37d	32d	36d	31d	35d	30d	34d
	50%	—	56d	62d	49d	55d	45d	49d	41d	45d	39d	43d	38d	42d	36d	41d	35d	39d
	100%	—	64d	70d	56d	62d	51d	56d	46d	51d	45d	50d	43d	48d	42d	46d	40d	45d
HRB500 HRBF500	≤25%	—	58d	64d	52d	56d	47d	52d	43d	48d	41d	44d	38d	42d	37d	41d	36d	40d
	50%	—	67d	74d	60d	66d	55d	60d	50d	56d	48d	52d	45d	49d	43d	48d	42d	46d
	100%	—	77d	85d	69d	75d	62d	69d	58d	64d	54d	59d	51d	56d	50d	54d	48d	53d

表 3-6-8　纵向受拉钢筋抗震搭接长度 l_{lE}

钢筋种类及同一区段内搭接钢筋面积百分率			混凝土强度等级																
			C20	C25		C30		C35		C40		C45		C50		C55		C60	
			$d\leqslant25$	$d\leqslant25$	$d>25$	$d\leqslant25$	$d>25$	$d\leqslant25$	$d>25$	$d\leqslant25$	$d>25$	$d\leqslant25$	$d>25$	$d\leqslant25$	$d>25$	$d\leqslant25$	$d>25$	$d\leqslant25$	$d>25$
一、二级抗震等级	HPB300	≤25%	54d	47d	—	42d	—	38d	—	35d	—	34d	—	31d	—	30d	—	29d	—
		50%	63d	55d	—	49d	—	45d	—	41d	—	39d	—	36d	—	35d	—	34d	—
	HRB335 HRBF335	≤25%	53d	46d	—	40d	—	37d	—	35d	—	31d	—	30d	—	29d	—	29d	—
		50%	62d	53d	—	46d	—	43d	—	41d	—	36d	—	35d	—	34d	—	34d	—
	HRB400 HRBF400	≤25%	—	55d	61d	48d	54d	44d	48d	40d	44d	38d	43d	37d	42d	36d	40d	35d	38d
		50%	—	64d	71d	56d	63d	52d	56d	46d	52d	45d	50d	43d	49d	42d	46d	41d	45d
	HRB500 HRBF500	≤25%	—	66d	73d	59d	65d	54d	59d	49d	55d	47d	52d	44d	48d	43d	47d	42d	46d
		50%	—	77d	85d	69d	76d	63d	69d	57d	64d	55d	60d	52d	56d	50d	55d	49d	53d
三级抗震等级	HPB300	≤25%	49d	43d	—	38d	—	35d	—	31d	—	30d	—	29d	—	28d	—	26d	—
		50%	57d	50d	—	45d	—	41d	—	36d	—	35d	—	34d	—	32d	—	31d	—
	HRB335 HRBF335	≤25%	48d	42d	—	36d	—	34d	—	31d	—	29d	—	28d	—	26d	—	26d	—
		50%	56d	49d	—	42d	—	39d	—	36d	—	34d	—	32d	—	31d	—	31d	—
	HRB400 HRBF400	≤25%	—	50d	55d	44d	49d	41d	44d	36d	41d	35d	40d	34d	38d	32d	36d	31d	35d
		50%	—	59d	64d	52d	57d	48d	52d	42d	48d	41d	46d	39d	45d	38d	42d	36d	41d
	HRB500 HRBF500	≤25%	—	60d	67d	54d	59d	49d	54d	46d	50d	43d	47d	41d	44d	40d	43d	38d	42d
		50%	—	70d	78d	63d	69d	57d	63d	53d	59d	50d	55d	48d	52d	46d	50d	45d	49d

注：①表中数值为纵向受拉钢筋绑扎搭接接头的搭接长度。

②两根不同直径钢筋搭接时，表中 d 取较细钢筋直径。

③当为环氧树脂涂层带肋钢筋时，表中数据尚应乘 1.25。

④当纵向受拉钢筋在施工过程中易受扰动时，表中数据尚应乘 1.1。

⑤当搭接长度范围内纵向受力钢筋周边保护层厚度为 $3d$、$5d$（d 为搭接钢筋的直径）时，表中数据尚可分别乘 0.8、0.7；中间时按内插值。

⑥当上述修正系数（注③～注⑤）多于一项时，可按连乘计算。

⑦任何情况下，搭接长度不应小于 300。

⑧四级抗震等级时，$l_{lE}=l_l$。

预制构件非预应力钢筋定额项目的划分按钢筋不同品种分别列入了 ϕ5 mm 以内、ϕ5 mm 以上圆钢及螺纹钢(分Ⅱ级和Ⅲ级)，如 5-11 预制构件非预应力钢筋　螺纹钢筋Ⅱ级。

预制构件预应力钢筋定额项目按先张法、后张法、预应力筋的品种(冷拔低碳钢丝、碳素钢丝、螺纹钢筋、钢绞线)及锚固方法(墩头锚固、混凝土自锚头锚固、锚具锚固)划分。先张法的预应力钢筋定额项目有冷拔低碳钢丝、碳素钢丝、螺纹钢筋(分Ⅱ级和Ⅲ级)，如 5-15 预制构件预应力钢筋　先张法　螺纹钢筋Ⅱ级。后张法的预应力钢筋定额项目有单根螺纹钢筋(分一端墩头、不墩头两项)，编束螺纹钢筋(分一端墩头、不墩头、混凝土自锚头)，编束碳素钢丝(分两端墩头、不墩头两项)，编束钢绞线等，如 5-17 螺纹钢筋　Ⅱ级　单根　一端镦头。

成型钢筋场外运输定额适用于现浇构件钢筋在场外集中加工成型后运往施工现场进行绑扎安装的钢筋。按运输距离 1 km 以内、3 km 以内、5 km 以内、10 km 以内以及每增加 1 km 划分为 5 个定额项目，如 5-32 成型钢筋场外运输　运输距离 5 km 以内。

钢筋连接增加费定额项目适用于电渣压力焊接、锥螺纹套筒连接、套管冷压连接、直螺纹套筒连接四种接头。钢筋连接增加费按连接方法(电渣压力焊接、锥螺纹套筒连接、套管冷压连接、直螺纹套筒连接)和钢筋直径(20 mm 以内、25 mm 以内、32 mm 以内)划分定额项目，如 5-36 电渣压力焊接　钢筋直径　25 mm 以内。

3.6.3　定额项目的适用范围

现浇构件非预应力钢筋定额项目，适用于现浇混凝土构件中不加预应力的 ϕ5 mm 以内圆钢、ϕ5 mm 以上圆钢、冷轧带肋钢筋、螺纹钢、墙体拉接筋、墙体钢筋网、楼地面钢筋网、钢筋笼。

预制构件非预应力钢筋定额项目，适用于预制钢筋混凝土构件中不加预应力的 ϕ5 mm 以内圆钢、ϕ5 mm 以上圆钢、螺纹钢筋(分Ⅱ级和Ⅲ级)。

预制构件预应力钢筋定额项目，适用于预制混凝土构件中用先张法和后张法施加预应力的冷拔低碳钢丝、碳素钢丝、螺纹钢筋(分Ⅱ级和Ⅲ级)、钢绞线，对于电热法不适用。

成型钢筋场外运输定额适用于现浇构件钢筋在场外集中加工成型后运往施工现场进行绑扎安装的钢筋。

钢筋连接增加费定额项目适用于电渣压力焊接、锥螺纹套筒连接、套管冷压连接、直螺纹套筒连接四种接头。

3.6.4　钢筋工程工程量计算规则

钢筋工程量应按设计长度乘单位长度的理论质量以 t 计算。各构件设计(包括标准设计)已规定的连接，应按规定连接长度计算，设计未规定的连接已包括在定额损耗量中，不再计算。

钢筋工程量＝钢筋长度(m)×相应钢筋每米质量(kg/m)。

上式中钢筋每米质量为 $0.006165d^2$ kg/m，d 为钢筋直径，单位为 mm。

根据上式，可列出钢筋直径每米质量表，见表 3-6-10。

表 3-6-10　钢筋直径每米质量表

直径/mm	断面积/cm^2	每米质量/kg	直径/mm	断面积/cm^2	每米质量/kg
4	0.126	0.099	18	2.545	2.00
5	0.196	0.154	19	2.835	2.23
6	0.283	0.222	20	3.142	2.47
8	0.503	0.395	22	3.801	2.98
9	0.636	0.499	25	4.909	3.85
10	0.785	0.617	28	6.158	4.83
12	1.131	0.888	30	7.069	5.55
14	1.539	0.210	32	8.042	6.31
16	2.011	0.580			

注：常用钢筋没有 6 mm 直径的钢筋，实际工作中采用 6.5 mm 的钢筋，所以在计算 $\phi6$ 钢筋的每米质量时，一般代入 $\phi6.5$ 的每米质量。

下面以常见的现浇构件中的柱、梁、板为例，介绍钢筋的计算方法。

1. 柱钢筋工程量计算

(1)柱平法施工图的表示方法

柱平法施工图系在柱平面布置图上采用列表注写方式或截面注写方式表达。

在柱平法施工图中，应注明各结构层的楼面标高、结构层高及相应的结构层号，尚应注明上部结构嵌固部位位置。

①上部结构嵌固部位的注写。

框架柱嵌固部位在基础顶面时，无须注明。

框架柱嵌固部位不在基础顶面时，在层高表嵌固部位标高下使用双细线注明，并在层高表下注明上部结构嵌固部位标高。

框架柱嵌固部位不在地下室顶板，但仍需考虑地下室顶板对上部结构实际存在嵌固作用时，可在层高表地下室顶板标高下使用双虚线注明，此时首层柱端箍筋加密区长度范围及纵筋连接位置均按嵌固部位要求设置。

②列表注写方式。

列表注写方式，系在柱平面布置图上(一般只需采用适当比例绘制一张柱平面布置图，包括框架柱、框支柱、梁上柱和剪力墙上柱)，分别在同一编号的柱中选择一个(有时需要选择几个)截面标注几何参数代号；在柱表中注写柱编号、柱段起止标高、几何尺寸(含柱截面对轴线的偏心情况)与配筋的具体数值，并配以各种柱截面形状及其箍筋类型图的方式，来表达柱平法施工图(图 3-6-6 所示)。

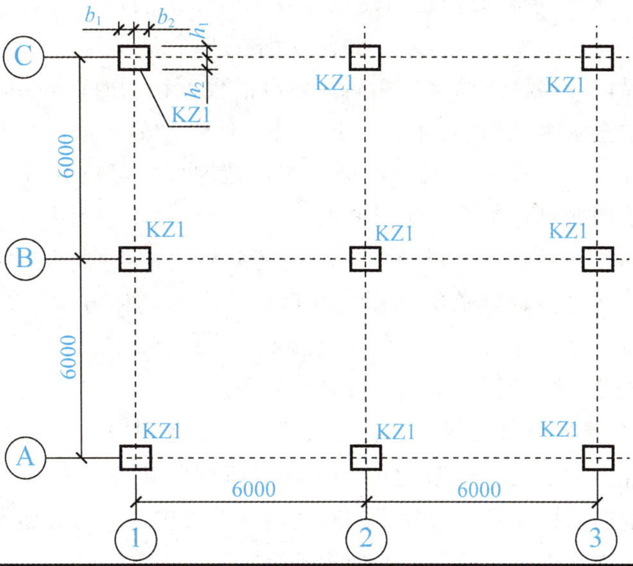

柱号	标高	$b\times h$	b_1	b_2	h_1	h_2	全部纵筋	角筋	b边一侧中部筋	h边一侧中部筋	箍筋类型号	箍筋
KZ1	−4.53~15.87	750×700	375	375	350	350		4ϕ25	5ϕ25	5ϕ25	1(5×4)	ϕ10@100/200

图 3-6-6　柱列表注写示意图

柱表注写内容规定如下。

第一，注写柱编号。柱编号由类型代号和序号组成，应符合表 3-6-11 的规定。

表 3-6-11　柱编号

柱类型	代号	序号
框　架　柱	KZ	××
转　换　柱	ZHZ	××
芯　　　柱	XZ	××
梁　上　柱	LZ	××
剪力墙上柱	QZ	××

注：编号时，当柱的总高、分段截面尺寸和配筋均对应相同，仅截面与轴线的关系不同时，仍可将其编为同一柱号，但应在图中注明截面与轴线的关系。

第二，注写各段柱的起止标高，自柱根部往上以变截面位置或截面未变但配筋改变处为界分段注写。框架柱和转换柱的根部标高系指基础顶面标高；芯柱的根部标高系指根据结构实际需要而定的起始位置标高；梁上柱的根部标高系指梁顶面标高；剪力墙上柱的根部标高为墙顶面标高。

第三，对于矩形柱，注写柱截面尺寸 $b\times h$ 及与轴线关系的几何参数代号 b_1、b_2 和 h_1、h_2 的具体数值，需对应于各段柱分别注写。其中 $b=b_1+b_2$，$h=h_1+h_2$。当截面的某一边收缩变化至与轴线重合或偏到轴线的另一侧时 b_1、b_2、h_1、h_2 中的某项为零或为负值。

对于圆柱，表中 $b\times h$ 一栏改用在圆柱直径数字前加 d 表示。为表达简单，圆柱截面与轴线的关系也用 b_1、b_2 和 h_1、h_2 表示，并使 $d=b_1+b_2=h_1+h_2$。

第四，注写柱纵筋。当柱纵筋直径相同，各边根数也相同时(包括矩形柱、圆柱和芯柱)，将纵筋注写在“全部纵筋”一栏中；除此之外，柱纵筋分角筋、截面 b 边中部筋和 h 边中部筋三项分别注写。对于采用对称配筋的矩形截面柱，可仅注写一侧中部筋，对称边省略不注；对于采用非对称配筋的矩形截面柱，必须每侧均注写中部筋。

第五，注写箍筋类型号及箍筋肢数。在箍筋类型栏内按下列要求注写箍筋类型号与肢数：具体工程所设计的各种箍筋类型图以及箍筋复合的具体方式，需画在表的上部或图中的适当位置，并在其上标注与表中相对应的 b、h 和类型号。

第六，注写柱箍筋，包括钢筋级别、直径与间距。

用斜线“/”区分柱端箍筋加密区与柱身非加密区长度范围内箍筋的不同间距。施工人员需根据标准构造详图的规定，在规定的几种长度值中取其最大者作为加密区长度。当框架节点核心区内箍筋与柱端箍筋设置不同时，应在括号中注明核心区箍筋直径及间距。

当箍筋沿柱全高为一种间距时，则不使用斜线“/”。

③截面注写方式。

截面注写方式，系在柱平面布置图的柱截面上，分别在同一编号的柱中选择一个截面，以直接注写截面尺寸和配筋具体数值的方式来表达柱平法施工图，如图 3-6-7 所示。

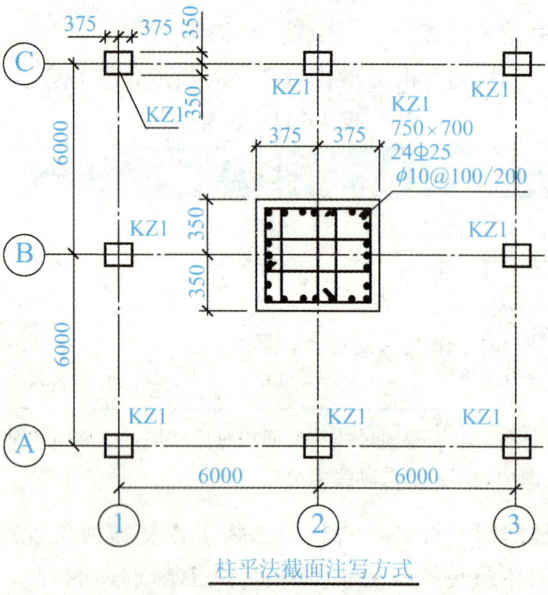

图 3-6-7 柱截面注写示意图

对除芯柱之外的所有柱截面按列表注写方式中柱编号的规定进行编号，从相同编号的柱中选择一个截面，按另一种比例原位放大绘制柱截面配筋图，并在各配筋图上继其编号后再注写截面尺寸 $b\times h$、角筋或全部纵筋(当纵筋采用一种直径且能够图示清楚时)、箍筋的具体数值(箍筋的注写方式同列表注写方式)，以及在柱截面配筋图上标注柱截面与轴线关系 b_1、b_2、h_1、h_2 的具体数值。

当纵筋采用两种直径时，需再注写截面各边中部筋的具体数值。对于采用对称配筋的矩形截面柱，可仅在一侧注写中部筋，对称边省略不注。

(2)框架柱需要计算的钢筋量

以框架柱为例，我们来研究柱里有哪些种类的钢筋，以便有针对性的计算钢筋量，如图 3-6-8 所示。

- 柱要计算哪些钢筋量
  - 纵筋
    - 基础插筋
    - 中间层纵筋
    - 顶层纵筋
      - 中柱情况
      - 边柱情况
      - 角柱情况
    - 变截面纵筋
      - 斜通上层
      - 当前层锚固
  - 箍筋

图 3-6-8　框架柱钢筋的种类

(3)框架柱钢筋的计算方法

框架柱钢筋包括纵筋和箍筋两大部分，手工计算工程量，对于常见柱纵筋(不考虑变截面、变直径)，单根长度的计算思路为：在基础内的长度＋基础顶至柱顶的长度＋顶层柱在梁内的锚固(分中柱、边柱、角柱情况)。

①基础层内纵筋。

基础层内纵筋的情况如图 3-6-9、图 3-6-10 所示。

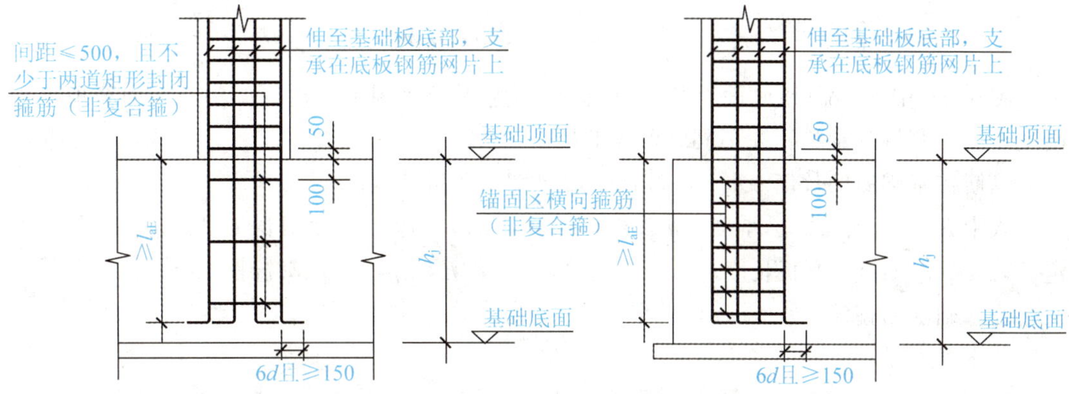

(a) 保护层厚度＞5d；基础高度满足直锚　　(b) 保护层厚度≤5d；基础高度满足直锚

图 3-6-9　柱纵向钢筋在基础中的构造

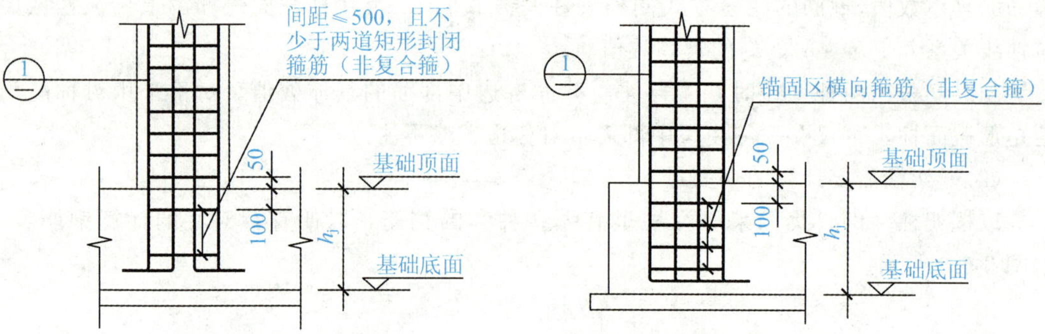

（c）保护层厚度＞5d；基础高度满足直锚　　（d）保护层厚度≤5d；基础高度满足直锚

图 3-6-9　柱纵向钢筋在基础中的构造(续)

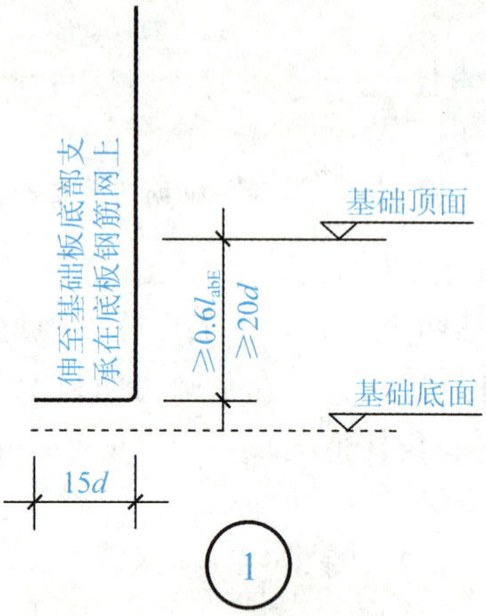

图 3-6-10　柱插筋节点详图

图 3-6-9 中 h_j 为基础底面至基础顶面的高度，柱下为基础梁时，h_j 为梁底面至顶面的高度，当柱两侧基础梁标高不同时取较低标高。

纵筋在基础内的长度＝h_j－基础保护层厚度＋弯折长度。

式中 h_j 为基础保护层厚度，$h_j \geqslant 0.6l_{abE}$ 且 $\geqslant 20d$。弯折长度根据 h_j 与 $l_{aE}(l_a)$ 大小决定。若 $h_j > l_{aE}(l_a)$，弯折长度＝max(6d，150)；若 $h_j \leqslant l_{aE}(l_a)$，弯折长度＝15$d$。

②基础层内箍筋。

a. 长度计算。

柱在基础内的箍筋为非复合箍筋(单肢箍、双肢箍、圆形箍筋等)。

单肢箍计算同梁拉筋计算，双肢箍计算见梁箍筋计算，圆形箍筋单根长度(中心线长度)＝3.14×(构件直径－2×保护层厚度－d)＋2×弯钩增加值＋箍筋搭接长度。

b. 根数计算。

其根数计算，需要根据柱纵筋保护层厚度与 5d 比大小。

柱纵筋保护层厚度＞5d，箍筋在基础高度范围内间距≤500 mm，且不少于两道，如

图 3-6-9(a)、图 3-6-9(c)所示。

当柱纵筋在基础中保护层厚度(指纵筋竖直段外侧距基础边缘的厚度)不一致，如纵筋部分位于梁中，部分位于板内，保护层厚度≤5d 的部分应设置锚固区横向钢筋，如图 3-6-9(b)、图 3-6-9(d)所示。

③基础顶面至顶层纵筋。

基础顶面至顶层梁底，钢筋的长度为梁底标高与基础顶面高差，柱钢筋伸入屋面梁中，分中柱柱顶纵筋构造(图 3-6-11)和边角柱柱顶纵筋构造(图 3-6-12)。

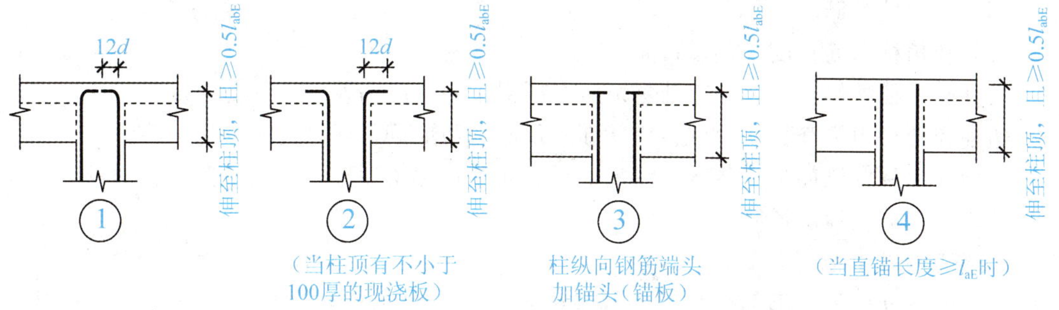

图 3-6-11　中柱柱顶纵向钢筋构造

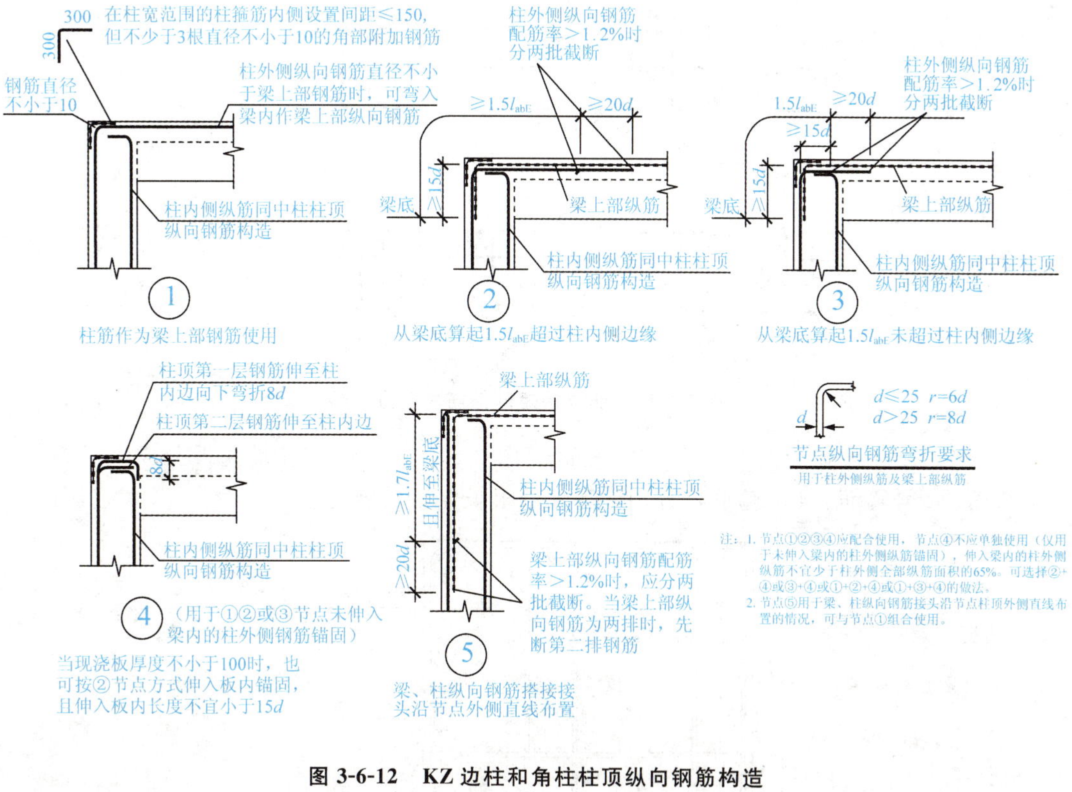

图 3-6-12　KZ 边柱和角柱柱顶纵向钢筋构造

中柱纵筋长度计算公式如下。

梁高－保护层≥l_{aE}，直锚(如图 3-6-11④节点构造)：

中柱纵筋长度＝基础层顶面至顶层梁顶标高高差－保护层。

梁高－保护层＜l_{aE}，弯锚(如图 3-6-11①②节点构造)：

中柱纵筋长度＝基础层顶面至顶层梁顶标高高差－保护层＋12d。

边柱和角柱中的纵筋分外侧筋和内侧筋，靠向室外一边的为外侧筋，外侧筋只能向室内一边弯折，以节点②为例，外侧筋从顶层梁底向梁内弯折，弯折长度为 1.5l_{abE}，内侧筋算法同中柱纵筋。

边柱和角柱纵筋长度计算公式如下。

边柱和角柱外侧筋长度＝基础层顶面至顶层梁底标高高差＋1.5l_{abE}。

边柱和角柱内侧筋长度(直锚)＝基础层顶面至顶层梁顶标高高差－保护层。

边柱和角柱内侧筋长度(弯锚)＝基础层顶面至顶层梁顶标高高差－保护层＋12d。

④基础顶面至顶层箍筋。

a. 箍筋单根长度的计算。

柱中的箍筋以复合箍筋为主，计算单根长度时，首先对复合箍筋进行拆分，矩形箍筋常见的复合方式如图 3-6-13 所示。

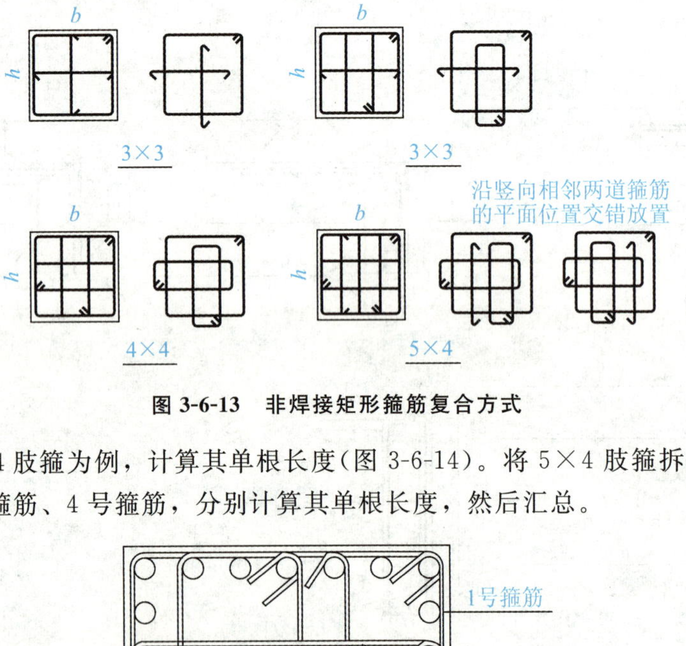

图 3-6-13 非焊接矩形箍筋复合方式

下面以 5×4 肢箍为例，计算其单根长度(图 3-6-14)。将 5×4 肢箍拆分成 1 号箍筋、2 号箍筋、3 号箍筋、4 号箍筋，分别计算其单根长度，然后汇总。

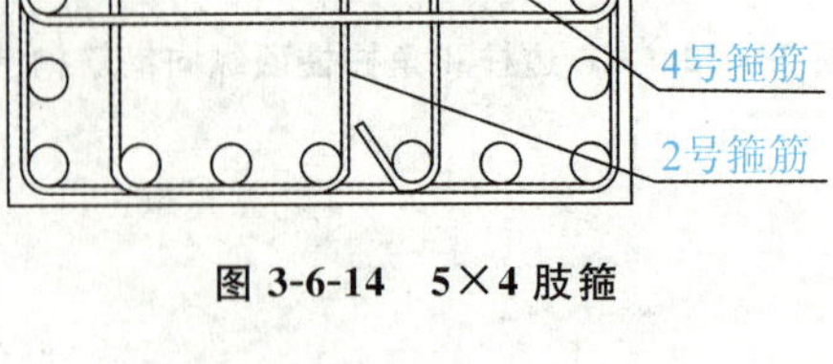

图 3-6-14 5×4 肢箍

如图 3-6-15 所示，1 号箍筋长度(中心线长度)＝构件周长－8×保护层－$4d$＋2×1.9d＋2×max(10d，75 mm)。

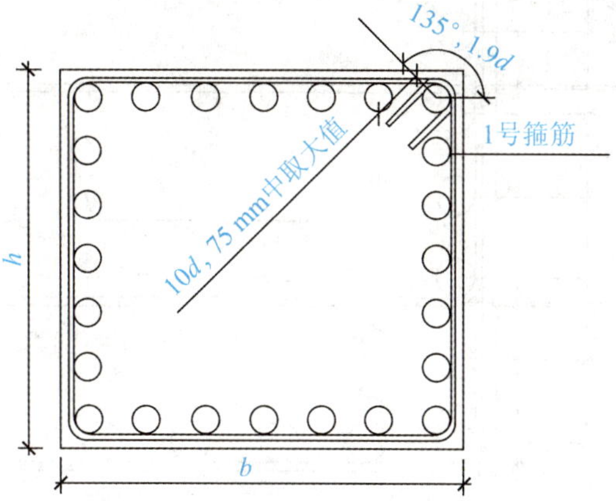

图 3-6-15　1 号箍筋示意图

如图 3-6-16 所示，2 号箍筋长度(中心线长度)＝[(b－2×保护层－$2d$－D)/6×2＋D＋d]×2＋(h－2×保护层－d)×2＋2×1.9d＋2×max(10d，75 mm)，d 为箍筋直径，D 为纵筋直径。

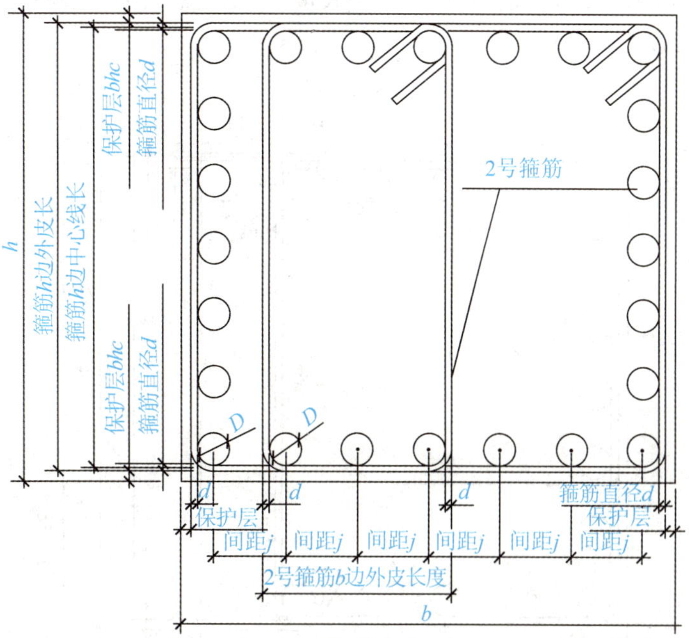

图 3-6-16　2 号箍筋示意图

如图 3-6-17 所示，3 号箍筋长度(中心线长度)＝[(h－2×保护层－$2d$－D)/6×2＋D＋d]×2＋(b－2×保护层－d)×2＋2×1.9d＋2×max(10d，75 mm)。

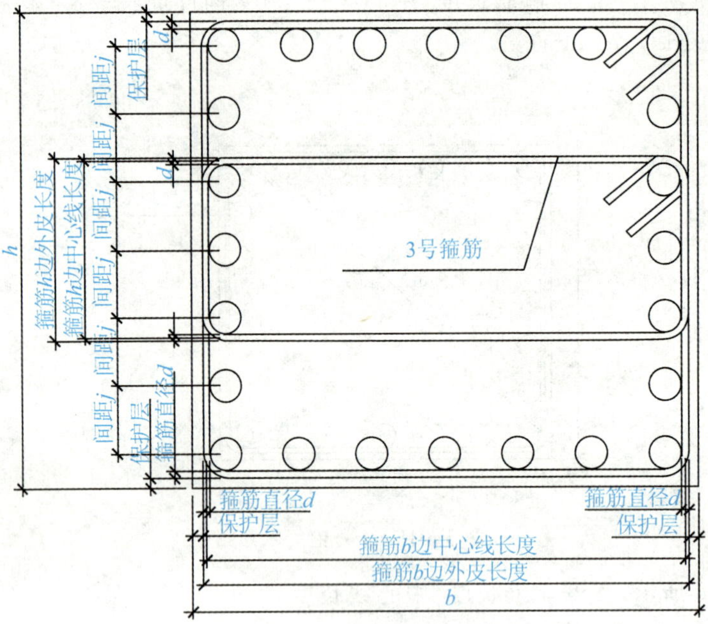

图 3-6-17　3 号箍筋示意图

如图 3-6-18 所示，4 号箍筋长度(中心线长度)=(h−2×保护层+d)+2×1.9d+2×max(10d，75 mm)。

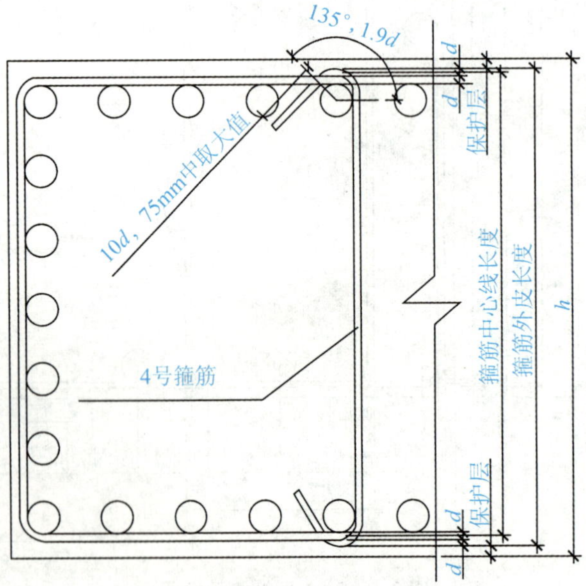

图 3-6-18　4 号箍筋示意图

b. 箍筋根数的计算。

箍筋根数计算，按楼层分别计算加密区与非加密区箍筋根数，然后汇总，计算结果向上取整，保留整数位。柱箍筋的加密范围如图 3-6-19 所示。

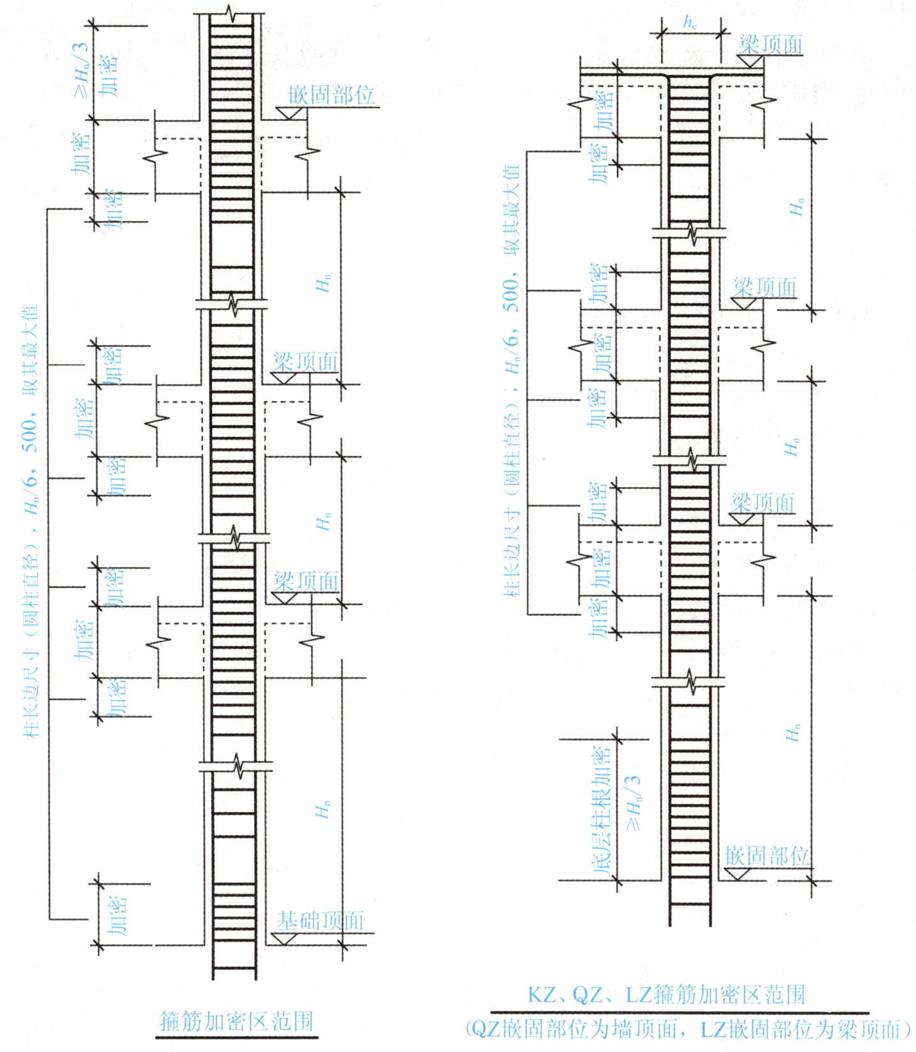

（a）基础顶面至嵌固部位　　（b）嵌固部位至梁顶面

图 3-6-19　箍筋加密范围示意图

从图 3-6-19 中可以看出，柱箍筋的加密范围：嵌固部位（基础顶面或按图纸标注）$H_n/3$，柱框架节点范围内，节点上下 $\max(H_n/6，h_c，500)$，绑扎连接范围 $2.3l_{lE}$。其余为非加密范围。其中，H_n 为所在楼层柱净高，h_c 为柱截面长边尺寸。

嵌固部位加密区根数＝$(H_n/3)$/加密区间距＋1。

节点上下加密区根数＝$[\max(H_n/6，h_c，500)]$/加密区间距＋1。

柱框架节点范围内加密区根数＝梁高/加密区间距。

非加密区根数（嵌固部位）＝$[H_n-H_n/3-\max(H_n/6，h_c，500)]$/非加密区间距－1，

或　非加密区根数（非嵌固部位）＝$[H_n-2\times\max(H_n/6，h_c，500)]$/非加密区间距－1。

如果柱纵筋为绑扎连接，加密区还要考虑绑扎连接范围 $2.3l_{lE}$。

⑤柱纵筋的连接。

对于钢筋的连接，在定额中需要列项和计算工程量的有焊接连接中的电渣压力焊，机械连接包括锥螺纹套管连接、直螺纹套管连接、套筒挤压连接，依不同直径按个计算。柱钢筋每层截断一次，需要计算接头个数。对于绑扎连接，每个接头计算搭接长度，不单独列项，长度并入相应的纵筋长度内。

2. 梁钢筋工程量计算

(1)梁平法施工图的表示方法

梁平法施工图系在梁平面布置图上采用平面注写方式或截面注写方式表达。

梁平面布置图，应分别按梁的不同结构层(标准层)，将全部梁和与其相关的柱、墙、板一起采用适当比例绘制。

在梁平法施工图中，应注明各结构层顶面标高及相应的结构层号。对于轴线未居中的梁，应标注其偏心的定位尺寸(贴柱边的梁可不注)。

平面注写方式，系在梁平面布置图上，分别在不同编号的梁中各选一根梁，在其上注写截面尺寸和配筋具体数值的方式来表达梁平法施工图。梁的平面注写方式有集中标注与原位标注，集中标注表达梁的通用数值，原位标注表达梁的特殊数值。当集中标注中的某项数值不适用于梁的某部位时，则将该数值原位标注，施工时，原位标注取值优先，如图 3-6-20 所示。

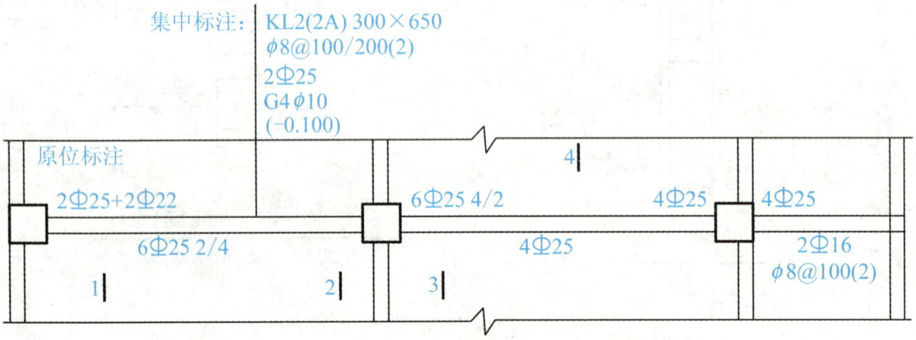

图 3-6-20 梁平面注写方式示意图

①梁集中标注的内容(五项必注值及一项选注值)。

a. 梁编号。梁编号由梁类型代号、序号、跨数及有无悬挑代号项组成，并应符合表 3-6-12 的规定，该项为必注值。

表 3-6-12　梁编号

梁类型	代号	序号	跨数及是否带有悬挑
楼层框架梁	KL	××	(××)(××A)或(××B)
楼层框架扁梁	KBL	××	(××)(××A)或(××B)
屋面框架梁	WKL	××	(××)(××A)或(××B)
框支梁	KZL	××	(××)(××A)或(××B)
托柱转换梁	TZL	××	(××)(××A)或(××B)
非框架梁	L	××	(××)(××A)或(××B)
悬挑梁	XL	××	(××)(××A)或(××B)
井字梁	JZL	××	(××)(××A)或(××B)

b. 梁截面尺寸，该项为必注值。

当为等截面梁时，用 $b\times h$ 表示；当有悬挑梁且根部和端部的高度不同时，用斜线分隔根部与端部的高度值，即为 $b\times h_1/h_2$(图 3-6-21)。

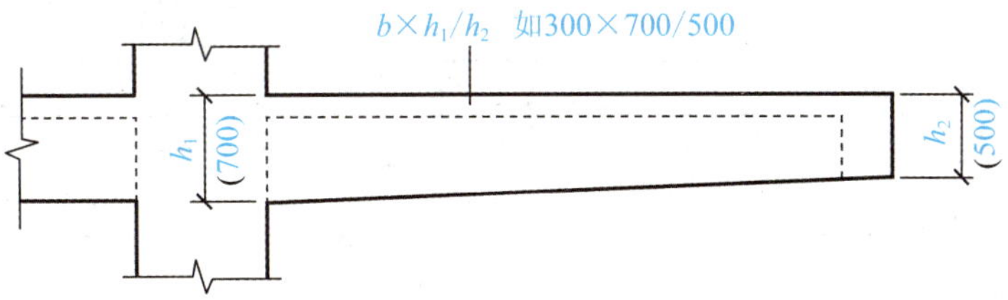

图 3-6-21　悬挑梁不等高截面注写示意图

c. 梁箍筋：包括钢筋级别、直径、加密区与非加密区间距及肢数，该项为必注值。箍筋加密区与非加密区的不同间距及肢数需用斜线“/”分隔；当梁箍筋为同一种间距及肢数时，则不需用斜线；当加密区与非加密区的箍筋肢数相同时，则将肢数注写一次；箍筋肢数应写在括号内。加密区范围见相应抗震等级的标准构造详图。

d. 梁上部通长筋或架立筋配置(通长筋可为相同或不同直径采用搭接连接、机械连接或焊接的钢筋)，该项为必注值。所注规格与根数应根据结构受力要求及箍筋肢数等构造要求而定。当同排纵筋中既有通长筋又有架立筋时，应用加号“＋”将通长筋和架立筋相连。注写时需将角部纵筋写在加号的前面，架立筋写在加号后面的括号内，以示不同直径及与通长筋的区别。当全部采用架立筋时，则将其写入括号内。

当梁的上部纵筋和下部纵筋为全跨相同，且多数跨配筋相同时，此项可加注下部纵筋的配筋值，用分号“;”将上部与下部纵筋的配筋值分隔开来，少数跨不同者，采用原位标注处理。

e. 梁侧面纵向构造钢筋或受扭钢筋配置，该项为必注值。

当梁腹板高度 $h_w\geqslant 450$ mm 时，需配置纵向构造钢筋，所注规格与根数应符合规范规定。此项注写值以大写字母 G 打头，接续注写设置在梁两个侧面的总配筋值，且对称配置。

当梁侧面需配置受扭纵向钢筋时，此项注写值以大写字母 N 打头，接续注写配置在梁两个侧面的总配筋值，且对称配置。受扭纵向钢筋应满足梁侧面纵向构造钢筋的间距要求，且不再重复配置纵向构造钢筋。

f. 梁顶面标高高差，该项为选注值。

梁顶面标高高差，系指相对于结构层楼面标高的高差值，对于位于结构夹层的梁，则指相对于结构夹层楼面标高的高差。有高差时，需将其写入括号内，无高差时不注。当某梁的顶面高于所在结构层的楼面标高时，其标高高差为正值，反之为负值。

②梁原位标注的内容。

a. 梁支座上部纵筋：该部位含通长筋在内的所有纵筋。

当上部纵筋多于一排时，用斜线“/”将各排纵筋自上而下分开。例如，6Φ25 4/2则表示上排纵筋为4Φ25，下排纵筋为2Φ25

当同排纵筋有两种直径时，用“+”将两种直径纵筋相连，注写时角部纵筋写在前面。例如，2Φ25+2Φ22。

当梁中间支座两边的上部纵筋不同时，须在支座两边分别标注，如图3-6-22所示。

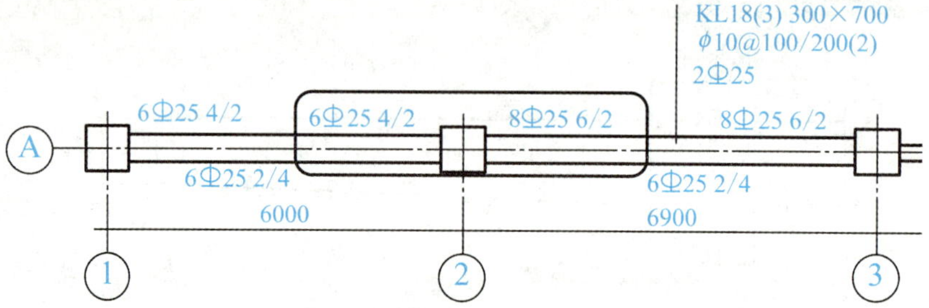

图 3-6-22 梁中间支座两边的上部纵筋不同时注写示意图

当梁中间支座两边的上部纵筋相同时，可仅在支座一边标注配筋值，另一边省去不注，如图3-6-23所示。

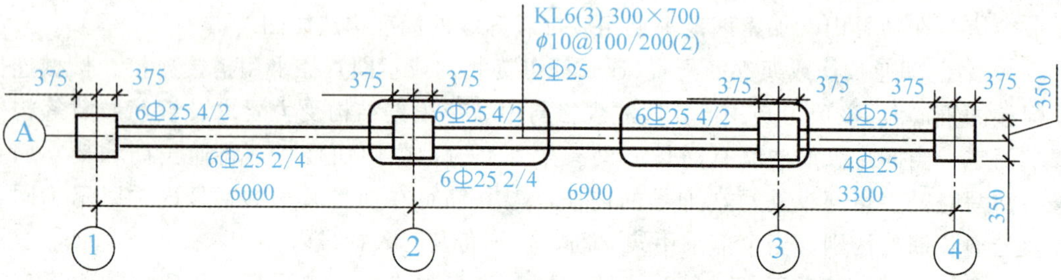

图 3-6-23 梁中间支座两边的上部纵筋相同时注写示意图

b. 梁下部纵筋：当下部纵筋多于一排时，用斜线“/”将各排纵筋自上而下分开；当同排纵筋有两种直径时，用加号“+”将两种直径的纵筋相连，注写时角筋写在前面。

c. 当梁下部纵筋不全部伸入支座时，将梁支座下部纵筋减少的数量写在括号内。

d. 附加箍筋或吊筋，将其直接画在平面图中的主梁上，用线引注总配筋值(附加箍筋的肢数注在括号内)，当多数附加箍筋或吊筋相同时，可在梁平法施工图上统一注明，少数与统一注明值不同时，再原位引注。

常见梁的种类及需要标注的配筋信息如图 3-6-24 所示。

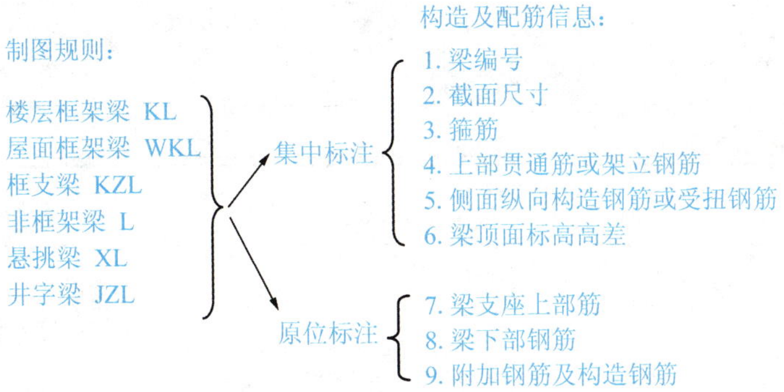

图 3-6-24　常见梁的种类及需要标注的配筋信息

(2)楼层框架梁需要计算的钢筋量

以楼层框架梁为例，我们来研究梁里有哪些种类的钢筋，以便有针对性的计算钢筋量(图 3-6-25)。

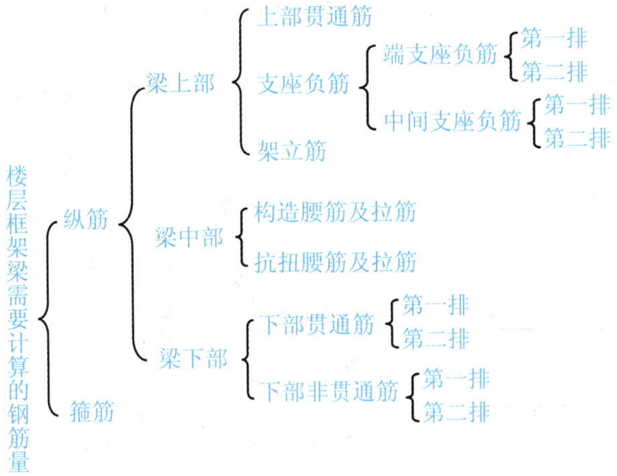

图 3-6-25　楼层框架梁需要计算的钢筋量

(3)楼层框架梁钢筋的计算方法

楼层框架梁 KL 纵向钢筋构造如图 3-6-26 所示。

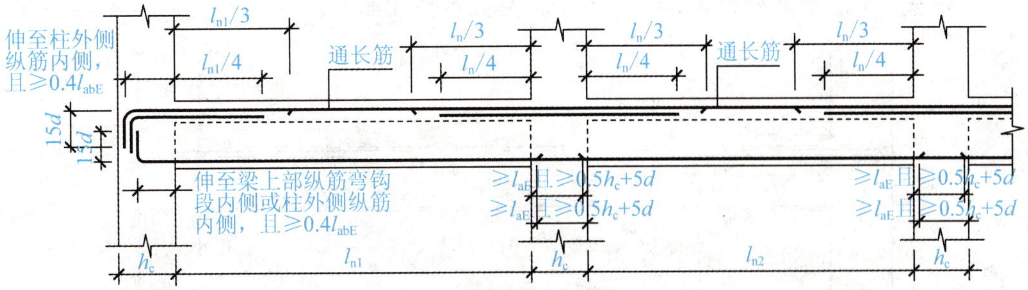

图 3-6-26　楼层框架梁 KL 纵向钢筋构造

①上部贯通筋示意图如图 3-6-27 所示，其计算公式如下。

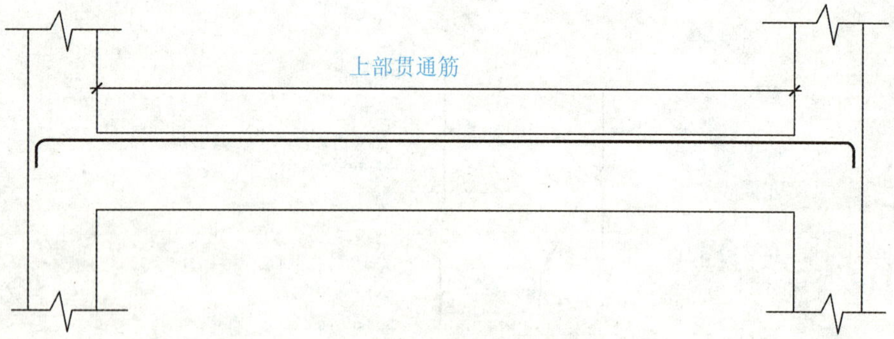

图 3-6-27　上部贯通筋示意图

单根长度＝净跨长＋左支座锚固＋右支座锚固。

左、右支座锚固长度的取值判断如下。

当 h_c－保护层(直锚长度)≥l_{aE}时，直锚取 max(l_{aE}，$0.5h_c+5d$)，如图 3-6-28 所示。

当 h_c－保护层(直锚长度)＜l_{aE}时，弯锚取 h_c－保护层＋15d，h_c 为柱截面沿框架方向的高度，d 为纵筋直径。

设计为机械锚固：直锚段为 h_c－保护层，锚固量根据所采用锚固的形式计算，如图 3-6-29 所示。

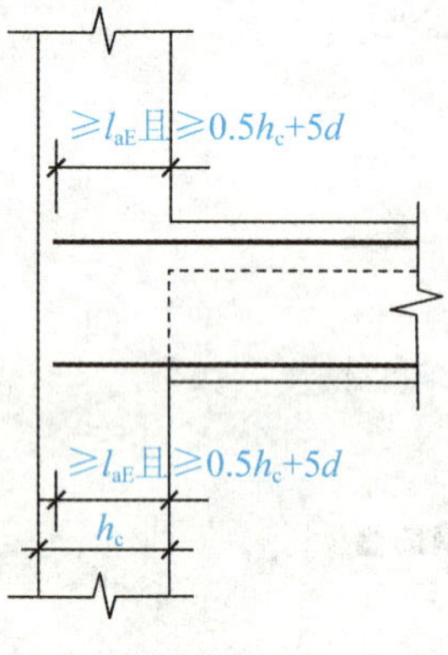

图 3-6-28　端支座直锚示意图

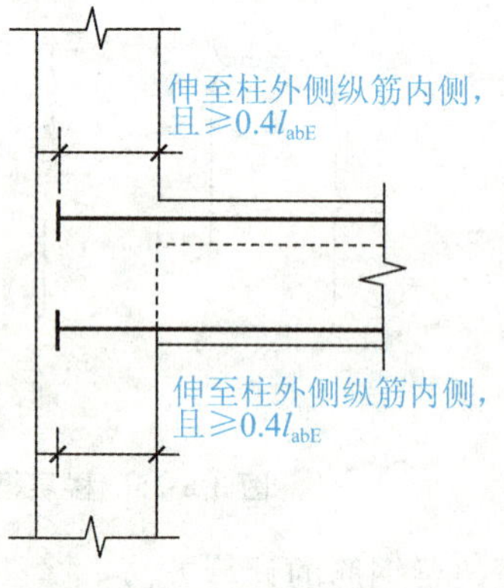

图 3-6-29　端支座加锚头(锚板示意图)

②端支座负筋示意图如图 3-6-30 所示，其计算公式如下。

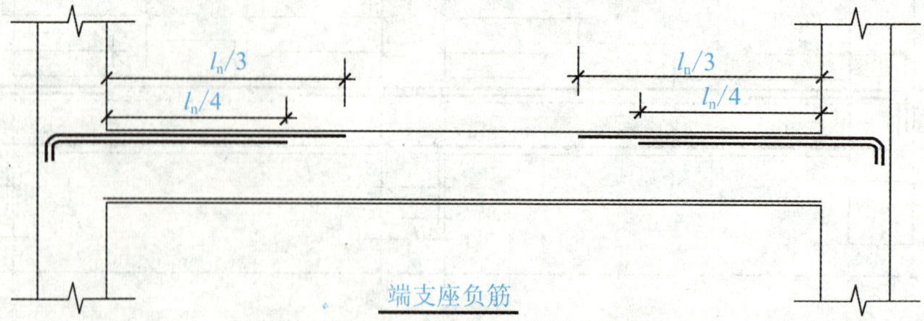

图 3-6-30　端支座负筋示意图

第一排钢筋长度 $= l_n/3 +$ 锚固，

第二排钢筋长度 $= l_n/4 +$ 锚固。

式中 l_n 为净跨长，锚固同梁上部贯通筋端锚固。

③中间支座负筋示意图如图 3-6-31 所示，其计算公式如下。

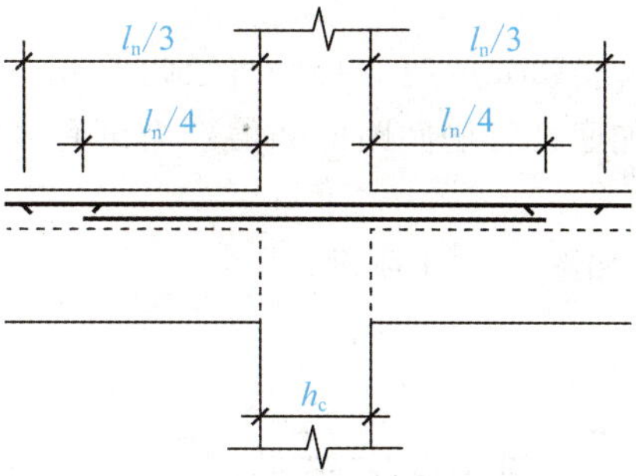

图 3-6-31　中间支座负筋示意图

第一排钢筋长度 $= 2 \times l_n/3 +$ 支座宽度 h_c，

第二排钢筋长度 $= 2 \times l_n/4 +$ 支座宽度 h_c。

对于中间支座，l_n 为支座两边较大一跨的净跨值。

④架立筋示意图如图 3-6-32 所示，其计算公式如下。

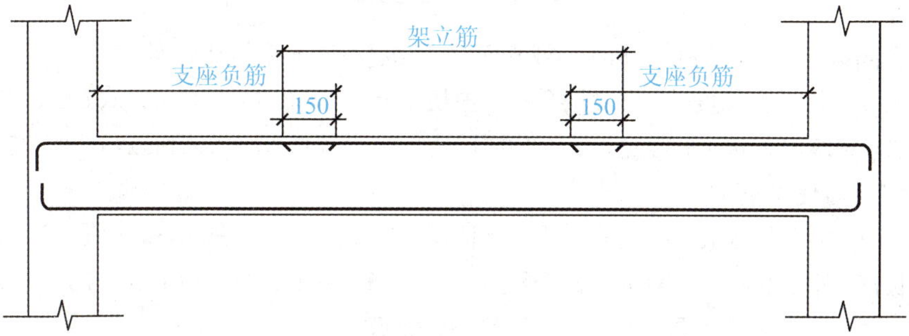

图 3-6-32　架立筋示意图

架立筋长度＝净跨长－左侧负筋伸入梁内长度－右侧负筋伸入梁内长度＋150×2。

当梁的上部既有通长筋又有架立筋时，其中架立筋的搭接长度为 150 mm。

⑤侧面纵向构造或抗扭钢筋示意图如图 3-6-33 所示，其计算公式如下。

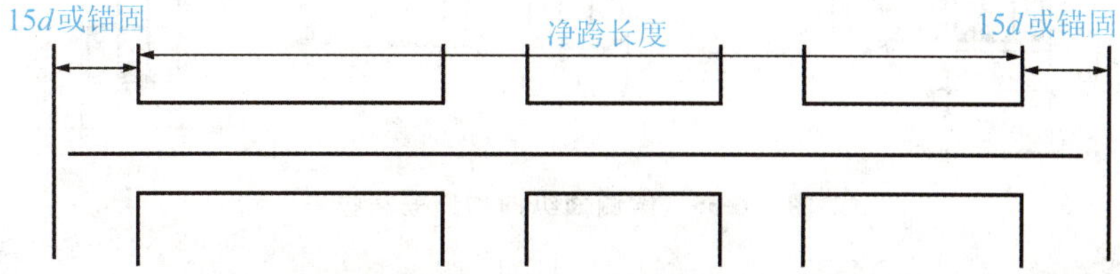

图 3-6-33　侧面纵向构造或抗扭钢筋示意图

构造腰筋长度=净跨长+2×15d；

抗扭腰筋长度=净跨长+2×锚固长度。

当为梁侧面构造钢筋时，其搭接与锚固长度可取 15d；当为梁侧面受扭纵向钢筋时，其搭接长度为 l_l 或 l_{lE}，锚固长度为 l_a 或 l_{aE}，其锚固方式同框架梁下部纵筋。

⑥拉筋的计算。

拉筋直径取值：当梁宽≤350 mm 时，拉筋直径为 6 mm；梁宽>350 mm 时，拉筋直径为 8 mm。拉筋间距为非加密区箍筋间距的 2 倍。当设有多排拉筋时，上下两排拉筋竖向错开设置。

a. 拉筋单根长度计算，如图 3-6-34 所示。

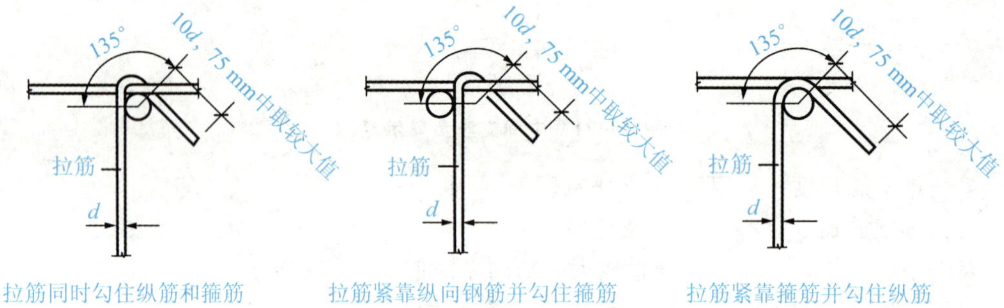

图 3-6-34　拉筋弯钩构造

当拉筋同时勾住纵筋和箍筋时，或拉筋紧靠纵向钢筋并勾住箍筋时：

拉筋长度(中心线长度)=梁宽−2×保护层+d+2×1.9d+2×max(10d，75 mm)；

拉筋长度(外皮长度)=梁宽−2×保护层+2d+2×1.9d+2×max(10d，75 mm)。

当拉筋只勾住主筋时：

拉筋长度(中心线长度)=梁宽−2×保护层−d+2×1.9d+2×max(10d，75 mm)；

拉筋长度(外皮长度)=梁宽−2×保护层+2×1.9d+2×max(10d，75 mm)。

b. 拉筋根数计算，如图 3-6-35、图 3-6-36 所示。

拉筋根数={[(净跨长−50×2)/(非加密间距×2)+1]}×排数。

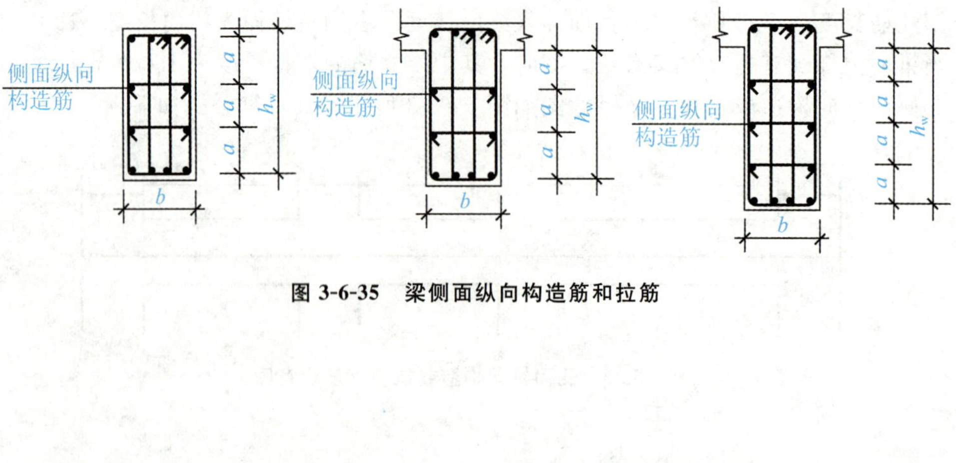

图 3-6-35　梁侧面纵向构造筋和拉筋

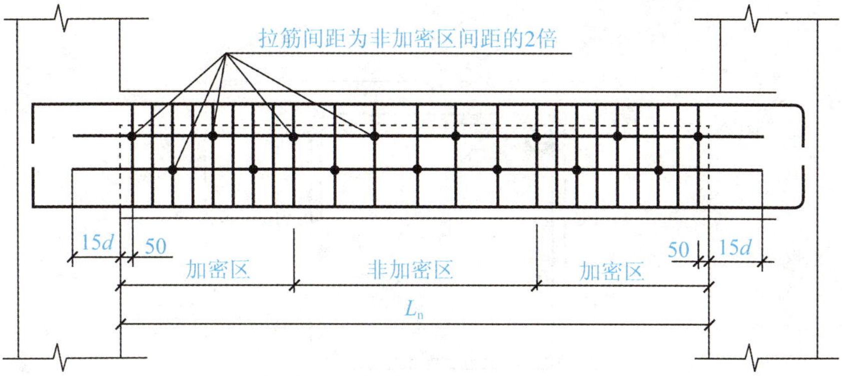

图 3-6-36　拉筋根数计算示意图

⑦下部贯通筋的计算

下部贯通筋的计算方法与上部贯通筋相同。

⑧下部非贯通筋的计算，如图 3-6-37 所示。

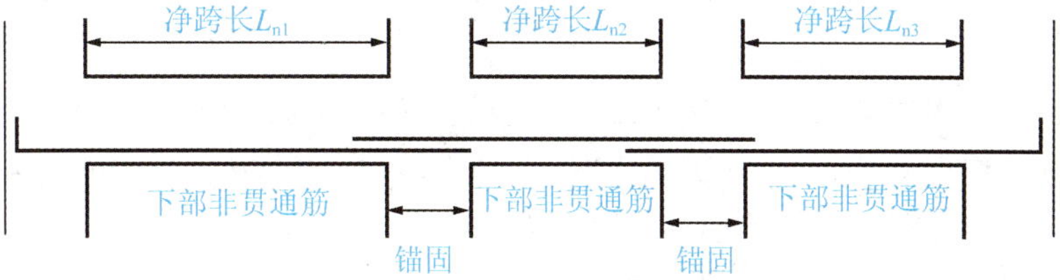

图 3-6-37　下部非贯通筋示意图

对于下部非贯通筋，在端支座处，与上部贯通筋端支座处一样，要判断直锚和弯锚；中间支座处一定是直锚的形式。

a. 端支座直锚：

首尾跨下部非贯通筋长度

＝净跨 L_{n1}（L_{n3}）＋左右支座锚固长度 max（l_{aE}，$0.5h_c+5d$）；

中间跨下部非贯通筋长度

＝净跨 L_{n2}＋左右支座锚固长度 max（l_{aE}，$0.5h_c+5d$）。

b. 端支座弯锚：

首尾跨下部非贯通筋长度

＝净跨 L_{n1}（L_{n3}）＋端支座（h_c－保护层＋$15d$）＋中间支座 max（l_{aE}，$0.5h_c+5d$）；

中间跨下部非贯通筋长度

＝净跨 L_{n2}＋左右支座锚固长度 max（l_{aE}，$0.5h_c+5d$）。

⑨梁箍筋的计算。

a. 箍筋单根长度的计算，如图 3-6-38 所示。

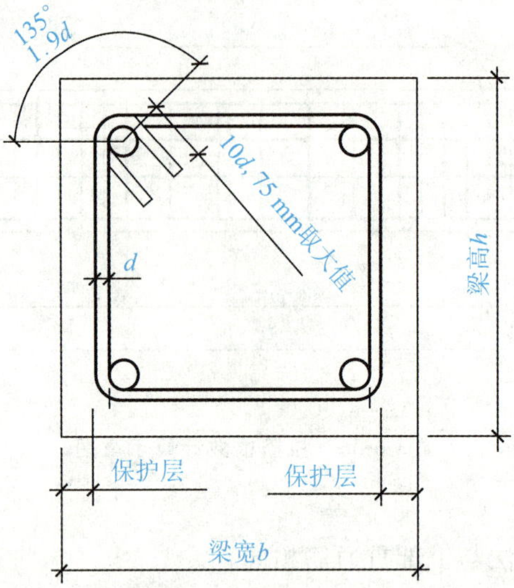

图 3-6-38 双肢箍长度计算示意图

以双肢箍为例，计算公式如下：

中心线长度＝构件周长－8×保护层－4×d＋2×1.9d＋2×max(10d，75 mm)；

外皮长度＝构件周长－8×保护层＋2×1.9d＋2×max(10d，75 mm)。

多肢箍长度的计算见柱箍筋的计算方法。

b. 箍筋根数计算，如图 3-6-39 所示。

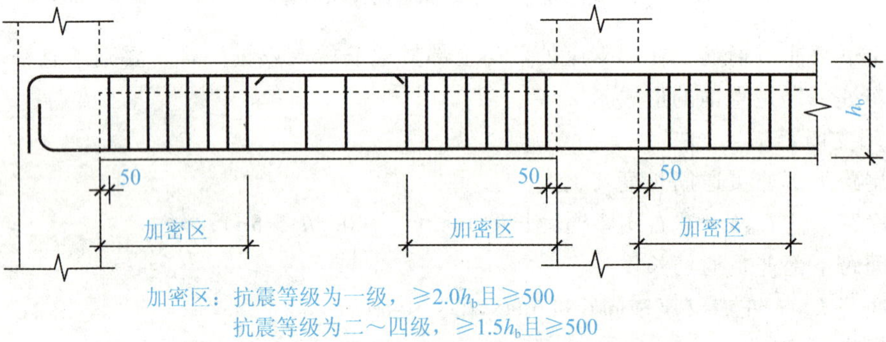

图 3-6-39 框架梁(KL、WKL)箍筋加密区范围

梁箍筋根数分跨计算，每一跨又分加密区与非加密区，分别计算其根数，然后汇总。箍筋加密区范围：一级抗震，≥2.0h_b(h_b为梁截面高度)且≥500；二级抗震，≥1.5h_b(h_b为梁截面高度)且≥500。

箍筋根数计算公式如下：

每一跨箍筋根数＝[(加密区长度－50)/加密间距＋1]×2＋(非加密区长度/非加密间距－1)。

其中，[(加密区长度－50)/加密间距＋1]计算结果向上取整，(非加密区长度/非加密间距－1)计算结果也要向上取整。

端支座处箍筋构造可不设加密区，梁端箍筋规格及数量由设计确定。

⑩吊筋，如图 3-6-40 所示。

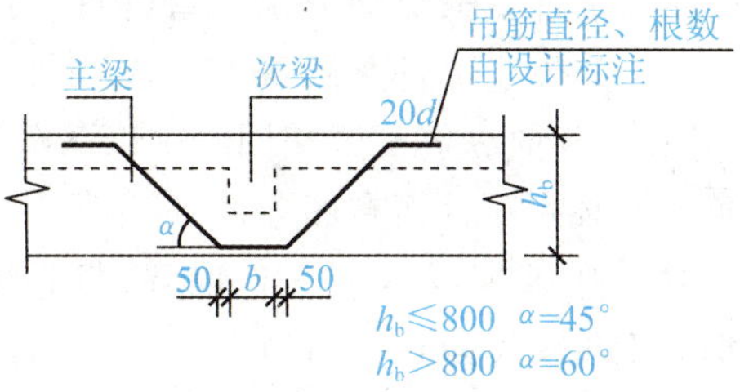

图 3-6-40　吊筋计算示意图

吊筋长度＝次梁宽度＋2×50＋2×斜段长度＋2×20d

＝次梁宽度＋2×50＋2×(梁高－2×梁保护层厚度)/sin 45°(sin 60°)＋2×20×d。

其中，框梁高度＞800 mm 时夹角为 60°；框梁高度≤800 mm 时夹角为 45°

⑪附加箍筋。

附加箍筋配筋值由设计者标注，按根数计算，长度同箍筋长度。

3. 现浇板(有梁楼盖)钢筋工程量计算

(1)板(有梁楼盖)平法施工图的表示方法

有梁楼盖平法施工图，系在楼面板和屋面板布置图上用平面注写的表达方式。板平面注写主要包括板块集中标注和板支座原位标注。

①为方便设计表达和施工识图，规定结构平面的坐标方向如下。

正交布置：从左至右为 X 向，从下至上为 Y 向。

轴网转折：局部坐标方向顺轴网转折角度做相应调整。

轴网向心布置：切向为 X 向，径向为 Y 向。

②板块集中标注。

板块集中标注的内容为：板块编号、板厚、上部贯通纵筋、下部纵筋以及当板面标高不同时的标高高差。

板块编号：对于普通楼面，两向均以一跨为一板块；对于密肋楼盖，两向主梁(框架梁)均以一跨为一板块(非主梁密肋不计)。所有板块应逐一编号，相同编号的板块可择其一做集中标注，其他仅注写置于圆圈内的板编号，以及当板面标高不同时的标高高差。板块编号按表 3-6-13 的规定。

表 3-6-13　板块编号

板类型	代号	序号
楼面板	LB	××
屋面板	WB	××
悬挑板	XB	××

板厚：注写为 $h=\times\times\times$（为垂直于板面的厚度）；当悬挑板的端部改变截面厚度时，用斜线分隔根部与端部的高度值，注写为 $h=\times\times\times/\times\times\times$；当设计已在图注中统一注明板厚时，此项可不注。

纵筋：按板块的下部纵筋和上部贯通纵筋分别注写（当板块上部不设贯通纵筋时则不注），并以 B 代表下部纵筋，以 T 代表上部贯通纵筋，B&T 代表下部与上部；X 向纵筋以 X 打头，Y 向纵筋以 Y 打头，两向纵筋配置相同时则以 X&Y 打头。

当为单向板时，分布筋可不必注写，而在图中统一注明。当在某些板内（如在悬挑板 XB 的下部）配置有构造钢筋时，则 X 向以 X_c，Y 向以 Y_c 打头注写。

当 Y 向采用放射配筋时（切向为 X 向，径向为 Y 向），设计者应注明配筋间距的定位尺寸。

板面标高高差，系指相对于结构层楼面标高的高差，应将其注写在括号内，且有高差则注，无高差不注。

③板支座原位标注。

板支座原位标注的内容为：板支座上部非贯通纵筋和悬挑板上部受力钢筋。

板支座原位标注的钢筋，应在配置相同跨的第一跨表达（当在梁悬挑部位单独配置时则在原位表达）。在配置相同跨的第一跨（或梁悬挑部位），垂直于板支座（梁或墙）绘制一段适宜长度的中粗实线（当该筋通长设置在悬挑板或短跨板上部时，实线段应画至对边或贯通短跨），以该线段代表支座上部非贯通纵筋，并在线段上方注写钢筋编号（如①②等）、配筋值、横向连续布置的跨数（注写在括号内，且当为一跨时可不注），以及是否横向布置到梁的悬挑端。

板支座上部非贯通筋自支座中线向跨内的伸出长度，注写在线段的下方位置。

当中间支座上部非贯通纵筋向支座两侧对称伸出时，可仅在支座一侧线段下方标注伸出长度，另一侧不注，如图 3-6-41 所示。

当向支座两侧非对称伸出时，应分别在支座两侧线段下方注写伸出长度，如图 3-6-42 所示。

对线段画至对边贯通全跨或贯通全悬挑长度的上部通长纵筋，贯通全跨或伸出至全悬挑一侧的长度值不注，只注明非贯通筋另一侧伸出长度值，如图 3-6-43 所示。

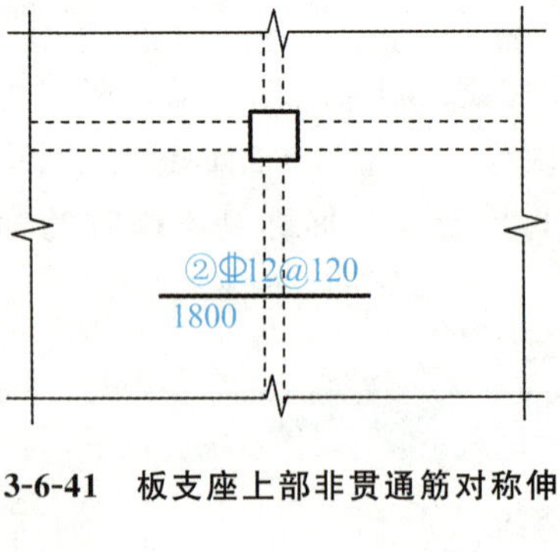

图 3-6-41　板支座上部非贯通筋对称伸出

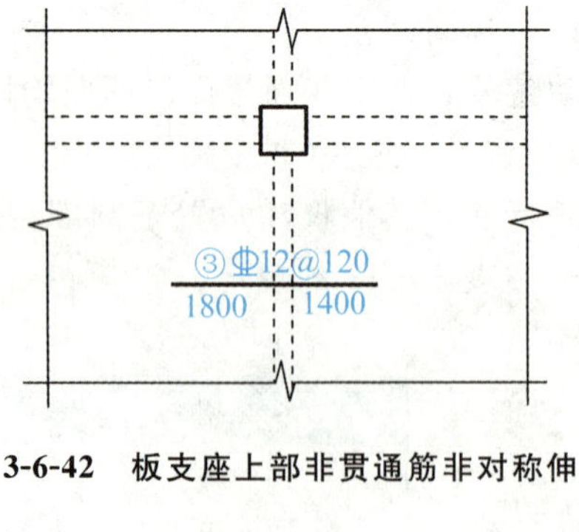

图 3-6-42　板支座上部非贯通筋非对称伸出

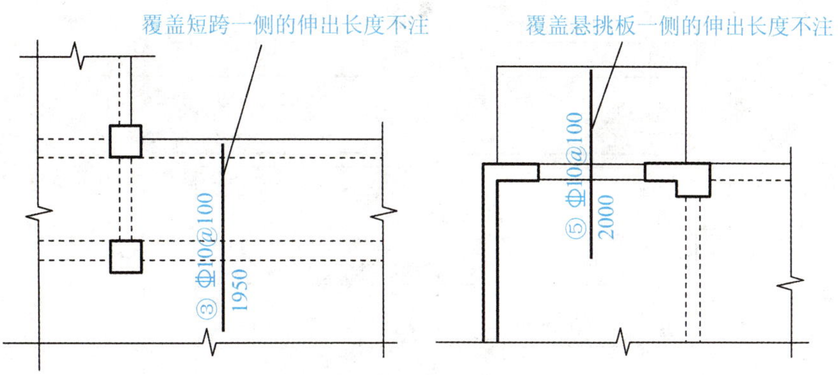

图 3-6-43　板支座非贯通筋贯通全跨或伸出至悬挑端

在板平面布置图中，不同部位的板支座上部非贯通纵筋及悬挑板上部受力钢筋，可仅在一个部位注写，对其他相同者则仅需在代表钢筋的线段上注写编号及按本条规则注写横向连续布置的跨数即可。

此外，与板支座上部非贯通纵筋垂直且绑扎在一起的构造钢筋或分布钢筋，应由设计者在图中注明。

(2)现浇板(有梁楼盖)需要计算的钢筋量

以楼面板为例，我们来研究板里有哪些种类的钢筋，以便有针对性的计算钢筋量(图 3-6-44)。

- 板内钢筋
  - 面筋
    - 支座筋
      - 端支座负筋
        - 负筋
        - 分布筋
      - 中间支座负筋
        - 负筋
        - 分布筋
    - 温度筋或抗裂钢筋
      - X 方向
      - Y 方向
    - 贯通筋
      - X 方向
      - Y 方向
  - 底筋
    - X 方向
    - Y 方向
  - 其他：马凳筋、洞口加筋、放射筋

图 3-6-44　现浇板(有梁楼盖)需要计算的钢筋量

(3)现浇板(有梁楼盖)钢筋的计算方法

现浇板钢筋包括底筋和面筋两大部分，手工计算工程量，分别计算其单根长度和根数，然后汇总。

①下部纵筋长度(X 向、Y 向)。

下部纵筋长度计算如图 3-6-45 所示，其中左右伸进长度计算如图 3-6-45、图 3-6-46 所示，为 max(5d，左支座宽/2)。

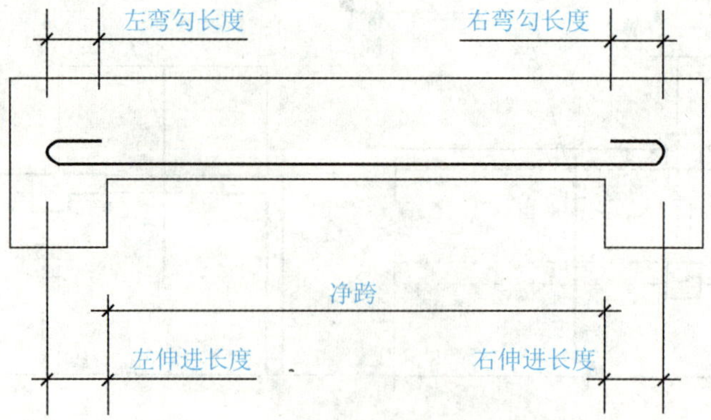

图 3-6-45　板底钢筋长度计算示意图

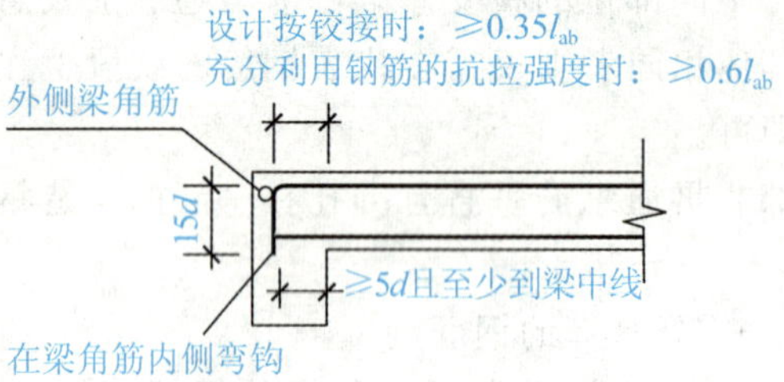

图 3-6-46　板在端部支座锚固示意图

下部纵筋单根长度计算公式如下：

单根长度＝max(5d，左支座宽/2)＋板净长＋max(5d，右支座宽/2)。

板底筋若为一级光圆钢筋，两端加 180°的弯钩(6.25d)。

板的第一根钢筋距梁边为 1/2 板筋间距，如图 3-6-47 所示。

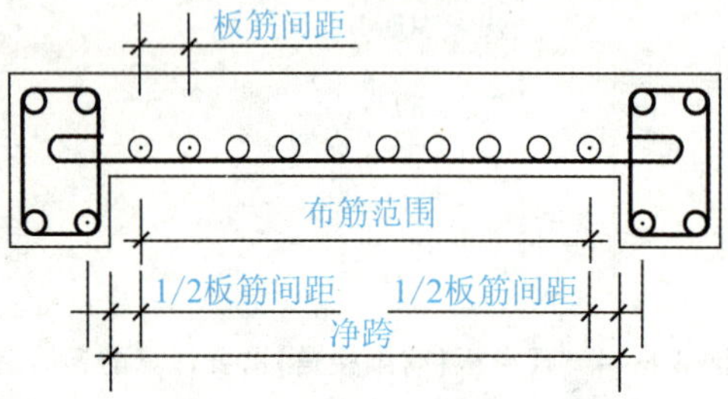

图 3-6-47　板底钢筋根数计算示意图

根数＝(板净长－板筋间距)/板筋间距＋1。(计算结果向上取整)

②板端支座负筋。

板端支座负筋如图 3-6-46 所示。

板端专座负筋单根长度计算公式如下：

单根长度＝锚入长度＋板内净尺寸＋弯折长度。

其中，锚入长度的计算如下：

当 h_c－保护层≥l_a时，直锚取 max(l_a，200)，h_c 为梁宽；

当 h_c－保护层<l_a时，弯锚取 h_c－保护层＋15d。

弯折长度＝板厚－2×板保护层。

端支座负筋根数＝布筋范围/板筋间距＋1。(计算结果向上取整)

③板中间支座负筋。

板中间支座负筋如图 3-6-48 所示。

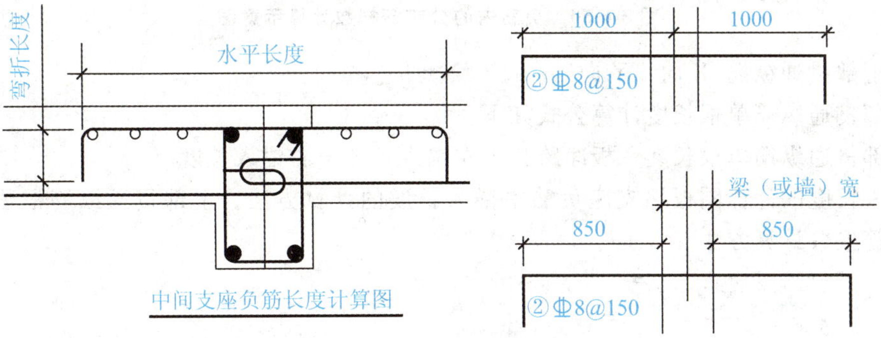

图 3-6-48　板中间支座负筋长度计算示意图

板中间支座负筋单根长度计算公式如下：

单根长度＝水平长度＋弯折长度×2

　　　　＝左标注长度＋右标注长度＋弯折长度×2。

中间支座负筋根数＝布筋范围/板筋间距＋1。

④负筋内的分布筋。

负筋内的分布筋长度如图 3-6-49 所示，分布筋根数如图 3-6-50 所示。

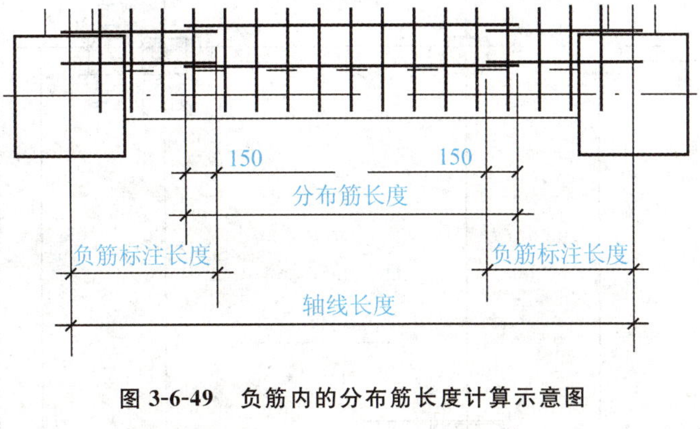

图 3-6-49　负筋内的分布筋长度计算示意图

分布筋自身及与受力主筋、构造钢筋的搭接长度为 150 mm。

分布筋长度及根数计算公式如下：

分布筋长度＝轴线(净跨)长度－负筋标注长度×2＋150×2；

分布筋根数＝负筋板内净长/分布筋间距。(计算结果向上取整－1)

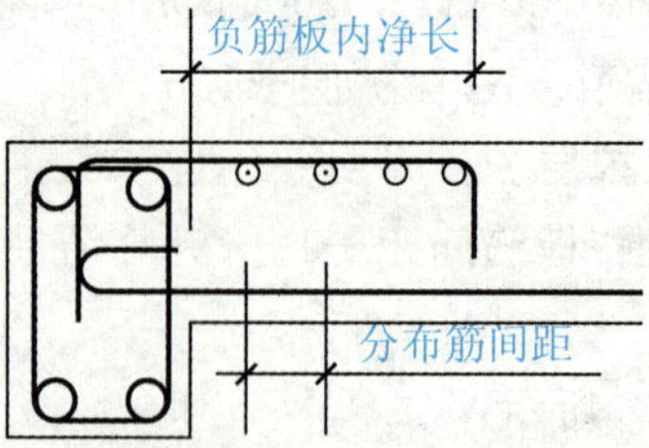

图 3-6-50 负筋内的分布筋根数计算示意图

⑤上部贯通纵筋(X 向、Y 向)。

上部贯通纵筋单根长度计算公式如下:

上部贯通纵筋单根长度=板净跨长+左锚入长度+右锚入长度。

锚入长度的计算同板端支座负筋中锚入长度的计算方法。上部贯通纵筋根数计算同下部纵筋根数计算方法。

3.6.5 典型案例分析

【例 3.6.1】如图 3-6-51、表 3-6-14 所示,某地上三层带地下一层现浇框架柱平法施工图,结构层高均为 3.50 m,砼框架设计抗震等级为三级。已知柱砼强度等级为 C30,筏板基础厚度为 800 mm,每层的框架梁高均为 400 mm。柱中纵向钢筋均采用直螺纹套管连接,箍筋为双肢箍,嵌固部位在地下室顶面。(箍筋为 HPB300 普通钢筋,其余均为 HRB335 普通螺纹钢筋;$l_{aE}=30d$,$l_{abE}=31d$,保护层厚度柱 20 mm、基础 40 mm;柱在基础内水平弯折 150 mm,基础内箍筋 3 根;其余未知条件执行 16G 101-1)试计算 KZ2 的钢筋用量。(箍筋长度按中心线长度计算)

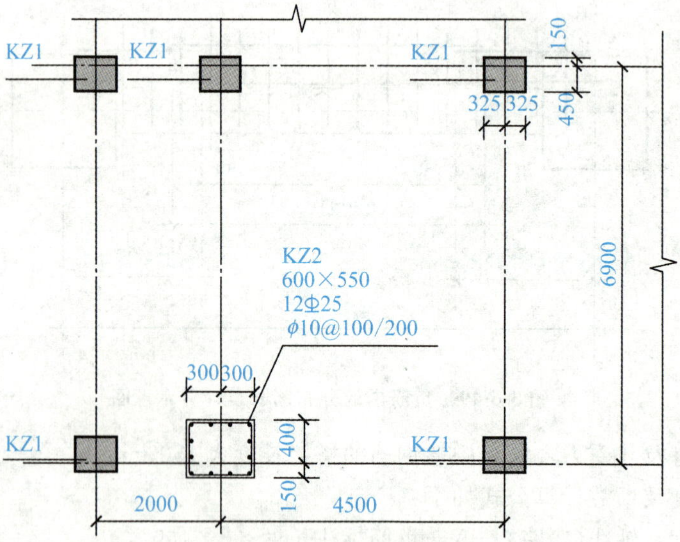

图 3-6-51 柱钢筋示意图

表 3-6-14　结构层标高

屋面	10.47	
3	6.97	3.5
2	3.47	3.5
1	－0.03	3.5
－1	－3.53	3.5
层号	标高(mm)	层高(m)

【解】本题计算依据国家建筑标准设计图集 16G 101-1、16G 101-3 规范要求计算。需要计算的钢筋量有纵筋(外侧 4 根Φ25 纵筋，内侧 8 根Φ25 纵筋)，箍筋(双肢箍)。查表得：每米质量Φ25 为 3.85 kg，ϕ10 为 0.617 kg。

(1)据题意，KZ2 为边柱，首先计算柱外侧 4 根Φ25 纵筋。顶层柱外侧筋伸入梁内的锚固长度自梁底开始以 l_{abE}的 1.5 倍计算。

长度计算公式为：

基础内弯折长度＋基础厚度－基础保护层厚度＋四层纵筋长度(层高)－顶层梁高＋1.5l_{abE}。

总质量＝[0.15＋(0.8－0.04)＋(10.47＋3.53)－0.4＋1.5×31×0.025]×4×3.85

＝(0.15＋0.76＋14－0.4＋1.163)×4×3.85

＝15.673×4×3.85

＝241.36 kg。

(2)计算柱内侧 8 根Φ25 纵筋。首先判断纵筋在顶层是直锚还是弯锚；梁高－保护层＝0.4－0.02＝0.38 m，l_{aE}＝30×0.025＝0.75 m，梁高－保护层＜l_{aE}。为弯锚。

长度计算公式为：

基础内弯折长度＋基础厚度－基础保护层厚度＋四层纵筋长度(层高－保护层)＋12d。

总质量＝[0.15＋(0.8－0.04)＋(10.47＋3.53)－0.02＋12×0.025]×8×3.85

＝(0.15＋0.76＋14－0.02＋0.3)×8×3.85

＝15.19×8×3.85

＝467.85 kg。

纵筋合计：241.36＋467.85＝709.21 kg＝0.709 t。

(3)计算柱箍筋 ϕ10 长度(中心线长度)。

单根长度＝(0.6＋0.55)×2－8×0.02－4×0.01＋2×11.9×0.01

＝2.3－0.16－0.04＋0.238

＝2.338 m。

(4)计算柱箍筋根数。

①基础内根据题意为 3 根。

②负一层：h_n＝3.5－0.4＝3.1 m。

max(h_n/6，h_c，500)＝max(0.517，0.6，0.5)＝0.6 m。

加密区：基础顶面加密区根数＝0.6/0.1＋1＝7 根。

—0.03 m梁下加密区根数=0.6/0.1+1=7根。

—0.03 m梁内加密区根数=0.4/0.1=4根。

非加密区根数=(层高-加密区范围)/0.2-1

=(3.5-0.4-0.6×2)/0.2-1=9根。

负一层根数合计为：7+7+4+9=27根。

③一层：$h_n=3.5-0.4=3.1$ m，$h_n/3=1.033$ m。

$\max(h_n/6, h_c, 500)=\max(0.517, 0.6, 0.5)=0.6$ m。

加密区：-0.03 m梁上加密区根数=$(h_n/3)/0.1+1=12$根(嵌固部位)。

3.47 m梁下加密区根数=0.6/0.1+1=7根。

3.47 m梁内加密区根数=0.4/0.1=4根。

非加密区根数=(层高-加密区范围)/0.2-1

=(3.5-0.4-1.033-0.6)/0.2-1=7根。

一层根数合计为：12+7+4+7=30根。

④二至三层：$h_n=3.5-0.4=3.1$ m。

$\max(h_n/6, h_c, 500)=\max(0.517, 0.6, 0.5)=0.6$ m。

加密区：3.47 m(6.97 m)梁上加密区根数=0.6/0.1+1=7根。

6.97 m(10.47 m)梁下加密区根=0.6/0.1+1=7根。

6.97 m(10.47 m)梁内加密区根数=0.4/0.1=4根。

非加密区根数=(3.5-0.4-0.6×2)/0.2-1=9根。

二至三层根数合计为：(7+7+4+9)×2=54根。

KZ2箍筋总根数=3+27+30+54=114根。

箍筋总质量：114×2.338×0.617=164.45 kg=0.164 t。

(5)钢筋接头：直螺纹套管连接12×4=48个。

计算结果见表3-6-15。

表3-6-15 定额项目表

序号	定额编号	定额名称	计量单位	工程量
1	5-2	现浇构件非预应力钢筋　圆钢 ϕ5 以上	t	0.164
2	5-4	现浇构件非预应力钢筋　螺纹钢Ⅱ级	t	0.709
3	5-45	直螺纹套筒连接　钢筋直径25以内	个	48

【例3.6.2】某框架结构房屋，抗震等级为二级，其框架梁的配筋如图3-6-52所示。已知梁混凝土的强度等级为C30，柱的截面尺寸为400 mm×400 mm，次梁截面200 mm×400 mm，轴线为柱、梁中心线，框架梁钢筋保护层厚度20 mm，钢筋连接采用电渣压力焊，钢筋定尺长度为8 m，附加吊筋2根。试计算KL1的钢筋工程量。

【解】已知抗震等级二级，则 $l_{aE}=40d$，查表得：每米质量Φ25为3.85 kg，ϕ8为0.395 kg，Φ18为2.00 kg。

(1)上通筋 2 根Φ25。

支座宽－保护层＝0.4－0.02＝0.38 m＜l_{aE}＝40×0.025＝1.00 m，为弯锚；

[(4.5＋7.5＋6)－0.4＋(0.4－0.02＋15×0.025)×2]×2×3.85

＝[18－0.4＋0.755×2]×2×3.85

＝19.11×2×3.85

＝147.15 kg。

电渣压力焊接头：2×2＝4 个。

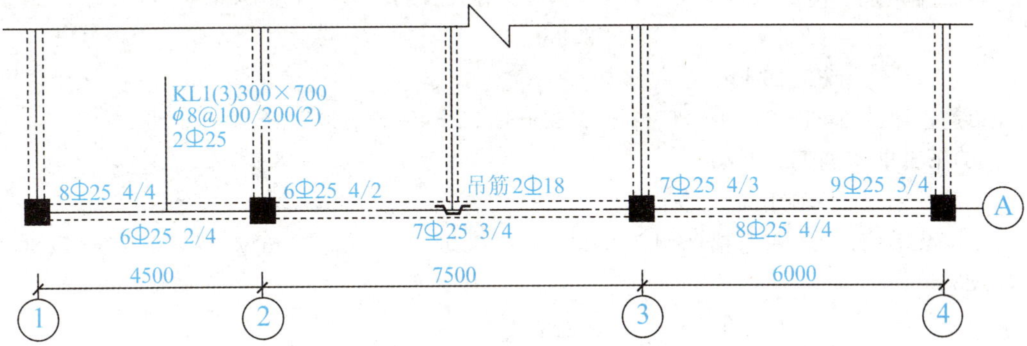

图 3-6-52　某框架梁配筋图

(2)①轴端支座负筋：第一排 2 根，第二排 4 根，Φ25。

经判断，负筋在①轴端支座处为弯锚，则：

第一排负筋＝[(4.5－0.4)/3＋(0.4－0.02＋15×0.025)]×2×3.85

＝(1.367＋0.755)×2×3.85

＝16.34 kg。

第二排负筋＝[(4.5－0.4)/4＋(0.4－0.02＋15×0.025)]×4×3.85

＝(1.025＋0.755)×4×3.85

＝27.41 kg。

(3)②轴中间支座负筋计算：第一排 2 根，第二排 2 根，Φ25。

中间支座处的 l_n 取相邻两跨的大跨，即(7.5－0.4)m。

第一排负筋＝[(7.5－0.4)/3×2＋0.4]×2×3.85

＝5.133×2×3.85

＝39.52 kg。

第二排负筋＝[(7.5－0.4)/4×2＋0.4]×2×3.85

＝3.95×2×3.85

＝30.42 kg。

(4)③轴中间支座负筋计算同②轴中间支座负筋的计算，第一排 2 根，第二排 3 根，Φ25。

第一排负筋＝[(7.5－0.4)/3×2＋0.4]×2×3.85

＝5.133×2×3.85

＝39.52 kg。

第二排负筋=[(7.5−0.4)/4×2+0.4]×3×3.85

=3.95×3×3.85

=45.62 kg。

(5)④轴端支座负筋的计算同①轴处的计算方法，第一排3根，第二排4根，Φ25。

第一排负筋=[(6−0.4)/3+(0.4−0.02+15×0.025)]×3×3.85

=(1.867+0.755)×3×3.85

=30.28 kg。

第二排负筋=[(6−0.4)/4+(0.4−0.02+15×0.025)]×4×3.85

=(1.4+0.755)×4×3.85

=33.19 kg。

负筋合计：16.34+27.41+39.52+30.42+39.52+45.62+30.28+33.19=262.3 kg。

(6)下部非贯通筋，Φ25。

第一跨(①②轴线间)6根：

=[(4.5−0.4)+左弯锚(0.4−0.02+15×0.025)+右直锚 max(l_{aE}，0.5h_c+5d)]×6×3.85

=(4.1+0.755+1)×6×3.85

=5.855×6×3.85

=135.25 kg。

第二跨(②③轴线间)7根：

=[(7.5−0.4)+左、右直锚 max(l_{aE}，0.5h_c+5d)×2]×7×3.85

=(7.1+1×2)×7×3.85

=9.1×7×3.85

=245.25 kg。

第三跨(③④轴线间)8根：

=[(6−0.4)+左直锚 max(l_{aE}，0.5h_c+5d)+右弯锚(0.4−0.02+15×0.025)]×8×3.85

=(5.6+1+0.755)×8×3.85

=7.355×8×3.85

=226.53 kg。

下部非贯通筋合计：135.25+245.25+226.53=607.03 kg。

(7)箍筋计算，ϕ8。

箍筋长度(外皮长度)=(0.3+0.7)×2−8×0.02+2×11.9×0.008=2.03 m。

箍筋根数的计算：

由已知条件可知：二级抗震箍筋加密区长度应≥1.5h_b，且大于或等于500 mm。因1.5h_b=1.5×0.7=1.05 m=1050 mm>500 mm，故在支座处箍筋加密区长度为1.05 m，

第一跨箍筋根数=[(1.05−0.05)/0.1+1]×2+(4.5−0.4−1.05×2)/0.2−1=31根。

第二跨箍筋根数=[(1.05−0.05)/0.1+1]×2+(7.5−0.4−1.05×2)/0.2−1=46根。

第三跨箍筋根数=[(1.05−0.05)/0.1+1]×2+(6−0.4−1.05×2)/0.2−1=39根。

箍筋质量：2.03 m×(31+46+39)×0.395=93.01 kg。

(8)吊筋计算，Φ18。

[0.2+0.1+1.414×(0.7−2×0.02)×2+20×0.018×2]×2×2.00

=2.886×2×2.00

=11.54 kg。

一级钢，ϕ8：93.01 kg=0.093 t。

二级钢，Φ18：11.54 kg。

二级钢，ΦC25：147.15+262.3+607.03=1016.48 kg。

二级钢合计：11.54+1016.48=1028.02 kg=1.028 t。

电渣压力焊接头：2×2=4 个。

计算结果见表 3-6-16。

表 3-6-16　定额项目表

序号	定额编号	定额名称	计量单位	工程量
1	5-2	现浇构件非预应力钢筋　圆钢 ϕ5 以上	t	0.093
2	5-4	现浇构件非预应力钢筋　螺纹钢Ⅱ级	t	1.028
3	5-36	电渣压力焊接　钢筋直径 25 以内	个	4

【例 3.6.3】某现浇 C25 混凝土有梁板楼板平面配筋图如图 3-6-53 所示，板厚 100 mm，钢筋保护层厚度板为 15 mm，梁为 20 mm，板支座上部非贯通纵筋原位标注值为支座中线向跨内的伸出长度，采用焊接的连接方式。计算该楼面板钢筋总用量。

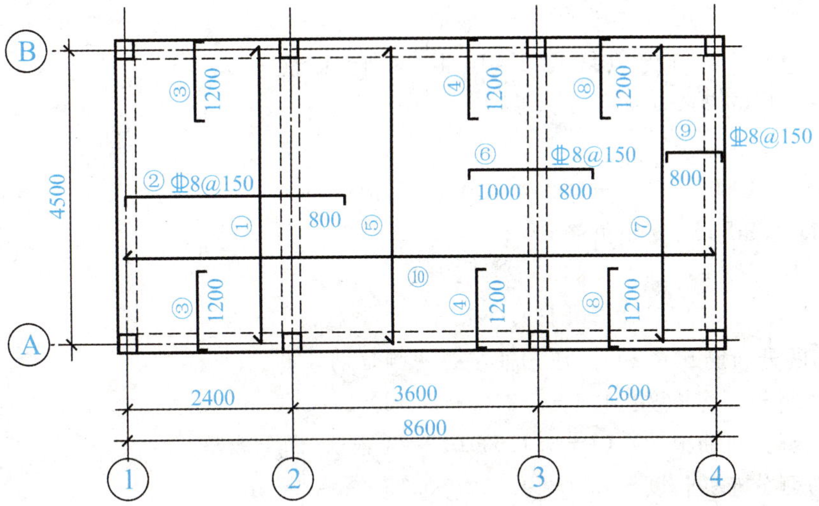

说明：1.板底筋、负筋受力筋未注明均为Φ8@200。
2.未注明梁宽均为250 mm，高600 mm。
3.未注明板支座负筋分布筋为ϕ6@200。

图 3-6-53　板配筋示意图

【解】钢筋计算过程：$l_a=40d$，查表得：每米质量Φ8 为 0.395 kg，ϕ6.5 为 0.26 kg。h_c—

保护层$=0.25-0.02=0.23\leqslant l_a=40\times0.008=0.32$，在支座处弯锚。

1 号筋：Φ8@200 底筋。

长度：4.5 m。

根数：(2.4－0.125×2－0.2)/0.2＋1＝11 根。

2 号筋：Φ8@150 跨板受力筋。

长度：2.4－0.125＋(0.25－0.02＋15×0.008)＋0.8＋0.1－0.015×2＝3.495 m。

根数：(4.5－0.125×2－0.15)/0.15＋1＝29 根。

2 号筋的分布筋 ϕ6@200。

①②轴间长度：4.5－1.2×2＋0.15×2＝2.4 m。

①②轴间根数：(2.4－0.125×2)/0.2＝10 根。(向上取整－1)

②③轴间长度：4.5－1.2×2＋0.15×2＝2.4 m。

②③轴间根数：(0.8－0.125)/0.2＝3 根。(向上取整－1)

3 号筋：Φ8@200 端支座负筋。

长度：1.2－0.125＋(0.25－0.02＋15×0.008)＋0.1－0.015×2＝1.495 m。

根数：[(2.4－0.125×2－0.2)/0.2＋1]×2＝22 根。

3 号筋的分布筋用 2 号筋代替，不计算。

4 号筋：Φ8@200 支座负筋。

长度：同 3 号筋＝1.495 m。

根数：[(3.6－0.125×2－0.2)/0.2＋1]×2＝34 根。

4 号筋的分布筋 ϕ6@200。

长度：3.6－1－0.8＋2×0.15＝2.1 m。

根数：[(1.2－0.125)/0.2]×2＝10 根。(向上取整－1)

5 号筋：Φ8@200 底筋。

长度：4.5 m。

根数：(3.6－0.125×2－0.2)/0.2＋1＝17 根。

6 号筋：Φ8@150 支座负筋。

长度：1＋0.8＋(0.1－0.015×2)×2＝1.94 m。

根数：(4.5－0.125×2－0.15)/0.15＋1＝29 根。

6 号筋的分布筋 ϕ6@200，在③轴左右两侧分别计算。

③轴左侧分布筋长度：4.5－1.2×2＋0.15×2＝2.4 m。

③轴左侧分布筋根数：(1－0.125)/0.2＝4 根。(向上取整－1)

③轴右侧分布筋长度：4.5－1.2×2＋0.15×2＝2.4 m。

③轴右侧分布筋根数：(0.8－0.125)/0.2＝3 根。(向上取整－1)

7 号筋：Φ8@200 底筋。

长度：4.5 m。

根数：(2.6－0.125×2－0.2)/0.2＋1＝12 根。

8 号筋：Φ8@200 支座负筋。

长度：同 3 号筋＝1.495 m。
根数：[(2.6－0.125×2－0.2)/0.2＋1]×2＝24 根。
8 号筋的分布筋 $\phi6@200$。
长度：2.6－0.8×2＋2×0.15＝1.3 m。
根数：[(1.2－0.125)/0.2]×2＝10 根。(向上取整－1)
9 号筋：$\Phi8@150$ 支座负筋。
长度：0.8－0.125＋(0.25－0.02＋15×0.008)＋0.1－0.015×2＝1.095 m。
根数：(4.5－0.125×2－0.15)/0.15＋1＝29 根。
9 号筋的分布筋 $\phi6@200$。
长度：4.5－1.2×2＋2×0.15＝2.4 m。
根数：(0.8－0.125)/0.2＝3 根。(向上取整－1)
10 号筋：$\Phi8@200$ 底筋。
长度：2.4＋3.6＋2.6＝8.6 m。
根数：(4.5－0.125×2－0.2)/0.2＋1＝22 根。
板钢筋计算过程及钢筋量汇总见表 3-6-17。

表 3-6-17　板钢筋计算汇总表

钢筋编号	钢筋名称	钢筋直径	单根长度计算式	单根长度/m	根数	总长度/m	质量/kg	
							HPB300	HRB400
1 号	底筋	8	长度：4.5 m 根数：(2.4－0.125×2－0.2)/0.2＋1＝11 根	4.5	11	49.5		19.55
2 号	负筋受力筋	8	长度：2.4－0.125＋(0.25－0.02＋15×0.008)＋0.8＋0.1－0.015×2＝3.495 m 根数：(4.5－0.125×2－0.15)/0.15＋1＝29 根	3.495	29	101.36		40.04
	分布筋	6	长度：4.5－1.2×2＋0.15×2＝2.4 m 根数：(2.4－0.125×2)/0.2＝10 根 根数：(0.8－0.125)/0.2＝3 根	2.4	13	31.2	8.11	
3 号	端支座负筋	8	长度：1.2－0.125＋(0.25－0.02＋15×0.008)＋0.1－0.015×2＝1.495 m 根数：[(2.4－0.125×2－0.2)/0.2＋1]×2＝22 根	1.495	22	32.89		12.99
	分布筋	6	用 2 号筋代替，不计	无		无	无	

续表

钢筋编号	钢筋名称	钢筋直径	单根长度计算式	单根长度/m	根数	总长度/m	质量/kg	
							HPB300	HRB400
4号	端支座负筋	8	长度：同3号筋=1.495 m 根数：[(3.6－0.125×2－0.2)/0.2+1]×2=34根	1.495	34	50.83		20.08
	分布筋	6	长度：3.6－1－0.8+2×0.15=2.1 m 根数：[(1.2－0.125)/0.2]×2=10根	2.1	10	21	5.46	
5号	底筋	8	长度：4.5 m 根数：(3.6－0.125×2－0.2)/0.2+1=17根	4.5	17	76.5		30.22
6号	中间支座负筋	8	长度：1+0.8+(0.1－0.015×2)×2=1.94 m 根数：(4.5－0.125×2－0.15)/0.15+1=29根	1.94	29	56.26		22.22
	分布筋	6	长度：4.5－1.2×2+0.15×2=2.4 m 根数：(1－0.125)/0.2=4根 根数：(0.8－0.125)/0.2=3根	2.4	7	16.8	4.368	
7号	底筋	8	长度：4.5 m 根数：(2.6－0.125×2－0.2)/0.2+1=12根	4.5	12	54		21.33
8号	端支座负筋	8	长度：同3号筋=1.495 m 根数：[(2.6－0.125×2－0.2)/0.2+1]×2=24根	1.495	24	35.88		14.17
	分布筋	6	长度：2.6－0.8×2+2×0.15=1.3 m 根数：[(1.2－0.125)/0.2]×2=10根	1.3	10	13	3.38	

续表

钢筋编号	钢筋名称	钢筋直径	单根长度计算式	单根长度/m	根数	总长度/m	质量/kg	
							HPB300	HRB400
9 号	端支座负筋	8	长度：0.8－0.125＋(0.25－0.02＋15×0.008)＋0.1－0.015×2＝1.095 m 根数：4.5－0.125×2－0.15)/0.15＋1＝29 根	1.095	29	31.76		12.55
	分布筋	6	长度：4.5－1.2×2＋2×0.15＝2.4 m 根数：(0.8－0.125)/0.2＝3 根	2.4	3	7.2	1.87	
10 号	底筋	8	长度：2.4＋3.6＋2.6＝8.6 m 根数：(4.5－0.125×2－0.2)/0.2＋1＝22 根	8.6	22	189.2		74.73
	合计						23.19	267.88

计算结果见表 3-6-18。

表 3-6-18　定额项目表

序号	定额编号	定额名称	计量单位	工程量
1	5-2	现浇构件非预应力钢筋圆钢 ϕ5 以上	t	0.023
2	5-5	现浇构件非预应力钢筋　螺纹钢Ⅲ级	t	0.268

【例 3.6.4】 如图 3-4-26 所示，ZHB-14 圆井桩共 10 根，保护层厚度为 40 mm，圆形箍筋搭接长度为 0.18 m，列项并计算钢筋工程量。

【解】 该井桩有直钢筋和圆箍筋。

(1)直钢筋设计长度 4 m，由于设计图已将配筋高度确定，所以保护层不再计算。

V 为弯钩增加长度，设计图规定半圆弯钩平直部分长度为 $5d$，弯钩增加长度为 $8.25d$，每个桩里 10ϕ12 纵筋，

$$L=(4+2\times8.25\times0.012)\times10=41.98\ \text{m}。$$

(2)圆箍筋设计长度：

中心线长度 $l_G=[3.14\times(D-2c-d)+2v+T]\times g$。

式中：D 为构件直径，$D=1.0$ m；c 为钢筋保护层厚度，$c=40$ mm；v 为钢筋弯钩增加长度，设计规定为半圆弯钩平直部分长度为 $5d$，弯钩增加长度为 $8.25d$；T 为箍筋搭接长度，按设计 $T=0.18$ m；g 为钢筋根数。

$$l_G=3.14\times(1-2\times0.04-0.006)+2\times8.25\times0.006+0.18=3.149\ \text{m}。$$

$$箍筋根数=10+[4-(9\times0.15)]\div0.3=19\ 根。$$

$$l_G=3.149\times19=59.83\ \text{m}。$$

钢筋的工程量按钢筋的设计长度乘钢筋单位长度的理论质量计算。经计算，ϕ12 每米质量 0.888 kg，ϕ6 每米质量按 ϕ6.5 计算，为 0.26 kg。

钢筋的工程量=(41.98×0.888+59.83×0.26)×10÷1000=0.528 t。

计算结果见表 3-6-19。

表 3-6-19 定额项目表

序号	定额编号	定额名称	计量单位	工程量
1	5-2	圆钢 ϕ5 以上	t	0.528

复习思考题

一、填空题

1. 为了使钢筋在混凝土内部不被侵蚀，并保证钢筋与混凝土之间的黏结力，钢筋混凝土构件都必须设置保护层，__________到__________的距离，称为混凝土保护层厚度。

2. 基础底面钢筋的保护层厚度，有混凝土垫层时应从__________算起，且不应__________。

3. 钢筋工程量应按设计长度乘_____________以吨计算。各构件设计(包括标准设计)已规定的连接，应按规定连接长度计算，设计未规定的连接__________。

4. 当梁侧面需配置受扭纵向钢筋时，此项注写值以__________打头，接续注写配置在梁两个侧面的总配筋值，且对称配置。

5. 抗震中柱顶层节点构造，当不能直锚时需要伸到节点顶后弯折，其弯折长度为__________。

6. 当钢筋在混凝土施工过程中__________时，其锚固长度应乘的修正系数为 1.1。

7. 影响保护层厚度的四大因素是_______、_______、_______和_______。

二、单选题

1. 柱的第一根箍筋距基础顶面的距离是(　　)。

A. 50 mm　　B. 100 mm　　C. 箍筋加密区间距　　D. 箍筋加密区间距/2

2. 抗震中柱顶层节点构造，当不能直锚时需要伸到节点顶后弯折，其弯折长度为(　　)。

A. 15d　　B. 12d　　C. 150 mm　　D. 250 mm

3. 柱类型代号 KZ 表示(　　)。

A. 芯柱　　B. 转换柱　　C. 梁上柱　　D. 框架柱

4. 柱平法施工图系在柱平面布置图上采用列表注写方式或(　　)方式表达。

A. 集中注写　　B. 原位注写　　C. 截面注写　　D. 传统注写

5. 柱箍筋在基础内设置不少于(　　)根，间距不大于(　　)。

A. 两根，400 mm　　B. 两根，500 mm

C. 三根，400 mm　　D. 三根，500 mm

6. 首层 h_n 的取值下面说法正确的是(　　)。

A. h_n 为首层净高

B. h_n 为首层高度

C. h_n 为嵌固部位至首层节点底的距离

D. 无地下室时 h_n 为基础顶面至首层节点底的距离

7. 当钢筋在混凝土施工过程中易受扰动时，其锚固长度应乘的修正系数为(　　)。

A. 1.1　　B. 1.2　　C. 1.3　　D. 1.4

8. 在基础内的第一根柱箍筋到基础顶面的距离是(　　)。

A. 50 mm　　B. 100 mm

C. $3d$(d 为箍筋直径)　　D. $5d$(d 为箍筋直径)

9. 纵向受拉钢筋非抗震锚固长度任何情况下不得小于(　　)。

A. 250 mm　　B. 350 mm　　C. 400 mm　　D. 200 mm

10. 架立钢筋同支座负筋的搭接长度为(　　)。

A. $15d$　　B. $12d$　　C. 150 mm　　D. 250 mm

11. 一级抗震框架梁箍筋加密区判断条件是(　　)。

A. $1.5h_b$(梁高)、500 mm 取大值　　B. $2h_b$(梁高)、500 mm 取大值

C. 1200 mm　　D. 1500 mm

12. 梁的上部钢筋第一排全部为 4 根通长筋，第二排有 2 根端支座负筋，端支座负筋长度为(　　)。

A. $1/5l_n$＋锚固　　B. $1/4l_n$＋锚固　　C. $1/3l_n$＋锚固　　D. 其他值

13. 抗震屋面框架梁纵向钢筋构造中端支座处钢筋构造是伸至柱边下弯，弯折长度是(　　)。

A. $15d$　　B. $12d$

C. 梁高－保护层厚度　　D. 梁高－保护层厚度×2

14. 梁有侧面钢筋时需要设置拉筋，当设计没有给出拉筋直径时取(　　)。

A. 当梁高≤350 mm 时为 6 mm，梁高＞350 mm 时为 8 mm

B. 当梁高≤450 mm 时为 6 mm，梁高＞450 mm 时为 8 mm

C. 当梁宽≤350 mm 时为 6 mm，梁宽＞350 mm 时为 8 mm

D. 当梁宽≤450 mm 时为 6 mm，梁宽＞450 mm 时为 8 mm

15. 屋面框架梁用代号(　　)表示。

A. WKL　　B. KL　　C. L　　D. XL

16. 当梁上部纵筋多于一排时，用什么符号将各排钢筋自上而下分开(　　)。

A. /　　B. ；　　C. *　　D. ＋

17. 梁中同排纵筋直径有两种时，用(　　)将两种纵筋相连，标注是将角部纵筋写在前面。

A. /　　B. ；　　C. *　　D. ＋

18. 梁高≤800 mm 时，吊筋弯起角度为(　　)。

A. 60°　　B. 30°　　C. 45°　　D. 90°

19. 板块编号中 XB 表示(　　)。

A. 现浇板　　B. 悬挑板　　C. 延伸悬挑板　　D. 屋面现浇板

20. 当板的端支座为梁时，底筋伸进支座的长度为(　　)。

A. $10d$　　B. 支座宽/2+$5d$

C. max(支座宽/2，$5d$)　　D. $5d$

三、多选题

1. 柱箍筋加密范围包括(　　)。

A. 节点范围　　B. 底层刚性地面上下 500 mm

C. 基础顶面嵌固部位向上 $1/3h_n$　　D. 搭接范围

E. 基础内

2. 柱在楼面节点上下非连接区长度的判断条件是(　　)。

A. 500 mm　　B. $1/6h_n$

C. h_c(柱截面长边尺寸)　　D. $1/3h_n$

E. 无法判断

3. 两个柱编成统一号必须相同的条件是(　　)。

A. 柱的总高相同　　B. 分段截面尺寸相同

C. 截面和轴线的位置关系相同　　D. 配筋相同

E. 无法判断

4. 抗震框架柱中间层柱根箍筋加密区范围是(　　)取大值。

A. 500 mm　　B. H_c　　C. $H_n/3$　　D. $H_n/6$

E. 无法判断

5. 梁的平面标注包括集中标注和原位标注，集中标注有五项必注值是(　　)。

A. 梁编号　　B. 截面尺寸

C. 梁上部通长筋、箍筋　　D. 梁侧面纵向钢筋

E. 梁顶面标高高差

6. 框架梁上部纵筋包括(　　)。

A. 上部通长筋　　B. 支座负筋　　C. 架立筋　　D. 腰筋　　E. 箍筋

7. 框架梁的支座负筋延伸长度是怎样规定的(　　)。

A. 第一排端支座负筋从柱边开始延伸至跨内 $l_n/3$ 位置

B. 第二排端支座负筋从柱边开始延伸至跨内 $l_n/4$ 位置

C. 第二排端支座负筋从柱边开始延伸至 $l_n/5$ 位置

D. 中间负筋延伸长度同端支座负筋

E. 第一排端支座负筋从柱边开始延伸至跨内 $l_n/4$ 位置

8. 楼层框架梁端部钢筋锚固长度判断分析正确的是(　　)。

A. 当 $l_{aE} \leqslant$(支座宽－保护层厚度)时可以直锚

B. 直锚长度为 l_{aE}

C. 当 $l_{aE} >$(支座宽－保护层厚度)时必须弯锚

D. 弯锚时锚固长度为：支座宽－保护层厚度＋15d

E. 弯锚时锚固长度为：0.4l_{abE}

9. 影响钢筋锚固长度 l_{aE} 大小选择的因素有(　　)。

A. 抗震等级　B. 混凝土强度　C. 钢筋种类及直径　D. 保护层厚度

E. 嵌固部位

10. 板内钢筋有(　　)。

A. 受力筋　B. 负筋　C. 负筋分布筋　D. 温度筋

E. 架立筋

四、简答题

1. 钢筋的连接方式主要有哪些？
2. 为了保证钢筋受力可靠，对钢筋连接接头范围和接头加工质量有什么规定？
3. 对于钢筋的连接，在定额中需要列项和计算工程量的有哪些？
4. 现浇构件非预应力钢筋定额项目如何划分？
5. 板块集中标注的内容有哪些？

五、计算题

1. 试计算后文案例实训一图中，KZ1、KZ2、KZ3 的钢筋工程量。
2. 试计算后文案例实训一图中，3.6 m 处 KL3 的钢筋工程量。

3.7 混凝土工程工程量计算

学习目的

通过对混凝土工程相关内容的学习，学生体验完成具体工作任务必须依据的规范和原则，感受任务实施对知识、能力、素质的需求，理解完成本项任务的流程，最终能根据《甘肃省建筑与装饰工程预算定额》第二章桩基工程和第四章混凝土工程工程量计算规则，列项并计算现浇构件混凝土和预制构件混凝土的工程量。

知识目标

1. 掌握《甘肃省建筑与装饰工程预算定额》第四章混凝土工程定额项目划分方法，及常用定额项目名称、计量单位、工作内容。

2. 掌握《甘肃省建筑与装饰工程预算定额》第四章混凝土工程和第二章桩基工程工程量计算规则。

重点难点

1. 根据施工图纸，列项并计算现浇构件混凝土工程量。
2. 根据施工图纸，列项并计算预制构件混凝土工程量。

钢筋混凝土是由钢筋和混凝土两种材料组成的。钢筋具有很高的抗拉能力，混凝土具有极大的抗压能力，根据构件的受力情况，合理地在混凝土中配置钢筋，以充分利用混凝土的抗压能力和钢筋的抗拉能力，使其“优化组合”，提高构件承载能力。

3.7.1 混凝土工程知识背景

1. 构造简介

框架结构：由柱、纵横梁组成。优点是自重轻，抗震，节省材料。钢筋混凝土纯框架不宜超过 10 层，框剪结构 10～25 层，钢框架 25 层以上。

剪力墙结构：其刚度比纯框架增大许多倍。剪力墙承担大部分水平荷载，框架只承受垂直荷载。

框架—筒体结构：筒状核心可以看成一个矗立在地面上的箱形断面悬臂梁，具有很好的刚度。框架—筒体结构是采用密排柱与每层楼板处的较高的窗裙梁拉接而组成的一种结构。这种结构的优点是可以建造较高层的建筑物(可高达 55 层)，而且可以在较大的楼层面积中取消柱子，增加了房间使用的灵活性。

2. 楼板

楼板主要由楼板结构层、楼面层、板底天棚组成。钢筋混凝土楼板是目前我国工业与民用建筑楼板的基本形式。

(1)现浇钢筋混凝土楼板

①板式楼板。

板式楼板是整块板为厚度相同的平板。单向板(长短边比值大于或等于 2，四边支撑)仅短边受力。双向板(长短边比值小于 2，四边支撑)是双向受力，长边传力较小，短边受力较大。平行于长边方向所配钢筋也是受力筋，一般放在主要受力筋的上表面。悬挑板只有一边支撑，因而其主要受力钢筋摆在板的上方，分布钢筋放在主要受力筋的下表面。

②梁板式肋形楼板。

梁板式肋形楼板由主梁、次梁(肋)、板组成。当房屋的开间、进深较大时，楼面承受的弯矩较大时，常采用这种楼板。

梁板式肋形楼板的主梁沿房屋的短跨方向布置，其经济跨度为 5～8 m。板支撑在次梁上，并把荷载传递给次梁(如为双向板，则将荷载传到主梁上)。

梁和板搁置在墙上，应满足规范规定的搁置长度。板的搁置长度不小于 120 mm，梁在墙上的搁置长度与梁高有关。当梁上的荷载较大，梁在墙上的支撑面积不足时，为了防止梁下墙体因局部抗压强度不足而破坏，需设置梁垫，以扩散由梁传来的过大集中荷载。

③井字形肋楼板。

井字形肋楼板没有主梁，当房间的平面形状近似正方形，跨度在 10 m 以内时，常采用这种楼板。

④无梁楼板。

直接将板支撑于柱上称无梁楼板。无梁楼板分无柱帽和有柱帽两种类型。无梁楼板的柱网一般布置成方形或矩形，方形柱网较为经济。

(2)预制装配式钢筋混凝土楼板

常用的预制装配式钢筋混凝土楼板有普通型和预应力型两类。普通型钢筋混凝土楼板受力钢筋布于板底，在建筑物中仅用作小型配件。预应力钢筋混凝土楼板常采用先张法建立预应力。

①预制钢筋混凝土板的类型。

实心平板。预制实心平板的跨度一般较小。

槽形板。槽形板是由四周及中部若干根肋及顶面或底面的平板组成，分为正槽板、反槽板。

空心板。空心板的厚度尺寸视板的跨度而定，较为经济的跨度为 2.4～4.2 m。

②钢筋混凝土预制板的细部构造。

板的搁置构造。板的搁置方式有两种：一种是板直接搁置在墙上，形成板式结构；另一种是将板搁置在梁上，梁支撑在墙或柱子上，形成梁板式结构。板在梁上的搁置方式有两种：一是搁置在梁的顶面，如矩形梁；二是搁置在梁出挑的翼缘上，如花篮梁。后一种搁置方式，板的上表面与梁的顶面平齐，此时板的跨度尺寸是梁的中心距减去梁顶面宽度。

板缝的处理。板的侧缝内应用细石混凝土灌实。整体性要求较高时，可在板缝内配筋，或用短钢筋与预制板的吊钩焊接在一起。

在进行板的布置时，一般要求板的规格、类型越少越好，通常一个房间的预制板宽度尺寸的规格不超过两种。当缝差在 60 mm 以内时，调整板缝宽度；当缝差在 60～120 mm 时，可沿墙边挑两皮砖解决；当缝差超过 200 mm，则需重新选择板的规格。

(3)装配整体式钢筋混凝土楼板

装配整体式钢筋混凝土楼板是将楼板中的部分构件预制安装后，再通过现浇的部分连接成整体。这种楼板的整体性较好，可节省模板，施工速度较快。

①叠合楼板。

叠合楼板是由预制板和现浇钢筋混凝土层叠合而成的装配整体式楼板。预制板既是楼板结构的组成部分，又是现浇钢筋混凝土叠合层的永久性模板，现浇叠合层内应设置负弯矩钢筋，并可在其中敷设水平设备管线。叠合楼板的预制部分，可以采用预应力实心薄板，也可采用钢筋混凝土空心板。

②密肋填充块楼板。

密肋填充块楼板的密肋小梁有现浇和预制两种。

3. 阳台

阳台主要由阳台板和栏杆扶手组成。

挑阳台属悬挑构件，凹阳台的阳台板常为简支板。阳台承重结构的支撑方式有墙承式，悬挑式(挑梁式、挑板式)等。

4. 雨篷

按结构形式不同，雨篷有板式和梁板式两种。雨篷顶面防水和排水处理通常采用刚性防水层，也可采用柔性防水。

5. 楼梯

(1)楼梯的组成

楼梯一般由梯段、平台、栏杆扶手三部分组成。

楼梯平台按平台所处位置和高度不同，有中间平台和楼层平台之分。

(2)楼梯的类型

楼梯可按所在位置分类，还可按所用材料，按形式，按使用性质分等。

(3)钢筋混凝土楼梯构造

钢筋混凝土楼梯按施工方法不同，主要有现浇整体式和预制装配式两类。

①现浇整体式钢筋混凝土楼梯。

楼梯段与休息平台整体浇筑，因而楼梯的整体刚性好，坚固耐用。现浇整体式钢筋混凝土楼梯按楼梯段传力的特点可以分为板式(图 3-7-1)和梁式两种。

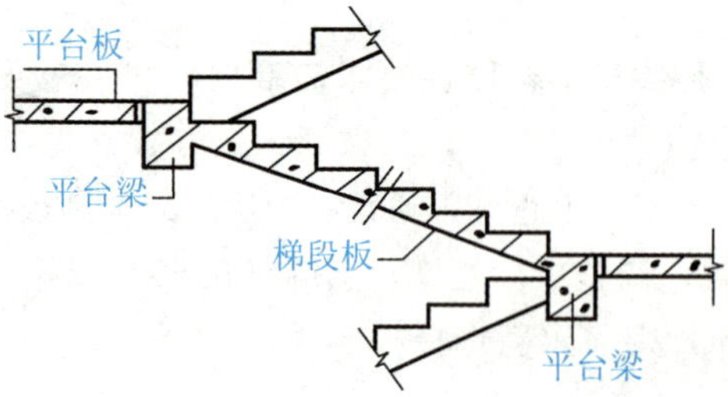

(a) 设平台梁楼梯

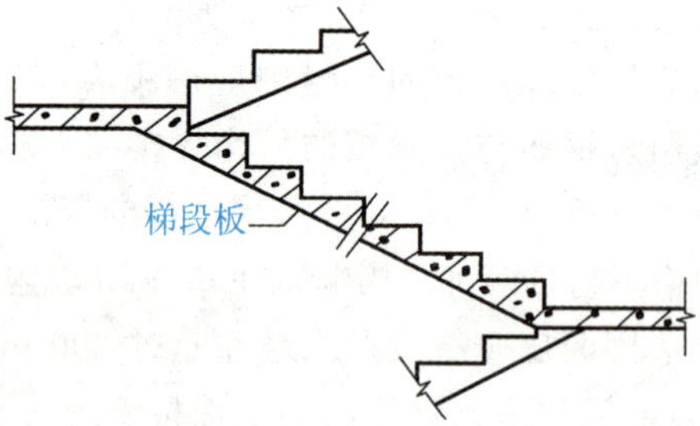

(b) 不设平台梁楼梯

图 3-7-1 现浇钢筋混凝土板式楼梯

板式楼梯。板式楼梯的梯段是一块斜放的板，它通常由梯段板、平台梁和平台板组成。梯段板承受着梯段的全部荷载，然后通过平台梁将荷载传给墙体或柱子[图 3-7-1(a)]。必要时，也可取消梯段板一端或两端的平台梁，使平台板与梯段板连为一体，形成折线形的板直接支撑于墙或梁上[图 3-7-1(b)]。板式楼梯的梯段底面平整，外形简洁，便于支模施工。当梯段跨度不大时，常采用它。当梯段跨度较大时，梯段板厚度增加，自重较大，不经济。

梁式楼梯。梁式楼梯段由斜梁和踏步板组成。当楼梯踏步受到荷载作用时，踏步为水平受力构件，踏步板把荷载传递给左右斜梁，斜梁把荷载传递给与之相连的上下休息平台梁，最后，平台梁将荷载传给墙体或柱子。梯梁通常设两根，分别布置在踏步板的两端。梯梁也可以只设一根。当荷载或梯段跨度较大时，采用梁式楼梯比较经济。

②预制装配式钢筋混凝土楼梯。

预制装配式钢筋混凝土楼梯根据构件尺度的差别，大致可分为：小型构件装配式、中型构件装配式和大型构件装配式。

小型构件装配式楼梯。小型构件装配式楼梯是将梯段、平台分割成若干部分，分别预制成小构件装配而成。按照预制踏步的支撑方式分为悬挑式、墙承式、梁承式三种。

中型构件装配式楼梯。中型构件装配式楼梯一般是由楼梯段和带有平台梁的休息平台板两大构件组合而成，楼梯段直接与楼梯休息平台梁连接，楼梯的栏杆与扶手在楼梯结构安装后再进行安装。楼梯段与现浇钢筋混凝土楼梯类似，有梁板式和板式两种。

大型构件装配式楼梯。大型构件装配式楼梯是将楼梯段与休息平台一起组成一个构件，每层由第一跑及中间休息平台和第二跑及楼层休息平台板两大构件组合而成。

6. 室外台阶

室外台阶一般包括踏步和平台两部分，通常踏步高度为 100～150 mm，宽度为 300～400 mm。台阶一般由面层、垫层及基层组成。在严寒地区，为了防止冻害，在基层与混凝土垫层之间应设砂垫层。

3.7.2 定额项目划分

在《甘肃省建筑与装饰工程预算定额》中，第四章混凝土工程主要介绍现浇混凝土垫层，基础，柱，梁，板，墙，楼梯，台阶，其他现浇构件(地沟、栏板、扶手、池槽、压顶、小型构件)，后浇带，构筑物的列项和工程量计算，以及预制混凝土构件(柱、梁、屋架、板及其他构件)的制作，运输，安装，接头灌缝工程量；对于预制桩，其混凝土制作、运输工程量在第四章介绍，安装(即打桩、送桩、接桩和截桩)的工程量在第二章桩基工程中介绍。

现浇混凝土基础在 3.4 节中已学习过，此处不再详细介绍，本节主要学习除混凝土基础外现浇混凝土构件(包括商品混凝土和现场拌制混凝土)、预制混凝土构件列项及工程量计算，包括预制桩安装(即打桩、送桩、接桩和截桩)的工程量计算。

现浇构件和预制构件混凝土均按分部分项构件划分定额项目。

混凝土构件的模板按《甘肃省建筑与装饰工程预算定额》第二十章措施项目模板相应定额项目计算，在 5.1 节介绍。

1. 商品混凝土现浇构件

定额中列入了井桩、承台桩基础、满堂基础、其他基础、垫层、柱、构造柱、单梁、连续梁、圈梁、过梁、弧形梁、拱形梁、墙、挡土墙、拱形板、挑檐、天沟、板、空心板楼盖、楼梯、台阶、地沟、扶手、小型构件、后浇带等定额项目及构筑物项目，如 4-1 井桩商品混凝土。

泵送项目：按不同的泵送高度列 20 m 内、30 m 内、40 m 内、50 m 内、60 m 内、70 m 内、80 m 内、90 m 内、100 m 内、110 m 内、120 m 内、130 m 内、140 m 内、150 m

内、150 m以上每增10 m共15个子目，如4-39　泵送　泵送高度40 m内。

2. 现场搅拌混凝土现浇构件

定额中按混凝土不同强度等级列入了混凝土垫层、轻骨料混凝土垫层、井桩、带形基础、杯形基础、独立基础及设备基础、桩承台基础、满堂基础、异形柱、矩形柱、构造柱、基础梁、单梁、连续梁、叠合梁、异形梁、圈梁、过梁、弧形梁、拱形梁、墙、挡土墙、无梁板、有梁板、叠合楼板、平板、悬挑板、拱形板、挑檐、天沟、空心板楼盖、楼梯、台阶、地沟、栏板、扶手、池槽、压顶、小型构件、后浇带等定额项目及构筑物项目，如4-65-1　现浇矩形柱　混凝土C20，4-65-2　现浇矩形柱　混凝土C25。

3. 预制混凝土构件

(1)混凝土制作

定额中列入了方桩、桩尖、矩形柱、异形柱、矩形梁、异形梁、过梁、T形吊车梁、鱼腹式吊车梁、拱形梁、薄腹梁、屋架、门式刚架、天窗架、天窗端壁、檩条、支撑、天窗上下挡、管道架、平板、空心楼板、带肋(单、双肋)底板、槽(肋)形板、大型屋面板、天沟板、升板、楼梯段、挑檐板、阳台板、雨篷板、地沟盖板、烟道、通风道、架空隔热板、池、槽、隔断板、栏杆、漏空花格、水塔倒锥壳水箱、预应力构件孔道成型及灌浆等项目，如4-125-2　预制方桩　混凝土C35。

(2)混凝土运输

预制构件运输定额，按混凝土构件的类别(Ⅰ类、Ⅱ类、Ⅲ类、Ⅳ类、小型构件人工运输)和运输距离(1 km以内、5 km以内、10 km以内、15 km以内、20 km以内、30 km以内、40 km以内、50 km以内)分项，预制构件类别划分见表3-7-1，如4-176 预制混凝土构件运输　Ⅱ类构件　运输距离　1 km以内。

表3-7-1　预制构件类别划分表

构件类别	构件名称
Ⅰ类	各类屋架、桁架、托架，8 m以上的梁、柱、桩、薄腹梁
Ⅱ类	8 m以下的梁、柱、桩及支架、大型屋面板、槽形板、肋形板、天沟板、空心板、平板、檩条、楼梯、阳台板、挑檐、垃圾道、通风道、小型配套构件
Ⅲ类	天窗架、侧板、端壁板、上下挡、各种支撑、门窗框
Ⅳ类	大型墙板、薄壳板

(3)构件安装定额

构件安装定额分构件安装与构件接头灌缝两部分。

预制构件安装定额项目按照影响定额人工、材料、机械消耗量较大的下列因素划分。

①构件项目(柱、框架、梁、屋架、墙、板、水箱等)。

②每个构件的体积。

③构件的安装高度、分节或分段数量及房屋层数。

④构件的跨度。

⑤构件安装前的翻身就位及拼装。

⑥安装机械类型(汽车式起重机、塔式起重机、卷扬机)。

⑦安装构件的固定方式(焊接、不焊接)。

⑧安装构件的连接构造(钢板连接、钢筋连接)。

例如，4-257 过梁　每个构件体积 0.4 m^3 以内　安装高度(三层以内)　塔式起重机。

接头灌缝定额项目有柱灌缝(分柱的体积在 3 m^3 以内、8 m^3 以内、15 m^3 以内)，吊车梁灌缝，基础梁灌缝，组合屋架灌缝(有拼装)，托架梁灌缝，门式刚架灌缝，天窗板灌缝，大型屋面板灌缝，双 T 板灌缝，T 形板灌缝，墙板灌缝，平板灌缝，空心板灌缝，槽形板灌缝，挑檐板灌缝，过梁灌缝，楼梯，楼梯段及休息平台灌缝，小型构件灌缝，如 4-388 过梁(接头灌缝)。

(4)预制桩的打桩、送桩

结合甘肃省桩基工程的设计和施工情况，桩基工程预算定额中列有走管式柴油打桩机打预制钢筋混凝土方桩、履带式柴油打桩机打预制钢筋混凝土方桩、液压静力压桩机压预制钢筋混凝土方桩、灰土及钢筋混凝土方桩接桩及凿截桩头、钢管桩、机械成孔灌注桩及基坑支护等定额项目。

打桩定额是按只打不送(不包括送桩)和既打又送(包括送桩)两种情况分别制定的。打桩不送入地面以下时应执行不包括送桩的定额；打桩要送入地面以下时应执行包括送桩的定额。

①走管式柴油打桩机打预制钢筋混凝土方桩定额的项目划分：按送桩与否分打桩包括送桩和打桩不包括送桩；按桩的长度分 8 m 以内、10 m 以内、12 m 以内、15 m 以内四档桩长；按土壤类别分为一、二类土，三、四类土；另外还有走管式柴油打桩机桩架 90°调面定额，按筒式桩锤分为 1.8 t 和 2.5 t 两个项目。

例如，2-1 走管式柴油打桩机打预制钢筋混凝土方桩　打桩(不包括送桩)　桩长 8 m 以内　一、二类土。

②履带式柴油打桩机打预制钢筋混凝土方桩定额的项目划分：按送桩与否分打桩包括送桩和打桩不包括送桩；按桩的长度分 8 m 以内、10 m 以内、12 m 以内、15 m 以内、20 m 以内、25 m 以内六档桩长；按土壤类别分为一、二类土，三、四类土。

例如，2-19 履带式柴油打桩机打预制钢筋混凝土方桩　打桩(不包括送桩)　桩长 8 m 以内　一、二类土。

③液压静力压桩机压预制混凝土方桩的项目划分：压桩定额项目不分土壤类别，按压入桩的单根体积划分为 1 m^3 以内、2 m^3 以内、3 m^3 以内、5 m^3 以内四个子目。

例如，2-43 压桩　桩单体 1 m^3以内。

④混凝土接桩按接桩方法不同，分为电焊接桩和硫黄胶泥接桩。其中电焊接桩又分为包角钢和包钢板两个定额项目。

混凝土桩截桩头按桩的边长分为 500 mm 以内、500 mm 以外两个定额项目。

混凝土桩凿桩头按桩的边长分为 500 mm 以内、500 mm 以外两个定额项目。

例如，2-47 灰土桩凿、截桩头凿桩头，2-50 接桩　电焊接桩　包钢板。

3.7.3　定额项目适用范围

商品混凝土现浇构件定额项目适用于混凝土搅拌厂生产商品混凝土在施工现场浇筑的现浇混凝土构件。

现场搅拌混凝土现浇构件定额项目适用于在施工现场用普通搅拌机或人工搅拌的现浇构件混凝土。

预制混凝土构件定额项目适用于在预制厂预制或施工现场用普通搅拌机搅拌集中预制和现场就位预制的构件混凝土。

预制混凝土构件运输定额适用于预制构件由堆放场地或构件预制厂(场)至施工现场 50 km 以内运输。小型构件人工运输适用于由构件预制场地到安装地点 1 km 以内的运输。预制构件定额项目的运输距离，按构件装车地点至卸车地点的距离以千米计算。

预制混凝土构件安装定额适用于：柱安装定额，适用于单根不接的工字形柱、矩形柱、空腹柱、双肢柱、空心柱、管道支架安装，也适用于多层柱的首层柱安装；柱接柱安装定额，适用于多层柱二层及二层以上分节柱安装；小型构件安装定额，适用于烟道、垃圾道、通风道、隔垫板、池槽、窗台板、隔断板、栏杆、花格及单体小于 0.1 m^3 的构件安装。

3.7.4　混凝土工程工程量计算规则

1. 现浇混凝土构件

现浇混凝土构件包括商品混凝土现浇构件、现场搅拌混凝土现浇构件，除注明者外，均按设计图示尺寸以立方米计算，不扣除钢筋、铁件所占体积。

(1)混凝土柱

混凝土柱包括异形柱、矩形柱、构造柱。体积应按柱高乘柱的断面积计算，依附于柱上的牛腿应合并在柱的工程量内。

①矩形柱。

柱混凝土工程量＝柱断面面积×柱高度×根数。

其中，柱高按下列规定计算。

a. 有梁板的柱高(图 3-7-2)应自柱基上表面(或楼板上表面)算至上一层的楼板上表面。

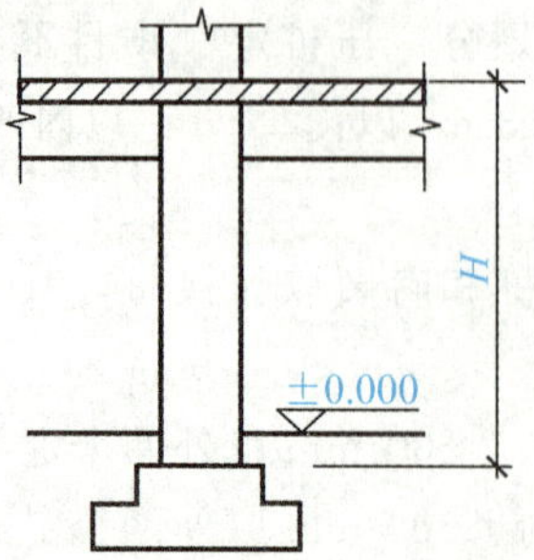

图 3-7-2　有梁板柱高示意图

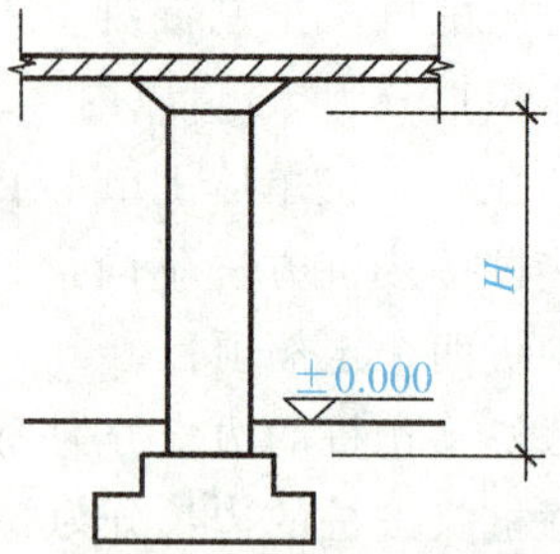

图 3-7-3　无梁板柱高示意图

b. 无梁板的柱高(图 3-7-3)应自柱基上表面(或楼板上表面)算至柱帽的下表面。

c. 空心板楼盖的柱高应自柱基上表面(或楼板上表面)算至托板或柱帽的下表面。

d. 框架柱的高度(图 3-7-4)，有楼隔层时，自柱基上表面(或楼板上表面)算至上一层的楼板上表面，无楼隔层时应自柱基上表面算至柱顶面。

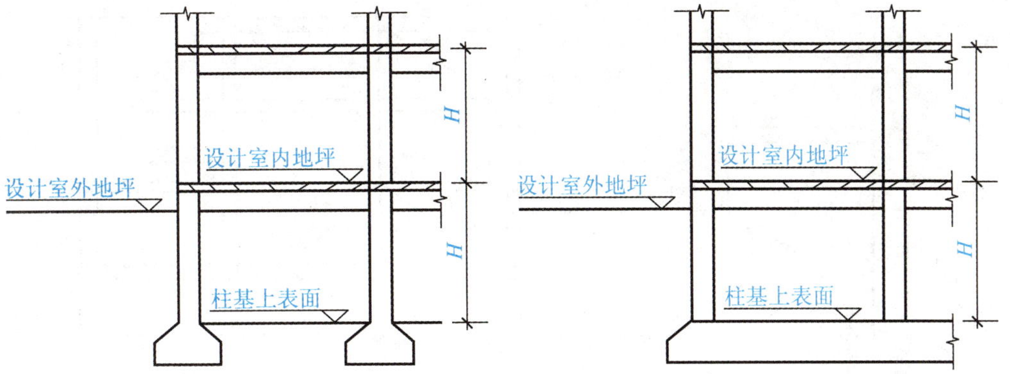

图 3-7-4　框架柱高示意图

②构造柱。

为了加强墙体的稳定性，必要时可在墙中设置钢筋混凝土构造柱，构造柱必须与墙体、圈梁紧密连接，构造柱从竖向加强层与层之间墙体的连接。在墙体不同位置，构造柱的形式有：一字形、L 形[图 3-7-5(a)]、T 形[图 3-7-5(b)]、十字形[图 3-7-5(c)]。

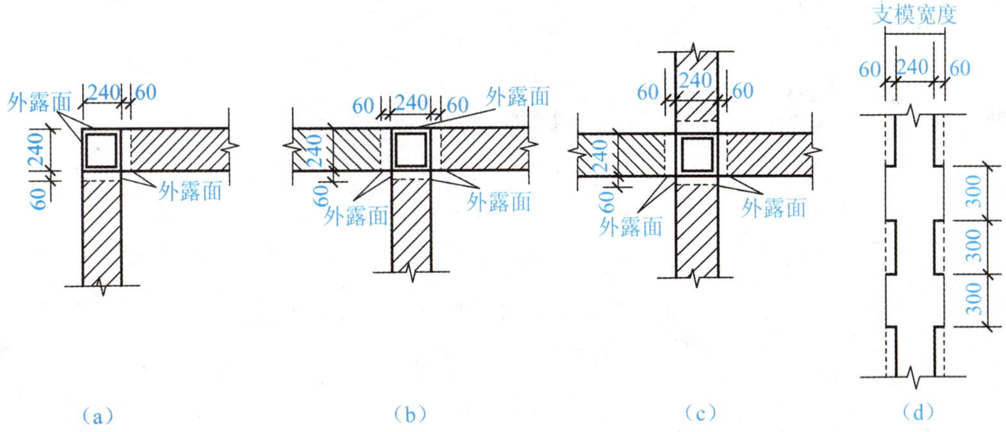

图 3-7-5　构造柱的示意图

240 mm 厚墙构造柱工程量计算公式如下：

$V=(0.24\times0.24+0.24\times0.03\times n)\times$柱高$\times$根数。

式中 n 为马牙槎留槎面数，如一字形构造柱马牙槎为 2 面留槎，L 字形构造柱马牙槎为 2 面留槎，T 字形构造柱马牙槎为 3 面留槎，十字形构造柱马牙槎为 4 面留槎。

构造柱柱高按墙高计算，与砖墙嵌接部分的体积并入柱身体积内。

(2)混凝土梁

混凝土梁包括基础梁、单梁、连续梁、异形梁、圈梁、过梁，弧形梁、拱形梁。梁与柱连接如图 3-7-6 所示，主梁与次梁连接如图 3-7-7 所示。

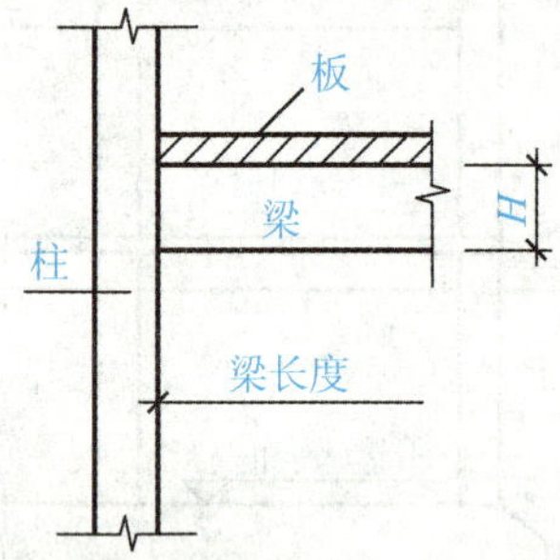

图 3-7-6　梁与柱连接示意图

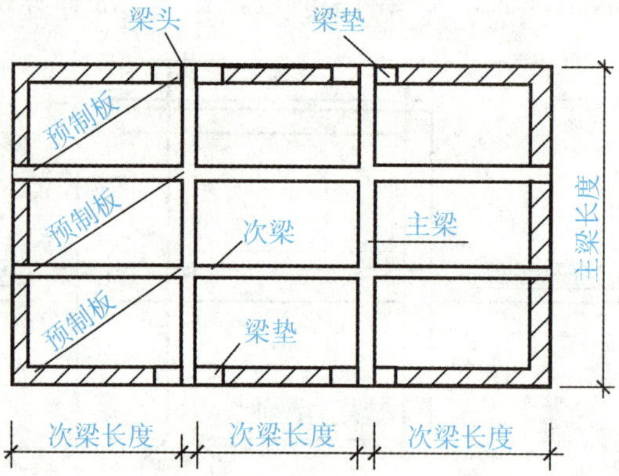

图 3-7-7　主梁与次梁连接示意图

混凝土梁的体积应按梁长乘梁的断面积计算。

梁混凝土工程量＝梁断面面积×梁长度。

式中梁长度按表 3-7-2 确定。

表 3-7-2　梁长度取值表

<table>
<tr><th colspan="2">名　称</th><th>梁长度取值</th><th>备　注</th></tr>
<tr><td colspan="2">支撑在柱上的梁</td><td>柱间净距</td><td rowspan="4"></td></tr>
<tr><td colspan="2">次梁支撑在主梁上</td><td>主梁间净距</td></tr>
<tr><td rowspan="2">支撑墙上的梁</td><td>砖墙或砌块砖</td><td>梁的实际长度</td></tr>
<tr><td>混凝土墙</td><td>墙间净距</td></tr>
<tr><td rowspan="2">圈梁</td><td>外墙</td><td>$L_{中}$</td><td rowspan="3">当圈梁与过梁连接时，圈梁按此长度算出的体积中应扣除过梁所占体积</td></tr>
<tr><td>内墙</td><td>$L_{内}$</td></tr>
<tr><td colspan="2">过梁</td><td>图纸设计长度；图纸无规定时，取门窗洞口宽＋0.5 m</td></tr>
</table>

说明：

①梁、板混凝土现浇在一起的，列有梁板子目。

②直接以独立基础或桩为支点并承受墙身荷载的梁按基础梁计算。

③混凝土压顶应以长度乘压顶的断面积计算。

(3)混凝土板

混凝土板包括有梁板、无梁板、空心板楼盖、叠合楼板、平板、悬挑板、拱形板、挑檐、天沟。

混凝土板应按下列规定分别以图示尺寸的实体积计算，不扣除单个面积 0.3 m^2 以内孔洞所占体积。

有梁板是指梁(包括主、次梁)与板构成一体的板(图 3-7-8)，其工程量按板和梁的体积之和计算，并应扣除柱身在板内所占的体积。

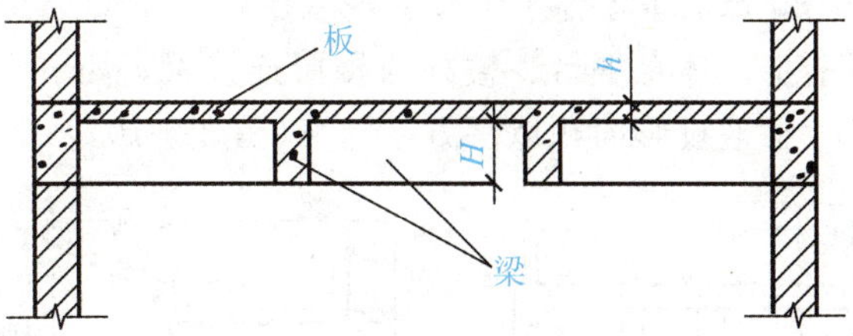

图 3-7-8　有梁板示意图

无梁板是指不带梁直接与柱支撑的板，其工程量按板与柱帽体积之和计算。

空心板楼盖是指在现浇混凝土板中预埋空心芯筒或空心芯盒，形成单向或双向工字形(或 T 形)肋传力的箱形空心楼板，其工程量按扣除芯筒或芯盒的外形体积后的板混凝土实体积与托板或柱帽体积之和以立方米计算。

平板是指无柱、梁，直接由墙承重的板，按实体积计算。

阳台板、雨篷板以及伸出墙外部分的牛腿均以实体积计算，并入与阳台板和雨篷板相连接的板体积内。

有多种板连接时以墙的中心线为分界线。

伸入墙内的板头并入板体积内计算。

挑檐、天沟与屋面板或楼板连接时，应以外墙皮为分界线，与圈梁或其他梁连接时，应以梁侧面为分界线(图 3-7-9)。

混凝土栏板、扶手均按实体积计算。

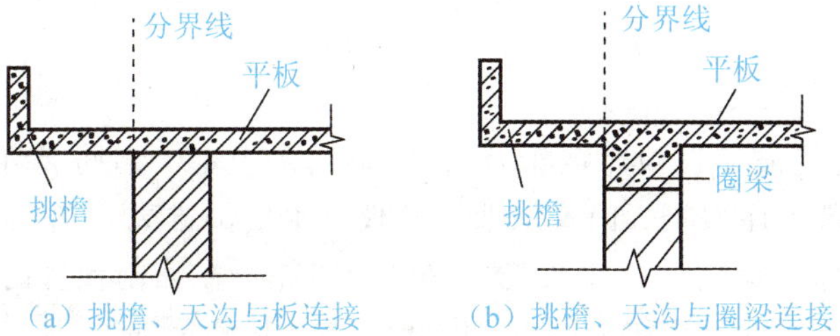

图 3-7-9　挑檐、天沟与板及圈梁分界示意图

混凝土斜板按板定额项目的人工、机械乘系数 1.15。

(4)混凝土墙及挡土墙

混凝土墙按墙厚分 150 mm 以内，300 mm 以内，300 mm 以外。混凝土墙及挡土墙按设计图示尺寸以体积计算。应将墙上的圈梁、过梁、连梁、暗梁、暗柱和突出墙外的垛并入墙体积内计算；应扣除门窗洞口及单个面积 0.30 m^2 以外孔洞的体积，不扣除单个面积 0.30 m^2 以内的孔洞体积。

(5)其他混凝土构件

地沟的沟底、沟边、沟顶工程量合并计算。

台阶工程量按台阶的水平投影面积以平方米计算。台阶与平台连接时其投影面积应以最上层踏步外沿加 0.30 m 计算。

楼梯工程量(包括踏步、休息平台、楼梯与楼层连接梁；不扣除宽度 500 mm 以内的楼梯井)按设计图示尺寸水平投影面积以平方米计算(图 3-7-10)。

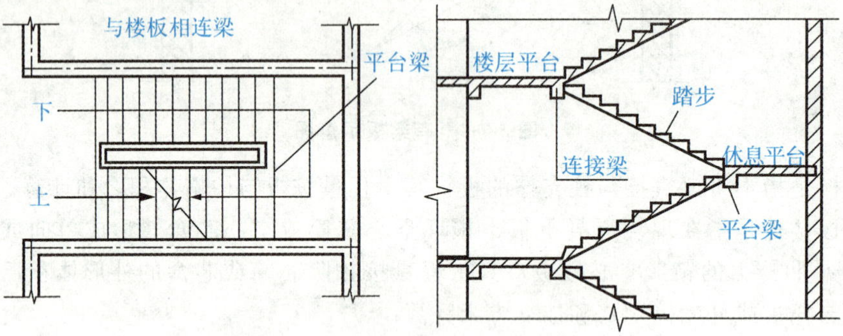

图 3-7-10　楼梯平面与剖面图

构件单件体积在 0.15 m^3 以内，定额中未列出的构件，按小型构件计算。

现浇混凝土烟道、通风道按地沟定额项目计算。

商品混凝土定额中括弧内混凝土量为总消耗量，包括商品混凝土搅拌、场外运输、泵送及浇筑损耗。泵送高度以建筑物室外地坪至檐口高度按相应定额项目计算。混凝土泵送工程量按图纸计算量×(1＋损耗量 1%)计算。

现浇混凝土定额项目中，均不包括铁件制作、安装，其铁件制作、安装应按《甘肃省建筑与装饰工程预算定额》第六章金属结构工程相应项目计算。

2. 预制混凝土桩

《甘肃省建筑与装饰工程预算定额》总说明第七条规定：钢筋混凝土预制构件，除吊车梁、基础梁、屋架、屋架梁、门式刚架、升板及水塔倒锥壳水箱和单体在 0.5 m^3 以上的柱外，应计算制作、运输、堆放及安装(打桩)损耗，在编制预算时，应根据施工图计算的净用量，再按下式计算制作、运输、安装(打桩)工程量。

制作工程量＝图纸净用量×(1＋总损耗率)。

运输工程量＝图纸净用量×(1＋运输损耗率＋安装或打桩损耗率)。

安装(打桩)工程量＝图纸净用量。

钢筋混凝土预制构件的损耗率按表 3-7-3 规定计算。

表 3-7-3　钢筋混凝土预制构件的损耗率计算表

构件名称	制　作	运输堆放	安装(打桩)	总　计
	损耗率/%			
预制钢筋混凝土桩	0.1	0.4	1.5	2.0
其他各种预制钢筋混凝土构件	0.2	0.8	0.5	1.5

(1)预制混凝土桩混凝土制作工程量

预制混凝土构件桩应按桩长(包括桩尖的全长)乘桩身横断面计算，桩尖的虚体积不扣除。

预制钢筋混凝土桩混凝土制作工程量＝图纸净用量×(1＋2%)。

(2)预制混凝土桩运输工程量

8 m 以上的桩为Ⅰ类构件，8 m 以内的桩为Ⅱ类构件，按不同运距列项。

预制钢筋混凝土桩混凝土运输工程量＝图纸净用量×(1＋0.4%＋1.5%)。

(3)预制混凝土桩打桩、送桩、压桩工程量

预制混凝土桩打桩、送桩、压桩工程量＝图纸净用量。

打预制钢筋混凝土方桩的工程量，应按设计桩长(包括桩尖长度，不扣除桩尖虚体积)乘桩身断面积以立方米计算。

打桩定额中除静力压桩外，均不包括接桩，接桩应按不同接桩方法分别计算。

打试验桩按相应定额项目的人工、机械用量乘系数 2。

打桩定额适用于方桩桩长 25 m 以内。

定额以打直桩为准，如打斜桩斜度在 1∶6 以内者，将相应定额项目的人工，机械用量乘系数 1.25，如斜度大于 1∶6 者，将相应项目的人工、机械用量乘系数 1.43。

定额以平地(坡度小于 15°)打桩为准，如在堤坡上(坡度大于 15°)打桩时，将相应定额项目的人工、机械用量乘系数 1.15。例如，在基坑内(基坑深度大于 1.5 m)打桩或在地坪上打坑槽(地槽深度大于 1 m)内桩时，将相应定额项目的人工、机械用量乘系数 1.11。

在桩间补桩或强夯后的地基打桩时，将相应定额项目的人工、机械用量乘系数 1.15。

(4)预制混凝土桩凿、截桩头，接桩工程量

钢筋混凝土桩凿、截桩头均按根数计算。

预制钢筋混凝土桩接桩、电焊接桩按设计接头以个数计算，硫黄胶泥接桩按桩断面积乘接头个数以平方米计算。

3. 其他预制混凝土构件

预制混凝土构件定额项目工程量的计算，除注明者外，其他均按设计图示尺寸的实体积以立方米计算，不扣除钢筋、铁件、吊装孔、单个面积 300 mm×300 mm 以内的孔洞及预应力构件中预留孔道所占体积，扣除空心板孔洞体积。

除吊车梁、基础梁、屋架、屋架梁、门式刚架、升板及水塔倒锥壳水箱和单体在 0.5 m^3 以上的柱外，应计算制作、运输、堆放及安装(打桩)损耗。

(1)预制混凝土构件制作工程量

制作工程量＝图纸净用量×(1＋1.5%)。

(2)预制混凝土构件运输工程量

运输工程量＝图纸净用量×(1＋0.8%＋0.5%)。

预制混凝土构件运输定额适用于预制构件由堆放场地或构件预制厂(场)至施工现场50 km以内的运输。小型构件人工运输适用于由构件预制场地到安装地点1 km以内的运输。

(3)预制混凝土构件安装工程量

除倒锥壳水塔水箱按不同容量以座计算外，其他均按构件实体积以立方米计算。

安装工程量＝图纸净用量。

小型构件安装系指烟道、垃圾道、通风道、隔热板、池槽、窗台板、隔断板、栏杆、花格及单体小于0.1 m^3的构件安装。

在预制混凝土板安装后，需补浇板缝带的混凝土按现浇平板计算。

预制构件安装定额是按汽车式起重机、塔式起重机分别制定的。

预制混凝土构件安装定额是按机械起吊点中心回转半径15 m以内的距离制定的，如超过15 m时，应另按构件运输定额计算。

经焊接形成的预制钢筋混凝土框架结构，其柱安装按框架柱计算，梁安装按框架梁计算，节点浇筑形成的框架，按连接框架梁、柱计算。

预制钢筋混凝土工字形柱、矩形柱、空腹柱、双肢柱、空心柱、管道支架等安装，均按柱安装计算。

预制钢筋混凝土多层柱安装，首层柱按柱安装计算，二层及二层以上按柱接柱计算。

(4)预制混凝土构件接头灌缝工程量

预制混凝土构件接头灌缝包括构件坐浆、灌浆、堵板孔、塞板梁缝等，均按预制构件实体积以立方米计算。

接头灌缝工程量＝图纸净用量。

预制柱与桩基的灌缝，按首层柱的体积计算；首层以上柱灌缝按各层柱体积计算。

空心板堵孔的人工、材料已包括在空心板接头灌缝定额内，如不堵孔时每10 m^3空心板体积应扣除0.23 m^3混凝土和2.2工日。

3.7.5 典型案例分析

【例3.7.1】如图3-7-11、图3-7-12所示，楼面板为钢筋混凝土现浇板，板底标高3.800 m，板厚为100 mm，次梁断面尺寸为300 mm×500 mm，主梁断面尺寸为300 mm×650 mm，混凝土强度等级为C30，柱尺寸为600 mm×600 mm，轴线居中，试计算：

(1)若采用商品混凝土，试列项并计算梁、板混凝土工程量。

(2)若采用现场拌制混凝土，试列项并计算梁、板混凝土工程量。

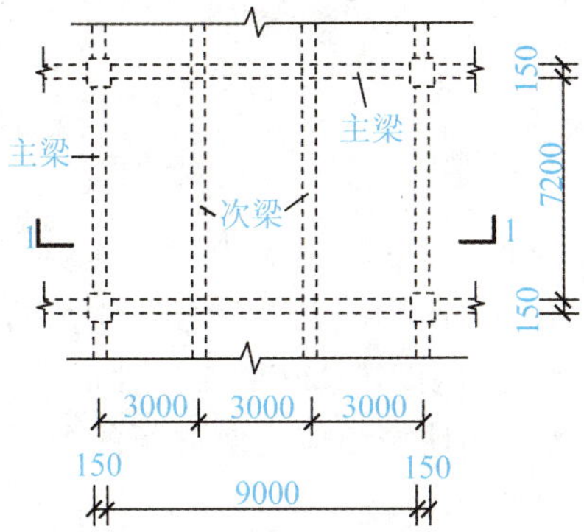

图 3-7-11　板布置图

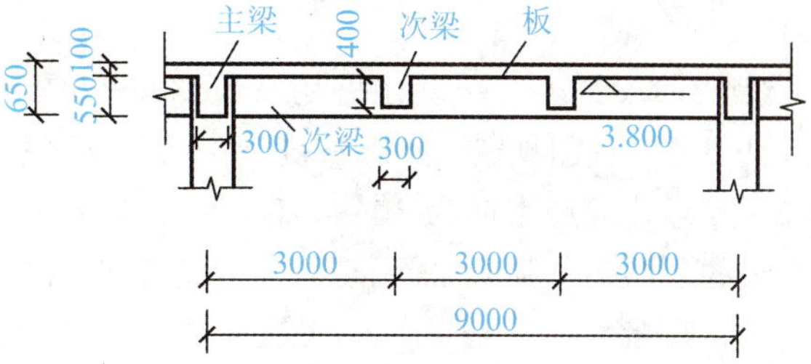

图 3-7-12　1-1 剖面图

【解】(1)梁的混凝土体积。

主梁：[(7.2−0.6)×2+(9.0−0.6)×2]×0.3×0.65=5.85 m^3。

次梁：(7.2−0.3)×2×0.3×0.5=2.07 m^3。

合计：5.85+2.07=7.92 m^3。

板的混凝土体积：

0.1×(3.0−0.3)×3×(7.2−0.3)−0.15×0.15×0.1×4=5.58 m^3。

混凝土泵送：(7.92+5.58)×1.01=13.64 m^3。

采用商品混凝土，计算结果见表 3-7-4。

表 3-7-4　定额项目表

序号	定额编号	定额名称	计量单位	工程量
1	4-8	单梁、连续梁　商品混凝土	m^3	7.92
2	4-17	板　商品混凝土	m^3	5.58
3	4-37	泵送　泵送高度 20 m 以内	m^3	13.64

(2)采用现场拌制混凝土，混凝土工程量不变，定额项目发生变化。

有梁板工程量=梁体积+板体积=7.92+5.58=13.5 m^3。

计算结果见表 3-7-5。

表 3-7-5　定额项目表

序号	定额编号	定额名称	计量单位	工程量
1	4-79-3	现浇有梁板　混凝土 C30	m^3	13.5

【例 3.7.2】已知某工程中构造柱的高度为 3.6 m，采用现场拌制混凝土，试计算如图 3-7-5 所示位置的 C25 构造柱的混凝土工程量。

【解】如图 3-7-5 所示，由于砖墙砌成了马牙槎，使构造柱的断面尺寸也随之变化。马牙槎形状如图 3-7-5(d)中所示，由图 3-7-5(a)得马牙槎面数 $n=2$，则有(0.24×0.24+0.24×0.03×2)×3.6=0.26 m^3。

由图 3-7-5(b)得马牙槎面数 $n=3$，则有$(0.24\times0.24+0.24\times0.03\times3)\times3.6=0.29\ m^3$。

由图 3-7-5(c)得马牙槎面数 $n=4$，则有$(0.24\times0.24+0.24\times0.03\times4)\times3.6=0.31\ m^3$。

【例 3.7.3】某工程设计需用 YKB336-1(图 3-7-13 至图 3-7-17)预应力空心板共 100 块。其中，设计图规定：标志长度＝3300 mm，板宽＝580 mm(5 孔板)，①号预应力筋为 $8\Phi^{b}5$，②号非预应力筋为 $6\Phi^{b}4$，C3 为 $\Phi^{b}4$ 钢筋网片，混凝土采用 C30 低流动性混凝土，空心板的运距为 8 km，采用现场塔式起重机安装。试列项并计算预应力空心板的混凝土及钢筋工程量。

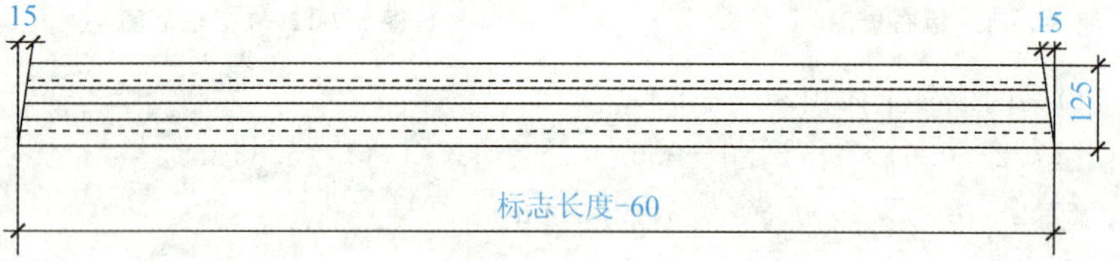

图 3-7-13　侧立面图

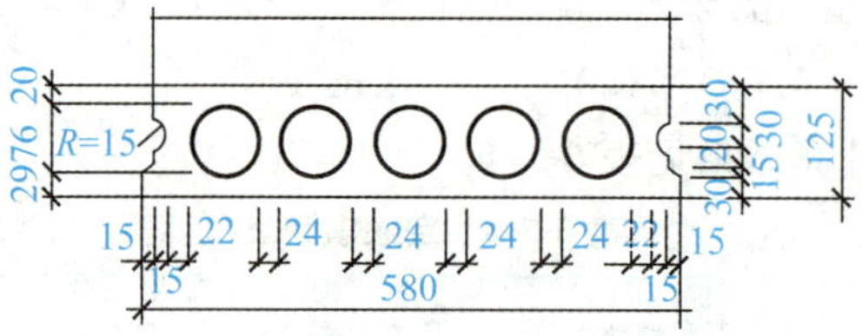

图 3-7-14　YKB336 横剖面

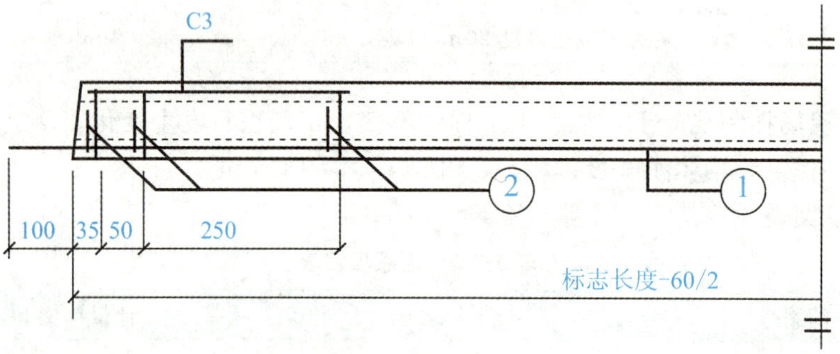

图 3-7-15　YKB336 纵剖面

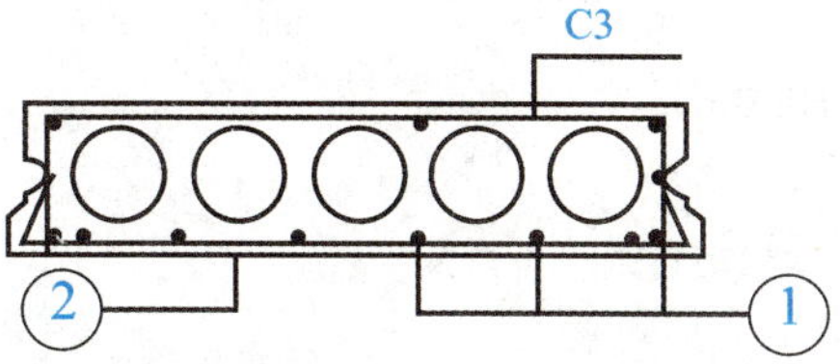

图 3-7-16　YKB336 横剖面配筋图

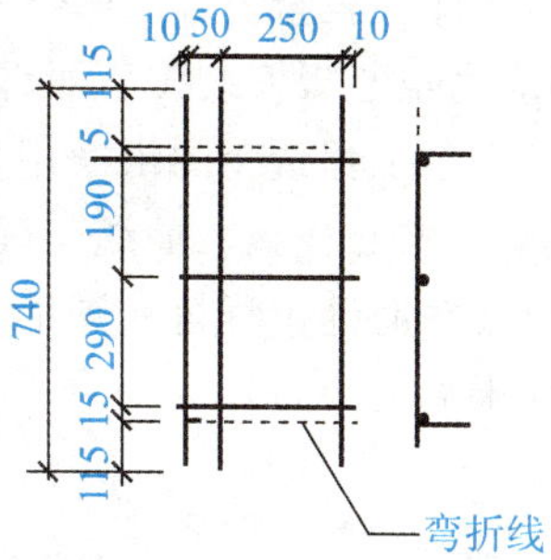

图 3-7-17　YKB336 板头配筋图

【解】预应力空心板需要计算制作、运输、安装、接头灌缝工程量。

(1)C30 混凝土制作工程量计算。

空心板体积的计算式为 V＝横断面混凝土面积×板的计算长度×块数。

板的横断面混凝土面积＝$(0.580\times0.125)-(3.14/4\times0.076^2)\times5-(0.03+0.03+0.02+0.015/2)\times0.015\times2-3.14\times0.015^2=0.0465\ m^2$。

板的计算长度 $L=3.3-0.06-0.015=3.225\ m$。

板的图纸净用量 $j=100$ 块。

将以上数据代入计算式，则

$V=0.0465\times3.225\times100=15.00\ m^3$。

空心板的混凝土制作工程量＝$15.00\times(1+1.5\%)=15.23\ m^3$。

(2)钢筋制作工程量计算。

空心板的钢筋有先张法预应力 Φ^b5 冷拔低碳钢丝和非预应力 Φ^b4 冷拔低碳钢丝。

①Φ^b5 预应力冷拔低碳钢丝的设计长度。

$L=(3.30-0.06+0.10\times2)\times8\times100=2752\ m$。

②Φ^b4 非预应力冷拔低碳钢丝的设计长度。

$L=[(0.56+0.06\times2)\times6+(0.74\times3+0.32\times3)\times2]\times100=1044\ m$。

钢筋的工程量按钢筋的设计长度乘钢筋单位长度的理论质量计算；经计算，Φ^b5 每米质量 0.154 kg，Φ^b4 每米质量 0.099 kg。

Φ^b5 预应力冷拔低碳钢丝图纸净用量。

$Q_1=2752\times0.154=424\ kg(0.424\ t)$。

Φ^b4 非预应力冷拔低碳钢丝图纸净用量。

$Q_2=1044\times0.099=103\ kg(0.103\ t)$。

按定额总说明规定：

空心板 Φ^b5 预应力冷拔低碳钢丝的工程量＝$0.424\times(1+1.5\%)=0.430\ t$。

空心板 Φ^b4 非预应力冷拔低碳钢丝的工程量＝$0.103\times(1+1.5\%)=0.105\ t$。

(3)预应力空心板运输工程量计算。

预应力空心板属于Ⅱ类构件。

空心板运输工程量=15.00×(1+0.8%+0.5%)=15.20 m^3。

(4)预应力空心板安装工程量计算。

空心板安装工程量=图纸净用量=15.00 m^3。

(5)预应力空心板接头灌缝工程量计算。

空心板接头灌缝工程量=图纸净用量=15.00 m^3。

计算结果见表3-7-6。

表3-7-6 定额项目表

序号	定额编号	定额名称	计量单位	工程量
1	4-145-2	预制空心楼板 混凝土C30	m^3	15.23
2	5-9换	预制构件非预应力钢筋冷拔低碳钢丝	t	0.105
3	5-13	预制构件非预应力钢筋先张法冷拔低碳钢丝	t	0.430
4	4-178	Ⅱ类构件运输 运输距离10 km内	m^3	15.20
5	4-330	空心板不焊接每块构件体积0.2 m^3内 塔式起重机	m^3	15
6	4-385	空心板接头灌缝	m^3	15

【例3.7.4】某单位工程桩基础设计为预制钢筋混凝土方桩，C30混凝土，截面为450 mm×450 mm，每根桩长12(6+6) m，共150根，预制厂预制后运至施工现场，运输距离为13 km，桩顶面标高-3.00 m，设计室外地面标高-0.600 m，三类土，走管式柴油打桩机施工，电焊接桩。试计算预制混凝土桩相关工程量。

【解】需要列以下项目：混凝土方桩C30混凝土制作；桩的运输；桩顶面标高-3.00 m，需要送桩，列打桩(需要送桩)项目；接桩工程量按个计算；

(1)混凝土方桩C30混凝土制作工程量。

0.45×0.45×12×150×(1+2%)=364.5×1.02=371.79 m^3。

(2)预制钢筋混凝土方桩(Ⅱ类构件)运输工程量。

364.5×1.019=371.43 m^3。

(3)打桩(包括送桩)工程量=364.5 m^3。

(4)接桩工程量=1×150=150个。

计算结果见表3-7-7。

表3-7-7 定额项目表

序号	定额编号	定额名称	计量单位	工程量
1	4-125-1	预制方桩 混凝土C30	m^3	371.79
2	4-179	Ⅱ类构件运输 运输距离15 km内	m^3	371.43
3	2-14	打桩(包括送桩) 桩长12 m内 三类土	m^3	0.43
4	2-49	电焊接桩 包角钢	个	150

【例 3.7.5】某办公室采用现浇钢筋混凝土楼梯(图 3-7-18)，混凝土强度 C25，采用现场拌制，楼梯斜板厚 100 mm，踏步高 170 mm，休息平台厚 120 mm，墙厚 240 mm，轴线居中，计算该楼梯的混凝土工程量。

【解】$S=(7.2-0.12-1.7)\times(3.9-0.24)\times 2$

$=5.38\times 3.66\times 2$

$=39.38\ m^2$。

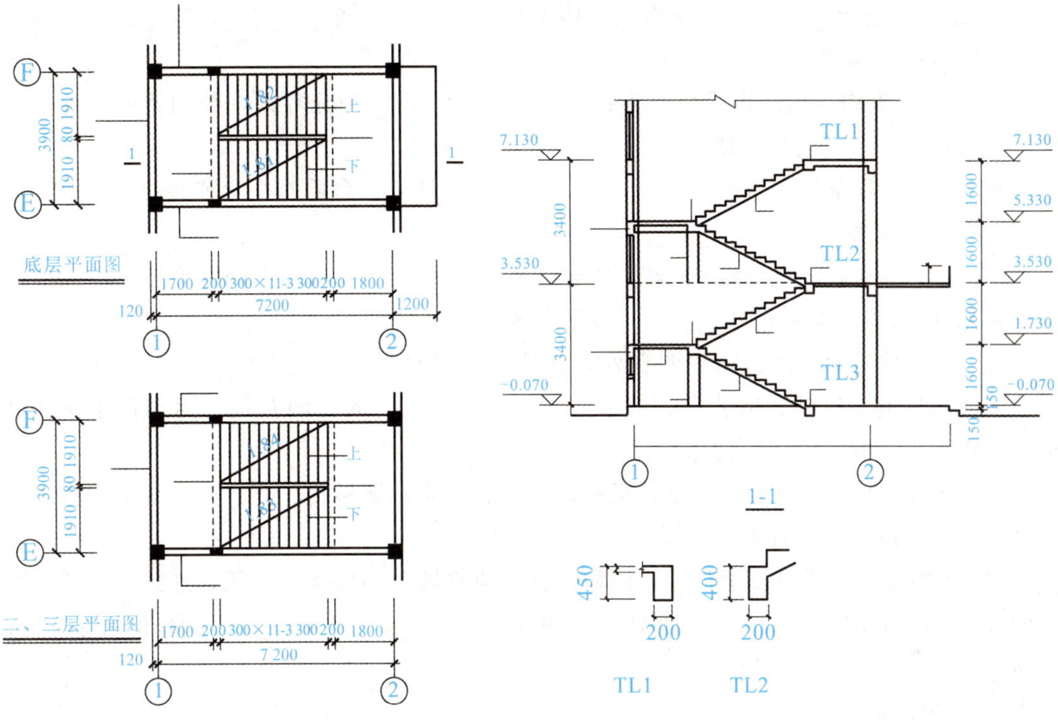

图 3-7-18　楼梯平面图

计算结果见表 3-7-8。

表 3-7-8　定额项目表

序号	定额编号	定额名称	计量单位	工程量
1	4-88-2	现浇楼梯　板式　直形　混凝土 C25	m^2	39.38

复习思考题

一、填空题

1. 现浇混凝土构件(包括商品混凝土现浇构件、现场搅拌混凝土现浇构件)，除注明者外，均按设计图示尺寸以________计算，不扣除________、________所占体积。

2. 混凝土柱的体积应按________________计算，依附于柱上的牛腿应合并在柱的工程量内。

3. 有梁板的柱高应自________(或楼板上表面)算至上一层的楼板上表面。

4. 构造柱按________计算，与砖墙嵌接部分的体积并入________________。

5. 凡加固墙身浇捣在砖墙上的梁和圈梁应合并计算，砖基础上的圈梁或地梁均按________计算。直接以独立基础或桩为支点并承受墙身荷载的梁按________计算。

6. 无梁板是指____________________，其工程量按板与柱帽体积之和计算。

7. 混凝土板应以图示尺寸的实体积计算，不扣除________以内孔洞所占体积。

8. 有梁板是指________与板构成一体的板，其工程量按________计算，并应扣除柱身在板内所占的体积。

9. 挑檐、天沟与屋面板或楼板连接时，应以________为分界线，与圈梁或其他梁连接时，应以________为分界线。

10. 台阶工程量按台阶的____________________计算。台阶与平台连接时其投影面积应以最上层踏步外沿加____________计算。

11. 楼梯工程量(包括踏步、休息平台、楼梯与楼层连接梁；不扣除宽度 500 mm 以内的楼梯井)按设计图示尺寸________以平方米计算。

12. 预制混凝土构件：除注明者外，其他均按设计图示尺寸的________以立方米计算，不扣除钢筋、铁件、吊装孔、单个面积________以内的孔洞及预应力构件中预留孔道所占体积，扣除________的体积。

13. 预制混凝土构件接头灌缝包括构件坐浆、灌浆、堵板孔、塞板梁缝等，均按预制构件________以立方米计算。

14. 混凝土墙按设计图示尺寸以体积计算，应将墙上的圈梁、过梁、连梁、暗梁、暗柱和突出墙外的垛________计算，应扣除________及________的体积，不扣除____________________体积。

二、判断题

1. 平板是指无柱、梁，直接由墙承重的板，按实体积计算。 (　　)

2. 现浇混凝土柱、墙定额中，均未按规范规定列入底部灌 1∶2 水泥砂浆的用量，需单独列项计算。 (　　)

3. 现浇混凝土外加剂与定额不同时可按设计要求，调整计算。 (　　)

4. 商品混凝土定额中括弧内混凝土量为总消耗量，包括商品混凝土搅拌、场外运输、泵送及浇筑损耗。泵送高度以建筑物室外地坪至檐口高度按相应定额项目计算。混凝土泵送工程量按图纸计算量×(1＋损耗量%)计算。 (　　)

5. 次梁与主梁连接时，次梁长度应从主梁的中心线算起。 (　　)

6. 预制混凝土桩应按桩长(包括桩尖的全长)乘桩身横断面计算，桩尖的虚体积需扣除。 (　　)

7. 混凝土墙按设计图示尺寸以体积计算，不扣除单个面积 300 mm×300 mm 以内的孔洞体积。 (　　)

8. 无梁板是指不带梁直接与柱支撑的板，其柱帽工程量并入柱体积内。 (　　)

9. 阳台板、雨篷板以及伸出墙外部分的牛腿均以实体积计算，并入与阳台板和雨篷板相连接的板体积内。（　　）

10. 所有的预制混凝土构件，都需计算制作、运输、安装工程量。（　　）

三、单选题

1. 打桩定额中除（　　）外，均不包括接桩，接桩应按不同接桩方法分别列项计算。

A. 静力压桩

B. 走管式柴油打桩机打预制钢筋混凝土方桩

C. 打灰土挤密桩

D. 履带式柴油打桩机打预制钢筋混凝土方桩

2. 下列有关平板的论述，正确的是（　　）。

A. 平板是指肋形楼板以外的板

B. 平板是指无柱、无梁，四周直接搁置在墙上的板

C. 平板是指不带梁，直接用柱支撑的楼板

D. 平板是指很平的板，无质量问题的板

3. 各种现浇屋面板与挑出的混凝土挑檐天沟相连时，以外墙的（　　）为界，以外为挑檐天沟，以内为现浇屋面板。

A. 中心线　　B. 轴线　　C. 内边线　　D. 外边线

4. 下列混凝土及钢筋混凝土构件工程量的计算，正确的是（　　）。

A. 现浇有梁板主梁、次梁按体积并入矩形梁工程量中计算

B. 无梁板柱帽按体积并入零星项目工程量中计算

C. 弧形楼梯不扣除宽度小于 500 mm 的楼梯井

D. 整体楼梯按水平投影面积计算，不包括与楼板连接的梯梁所占面积

5. 以下关于现浇混凝土构件工程量的计算，正确的是（　　）。

A. 有梁板柱高自柱基上表面至上层楼板上表面

B. 无梁板柱高自柱基上表面至上层楼板下表面

C. 框架柱柱高自柱基上表面至上层柱帽表面

D. 构造柱柱高自柱基上表面至顶层楼板下表面

6. 下列现浇混凝土板工程量计算规则中，正确的说法是（　　）。

A. 天沟、挑檐按设计图示尺寸以面积计算

B. 雨篷、阳台板按设计图示尺寸以外墙以外部分体积计算

C. 现浇挑檐、天沟板与板连接时，以板的外边线为界

D. 伸出墙外的阳台牛腿和雨篷反挑檐不计算

7. 计算现浇混凝土楼梯工程量时，正确的做法是（　　）。

A. 以斜面积计算

B. 扣除宽度小于 500 mm 的楼梯井

C. 伸入墙内部分不另增加

D. 整体楼梯不包括连接梁

8.(　　)是指梁(包括主、次梁)与板构成一体的板。

A. 平板　　B. 有梁板　　C. 无梁板　　D. 悬挑板

9.(　　)是指无柱、梁，直接由墙承重的板。

A. 平板　　B. 有梁板　　C. 无梁板　　D. 悬挑板

10.(　　)是指不带梁直接由柱支撑的板。

A. 平板　　B. 有梁板　　C. 无梁板　　D. 悬挑板

四、多选题

1. 现浇混凝土构件(包括商品混凝土现浇构件、现场搅拌混凝土现浇构件)，除注明者外，均按设计图示尺寸以立方米计算，不扣除(　　)。

A. 钢筋所占体积　　B. 铁件所占体积

C. 孔洞所占的体积　　D. 吊装孔

E. 以上都扣除

2. 现浇混凝土柱高按(　　)计算。

A. 有梁板的柱高应自柱基上表面(或楼板上表面)算至上一层的楼板上表面

B. 空心板楼盖的柱高应自柱基上表面(或楼板上表面)算至托板或柱帽的下表面

C. 框架柱的高度，有楼隔层时，自柱基上表面(或楼板上表面)算至上一层的楼板上表面，无楼隔层时应自柱基上表面算至柱顶面

D. 构造柱按墙高计算，与砖墙嵌接部分的体积并入柱身体积内

E. 无梁板的柱高应自柱基上表面(或楼板上表面)算至上一层的楼板上表面。

3. 混凝土梁的体积应按梁长乘梁的断面积计算，梁长按(　　)计算。

A. 与柱连接的梁应从柱侧面算起

B. 次梁与主梁连接时，次梁应从主梁的侧面算起

C. 伸入墙内的梁头、梁垫，其体积并入梁体积内

D. 直接以独立基础或桩为支点并承受墙身荷载的梁按矩形梁计算

E. 与柱连接的梁应从柱中心线算起

4. 混凝土墙及挡土墙按设计图示尺寸以体积计算，应将(　　)并入墙体积内计算。

A. 框架柱　　B. 框架梁　　C. 墙上的连梁

D. 墙上的暗梁　　E. 墙上的暗柱和突出墙外的垛

5. 现浇混凝土构件，以平方米计算的有(　　)。

A. 现浇混凝土栏板　　B. 现浇混凝土垫层

C. 现浇混凝土楼梯　　D. 现浇混凝土台阶

E. 现浇混凝土雨篷

6. 以下关于工程量计算正确的说法是(　　)。

A. 现浇混凝土整体楼梯按设计图示的水平投影面积计算，包括踏步，休息平台、楼梯与楼层连接梁，500 mm 以内的楼梯井

B. 散水、坡道按设计图示尺寸以面积计算，不扣除单个面积在 0.3 m^2 以内的孔洞面积

C. 地沟的沟底、沟边、沟顶工程量合并计算

D. 混凝土台阶按设计图示尺寸以水平投影面积以平方米计算

E. 混凝土压顶按设计图示尺寸以长度计算

7. 计算混凝土工程量时，正确的定额工程量计算规则是(　　)。

A. 无梁板是指无柱、梁，直接由墙承重的板，按实体积计算。

B. 有多种板连接时以墙的中心线为分界线

C. 伸入墙内的板头并入板体积内计算

D. 挑檐、天沟与屋面板或楼板连接时，应以外墙中心线为分界线

E. 阳台板、雨篷板以及伸出墙外部分的牛腿均以平方米计算

8. 预制混凝土构件定额项目工程量的计算，除注明者外，其他均按设计图示尺寸的实体积以立方米计算，不扣(　　)的体积。

A. 钢筋、铁件

B. 吊装孔

C. 300 mm×300 mm 以内的孔洞

D. 预应力构件中预留孔道

E. 空心板孔洞体积

9. 钢筋混凝土预制构件，除(　　)外，应计算制作、运输、堆放及安装(打桩)损耗。

A. 水塔倒锥壳水箱

B. 单体在 0.5 m^3 以上的柱

C. 门式刚架、升板

D. 屋架、屋架梁

E. 吊车梁、基础梁

10. 钢筋混凝土预制构件，除吊车梁、基础梁、屋架、屋架梁、门式刚架、升板及水塔倒锥壳水箱和单体在 0.5 m^3 以上的柱外，应计算(　　)损耗。

A. 制作　　B. 运输　　C. 堆放

D. 安装(打桩)　　E. 不计算

五、简答题

1. 混凝土梁的梁长计算有哪些规定?

2. 混凝土柱的柱高计算有哪些规定?

3. 混凝土墙及挡土墙的工程量计算规则是什么?

4. 楼梯混凝土工程量怎么计算?

六、综合训练

1. 某单层传达室全现浇框架结构，轴线为柱、梁中心线，首层楼顶面结构如图 3-7-19 所示，其结构标高 4.17 m，地面结构标高－0.03 m，基础顶标高－0.7 m，板厚 100 mm，混凝土强度等级均为 C30 混凝土，构件尺寸见表 3-7-9。若采用现场拌制混凝土，试列项并计算首层柱、梁、板混凝土工程量。

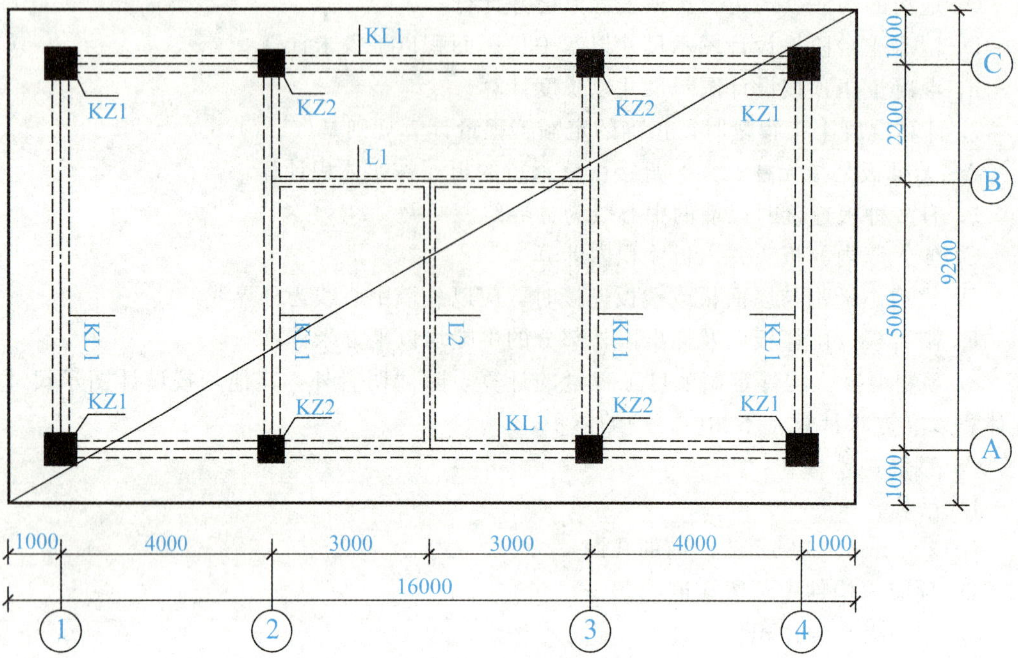

图 3-7-19 首层楼顶面结构图

表 3-7-9 构件尺寸表

构件名称	构件尺寸/mm
KZ1	600×600
KZ2	500×500
KL1	300×550(宽×高)
L1	250×450(宽×高)
L2	250×350(宽×高)

2. 如图 3-7-20、图 3-7-21 所示，某阶梯教室采用井式楼板，混凝土强度 C25，现场拌制，试计算井字梁板的混凝土工程量。

3. 如图 3-7-22 所示现浇混凝土台阶，C25 混凝土采用现场拌制，试计算台阶混凝土工程量。

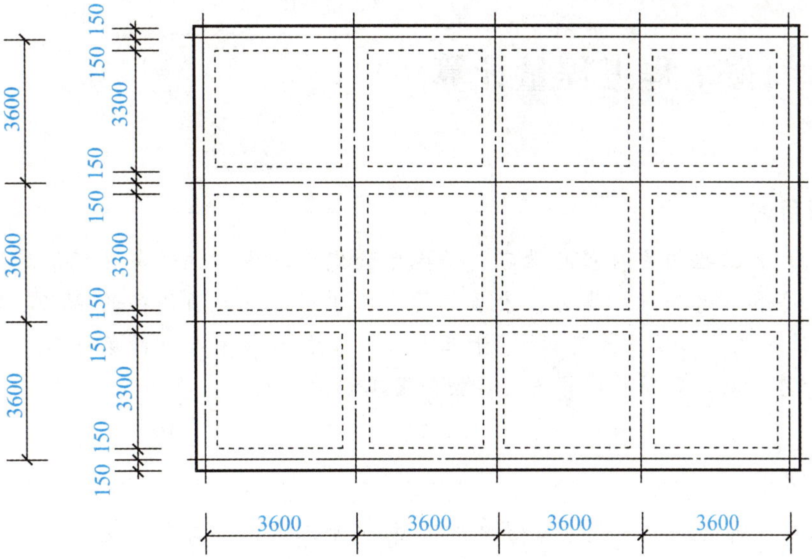

图 3-7-20　井字梁板示意图

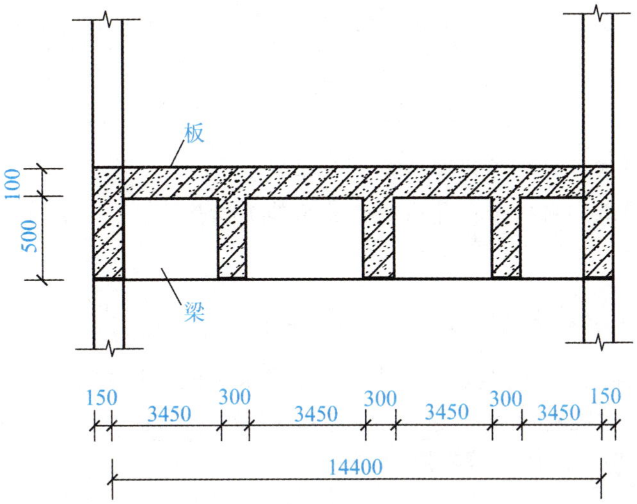

图 3-7-21　井字梁板剖面图

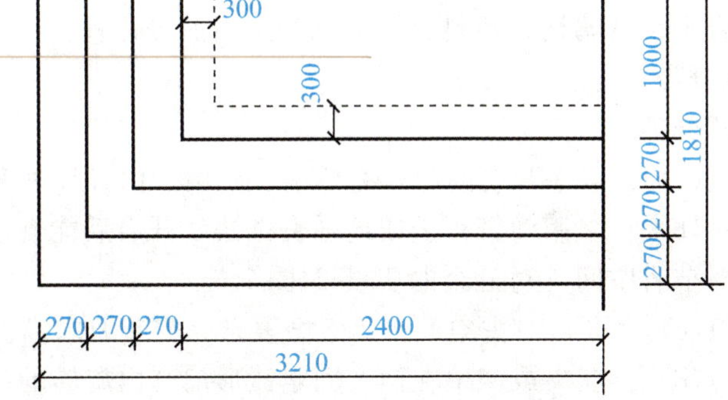

图 3-7-22　台阶平面图

3.8 门窗工程工程量计算

学习目的

通过对门窗工程相关内容的学习，学生体验完成具体工作任务必须依据的规范和原则，感受任务实施对知识、能力、素质的需求，理解完成本项任务的流程，最终能根据《甘肃省建筑与装饰工程预算定额》第十三章门窗工程、第十七章的第一节门窗配套装饰的工程量计算规则，列项并计算不同类型门窗工程量。

知识目标

1. 掌握《甘肃省建筑与装饰工程预算定额》第十三章门窗工程的定额项目划分方法及常用定额项目名称、计量单位、工作内容、工程量计算规则。

2. 掌握《甘肃省建筑与装饰工程预算定额》第十七章第一节门窗配套装饰的定额项目划分方法及常用定额项目名称、计量单位、工作内容、工程量计算规则。

重点难点

1. 根据施工图纸，列项并计算门窗工程工程量。

2. 根据施工图纸，列项并计算门窗配套装饰工程量。

3.8.1 门窗工程知识背景

门和窗是建筑物中的围护构件。门在房屋建筑中的作用主要是交通联系，并兼采光和通风；窗的作用主要是采光、通风及眺望。在不同情况下，门和窗还有分隔、保温、隔声、防火、防辐射、防风沙等作用。

1. 门窗的类型

(1)按所用的材料分类

有木、钢、铝合金、玻璃钢、塑料、钢筋混凝土门窗等几种。

(2)按开启方式分类

①门按开启方式分类。

平开门[图 3-8-1(a)]：水平开启的门，有单扇、双扇、内开和外开几种形式。

弹簧门[图 3-8-1(b)]：采用弹簧铰链或地弹簧做法，开启后能自动关闭。

推拉门：开启时节省空间，对五金的质量要求高。

折叠门[图 3-8-1(c)]：开启时占空间少，五金复杂，安装要求高。

旋转门[图 3-8-1(d)]：三扇或四扇在两个固定弧形门套内旋转的门，由于门始终是关着的，因此保温、隔声的效果好。

还有上翻门[图 3-8-1(e)]、升降门和卷帘门。

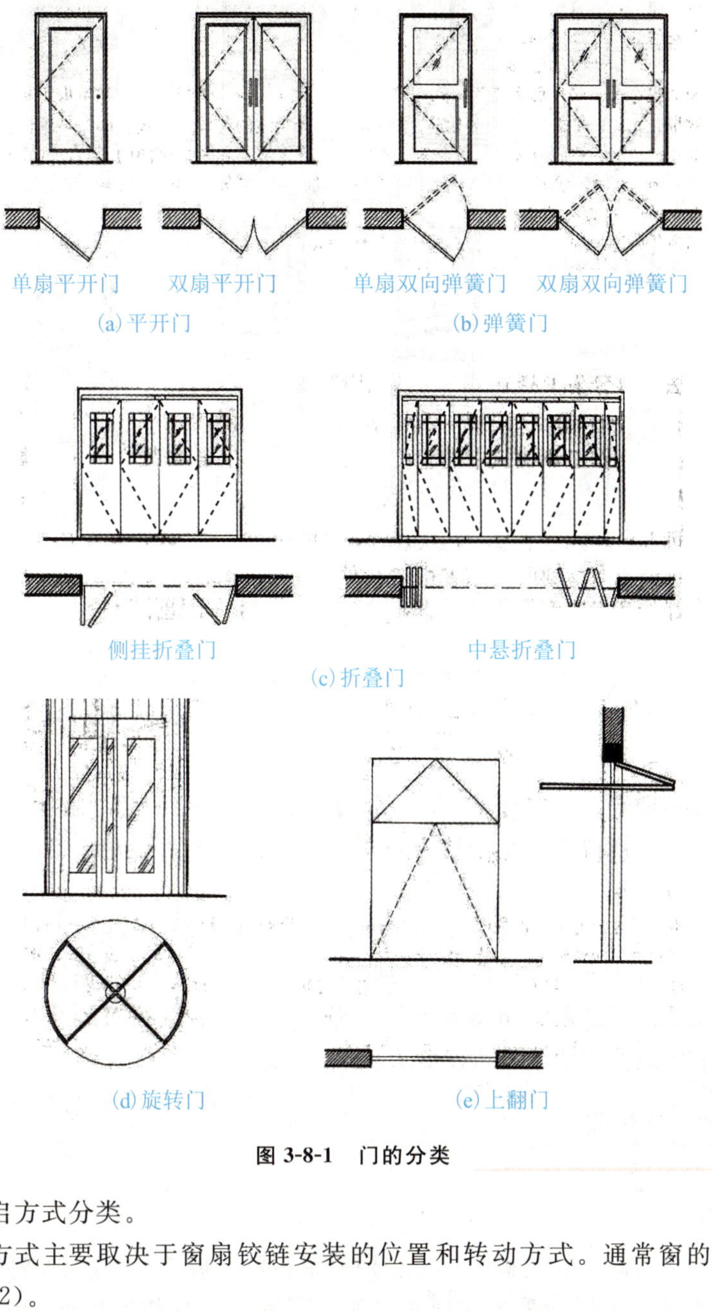

图 3-8-1　门的分类

②窗按开启方式分类。

窗的开启方式主要取决于窗扇铰链安装的位置和转动方式。通常窗的开启方式有以下几种(图 3-8-2)。

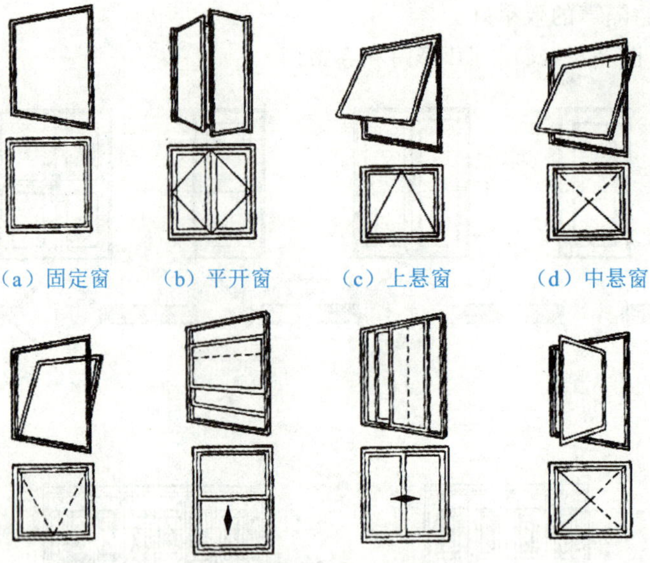
(a) 固定窗　(b) 平开窗　(c) 上悬窗　(d) 中悬窗　(e) 下悬窗　(f) 垂直推拉窗　(g) 水平推拉窗　(h) 转窗

图 3-8-2　窗的分类

固定窗：无窗扇、不能开启的窗。固定窗的玻璃直接嵌固在窗框上，可供采光和眺望之用。

平开窗：铰链安装在窗扇一侧与窗框相连，向外或向内水平开启。有单扇、双扇、多扇，有向内开与向外开之分。其构造简单，开启灵活，制作维修均方便，是民用建筑中采用较广泛的窗。

悬窗：因铰链和转轴的位置不同，可分为上悬窗、中悬窗和下悬窗。

推拉窗：分垂直推拉窗和水平推拉窗两种。它们不多占使用空间，窗扇受力状态较好，适宜于安装较大玻璃，但通风面积受到限制。

转窗：引导风进入室内效果较好，防雨及密封性较差，多用于单层厂房的低侧窗。因密闭性较差，不宜用于寒冷和多风沙的地区。

百叶窗：主要用于遮阳、防雨及通风，但采光差。百叶窗可用金属、木材、钢筋混凝土等制作，有固定式和活动式两种形式。

2. 门窗的构造组成

(1)门的构造组成

①门扇。

按其构造方式不同，有镶板门、夹板门、拼板门、玻璃门和纱门等类型。亮子又称腰头窗，在门上方，为辅助采光和通风之用，有平开、固定及上悬、中悬、下悬几种。镶板门是最常用的一种门扇形式，一般用于建筑的外门，门扇由上、中、下冒头和边梃组成骨架，内镶门芯板。

②门框。

门框是门扇、亮子与墙的联系构件，由上框、边框、中横框和中竖框组成。

③五金零件。

一般有铰链、插销、门锁、拉手、门碰头等。

④附件有贴脸板、筒子板等。

门框与墙间的缝隙常用木条盖缝，称门头线，俗称贴脸。

(2)窗的构造组成

窗主要由窗框和窗扇两部分组成。这里主要介绍窗框。

窗框的安装方式有立口和塞口两种。立口是施工时先将窗框立好，后砌窗间墙；塞口则是在砌墙时先留出洞口，以后再安装窗框，为便于安装，预留洞口应比窗框外缘尺寸多 20～30 mm。

3.8.2　定额项目划分

在《甘肃省建筑与装饰工程预算定额》中，涉及本节内容的有：第十三章门窗工程、第十七章门窗配套装饰及其他的第一节门窗配套装饰。木窗在建筑中不宜使用，钢门窗属于淘汰产品，此处不做介绍。第十三章门窗工程包含以下定额项目。

木门：分为镶板门、夹板门、玻璃门、装饰门、壁柜门、顶橱门。镶板门包括镶板门、玻璃镶板门、镶板门下带百页等定额项目，其中每个项目又按带亮子和不带亮子划分子目。例如，夹板门包括夹板门、夹板门下带百页、夹板门下带一玻等项目，其中每个项目按带亮子和不带亮子划分子目；玻璃门分为半玻门和全玻璃门等定额项目，每个项目又按带亮子和不带亮子划分子目。例如，13-5 安装镶板门　带亮子，13-12 安装夹板门　不带亮子。

彩板门窗按不同构造、不同的开启方式及玻璃的不同划分为推拉门(半玻)、推拉门(全玻)、推拉窗(单玻)、推拉窗(中空玻璃)、平开门(半玻)、平开窗(单玻)、安装双玻彩板平开窗(中空玻璃)、纱扇等几个定额子目，如 13-33 安装彩板推拉门　半玻，13-36 安装彩板推拉门　半玻。

塑钢门窗按不同构造、不同的开启方式及所带玻璃不同划分为全板门(带亮)、全板门(不带亮)、平开门(半玻)、平开门(全玻)、推拉门(半玻)、推拉门(全玻)、平开窗(单玻)、平开窗(中空玻璃)、推拉窗(单玻)、推拉窗(中空玻璃)、固定窗、平开悬窗、纱扇、附框 14 个定额项目，如 13-43 安装塑钢平开门　半玻，13-49 安装塑钢推拉窗　单玻。

铝合金门窗按不同构造、不同开启方式及玻璃的配置等划分为平开门、推拉门、弹簧门、平开窗、推拉窗、固定窗、纱扇等定额项目。其中平开门和推拉门分为半玻和全玻两种，平开窗、推拉窗、固定窗分为单玻和中空玻璃两种，共 12 个定额子目，如 13-55 安装铝合金平开门　半玻，13-60 安装铝合金平开窗　单玻。

隔热断桥门窗划分为隔热断桥铝合金窗、隔热断桥铝合金平开门、隔热断桥铝塑复合窗、隔热断桥铝塑复合门。其中隔热断桥铝合金窗又分为推拉窗、固定窗、平开窗、隐形纱窗，隔热断桥铝塑复合窗分为推拉窗、固定窗、平开窗、隐形纱窗，如 13-67 安装

隔热断桥铝合金窗　推拉窗。

全玻璃门窗划分为无框全玻门、固定无框玻璃窗、有框全玻门等定额项目，其中有框全玻门按材料不同又划分为不锈钢框和金属烤漆框两个定额项目，如 13-95 安装无框全玻门。

特种门按不同材质、不同使用功能、不同构造分为木质防火门、钢质防火门、防火玻璃、隔音门、保温门、变电室门、防射线门、冷藏库门、冷藏冻结间门、人防混凝土门、钢质人防密闭门、钢推拉栅栏门、防火卷帘门、防火卷帘门手动装置等定额项目。其中人防混凝土门又划分为密闭门、防密门、门式悬板活门、挡窗板等，如 13-140 安装木质防火门，13-141 安装钢质防火门。

第十七章门窗配套装饰及其他的第一节门窗配套装饰划分为门饰面(按不同的材质和工艺共列 8 个子目)，门窗套(按不同的材质共列 9 个子目)，门窗贴脸(按宽度共列 3 个子目)、窗台板(按不同的材质共列 5 个子目)、窗帘盒(按不同的材质共列 5 个子目)、窗帘轨道(按不同的材质和形式共列 7 个子目)、门窗五金安装(按不同的材质、形式和作用共列 26 个子目)七个部分，如 17-25 窗台板　预制水磨石板，17-28 窗帘盒　胶合板面细木工板基层，17-34 窗帘轨道　罗马杆　金属，17-39 门窗五金安装　香蕉拉手。

3.8.3　定额项目适用范围

木门定额项目适用于工厂制作，在现场安装的各种木门。

彩板门窗定额项目适用于各种规格彩板门窗成品的安装。

塑钢门窗定额项目适用于工厂加工制作，现场安装的各种塑钢门窗。

铝合金门窗定额项目适用于各种系列规格铝合金门窗成品的安装。

隔热断桥门窗定额项目适用于工程中隔热断桥门窗的安装。

全玻璃门窗定额项目适用于在现场制作安装的有框和无框全玻璃门窗。

特种门定额项目适用于各种特种门的框扇安装。

门窗配套装饰定额项目适用于各种门窗的配套装饰和五金安装。

3.8.4　门窗及门窗配套装饰工程量计算规则

1. 门窗工程量计算规则

各类门窗工程量按设计洞口尺寸以平方米计算，无框者按扇外围尺寸计算。

纱窗扇安装工程量按扇外围尺寸以平方米计算。

防火卷帘门工程量按楼面或地面距端板顶点的高度乘门的宽度以平方米计算。

卷帘门安装工程量按门洞口高度增加 0.60 m 乘门洞宽度以平方米计算。电动装置安装以套计算，活动小门以个计算。

电子感应门、旋转门、电子刷卡智能门的安装按樘计算，电动伸缩门按米计算，电动装置安装以套计算。

门连窗应分别计算工程量。窗的宽度应计算至门框外边。

不锈钢格栅门、防盗门窗工程量按设计洞口尺寸以平方米计算。

防盗栅栏按展开面积以平方米计算。

飘窗按外边框展开面积以平方米计算。

钢木大门安装工程量按扇外围面积以平方米计算。

钢板大门、铁栅门安装工程量按质量以吨计算。

2. 门窗配套装饰工程量计算规则

门饰面工程量按设计图示尺寸的贴面面积以平方米计算。

门窗钉橡胶密封条工程量按门窗扇外围尺寸以米计算。

木作门窗套、不锈钢门窗套及石材门窗套工程量按设计图示尺寸的展开面积以平方米计算；成品门窗套按设计图示尺寸以米计算。

窗台板工程量按设计图示尺寸的实铺面积以平方米计算。

门窗贴脸、窗帘盒、窗帘轨道工程量按设计图示尺寸以米计算。

门窗五金按设计图示数量计算。

3. 说明

门窗安装所用的小五金(普通合页、螺丝)费用已包括在相应定额项目内，不再另行计算。其他五金配件执行第十七章门窗配套装饰及其他相应定额项目。

顶橱门、壁柜门定额项目中已包括橱内的隔断、格板、地板、挂衣架等工料，不再另行计算。

木门窗中的玻璃门适用于木框玻璃门，全玻璃门窗中的有框全玻门适用于钢框、不锈钢框玻璃门。

无框、有框全玻门包括不锈钢板门夹、拉手、地弹簧等。

附框的材质、规格实际使用与定额不同时，可进行换算。

3.8.5　典型案例分析

【例 3.8.1】 如图 3-8-3 为金属烤漆框全玻璃门，图示尺寸为洞口尺寸，共 6 樘，试列项并计算工程量。

图 3-8-3　全玻璃门

【解】全玻璃门工程量＝1.5×2.7×6＝24.3 m^2。

计算结果见表 3-8-1。

表 3-8-1 定额项目表

序号	定额编号	定额名称	计量单位	工程量
1	13-98	安装有框全玻门 金属烤漆框	m^2	24.3

【例 3.8.2】 如图 3-8-4 木制门连窗，图示尺寸为洞口尺寸，共 10 樘，试列项并计算工程量。

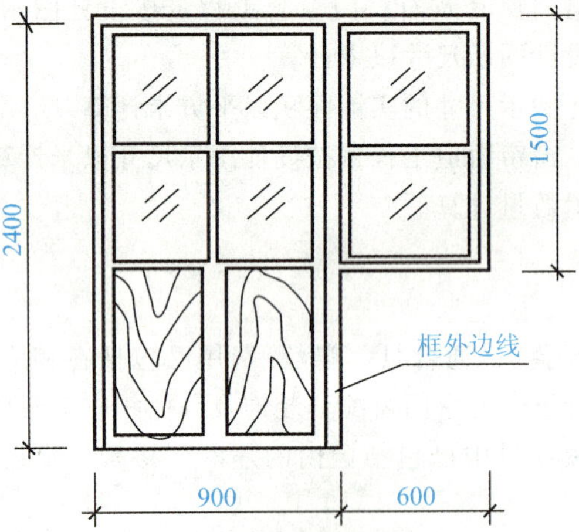

图 3-8-4 门连窗示意图

【解】门连窗应分别计算工程量。窗的宽度应计算至门框外边。

木门工程量＝0.9×2.4×10＝21.6 m^2。

木窗工程量＝0.6×1.5×10＝9 m^2。

计算结果见表 3-8-2。

表 3-8-2 定额项目表

序号	定额编号	定额名称	计量单位	工程量
1	13-1	木窗 安装单层玻璃窗	m^2	9
2	13-17	木门 安装半截玻璃门 带亮子	m^2	21.6

复习思考题

一、填空题

1. 各类门窗工程量按________以平方米计算，无框者按________计算。

2. 卷帘门安装工程量按________以平方米计算。电动装置安装以套计算，活动小门以个计算。

3. 电子感应门、旋转门、电子刷卡智能门的安装按________计算，电动伸缩门按

________计算，电动装置安装以________计算。

4. 门连窗应________计算工程量。窗的宽度应计算至________。

5. 飘窗按________以平方米计算。

6. 钢木大门安装工程量按________以平方米计算。

7. 木门窗中的玻璃门适用于________，全玻璃门窗中的有框全玻门适用于________。

二、判断题

1. 纱窗扇安装工程量按扇外围尺寸以平方米计算。（　　）

2. 各类门窗工程量按框外围尺寸以平方米计算，无框者按扇外围尺寸计算。（　　）

3. 门连窗应合并计算工程量。（　　）

4. 飘窗按洞口展开面积以平方米计算。（　　）

5. 钢木大门安装工程量按洞口尺寸面积以平方米计算。（　　）

6. 门窗安装所用的小五金(普通合页、螺丝)费用已包括在相应定额项目内，不再另行计算。其他五金配件执行《甘肃省建筑与装饰工程预算定额》第十七章门窗配套装饰及其他相应定额项目。（　　）

三、单选题

1. (　　)定额项目适用于工厂加工制作，现场安装的各种塑钢门窗。

A. 塑钢门窗　B. 铝合金门窗　C. 彩板门窗　D. 隔热断桥门窗

2. 飘窗工程量按(　　)以平方米计算。

A. 洞口面积　B. 框外围面积

C. 水平投影面积　D. 外边框展开面积

3. 门饰面工程量按设计图示尺寸的(　　)以平方米计算。

A. 贴面面积　B. 洞口面积

C. 框外围面积　D. 外边框展开面积

4. 成品门窗套按设计图示尺寸以(　　)计算。

A. 米　B. 平方米　C. 立方米　D. 樘

5. 木门工程量按(　　)以平方米计算。

A. 门扇外围面积　B. 框外围面积

C. 洞口面积　D. 外边框展开面积

四、多选题

1. 按设计洞口尺寸以平方米计算的门窗工程量有(　　)。

A. 铝合金门窗　B. 钢木大门　C. 飘窗　D. 电子感应门

E. 隔热断桥门窗

2. (　　)工程量按设计图示尺寸以米计算。

A. 门窗贴脸　B. 窗帘盒　C. 窗帘轨道　D. 窗台板

E. 木作门窗套

3. 特种门按不同材质、不同使用功能、不同构造分为(　　)等。

A. 木质防火门　B. 隔音门　C. 变电室门　D. 人防混凝土门

E. 隔热断桥门

4.(　　)的安装工程量按樘计算。

A. 木质防火门　　B. 电子感应门　　C. 旋转门　　D. 电子刷卡智能门

E. 钢木大门

5. 门窗安装所用的(　　)费用已包括在相应定额项目内，不再另行计算。

A. 钢管拉手　　B. 普通合页　　C. 弹子门锁　　D. 螺丝

E. 闭门器

五、综合训练

1. 如图 3-8-5 木制半圆窗，图示尺寸为洞口尺寸，共 20 樘，试列项并计算工程量。

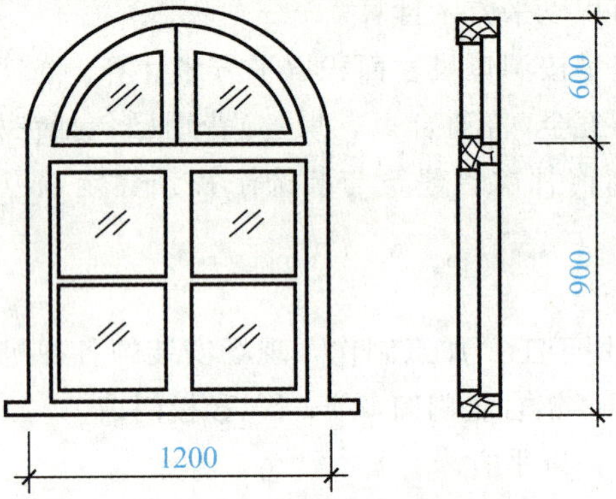

图 3-8-5　木制半圆窗

2. 如图 3-8-6，计算带亮胶合板门(共 80 樘)工程量，图示尺寸为洞口尺寸。

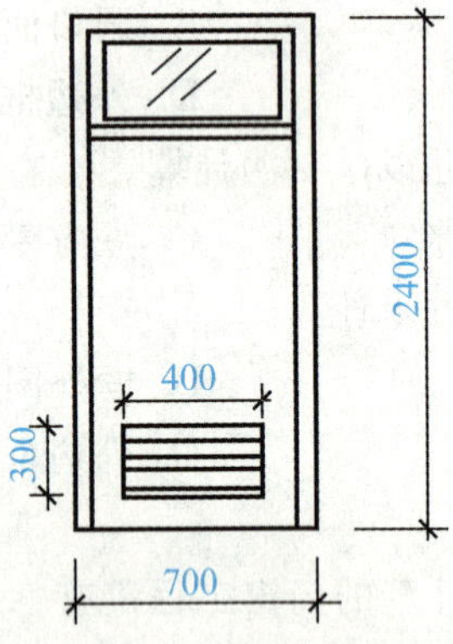

图 3-8-6　带亮胶合板门

3.9 砌筑工程工程量计算

学习目的

通过对砌筑工程相关内容的学习，学生体验完成具体工作任务必须依据的规范和原则，感受任务实施对知识、能力、素质的需求，理解完成本项任务的流程，最终能根据《甘肃省建筑与装饰工程预算定额》第三章砌筑工程工程量计算规则，列项并计算不同材料、不同厚度墙体工程量。

知识目标

1. 掌握《甘肃省建筑与装饰工程预算定额》第三章砌筑工程定额项目划分方法及常用定额项目名称、计量单位、工作内容。

2. 掌握《甘肃省建筑与装饰工程预算定额》第三章砌筑工程的工程量计算规则。

重点难点

1. 根据施工图纸，列项并计算砖墙、砌块墙工程量。

2. 根据施工图纸，列项并计算零星砖砌体工程量。

3.9.1　砌筑工程知识背景

墙体在建筑中主要起承重、围护、分隔作用，是房屋不可缺少的重要组成部分，它和楼板与屋顶被称为建筑的主体工程。

1. 墙体类型

根据墙体在建筑物中的位置及方向、受力情况、材料选用、构造形式的不同，可将墙体分为不同类型。

(1)按墙体所处的位置及方向

墙体按所处位置不同分为内墙和外墙。内墙是位于建筑物内部的墙，外墙是位于建筑物四周与室外接触的墙。按布置方向又可以分为纵墙和横墙。沿建筑物长轴方向布置的墙称为纵墙，沿建筑物短轴方向布置的墙称为横墙，外横墙又称山墙。另外，窗与窗、窗与门之间的墙称为窗间墙；窗洞下部的墙称为窗下墙；外墙从屋顶上高出屋面的部分称为女儿墙等(图 3-9-1)。

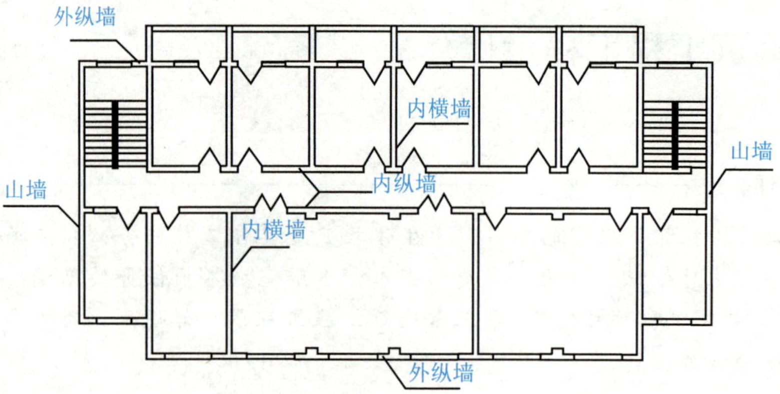

图 3-9-1　墙示意图

(2)按受力情况分类

根据墙体的受力情况不同可分为承重墙和非承重墙。凡直接承受楼板、屋顶等传来荷载的墙称为承重墙；不承受这些外来荷载的墙称为非承重墙。在非承重墙中，不承受外来荷载，仅承受自身重量并将其传至基础的墙称为自承重墙；仅起分隔空间作用，自身重量由楼板或梁来承担的墙称为隔墙；在框架结构中，填充在柱子之间的墙称为填充墙，内填充墙是隔墙的一种；悬挂在建筑物外部的轻质墙称为幕墙，有金属幕、玻璃幕等。幕墙和外填充墙，虽不能承受楼板和层顶的荷载，但承受着风荷载并把风荷载传给骨架结构。

(3)按材料分类

按墙体所用材料的不同，墙体有砖和砂浆砌筑的砖墙、利用工业废料制作的各种砌块砌筑的砌块墙、现浇或预制的钢筋混凝土墙、石块和砂浆砌筑的石墙等。

(4)按构造形式分类

按构造形式的不同，墙体可分为实体墙、空体墙和复合墙三种。实体墙是由普通黏土砖及其他实体砌块砌筑而成的墙；空体墙内部的空腔可以靠组砌形成，如空斗墙，也可用本身带孔的材料组合而成，如空心砌块墙等；复合墙由两种以上材料组合而成，如加气混凝土复合板材墙，其中混凝土起承重作用，加气混凝土起保温隔热作用。

(5)按施工方法分类

根据施工方法不同墙体可分为块材墙、版筑墙和板材墙三种。

2. 墙体材料

构成墙砌体的材料是块材(砖、砌块、石材)与胶结材料(砂浆)，块材强度等级的符号为 MU，砂浆强度等级的符号为 M。

(1)块材

①砖。

烧结普通砖：以黏土、页岩、煤矸石、粉煤灰为主要原料，经过焙烧而成。烧结普通砖的强度等级，按《砌体结构设计规范》(GB 50003—2001)的规定，有 MU30、MU25、

MU15、MU10。

烧结多孔砖：孔洞率≥15%，分为 P 型和 M 型砖，强度等级的划分与实心砖相同。

空心砖：孔洞率≥35%，常用于非承重部位。

②砌块。

砌块一般为天然石料或以水泥、硅酸盐、煤灰、石灰等胶结料，与砂石、煤渣、天然轻骨料等，经原料处理加压或冲击成型，在以干或湿热养护而制成的砌墙材料。其规格介于砖和大型墙板之间。

常用砌块有粉煤灰硅酸盐砌块、普通混凝土空心砌块、加气混凝土砌块等。砌块的强度等级分 MU20、MU15、MU10、MU7.5、MU5 五级。砌块适用于框架间的非承重填充墙，或其他非承重维护墙及隔墙。

③石材。

石材分料石和毛石，强度等级分 MU100、MU80、MU60、MU50、MU40、MU30、MU20 七个等级。

(2)胶结材料(砂浆)

水泥砂浆：由水泥与砂拌和而成的不掺任何塑性掺合料的纯水泥砂浆。水泥砂浆具有较高的强度和较好的耐久性，但保水性与和易性较差，一般适用于要求砂浆强度较高的砌体和处于潮湿环境中的砌体。

混合砂浆：包括水泥石灰砂浆、水泥黏土砂浆等，具有一定的强度和耐久性，且保水性与和易性较好，便于施工，质量容易保证，是一般墙体中常用的砂浆。

石灰砂浆、黏土砂浆：常用于简易建筑或临时建筑中。

《砌体结构设计规范》规定，砂浆的强度等级有 M15、M10、M7.5、M5、M2.5 五级。

3. 墙身细部构造

(1)墙脚构造

墙脚是指室内地面以下、基础以上的这段墙体。

①墙身防潮。

为了防止土壤中的潮气沿墙体进入墙身，使墙身受潮和抹灰脱落影响室内使用、卫生和美观，应在墙身中设置防潮层(图 3-9-2)。防潮层有水平防潮层和垂直防潮层两种。水平防潮层，沿着建筑物内、外墙连续交圈设置，在室内地坪以下 60 mm 处设置(当建筑物设有基础圈梁时，可调整其位置代替墙身水平防潮层)。

当墙身两侧室内地坪出现高差或室内地坪低于室外地坪时，需在两水平防潮层之间靠土壤的垂直墙面上做垂直防潮层。做法是在高地坪填土前，在两道水平防潮层之间的垂直墙面上抹上 15～20 mm 厚的水泥砂浆，然后再刷防水涂料。

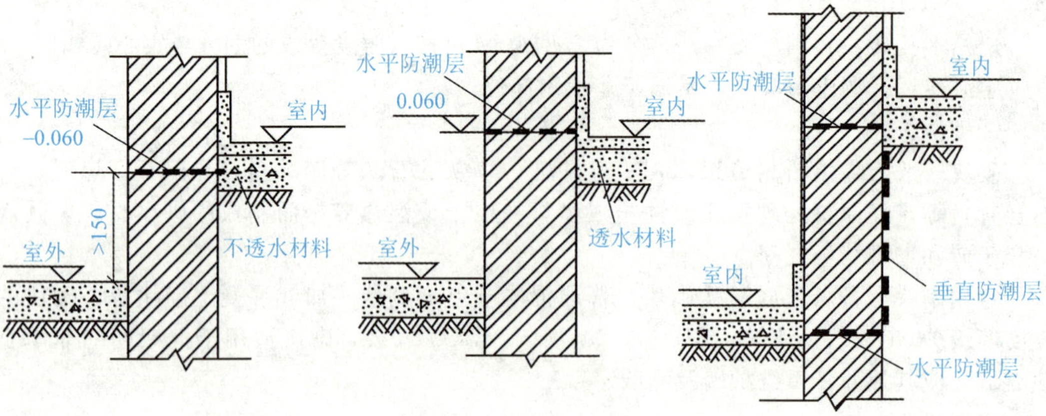

（a）地面垫层为不透水材料　（b）地面垫层为透水材料　（c）室内地面有高差

图 3-9-2　墙身防潮层

②勒脚构造。

外墙与室外地面接近部位称为勒脚。其主要作用为保护墙身不受雨、雪和冰冻破坏，防止墙脚被碰撞破坏。

③外墙周围的排水处理。

为了防止室外地面水、墙面水及屋檐水对墙基的侵蚀，将建筑物附近的地面水及时排除，沿建筑物四周与室外地坪相接处宜设置散水或明沟。

散水：沿建筑物外墙四周做坡度为 3%～5%的排水护坡，宽度一般不小于 600 mm，并应比屋檐挑出的宽度长 200 mm。通常有砖铺散水、块石散水、混凝土散水等。混凝土散水与外墙之间留置沉降缝，并沿长度每隔 6～12 m 设伸缩缝，缝内填充热沥青。寒冷地区建筑的散水应在垫层下面设置砂垫层，以免散水被冻胀破坏。

明沟：对于年降水量较大的地区，常在散水的外缘或直接在建筑物外墙根部设置的排水沟称明沟。

(2)门窗洞口构造

①门窗过梁构造。

过梁用来承受洞口上部墙体传来的荷载，并传给洞两边的窗间墙，有钢筋混凝土过梁、平拱砖过梁和钢筋砖过梁三种。

钢筋混凝土过梁：过梁尺寸经计算确定，厚度是砖厚的整倍数，宽度等于或小于墙宽，截面形状有矩形和 L 形。矩形多用于内墙和外混水墙中，L 形多用于外清水墙和有保温要求的墙体中，有现浇和预制两种，运用广泛。

平拱砖过梁：过梁砖侧立单数，对称两边倾斜，适用于洞口尺寸不大、土质好、非震区和上部荷载小的建筑。

钢筋砖过梁：洞口上部的砂浆层内配置钢筋，高度经计算 300～500 mm，长度宽洞口 240 mm，并在端部做 60 mm 高的垂直弯钩，适用于洞口尺寸不大和上部无集中荷载的建筑。

②窗台。

窗台的作用是排除窗外侧流下的雨水和内侧的冷凝水，并起一定的装饰作用，有外窗台和内窗台。当墙很薄，窗框沿墙内缘安装时，可不设内窗台。

窗台的做法一般是台面应低于内窗台面，窗台挑出外墙面 60 mm，台面应形成 5%的外倾坡度，并在挑出下沿抹出滴水(图 3-9-3)。

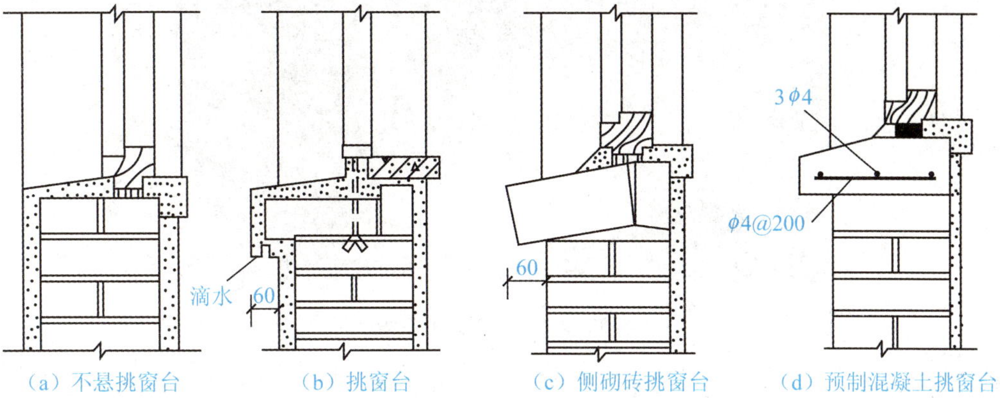

图 3-9-3　窗台示意图

(3)墙身加固措施

如墙的长度和高度大于规范规定，或墙身稳定性较差，可采用以下加固措施。

①圈梁。

圈梁是沿建筑物外墙、内纵墙和部分横墙设置的、水平方向的、连续封闭的梁。圈梁配合楼板的作用可提高建筑的刚度、增强墙体的稳定性、防止不均匀沉降引起的墙体开裂。圈梁宜设置在楼板标高处，也可设在门窗洞口上部，兼起过梁作用。

圈梁宜连续地设在同水平面上，沿纵横墙方向应形成封闭状。当圈梁被门窗洞口截断时，应在洞口上部增设相同截面的附加圈梁。附加圈梁与圈梁的搭接长度不应小于其中垂直间距的两倍，且不得小于 1 m。圈梁兼作过梁时，过梁部分的钢筋应按计算用量另行增配。

②构造柱。

由于砖砌体系脆性材料，抗震能力较差，因此在地震设防区，为增强建筑物的整体刚度和稳定性，需设置构造柱。钢筋混凝土构造柱一般设在建筑物的四角、内外墙交接处、楼梯间、电梯间及较长的墙体中(图 3-9-4)。构造柱不单独做基础，上下两端可伸入屋盖处圈梁和室外地面下圈梁或钢筋混凝土基础内。施工时应先砌墙后浇筑，墙与柱的连接处宜留出马牙槎，进出 60 mm，沿墙高每隔 500 mm 设拉结钢筋，伸入墙内 1000 mm。

图 3-9-4　构造柱示意图

3.9.2　定额项目划分

本节主要包含《甘肃省建筑与装饰工程预算定额》第三章砌筑工程的内容，包括砖墙、混凝土砌块墙、石墙，在列项时主要考虑以下因素。

①根据砌体的不同材料(砖、石、加气混凝土砌块等)分项。

②根据砌筑的不同结构部位(基础、墙体、柱及其他零星砌体)分项。

③根据不同结合层(水泥砂浆、石灰砂浆、混合砂浆)及结合层强度等级分别列项。

④砖墙根据墙体的厚度($\frac{1}{2}$、$\frac{3}{4}$、1、1 $\frac{1}{2}$、2 及 2 以上厚墙，弧形 1 砖墙，弧形 1 $\frac{1}{2}$ 砖墙)分项，多孔砖墙、空心砖墙根据砖的规格分项，空斗砖墙仅有一眠一斗 1 个子目，空花砖墙仅有一个子目。

例如，3-4-1　1 砖墙　水泥砂浆 M2.5；3-12-7　空心砖砖墙 190×190×190(小九孔)水泥石灰膏砂浆 M7.5；3-39-1　砖台阶水泥砂浆 M5；3-44-3 横孔连锁混凝土砌块 250×240×200　水泥砂浆 M7.5。

3.9.3　定额项目适用范围

砖墙定额对于内墙、外墙、清水墙、混水墙、承重墙、非承重墙、隔墙均适用。

空斗砖墙定额只适用于一斗一眠的墙体。

空花砖墙定额适用于砖墙上的空花砌体。

空心砖砖墙定额适用于定额项目所列的不同规格的烧结空心砖砌的墙体。

多孔砖砖墙定额适用于定额项目所列的不同规格的烧结多孔砖砌筑的墙体。

贴砌砖墙定额只适用于普通黏土砖 1/4 砖(立贴)和 1/2 砖(半砖)的贴砌工程项目。

砖台阶定额适用于每个踏步高度在 0.18 m 以内的砖砌台阶工程。

砖平碹定额适用于非地震区跨度在1.8 m以内的砖平碹。

砖过梁定额适用于跨度在2.0 m以内的钢筋砖过梁工程。

混凝土砌块墙定额项目，适用于框架间的非承重填充墙，或其他非承重围护墙及隔墙。

3.9.4 砌筑工程工程量计算规则

1. 砖墙、空心砖墙、多孔砖墙

砖墙、空心砖墙、多孔砖墙工程量以立方米计算。

实砌砖围墙、地沟及女儿墙按不同厚度的砖墙定额项目计算，砖墙内安放木砖执行定额第七章中零星木构件内容。

(1)墙体长度计算

外墙长度按外墙中心线长度计算，内墙长按内墙净长线长度计算。

(2)墙体高度计算

墙体高度应按设计的高度计算。

①外墙：斜(坡)屋面无檐口天棚者算至屋面板底；有屋架且室内外均有天棚者算至屋架下弦底另加200 mm；无天棚者算至屋架下弦底另加300 mm；出檐宽度超过600 mm时按实砌高度计算；与钢筋混凝土楼板隔层者算至板顶；平屋顶算至钢筋混凝土板底(图3-9-5)。

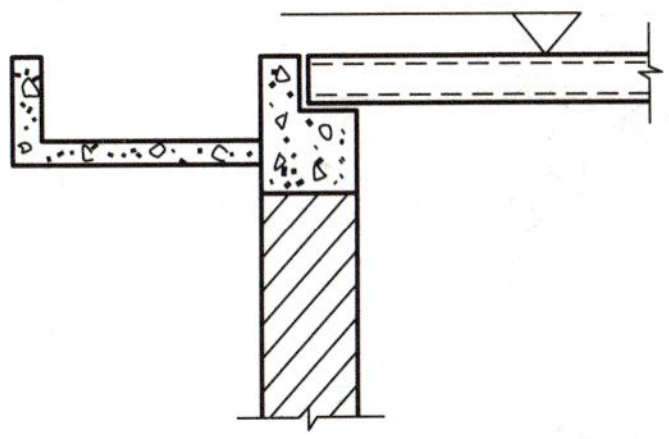

(a) 有天沟

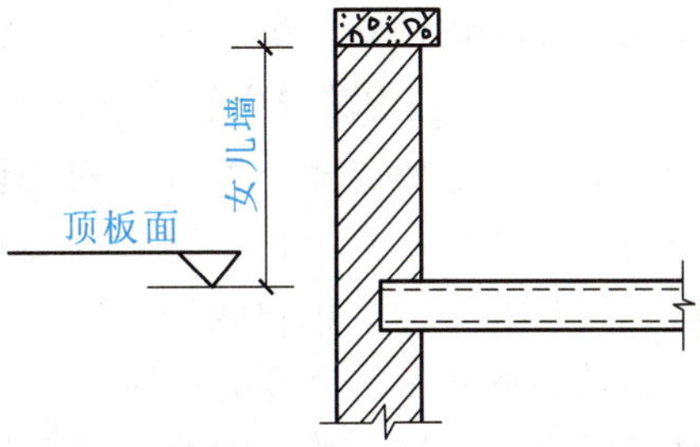

(b) 有女儿墙

图3-9-5 平屋顶外墙高度计算示意图

②内墙：位于屋架下弦者，算至屋架下弦底；无屋架者算至天棚底另加100 mm；有钢筋混凝土楼板隔层者算至楼板顶；有框架梁时算至梁底。

③女儿墙：从屋面板上表面算至女儿墙顶面(如有混凝土压顶时算至压顶下表面)。

④内外山墙：按其平均高度计算。

⑤围墙：高度算至压顶上表面(如有混凝土压顶时算至压顶下表面)。

(3)墙体厚度计算

标准砖按计算厚度计算(表3-9-1)；空心砖、多孔砖按设计图示厚度计算。

表 3-9-1　标准砖(240 mm×115 mm×53 mm)计算厚度

砖数	1/4 砖墙	1/2 砖墙	3/4 砖墙	1 砖墙	$1\frac{1}{2}$砖墙	2 砖墙	$2\frac{1}{2}$砖墙	3 砖墙
计算厚度/mm	53	115	180	240	365	490	615	740

(4)计算砖墙体积时应调整的项目

应扣除的项目：门窗洞口、过人洞、空圈的体积，以及嵌入墙身的钢筋混凝土梁(包括过梁、圈梁、挑梁)，柱，砖拱，砖过梁和暖气包壁龛的体积。

不扣除的项目：梁头、板头(图 3-9-6)、檩头、垫木、木楞头、沿椽木、木砖、门窗走头、墙体内的加固钢筋、铁件、钢管及单个面积在 0.30 m^2 以内孔洞所占体积。

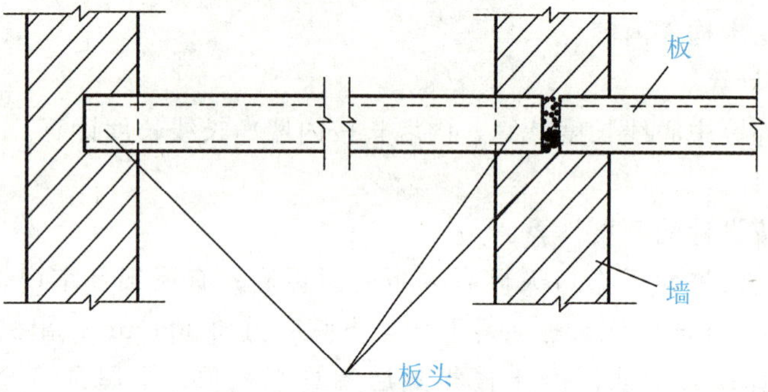

图 3-9-6　板头伸入墙体示意图

不增加的项目：突出墙面的窗台虎头砖(图 3-9-7)、门窗套及烟囱根、压顶线、泛水、三皮砖以内的腰线和挑檐体积(图 3-9-8)。

工程量计算规则之所以规定梁头、板头体积不扣除，以及突出墙面的窗台虎头砖等亦不增加，这是因为在制定定额时，梁头已综合扣除，窗台虎头砖、压顶线等已综合增加，在计算工程量时避免烦琐，从而达到简化计算的目的。

应增加的项目：砖垛、砖压顶及三皮砖以上的腰线和挑檐等体积，应并入所依附墙身体积。

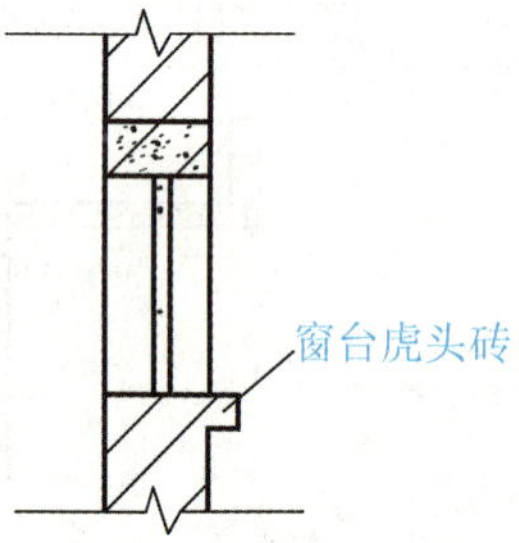

图 3-9-7　窗台虎头砖

(5)砖墙工程量的计算

①砖墙工程量计算的一般公式。

$V_{墙}$＝(墙长×墙高－门窗面积)×墙厚－圈梁、过梁、构造柱体积＋垛及附墙烟囱等体积。

门窗洞口面积及嵌入墙身的钢筋混凝土柱、梁的体积，不仅在墙体工程量的计算中要使用，而且在有关工程量(如门窗工程量、钢筋混凝土构造柱、梁等工程量)的计算中也要使用。为防止这些数据的重复计算，计算墙体工程量之前，应先计算出门窗洞口的面积及嵌入墙体的柱、梁的体积。

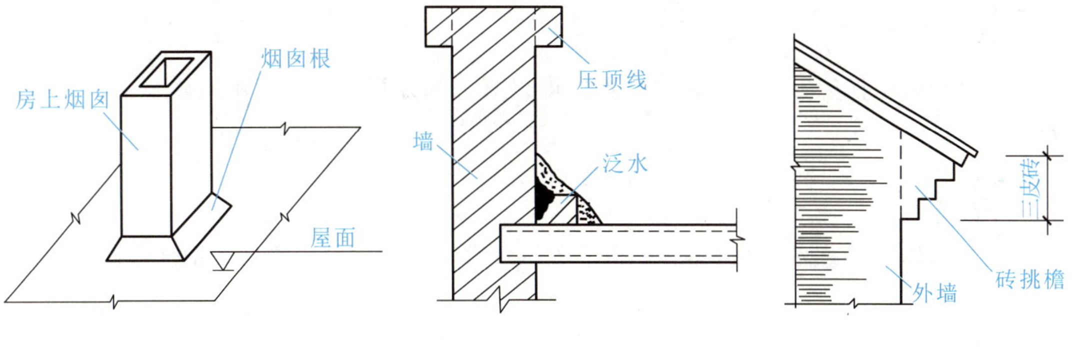

(a)　　(b)　　(c)

图 3-9-8　烟囱根、压顶线、泛水、三皮砖以内的挑檐

②框架结构中砖墙工程量的计算公式。

$V_{墙}$＝[(墙长－框架柱所占的长度)×(层高－梁高)－门窗面积]×墙厚－圈梁、过梁、构造柱体积＋其他应增加的体积。

2. 空花砖墙

空花砖墙工程量按空花部分外形设计图示尺寸以立方米计算，非空花部分的墙体应按不同墙厚以立方米计算。

3. 空斗砖墙

空斗砖墙(图 3-9-9)工程量按空斗墙外形的设计图示尺寸以立方米计算，墙角及内外墙交接处、门窗洞口立边、窗台砖及屋檐外的实砌部分已包括在定额项目内，不应另行计算。

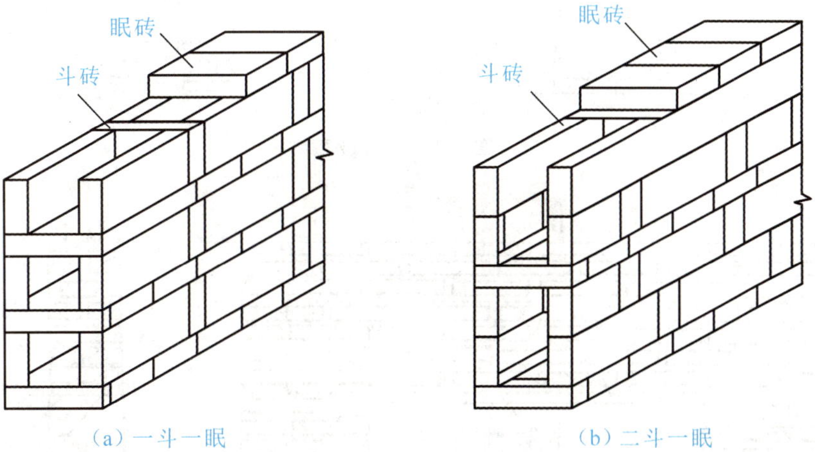

(a) 一斗一眠　　(b) 二斗一眠

图 3-9-9　空斗砖墙

4. 贴砌砖墙

贴砌砖墙工程量应按标准砖的计算厚度以立方米计算，贴砖面用的砂浆已包括在定额内。

5. 砌块墙

砌块墙体工程量按砌体外形体积以立方米计算，应扣除门窗洞口、钢筋混凝土过梁、圈梁等所占体积。

6. 其他

①附墙烟囱、通风道、垃圾道按其外形体积计算，并入所依附的墙体内，不扣除每一个洞口横截面在 0.1 m^2 以下的体积，孔洞内的抹灰工程量亦不增加，每一个孔洞横截面大于 0.1 m^2 时，应扣除孔洞所占体积，孔洞内抹灰另列项目计算。

②砖过梁分为砖平碹(图 3-9-10)和钢筋砖过梁(图 3-9-11)两种，工程量按图示尺寸以立方米计算。

如设计无规定时，砖平碹按门窗洞口宽度两端共加 0.1 m 乘高度(门窗洞口宽小于 1.5 m 时，高度为 0.24 m，大于 1.5 m 时，高度为 0.365 m)计算。

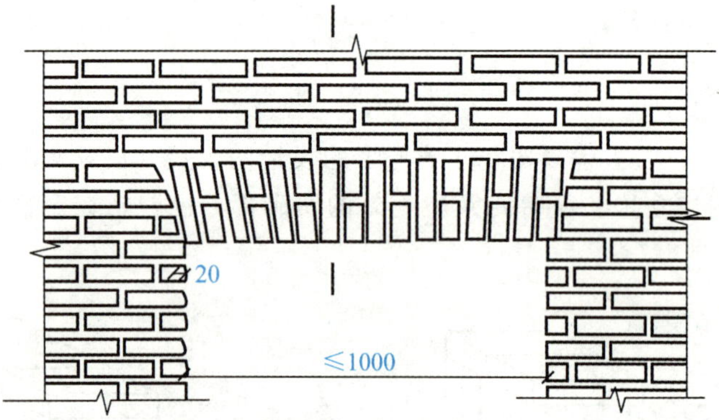

图 3-9-10　砖平碹

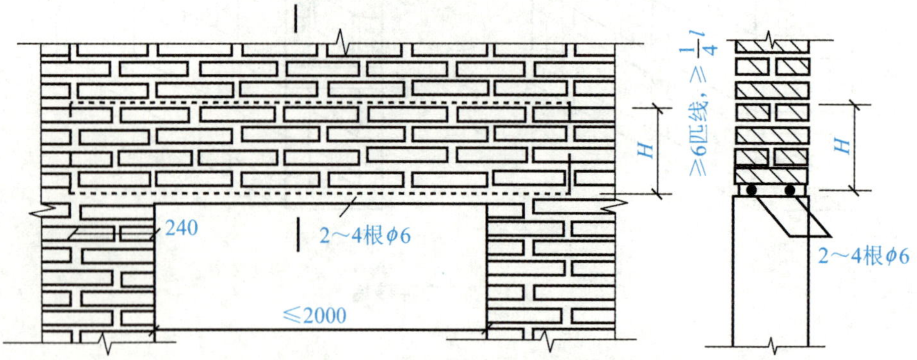

图 3-9-11　钢筋砖过梁

砖平碹工程量＝(门窗洞口宽度＋0.1 m)×高度×墙厚度。

钢筋砖过梁按门窗洞口宽度两端共加 0.5 m，高度按 0.44 m 计算，计算公式如下：

钢筋砖过梁工程量＝(门窗洞口宽度＋0.5 m)×0.44 m×墙厚度。

③砖砌台阶(图 3-9-12)应按水平投影面积以平方米计算，不包括梯带(亦称翼墙)、花池。台阶与平台连接处以最上层踏步外沿加 0.3 m 为界线。

砖砌台阶的工程量计算规则与混凝土台阶相同；其定额项目中未包含其梯带及挡墙(图 3-9-13)，发生时，另列“零星项目”计算。

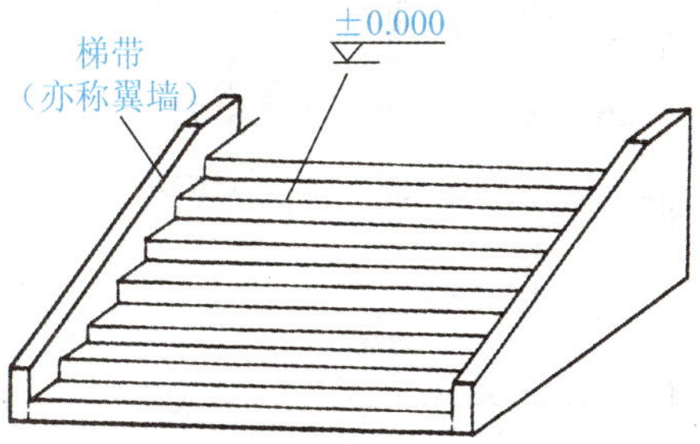

图 3-9-12　砖砌台阶及梯带

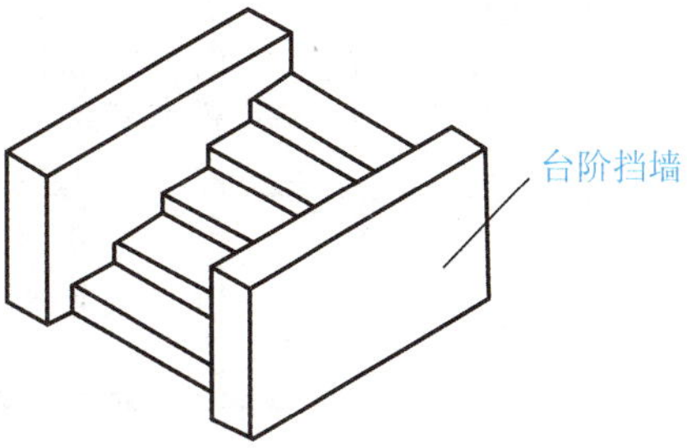

图 3-9-13　台阶挡墙示意图

④砖砌锅台、炉灶、台阶挡墙、梯带、厕所蹲台、小便槽、水槽腿、煤箱、垃圾箱、灯箱、花台、花池、地垄墙、支撑地楞的砖墩(图 3-9-14)、房上烟囱、屋面架空隔热层砖墩、块石墙的门窗立边及窗台虎头砖等，均以实砌体积按零星砖砌体定额计算。

填充墙面积在 0.6 m^2 以内时，也按零星砌体计算。

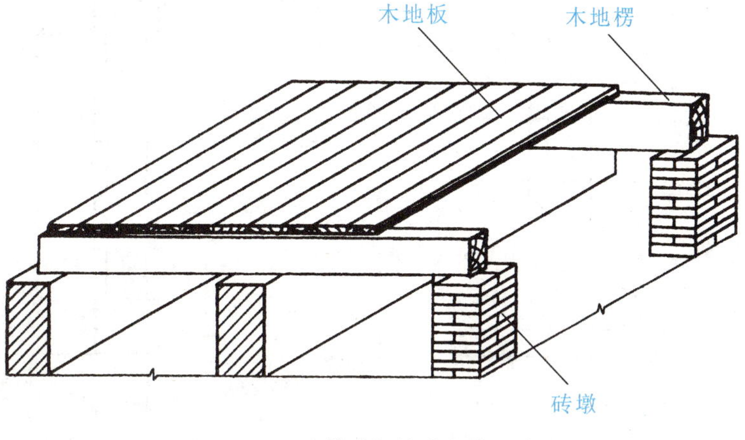

图 3-9-14　支撑地楞的地垄墙、砖墩

5. 安放木砖执行《甘肃省建筑与装饰工程预算定额》第七章中零星木构件定额。

3.9.5　典型案例分析

【例 3.9.1】图 3-9-15 为某办公楼底层平面图，图 3-9-16 为其基础及构造柱剖面图。办公楼层高为 3.00 m，楼面为 100 mm 厚的现浇平板，地圈梁为 240 mm×300 mm，圈梁为 240 mm×250 mm，图纸要求 M5 混合砂浆砌筑标准 1 砖墙，构造柱生根于地圈梁，截面尺寸为240 mm×240 mm，M10 水泥砂浆砌筑标准砖砖基础(间隔式)，门窗规格 M1 为 900 mm×2100 mm，M3 为 1200 mm×2100 mm，C1 为 1500 mm×1500 mm，未标注门均为 M1，C20 混凝土预制过梁，M1 上过梁高 0.12 m，M3、C1 上过梁高 0.18 m。列项并计算砖基础、砖墙的工程量。

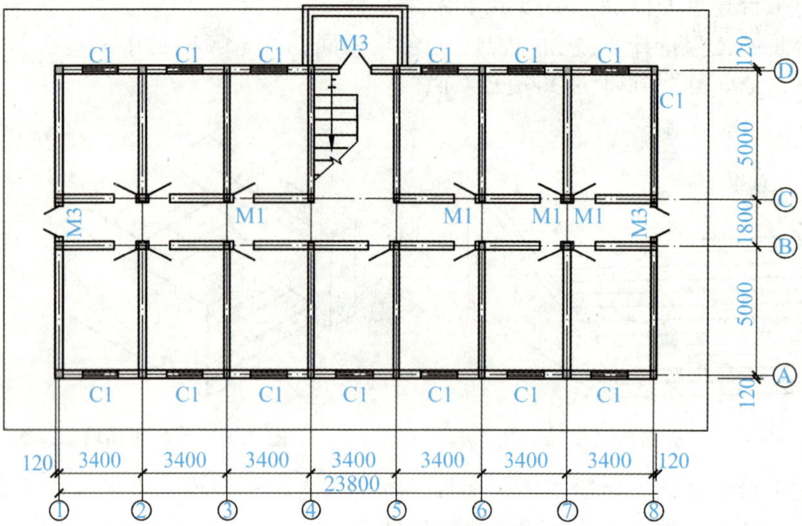

图 3-9-15　某办公楼底层平面图

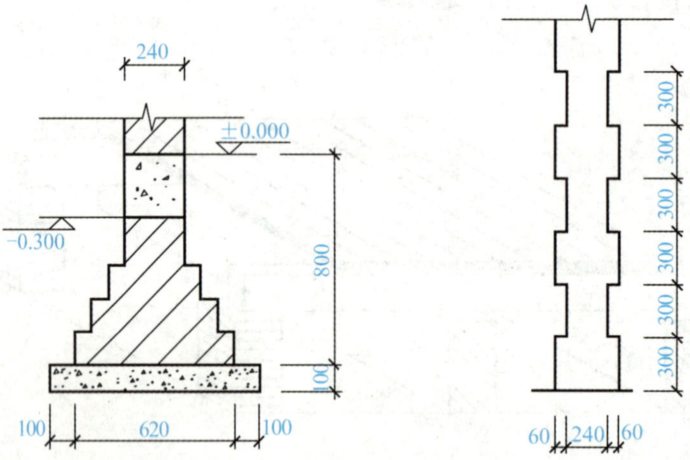

图 3-9-16　基础及构造柱剖面图

【解】工程量的计算基数：

$L_{中}$ =(23.8+11.8)×2=71.2 m。

$L_{内}$ =(23.8−0.24)×2−(3.4−0.24)+(5−0.24)×12=101.08 m。

(1)三阶等高放脚砖基础折加面积查表得 0.07875 m^2。

砖基础工程量=基础断面积×基础长度。

外墙下基础工程量=[0.24×(0.8−0.3)+0.07875]×71.2=14.15 m^3。

内墙下基础工程量=[0.24×(0.8−0.3)+0.07875]×101.08=20.09 m^3。

构造柱生根于地圈梁，底标高为±0.00 m，所以砖基础中不扣除构造柱所占的体积。

砖基础的工程量=14.15+20.09=34.24 m^3。

(2)砖墙工程量=(墙体长度×墙体高度−门窗洞口所占面积)×

墙体厚度−嵌入墙身的柱、梁所占体积。

外墙高度算至板底，内墙高度算至板顶。

两面留槎构造柱(6 个)体积=(0.24×0.24+1/2×0.06×0.24×2)×(3−0.1−0.25)×6=1.14 m^3。

三面留槎构造柱(26 个)体积=(0.24×0.24+1/2×0.06×0.24×3)×(3−0.1−0.25)×26=5.46 m^3。

应扣构造柱体积合计：1.14+5.46=6.6 m^3。

M1 上过梁体积=(0.9+0.5)×0.12×0.24×13=0.52 m^3。

M3 上过梁体积=(1.2+0.5)×0.18×0.24×3=0.22 m^3。

C1 上过梁体积=(1.5+0.5)×0.18×0.24×13=1.12 m^3。

应扣过梁体积合计：0.52+0.22+1.12=1.86 m^3。

墙体工程量=[71.2×(3−0.25−0.1)+101.08×(3−0.25)−(1.2×2.1×3+1.5×1.5×13+0.9×2.1×13)]×0.24−6.6−1.86=88.8 m^3

计算结果见表 3-9-2。

表 3-9-2　定额项目表

序号	定额编号	定额名称	计量单位	工程量
1	3-1-3	砖基础　水泥砂浆 M10	m^3	34.24
2	3-4-6	1 砖墙　水泥石灰膏砂浆 M5	m^3	88.8

【例 3.9.2】某办公室平面图及其基础剖面图如图 3-9-17 所示，有关尺寸见表 3-9-3。已知内外墙均为 M5 水泥砂浆砌筑 240 mm 厚标准砖，室内净高 3.2 m；内外墙上均设圈梁，洞口上部设置过梁(洞口宽度在 1 m 以内的采用钢筋砖过梁，洞口宽度在 1 m 以上的采用钢筋混凝土过梁)，外墙转角处设置构造柱及砌体加固筋。试根据已知条件对砌筑工程列项，并计算各分项工程量。

表 3-9-3　门窗尺寸及墙体埋件尺寸

门窗名称	门窗尺寸(宽×高)/mm	构件名称		构件尺寸或体积
M1	1800×2400	构造柱		0.18 米^3/根
M2	1000×2400	圈梁	外墙	$L_{中}$×0.24 m×0.2 m
C1	1800×1800		内墙	$L_{内}$×0.24 m×0.2 m
C2	2100×1800	钢筋混凝土过梁		(洞口宽度+0.5 m)×0.24 m×0.18 m

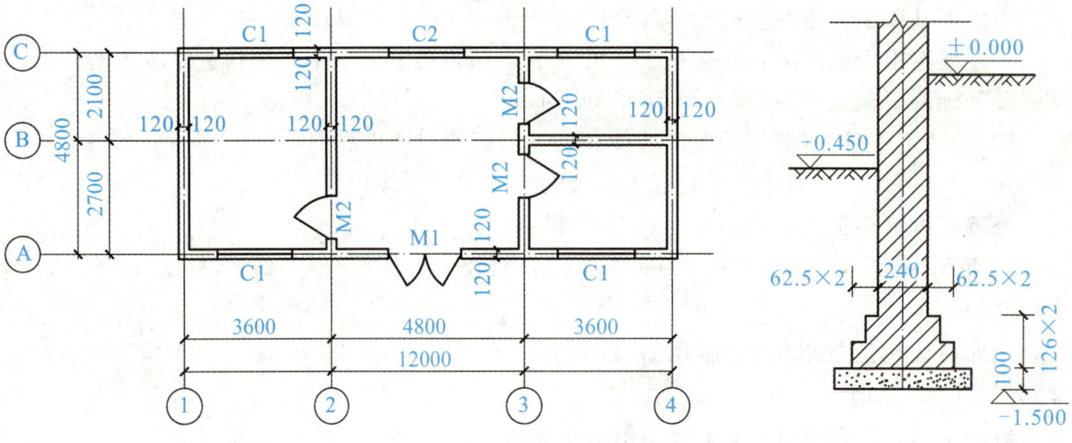

(a)平面图　　(b)剖面图

图 3-9-17　办公室平面及基础剖面图

【解】(1)列项。

由上述资料可知，本工程所完成的砌筑工程的施工内容有：砖基础、砖墙、钢筋砖过梁及砌体加固筋。而砌体加固筋应套用钢筋工程中相应项目，所以本例应列的砌筑工程定额项目为：砖基础、砖墙、钢筋砖过梁。

(2)计算工程量。

①基数。

$L_{中}=(3.6+4.8+3.6+2.7+2.1)\times2=33.6$ m。

$L_{内}=(2.7+2.1-0.24)\times2+3.6-0.24=12.48$ m。

门窗洞口面积及墙体埋件体积的计算分别见表 3-9-4 和表 3-9-5。

②砖基础。

砖基础工程量=基础断面面积×基础长度。

由图 3-9-17(b)及表 3-4-1 可知

外墙基础工程量$=[0.24\times(1.5-0.1)+0.04725]\times33.6=12.88$ m^3。

内墙基础工程量$=[0.24\times(1.5-0.1)+0.04725]\times12.48=4.78$ m^3。

砖基础工程量$=12.88+4.78=17.66$ m^3。

表 3-9-4　门窗洞口面积计算表

门窗名称	洞口尺寸/mm	洞口面积/m^2	洞口所在部位(数量/面积)	
			外　墙	内　墙
M1	1800×2400	4.32	1/4.32	
M2	1000×2400	2.4		3/7.2
C1	1800×1800	3.24	4/12.96	
C2	2100×1800	3.78	1/3.78	
合　计			21.06	7.2

表 3-9-5　墙体埋件体积计算表

<table>
<tr><th colspan="2" rowspan="2">构件名称</th><th rowspan="2">构件体积/m³</th><th colspan="2">构件所在部位/m³</th><th rowspan="2">备　注</th></tr>
<tr><th>外墙</th><th>内墙</th></tr>
<tr><td colspan="2">构造柱</td><td>0.72</td><td>0.72</td><td></td><td>0.72=0.18×4</td></tr>
<tr><td colspan="2">圈梁</td><td>2.21</td><td>1.61</td><td>0.6</td><td>33.6×0.24×0.2=1.61
12.48×0.24×0.2=0.6</td></tr>
<tr><td rowspan="4">过梁</td><td>M1</td><td>0.1</td><td>0.1</td><td></td><td rowspan="5">M1、C1、C2 的洞口尺寸大于 1 m，设置钢筋混凝土过梁；M2 洞口尺寸为 1 m，设置钢筋砖过梁
M1 过梁体积=(1.8+0.5)×0.24×0.18=0.1 m³
M2 过梁体积=(1+0.5)×0.44×0.24×3=0.48 m³
C1 过梁体积=(1.8+0.5)×0.24×0.18×4=0.4 m³
C2 过梁体积=(2.1+0.5)×0.24×0.18=0.11 m³</td></tr>
<tr><td>M2</td><td>0.48</td><td></td><td>0.48</td></tr>
<tr><td>C1</td><td>0.4</td><td>0.4</td><td></td></tr>
<tr><td>C2</td><td>0.11</td><td>0.11</td><td></td></tr>
<tr><td>过梁小计</td><td></td><td>1.08</td><td></td><td></td></tr>
<tr><td colspan="3">合　计</td><td>2.94</td><td>1.08</td><td></td></tr>
</table>

③砖墙。

门窗洞口面积计算见表 3-9-4。

砖墙工程量=(墙体长度×墙体高度－门窗洞口所占面积)

×墙体厚度－嵌入墙身的柱、梁所占体积。

外墙工程量=(33.6×3.2－21.06)×0.24－2.94=17.81 m³。

内墙工程量=(12.48×3.2－7.2)×0.24－1.08=6.78 m³。

合计：17.81+6.78=24.59 m³。

④钢筋砖过梁。

由表 3-9-5 可知，钢筋砖过梁工程量=0.48 m³。

计算结果见表 3-9-6。

表 3-9-6　定额项目表

序号	定额编号	定额名称	计量单位	工程量
1	3-1-1	砖基础　水泥砂浆 M5	m³	17.66
2	3-4-2	1 砖墙　水泥砂浆 M5	m³	24.59
3	3-41-1	砖过梁　水泥砂浆 M5	m³	0.48

复习思考题

一、填空题

1. 房屋基础与墙(柱)身采用同一种材料时，以________为分界线(有地下室者，以地下室室内地坪为界)，以下为基础，以上为墙(柱)身。

2. 砌体工程量计算时应扣除________的体积，以及嵌入墙身的钢筋混凝土梁(包括过梁、圈梁、挑梁)，柱，砖拱，砖过梁和暖气包壁龛的体积。

3. 砖、石基础工程量按设计图示尺寸以________计算。

4. 370 mm 实心砖墙的计算厚度是________ mm。

5. 砖砌台阶应按水平投影面积以平方米计算，不包括翼墙、花池。台阶与平台连接处以________为界线。

6. 填充墙面积在________时，按零星砌体计算。

7. 空斗砖墙工程量按空斗墙外形的设计图示尺寸以立方米计算，墙角及内外墙交接处、门窗洞口立边、窗台砖及屋檐外的实砌部分已________，不应另行计算。

8. 实砌砖围墙、地沟及女儿墙按不同厚度的________计算。

9. 对于砖基础的长度，外墙基础按________计算，内墙基础按________计算。

10. 砌块墙体工程量按砌体外形体积以立方米计算，应扣除________等所占体积。

二、判断题

1. 房屋基础与墙(柱)身采用不同材料时，不同材料的接合面和设计室内地坪的高差在±0.3 m 以内时，以不同材料为分界线，超过±0.3 m 时，以设计室内地坪为分界线。 (　　)

2. 基础大放脚 T 形接头处的重叠部分以及嵌入基础的钢筋、铁件、管道、基础防潮层及单个面积在 0.3 m^2 以外孔洞所占体积不扣除，靠墙暖气沟的挑砖增加。 (　　)

3. 砖基础的长度：外墙基础按外墙中心线长度计算；内墙基础按内墙大放脚基础以上净长度计算。 (　　)

4. 砖石围墙，以设计室外地坪为分界线，以下为基础，以上为墙身。 (　　)

5. 墙体内的加固钢筋、木筋、铁件、钢管及单个面积在 0.3 m^2 以内孔洞所占体积扣除。 (　　)

6. 块石台阶工程量按水平投影面积以平方米计算。台阶与平台连接处以最上层踏步外沿加 0.3 m 为界线。 (　　)

7. 砖墙的高度，内墙和外墙均算至钢筋混凝土板底。 (　　)

8. 女儿墙高度，从屋面板上表面算至女儿墙顶面，如有混凝土压顶时算至压顶上表面。 (　　)

9. 砖砌锅台、炉灶、台阶挡墙、梯带、砖砌过梁均以实砌体积按零星砖砌体定额计算。 (　　)

10. 砖砌 370 mm 厚的墙体按 365 mm 厚计算。 (　　)

三、单选题

1. 砖墙、空心砖墙、多孔砖墙工程量按设计图示尺寸以立方米计算，下列说法错误的是(　　)。

A. 外墙基础按外墙中心线长度计算

B. 内墙基础按内墙大放脚基础以上净长度计算

C. 靠墙暖气沟的挑砖要增加

D. 单个面积在 0.3 m^2 以内孔洞所占体积不扣除

2. 砖墙、空心砖墙、多孔砖墙工程量按设计图示尺寸以立方米计算，下列说法正确的是(　　)。

A. 应扣除门、窗洞口面积

B. 过人洞、空圈的体积不扣除

C. 嵌入墙身的钢筋混凝土梁(过梁、圈梁、挑梁)不扣除

D. 砖柱、砖拱、砖过梁和暖气包壁龛的体积并入墙体积计算

3. 砌块墙体工程量按砌体外形体积以立方米计算，不扣除(　　)。

A. 门窗洞口所占体积　　B. 钢筋所占体积

C. 圈梁等所占体积　　D. 过梁所占的体积

4. 砖砌台阶应按水平投影面积以平方米计算，不包括(　　)。

A. 台阶与平台连接处以最上层踏步外沿加 0.3 m 以内的面积

B. 台阶与平台连接处以最上层踏步外沿加 0.2 m 以内的面积

C. 台阶与平台连接处以最上层踏步外沿加 0.1 m 以内的面积

D. 翼墙、花池

5. 关于实心砖外墙高度的计算，说法正确的是(　　)。

A. 坡屋面无檐口天棚的算至屋面板底

B. 坡屋面有屋架且有天棚的算至屋架下弦底

C. 坡屋面有屋架无天棚的算至屋架下弦底另加 200 mm

D. 平屋面算至钢筋混凝土板顶

6. 关于台阶挡墙、梯带工程量的计算，说法正确的是(　　)。

A. 按实砌体积以立方米计算，列“零星砖砌体”

B. 按实砌体积并入台阶工程量中计算

C. 按水平投影面积以平方米计算，并入台阶工程量中

D. 按水平投影面积以平方米计算，单独列项

7. 标准砖砌 370 厚砖墙，其计算厚度为(　　)。

A. 370　　B. 365　　C. 360　　D. 240

8. 已知标准砖砌 370 外墙中心线总长 60 m，设计采用毛石混凝土基础，基础底层标高－1.4 m，毛石混凝土与砖砌筑的分界面标高－0.24 m，室内地坪±0.00 m，墙顶面标高 3.3 m，则砖墙工程量为(　　)m^3。

A. 72.27　　B. 73.26　　C. 78.59　　D. 77.53

9. 计算砌块墙外墙高度的正确方法是(　　)。

A. 屋面无天棚者外墙高度算至屋架下弦底另加 200 mm

B. 平屋面外墙高度算至钢筋混凝土板底

C. 平屋面外墙高度算至钢筋混凝土板顶

D. 女儿墙从屋面板上表面算至压顶上表面

10. 关于砖砌体工程量计算的说法，正确的是(　　)。

A. 空斗墙按设计尺寸墙体外形体积计算，其中门窗洞口立边的实砌部分单独计算后

并入空斗墙体积内

B. 空花墙按设计尺寸以墙体外形体积计算，其中空洞部分体积应予以扣除

C. 贴砌砖墙工程量应按标准砖的计算厚度以立方米计算

D. 空心砖围墙中心线长乘墙高以面积计算

11. 计算砌块墙内墙高度的正确方法是(　　)。

A. 屋面无天棚者内墙高度算至屋架下弦底另加 200 mm

B. 无屋架者算至天棚底

C. 有钢筋混凝土楼板隔层者算至楼板底

D. 有框架梁时算至梁底

四、多选题

1. 砖墙、空心砖墙、多孔砖墙工程量中墙体的长度(　　)。

A. 外墙长度按墙中心线长度计算

B. 内墙长度按内墙净长度计算

C. 外墙长度按墙外边线长度计算

D. 外墙长度按外墙内侧净长线长度计算

E. 内墙长度按内墙中心线长度计算

2. 零星砖砌体定额包括(　　)。

A. 砖砌锅台、炉灶、台阶挡墙、梯带　　B. 厕所蹲台、小便槽、水槽腿、煤箱

C. 垃圾箱、灯箱、花台、地垄墙　　D. 面积在 0.6 m^2 以内的填充墙

E. 窗台虎头砖、压顶线、山墙泛水

3. 外墙墙体高度应按(　　)计算。

A. 斜(坡)屋面无檐口天棚者算至屋面板底

B. 有屋架且室内外均有天棚者算至屋架下弦底另加 200 mm

C. 无天棚者算至屋架下弦底

D. 有钢筋混凝土楼板隔层者算至板底

E. 平屋顶算至钢筋混凝土板底。

4. 内墙墙体高度应按(　　)计算。

A. 位于屋架下弦者，算至屋架下弦底　　B. 无屋架者算至天棚底另加 100 mm

C. 有钢筋混凝土楼板隔层者算至楼板顶　　D. 有框架梁时算至梁底

E. 有钢筋混凝土楼板隔层者算至板底

5. 砖墙、空心砖墙、多孔砖墙工程量按设计图示尺寸以立方米计算，应扣除(　　)。

A. 门窗洞口、过人洞、空圈的体积

B. 嵌入墙身的钢筋混凝土梁(过梁、圈梁、挑梁)的体积

C. 0.3 m^2 以内孔洞所占体积

D. 暖气包壁龛的体积

E. 梁头、板头、檩头的体积

6. 以水平投影面积计算工程量的有(　　)。

A. 砖台阶　　B. 混凝土台阶　　C. 石台阶

D. 现浇混凝土楼梯　　　　　　E. 预制混凝土楼梯

五、简答题

1. 墙体高度计算规定是什么？

2. 哪些部位的砌筑按零星砌体计算？

3. 砖平碹、钢筋砖过梁工程量如何计算？

4. 砖砌台阶工程量如何计算？

六、综合训练

1. 如图 3-9-18 所示，某建筑物层高为 3.3 m，内、外墙均为 M5 混合砂浆 1 砖墙，墙厚 240 mm，外墙上有女儿墙，高 800 mm，厚 240 mm，预制钢筋混凝土屋面板，楼面板厚均为 120 mm。已知 C1 为 1800 mm×2100 mm，C2 为 2000 mm×2100 mm，C3 为 3000 mm×2100 mm，M1 为 1000 mm×2100 mm，M2 为 900 mm×2000 mm，圈梁为 240 mm×250 mm，位于窗洞上方，兼作过梁，门洞上过梁高 120 mm。试求其内、外砖墙工程量。

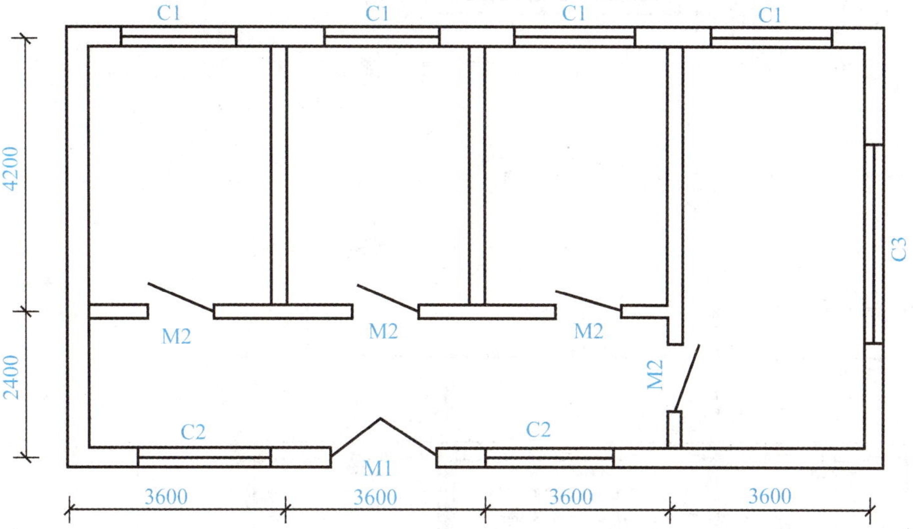

图 3-9-18　某建筑物平面图

2. 某单位框架结构办公楼首层平面图如图 3-9-19 所示、首层梁配筋图如图 3-9-20 所示，标高 3.57 m 处现浇板厚 100 mm，外墙、内墙均为 M7.5 混合砂浆标准实心砖砌筑，外墙厚度 370 mm，内墙厚度 240 mm。M1 为 2400 mm×2700 mm，M2 为 900 mm×2400 mm，M3 为 900 mm×2100 mm，C1 为 1500 mm×1800 mm，C2 为 1800 mm×1800 mm，M1 过梁断面 370 mm×240 mm，M2、M3 过梁 240 mm×120 mm，C1、C2 过梁 370 mm×180 mm。Z1 为 600 mm×500 mm，Z2 为 500 mm×500 mm，Z3 为 500×400 mm，其中外墙构造柱体积 1.37 m^3，内墙构造柱体积 0.41 m^3。试计算首层±0.000 m 以上墙体工程量。

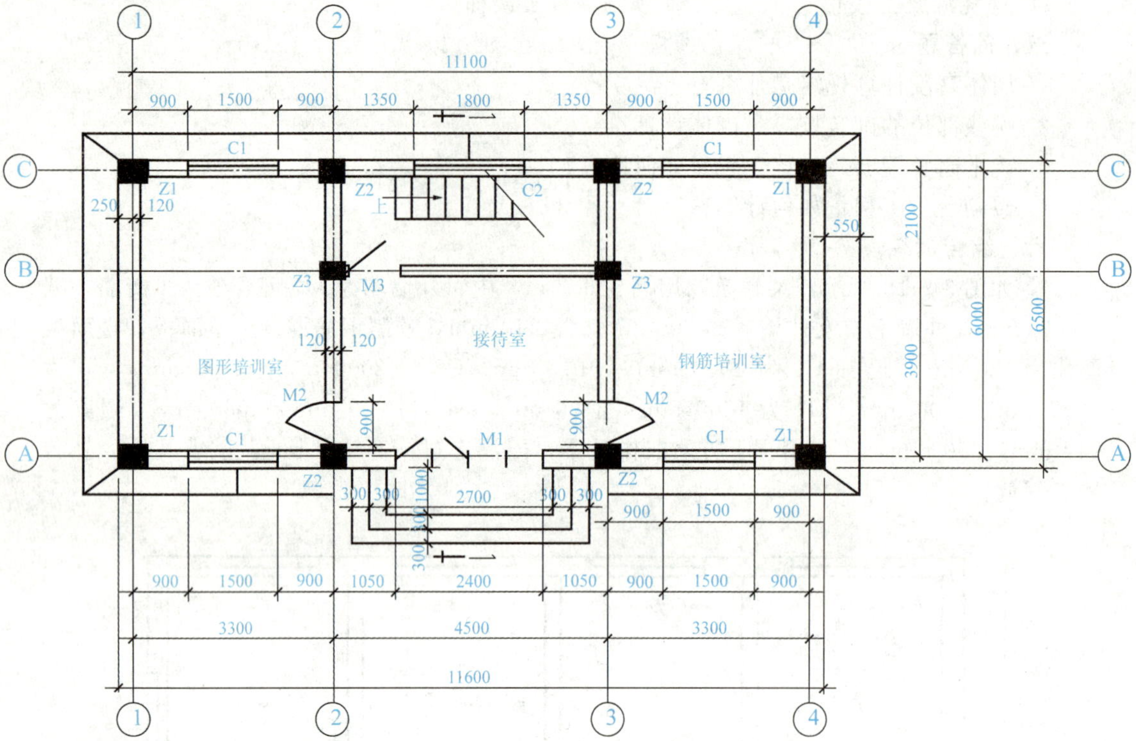

图 3-9-19　首层平面图

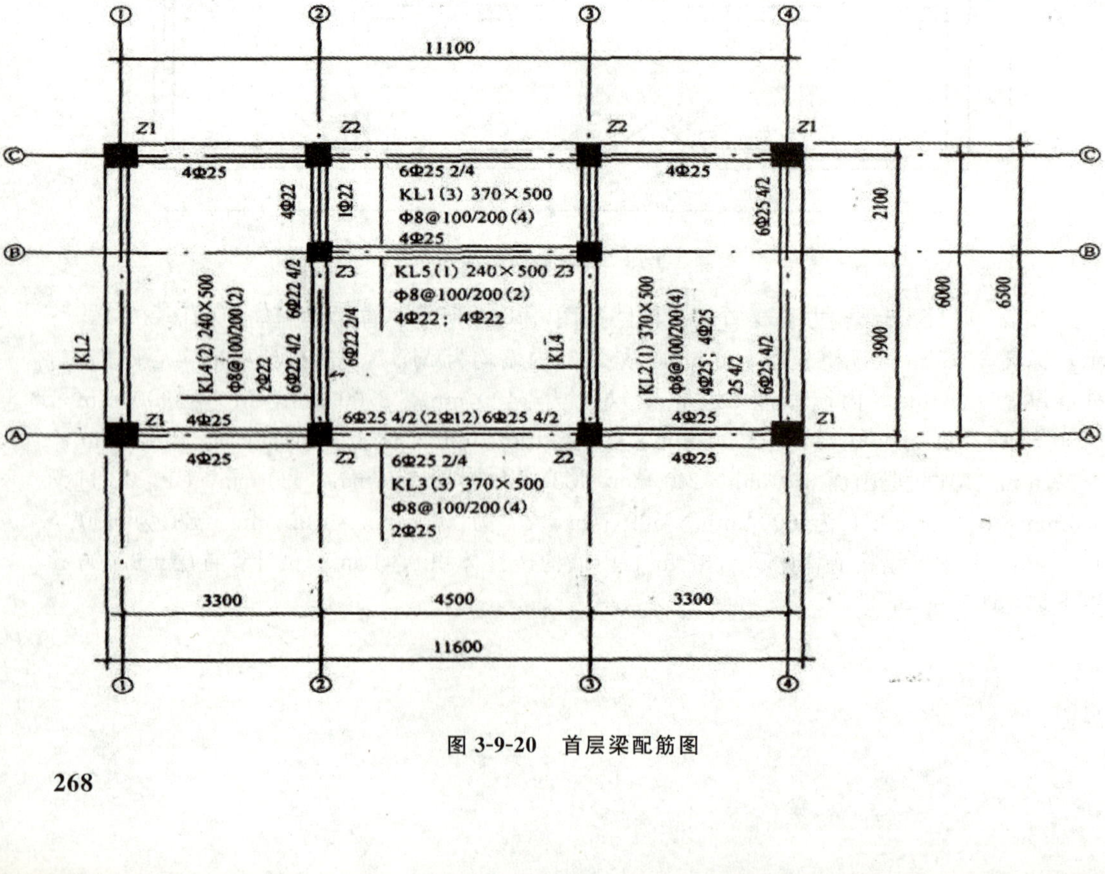

图 3-9-20　首层梁配筋图

3.10 屋面及防水工程工程量计算

学习目的

通过对屋面及防水工程相关内容的学习，学生体验完成具体工作任务必须遵循的规范和原则，感受任务实施对知识、能力、素质的需求，理解完成本项任务的具体细节，最终能根据《甘肃省建筑与装饰工程预算定额》第八章屋面与防水工程的工程量计算规则，列项并计算不同类型的屋面及防水工程的工程量。

知识目标

1. 掌握《甘肃省建筑与装饰工程预算定额》第八章屋面与防水工程的定额项目划分方法及常用定额项目名称、计量单位、工作内容。

2. 掌握《甘肃省建筑与装饰工程预算定额》第八章屋面与防水工程的工程量计算规则。

重点难点

1. 根据施工图纸，列项并计算屋面找平层、防水层工程量及屋面排水的工程量。

2. 根据施工图纸，确定需要计算楼地面防水工程量的部位，列项并计算地面防水工程量。

3. 根据施工图纸，确定变形缝的位置，变形缝的施工方法，列项并计算变形缝嵌缝或盖缝工程量。

3.10.1　屋面及防水工程知识背景

1. 屋顶的类型

屋顶大致可分为三大类：平屋顶、坡屋顶和曲面屋顶。

(1)平屋顶

平屋顶(图 3-10-1)是指屋面坡度在 10％以下的屋顶。这种屋顶需要专门设置屋面防水层，是多层房屋常采用的一种形式。

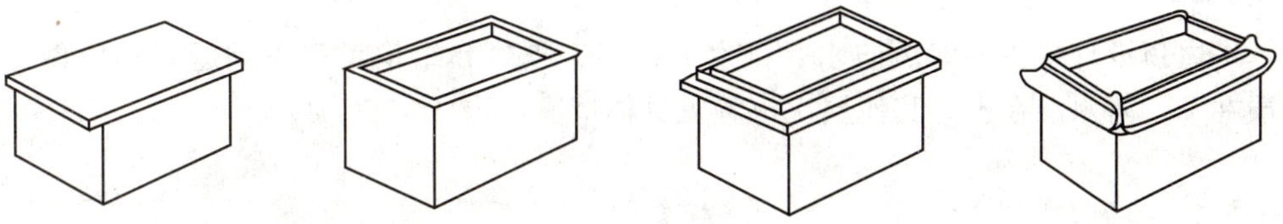

(a) 挑檐平屋顶　(b) 女儿墙平屋顶　(c) 挑檐女儿墙平屋顶　(d) 盝顶平屋顶

图 3-10-1　平屋顶的形式

(2)坡屋顶

坡屋顶(图 3-10-2)是指屋面坡度在 10%以上的屋顶。这种屋顶的屋面坡度大，屋面排水速度快。其屋顶防水可以采用构件自防水(如平瓦、石棉瓦等)的防水形式。

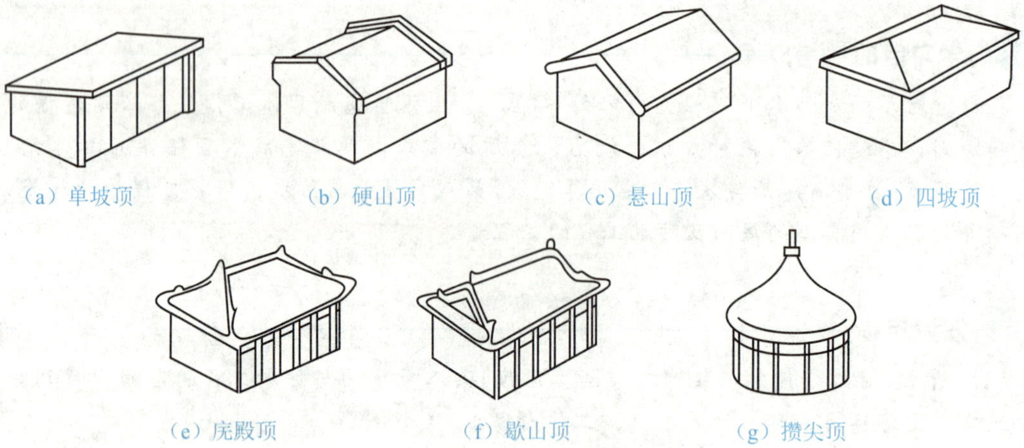

图 3-10-2　坡屋顶的形式

(3)曲面屋顶

屋顶为曲面，如球形、悬索形、鞍形等(图 3-10-3)。

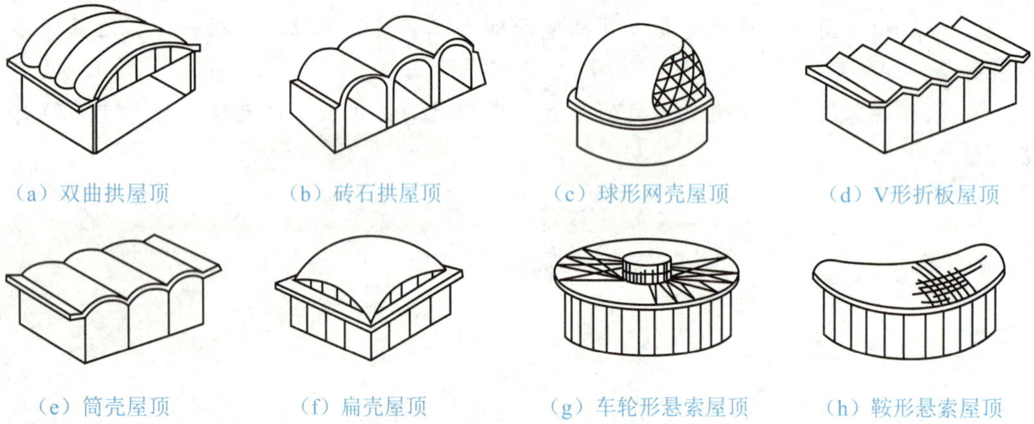

图 3-10-3　曲面屋顶的形式

2. 平屋顶的构造组成及防水

平屋顶设计中主要解决防水、排水、保温、隔热和结构承载等问题，一般做法是结构层在下，防水层在上，其他层次位置视具体情况而定(图 3-10-4)。

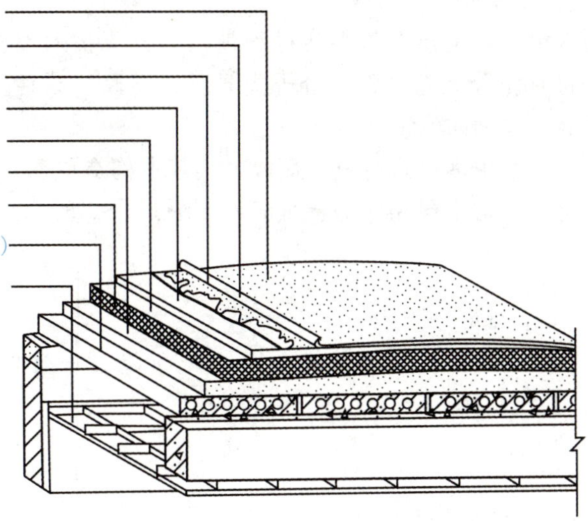

图 3-10-4　平屋顶的组成

平屋顶按屋面防水层的不同有刚性防水、卷材防水、涂膜防水屋面等做法。

(1)刚性防水屋面

刚性防水屋面是指以刚性材料作为防水层的屋面，如防水砂浆、细石混凝土、配筋细石混凝土防水屋面等。这种屋面具有构造简单、施工方便、造价低廉的优点，但对温度变化和结构变形较敏感，容易产生裂缝而渗水。故多用于我国南方地区的建筑。

刚性防水屋面一般由结构层、找平层、隔离层和防水层组成。

①结构层。

刚性防水屋面的结构层要有足够的强度和刚度，一般应采用现浇或预制装配的钢筋混凝土屋面板，并在结构层现浇或铺板时形成屋面的排水坡度。

②找平层。

为保证防水层厚薄均匀，通常应在结构层上用 20 mm 厚 1∶3 水泥砂浆找平。若采用现浇钢筋混凝土屋面板或设有纸筋灰等材料时，也可不设找平层。

③隔离层。

为减少结构层变形及温度变化对防水层的不利影响，宜在防水层下设置隔离层。隔离层可采用纸筋灰、低强度等级砂浆或薄砂层上干铺一层油毡等。当防水层中加有膨胀剂类材料时，其抗裂性有所改善，也可不做隔离层。

④防水层。

常用配筋细石混凝土防水屋面的混凝土强度等级应不低于 C20，其厚度不宜小于 40 mm，双向配置 $\phi 4 \sim \phi 6.5$ 钢筋，间距为 100～200 mm 的双向钢筋网片。为提高防水层的抗渗性能，可在细石混凝土内掺入适量外加剂(如膨胀剂、减水剂、防水剂等)以提高其密实性能。

通常在刚性防水屋面上设置分仓缝(也叫分格缝)。其位置一般在结构构件的支撑位置及屋面分水线处。

(2)卷材防水屋面

卷材防水屋面，是指以防水卷材和黏结剂分层粘贴而构成防水层的屋面。卷材防水屋面所用卷材有沥青类卷材、高分子类卷材、高聚物改性沥青类卷材等，适用于防水等级为Ⅰ～Ⅳ级的屋面防水。

卷材防水屋面由多层材料叠合而成，其基本构造层次按构造要求由结构层、找坡层、找平层、结合层、防水层和保护层组成，如图 3-10-5 所示。

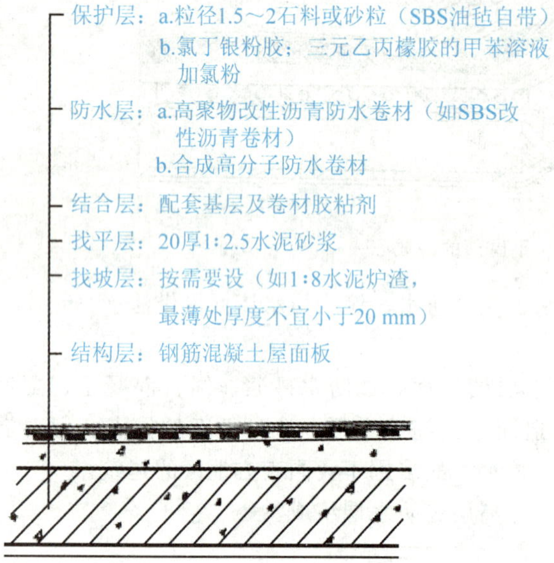

(a) 不上人卷材防水屋面构造做法

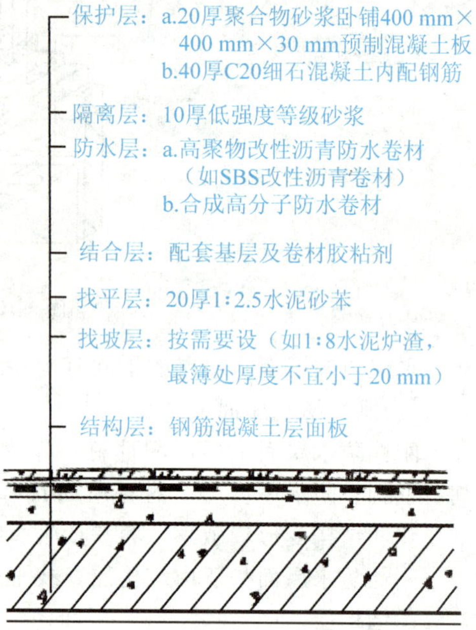

(b) 上人卷材防水屋面构造做法

图 3-10-5　卷材防水屋面的构造组成

①结构层。

通常为预制或现浇钢筋混凝土屋面板，要求具有足够的强度和刚度。

②找坡层(结构找坡和材料找坡)。

材料找坡应选用轻质材料形成所需要的排水坡度，通常是在结构层上铺 1∶(6～8)的水泥焦砟或水泥膨胀蛭石等。

③找平层。

柔性防水层要求铺贴在坚固而平整的基层上，因此必须在结构层或找坡层上设置找平层。

④结合层。

结合层的作用是使卷材防水层与基层黏结牢固。结合层所用材料应根据卷材防水层材料的不同来选择，如油毡卷材、聚氯乙烯卷材及自粘型彩色三元乙丙复合卷材用冷底子油在水泥砂浆找平层上喷涂一至二道，三元乙丙橡胶卷材则采用聚氨酯底胶，氯化聚乙烯橡胶卷材需用氯丁胶乳等。冷底子油用沥青加入汽油或煤油等溶剂稀释而成，喷涂时不用加热，在常温下进行，故称冷底子油。

⑤防水层。

防水层是由胶结材料与卷材黏合而成，卷材连续搭接，形成屋面防水的主要部分。当屋面坡度较小时，卷材一般平行于屋脊铺设，从檐口到屋脊层层向上粘贴，上下搭接不小于 70 mm，左右搭接不小于 100 mm。

油毡屋面在我国已有几十年的使用历史，具有较好的防水性能，对屋面基层变形有一定的适应能力，但这种屋面施工麻烦、劳动强度大，且容易出现油毡鼓泡、沥青流淌、油毡老化等方面的问题，使油毡屋面的寿命大大缩短，平均 10 年左右就要进行大修。

目前所用的新型防水卷材，主要有三元乙丙橡胶防水卷材、自粘型彩色三元乙丙复合防水卷材、聚氯乙烯防水卷材、氯化聚乙烯防水卷材、氯丁橡胶防水卷材及改性沥青油毡防水卷材等，这些材料一般为单层卷材防水构造，防水要求较高时可采用双层卷材防水构造。这些防水材料的共同优点是自重轻，适用温度范围广，耐气候性好，使用寿命长，抗拉强度高，延伸率大，冷作业施工，操作简便，大大改善劳动条件，减少环境污染。

⑥保护层。

不上人屋面保护层的做法：当采用油毡防水层时为粒径 3～6 mm 的小石子，称为绿豆砂保护层，绿豆砂要求耐风化、颗粒均匀、色浅；三元乙丙橡胶卷材采用银色着色剂，直接涂刷在防水层上表面；彩色三元乙丙复合卷材防水层直接用 CX-404 胶黏结，不需另加保护层。

上人屋面保护层的做法：通常可采用水泥砂浆或沥青砂浆铺贴缸砖、大阶砖、混凝土板等；也可现浇 40 mm 厚 C20 细石混凝土。

(3)涂膜防水屋面

涂膜防水屋面，是指用可塑性和黏结力较强的高分子防水涂料，直接涂刷在屋面基层上形成一层不透水的薄膜层以达到防水目的的一种屋面做法，常用的有塑料油膏、氯丁胶乳沥青涂料和焦油聚氨酯防水涂膜等。这些材料多数具有防水性好、黏结力强、延伸性大、耐腐蚀、不易老化、施工方便、容易维修等优点。近年来应用较为广泛。这种屋面通常适用于不设保温层的预制屋面板结构，如单层工业厂房的屋面。在有较大震动的建筑物或寒冷地区则不宜采用。

①涂膜防水屋面材料。

涂膜。防水涂膜种类很多，按其溶剂或稀释剂的类型可分为溶剂型、水溶性、乳液型等，按施工方法分可分为热熔型、常温型等。

胎体增强材料。某些防水涂料需要与胎体增强材料(即所谓布)配合，以增强涂层的贴附覆盖能力和抗变形能力，使用较多的胎体增强材料有中性玻璃纤维网格布或中碱玻璃布、聚酯无纺布等。

②涂膜防水屋面构造。

涂膜防水屋面的构造层次与柔性防水屋面相同，由结构层、找坡层、找平层、结合层、防水层和保护层组成。

涂膜防水屋面的常见做法(图 3-10-6)，结构层和找坡层材料做法与柔性防水屋面相同。找平层通常为 25 mm 厚 1∶2.5 水泥砂浆。为保证防水层与基层黏结牢固，结合层应选用与防水涂料相同的材料经稀释后满刷在找平层上。当屋面不上人时，保护层根据防水层材料的不同，可用蛭石或细砂撒面、银粉涂料涂刷等做法；当屋面上人时，保护层做法与柔性防水上人屋面做法相同。

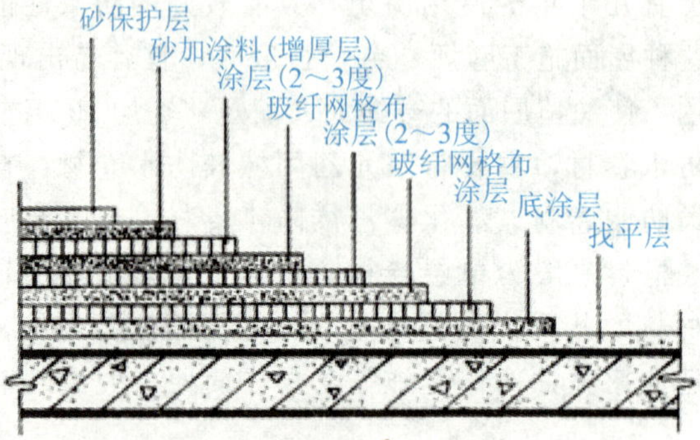

图 3-10-6　涂膜防水屋面做法

3. 平屋顶排水

平屋顶排水可分为无组织排水和有组织排水两种方式。

(1)无组织排水

无组织排水又称自由落水，是指屋面雨水直接从挑出外墙的檐口自由落下至地面的一种排水方式。无组织排水一般适用于低层建筑、少雨地区建筑及积灰较多的工业厂房(图 3-10-7)。

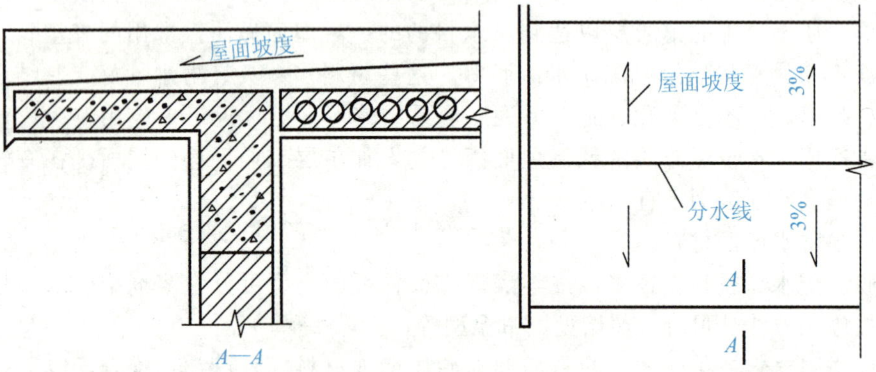

图 3-10-7　无组织排水示意图

(2)有组织排水

有组织排水是指屋面雨水通过排水系统，有组织地排至室外地面或地下管沟的一种排水方式(图 3-10-8)。有组织排水可分为外排水和内排水。外排水是建筑中优先考虑选用的一种排水方式，一般有檐沟外排水、女儿墙外排水、女儿墙檐沟外排水等多种形式，檐沟的纵向排水坡度一般为 0.5%～1%；内排水是在大面积多跨屋面、高层建筑以及有特殊需要时常采用的一种排水方式，这种方式会使雨水经雨水口流入室内雨水管，再由地下管道将雨水排至室外排水系统。

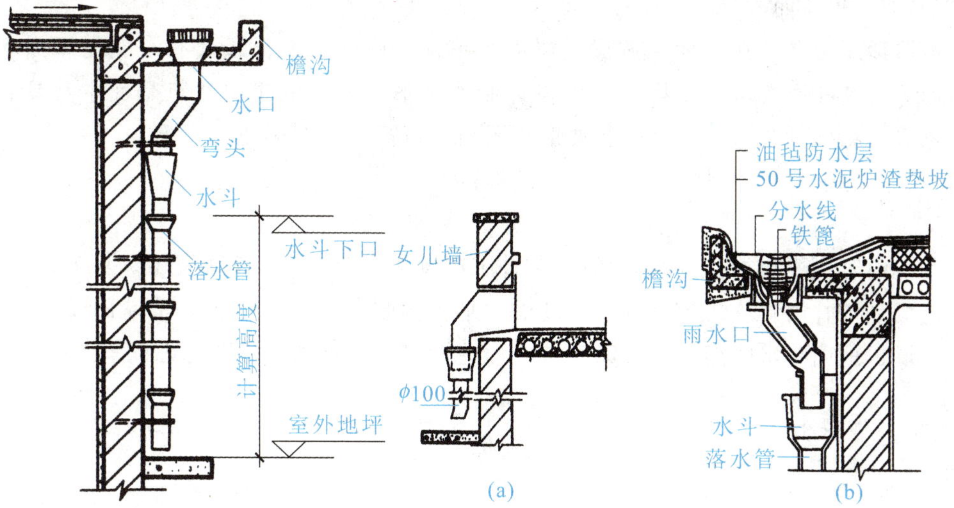

图 3-10-8　有组织排水示意图

4. 平屋顶的保温

按保温材料的不同在第 3.11 节列项并计算工程量。

5. 坡屋顶的构造及防水

坡屋顶(图 3-10-9)的屋面防水常采用构件自防水方式，屋面构造层次主要由屋顶天棚、承重结构层及屋面面层组成。

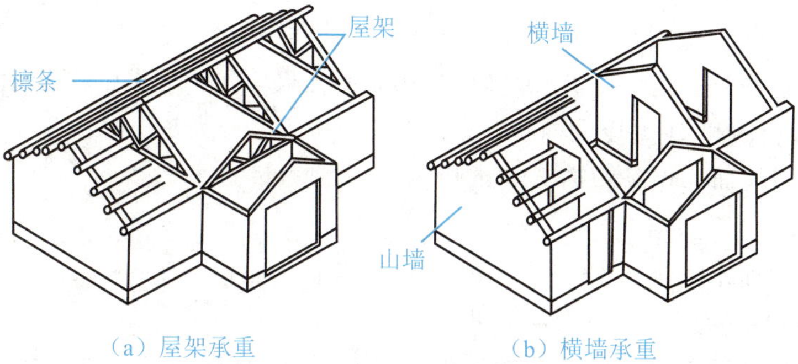

（a）屋架承重　（b）横墙承重

图 3-10-9　坡屋顶示意图

(1)坡屋顶的承重结构

屋架承重。当坡屋面房屋内部需要较大空间时，可把部分横向山墙取消，用屋架作为横向承重构件。坡屋面的屋架多为三角形。为了防止屋架的倾覆，提高屋架及屋面结构的空间稳定性，屋架间要设置支撑。屋架支撑主要有垂直剪刀撑和水平系杆等。

横墙承重。横墙间距较小的坡屋面房屋，可以把横墙上部砌成三角形，直接把檩条支撑在三角形横墙上。

(2)坡屋顶屋面

坡屋顶屋面有平瓦屋面、波形瓦屋面、小青瓦屋面。平瓦屋面有水泥瓦屋面和黏土瓦屋面等，其外形按防水及排水要求设计制作。平瓦屋面的主要优点是瓦本身具有防水性，不需要特别设置屋面防水层。波形瓦屋面，包括水泥石棉波形瓦等。

3.10.2 定额项目划分

本节内容主要包括《甘肃省建筑与装饰工程预算定额》第八章屋面与防水工程的内容，屋面定额是按甘肃省应用较普遍的坡屋面和平屋面制定的，包括第一节屋面及防水工程，第二节墙、地面防水防潮工程，第三节变形缝，定额项目划分主要考虑以下四部分。

1. 屋面防水

(1)瓦屋面

黏土瓦屋面定额项目分在屋面板或椽子瓦条上挂瓦和在草泥上铺瓦两项；水泥瓦定额项目只有在屋面板或椽子瓦条上挂瓦一项；小青瓦定额有阴阳瓦和仰瓦两种，各自再按基层铺设构造分为在椽子上铺设和在草泥上铺设两项；石棉瓦屋面定额项目按石棉瓦规格(小波石棉瓦屋面、中波石棉瓦屋面、大波石棉瓦屋面)和构造形式(木檩上铺钉石棉瓦、钢檩上铺钉石棉瓦、混凝土檩上铺钉石棉瓦)列项；玻璃钢瓦屋面定额按玻璃钢瓦屋面的构造形式分为木檩上铺钉玻璃钢瓦和钢檩上铺钉玻璃钢瓦两项；波纹瓦屋面定额按波纹瓦屋面的构造形式分为在木檩或钢檩上铺钉塑料波纹瓦两项。例如，8-1 黏土瓦在屋面板或椽子瓦条上铺设，8-20 玻璃钢瓦钢檩上。

(2)型材屋面

按材质不同分为压型板、阳光板、金属波纹拱形屋盖、彩钢夹芯板。压型板按檩条距离分为 7.5 m 以内、6 m 以内、4.2 m 以内，阳光板单列一个子目，金属波纹拱形屋盖按跨度分为 21 m 以内和 21 m 以上两项，彩钢夹芯板按板厚分为 50 mm、75 mm、100 mm。例如，8-21 压型板屋面　檩条距离 7.5 m 以内。

(3)卷材屋面

普通卷材屋面定额项目分一毡二油、二毡三油、二毡三油一砂、三毡四油一砂。例如，8-33 普通卷材屋面　三毡四油一砂。

改性沥青卷材屋面定额项目分改性沥青卷材(SBS-I)屋面，改性沥青卷材(APP-I)屋面，屋面热熔单层屋面，分隔缝上点粘 300 宽改性沥青卷材、贴必定防水卷材(BAC 双面自粘)等。例如，8-36 改性沥青卷材(SBS-I)满铺　厚度 4 mm。

高分子卷材屋面定额项目分三元乙丙橡胶卷材冷贴、再生橡胶卷材冷贴、氯丁橡胶卷材冷贴、氯化聚乙烯-橡胶共混卷材冷贴、氯磺化聚乙烯卷材冷贴、防水柔毡热贴、聚氯乙烯防水卷材及聚乙烯丙纶双面复合卷材。例如，8-75 三元乙丙橡胶卷材冷贴满粘。

(4)涂膜屋面

涂膜屋面定额项目列入氯丁冷胶、塑料油膏玻璃纤维布、水泥基渗透结晶型涂料、屋面塑料油膏嵌缝、屋面分格缝、塑料油膏贴玻璃布盖缝等定额项目。例如，8-99 氯丁冷胶二布三涂。

2. 屋面排水

屋面排水定额项目以不同材料分为铁皮(铁皮落水管、檐沟、泛水及水斗带铁件部分和铁皮落水管、檐沟、泛水及水斗不带铁件部分两项)；铸铁(落水管、雨水口、水斗、弯头)；塑料(落水管、雨水口、水斗、弯头)；玻璃钢(排水管、水斗、弯头)；不锈钢排水管等。例如，8-120 塑料落水管(PVC)　直径 100 mm，8-122 塑料雨水口(PVC)　方形 100 mm，8-124 塑料水斗(PVC)直径 100 mm。

3. 墙地面防水防潮

(1)普通卷材防水

以不同的材料和铺贴层数、部位划分为干铺油毡、玛蹄脂油毡、玛蹄脂玻璃丝布等项目。玛蹄脂油毡按铺贴层数分为二毡三油和每增减一毡一油，按铺贴位置分为平面和立面。玛蹄脂玻璃丝布按铺贴层数分为二布三油和每增减一布一油，按铺贴位置分为平面和立面。例如，8-137 普通卷材防水　玛蹄脂油毡　二毡三油　平面。

(2)改性沥青卷材防水

以不同型号、不同厚度和铺贴部位，按满铺方法划分为改性沥青卷材(SBS-I)及改性沥青卷材(APP-I)等项目。其中改性沥青卷材(SBS-I)、改性沥青卷材(APP-I)都按铺贴位置分为平面和立面，按铺贴厚度分为 2 mm、3 mm、4 mm、5 mm。例如，8-147 改性沥青卷材(SBS-Ⅰ)满铺　平面　厚度 4 mm。

(3)高分子卷材防水

以不同的卷材划分为氯化聚乙烯-橡胶共混卷材、三元乙丙橡胶卷材、再生橡胶卷材等项目。氯化聚乙烯-橡胶共混卷材、三元乙丙橡胶卷材、再生橡胶卷材按铺贴位置分为平面和立面，铺贴方法都为冷贴满铺。例如，8-162 氯化聚乙烯-橡胶共混卷材　平面。

(4)涂膜防水

以各种不同涂料和聚酯布划分为苯乙烯涂料、冷底子油、石油沥青、石油沥青玛蹄脂、焦油玛蹄脂、塑料油膏、水乳型普通乳化沥青涂料、水乳型水性石棉质沥青涂料、水乳型再生胶沥青贴聚酯布、水乳型阴离子合成胶乳化沥青贴聚酯布、水乳型阳离子氯丁胶乳化沥青贴聚酯布、溶剂型再生胶沥青贴聚酯布、聚氨酯涂抹防水、防水涂膜等项目。其中各项目又按不同部位、涂刷或铺贴的不同厚度、不同遍数设置子目。例如，8-206 聚氨酯涂抹防水　平面　厚度 1.5 mm，8-207 聚氨酯涂抹防水　平面　厚度增减 0.5 mm。

(5)砂浆抹面防水

以防水砂浆在不同部位的普通做法和五层做法划分项目。例如，8-212 防水砂浆平面。

4. 变形缝

变形缝以不同材料在不同部位、采用不同施工方法分项。

嵌缝：划分为石灰麻刀、油浸麻丝、油膏、沥青玛蹄脂、沥青砂浆、油浸木丝板、聚苯板等项目。例如，8-221 沥青玛蹄脂。

盖缝：划分为三元乙丙卷材、玻璃丝布油毡、沥青油毡、胶合板、铁皮、木板、橡胶板、彩钢板、铝塑板等盖缝、盖面项目。例如，8-230 铁皮盖面　平面。

还有岩棉保温、聚氨酯泡沫塑料保温、变形缝木压条、预埋式止水带、涂刷式一布二涂氯丁胶贴玻璃布止水片、氯丁橡胶片止水带、预埋式紫铜板止水片、不锈钢止水带、聚氯乙烯胶泥等项目。

在屋面构造层中，找平层按《甘肃省建筑与装饰工程预算定额》第十一章普通楼地面工程第二节找平层列项，保温层和找坡层按材料不同，分别按第四章混凝土工程、第九章保温隔热工程或第十一章普通楼地面工程相应定额项目列项，防水层的保护层一般不单独列项，包含在防水层定额项目内。

3.10.3 定额项目适用范围

1. 卷材屋面

普通卷材屋面定额适用于一毡二油、二毡三油、二毡三油一砂和三毡四油一砂的屋面防水工程。

改性沥青卷材屋面定额适用于满铺、条铺、点铺、空铺，屋面热熔单层及屋面分隔缝上点粘 300 宽改性沥青卷材。

三元乙丙橡胶卷材冷贴、再生橡胶卷材冷贴、氯丁橡胶卷材冷贴、氯化聚乙烯-橡胶共混卷材冷贴、氯磺化聚乙烯卷材冷贴等高分子卷材屋面定额适用于满粘、空铺、点粘、条粘的屋面防水工程。

防水柔毡热贴高分子卷材屋面定额适用于满粘的屋面防水工程。

聚氯乙烯防水卷材屋面定额适用于空铺的屋面防水工程。

聚乙烯丙纶双面复合卷材屋面定额项目适用于冷贴满铺的屋面防水工程。

2. 涂膜屋面

涂膜屋面适用于氯丁冷胶、塑料油膏玻璃纤维布、水泥基渗透结晶型涂料、屋面塑料油膏嵌缝、屋面分格缝、塑料油膏贴玻璃布盖缝等涂膜屋面及盖缝项目。

3. 屋面排水

屋面排水定额项目适用于各类建筑物屋面的铁皮管、铸铁管、塑料(PVC)管、玻璃钢管、不锈钢排水等屋面排水工程。

4. 墙地面防水防潮

防水防潮工程定额项目，适用于各类建筑物、构筑物的基础、地下室、墙柱面、地沟等部位的防水防潮。

5. 变形缝

变形缝定额适用于各类建筑物、构筑物的基础、墙身、楼地面、平顶等部位的变形缝和地下室变形缝内预埋的止水带的工程。

3.10.4　屋面及防水工程工程量计算规则

1. 屋面防水

瓦屋面、波纹瓦屋面、型材屋面、玻璃钢瓦屋面、卷材屋面、涂膜屋面(包括挑檐部分)工程量按设计图示尺寸的水平投影面积乘表 3-10-1 中的屋面延尺系数(即屋面斜面积与水平投影面积的比值)以平方米计算(图 3-10-10)，不扣除屋面上烟囱、风帽底座、屋面小气窗、斜沟及 0.3 m^2 以内孔洞所占面积，屋面小气窗出檐与屋面重叠部分的面积亦不增加。

表 3-10-1　屋面坡度系数表

坡度 $B(A=1)$	坡度 $B/2A$	角度 θ	延尺系数 C $(A=1)$	隅延尺系数 D $(A=1)$
1	1/2	45°	1.4142	1.7321
0.75	—	36°52′	1.2500	1.6088
0.70	—	35°	1.2207	1.5780
0.666	1/3	33°40′	1.2015	1.5632
0.65	—	33°01′	1.1927	1.5564
0.60	—	30°58′	1.1662	1.5362
0.577	—	30°	1.1545	1.5274
0.55	—	28°49′	1.1413	1.5174
0.50	1/4	26°34′	1.1180	1.5000
0.45	—	24°14′	1.0966	1.4841
0.40	1/5	21°48′	1.0770	1.4697

续表

坡度 $B(A=1)$	坡度 $B/2A$	角度 θ	延尺系数 C $(A=1)$	隅延尺系数 D $(A=1)$
0.35	—	19°17′	1.0595	1.4569
0.30	—	16°42′	1.0440	1.4457
0.25	1/8	14°02′	1.0308	1.4361
0.20	1/10	11°19′	1.0198	1.4283
0.15	—	8°32′	1.0112	1.4221
0.125	1/16	7°8′	1.0078	1.4197
0.100	1/20	5°42′	1.0050	1.4177
0.083	1/24	4°45′°	1.0035	1.4166
0.066	1/30	3°49′	1.0022	1.4157

注：①两坡水屋面的实际面积为屋面水平投影面积乘延尺系数 C。

②四坡水屋面斜背长度$=A\times D$(当 $S=A$ 时)。

③沿山墙泛水长度$=A\times C$。

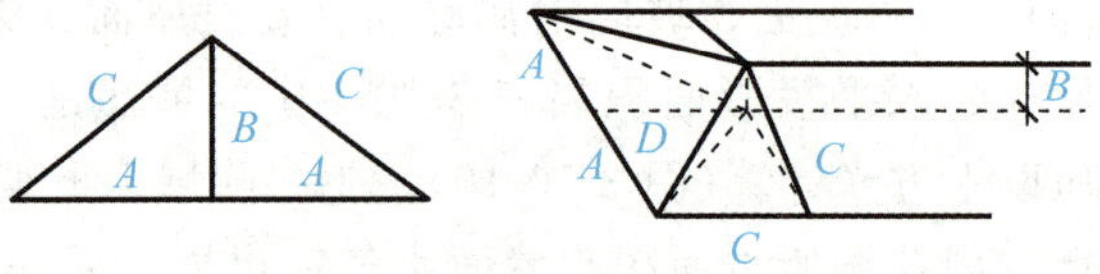

图 3-10-10　坡屋面示意图

天窗出檐与屋面重叠部分的面积，并入相应屋面工程量内计算。瓦屋面出檐口的尺寸应按设计规定计算，如设计无规定时，除了小青瓦按 5 cm 计算外，其他瓦应按 7 cm 计算。

卷材、涂膜屋面中弯起部分按设计规定计算；如设计无规定时，变形缝、女儿墙应按弯起 30 cm 计算；天窗部分应按弯起 50 cm 计算，并入相应屋面工程量内(图 3-10-11)。

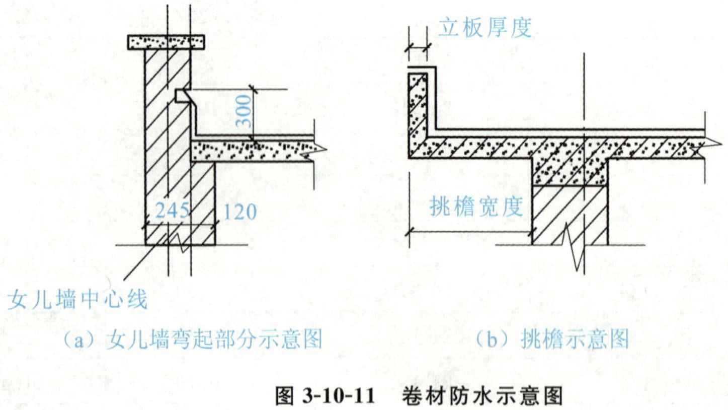

(a) 女儿墙弯起部分示意图　　(b) 挑檐示意图

图 3-10-11　卷材防水示意图

涂膜屋面的油膏嵌缝、玻璃布盖缝、屋面分格缝以延长米计算。

卷材屋面及卷材防水的附加层、收头、接缝等工料均已包括在定额内，不再另行计算。

普通卷材屋面及卷材防水均包括刷冷底子油一遍的工料，不再另行计算。

改性沥青屋面和墙、地面防水 6 mm、7 mm、8 mm 厚双层铺贴时，按基层处理子目扣减一遍基础处理工料。

2. 屋面排水

铁皮落水管、檐沟、泛水、水斗、雨水口等排水构件以设计尺寸按展开面积计算。如设计图无尺寸时，可按表 3-10-2 铁皮排水单体零件工程量折算表计算。落水管的长度应按水斗下口以下的长度计算。

表 3-10-2　铁皮排水单体零件工程量折算表

名　称	单位	铁皮排水/m^2	
		带铁件部分	不带铁件部分
		落水管、檐沟、漏斗、水斗、下水口	天沟、斜沟、天窗台泛水、天窗侧面泛水、烟囱泛水、通气管泛水、滴水檐头
落水管	m	0.32	
檐　沟	m	0.30	
水　斗	个	0.40	
漏　斗	个	0.16	
下水口	个	0.45	
天　沟	m		1.30
斜沟、天窗窗台泛水	m		0.50
天窗侧面泛水	m		0.70
烟囱泛水	m		0.80
通气管泛水	m		0.22
滴水檐头	m		0.24
滴　水	m		0.11

铸铁落水管应区别不同管径按设计尺寸以延长米计算。雨水口、水斗、弯头所占位置不扣除，另按个计算。

塑料落水管(PVC)应区别不同管径按设计尺寸以延长米计算。塑料雨水口、弯头(PVC)所占位置不扣除，应另按个计算。

不锈钢落水管按设计尺寸以延长 m 计算。

铁皮落水管、檐沟及泛水定额项目内均已包括铁皮咬口和搭接的工料，不再另行计算。

挑檐、檐口、雨篷、阳台等埋设的排水钢管按第六章金属结构工程中的铁件安装定额项目计算。

3. 防水防潮工程

防水防潮层工程量均按设计图示尺寸以平方米计算，应扣除凸出地面的构筑物，设备基础等所占的面积，不扣除附墙柱、垛、附墙烟囱及单个面积在 0.3 m^2 以内的孔洞所占面积。平面与立面连接处高在 30 cm 以内者按其展开面积计算，并入相应平面定额项目工程量内，超过 30 cm 时，按相应立面定额项目计算。

定额中的防水、防潮层分为平面、立面两个项目，计算平面工程量时，要包括立面上卷高度小于或等于 300 mm 时的立面面积。当上卷高度大于 300 mm 时，其立面部分工程量全部按立面项目计算。计算公式可表示为：

建筑物平面防水、防潮层工程量＝主墙间净空面积＋立面上卷部分面积(上卷高度≤300 mm)；

建筑物立面防水、防潮层工程量＝(室内净周长－门洞所占长度)×(立面防水高度－0.3)(上卷高度＞300 mm)。

4. 变形缝

嵌缝工程量按不同材料的嵌缝体积以立方米计算。

卷材、油毡、胶合板、铁皮、木板、橡胶板等盖缝均按设计的展开面积以平方米计算。

彩钢板、铝塑板盖缝按长度以延长米计算。

变形缝木压条、止水带以缝的中心线长度以延长米计算。

钢板盖缝按第六章金属结构工程铁件安装项目计算。

变形缝和止水带材料与设计不同时可进行换算。

3.10.5 典型案例分析

【例 3.10.1】已知某卷材屋面如图 3-10-12、图 3-10-13 所示，屋面坡度 1∶3，用 1∶3 水泥砂浆找平 25 mm 厚，SBS 改性沥青防水卷材热熔满铺法单层。试列项并计算屋面找平层和防水层工程量。

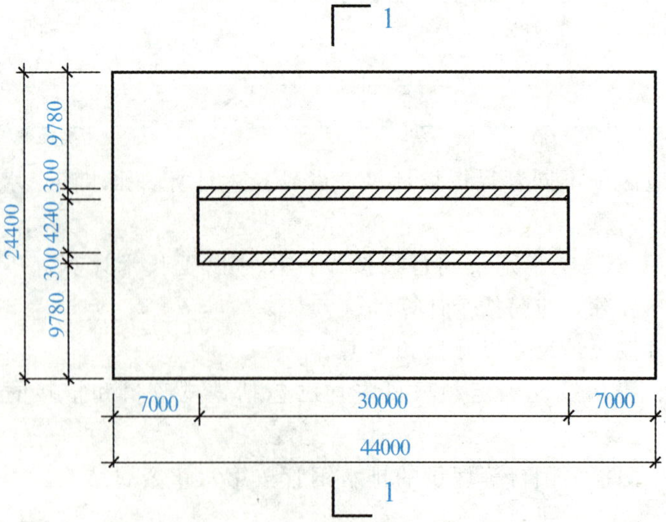

图 3-10-12 卷材屋面平面图

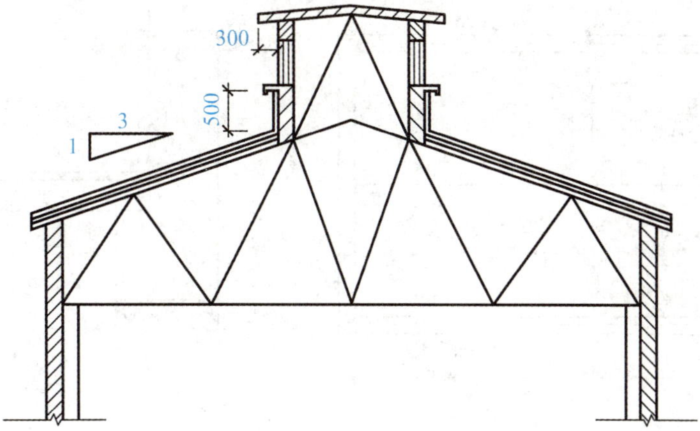

图 3-10-13　卷材屋面 1-1 剖面图

【解】 本题坡屋面的构造层有找平层和防水层，分别列项；此找平层是防水层下的基层，因此，找平层与防水层面积相等，找平层工程量计算规则见 4.1 节。

屋面的坡度比为 1∶3，不能查表求得屋面的坡度系数，此时可以采用插值法计算，设延尺系数为 x，坡度比为 1/3，即 0.333，在 0.35～0.3，得：

$$\frac{0.35-1/3}{1/3-0.3}=\frac{1.0595-x}{x-1.044}$$

$$x=1.054。$$

根据图 3-10-12 所示，列项计算工程量如下。

水泥砂浆找平工程量＝屋面水平投影面积×延尺系数＋天窗处上卷的面积＋天窗出檐与屋面重叠部分

＝24.40×44×1.054＋(30.00＋4.24)×2×0.5＋30×0.3×2×1.054

＝1184.79 m^2。

卷材坡屋面工程量＝水泥砂浆找平工程量＝1184.79 m^2。

计算结果见表 3-10-3。

表 3-10-3　定额项目表

序号	定额编号	定额名称	计量单位	工程量
1	11-27-3	水泥砂浆 1∶3　在混凝土或硬基层上　厚度 20 mm	m^2	1184.79
2	11-29-3	水泥砂浆 1∶3　厚度每增减 5 mm	m^2	1184.79
3	8-67	改性沥青防水卷材(SBS-I)热熔单层	m^2	1184.79

【例 3.10.2】 某工程屋顶平面及剖面如图 3-10-14 所示，其屋面工程做法如下：玛蹄脂黏结绿豆砂保护层，冷底子油一道，二毡三油防水层一道；20 mm 厚 1∶3 水泥砂浆找平层；1∶6 水泥炉渣找 2%坡，最薄处 30 mm 厚；50 mm 厚聚苯乙烯塑料板；钢筋混凝土基层。试列项并计算屋面找平层和防水层工程量。

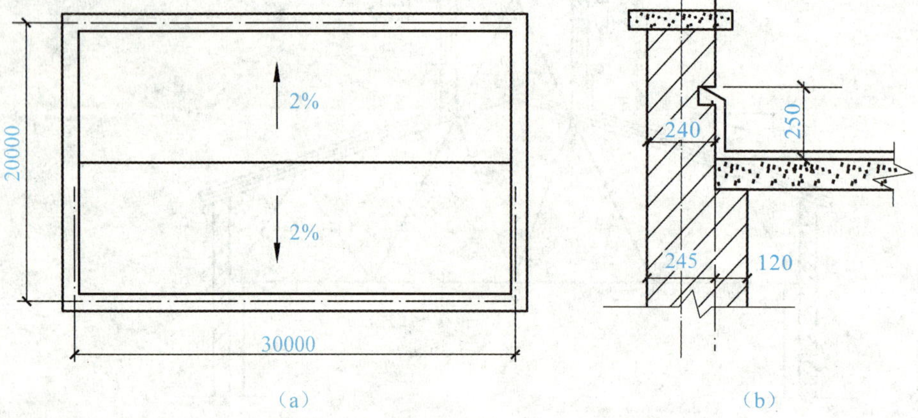

图 3-10-14　屋面示意图

【解】(1)卷材防水层。

$L_{外}$＝(30＋0.245×2＋20＋0.245×2)×2＝101.96 m。

女儿墙内周长＝$L_{外}$－8×0.24＝101.96－8×0.24＝100.04 m。

女儿墙中心线长＝$L_{外}$－8×0.12＝101.96－8×0.12＝101 m。

卷材防水层工程量＝屋面建筑面积－女儿墙所占面积＋女儿墙弯起部分面积

＝(30＋0.245×2)×(20＋0.245×2)－101×0.24＋100.04×0.25

＝624.74－24.24＋25.01＝625.51 m^2。

(2)1∶3 水泥砂浆找平层工程量＝卷材防水层工程量＝625.51 m^2。

计算结果见表 3-10-4。

表 3-10-4　定额项目表

序号	定额编号	定额名称	计量单位	工程量
1	11-28-3	水泥砂浆 1∶3　在填充料上　厚度 20 mm	m^2	625.51
2	8-32	普通卷材屋面　二毡三油一砂	m^2	625.51

复习思考题

一、填空题

1. 瓦屋面、波纹瓦屋面、型材屋面、玻璃钢瓦屋面、卷材屋面、涂膜屋面(包括挑檐部分)工程量按设计图示尺寸的________乘屋面延尺系数以平方米计算，不扣除屋面上烟囱、风帽底座、屋面小气窗、斜沟及 0.3 m^2 以内孔洞所占面积，屋面小气窗出檐与屋面重叠部分的面积________。

2. 卷材、涂膜屋面中弯起部分按设计规定计算；如设计无规定时，变形缝、女儿墙应按弯起________计算；天窗部分应按弯起________计算，并入相应屋面工程量内。

3. 铸铁落水管应区别不同管径按设计尺寸以________计算。雨水口、水斗、弯头所占位置不扣除，另按________计算。

4. 塑料落水管(PVC)应区别________按设计尺寸以延长米计算。塑料雨水口、弯头(PVC)所占位置________，应另按个计算。

5. 防水防潮层工程量均按设计图示尺寸以________计算，应扣除________，设备基础等所占的面积，不扣除附墙柱、垛、附墙烟囱及单个面积在 0.3 m^2 以内的孔洞所占面积。平面与立面连接处高在________按其展开面积计算，并入相应平面定额项目工程量内，超过________时，按相应立面定额项目计算。

6. 卷材、油毡、胶合板、铁皮、木板、橡胶板等盖缝均按________________计算。彩钢板、铝塑板盖缝以____________计算。变形缝木压条、止水带以________________计算。钢板盖缝按________________计算。

7. 挑檐、檐口、雨篷、阳台等埋设的排水钢管按________________定额项目计算。

二、判断题

1. 屋面工程中天窗出檐与屋面重叠部分的面积，并入相应屋面工程量内计算。
(　　)

2. 瓦屋面出檐口的尺寸应按设计规定计算，如设计无规定时，除了小青瓦按 3 cm 计算外，其他瓦应按 5 cm 计算。(　　)

3. 涂膜屋面的油膏嵌缝、玻璃布盖缝、屋面分格缝以延长米计算。(　　)

4. 挑檐、檐口、雨篷、阳台等埋设的排水钢管按金属结构工程中的铁件安装定额项目计算。(　　)

5. 不锈钢落水管按设计尺寸以展开面积计算。(　　)

6. 卷材、涂膜屋面中弯起部分按设计规定计算；如设计无规定时，变形缝、女儿墙、天窗部分应按弯起 30 cm 计算，并入相应屋面工程量内。(　　)

7. 铁皮落水管区别不同管径按设计尺寸以延长米计算。雨水口、水斗、弯头所占位置不扣除，另按个计算。(　　)

8. 嵌缝工程量按不同材料的嵌缝体积以立方米计算。(　　)

三、单选题

1. 下列有关分项工程工程量计算，正确的是(　　)。

A. 瓦屋面按设计图示尺寸以水平投影面积计算

B. 卷材屋面按设计图示尺寸的水平投影面积计算

C. 设计无规定时，PVC 落水管按设计室外散水上表面至檐口的垂直距离以长度计算

D. 变形缝防水按设计尺寸以面积计算

2. 屋面防水工程量的计算，正确的是(　　)。

A. 平、斜屋面卷材防水均按设计图示尺寸以水平投影面积计算

B. 屋面女儿墙、伸缩缝等处弯起部分卷材防水不另增加面积

C. 屋面排水管设计未标注尺寸的，以檐口至地面散水上表面垂直距离计算

D. 铁皮、卷材天沟按设计图示尺寸以长度计算

3. 屋面及防水工程量计算说法正确的是(　　)。

A. 瓦屋面、型材屋面按设计图示尺寸的水平投影面积计算

B. 瓦屋面、型材屋面按设计图示尺寸的水平投影面积乘屋面延尺系数以平方米计算

C. 地面砂浆防水按设计图示面积乘厚度以体积计算

D. 屋面天沟、檐沟按设计图示尺寸以长度计算

4. 屋面及防水工程量计算中，正确的定额计算规则是(　　)。

A. 瓦屋面、型材屋面按设计图示尺寸以水平投影面积计算

B. 如设计无规定时，变形缝、女儿墙应按弯起 250 mm 计算

C. 斜屋面卷材防水按设计尺寸以斜面积计算

D. 屋面排水管按设计尺寸以理论质量计算

5. 关于屋面防水工程量计算，说法正确的是(　　)。

A. 斜屋面卷材防水按水平投影面积计算

B. 女儿墙、伸缩缝等处卷材防水弯起部分不计

C. 屋面排水管按设计图示数量以根计算

D. 屋面变形缝卷材盖缝均按设计的展开面积以平方米计算。

6. 关于楼地面防水防潮工程量计算，说法正确的是(　　)。

A. 防水防潮层工程量均按设计图示尺寸以平方米计算

B. 按主墙间净面积计算，搭接和反边部分不计

C. 反边高度≤300 mm 部分不计算

D. 反边高度≥300 mm 部分计入楼地面防水

7. 某卷材屋面，女儿墙内侧周长为 140 m，围成的面积为 1000 m^2，则卷材屋面工程量为(　　)。

A. 1000 m^2　　B. 1042 m^2　　C. 1035 m^2　　D. 1070 m^2

8. 屋面防水女儿墙部位上卷高度，设计无规定时按(　　)计算。

A. 0.2 m　　B. 0.25 m　　C. 0.3 m　　D. 0.5 m

9. 防水防潮层工程量均按设计图示尺寸以平方米计算。与立面连接处高在 30 cm 以内者按其展开面积计算，并入相应平面定额项目工程量内，超过(　　)时，按相应立面定额项目计算。

A. 30 cm　　B. 25 cm　　C. 20 cm　　D. 50 cm

10. 嵌缝工程量按不同材料以(　　)为单位计算工程量。

A. m^2　　B. m　　C. m^3　　D. 以上都有

11. 变形缝木压条、止水带以(　　)为单位计算工程量。

A. m^2　　B. 延长米　　C. m^3　　D. 以上都有

四、简答题

1. 卷材、涂膜屋面工程量怎样计算?

2. 防水防潮层工程量计算规则是什么?

3. 落水管工程量如何计算?

五、综合训练

有一两坡水二毡三油卷材屋面，尺寸如图 3-10-15 所示。屋面防水层构造层次为：预制钢筋混凝土空心板、20 mm 厚 1∶2 水泥砂浆找平层、冷底子油一道、二毡三油一砂防水层。试计算：①当有女儿墙，屋面坡度为 1∶4 时的工程量；②当有女儿墙，坡度为 2%时的工程量；③当无女儿墙有挑檐，坡度为 2%时的工程量。

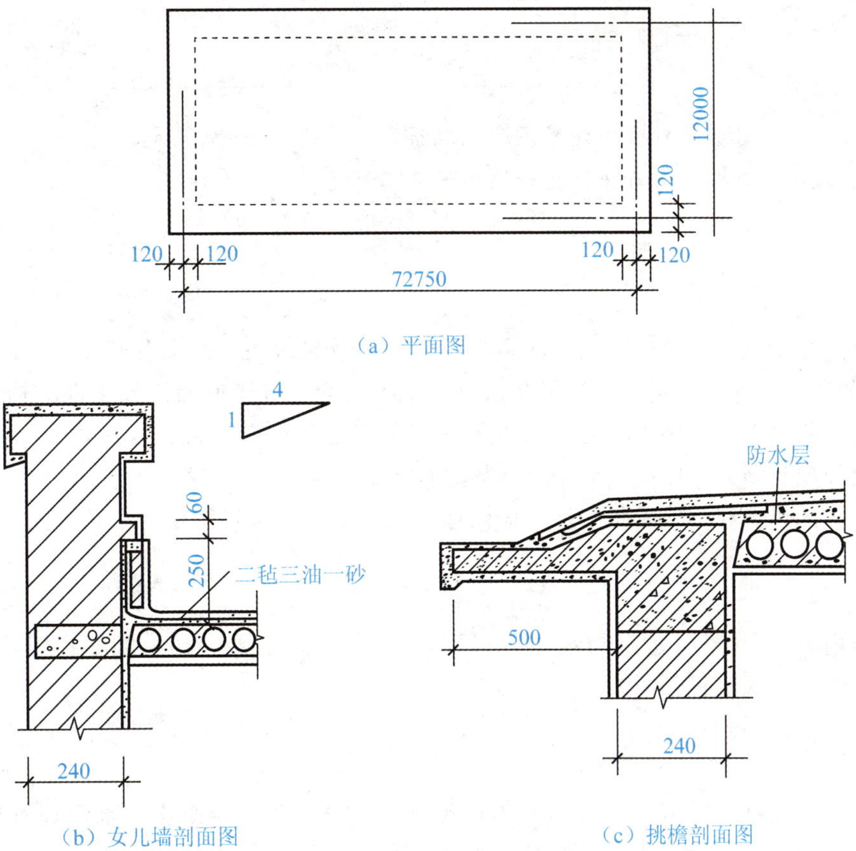

图 3-10-15　屋面示意图

3.11 保温隔热工程工程量计算

学习目的

通过对保温隔热工程相关内容的学习，学生体验完成具体工作任务必须依据的规范和原则，感受任务实施对知识、能力、素质的需求，理解完成本项任务的流程，最终能根据《甘肃省建筑与装饰工程预算定额》第九章保温隔热工程工程量计算规则，列项并计算不同部位的保温隔热工程工程量。

知识目标

1. 掌握《甘肃省建筑与装饰工程预算定额》第九章保温隔热工程定额项目划分方法，及常用定额项目名称、计量单位、工作内容。

2. 掌握《甘肃省建筑与装饰工程预算定额》第九章保温隔热工程的工程量计算规则。

重点难点

1. 根据施工图纸，列项并计算屋面保温层、找坡层工程量。

2. 根据施工图纸，列项并计算外墙面保温工程量。

3.11.1 保温隔热工程知识背景

保温隔热工程中保温层是指为使室内温度不至散失太快，而在各基层上（楼板、墙身等）设置的起保温作用的构造层；隔热层是指减少地面、墙体或层面导热性的构造层。定额中保温、隔热工程适用于中温、低温及恒温的工业厂（库）房隔热工程以及一般保温工程，其定额项目划分为屋面、天棚、墙体、楼地面及柱。

建筑物的屋面和外墙面是必须考虑的保温隔热部位，需列项并计算工程量。

3.11.2 定额项目划分

本节内容在《甘肃省建筑与装饰工程预算定额》中，主要包括第九章保温隔热工程，以不同位置、不同材料分项。

1. 屋面

屋面以不同材料、不同混合料和不同铺贴方法分为加气混凝土、水泥蛭石块、干铺珍珠岩、干铺蛭石、水泥炉渣、水泥珍珠岩、水泥蛭石、沥青玻璃棉毡、沥青矿渣棉毡、沥青珍珠岩板（块）、金属波纹拱形屋盖聚氨酯喷涂保温、干铺聚苯乙烯板等定额项目，如 9-19 干铺聚苯乙烯板　厚度 50 mm。

还有以不同铺设厚度划分的干铺岩棉板，如 9-12 干铺岩棉板　厚度 30 mm。

2. 天棚

天棚以不同材料划分为黏结剂粘贴聚苯乙烯板、干铺聚苯乙烯板、黏结剂粘贴软木板、聚合物砂浆粘贴聚苯乙烯板等定额项目，如 9-23 聚合物砂浆粘贴聚苯乙烯板　混凝土板下天棚保温（不带龙骨）。

3. 墙

墙以不同材料、不同铺贴部位划分为黏结剂粘贴软木（带木框架独立墙体）、黏结剂粘贴软木(附墙铺贴)、黏结剂粘贴聚苯乙烯板(带木框架独立墙体)、黏结剂粘贴聚苯乙烯板(附墙铺贴)、黏结剂粘贴稻壳板(铺贴墙或柱子)、黏结剂粘贴加气混凝土块(独立墙体)、黏结剂粘贴沥青珍珠岩板(附墙铺贴)、黏结剂粘贴水泥珍珠岩板(附墙铺贴)、沥青玻璃棉、沥青矿渣棉、保温石膏板、外墙聚苯乙烯板、保温彩钢板制作安装、成品保温彩钢板安装、聚苯颗粒保温砂浆、单面钢丝网聚苯乙烯板、泡沫玻璃、干挂岩棉板、抗裂保护层、酚醛保温板、膨胀硅酸盐水泥保温板、保温装饰一体板及线条等定额项目，如9-32黏结剂粘贴水泥珍珠岩板　附墙铺贴。

4. 柱

柱以不同材料划分为黏结剂粘贴软木、黏结剂粘贴聚苯乙烯板两个定额项目，如9-55黏结剂粘贴聚苯乙烯板柱。

5. 楼地面

楼地面以不同材料划分为黏结剂粘贴聚苯乙烯板、黏结剂粘贴加气混凝土块、干铺聚苯乙烯板等定额项目，如9-57黏结剂粘贴加气混凝土块楼地面。

3.11.3　定额项目适用范围

保温隔热工程的定额项目，适用于建筑物的墙柱面、楼地面、天棚、屋面及构筑物立面、平面部位的保温隔热。

3.11.4　保温隔热工程及屋面找坡层工程量计算规则及说明

1. 保温隔热工程工程量计算规则

屋面：屋面保温隔热层工程量除岩棉板保温、金属波纹拱形屋盖聚氨酯喷涂保温、石膏板保温、保温彩钢板、单面钢丝网聚苯乙烯保温板、聚苯颗粒保温砂浆、泡沫玻璃、酚醛保温板、膨胀硅酸盐水泥保温板、保温装饰一体板、耐碱玻璃纤维网格布、外墙水平防火隔离带按设计图示尺寸的不同厚度以平方米计算外，其他均按设计图示尺寸以立方米计算。保温隔热层的厚度按隔热材料(不包括胶结材料)净厚度计算。

地面：地面隔热层工程量按围护结构墙体间净面积乘设计厚度以立方米计算，不扣除柱、垛及单个面积在0.30 m^2以内孔洞所占体积。

墙面：墙面隔热层工程量依据设计图示尺寸，外墙按隔热层中心线长度，内墙按隔热层净长度乘高度及厚度以立方米计算，应扣除门窗洞口、管道穿墙洞口及单个面积在0.30 m^2以外孔洞所占的体积。独立墙体及混凝土板下铺贴隔热层，不扣除木框架、木龙骨及单个面积在0.30 m^2以内孔洞所占的体积。

柱：柱保温隔热层工程量，按设计图示柱的隔热层中心线的展开长度乘设计图示尺寸高度及厚度以立方米计算。

池槽：池槽隔热层工程量按池槽保温隔热层的实体积以立方米计算。池壁按墙面定额项目计算，池底按地面定额项目计算。

门窗洞口侧壁：洞口侧壁周围的保温隔热层工程量，并入墙面的保温隔热工程量内。

梁头、连系梁等其他零星保温隔热工程量，并入墙面的保温隔热工程量内。

柱帽保温隔热层工程量，并入天棚保温隔热层工程量内。

2. 屋面找坡层工程量计算

屋面找坡层是屋面的构造层之一，定额中没有直接对应的找坡层的定额项目，其定额项目以找坡层不同材料按保温层相应项目列项，工程量计算规则同屋面保温层。

屋面找坡层工程量按图示水平投影面积乘平均厚度，以立方米计算。平均厚度的计算如图 3-11-1 所示。

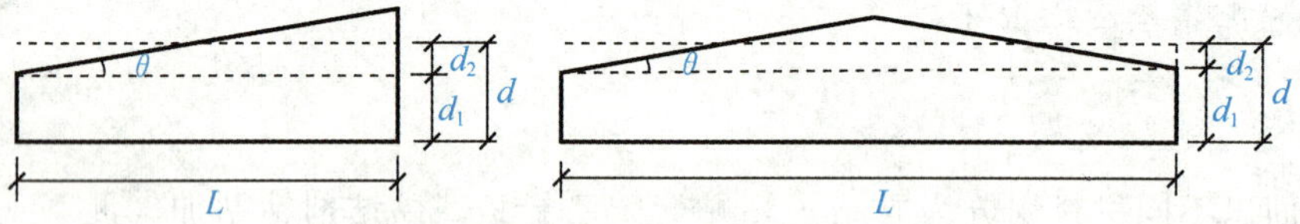

（a）单坡屋面　　（b）双坡屋面

图 3-11-1　屋面找坡层平均厚度计算示意图

①单坡屋面平均厚度：

$$d=d_1+d_2=d_1+iL/2。$$

②双坡屋面平均厚度：

$$d=d_1+d_2=d_1+iL/4,$$

$$i=\tan\theta。$$

式中　d——厚度；

i——坡度系数；

θ——屋面倾斜角。

3. 说明

保温工程中若采用轻骨料混凝土按定额第四章混凝土工程中相应定额项目计算。

石灰矿渣、石灰炉渣、水泥石灰矿渣、水泥石灰炉渣等平面保温，按定额第十一章普通楼地面工程相应定额项目计算。

保温层的保温材料配合比、材质、厚度与设计不同时，可进行换算。

抗裂保护层工程要求用塑料膨胀螺栓固定时，定额项目每平方米增加塑料膨胀螺栓 6.12 套，人工 0.03 工日，其他机械费 0.05 元。

墙面岩棉板保温及聚苯乙烯板保温项目如使用钢托架，钢托架按定额第六章金属结构工程相应定额项目计算。

零星保温执行定额第九章中的线条保温项目。

3.11.5　典型案例分析

【例 3.11.1】依据**【例 3.10.2】**题意，试列项并计算屋面找坡层和保温层工程量。

【解】(1)列项。

根据定额中项目的划分情况，本例应列项目为：水泥炉渣 1∶6 找坡层、干铺聚苯乙烯板保温层。

(2)计算工程量。

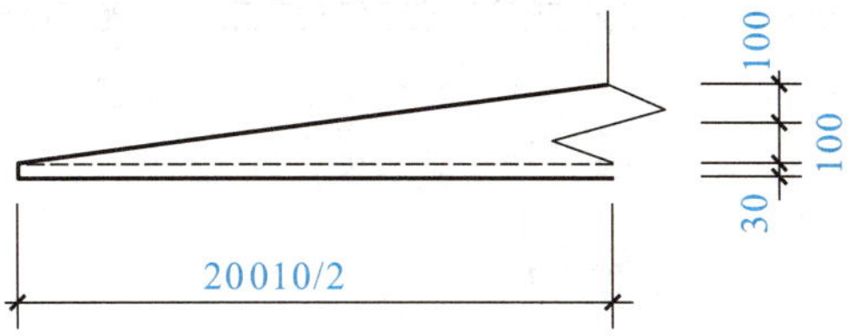

图 3-11-2　平均厚度示意图

①水泥炉渣找坡层工程量计算。

如图 3-10-14 所示，找坡层铺至女儿墙内侧，且 1∶6 水泥焦砟找 2%坡，故计算其工程量时，应按平均厚度(图 3-11-2)计算，则有

找坡层长度＝30＋0.005×2＝30.01 m。

找坡层宽度＝20＋0.005×2＝20.01 m。

找坡层平均厚度＝0.03＋(20.01×2%/4)＝0.13 m。

水泥炉渣找坡层工程量＝找坡层长度×找坡层宽度×找坡层平均厚度

＝30.01×20.01×0.13＝78.07 m^3。

②聚苯乙烯泡沫塑料板保温层工程量计算。

聚苯乙烯泡沫塑料板保温层工程量＝保温层面积×厚度

＝30.01×20.01×0.05＝30.03 m^3。

计算结果见表 3-11-1。

表 3-11-1　定额项目表

序号	定额编号	定额名称	计量单位	工程量
1	9-6-1	水泥炉渣 1∶6	m^3	78.07
2	9-19	干铺聚苯乙烯板　厚度 50 mm	m^3	30.03

【例 3.11.2】某冷库室内设聚苯乙烯板保温层，厚度 50 mm，室内净高 3.2 m，天棚采用聚合物砂浆粘贴，墙面、柱面、地面采用黏结剂粘贴，冷库平面图如图 3-11-3 所示。试对其保温层列项并计算工程量。

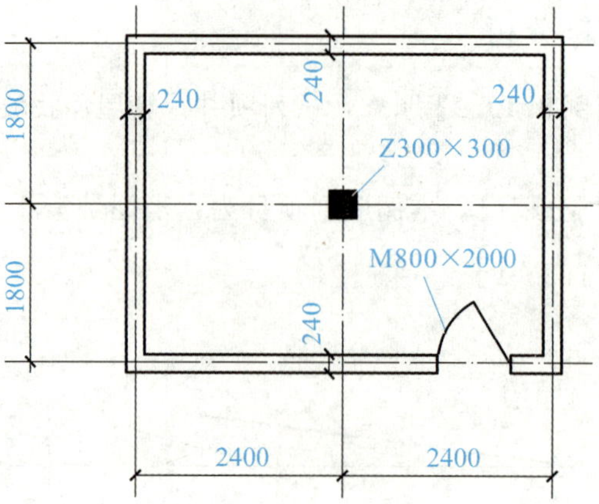

图 3-11-3　冷库平面图

【解】(1)列项。

根据定额中项目的划分情况，本例应列项目为：天棚(带木龙骨)保温层、墙面保温层、地面保温层、柱面保温层。

(2)计算工程量。

①天棚保温层。如图 3-11-3 所示，本例未设柱帽，则有

天棚保温层工程量＝天棚面积×保温隔热层厚度

＝(4.8－0.24)×(3.6－0.24)×0.05＝15.32×0.05＝0.77 m^3。

②墙面保温层。

内墙保温层净长线长度＝(4.8－0.24－0.05×2＋3.6－0.24－0.05×2)×2＝15.44 m。

墙面保温层工程量＝保温层长度×高度×厚度－门窗洞口所占体积＋门窗洞口侧壁增加

＝15.44×(3.2－0.05×2)×0.05－0.8×2×0.05＋[(2－0.05×2)×2＋0.8－0.05×2]×(0.12＋0.05)×0.05

＝2.393－0.08＋0.038＝2.35 m^3。

③地面保温层。

地面保温层工程量＝(墙间净面积＋门洞等开口部分面积)×保温层厚度

＝[(4.8－0.24)×(3.6－0.24)＋0.8×0.24]×0.05＝0.78 m^3。

④柱面保温层。

柱面保温层工程量＝柱保温层中心线周长×高度×厚度

＝(0.3＋0.025×2)×4×(3.2－0.05×2)×0.05

＝1.4×3.1×0.05＝0.22 m^3。

计算结果见表 3-11-2。

表 3-11-2　定额项目表

序号	定额编号	定额名称	计量单位	工程量
1	9-23	聚合物砂浆粘贴聚苯乙烯板　混凝土板下天棚保温(不带龙骨)	m^3	0.77
2	9-27	黏结剂粘贴聚苯乙烯板　附墙铺贴	m^3	2.35
3	9-55	黏结剂粘贴聚苯乙烯板　柱	m^3	0.22
4	9-56	黏结剂粘贴聚苯乙烯板　楼地面	m^3	0.78

【例 3.11.3】某双坡屋面尺寸如图 3-11-4 所示，其自下而上的做法是：预制钢筋混凝土板上铺 1∶6 水泥珍珠岩保温层，坡度系数为 2%，保温层最薄处为 60 mm；25 mm 厚 1∶2 水泥砂浆找平层；三毡四油一砂防水层(上卷 300 mm)。试列项并计算屋面的相关工程量。

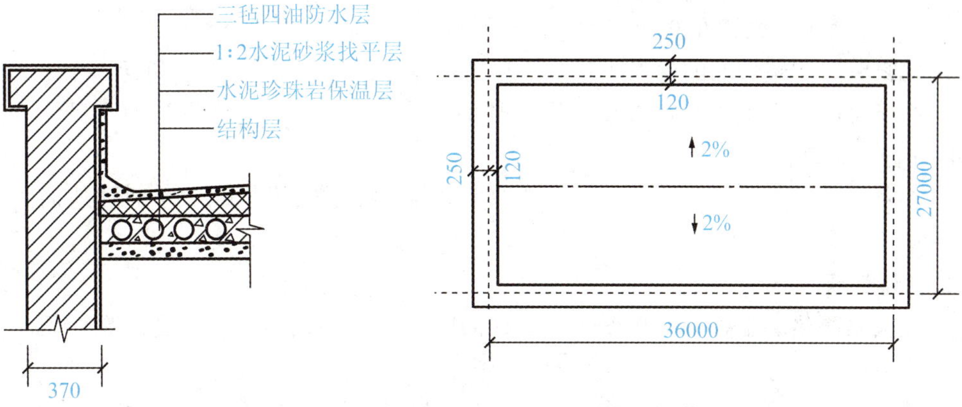

(a) 屋面保温层构造图　　(b) 屋顶平面图

图 3-11-4　屋面示意图

【解】本例应列项目为：保温层、找平层、防水层。

(1)1∶6 水泥珍珠岩保温层。

①屋面保温层的面积：$(36-0.12\times2)\times(27-0.12\times2)=956.94\ m^2$。

②保温层的平均厚度：$0.06+2\%\times(27-0.12\times2)\div4=0.1938\ m$。

③保温层的工程量：$956.94\times0.1938=185.45\ m^3$。

(2)1∶2 水泥砂浆找平层。

$(36-0.24)\times(27-0.24)+(36-0.24+27-0.24)\times2\times0.3=994.45\ m^2$。

(3)三毡四油一砂防水层。

同水泥砂浆找平层工程量$=994.45\ m^2$。

计算结果见表 3-11-3。

表 3-11-3　定额项目表

序号	定额编号	定额名称	计量单位	工程量
1	8-33	普通卷材屋面　三毡四油一砂	m^2	994.45
2	11-28-1	水泥砂浆 1∶2 在填充材料上　厚度 20 mm	m^2	994.45
3	11-29-1	水泥砂浆 1∶2　厚度每增减 5 mm	m^2	994.45
4	9-7-1	水泥珍珠岩 1∶6	m^3	185.45

复习思考题

一、填空题

1. 保温隔热层的厚度按＿＿＿＿＿＿＿＿厚度计算。

2. 地坪隔热层工程量按＿＿＿＿＿＿＿＿乘设计厚度以立方米计算，不扣除＿＿＿＿＿＿及单个面积在 0.30 m^2 以内孔洞所占体积。

3. 门窗洞口侧壁周围的保温隔热层工程量，并入＿＿＿＿＿＿＿工程量内。

4. 柱保温隔热层工程量，按设计图示柱的＿＿＿＿＿＿＿乘设计图示尺寸高度及厚度以立方米计算。

5. ＿＿＿＿＿＿＿＿＿＿＿平面保温，按定额第十一章普通楼地面工程相应定额项目计算。

二、判断题

1. 柱保温隔热层工程量，按设计图示柱的隔热层中心线的展开长度乘设计图示尺寸高度以平方米计算。（　　）

2. 柱帽保温隔热层工程量，并入柱的保温隔热层工程量内。（　　）

3. 池槽隔热层工程量按池槽保温隔热层的实体积以立方米计算，池壁按墙面定额项目计算，池底按地面定额项目计算。（　　）

4. 保温隔热层工程量有以平方米计算的，也有以立方米计算的。（　　）

5. 墙面隔热层工程量依据设计图示尺寸，外墙按 $L_{中}$，内墙按 $L_{内}$ 乘高度及厚度以立方米计算。（　　）

三、单选题

1. 保温隔热层的厚度（　　）。

A. 不计算　　B. 按隔热材料净厚度计算

C. 按抹灰厚度计算　　D. 按胶结材料净厚度计算

2. 门窗洞口侧壁周围的保温隔热层工程量（　　）。

A. 并入门窗工程量内　　B. 并入墙面的保温隔热工程量内

C. 不计算保温隔热工程量　　D. 并入墙面工程量内

3. 有关保温、隔热工程量的计算，说法正确的是（　　）。

A. 与天棚相连的梁的保温工程量并入天棚工程量

B. 与墙相连的柱的保温工程量按柱工程量计算

C. 门窗洞口侧壁的保温工程量不计

D. 梁保温工程量按设计图示尺寸以梁的中心线长度计算

4. 柱保温隔热层工程量，按设计图示柱的(　　)乘设计图示尺寸高度及厚度以立方米计算。

A. 柱结构外围周长　　B. 隔热层中心线的展开长度

C. 隔热层外边线的展开长度　　D. 柱的装饰面层展开长度

5. 墙面隔热层工程量依据设计图示尺寸，外墙按(　　)长度，内墙按隔热层净长度乘高度及厚度以立方米计算。

A. 外墙外边线　　B. 隔热层中心线

C. 外墙中心线　　D. 隔热层外边线

四、多选题

1. 下列保温材料按平方米计算有(　　)。

A. 保温彩钢板　　B. 石膏板保温

C. 单面钢丝网聚苯乙烯保温板　　D. 聚苯颗粒保温砂浆

E. 水泥珍珠岩

2. 地坪隔热层工程量按围护结构墙体间净面积乘设计厚度以立方米计算，不扣除(　　)所占体积。

A. 柱　　B. 墙垛

C. 单个面积在 0.30 m^2 以内孔洞　　D. 单个面积在 0.30 m^2 以上孔洞

E. 间壁墙

3. 墙面隔热层工程量依据设计图示尺寸以立方米计算，应扣除(　　)所占的体积。

A. 单个面积在 0.30 m^2 以内的孔洞　　B. 木框架、木龙骨

C. 门窗洞口　　D. 管道穿墙洞口

E. 单个面积在 0.30 m^2 以外孔洞

4. (　　)等平面保温，按《甘肃省建筑与装饰工程预算定额》第十一章普通楼地面工程相应定额项目计算。

A. 水泥珍珠岩　　B. 石灰矿渣

C. 石灰炉渣　　D. 水泥石灰矿渣

E. 水泥石灰炉渣

五、简答题

1. 保温隔热层工程量计算规则是什么？

2. 墙面隔热层工程量怎么计算？

六、综合训练

1. 某工程的平屋面做法见图 3-11-5，1∶10 水泥炉渣找坡层最薄处 30 mm，屋面板顶标高+10 m，室内外高差 0.3 m，计算屋面找平层、防水层、找坡层、排水管(PVC 雨水口、ϕ100PVC 水落管、PVC 水斗)等的工程量。(轴线居中)

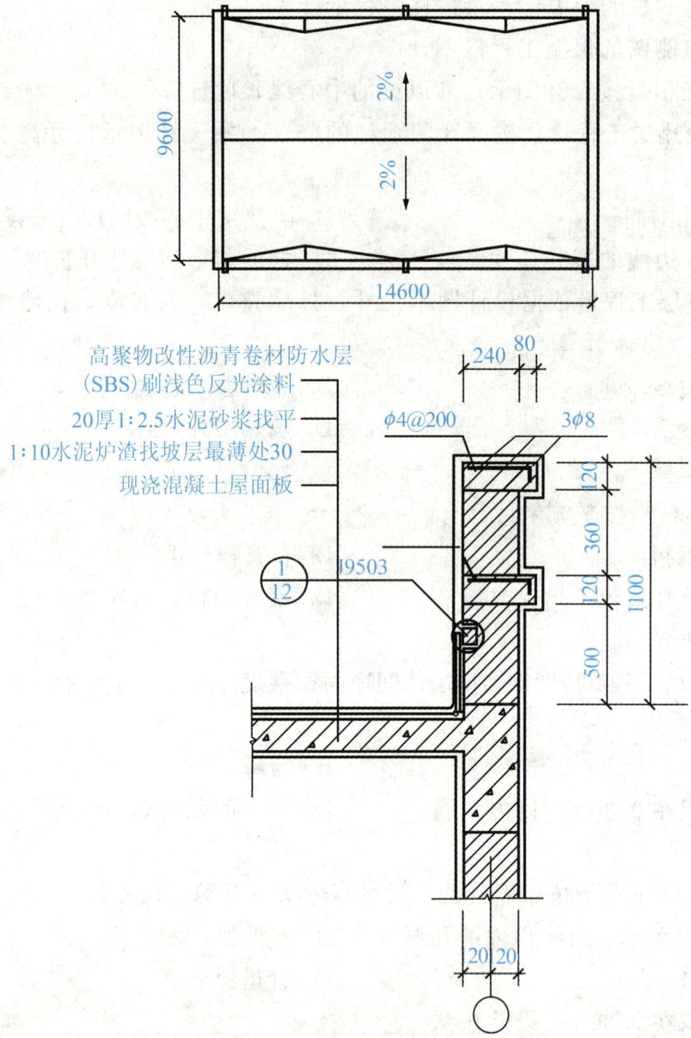

图 3-11-5　平屋面示意图

2. 如图 3-11-6 所示冷库，设计采用沥青贴软木保温层，厚 0.1 m。顶棚做带木龙骨(40 mm×40 mm，间距 400 mm×400 mm)的保温层，墙面 1∶1∶6 水泥石灰砂浆 15 mm 打底附墙贴软木。地面直接铺保温层。门为保温门，不需考虑门洞及门框保温，计算墙面、地面、天棚保温工程量。

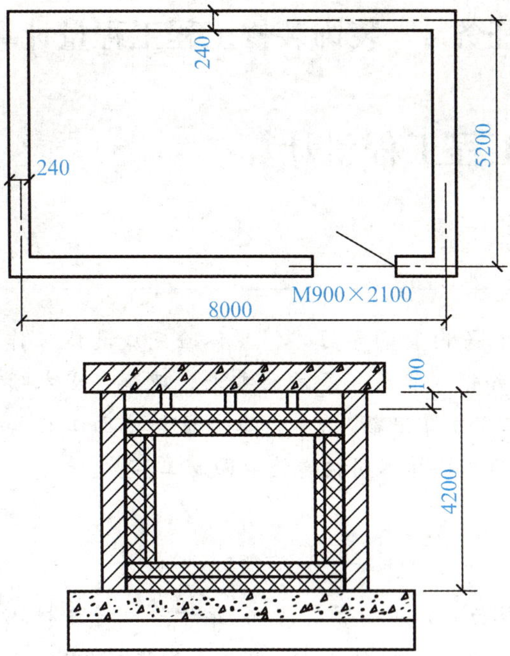

图 3-11-6　冷库示意图

任务4　装饰装修工程工程量计算

4.1 楼地面工程工程量计算

学习目的

通过对楼地面工程相关内容的学习，学生体验完成具体工作任务必须依据的规范和原则，感受任务实施对知识、能力、素质的需求，理解完成本项任务的流程，最终能根据《甘肃省建筑与装饰工程预算定额》第十一章普通楼地面工程和第十四章装饰楼地面工程工程量计算规则，列项并计算不同构造楼地面的工程量。

知识目标

1. 掌握《甘肃省建筑与装饰工程预算定额》第十一章普通楼地面工程和第十四章装饰楼地面工程定额项目适用范围、划分方法及常用定额项目名称、计量单位、工作内容。

2. 掌握《甘肃省建筑与装饰工程预算定额》第十一章普通楼地面工程和第十四章装饰楼地面工程的工程量计算规则。

重点难点

1. 根据施工图纸，列项并计算垫层、找平层、地面面层工程量。

2. 根据施工图纸，列项并计算楼梯面层、台阶面层、踢脚线、防滑条工程量。

4.1.1　楼地面工程知识背景

建筑地面工程是工业与民用建筑物底层地面(地面)和楼地面(楼面)的总称，并包括室外散水、明沟、踏步、台阶、坡道等附属工程。

建筑地面的构造层次名称及其作用如下。

面层——直接承受各种物理和化学作用的表面层；建筑地面的名称按其面层名称而定。

结合层——面层与下一构造层相连接的中间层，亦可作为面层的弹性基层。

找平层——在垫层上、楼板上或填充层(软质、松散材料)上起整平、找坡或加强作用的构造层。

隔离层——防止建筑地面上各种液体或地下水、潮气渗透地面等作用的构造层；仅防止地下潮气透过地面时，可称作防潮层。

填充层——当面层、垫层和基土(或结构层)尚不能满足使用上或构造上的要求而增设的填充层，在建筑地面上起隔声、保温、找坡或敷设暗管线等作用的构造层。

垫层——承受并传递地面荷载于基土上的构造层。

基土——底层地面的地基土层。

建筑地面工程构造示意见图 4-1-1 及图 4-1-2。

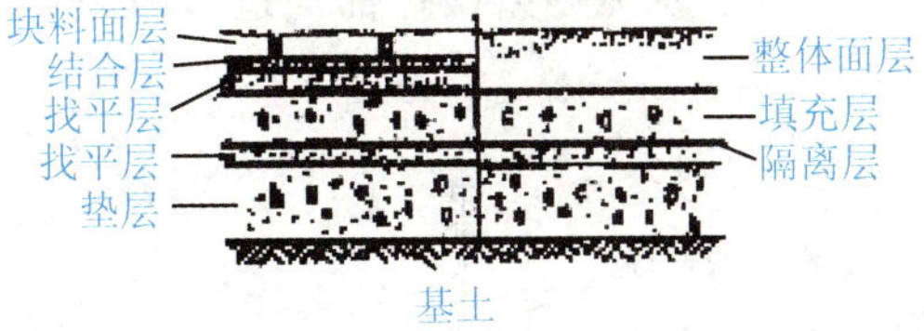

图 4-1-1　地面工程构造示意图

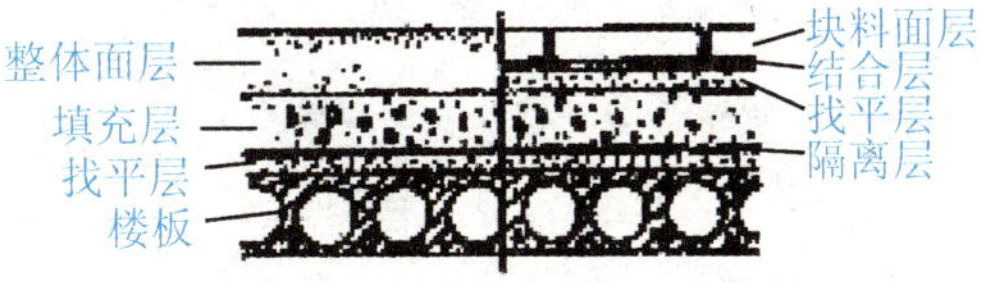

图 4-1-2　楼面工程构造示意图

1. 垫层

(1)灰土垫层

灰土垫层用熟化石灰与黏土(或粉质黏土、粉土)的拌合料铺设而成。灰土垫层应铺设在不受地下水浸湿的基土上，其厚度不应小于 100 mm。

(2)三合土垫层

三合土垫层用石灰、砂、碎砖或卵石(碎石)的拌合料铺设而成。其厚度不应小于 100 mm。

(3)四合土垫层

四合土垫层用水泥，石灰，砂，碎砖(碎石、卵石)四种材料拌合铺设夯实而成。施工方法与三合土垫层相同。

(4)砂垫层和砂石垫层

砂垫层用砂铺设而成，其厚度不得小于 60 mm。砂石垫层用天然砂石铺设而成，其厚度不宜小于 100 mm。

(5)碎石垫层和碎砖垫层

碎石垫层用碎石铺设而成，其厚度不应小于 60 mm。碎砖垫层用碎砖铺设而成，其厚度不宜小于 100 mm。

(6)炉渣(矿渣)垫层

炉渣(矿渣)垫层用炉渣(矿渣)或用水泥与炉渣(矿渣)或用水泥、石灰与炉渣(矿渣)的拌合料铺设而成，其厚度不应小于 80 mm。

(7)混凝土垫层

混凝土垫层用强度等级不应小于 C10 的混凝土铺设而成，其厚度不得小于 60 mm。

2. 找平层

找平层应采用水泥砂浆、混凝土等铺设而成，其厚度应符合设计要求；水泥砂浆体积比不宜小于 1∶3(水泥∶砂)；混凝土强度等级不应小于 C15。

3. 整体面层

(1)水泥砂浆面层

水泥砂浆面层厚度不应小于 20 mm。水泥砂浆的体积比宜为 1∶2(水泥∶砂)，其厚度不应大于 35 mm，当采用强度等级时，不应小于 M15。水泥砂浆楼地面构造如图 4-1-3 所示。

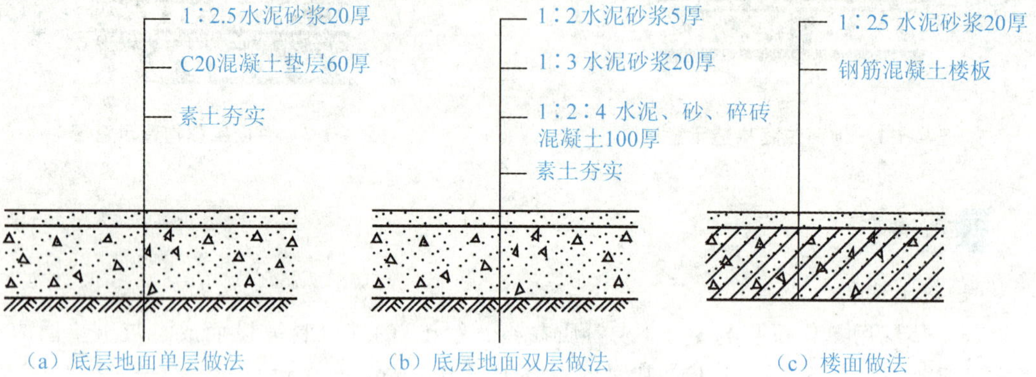

图 4-1-3　水泥砂浆楼地面构造

(2)菱苦土面层

菱苦土面层用菱苦土、锯木屑与氯化镁溶液的拌合料铺设而成。为使菱苦土面层表面光滑、色泽美观，拌合料中可加入适量的矿物质颜料和滑石粉，有时为了耐磨，还掺入一些砂粒或石屑。

菱苦土面层可铺设成单层或双层。单层面层厚度为 12～15 mm。双层面层的上层厚度为 8～10 mm，下层厚度为 12～15 mm，做法见图 4-1-4。一般习惯于采用双层做法，很少采用单层做法。

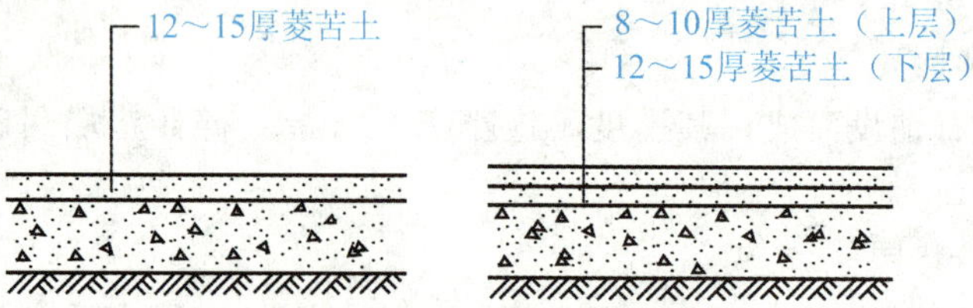

图 4-1-4　菱苦土面层

(3)水磨石面层

水磨石面层采用水泥与石粒的拌合料在 15～20 mm 厚 1∶3 水泥砂浆基层上铺设而成。面层厚度除特殊要求外，宜为 12～18 mm，并应按选用石粒粒径确定(图 4-1-5)。拌合料的体积比宜采用 1∶1.5～1∶2.5(水泥∶石粒)。水磨石面层的颜色和图案应按设计要求，面层分格不宜大于 1000 mm×1000 mm，或按设计要求。

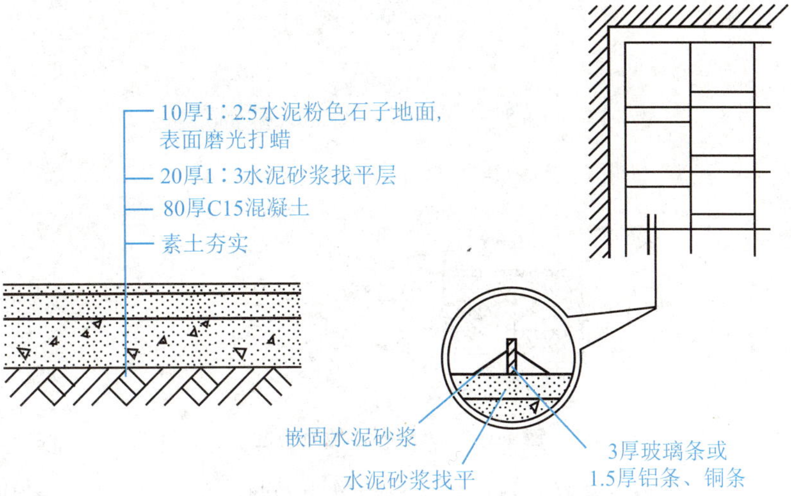

图 4-1-5　水磨石楼地面构造

(4)混凝土面层

混凝土面层(图 4-1-6)有两种常用做法：一种是采用细石混凝土面层，其强度等级不应小于 C20，厚度为 30～40 mm；另一种是采用混凝土垫层兼面层，其强度等级不应小于 C15，厚度按垫层确定。

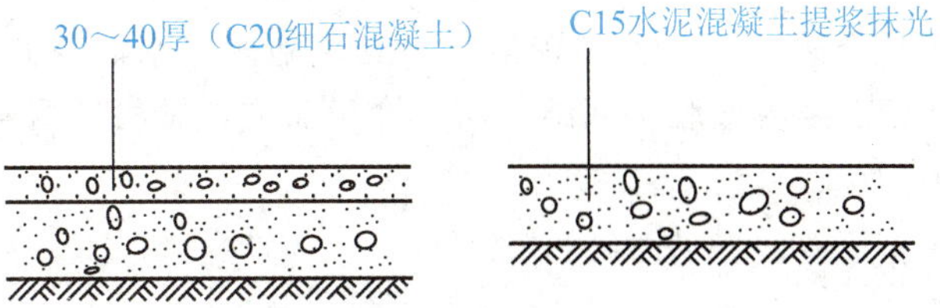

图 4-1-6　混凝土面层

4. 块料面层

块料面层也称块板面层，是指用一定规格的块状材料，采用相应的胶结料或水泥砂浆结合层镶铺而成的面层。

(1)大理石和花岗石面层

大理石和花岗石面层分别采用天然大理石板材和花岗石板材在结合层上铺成。大理石楼地面构造见图 4-1-7。

大理石一般分为天然大理石和人造大理石两种，天然大理石因盛产于云南大理而得名。大理石具有表观致密、质地坚实、色彩鲜艳、吸水率小等优点。装饰用大理石板材，是将荒料经过锯、磨、切、抛光等工序加工而成。大理石一般为白色，纯净大理石，洁白如玉，常称为汉白玉。含有不同杂质的大理石呈黑色、玫瑰色、橘红色、绿色、灰色等多种色彩和花纹，磨光后非常美观。

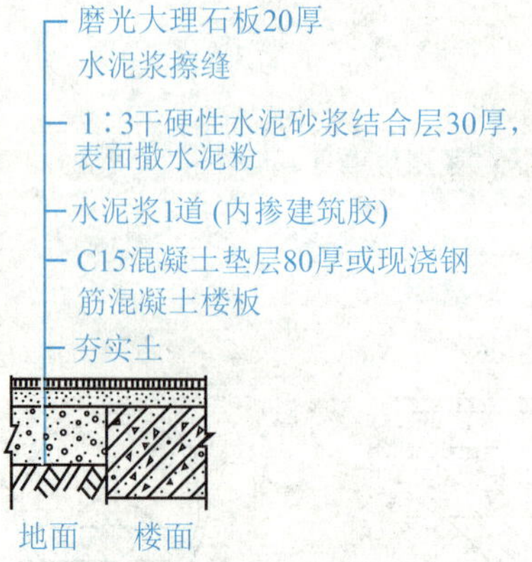

图 4-1-7　大理石楼地面构造

人造大理石是以大理石碎料、石英砂、石粉等为骨料，以聚酯、水泥等作为胶粘剂，经搅拌、浇筑成型、打磨、抛光而制成。大理石板材的化学稳定性差，主要用作室内装饰材料。花岗岩较大理石的硬度高，因而难加工，但耐酸、耐风化、耐腐蚀，不易风化变质，外观色泽可保持百年以上，因此多用于外墙饰面，也可用于建筑物的室内外地面装修。

大理石板材不适用于室外地面面层。

(2)砖面层

砖面层采用普通黏土砖、缸砖、陶瓷地砖、彩釉地砖、水泥花砖或陶瓷锦砖等块材在砂、水泥砂浆、沥青胶结料或胶粘剂结合层上铺设而成，做法见图 4-1-8。

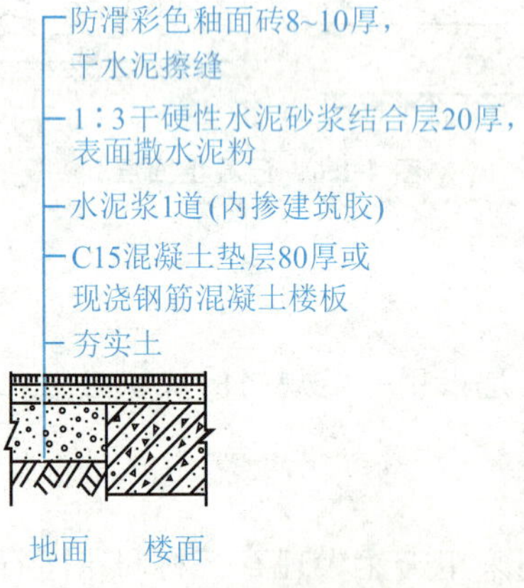

图 4-1-8　砖面层构造

陶瓷地砖：也称地面砖，是采用塑性较大且难熔的黏土，经精细加工，烧制而成。地面砖有带釉和不带釉两类，花色有红、白、浅黄、深黄等，红地砖多不带釉。地面砖有方形、长方形、六角形三种，规格大小不一，常用的地面砖多为 300 mm×300 mm、600 mm×600 mm、800 mm×800 mm、1000 mm×1000 mm 等。

陶瓷锦砖：俗称马赛克，它是以优质瓷土为主要原料，经压制成型入窑高温焙烧而成的小块瓷砖，有挂釉和不挂釉两种，目前产品多数不挂釉。因尺寸较小，拼图多样化，有“什锦砖”之美称，故常称陶瓷锦砖。单块陶瓷锦砖很小，不便施工，因此生产厂家将其按一定图案单元反贴在 305.5 mm×305.5 mm 的牛皮纸上，每张纸称为“一联”，每联面积为 1 平方英尺，约 0.093 m^2，一般以 40 联为一包装箱，可铺贴 3.72 m^2，故陶瓷锦砖又称皮纸砖。陶瓷锦砖具有美观、耐磨、抗腐蚀等特点，广泛用于室内外装饰。

缸砖：又称地砖或铺地砖，系用组织紧密的黏土胶泥，经压制成型，干燥后入窑焙烧而成。缸砖表面不上釉，色泽常为暗红、浅黄和青灰色，形状有正方形、长方形和六角形等，常用规格有 150 mm×150 mm×10 mm、100 mm×100 mm×8 mm 等。缸砖一般用于室外地面和室内厨房、浴厕以及实验室等楼地面的铺贴。

橡胶地板：主要是指以天然橡胶或以含有适量填料的合成橡胶制成的复合板材。它具有吸声、绝缘、耐磨、防滑和弹性好等优点，主要用于对保温要求不高的防滑地面。

(3)预制板块面层

预制板块面层采用混凝土板块、水磨石板块等在结合层上铺成，构造做法见图 4-1-9。砂结合层的厚度应为 20～30 mm，当采用砂垫层兼作结合层时，其厚度不宜小于 60 mm。

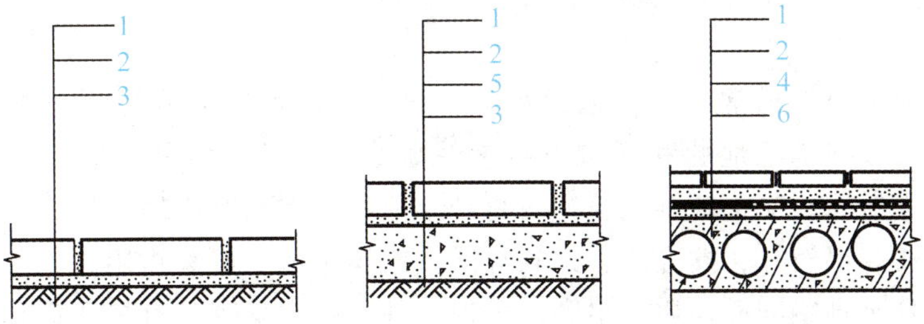

(a) 地面构造之一　(b) 地面构造之二　(c) 楼面构造

1—预制板块面层；2—结合层；3—素土夯实；4—找平层；
5—混凝土或灰土垫层；6—结合层(楼层钢筋混凝土板)

图 4-1-9　预制板块面层

(4)料石面层

料石面层采用天然石料铺设而成。料石面层的天然石料宜为条石或块石两类。采用条石做面层应铺设在砂、水泥砂浆或沥青胶结料结合层上；采用块石做面层应铺设在基土或砂垫层上。料石面层构造做法见图 4-1-10。

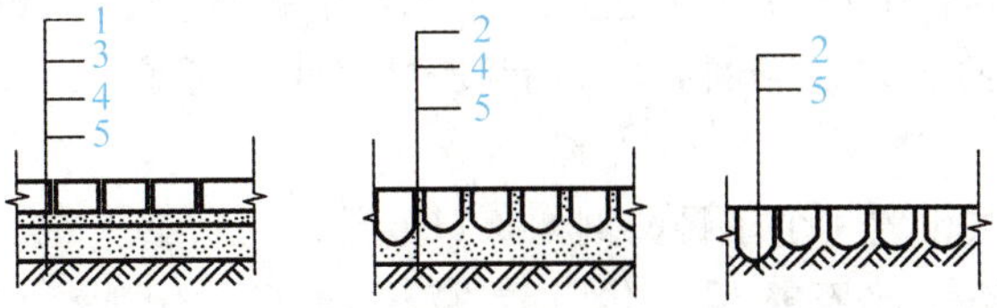

(a) 条石面层　(b) 块石面层

1—条石；2—块石；3—结合层；4—垫层；5—基土

图 4-1-10　料石面层

(5)塑料地板面层

塑料地板面层采用塑料板块、卷材以粘贴、干铺或采用现浇整体式在水泥类基层上铺设而成。板块、卷材有聚氯乙烯树脂、聚氯乙烯-聚乙烯共聚地板、聚乙烯树脂、聚丙烯树脂和石棉塑料板等。现浇整体式面层有环氧树脂涂布面层、不饱和聚酯涂布面层和聚醋酸乙烯塑料面层等。

5. 木、竹地板，活动地板及地毯

(1)木、竹地板

木、竹地板分为龙骨、基层、面层。

(2)防静电活动地板

防静电活动地板是一种以金属材料或木质材料为基材，表面覆一耐高压装饰板(如三聚氰胺优质装饰板)，经高分子合成胶粘剂胶合而成的特制地板，再配以专制钢梁、橡胶垫条和可调金属支架装配成活动地板。这种地板具有抗静电、耐老化、耐磨耐烫、装拆迁移方便、高低可调、下部串通、脚感舒适等优点，广泛应用于计算机房、通信中心、电化教室、实验室、展览台、剧场舞台等。

(3)地毯

地毯是目前国内外最常用的楼地面装饰材料之一。地毯可分为两大类：一类为纯毛地毯，包括手工栽绒羊毛地毯和无纺织纯羊毛地毯；另一类为化纤地毯，包括腈纶纤维地毯、锦纶纤维地毯、涤纶纤维地毯、丙纶纤维地毯和混纺纤维地毯等。

纯毛地毯具有弹性好、抗老化、柔软舒适、难燃不滑、经久耐用、色泽鲜艳等特点。

化纤地毯具有脚感舒适、质轻耐磨、不怕虫蛀、图案美观、价格便宜等特点。

地毯花色品种和规格繁多，广泛适用于室内地面装饰。

4.1.2 定额项目划分

本节内容在《甘肃省建筑与装饰工程预算定额》中，主要包括第十一章普通楼地面工程和第十四章装饰楼地面工程的内容。

1. 普通楼地面工程

①垫层定额项目按不同材料组合和不同的做法分为下列四部分。

灰土、三合土、四合土垫层，三合土、四合土各单列一个定额子目，灰土分为打夯机夯实和压路机碾压两个定额子目，共设置 4 个子目。例如，11-1-3 灰土 3∶7 打夯机夯实。

砂、碎砖垫层，共设置 4 个子目。例如，11-6 垫层　碎砖干铺。

砂石、毛石、卵石、碎石垫层，共设置 12 个子目。例如，11-9 垫层　砂石人工级配。

炉渣、矿渣垫层，炉渣、矿渣分别分为干铺、水泥石灰拌合、石灰拌合 6 个定额项目。例如，11-22-1 炉渣　水泥石灰拌合 1∶1∶8。

混凝土垫层在 3.4 节介绍列项及计算方法。

②找平层定额项目有水泥砂浆找平层和细石混凝土找平层两类，各自按基本厚度和增加厚度分项。在水泥砂浆找平层定额中还考虑了不同基层(混凝土或其他硬基层，填充材料基层)。例如，11-27-1 水泥砂浆 1∶2　在混凝土或硬基层上　厚度 20 mm，11-29-1 水泥砂浆 1∶2　厚度每增减 5 mm。

③整体面层定额项目按不同材料、不同做法、不同部位划分。

水泥砂浆面层：分为楼地面、楼地面分格走线、加浆抹光随捣随抹、踢脚板、楼梯、台阶、防滑坡道等定额项目。例如，11-32-2 楼地面　水泥砂浆 1∶2.5。

水泥豆石浆、细石混凝土面层：划分为楼地面和楼梯的水泥豆石浆；厚 40 mm 和每增减 5 mm 厚的细石混凝土等定额项目。例如，11-41 整体面层　细石混凝土 C20　厚度 40 mm，11-42 整体面层　细石混凝土 C20　每增减 5 mm。

2. 装饰楼地面工程

①块料面层定额项目划分是按不同材质的块料、不同的黏结材料或结合层、不同的铺贴部位为主要层次进行定额项目划分的。

消耗量定额按块料品种列有大理石、花岗岩、陶瓷地砖、玻璃地砖、陶瓷锦砖(陶瓷马赛克)、缸砖、橡胶板等项目，另外还列入了石材面刷保护液、块料面层酸洗打蜡等子目。块料面层定额项目共计 48 个子目。

大理石、花岗岩面层按装饰部位分为楼地面、楼梯、台阶、踢脚板和零星项目。陶瓷地砖定额按铺贴部位分为楼地面、踢脚板、楼梯、台阶、零星项目等。玻璃地砖按玻璃地砖的周长划分为周长在 2400 mm 以内和 2400 mm 以外两个定额项目。陶瓷锦砖楼地面定额项目分为拼花和不拼花，共列两个子目。缸砖面层定额分为楼地面勾缝和不勾缝两个定额子目。橡胶板定额项目包括楼地面和踢脚板两个定额子目。例如，14-1 大理石　楼地面(每块周长 mm)2400 以内。

石材面保护液：为石材表面防护剂，是一种透明液体，不会改变石材的色泽，可渗透到石材内部，防止石材被污染，保护石材的天然纹理。定额将石材保护液划分为石材底面刷养护液和石材表面刷保护液两个定额子目。例如，14-47 石材底面刷养护液。

块料面酸洗打蜡：为使铺贴的大理石、花岗岩等块料面层表面更加明亮，富有光泽，需对其进行酸洗打蜡。块料面酸洗打蜡按楼地面及楼梯、台阶划分为两个子目。例如，14-45 块料面酸洗打蜡　楼地面。

②塑胶地面定额项目按不同材质的材料、不同的铺贴部位进行定额项目划分，分为塑胶板，浇筑式塑胶地面，聚氨酯弹性安全地砖、球场面层，楼地面自流平等，共计 18 个子目。例如，14-49 塑胶板　楼地面。

③水磨石按不同部位、不同材料划分定额项目，划分为楼地面、踢脚板、楼梯、台阶、水磨石艺术拼花等。其中楼地面、踢脚板、楼梯、台阶中又分为普通水泥白石子和白水泥彩色石子两个子目，共计 17 个子目。例如，14-62 水磨石　楼地面　普通水泥白石子。

④木竹地板及地毯：主要以木、竹地板及地毯不同材质、铺贴基层进行项目划分，共计 39 个子目。

木、竹地板分为龙骨、基层、面层、踢脚板、木楼梯五部分。例如，14-79 实木地板 铺在水泥地面(或基层板)上。

防静电活动地板定额按木质防静电活动地板楼地面、铝质防静电活动地板楼地面、防静电地毯、防静电踢脚板，共列 4 个子目。例如，14-90 防静电活动地板 楼地面 铝质。

地毯：楼地面地毯分固定式和不固定式两种铺设方式。例如，14-94 楼地面 化纤地毯 不固定。楼梯地毯按满铺考虑。满铺是指从梯段最顶端做到梯段最底级，整个楼梯全部铺设地毯。满铺地毯又分带胶垫和不带胶垫两种，有底衬(也称背衬、底垫)的地毯铺时不用胶垫，无底衬的地毯要另铺胶垫。

定额中还列有楼梯地毯配件子目，分铜质和不锈钢压棍和压板。

⑤嵌条、防滑条：定额中按材质不同将水磨石嵌条划分为嵌铜条和玻璃条两个定额子目，将防滑条划分为铜条、铝条、钢筋条、金刚砂四个子目。例如，14-105 水磨石嵌条玻璃条。

4.1.3 定额项目适用范围

垫层定额项目适用于房屋、构筑物的基础垫层、楼地面垫层、场区地坪垫层、地沟垫层及散水垫层。

找平层定额项目适用于各类建筑物、构筑物的地面、楼面、屋面等的找平层。

整体面层定额项目适用于各类建筑物、构筑物不同材料的地面、楼面、散水、台阶、坡道、楼梯、踢脚线等。

块料面层定额项目适用于按甘肃省工程建设标准设计系列建筑标准设计图集所包括工程做法的范围。

塑胶地面定额项目适用于黏结剂粘贴的塑料板、球场面层以及现场涂刷压光(磨光)的塑胶地面、自流平地面。

水磨石定额项目适用于各类建筑物、构筑物的水磨石地面、楼面、散水、台阶、楼梯、踢脚线等。

木、竹地板定额项目适用于铺在木龙骨和型钢龙骨上的实木地板、复合地板、竹地板；防静电活动地板定额项目适用于木质和铝质活动地板；地毯定额项目适用于楼地面、楼梯铺设化纤地毯。

嵌条、防滑条定额项目适用于水磨石地面分格缝内嵌铜条、玻璃条和楼梯踏步、台阶、坡道防滑条的铺设。

4.1.4 楼地面工程工程量计算规则

1. 垫层

地面垫层工程量除原土夯卵石按主墙间设计尺寸的面积以平方米计算外，其他均按主墙间设计尺寸的面积乘设计厚度以立方米计算，相应扣除凸出地面的构筑物、设备基础、室内铁道、地沟等所占体积，不扣除柱、墙垛、间壁墙、附墙烟囱及面积在 0.3 m^2 以内孔洞所占面积或体积。

基础、地沟垫层按设计规定放坡后的断面积乘长度以立方米计算；不放坡按设计断面尺寸乘长度以立方米计算。混凝土垫层按设计图示尺寸以立方米计算。

2. 找平层

找平层工程量按主墙间图示尺寸的面积以平方米计算，应扣除凸出地面的构筑物、设备基础、室内铁道、地沟等所占面积，不扣除附墙柱、墙垛、间壁墙、附墙烟囱及面积在 0.3 m^2 以内孔洞所占面积，门洞、空圈、暖气包槽、壁龛开口部分的面积亦不增加。

3. 楼地面面层

(1)普通楼地面面层

计算规则同找平层工程量计算规则。

(2)装饰楼地面面层

①楼地面块料面层，橡胶板，塑胶板，聚氨酯弹性安全地砖及球场面层，木地板(龙骨、基层、面层)，防静电地板，地毯工程量按设计图示的实铺面积以平方米计算。

②楼地面水磨石、浇筑式塑胶、水泥复合浆工程量按设计图示尺寸的面积以平方米计算，应扣除凸出地面的构筑物、设备基础、室内铁道、地沟等所占面积，不扣除柱、墙垛、间壁墙、附墙烟囱及面积在 0.30 m^2 以内孔洞所占面积，门洞、空圈、暖气包槽、壁龛开口部分的面积亦不增加。

水磨石面层包括找平层，其余楼地面定额项目不包括找平层，设计有找平层时按找平层相应项目计算。

铜条厚度不同时可以换算。

白水泥彩色石子水磨石项目中，无加颜料内容，设计要求加颜料者，颜料费用应另行计算，定额中人工、机械消耗量不变。

③装饰楼地面面层定额中零星项目适用于楼梯侧面、台阶的牵边、小便池、蹲台、池槽以及单个面积在 1 m^2 以内的装饰项目。

④铺贴面积在 0.015 m^2 以内的块料面层执行点缀定额；点缀块料面层按个计算，楼地面块料面层计算工程量时不扣除点缀所占的面积。

4. 楼梯面层

楼梯面层工程量按水平投影面积以平方米计算，包括踏步、平台、楼层连接梁及宽度 500 mm 以内的楼梯井，整体面层楼梯与装饰面层楼梯工程量计算方法一致。

①采用螺旋形楼梯时，应将相应面层的楼梯定额人工用量乘系数 1.2，整体面层材料用量乘系数 1.05；采用剪刀楼梯时，应将相应面层的楼梯定额人工用量乘系数 1.15，整体面层材料用量乘系数 1.15；楼梯踏步带三角形的按相应定额项目人工、材料、机械用

量乘系数 1.5。

②普通楼地面面层中楼梯定额项目内不包括楼梯板底抹灰，应按第十二章中天棚抹灰项目另行计算。装饰楼地面面层中楼梯面层不包括踢脚板、楼梯侧面及底板，应另行计算。

③楼梯、台阶大理石、花岗岩刷养护液、保护液时，按相应定额子目乘如下系数：楼梯 1.36，台阶 1.48。

④阶梯教室、体育看台等装饰，梯级平面部分套相应楼地面定额子目，人工、材料消耗量乘系数 1.05；立面部分按高度划分：300 mm 以内的套踢脚板定额子目，300 mm 以上的套墙面定额子目。

⑤梯级拦水线按设计图示长度以米计算。

⑥楼梯踏步地毯配件，按配件设计图示数量以长度或套计算。

5. 台阶、防滑坡道面层

台阶、防滑坡道面层工程量（不包括翼墙、花池和侧面）按最上层踏步外沿加 0.3 m 水平投影面积计算。

6. 踢脚线

①整体面层踢脚板工程量按延长米计算，洞口、空圈长度不予扣除，洞口、空圈、墙垛、附墙烟囱等侧壁长度亦不增加。

整体面层踢脚板定额内，踢脚板的高度是按 15 cm 计算的，设计规定高度与定额计算高度不同时，定额内的材料用量可进行换算，人工和机械用量不再调整。

②块料面层踢脚板工程量按设计图示实贴面积以平方米计算。

块料面层踢脚板中，楼梯踢脚板按相应定额项目乘系数 1.25 计算。

③橡胶板、塑胶板、成品踢脚板工程量按设计图示实贴长度以延长米计算。

④水磨石踢脚板工程量按延长米计算，洞口空圈长度不予扣除，洞口、空圈、墙垛、附墙烟囱等侧壁长度亦不增加。

7. 防滑条、嵌条

防滑条、嵌条工程量按设计长度以米计算；楼梯、台阶踏步及坡道防滑条长度设计未注明时，按楼梯、台阶踏步及坡道两端长度距离减 300 mm 以延长米计算。

8. 其他说明

块料面层材料的规格、材质与定额不同时，可以换算。

4.1.5 典型案例分析

【例 4.1.1】如图 4-1-11 所示，某库房中心线尺寸为长 10 m、宽 4 m，外墙为 240 mm 砖墙，一樘大门为 1.5 m×2.1 m，室内中部一道地沟沿宽方向设置，地沟净宽 1 m，地沟砖墙 240 mm，地沟盖板长 1.24 m，宽 0.5 m，厚 60 mm，室内地坪为 1∶2 水泥砂浆抹面，C10 混凝土垫层 60 mm 厚，3∶7 灰土垫层 150 mm 厚。试计算地坪抹面、1∶2 水泥砂浆踢脚线、混凝土及灰土垫层的工程量。

【解】(1)1∶2 水泥砂浆面层工程量＝(10－0.24)×(4－0.24)＝36.70 m^2。

(2)C10 混凝土垫层工程量＝[36.7－(4－0.24)×(1＋0.12×2)]×0.06＝1.92 m^3。

(3)3∶7 灰土垫层工程量＝[36.7－(4－0.24)×(1＋0.24×2)]×0.15＝4.67 m^3。

(4)踢脚线工程量＝(9.76＋3.76)×2＝27.04 m。

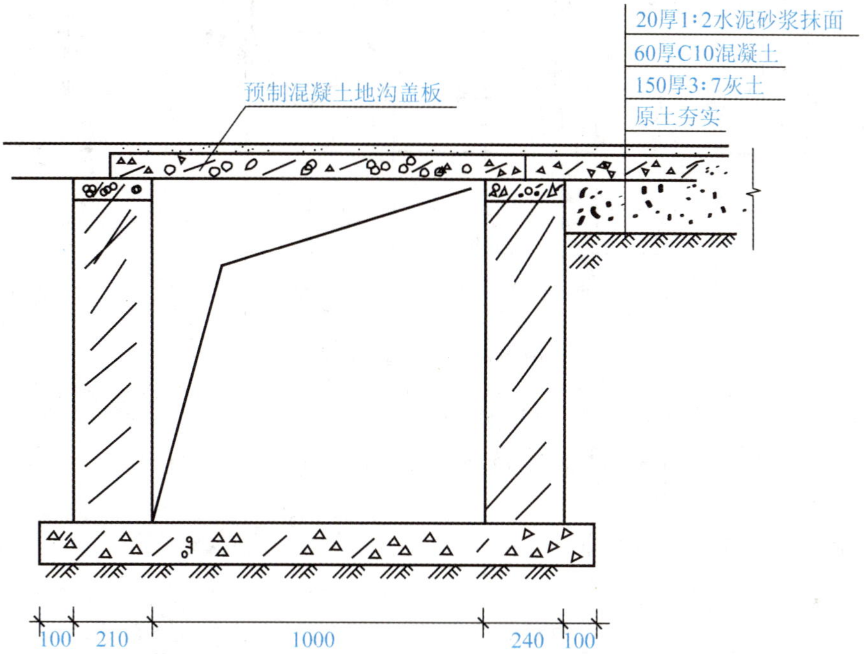

图 4-1-11　地沟剖面图

计算结果见表 4-1-1。

表 4-1-1　定额项目表

序号	定额编号	定额名称	计量单位	工程量
1	11-1-3	灰土 3∶7　打夯机夯实	m^3	4.67
2	4-52-1	现浇混凝土垫层 C10	m^3	1.92
3	11-32-1	楼地面　水泥砂浆 1∶2	m^2	36.70
4	11-35-1	踢脚板　水泥砂浆 1∶2	m	27.04

【例 4.1.2】某房屋平面如图 4-1-12 所示。已知内、外墙墙厚均为 240 mm，门洞口宽度为 1000 mm，要求计算：①1∶2.5 水泥砂浆面层工程量；②60 mm 厚 C15 混凝土地面垫层工程量；③1∶2.5 水泥砂浆踢脚线工程量；④1∶2.5 水泥砂浆防滑坡道及台阶工程

量；⑤散水为 60 mm 厚 C15 混凝土，1∶2.5 水泥砂浆压实抹光，计算散水工程量。

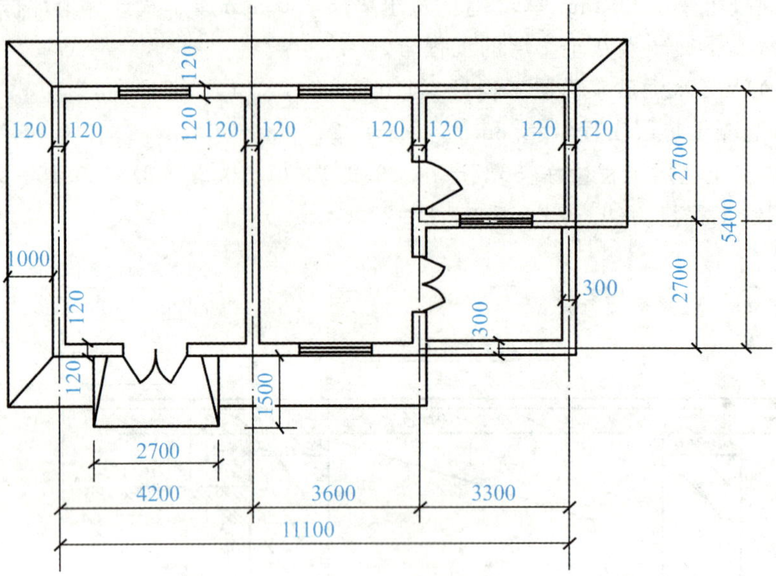

图 4-1-12　房屋平面图

【解】(1)1∶2.5 水泥砂浆面层。

20 mm 厚水泥砂浆面层工程量中包括两部分：一部分是地面面层，另一部分是与台阶相连的平台部分的面层。

地面面层工程量＝主墙间净空面积

＝(4.2－0.24＋3.6－0.24)×(5.4－0.24)＋(3.3－0.24)×(2.7－0.24)

＝37.77＋7.53

＝45.30 m^2。

平台面层工程量＝(3.3－0.3×2)×(2.7－0.3×2)＝5.67 m^2。

水泥砂浆面层工程量＝地面面层工程量＋平台面层工程量＝45.30＋5.67＝50.97 m^2。

(2)60 mm 厚 C15 混凝土地面垫层。

地面垫层工程量＝主墙间净空面积×垫层厚度＝45.30×0.06＝2.72 m^3。

(3)1∶2.5 水泥砂浆踢脚线。

踢脚线工程量＝内墙面净长

＝(4.2－0.24＋5.4－0.24)×2＋(3.6－0.24＋5.4－0.24)×2＋(3.3－0.24＋2.7－0.24)×2

＝18.24＋17.04＋11.04

＝46.32 m。

(4)1∶2.5 水泥砂浆防滑坡道及台阶面层。

防滑坡道工程量＝坡道水平投影面积＝2.7×1.5＝4.05 m^2。

台阶面层工程量＝台阶水平投影面积

＝3.3×2.7－(3.3－0.3×2)×(2.7－0.3×2)＝8.91－5.67

＝3.24 m^2。

(5)散水面层。

散水中心线长＝(4.2＋3.6＋3.3＋0.24＋0.5×2)＋(2.7＋2.7＋0.24＋0.5×2)＋(4.2＋3.6＋0.12＋0.5＋0.12)＋(2.7＋0.12＋0.5＋0.12)

＝12.34＋6.64＋8.54＋3.44＝30.96 m。

散水面层工程量＝散水中心线长×散水宽度－坡道所占面积

＝30.96×1－2.7×1

＝28.26 m^2。

计算结果见表4-1-2。

表4-1-2　定额项目表

序号	定额编号	定额名称	计量单位	工程量
1	4-52-2	现浇混凝土垫层 C15	m^3	2.72
2	11-32-2	楼地面　水泥砂浆 1∶2.5	m^2	50.97
3	11-35-2	踢脚板　水泥砂浆 1∶2.5	m	46.32
4	11-37-2	台阶　水泥砂浆 1∶2.5	m^2	3.24
5	11-38-2	防滑坡道　水泥砂浆 1∶2.5	m^2	4.05
6	11-34-2	加浆抹光随捣随抹水泥砂浆 1∶2.5(散水)	m^2	28.26

【例4.1.3】 如图4-1-13所示，某房屋内、外墙墙厚均为240 mm，门洞口宽度为1000 mm，门框居中；陶瓷地砖踢脚板，高120 mm，地面做法如下(甘02J01-47-地28)：

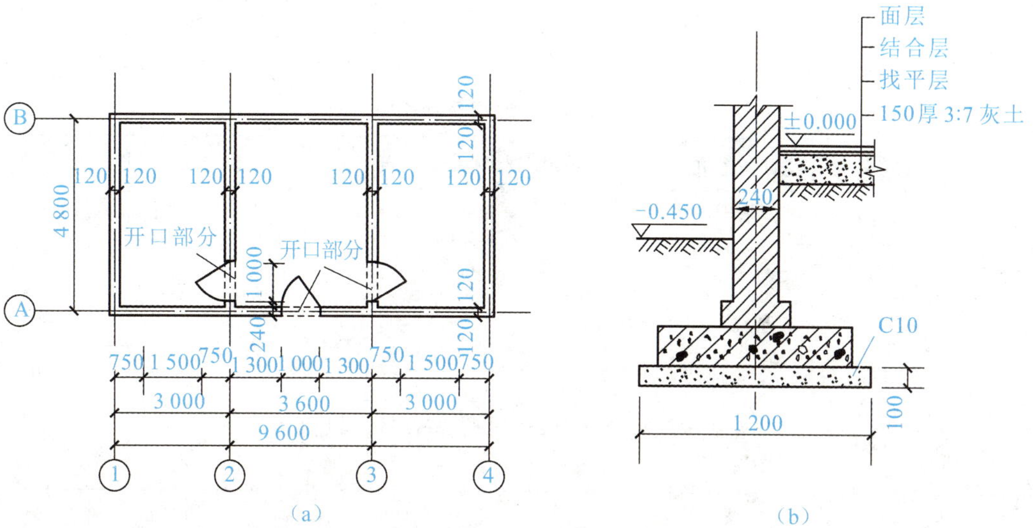

图4-1-13　某房屋平面及基础剖面图

①10 mm 厚防滑地砖(600 mm×600 mm)，干水泥擦缝；

②5 mm 厚水泥砂浆黏结层(内掺建筑胶)；

③20 mm 厚 1∶3 干硬水泥砂浆结合层(内掺建筑胶)；

④水泥浆一道(内掺建筑胶)；

⑤60 mm 厚 C15 混凝土垫层；

⑥150 mm 厚 3∶7 灰土；

⑦素土夯实。

列项并计算相应工程量。

【解】依据甘 02J01-47-地 28 做法，应列定额项目为：防滑地砖地面、陶瓷地砖踢脚板、C15 混凝土垫层、3∶7 灰土垫层、房心回填土。

(1)防滑地砖面层工程量＝实铺面积＝主墙间净空面积＋门洞等开口部分面积

＝[(3－0.24)×(4.8－0.24)×2＋(3.6－0.24)×(4.8－0.24)]＋1×0.24×3

＝40.49＋0.72＝41.21 m^2。

(2)陶瓷地砖踢脚板工程量

＝(内墙面净长度－门洞长度＋门洞侧壁宽度)×踢脚板高度

＝[(3－0.24＋4.8－0.24)×2×2＋(3.6－0.24＋4.8－0.24)×2－5×1＋0.24×4＋0.12×2]×0.12

＝(45.12－5＋1.2)×0.12

＝4.96 m^2。

(3)C15 混凝土垫层工程量＝40.49×0.06＝2.43 m^3。

(4)3∶7 灰土垫层工程量＝40.49×0.15＝6.07 m^3。

(5)房心回填土工程量＝40.49×[0.45－(0.01＋0.005＋0.02＋0.06＋0.15)]

＝40.49×0.205＝8.3 m^3。

计算结果见表 4-1-3。

表 4-1-3　定额项目表

序号	定额编号	定额名称	计量单位	工程量
1	1-79	夯填土	m^3	8.3
2	11-1-3	灰土 3∶7　打夯机夯实	m^3	6.07
3	4-52-2	现浇混凝土垫层 C15	m^3	2.43
4	14-33	陶瓷地砖　踢脚板	m^2	4.96
5	14-30	陶瓷地砖　楼地面(每块周长 mm)2400 以内干铺	m^2	41.21

复习思考题

一、填空题

1. 地面垫层工程量除原土夯卵石按主墙间设计尺寸的面积以________计算外，其他均按____________________乘设计厚度以立方米计算，相应扣除凸出地面的构筑物、设备基础、室内铁道、地沟等所占体积，不扣除________附墙烟囱及面积在 0.3 m^2 以内孔洞所占面积或体积。

2. 地面整体面层、找平层工程量按____________的面积以平方米计算，应扣除凸出地面的____________________及地沟等所占面积，不扣除附墙柱、墙垛、间壁墙、附墙烟囱及面积在 0.3 m^2 以内孔洞所占面积，门洞、空圈、暖气包槽、壁龛开口部分的面积亦不增加。

3. 楼梯普通面层工程量按____________以平方米计算，包括踏步、平台、楼层连接梁及____________的楼梯井。

4. 水泥砂浆踢脚线工程量按____________计算，____________不予扣除，洞口、空圈、墙垛、附墙烟囱等侧壁长度亦不增加。

5. 楼地面块料面层，橡胶板，塑胶板，聚氨酯弹性安全地砖及球场面层，木地板(龙骨、基层、面层)，防静电地板，地毯工程量按____________以平方米计算。

6. 楼地面水磨石、浇筑式塑胶、水泥复合浆工程量按____________以平方米计算，应扣除凸出地面的构筑物、设备基础、室内铁道、地沟等所占面积，不扣除______________及面积在 0.30 m^2 以内孔洞所占面积，门洞、空圈、暖气包槽、壁龛开口部分的面积亦不增加。

7. 铺贴面积在________ m^2 以内的块料面层执行点缀定额，点缀块料面层按________计算，楼地面块料面层计算工程量时________点缀所占的面积。

二、判断题

1. 基础、地沟垫层按设计规定放坡后的断面积乘长度以立方米计算，不放坡按设计断面尺寸乘长度以立方米计算。　(　　)

2. 水泥砂浆台阶面层和块料台阶面层工程量计算方法一致。　(　　)

3. 阳台地面的面层，并入相应楼地面工程量内计算。　(　　)

4. 踢脚线定额内，踢脚板的高度是按 15 cm 计算的，设计规定高度与定额计算高度不同时，定额内的材料用量可进行换算，人工和机械用量可以调整。　(　　)

5. 楼梯定额项目内包括楼梯板底抹灰。　(　　)

6. 块料面层踢脚板工程量按设计图示以延长米计算。　(　　)

7. 水磨石踢脚板工程量按延长米计算，与普通踢脚线计算是一样的。　(　　)

8. 水磨石面层包括找平层，其余楼地面定额项目不包括找平层，设计有找平层时按找平层相应项目计算。　(　　)

三、单选题

1. 下列关于有设备基础、地沟、间壁墙的水泥砂浆楼地面整体面层工程量计算，正确的是(　　)。

A. 按设计图示尺寸以面积计算，扣除设备基础、地沟所占面积，门洞开口部分不再增加

B. 按内墙间净面积计算，设备基础、间壁墙、地沟所占面积不再扣除，门洞开口部分不再增加

C. 按设计净面积计算，扣除设备基础、地沟、间壁墙所占面积，门洞开口部分不再增加

D. 按设计图示尺寸面积乘设计厚度以体积计算

2. 计算楼地面工程量时，门洞、空圈、暖气包槽、壁龛开口部分面积不并入相应工程量的项目是(　　)。

A. 木、竹地板　　B. 现浇水磨石楼地面

C. 塑料板楼地面　　D. 楼地面化纤地毯

3. 某建筑物，外墙中心线尺寸为 9.6 m×5.4 m，外墙为 240 mm 厚，内、外墙门洞面积如下：外墙上有门二樘计 0.48 m^2，120 mm 内墙门一樘 0.29 m^2，240 mm 内墙所占面积共计 2.48 m^2，120 mm 内墙所占面积计 0.33 m^2。则该建筑地面水泥砂浆地面工程量为(　　)m^2。

A. 45.82　　B. 45.49　　C. 44.72　　D. 44.62

4. 下面说法中正确的是(　　)。

A. 整体面层、块料面层中的楼地面项目，均包括踢脚线工料，踢脚线不单独列项计算

B. 整体面层、块料面层中的楼地面项目，均不包括踢脚线工料，踢脚线单独列项计算

C. 整体面层的楼地面项目，包括踢脚线工料；块料面层的楼地面项目不包括踢脚线工料

D. 整体面层的楼地面项目，不包括踢脚线工料；块料面层的楼地面项目包括踢脚线工料

5. 下面说法中正确的是(　　)。

A. 水泥砂浆、水磨石楼梯不包括楼梯底抹灰，楼梯底抹灰按天棚抹灰相应项目执行

B. 水泥砂浆、水磨石楼梯不包括楼梯底抹灰，楼梯底抹灰按楼地面相应项目执行

C. 水泥砂浆、水磨石楼梯包括楼梯底抹灰，楼梯底抹灰不单独计算

D. 水泥砂浆、水磨石楼梯不包括楼梯底抹灰，楼梯底抹灰按墙柱面相应项目执行

6. 下面说法中正确的是(　　)。

A. 整体面层的踢脚线按延长米计算，其门洞长度不予扣除，侧壁不增加；块料面层踢脚线按图示尺寸以实贴面积计算，门洞扣除，侧壁另加

B. 整体面层的踢脚线按延长米计算，其门洞长度扣除，侧壁增加；块料面层踢脚线按图示尺寸以实贴面积计算，门洞不予扣除，侧壁不增加

C. 整体面层、块料面层的踢脚线均按延长米计算，门洞扣除，侧壁另加

D. 整体面层、块料面层的踢脚线均按实贴面积计算，门洞长度不予扣除，侧壁不增加

7. 整体面层、找平层均按(　　)计算，应扣除凸出地面建筑物、设备基础、地沟等所占面积，(　　)。

A. 图示尺寸实铺面积；门洞、空圈、暖气包槽、壁龛的开口部分增加

B. 主墙间图示尺寸以面积计算；门洞、空圈、暖气包槽、壁龛的开口部分增加

C. 图示尺寸实铺面积；门洞、空圈、暖气包槽、壁龛的开口部分不增加

D. 主墙间图示尺寸以面积计算；门洞、空圈、暖气包槽、壁龛的开口部分不增加

8. 块料面层，按(　　)计算，应扣除凸出地面的构筑物、设备基础、柱、间壁墙等不做面层的部分，(　　)。

A. 图示尺寸实铺面积；门洞、空圈、暖气包槽、壁龛的开口部分的工程量另增并入相应的面层内计算

B. 图示尺寸实铺面积；门洞、空圈、暖气包槽、壁龛的开口部分的工程量不增加

C. 主墙间净空面积；门洞、空圈、暖气包槽、壁龛的开口部分的工程量不增加

D. 主墙间净空面积；门洞、空圈、暖气包槽、壁龛的开口部分的工程量另增并入相应的面层内计算

9. 踢脚线定额内，踢脚板的高度是按(　　)cm 计算的，设计规定高度与定额计算高度不同时，定额内的材料用量可进行换算，人工和机械用量不再调整。

A. 10　　B. 12　　C. 15　　D. 20

10. 现浇楼梯混凝土工程量与楼梯装饰面层工程计算规则比较(　　)。

A. 完全相同　　B. 部分相同　　C. 不相同　　D. 无法比较

四、多选题

1. 地面垫层工程量除原土夯卵石按主墙间设计尺寸的面积以平方米计算外，其他均按主墙间设计尺寸的面积乘设计厚度以立方米计算，相应扣除(　　)等所占体积。

A. 凸出地面的构筑物　　B. 设备基础

C. 室内铁道　　D. 地沟

E. 0.3 m^2 以内孔洞所占面积或体积

2. 地面整体面层、找平层工程量按主墙间图示尺寸的面积以平方米计算，应扣除凸出地面的构筑物、设备基础、室内铁道、地沟等所占面积，不扣除(　　)，门洞、空圈、暖气包槽、壁龛开口部分的面积亦不增加。

A. 附墙柱、墙垛所占面积　　B. 间壁墙所占面积

C. 附墙烟囱所占面积　　D. 面积在 0.3 m^2 以内孔洞所占面积

E. 面积在 0.3 m^2 以上孔洞所占面积

3. 楼梯面层工程量按水平投影面积以平方米计算，包括(　　)。

A. 踏步　　B. 楼层连接梁

C. 宽度 500 mm 以内的楼梯井　　D. 楼梯底板

E. 休息平台

4. 水泥砂浆踢脚线工程量按延长米计算，下列说法正确的有(　　)。

A. 洞口长度不予扣除

B. 空圈长度不予扣除

C. 洞口、空圈、墙垛、附墙烟囱等侧壁长度增加

D. 洞口、空圈、墙垛、附墙烟囱等侧壁长度亦不增加

E. 洞口、空圈长度需要扣除

5. 下列工程量按设计图示的实铺面积以平方米计算的有(　　)。

A. 大理石地面面层　　B. 细石混凝土地面面层

C. 木地板　　D. 地毯　　E. 水磨石地面面层

五、简答题

1. 地面垫层工程量是怎样计算的？

2. 装饰整体面层的计算规则是什么？

3. 地面找平层工程量如何计算？

4. 踢脚板工程量如何计算？

六、综合训练

1. 如图 4-1-14 所示，墙厚除注明者外，均为 240 mm，轴线居中，房间铺设实木地板(不包括厨房、卫生间和阳台)，房间踢脚线为 150 mm 高成品木踢脚线，厨房、卫生间和阳台地面铺贴陶瓷锦砖面层，门框居中，M1 洞口尺寸为 900 mm×2000 mm，M2 洞口尺寸为 1200 mm×2000 mm。试计算地面、踢脚线工程量。

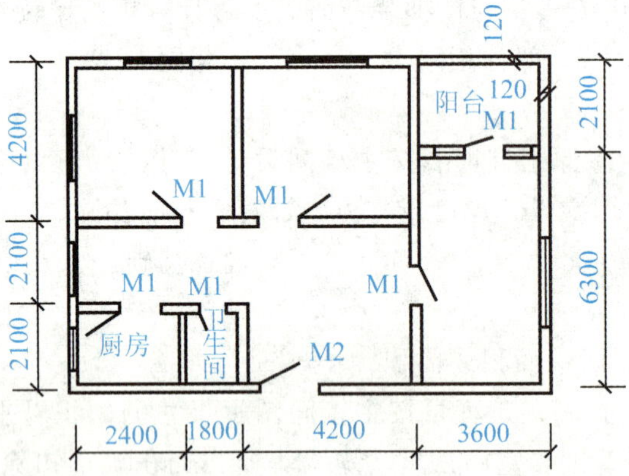

图 4-1-14　房屋平面图

2. 如图 4-1-15 所示，轴线居中，地面做法为：150 mm 厚 3∶7 灰土垫层；60 mm 厚 C15 混凝土垫层；20 mm 厚 1∶2 水泥砂浆找平层；水磨石地面。若台阶为 60 mm 厚 C15 混凝土台阶、水磨石台阶面层，求地面工程量。

3. 如图 4-1-15 所示，轴线居中，地面做法为：150 mm 厚 3∶7 灰土垫层；60 mm 厚 C15 混凝土垫层；20 mm 厚 1∶2 水泥砂浆结合层；大理石 800 mm×800 mm 地面面层。若台阶为 60 mm 厚 C15 混凝土台阶、大理石台阶面层，求地面工程量。

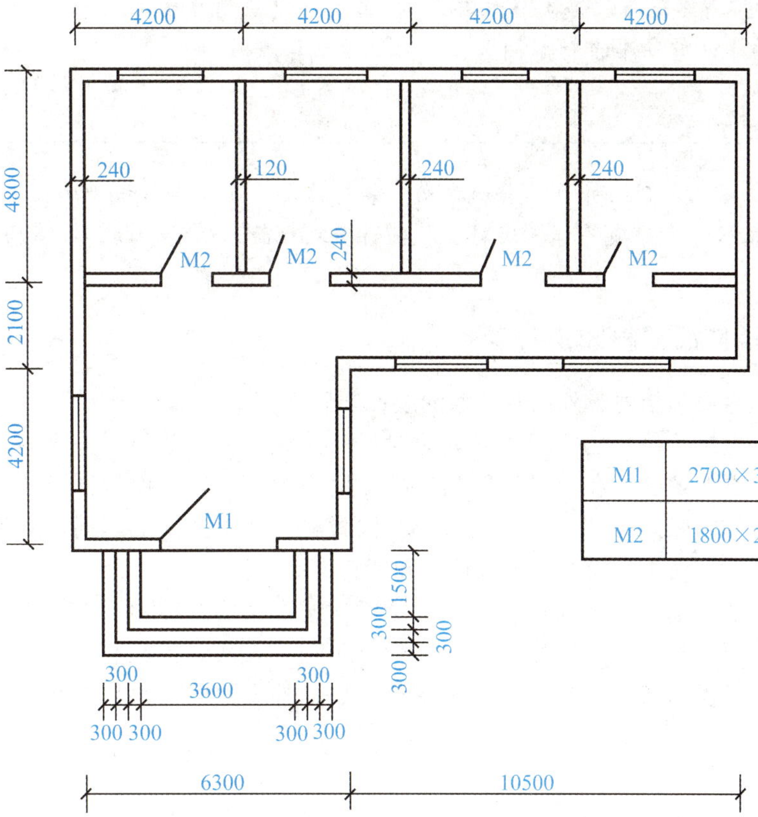

M1	2700×3000
M2	1800×2400

图 4-1-15　房屋平面示意图

4.2 墙柱面工程工程量计算

学习目的

通过对墙柱面工程相关内容的学习，学生体验完成具体工作任务必须依据的规范和原则，感受任务实施对知识、能力、素质的需求，理解完成本项任务的流程，最终能根据《甘肃省建筑与装饰工程预算定额》第十一章普通楼地面工程、第十四章装饰楼地面工程和第十九章油漆涂料裱糊工程工程量计算规则，列项并计算不同装饰做法下墙柱面的工程量。

知识目标

1. 掌握《甘肃省建筑与装饰工程预算定额》第十一章普通楼地面工程、第十四章装饰楼地面工程和第十九章油漆涂料裱糊工程定额项目适用范围、划分方法及常用定额项目名称、计量单位、工作内容。

2. 掌握《甘肃省建筑与装饰工程预算定额》第十一章普通楼地面工程、第十四章装饰楼地面工程和第十九章油漆涂料裱糊工程的工程量计算规则。

重点难点

1. 根据施工图纸，列项并计算普通抹灰、装饰抹灰、油漆涂料裱糊墙柱面工程量。
2. 根据施工图纸，列项并计算块料类、铺钉类墙柱面工程量，隔断和幕墙的工程量。

4.2.1 墙柱面工程知识背景

墙柱面工程主要包括内、外墙及柱面的装饰装修。

墙面装修是建筑装修中的重要内容，它对提高建筑的艺术效果、美化环境起着很重要的作用，还具有保护墙体和改善墙体热工性能的作用。墙体表面的饰面装修因其位置不同有外墙面装修和内墙面装修两大类型，又因材料和施工方式的不同，常见的墙体饰面可分为抹灰类、贴面类、涂料类、裱糊类和铺钉类等。

饰面装修一般由基层和饰面层组成，基层即支托饰面层的结构构件或骨架，其表面应平整，并应有一定的强度和刚度。饰面层附着于基层表面起美观和保护作用，它应与基层牢固结合，且表面需平整均匀。通常将饰面层最外表面的材料，作为饰面装修构造类型的名称。

1. 抹灰类

抹灰类墙面是指用石灰砂浆、水泥砂浆、水泥石灰混合砂浆、聚合物水泥砂浆、膨胀珍珠岩水泥砂浆，以及麻刀灰、纸筋灰、石膏灰等作为饰面层的装修做法。它主要的优点在于材料的来源广泛、施工操作简便和造价低廉，但也存在着耐久性差、易开裂、湿作业量大、劳动强度高、工效低等缺点。

(1)抹灰的组成

为保证抹灰质量，做到表面平整、黏结牢固、色彩均匀、不开裂，施工时须分层操作。如图 4-2-1 所示，抹灰一般分三层，即底灰层、中灰层、面灰层。

底灰层又叫刮糙，主要起与基层黏结和初步找平的作用，其厚度一般为 5～7 mm。

中灰层主要起进一步找平的作用。根据施工质量要求可以一次抹成，亦可分层操作，所用的材料与底灰层材料相同，中灰层厚度为 5～9 mm。

面灰层主要起装饰美观作用，要求平整、均匀、无裂痕，厚度一般为 2～8 mm。面灰层不包括在面灰层上的刷浆、喷浆或涂料。

高级抹灰适用于大型公共建筑物、纪念性建筑物、高级住宅、宾馆以及有特殊要求的建筑物。普通抹灰一般用于普通住宅、办公楼、学校等。

(2)常用抹灰种类、做法和应用

抹灰按照面层材料及做法分为一般抹灰和装饰抹灰。一般抹灰是指采用砂浆对建筑物的面层进行罩面处理，其主要目的是对墙体表面进行找平处理并形成墙体表面的涂层。

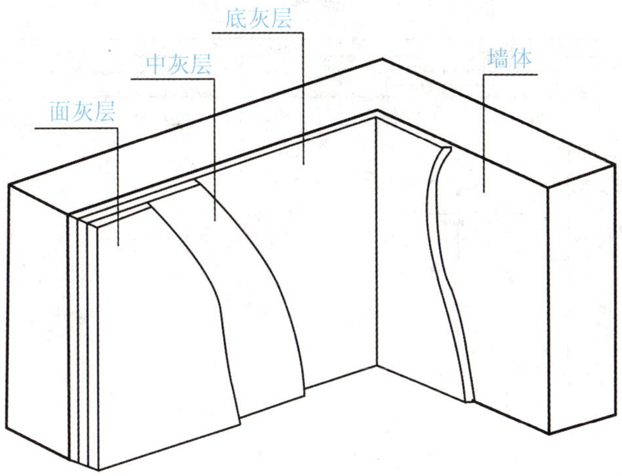

图 4-2-1　抹灰层示意图

装饰抹灰更注重抹灰的装饰性，除具有一般抹灰的功能外，它在材料、工艺、外观、质感等方面具有特殊的装饰效果。饰面材料均是以石灰、水泥等为胶结材料，掺入砂、石骨料用水拌合后，采用抹(一般抹灰)、刷、磨、斩、粘(装饰抹灰)等不同方法施工，系现场湿作业。

一般抹灰常用的有石灰砂浆抹灰、水泥砂浆抹灰、混合砂浆抹灰、纸筋石灰浆抹灰、麻刀石灰浆抹灰。

装饰抹灰按面层材料的不同可分为：石碴类(水刷石、水磨石、干粘石、斩假石)，水泥、石灰类(拉条灰、拉毛灰、洒毛灰、假面砖、仿石)和聚合物水泥砂浆(喷涂、滚涂、弹涂)等。石碴类饰面材料是装饰抹灰中使用较多的一类，以水泥为胶结材料，以石碴为骨料做成水泥石碴作为抹灰面层，然后用水洗、斧剁、水磨等方法除去表面水泥浆皮，或者在水泥砂浆面上甩粘小粒径石碴，使饰面显露出石碴的颜色、质感，具有丰富的装饰效果。

2. 贴面类

贴面类是指利用各种天然石材或人造板、块，通过绑、挂或直接粘贴于基层表面的饰面做法。这类装修具有耐久性好、施工方便、装饰性强、质量高、易于清洗等优点。常用的贴面材料有陶瓷面砖、马赛克，以及水磨石、水刷石、剁斧石等水泥预制板和天然的花岗岩、大理石板等。其中，质地细腻的材料，如瓷砖、大理石板等，常用于室内装修，而质感粗放的材料，如陶瓷面砖、马赛克、花岗岩板等，多用作室外装修。

(1)陶瓷面砖、马赛克类装修

对陶瓷面砖、马赛克等尺寸小、质量轻的贴面材料，可用砂浆直接粘贴在基层上(图 4-2-2)。

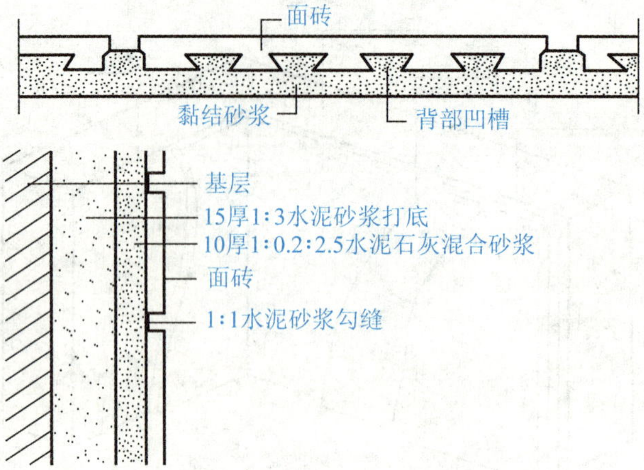

图 4-2-2　块料墙面示意图

(2)天然或人造石材类装修

这类贴面材料的平面尺寸一般为 500 mm×500 mm，600 mm×600 mm、800 mm×800 mm 等，厚度一般为 20 mm。由于每块板质量较大，不能用砂浆直接粘贴，而多采用绑或挂的做法。

①天然石材。

天然石材饰面板不仅具有各种颜色、花纹、斑点等天然材料的自然美感，而且质地密实坚硬，故耐久性、耐磨性等均比较好，在装饰工程中适用范围广泛。天然石材可用来制作饰面板材、各种石材线角、罗马柱、茶几、石质栏杆、电梯门贴脸等。但是由于材料品种、来源的局限性，造价比较高，属于高级饰面材料，天然石材主要有花岗石、大理石。

②人造石材。

人造石材属于复合材料，它具有质量轻、强度高、耐腐蚀性强等优点。人造石材包括水磨石、合成石材等。人造石材的色泽和纹理不及天然石材自然柔和，但其花纹和色彩可以根据生产需要人为地控制，可选择范围广，且造价要低于天然石材。

3. 涂料类

涂料饰面是在木基层表面或抹灰饰面的面层上喷、刷涂料涂层的饰面装修。建筑涂料具有保护、装饰功能并且改善建筑构件的使用功能。涂料饰面施工简单、省工省料、工期短、效率高、自重轻、维修更新方便，故在饰面装修工程中应用广泛。按涂刷材料种类不同，可分为刷浆类饰面、涂料类饰面、油漆类饰面三类。

(1)刷浆饰面

刷浆饰面指在表面喷刷浆料或水性涂料的做法，适用于内墙刷浆工程的材料有石灰浆、大白浆、色粉浆、可赛银浆等。刷浆与涂料相比，价格低廉但不耐久。

(2)涂料类饰面

涂料是指涂敷于物体表面能与基层牢固黏结并形成完整而坚韧保护膜的材料。建筑涂料是现代建筑装饰材料较为经济的一种材料，施工简单、工期短、工效高、装饰效果好、维修方便。外墙涂料具有装饰性良好、耐污染老化、施工维修容易和价格合理的特点。

建筑涂料的种类很多，按成膜物质可分为有机涂料、无机高分子涂料、有机无机复合涂料。按建筑涂料所用稀释剂分类，可分为溶剂型涂料、水溶性涂料、水乳型涂料(乳液型)。按建筑涂料的功能分类，可分为装饰涂料、防火涂料、防水涂料、防腐涂料、防霉涂料、复层涂料等。

(3)油漆类饰面

油漆类饰面是由胶粘剂、颜料、溶剂和催干剂组成的混合剂。油漆涂料能在材料表面干结成漆膜，使材料表面与外界空气、水分隔绝，从而达到防潮、防锈、防腐等保护作用。漆膜表面光洁、美观、光滑，改善了卫生条件，增强了装饰效果。常用的油漆涂料有调和漆、清漆、防锈漆等。

4. 裱糊类

裱糊类是将各种装饰性墙纸、墙布等卷材裱糊在墙面上的一种饰面做法。依面层材料的不同，有塑料面墙纸(PVC 墙纸)、纺织物面墙纸、金属面墙纸及天然木纹面墙纸等。墙布是指可以直接用作墙面装饰材料的各种纤维织物的总称，包括印花玻璃纤维墙面布和锦缎等材料。墙纸或墙布的裱贴，是在抹灰的基层上进行的，它要求基层表面平整、阴阳角顺直。

5. 铺钉类

铺钉类指利用天然板条或各种人造薄板借助于钉、胶粘等固定方式对墙面进行的饰面做法。选用不同材质的面板和恰当的构造方式，可以使这类墙面具有质感细腻，美观大方，或给人以亲切感等不同的装饰效果。同时，还可以改善室内声学等环境效果，满足不同的功能要求。铺钉类装修由骨架和面层两部分组成，施工时先在墙面上立骨架(墙筋)，然后在骨架上铺钉装饰面板。

骨架有木骨架和金属骨架。常见的装饰面有镜面玻璃、激光玻璃、人造革、纤维板、石膏板、钙塑板及各种吸声墙板等。面板在木骨架上用圆钉或木螺丝固定，在金属骨架上一般用自攻螺丝固定。

6. 隔断

木隔断：木龙骨上钉胶合板、石膏板面层的隔断统称为木隔断。

半玻璃隔断：半玻璃隔断是指上部位玻璃隔断，下部位其他墙体组成的隔断。

全玻璃隔断：图 4-2-3 所示为不锈钢框架玻璃隔断，其中不锈钢框架可采用铝合金框架或硬木框架，框架内镶嵌玻璃，玻璃四周可用压条固定，并采用密封胶封闭。

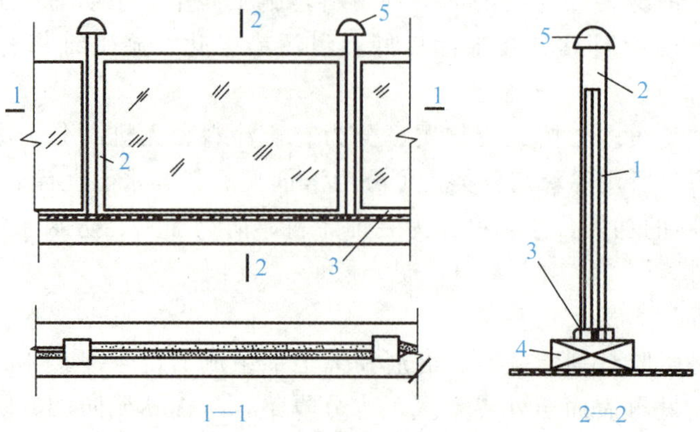

1—钢化玻璃；2—不锈钢管；3—不锈钢条饰面；4—基座；5—不锈钢柱顶

图 4-2-3 不锈钢框架玻璃隔断构造图

玻璃砖隔断：玻璃砖隔断由外框和玻璃砖砌体组成，分嵌缝玻璃砖隔断和全砖隔断，外框可用钢框、铝合金框、木框等。

铝合金隔断：用铝合金型材包括铝合金方管、扁管等制作安装成隔断框架，用玻璃或铝合金板条做嵌入材料形成的隔断。铝合金隔断制作简便、施工快，被广泛应用在办公室间隔工程中。

轻钢龙骨隔断：用薄壁轻钢龙骨为支撑龙骨，在龙骨上安装各种轻质板(定额中采用石膏板)而形成的隔断，轻钢龙骨隔断以分格隔墙使用的居多。

7. 幕墙

幕墙是指悬挂在建筑物结构框架外表面的非承重连续外围护墙体，如图 4-2-4，图 4-2-5。

图 4-2-4 明框玻璃幕墙

图 4-2-5 隐框玻璃幕墙

4.2.2　定额项目划分

本节内容在《甘肃省建筑与装饰工程预算定额》中，主要包括第十二章普通抹灰工程中的内墙柱面抹灰、外墙柱面抹灰，第十五章装饰墙柱面工程及第十九章油漆涂料裱糊工程中的内容。

1. 普通抹灰

按抹灰材料(水泥砂浆、水泥石灰膏砂浆、石灰膏砂浆、聚合物砂浆、其他砂浆等)，基层情况(内外墙面、墙裙砂浆抹灰按砖墙、混凝土墙、毛石墙、轻质墙等不同材料的墙面划分项目；柱面抹灰按材料分为砖柱和混凝土柱，按柱的形状分为矩形柱、异形柱等；另外还列了零星项目及线条抹灰项目)列项，共设置 92 个子目。例如，12-1 内墙、柱面抹灰　砖墙面、墙裙　水泥砂浆。

2. 油漆、涂料和裱糊

油漆定额项目划分按油漆不同基层分为木材面油漆、金属面油漆、抹灰面油漆。本节主要介绍与墙柱面装饰有关的抹灰面油漆。

(1)抹灰面油漆

定额包括墙、柱、天棚面底油一遍调和漆二遍，墙、柱、天棚面底油一遍调和漆三遍，墙、柱、天棚面每增加一遍调和漆，环氧树脂自流平地面等定额项目，共 4 个子目。例如，19-69 抹灰面油漆　墙、柱、天棚面底油一遍调和漆三遍。

(2)涂料

涂料定额项目划分是按不同的施工方法、不同的结构部位、不同的涂料品种划分的。共划分定额项目 22 个。

①内墙涂料。

内墙涂料包括抹灰面乳胶漆二遍，抹灰面乳胶漆三遍，腰线、檐口线、门窗套、窗台板乳胶漆，普通涂料，多彩喷涂，艺术涂料，抗碱封底涂料，防霉涂料，画假石纹、画假木纹等定额项目。例如，19-75 内墙涂料　普通涂料。

②外墙涂料。

外墙涂料包括乳胶漆，真石漆，氟碳漆，彩砂涂料，弹性彩石漆喷涂，弹性浮雕喷涂等定额项目。例如，19-83 外墙涂料　真石漆。

③刮腻子。

刮腻子包括普通腻子两遍、防水腻子两遍、防裂腻子两遍、水泥腻子两遍、混凝土面刮腻子两遍、石膏板面层嵌缝等定额项目。例如，19-88 普通腻子两遍。

(3)裱糊

裱糊包括墙面贴装饰纸、柱面贴装饰纸、天棚面贴装饰纸、壁纸基膜、织物面喷阻燃剂一面、即时贴等定额项目。其中墙面、柱面、天棚面贴装饰纸中都分别包括了墙纸、织锦缎、仿金箔。墙纸分不对花和对花两种。裱糊共设置 15 个定额子目。例如，19-95

墙面贴装饰纸　墙纸对花。

3. 装饰抹灰

装饰抹灰是指采用普通或有色水泥砂浆、水泥石子浆等材料，以人工或机械加工的办法达到某种装饰效果的抹灰工程，常用的有水刷石、干粘石、斩假石、水磨石等。定额按这些不同的施工工艺及材料划分为水刷石、干粘石、斩假石、水磨石等共计4项26个子目。例如，15-1水刷豆石砖、混凝土墙面。

4. 墙柱面镶贴块料面层

按材质及作用进行大理石板、花岗岩、文化石、马赛克、陶瓷块料、干挂钢骨架定额项目划分。

(1)大理石板、花岗岩

大理石板、花岗岩板墙柱面按镶贴基层分为墙面、独立柱、梁面、零星项目，按镶贴方法分为挂贴法、干挂法、水泥砂浆粘贴法和碎拼等几种基本方法。镶贴大理石和花岗岩定额项目共列30个子目。例如，15-27挂贴大理石　墙面。

(2)文化石

文化石分为天然文化石和人造文化石。天然文化石包括蘑菇石、砂卵石、砂砾石、鹅卵石、砂岩板、石英板、版岩、艺术石等；人造文化石是以天然文化石的精华为母本，以无机材料铸制而成。文化石具有丰富的自然面，多变的外观及鲜明柔和的色彩。

定额按水泥砂浆结合层和黏结剂结合层分项，水泥砂浆结合层和黏结剂结合层定额项目中又列墙面和零星项目两个子目，共列四个子目。例如，15-57文化石　水泥砂浆结合层　墙面。

(3)马赛克

定额按平面和弧面列两个定额子目。例如，15-61马赛克　平面。

(4)陶瓷块料

陶瓷块料按粘贴方法分为水泥砂浆结合层、膨胀螺栓干挂、钢丝网挂贴、型钢龙骨干挂等数种；块料按周长分为400 mm以内、800 mm以内、1500 mm以内、2400 mm以内、3200 mm以内、3200 mm以外。例如，15-69陶瓷块料　水泥砂浆结合层　墙面(块料周长mm)2400以内　密缝。

(5)干挂钢骨架

干挂钢骨架按材料不同分为普通钢骨架、镀锌钢骨架、不锈钢骨架、后置预埋件四个子目。例如，15-93干挂钢骨架　普通钢骨架。

5. 铺钉类墙饰面

墙饰面分为墙面龙骨、隔离层、墙面基层、墙面面层四部分。

(1)墙面龙骨

墙面龙骨按材质分为木龙骨、轻钢龙骨、铝合金龙骨、石膏龙骨。其中木龙骨按中距分为平均中距 300 mm 以内、400 mm 以内、500 mm 以内、600 mm 以内、800 mm 以内五个子目，轻钢龙骨设中距双向 600 mm×1500 mm 以内一个子目，铝合金龙骨设中距单向 500 mm 以内一个子目，石膏龙骨设一个子目。例如，15-97 墙面木龙骨　平均中距 mm 以内　300。

(2)隔离层

隔离层按材质设玻璃棉毡和油毡两个子目。例如，15-105 墙面隔离层玻璃棉毡。

(3)墙面基层

墙面基层按材质分为胶合板、细木工板、奥松板、石膏板。其中胶合板按厚度分为 5 mm 厚、9 mm 厚两个子目，细木工板单列一个子目，奥松板单列一个子目，石膏板单列一个子目。例如，15-109 墙面基层　细木工板。

(4)墙面面层

墙面面层按材质和所起作用不同分为镜面玻璃、激光玻璃、软包、硬包、塑料扣板、石膏板、埃特板、胶合板、防火板、免漆板、烤漆板、木制饰面板拼色拼花、亚克力板、镀锌铁皮、铝合金装饰板、铝塑板、不锈钢板、吸音板、桑拿板、塑胶墙面、人造石、墙面灯槽等定额项目。其中镜面玻璃和激光玻璃按基层不同划分为在胶合板上粘贴和在砂浆面上粘贴两个子目，软包和硬包按材质不同分别划分为人造革和织物面两个子目。例如，15-112 墙面面层　镜面玻璃　在胶合板上粘贴。

6. 隔断、隔墙、屏风

(1)隔断

隔断定额项目按不同材质、不同用途进行项目划分。按不同材质主要有木隔断、玻璃隔断、铝合金隔断、玻璃砖隔断、轻钢龙骨隔断、塑钢隔断等。隔断在定额中具体划分为胶合板隔断，花式木隔断，浴厕隔断(含龙骨、基层)，玻璃砖隔断，全玻璃隔断，不锈钢柱防弹玻璃，双层玻璃夹百叶帘隔断，木骨架玻璃隔断，木龙骨石膏板隔断，铝合金玻璃隔断，铝扣板装饰隔断，塑钢隔断，活动塑料隔断，轻钢龙骨石膏板隔断等定额项目，共 31 个子目。例如，15-187 浴厕隔断(含龙骨、基层)　木龙骨基层胶合板面。

(2)轻质隔墙

轻质隔墙按材质、安装位置、板的形状、墙厚等划分定额项目。其具体划分为钢丝网架聚苯乙烯夹芯墙板安装、GRC 轻质玻璃纤维增强水泥空心内墙板安装、轻质复合镀锌丝网空心内墙板安装、泰柏网塑夹芯板墙、石棉瓦墙、瓦垄铁皮墙、玻璃钢瓦墙等定额项目，共 20 个子目。例如，15-221 轻质隔墙　石棉瓦墙单面安在钢筋混凝土架上。

(3)屏风

屏风按形式划分定额项目，设固定屏风和整体活动屏风两个子目。例如，15-233 整体活动屏风。

7. 幕墙

幕墙按不同的材质及构造进行项目划分，共计 23 个子目。幕墙划分为铝合金玻璃幕墙、铝板幕墙、全玻璃幕墙、石材板幕墙、陶土板幕墙，定额中还列入了幕墙上悬窗增加费、通风器、幕墙与建筑物顶端或侧边的封边、幕墙防火层、防雷系统等定额项目。例如，15-234 铝合金玻璃幕墙　玻璃分格 1050 mm×1600 mm　全隐框。

4.2.3　定额项目适用范围

1. 普通抹灰

石灰膏砂浆二遍抹灰定额项目，适用于一层底灰和一层面层，要求赶平、修整、压光、表面接槎平整的普通抹灰工程。

水泥砂浆抹灰、水泥石灰膏砂浆抹灰、石灰膏砂浆三遍抹灰及其他砂浆抹灰定额项目，适用于一层底灰、一层中层和一层面层，并要求阳角找方，设置标筋，分层赶平、修整、表面压光、线角顺直、接槎平整的中级抹灰工程。

一般抹灰项目中的“零星项目”适用于屋面构架、栏板、空调板、飘窗板、装饰性阳台、挑檐、天沟、通风道口、窗台线、门窗套、压顶、栏板、扶手、遮阳板、雨篷周边、楼梯边梁、各种壁柜、碗柜、过人洞、暖气壁、池槽、花台、展开宽度 0.3 m 以外的线条等以及 1 m^2 以内的零星抹灰。

线条抹灰适用于内外墙抹灰面展开宽度 0.3 m 以内的竖、横线条抹灰及腰线、宣传板边框等。

2. 装饰抹灰

水刷石、干粘石、斩假石、水磨石定额项目适用于建筑物、构筑物的墙面、柱面的装饰抹灰工程。

水刷石、干粘石、斩假石、水磨石零星项目适用于建筑物、构筑物的挑檐、天沟、腰线、窗台线、门窗套、压顶、扶手、遮阳板、雨篷周边及面积小于 0.5 m^2 的项目。

3. 油漆、涂料和裱糊

油漆定额项目适用于建筑物、构筑物的门窗、墙、板、平顶等装饰面的油漆。

涂料定额项目适用于建筑物的墙面、平顶等装饰面涂刷或喷涂涂料。

裱糊定额项目适用于建筑物墙、板及天棚面贴装饰纸等。

4. 镶贴块料面层

大理石、花岗岩、陶瓷块料等适用于建筑物墙、柱面的中、高级块料装饰。

5. 墙饰面

墙饰面定额项目适用于建筑物墙面高、中级饰面板装饰。

6. 隔断、隔墙、屏风、幕墙

隔断、隔墙、屏风定额项目适用于建筑物内隔断、隔墙、屏风等配套装饰。
幕墙定额项目适用于建筑物不同材料、不同构造的幕墙工程。

4.2.4 墙柱饰面工程量计算规则

1. 普通抹灰、装饰抹灰

(1)内墙、柱抹灰

内墙面抹灰工程量按内墙设计结构尺寸的抹灰面积以平方米计算，应扣除门窗洞口和空圈所占的面积，不扣除踢脚板、挂镜线、0.3 m^2 以内的孔洞和墙与构件交接处的面积，洞口侧壁、顶面、墙垛和附墙烟囱侧壁的面积应并入相应墙面抹灰工程量内。

内墙面和内墙裙抹灰长度以墙体间结构尺寸长度计算。

内墙面抹灰高度无墙裙时，其高度按室内地面或楼面至天棚底面的高度计算；有墙裙时，其高度按墙裙顶面至天棚底面的高度计算；有钉板天棚时，按室内地面或楼面至天棚底面另加 0.1 m 计算。内墙裙的高度以室内地面或楼面至墙裙顶面计算。

砖墙中嵌入的混凝土梁、柱面抹灰，并入砖墙面抹灰工程量内计算。

独立柱和单梁抹灰工程量按设计结构尺寸的展开面积以平方米计算。

零星项目抹灰工程量按设计结构尺寸的展开面积以平方米计算。

展开宽度在 0.3 m 以内的线条按图示尺寸以延长米计算，展开宽度在 0.3 m 以外的，按设计结构尺寸的展开面积以平方米计算。

(2)外墙、柱抹灰

外墙面抹灰工程量按外墙设计结构尺寸的抹灰面积以平方米计算，应扣除门窗洞口、外墙裙和大于 0.3 m^2 孔洞所占面积，洞口侧壁、顶面面积、附墙垛、梁、柱侧面抹灰面积并入外墙面抹灰工程量内计算。

外墙裙抹灰工程量按其长度乘高度以平方米计算，扣除门窗洞口和大于 0.3 m^2 孔洞所占面积，门窗洞口及孔洞的侧壁并入外墙抹灰面积。

零星抹灰定额项目按设计尺寸的展开面积以平方米计算。

柱脚、柱帽抹线脚者，柱帽以图示尺寸的展开面积按天棚装饰线定额项目以平方米计算；柱脚以设计结构尺寸的展开面积按墙柱抹灰的装饰线条定额项目以平方米计算。其长度均以柱脚、柱帽最外层的线脚长度计算。

勾缝工程量按墙面垂直投影面积以平方米计算，应扣除墙裙、墙面抹灰的面积，不扣除门窗洞口、门窗套及腰线等零星抹灰所占的面积，附墙柱和门窗洞口侧壁的勾缝面积亦不增加。独立柱、房上烟筒勾缝，按图示尺寸以平方米计算。

墙面分格按分格范围的墙面垂直投影面积以平方米计算。

(3)调整系数及说明

抹灰定额是按手工操作和机械喷涂综合制定的，操作方法不同时不再另行调整。

计算圆形、锯齿形、不规则形的墙面抹灰，应将相应定额项目的人工乘系数1.15。

横孔连锁混凝土空心砌块墙，墙面抹灰按不同砂浆的混凝土墙面定额项目的人工、材料乘系数1.15。

洞口侧壁、顶面的抹灰工程量按设计结构尺寸的抹灰面积乘系数0.7。

2. 油漆、涂料和裱糊

楼地面、天棚面、墙柱梁面等喷刷涂料、抹灰面油漆及裱糊工程量按表4-2-1相应的工程量计算规则计算。

表4-2-1 抹灰面油漆、涂料、裱糊工程量系数表

项目名称	系数	工程量计算规则
亭顶棚	1.00	按设计图示尺寸的斜面以平方米计算
楼地面、天棚面、墙柱梁面、混凝土梯底(梁式)	1.00	按设计图示尺寸展开面积以平方米计算
混凝土梯底(板式)	1.30	按设计图示尺寸的水平投影面积以平方米计算
混凝土花格窗、栏杆花饰	1.82	按设计图示尺寸的单面外围面积以平方米计算

3. 墙柱面镶贴块料面层

墙、柱面块料面层工程量按设计图示的实贴面积以平方米计算。带龙骨的墙、柱面块料面层按饰面外围尺寸的实贴面积以平方米计算。

干挂石材钢骨架按设计图示尺寸乘单位理论质量以吨计算。

后置预埋件按数量以个计算。

零星项目块料面层工程量按设计图示的实贴面积以平方米计算。

计算圆弧形、锯齿形等不规则的墙、柱面镶贴的块料项目时，应将相应定额的人工消耗量乘系数1.15。

饰面材料的规格、材质与定额不同时，可以换算。

零星项目适用于挑檐、天沟、腰线、窗台线、门窗套、压顶、扶手、遮阳板、雨篷周边及面积0.5 m^2 以内的项目。

干挂石材的钢骨架制作安装，另按本节相应定额项目计算。

花岗岩、大理石柱墩、柱帽工程量按最大外围周长以米计算。

墙面石材设计要求刷石材保护液的，按定额第十四章装饰楼地面工程相应定额项目计算。

4. 铺钉类墙饰面

墙、柱(梁)龙骨、基层、面层均按设计图示尺寸的面层外围展开面积以平方米计算。

墙面灯槽按设计图示尺寸以米计算。

饰面材料的规格、材质与定额不同时，可以换算。

5. 隔断、隔墙、屏风

隔断、隔墙、屏风工程量按设计图示尺寸以平方米计算，应扣除门窗洞口面积和大于 0.30 m^2 的孔洞所占面积。

6. 幕墙

幕墙工程量按设计图示尺寸的外围面积以平方米计算。幕墙上悬窗增加费，按窗扇设计图示尺寸的外围面积以平方米计算。幕墙防火层按设计图示尺寸以幕墙镀锌铁皮的展开面积以平方米计算。通风器按设计图示尺寸以平方米计算。

弧形幕墙人工消耗量乘系数 1.10，材料弯弧费另行计算。

石材幕墙定额消耗量内已综合考虑骨架制作安装，不再另行计算。

主龙骨为 50 mm×100 mm 及以上规格的钢方管时，按石材幕墙定额项目计算；主龙骨为其他型材时，按干挂石材定额项目计算。

4.2.5　典型案例分析

【例 4.2.1】某住宅示意图如图 4-2-6 所示，内外墙厚均为 240 mm，轴线居中，门窗框居中，不考虑门窗框厚度，采用预制水磨石窗台板。①若内墙墙面采用粘贴大理石板装饰，结合层厚 30 mm，面层厚 10 mm，试求内墙装饰面的工程量。②若内墙墙面采用水泥砂浆抹灰，乳胶漆面层，水泥砂浆踢脚线 150 mm，试求内墙装饰面的工程量。

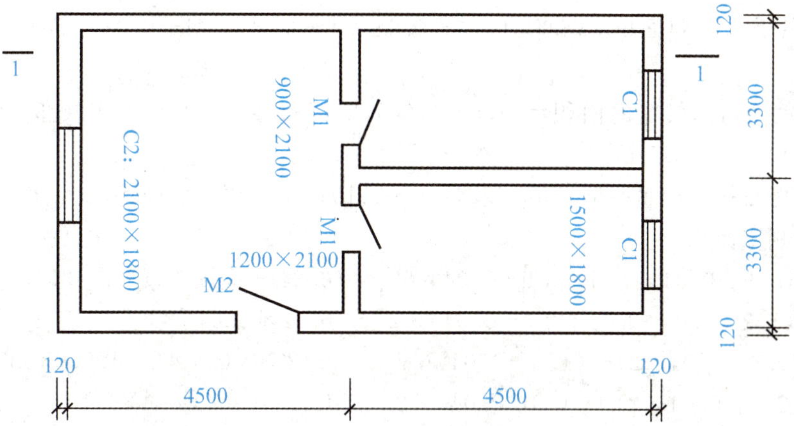

（a）平面图

图 4-2-6　某住宅示意图

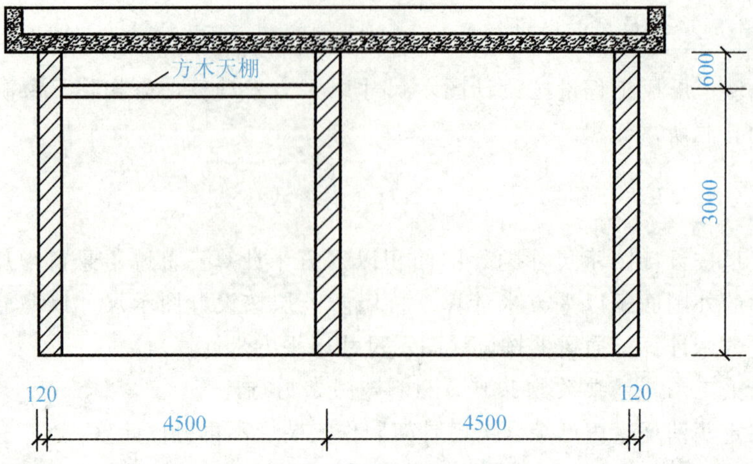

（b）剖面图

图 4-2-6　某住宅示意图(续)

【解】(1)内墙为粘贴大理石板时。

①镶贴厚度为 40 mm：

左边大房间块料面积＝(4.5－0.24－0.04×2＋6.6－0.24－0.04×2)×2×3＝62.76 m^2。

扣左边大房间门窗的面积＝(0.9－0.04×2)×(2.1－0.04)×2＋(2.1－0.04×2)×(1.8－0.04)＋(1.2－0.04×2)×(2.1－0.04)＝9.241 m^2。

右边两个房间块料面积＝(4.5－0.24－0.04×2＋3.3－0.24－0.04×2)×2×2×3.6＝103.104 m^2。

扣右边两个房间门窗的面积＝(1.5－0.04×2)×(1.8－0.04)×2＋(0.9－0.04×2)×(2.1－0.04)×2＝8.377 m^2。

内墙大理石板工程量＝62.76－9.241＋103.104－8.377＝148.25 m^2。

②洞口侧壁面积：

M1：[(0.9－0.04×2)＋(2.1－0.04)×2]×(0.24＋0.04×2)×2＝3.1616 m^2。

M2：[(1.2－0.04×2)＋(2.1－0.04)×2]×(0.12＋0.04)×2＝1.6768 m^2。

C1：[(1.5－0.04×2)＋(1.8－0.04)×2]×(0.12＋0.04)×2＝1.5808 m^2。

C2：[(2.1－0.04×2)＋(1.8－0.04)×2]×(0.12＋0.04)＝0.8864 m^2。

合计：3.1616＋1.6768＋1.5808＋0.8864＝7.31 m^2。

计算结果见表 4-2-2。

表 4-2-2　定额项目表

序号	定额编号	定额名称	计量单位	工程量
1	15-33	粘贴大理石水泥砂浆结合层墙面	m^2	148.25
2	15-35	粘贴大理石水泥砂浆结合层零星项目	m^2	7.31

(2)内墙墙面采用水泥砂浆抹灰，乳胶漆面层时。

左边大房间抹灰面积＝[(4.5－0.24)×2＋(6.6－0.24)×2]×(3＋0.1)＝65.84 m^2。

扣左边大房间门窗的面积＝0.9×2.1×2＋1.2×2.1＋2.1×1.8＝10.08 m^2。

右边两个房间抹灰面积＝[(4.5－0.24)×4＋(3.3－0.24)×4]×(3＋0.6)＝105.41 m^2。

扣右边两个房间门窗的面积＝0.9×2.1×2＋1.5×1.8×2＝9.18 m^2。

加洞口侧壁面积M1　(0.9＋2.1×2)×0.24×2＝2.448 m^2。

M2　(1.2＋2.1×2)×0.24×1/2＝0.648 m^2。

C1　(1.5＋1.8×2)×0.24×1/2×2＝1.224 m^2。

C2　(2.1＋1.8×2)×0.24×1/2＝0.684 m^2。

合计：2.448＋0.648＋1.224＋0.684＝5.004 m^2。

洞口侧壁、顶面的抹灰工程量按设计结构尺寸的抹灰面积乘系数 0.7。

内墙抹灰工程量＝65.84－10.08＋105.41－9.18＋5.004×0.7＝155.49 m^2。

内墙乳胶漆面层工程量＝65.84－10.08＋105.41－9.18＋5.004＝156.99 m^2。

计算结果见表 4-2-3。

表 4-2-3　定额项目表

序号	定额编号	定额名称	计量单位	工程量
1	12-1	内墙、柱面抹灰　砖墙面、墙裙　水泥砂浆	m^2	155.49
2	19-72	内墙涂料　乳胶漆抹灰面二遍	m^2	156.99

【例 4.2.2】如图 4-2-7 所示，设计要求独立柱面采用水刷白石子装饰抹灰，柱帽、柱脚抹线脚，试计算其工程量。

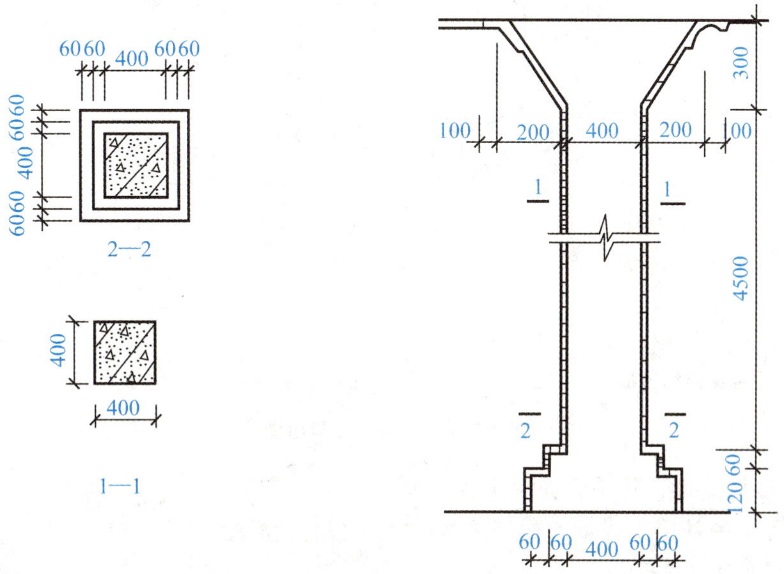

图 4-2-7　混凝土柱示意图

【解】其工程量计算如下。

(1)柱身(即结构尺寸展开面积)。

柱身工程量＝$0.4\times4\times4.5=7.2\ m^2$。

(2)柱帽。

柱帽工程量＝展开宽×最外层线脚长度＝$(\sqrt{0.2^2+0.3^2}+0.1)\times(0.4+0.2\times2+0.1\times2)\times4=1.84\ m^2$。

(3)柱脚。

柱脚工程量＝展开宽×最外层线脚长度＝$(0.06+0.06+0.06+0.12)\times(0.4+0.06\times4)\times4=0.77\ m^2$。

工程量合计：$7.2+1.84+0.77=9.81\ m^2$。

计算结果见表 4-2-4。

表 4-2-4　定额项目表

序号	定额编号	定额名称	计量单位	工程量
1	15-7	水刷白石子柱梁面	m^2	9.81

【例 4.2.3】如图 4-2-8 所示，500 mm×500 mm 钢筋混凝土方柱木龙骨包圆柱，柱高 4.0 m，共 10 根，试计算其工程量。

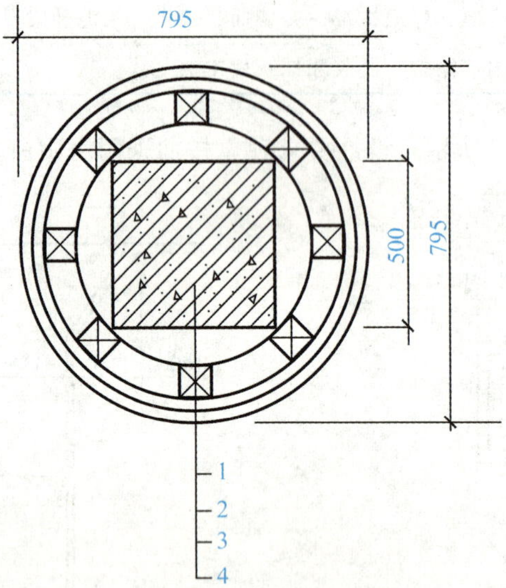

1—钢筋混凝土柱；2—木龙骨；3—5 mm 夹板基层；4—烤漆板面层

图 4-2-8　混凝土柱剖面图

【解】需计算龙骨、基层、面层工程量。

龙骨工程量＝基层工程量＝面层工程量＝$0.795\times3.1416\times4\times10=100\ m^2$。

计算结果见表 4-2-5。

表 4-2-5　定额项目表

序号	定额编号	定额名称	计量单位	工程量
1	15-138	柱(梁)面龙骨　木龙骨　方形梁、柱面	m^2	100
2	15-142	柱(梁)面基层　胶合板　厚度 5 mm	m^2	100
3	15-175	柱(梁)面面层　圆形梁柱面　烤漆板	m^2	100

【例 4.2.4】如图 4-2-9 所示，试计算大理石柱墩饰面工程量。

【解】大理石柱墩饰面工程量(即最大外围周长)＝3.14×1＝3.14 m。

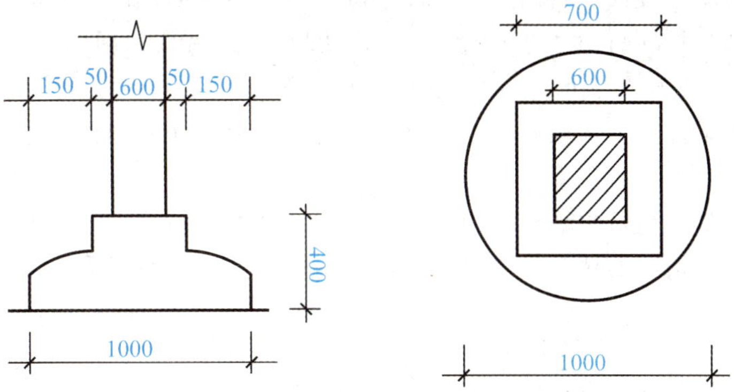

图 4-2-9　大理石柱墩示意图

计算结果见表 4-2-6。

表 4-2-6　定额项目表

序号	定额编号	定额名称	计量单位	工程量
1	15-38	大理石　异形成品　柱墩	m	3.14

复习思考题

一、填空题

1. 内墙面抹灰工程量按内墙设计结构尺寸的抹灰面积以平方米计算，应扣除__________和空圈所占的面积，不扣除__________、挂镜线、__________和墙与构件交接处的面积，__________、顶面、墙垛和附墙烟囱侧壁的面积应并入相应墙面抹灰工程量内。

2. 内墙面抹灰高度无墙裙时，其高度按__________高度计算；有墙裙时，其高度按__________高度计算；有钉板天棚时，按__________计算。内墙裙的高度以室内地面或楼面至墙裙顶面计算。

3. 外墙裙抹灰工程量按其长度乘高度以平方米计算，扣除__________和大于 0.3 m^2 孔洞所占面积，门窗洞口及孔洞的侧壁__________。

4. 勾缝工程量按墙面垂直投影面积以平方米计算，应扣除__________抹灰的面积，不扣除____________等零星抹灰所占的面积，附墙柱和门窗洞口侧壁的勾缝面积____________。

5. 墙、柱面块料面层工程量按设计图示的____________以平方米计算。带龙骨的墙、柱面块料面层按____________以平方米计算。

二、判断题

1. 砖墙中嵌入的混凝土梁、柱面抹灰，并入砖墙面抹灰工程量内计算。（ ）

2. 零星项目抹灰工程量按设计结构尺寸的水平投影面积以平方米计算。（ ）

3. 墙面分格按分格范围的墙面垂直投影面积以平方米计算。（ ）

4. 带龙骨的墙、柱面块料面层按饰面外围尺寸的实贴面积以平方米计算。（ ）

5. 块料装饰零星项目适用于挑檐、天沟、腰线、窗台线、门窗套、压顶、扶手、遮阳板、雨篷周边及面积 0.5 m^2 以内的项目。（ ）

6. 幕墙工程量计算方法同砖墙工程量，按设计图示尺寸的体积以立方米计算。（ ）

7. 墙柱面抹灰工程量与墙柱面块料工程量的计算方法相同。（ ）

8. 洞口侧壁、顶面的抹灰工程量按设计结构尺寸的抹灰面积乘系数 0.7。（ ）

9. 水刷石、干粘石、斩假石、水磨石定额项目适用于建筑物、构筑物的墙面、柱面的普通抹灰工程。（ ）

10. 独立柱面块料面层按设计结构尺寸的展开面积以平方米计算。（ ）

三、单选题

1. 下列关于墙柱装饰工程量计算，正确的是（ ）。

A. 柱饰面按柱设计高度以长度计算

B. 柱面抹灰按柱断面周长乘高度以面积计算

C. 全玻幕墙按外墙中心线乘高度以面积计算

D. 装饰板墙面按墙中心线长乘墙高以面积计算

2. 内墙面抹灰高度有钉板天棚时，按室内地面或楼面至天棚底面另加（ ）计算。

A. 0.12 m　　B. 0.1 m　　C. 0.5 m　　D. 不增加

3. 有一 490 mm×490 mm，高 3.6 m 的独立砖柱，镶贴人造石板材（厚 25 mm），结合层为 1∶3 水泥砂浆，厚 15 mm，则镶贴块料工程量为（ ）m^2。

A. 7.06　　B. 7.99　　C. 8.21　　D. 7.63

4. 有一 490 mm×490 mm，高 3.6 m 的独立砖柱，抹灰层厚 15 mm，此柱的抹灰工程量为（ ）m^2。

A. 7.06　　B. 7.99　　C. 8.21　　D. 7.63

5. 计算内墙面抹灰面积时，洞口侧壁和顶面抹灰（ ）；计算外墙面抹灰面积时，洞口侧壁、顶面及垛等抹灰，应（ ）。

A. 不增加，按结构展开面积并入墙面抹灰

B. 不增加，不增加

C. 按结构展开面积并入墙面抹灰，不增加

D. 按结构展开面积并入墙面抹灰，按结构展开面积并入墙面抹灰

6. 内墙面抹灰高度确定(　　)。

A. 有踢脚线，其高度均自踢脚线上方至天棚底面

B. 有墙裙，其高度均自室内地坪面或楼面至天棚底面

C. 不论有无踢脚线，其高度均自室内地坪面或楼面至天棚底面

D. 不论有无踢脚线，其高度均自室外地坪面至天棚顶面

7. 砖墙中嵌砌的混凝土柱、梁等的抹灰工程量应(　　)，凸出墙面的混凝土柱、梁面抹灰工程量应(　　)。

A. 并入墙面抹灰工程量内计算，并入墙面抹灰工程量内计算

B. 并入墙面抹灰工程量内计算，单独列项计算

C. 单独列项计算，并入墙面抹灰工程量内计算

D. 单独列项计算，单独列项计算。

8. 块料零星项目适用于挑檐、天沟、腰线、窗台线、门窗套、压顶、扶手、遮阳板、雨篷周边及面积(　　)的项目。

A. 小于 300 mm×300 mm　　B. 小于 0.3 m^2

C. 展开宽度≤300 mm　　D. 小于 0.5 m^2

9. 图纸裱糊的工程量按照(　　)计算。

A. 米　　B. 平方米　　C. 毫米　　D. 吨

10. 一般零星项目抹灰工程量按设计结构尺寸的(　　)计算。

A. 展开面积以平方米　　B. 展开长度以米

C. 立方米　　D. 构件的数量

11. 干挂石材钢骨架按设计图示尺寸乘单位理论质量以(　　)计算。

A. 立方米　　B. 吨　　C. 平方米　　D. 以上都错误

12. 花岗岩、大理石柱墩、柱帽工程量按(　　)计算。

A. 最大外围面积以平方米　　B. 吨

C. 最大外围体积以平方米　　D. 最大外围周长以米

13. 隔断、隔墙、屏风工程量按设计图示尺寸以平方米计算，应扣除(　　)。

A. 门窗洞口面积和大于 0.30 m^2 的孔洞所占面积

B. 小于 0.30 m^2 的孔洞所占面积

C. 大于 300 mm×300 mm 的孔洞所占面积

D. 大于 0.50 m^2 的孔洞所占面积

14. 墙面抹灰按垂直投影面积计，但应扣除(　　)。

A. 踢脚线　　B. 门窗洞口

C. 构件与墙交接面　　D. 挂镜线

15. 一般抹灰项目中的“零星项目”适用于屋面构架、栏板、空调板、飘窗板、装饰性阳台、挑檐、天沟、通风道口、窗台线、门窗套、压顶、栏板、扶手、遮阳板、雨篷周边、楼梯边梁、各种壁柜、碗柜、过人洞、暖气壁、池槽、花台等以及(　　)以内的零

星抹灰。

A. 0.5 m^2　　B. 0.3 m^2

C. 展开宽度>300 mm　　D. 1 m^2

16. 洞口侧壁、顶面的抹灰工程量按设计结构尺寸的抹灰面积乘系数(　　)，按结构展开面积并入墙面抹灰。

A. 0.5　　B. 0.7　　C. 0.8　　D. 1.2

四、简答题

1. 一般抹灰项目中的“零星项目”适用于哪些工程部位？

2. 内墙面一般抹灰工程量怎样计算？

3. 内墙面抹灰高度如何计算？

五、综合训练

1. 如图 4-2-10、图 4-2-11 所示，门窗框居中，框的宽度按 0.1 m 考虑，C1 采用成品木窗套，预制水磨石内窗台板长 1.55 m、宽 0.10 m，内墙为水泥砂浆抹灰，面层为乳胶漆两遍，室外地坪标高－0.3 m，外墙贴 300 mm×600 mm 陶瓷块料，结合层及面层厚度为 30 mm。试计算内外墙、窗台板、木制窗套工程量。

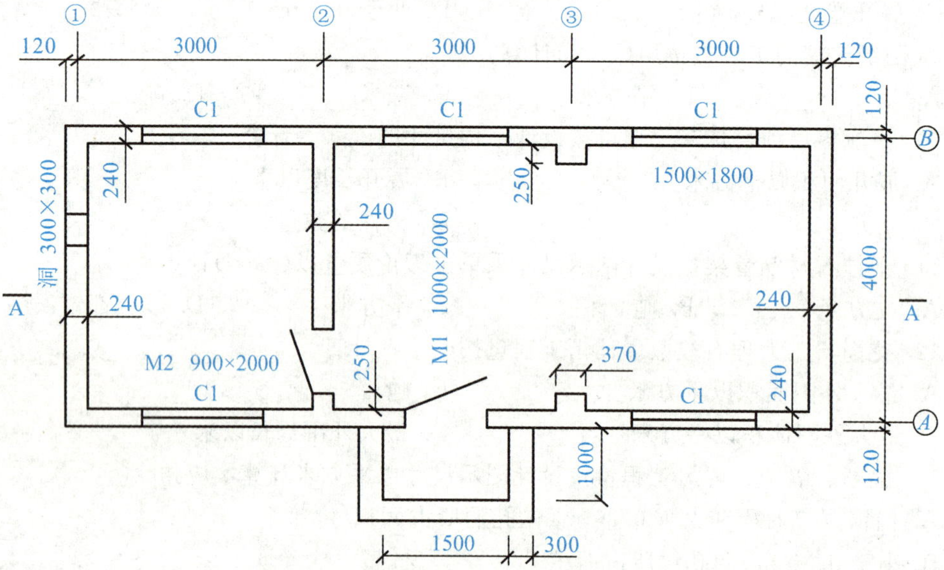

图 4-2-10　某工程平面示意图

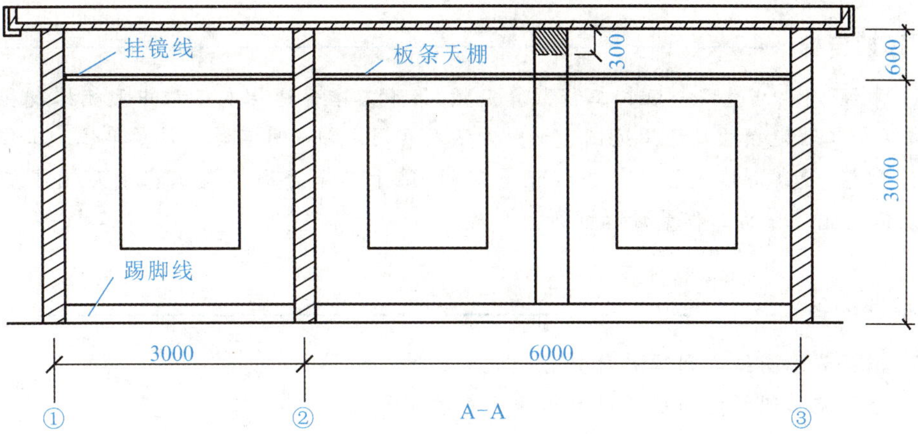

图 4-2-11　某工程剖面示意图

2. 如图 4-2-12 为某建筑物室内一墙面，水泥砂浆结合层粘贴大理石墙裙，墙面木龙骨，平均中距 300 mm，木工板基层，胶合板面层。试列项并计算大理石墙裙、木龙骨、木工板基层、胶合板面层的工程量。

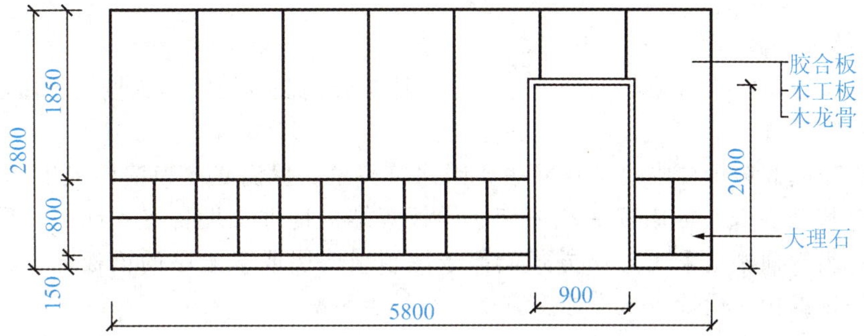

图 4-2-12　墙面装修示意图

4.3　天棚工程工程量计算

学习目的

通过对天棚工程相关内容的学习，学生体验完成具体工作任务必须依据的规范和原则，感受任务实施对知识、能力、素质的需求，理解完成本项任务的流程，最终能根据《甘肃省建筑与装饰工程预算定额》第十二章普通抹灰工程中天棚抹灰和第十六章装饰天棚工程工程量计算规则，列项并计算不同装饰做法下天棚工程的工程量。

知识目标

1. 掌握《甘肃省建筑与装饰工程预算定额》第十二章普通抹灰工程中天棚抹灰和第十六章装饰天棚工程定额项目适用范围、划分方法及常用定额项目名称、计量单位、工作内容。

2. 掌握《甘肃省建筑与装饰工程预算定额》第十二章普通抹灰工程中天棚抹灰和第十六章装饰天棚工程的工程量计算规则。

重点难点

1. 根据施工图纸，列项并计算直接式天棚的工程量。

2. 根据施工图纸，列项并计算吊顶天棚的工程量。

4.3.1 天棚工程知识背景

天棚同墙面、楼地面一样，是建筑物主要装修部位之一。

1. 天棚类型

(1)直接式天棚

直接式天棚包括直接喷刷涂料天棚和直接抹灰天棚及直接贴面天棚三种做法。

(2)吊顶

在较大空间和装饰要求高的房间中，因建筑声学、保温隔热、清洁卫生、管道敷设、室内美观等特殊要求，常用顶棚把屋架、梁板等结构构件及设备遮盖起来，形成一个完整的表面。由于顶棚是采用悬吊方式支撑于屋顶结构层或楼盖层的梁板之下，所以称之为吊顶。吊顶的构造设计应从上述多方面进行综合考虑。

2. 天棚构造

(1)直接式天棚

直接喷刷涂料天棚。当要求不高或楼板底面平整时，可在板底嵌缝后喷(刷)石灰浆或涂料二道。

直接抹灰天棚。对底板不够平整或要求稍高的房间，可采用板底抹灰，常用的有：纸筋石灰浆天棚、混合砂浆天棚、水泥砂浆天棚、麻刀石灰浆天棚、石膏灰浆天棚。

直接贴面天棚。对某些装修标准较高或有保温吸声要求的房间，可在板底直接粘贴装饰吸声板、石膏板、塑胶板等。

(2)吊顶

吊顶的构造主要由龙骨(包括吊筋)、基层、面层组成。龙骨也称为骨架层，一般由吊筋、龙骨组成骨架体系，以承受各种荷载。

①龙骨。

基层承受吊顶的荷载，并通过吊筋传给屋顶或楼板承重结构，由吊筋、龙骨组成。

吊顶龙骨分为主龙骨与次龙骨，主龙骨为吊顶的承重构件，次龙骨则是吊顶的基层。

主龙骨通过吊筋或吊件固定在屋顶(或楼板)结构上，其断面大小视其材料品种、是否上人(吊顶承受人的荷载)和面层构造做法等因素而定。主龙骨断面比次龙骨大，间距通常为 1 m 左右。悬吊主龙骨的吊筋为 8～10 的钢筋，间距也是 1 m 左右。次龙骨间距视面层材料而定，间距不宜太大，一般为 300～500 mm。刚度大的面层不易翘曲变形，可允许扩大至 600 mm。

②基层。

天棚基层就是安装在天棚龙骨上与面层结合的一个中间层。天棚基层按工程设计的标准，有些天棚需要做一层基层，有些就没有基层，在龙骨上直接铺钉面层。基层有木基层、金属基层，定额中编制了常用的胶合板基层、木工板基层、石膏板基层。

③面层。

天棚面层指各类饰面板。吊顶面层板材的类型很多，一般可分为植物型板材(如胶合板、纤维板、木工板等)，矿物型板材(如石膏板、矿棉板等)，金属板材(如铝合金板、金属微孔吸声板等)等几种。

4.3.2　定额项目划分

本节内容在《甘肃省建筑与装饰工程预算定额》中，主要包括第十二章普通抹灰工程中天棚抹灰和第十六章装饰天棚工程定额项目中的内容。

直接式天棚包括天棚普通抹灰及抹灰面的饰面即油漆涂料裱糊工程，在 4.2 节介绍；吊顶包括装饰天棚中的平面天棚、造型天棚和其他天棚。

1.　天棚普通抹灰

定额项目按不同面层、不同抹灰材料分项。

(1)水泥砂浆及水泥石灰膏砂浆

以不同材料的面层抹灰划分为混凝土(现浇板和预制板)天棚抹水泥砂浆底面、水泥石灰膏砂浆底面、水泥石灰膏砂浆一次抹灰等项目和预制板底水泥石灰膏砂浆勾缝、水泥砂浆勾缝两个项目，如 12-93 现浇混凝土天棚　水泥砂浆底面。

(2)石灰膏砂浆

以不同材料的面层抹灰划分为混凝土(现浇板和预制板)天棚抹水泥石灰膏砂浆底、纸筋灰浆面、麻刀灰浆面、石膏灰浆面几个项目，如 12-100 现浇混凝土天棚抹灰　水泥石灰膏砂浆底　纸筋灰浆面。

(3)线条抹灰

分为三道内、五道内的石灰膏麻刀砂浆底，纸筋灰浆面装饰线和石灰膏麻刀砂浆底、麻刀灰浆面、水泥砂浆底面、水泥石灰膏砂浆底面等项目，如 12-106 线条石灰膏麻刀砂浆底　纸筋灰浆面三道内。

为了增加室内美观，在内墙面和顶棚交接处，可做成各种外装饰线，线数以阳角的道数计算(图 4-3-1)。

图 4-3-1　天棚抹灰装饰线示意图

2. 平面天棚

天棚面层在同一标高者为平面天棚，天棚面层不在同一标高但在同一空间者为跌级天棚。

平面天棚定额项目划分按天棚龙骨、基层及面层分别列项，便于按不同的设计组合选套定额，另外还列入天棚灯槽子目。

(1)天棚龙骨

天棚龙骨分木龙骨、轻钢龙骨、铝合金龙骨三类。

①天棚木龙骨。

木龙骨按规格、龙骨中距及平面或跌级划分定额项目，共列 6 个定额子目，如 16-1 平面天棚龙骨　木龙骨　30×40　平面　龙骨中距 305×305。

②轻钢龙骨。

定额中按上人型、不上人型 U 形轻钢龙骨以及面层规格 300 mm×300 mm、450 mm×450 mm、600 mm×600 mm 和 600 mm×600 mm 以上共列 16 个子目，另有不上人、上人圆弧形轻钢天棚龙骨 2 个子目，如 16-7 平面天棚龙骨　轻钢龙骨装配式 U 形　不上人型　面层规格 mm　300×300 平面。

③T 形铝合金龙骨。

T 形铝合金龙骨列项方法与轻钢龙骨相同，按上人型和不上人型、面层规格和天棚造型，共列 16 个子目，考虑的面层规格为 300 mm×300 mm、450 mm×450 mm、600 mm×600 mm 和 600 mm×600 mm 以上 4 种，如 16-25 平面天棚龙骨　铝合金龙骨装配式 T 形　不上人型　面层规格 mm　300×300　平面。

④铝合金方板天棚龙骨。

铝合金方板天棚龙骨是专为“方形饰面板”配套使用的龙骨。铝合金方板天棚龙骨按浮搁式和嵌入式、上人型和不上人型列项，共列 4 个子目。另列中龙骨直接吊挂骨架 1 个子目，如 16-41 平面天棚龙骨　铝合金方板天棚龙骨　嵌入式　不上人型。

⑤铝合金条板天棚龙骨。

铝合金条板天棚龙骨是与专用铝合金条板配套使用而设计的一种天棚龙骨形式。条板天棚龙骨的褶边形状按条板的安装方式分为开放型和封闭型两种，相应的天棚便称为开放型(开缝)条板天棚和封闭型(闭缝)条板天棚，定额中单列 1 个子目，如 16-46 平面天棚龙骨　铝合金条板天棚龙骨。

⑥铝合金格片式天棚龙骨。

铝合金格片式天棚龙骨是专与叶片式天棚饰面板配套的一种龙骨。这种天棚也可称为窗叶式天棚，或假格栅天棚。龙骨断面为“Ⅱ”型，褶边轧成三角形缺口卡槽，供卡装格片用。定型产品的卡槽间距为 50 mm，安装时可根据叶片的疏密情况，将叶片按 50 mm、100 mm、150 mm、200 mm 等间距配装，定额按 1000 mm、1500 mm，列 2 个子目，如 16-47 平面天棚龙骨　铝合金格片式天棚龙骨　龙骨中距　1000 mm。

(2)天棚基层

在定额中天棚基层编制了胶合板(厚度 9 mm、12 mm)，木工板(厚度 15 mm、18 mm)，石膏板三种材质，共 5 个子目，如 16-53 天棚基层　石膏板。

(3)天棚面层

随着新工艺、新材料的不断推陈出新，天棚面层材料品种类型很多，定额中分不同品种规格编制了 50 个子目，其中包括胶合板天棚面层(无格式)、胶合板天棚面层(方格式)、胶合板天棚面层(花式)、板条天棚面层、埃特板天棚面层、宝丽板天棚面层、塑料板天棚面层、铝塑板天棚面层、矿棉板天棚面层、硅钙板天棚面层、石膏板天棚面层等。另外定额中还列入了防火板、竹片、镜面玲珑胶板、PVC 扣板、吸音板、铝合金方板、铝板、铝合金条板、铝合金挂片、铝扣板、有机胶片、金属板条、不锈钢镜面板(方形)、嵌入式不锈钢格栅、镜面玻璃、激光玻璃、烤漆玻璃、天棚灯片等，如 16-59 天棚面层　埃特板。

(4)天棚灯槽

天棚灯槽分悬挑式灯槽和附加式灯槽。其中悬挑式灯槽按形状分为直形和弧形，按板面材质不同分为胶合板面和细木工板面，共列 4 个子目，如 16-104 天棚灯槽　悬挑式灯槽　直形　胶合板面。

3. 造型天棚

按天棚龙骨、基层及面层分别列项，便于按不同的设计组合选套定额(图 4-3-2)。

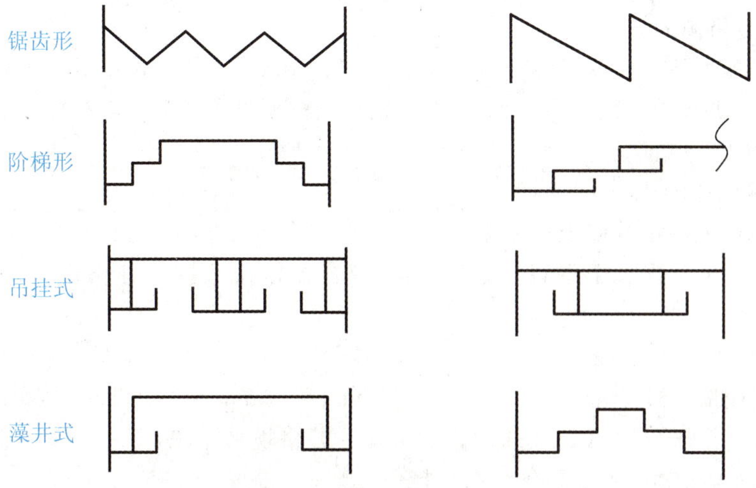

图 4-3-2　造型天棚示意图

(1)天棚龙骨

造型天棚龙骨按材料划分为轻钢龙骨、方木龙骨、方钢管龙骨。其中轻钢龙骨又分为藻井式、吊挂式、阶梯形、锯齿形，方木龙骨分为圆形、半圆形，方钢管龙骨单列1个子目，造型天棚龙骨共列14个子目，如16-108造型天棚龙骨 轻钢龙骨 藻井式 平面 圆弧形。

(2)天棚基层

天棚基层按形式分为藻井天棚、吊挂式天棚、阶梯形天棚、锯齿形天棚，按材料分为胶合板和石膏板两类，共列22个子目，如16-122天棚基层 藻井天棚 胶合板平面圆弧形。

(3)天棚面层

天棚面层按形式分为藻井天棚、吊挂式天棚、阶梯形天棚、锯齿形天棚。藻井天棚按形状分为平面圆弧形、平面矩形、拱形(单曲形)、拱形(双曲形)，按材料分为石膏板、胶合板、金属板。吊挂式天棚按形状分为弧拱形、圆形、矩形，按材料分为石膏板、胶合板、金属板。阶梯形天棚按形状分为直线形和弧线形，按材料分为石膏板、胶合板、金属板。锯齿形天棚按形状分为直线形和弧线形，按材料分为石膏板、胶合板、金属板，共列33个子目，如16-144天棚面层 藻井天棚 平面圆弧形石膏板。

4. 其他天棚

其他天棚定额项目按不同材料类型、规格、不同的安装方法，龙骨(或骨架)、基层、面层综合编制的。另外还编入了送(回)风口、天棚保温吸音层、灯具开孔等定额项目，共列29个子目。

(1)烤漆龙骨天棚

烤漆龙骨天棚共列3个子目，分别为：复合式烤漆T形龙骨吊顶(明架式)、H型矿棉吸音板轻钢吊顶(暗架式)、T形矿棉吸音板轻钢吊顶(暗架式)，如16-177复合式烤漆T形龙骨吊顶明架式。

(2)铝合金格栅天棚

铝合金格栅吊顶天棚按规格分为100 mm×100 mm×4.5 mm和150 mm×150 mm×4.5 mm两种，共设置2个子目，如16-180铝合金格栅吊顶天棚 铝格栅(包括吊配件)规格100×100×4.5 mm。

(3)胶合板格栅天棚

胶合板格栅天棚按井格规格分为100 mm×100 mm×55 mm和200 mm×200 mm×100 mm两种，共设置2个子目，如16-182胶合板格栅天棚 井格规格 100×100×55 mm。

(4)木格栅天棚

木格栅天棚按井格规格分为100 mm×100 mm×55 mm和200 mm×200 mm×100 mm两种，共设置2个子目，如16-184木格栅天棚 井格规格 100×100×55 mm。

(5)金属网架天棚、天棚藤条、织物挂件、软膜天棚

金属网架天棚、天棚藤条、织物挂件、软膜天棚项目共列5个子目，分别为钢网架、

不锈钢钢管网架、藤条造型、软织物、软膜，如 16-186 金属天棚钢网架。

(6)送(回)风口

送(回)风口按材质不同分为硬木和铝合金，共列 4 个子目，如 16-193 铝合金送风口。

(7)天棚保温吸音层

天棚保温吸音层按材质不同分为天棚板面上铺放超细玻璃棉板和天棚板面上铺放泡沫板。按材料厚度不同将天棚板面上铺放超细玻璃棉板划分为 50 mm、75 mm、100 mm、120 mm，将天棚板面上铺放泡沫板划分为 25 mm、50 mm、100 mm、140mm，天棚保温吸音层定额项目共列 8 个子目，如 16-195 天棚保温吸音层　天棚板面上铺放吸音材料　超细玻璃棉板　厚度 50 mm。

(8)灯具开孔

灯具开孔按形式分为格式灯孔和筒灯孔。其中格式灯孔按灯孔周长分为周长 1200 mm 以内和 1200 mm 以外，灯具开孔定额项目共列 3 个定额子目，如 16-203 灯具开孔　格式灯孔　灯孔周长　1200 mm 以内。

4.3.3　定额项目适用范围

1. 天棚普通抹灰

水泥砂浆及水泥石灰膏砂浆底面的混凝土天棚抹灰定额适用于不采用纸筋或麻刀灰浆罩面，质量要求为中级的天棚抹灰工程。

水泥石灰膏砂浆底，纸筋或麻刀灰浆石膏灰浆罩面的混凝土天棚抹灰定额适用于钢筋混凝土的现浇或预制楼板下，质量要求为中级的天棚抹灰工程。

预制板底勾缝定额，适用于在预制楼板下只进行勾缝，不再抹灰的天棚工程。

天棚线条抹灰定额，适用于抹灰天棚上的五道以内的各种形状的装饰线工程。

2. 平面天棚

平面天棚定额项目适用于建筑物各种平面天棚装饰。

3. 造型天棚

造型天棚定额项目适用于建筑物的造型天棚工程。

4. 其他天棚

其他天棚定额项目适用于建筑物采用不同材质、不同构造的天棚做法。

4.3.4　天棚工程工程量计算规则

1. 天棚普通抹灰

天棚抹灰工程量按设计结构尺寸的抹灰面积以平方米计算，应扣除独立柱及与天棚相连窗帘盒的面积，不扣除间壁墙、墙垛、附墙烟囱、检查口和管道所占的面积。带梁天棚、梁两侧抹灰面积，并入天棚抹灰工程量内计算。斜天棚按斜长乘宽度以平方米计算。

天棚抹灰如带有装饰线时，按延长米计算，线数以阳角的道数计算。

檐口、阳台及雨篷的天棚抹灰，并入相应的天棚抹灰工程量内计算。

天棚中的折线、灯槽线、圆弧形线、拱形线等艺术形式的抹灰，按展开面积以平方米计算。

抹灰定额是按手工操作和机械喷涂综合制定的，操作方法不同时不再另行调整。

线条抹灰适用于内外墙抹灰面展开宽度 0.3 m 以内的竖、横线条抹灰及腰线、宣传板边框等。

梁、柱及天棚面涂料按墙面定额人工乘系数 1.2，其他不变。

2. 平面天棚、造型天棚、其他天棚

①天棚龙骨工程量按主墙间设计图示尺寸以平方米计算，不扣除隔断、墙垛、附墙烟囱、检查口和管道所占的面积。

天棚木龙骨按单层双向考虑，设计规格与定额规定不同时，可进行换算。

天棚中吊杆长度是按 800 mm 以内综合考虑的，若设计长度与定额规定不同时，可进行换算。

天棚龙骨的种类、间距、规格及基层、面层的材料品种、规格与设计要求不同时可进行调整。

②天棚面层和基层工程量按主墙间设计图示尺寸的实铺展开面积以平方米计算。不扣除隔断、墙垛、附墙烟囱、检查口和管道所占的面积；扣除独立柱、灯槽和天棚相连的窗帘盒及大于 0.30 m^2 的孔洞所占的面积。

跌级天棚基层、面层人工消耗量系数乘 1.1。

天棚基层为两层时，应分别计算工程量，并套用相应基层定额项目，第二基层的人工消耗量乘系数 0.8。

③平面天棚、造型天棚按龙骨、基层、面层分别编制，其他天棚综合考虑，其他天棚按设计图示尺寸水平投影面积以平方米计算。

④灯槽按延长米计算，平面天棚不包括灯槽制作安装。造型天棚(见图 4-3-2)已包括灯槽制作。

⑤天棚铺设的保温吸音层分不同厚度按实铺面积以平方米计算。

⑥送(回)风口安装按设计图示数量以个计算。

⑦灯具开孔按个计算。

⑧天棚检查口已包括在相应定额项目内，不再另行计算。

4.3.5　典型案例分析

【例 4.3.1】预制钢筋混凝土板底不上人型装配式 U 形轻钢龙骨，间距 450 mm×450 mm，龙骨上铺钉 9 mm 厚胶合板，面层粘贴 6 mm 厚铝塑板，尺寸如图 4-3-3 所示，列项并计算天棚工程量。

【解】需要计算龙骨、基层、铝塑板面层工程量。

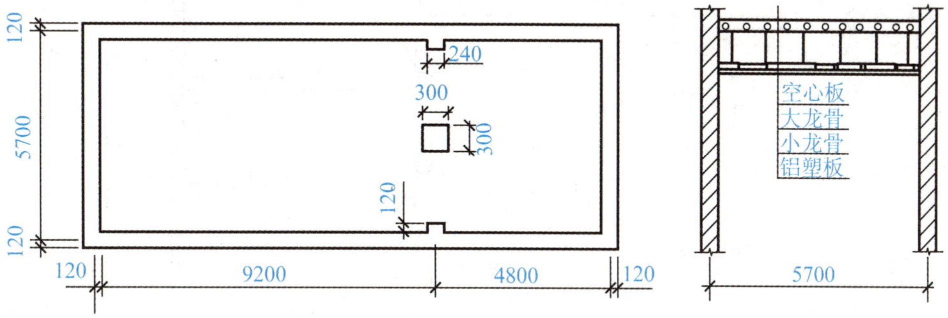

图 4-3-3　吊顶示意图

(1)轻钢龙骨工程量：

$$(14-0.24)\times(5.7-0.24)=75.13\ m^2。$$

(2)基层板工程量：

$$(14-0.24)\times(5.7-0.24)-0.30\times0.30=75.04\ m^2。$$

(3)铝塑板面层工程量：

$$(14-0.24)\times(5.7-0.24)-0.30\times0.30=75.04\ m^2。$$

计算结果见表 4-3-1。

表 4-3-1　定额项目表

序号	定额编号	定额名称	计量单位	工程量
1	16-9	平面天棚龙骨　轻钢龙骨装配式 U 形　不上人型　面层规格 mm　450×450　平面	m^2	75.13
2	14-49	天棚基层　胶合板厚度 9 mm	m^2	75.04
3	16-62	天棚面层　铝塑板贴在基层板下	m^2	75.04

【例 4.3.2】如图 4-3-4 所示，天棚做法：5 mm 厚 1∶3 水泥砂浆打底；5 mm 厚 1∶2.5 水泥砂浆抹面找平；刷白色乳胶漆。列项并计算天棚工程量。

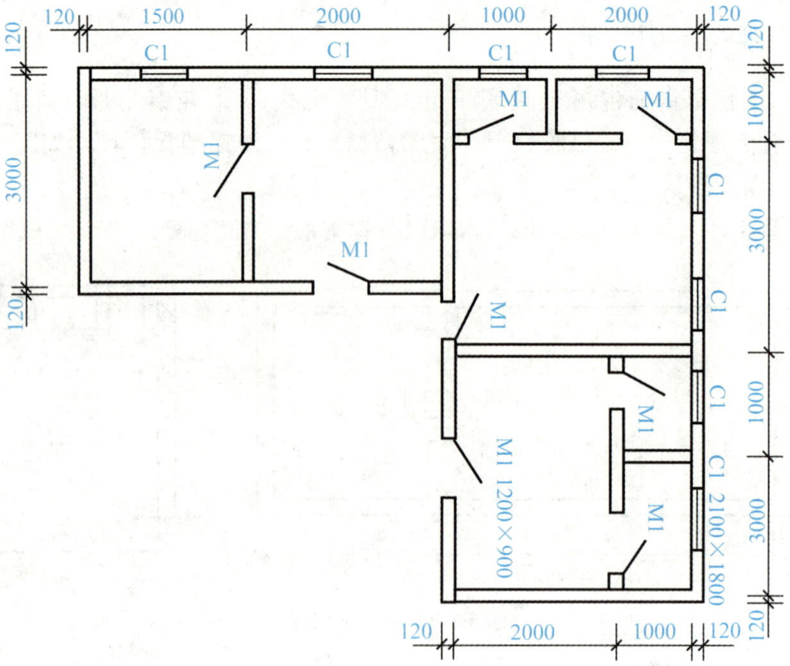

图 4-3-4　某房屋平面示意图

【解】天棚抹灰工程量＝(3.0－0.24)×(1.5－0.24)＋(3.0－0.24)×(2.0－0.24)＋[(1.0－0.24)×(1.0－0.24)＋(2.0－0.24)×(1.0－0.24)＋(3.0－0.24)×(1.0＋2.0－0.24)＋(1.0－0.24)×(1.0－0.24)＋(1.0－0.24)×(3.0－0.24)＋(1.0＋3.0－0.24)×(2.0－0.24)]

＝2.76×1.26＋2.76×1.76＋(0.76×0.76＋1.76×0.76＋2.76×2.76＋0.76×0.76＋0.76×2.76＋3.76×1.76)

＝3.48＋4.86＋(0.58＋1.34＋7.62＋0.58＋2.1＋6.62)

＝27.18 m^2。

天棚乳胶漆工程量＝天棚抹灰工程量＝27.18 m^2。

计算结果见表 4-3-2。

表 4-3-2　定额项目表

序号	定额编号	定额名称	计量单位	工程量
1	12-93	现浇混凝土天棚　水泥砂浆底面	m^2	27.18
2	19-72 换	内墙涂料　乳胶漆抹灰面二遍	m^2	27.18

注：天棚面涂料按墙面定额人工乘系数 1.2。

复习思考题

一、填空题

1. 平面天棚定额项目划分按________、________及________分别列项。

2. 天棚面层在同一标高者为____________，天棚面层不在同一标高但在同一空间者为____________。

3. 平面天棚龙骨分________、________、________等三类。

4. 造型天棚面层按形式分为________、________、________、________。

5. 灯槽按延长米计算，________天棚不包括灯槽制作安装，________天棚已包括灯槽制作。

6. 天棚抹灰工程量按设计结构尺寸的抹灰面积以平方米计算，应扣除________________，不扣除________________。________________，并入天棚抹灰工程量内计算。斜天棚按斜长乘宽度以平方米计算。

二、判断题

1. 檐口、阳台及雨篷的天棚抹灰，并入相应的天棚抹灰工程量内计算。　（　　）

2. 天棚龙骨工程量按主墙间设计图示尺寸以平方米计算，扣除隔断、墙垛、附墙烟囱、检查口和管道所占的面积。　（　　）

3. 灯槽按延长米计算。　（　　）

4. 天棚检查口已包括在相应定额项目内，不再另行计算。　（　　）

5. 其他天棚按设计图示尺寸展开面积以平方米计算。　（　　）

三、单选题

1. 天棚抹灰如带有装饰线时，按延长米计算，线数以（　　）计算。

A. 阳角的道数　　B. 阴角的道数

C. 凸角的道数　　D. 凹角的道数

2. 天棚铺设的保温吸音层分不同厚度按（　　）计算。

A. 实铺面积以平方米　　B. 实铺体积以立方米

C. 以延长米计算　　D. 水平投影面积以平方米

3. 天棚龙骨工程量按（　　）以平方米计算，不扣除隔断、墙垛、附墙烟囱、检查口和管道所占的面积。

A. 墙体之间的设计图示尺寸　　B. 梁之间的设计尺寸

C. 主墙间设计图示尺寸　　D. 实铺面积

4. 天棚中的折线、灯槽线、圆弧形线、拱形线等艺术形式的抹灰，按（　　）以平方米计算。

A. 梁之间的设计尺寸　　B. 墙体之间的设计图示尺寸

C. 主墙间设计图示尺寸　　D. 展开面积

5. 关于天棚装饰工程量计算，说法正确的是（　　）。

A. 灯带（槽）按设计图示尺寸以框外围面积计算

B. 灯带（槽）按设计图示尺寸以延长米计算

C. 送风口按设计图示尺寸以结构内边线面积计算

D. 回风口按设计图示尺寸以面积计算

6. 楼梯底面并入相应的天棚抹灰工程量内计算。混凝土楼梯、螺旋楼梯的底板为斜板时，按其抹灰工程量（　　）。

A. 按水平投影面积乘以 1.5 的系数计算
B. 按垂直投影面积以平方米计算
C. 按斜长乘宽度以平方米计算
D. 按水平投影面积以平方米计算

7. 密肋梁、井字梁、带梁天棚抹灰面积，按(　　)计算，并入天棚抹灰工程量内。

A. 梁侧展开面积　　B. 水平投影面积
C. 主墙间净空面积　　D. 构件截面积

8. 线条抹灰适用于内外墙抹灰面展开宽度(　　)的竖、横线条抹灰及腰线、宣传板边框等。

A. 0.3 m 以上　　B. 0.3 m　　C. 0.3 m 以内　　D. 0.3 m^2 以内

9. 天棚吊顶面层工程量计算中，下面说法正确的是(　　)。

A. 按图示尺寸以水平投影面积计算
B. 主墙间设计图示尺寸的实铺展开面积以平方米计算
C. 扣除间壁墙、检查口、柱垛所占面积
D. 不扣除与天棚相连的窗帘盒所占的面积

10. 平面天棚、造型天棚按(　　)分别编制的。

A. 龙骨、面层　　B. 综合考虑
C. 基层、面层　　D. 龙骨、基层、面层

11. 天棚面层在同一标高者为(　　)。

A. 平面天棚　　B. 跌级天棚　　C. 造型天棚　　D. 其他天棚

12. 天棚面层不在同一标高但在同一空间者为(　　)。

A. 平面天棚　　B. 跌级天棚　　C. 造型天棚　　D. 其他天棚

四、多选题

1. 下列关于天棚装饰装修工程量计算，正确的是(　　)。

A. 天棚抹灰应扣除墙垛、柱所占面积
B. 吊顶天棚灯槽按设计图示以长度计算
C. 送(回)风口安装按设计图示数量以个计算
D. 灯具开孔按个计算
E. 送(回)风口安装按设计图示尺寸以平方米计算

2. 吊顶天棚面层和基层工程量按主墙间设计图示尺寸的实铺展开面积以平方米计算，不扣除(　　)所占的面积。

A. 隔断、墙垛　　B. 附墙烟囱
C. 检查口、管道　　D. 独立柱、灯槽
E. 和天棚相连的窗帘盒

3. 吊顶天棚面层和基层工程量按主墙间设计图示尺寸的实铺展开面积以平方米计算，扣除(　　)所占的面积。

A. 隔断、墙垛　　B. 附墙烟囱

C. 大于 0.30 m^2 的孔洞　　D. 独立柱、灯槽

E. 和天棚相连的窗帘盒

4. 天棚抹灰工程量按设计结构尺寸的抹灰面积以平方米计算，应扣除(　　)所占的面积。

A. 间壁墙、墙垛　　B. 附墙烟囱　　C. 灯槽　　D. 独立柱

E. 和天棚相连的窗帘盒

5. (　　)，并入相应的天棚抹灰工程量内计算。

A. 带梁天棚梁两侧抹灰　　B. 檐口的天棚抹灰

C. 阳台的天棚抹灰　　D. 腰线、宣传板边框抹灰

E. 雨篷的天棚抹灰

6. 甘肃省预算定额中，造型天棚包括(　　)。

A. 锯齿形天棚　　B. 阶梯形天棚

C. 藻井式天棚　　D. 吊挂式天棚

E. 烤漆龙骨天棚

7. 其他天棚包括(　　)。

A. 烤漆龙骨天棚　　B. 铝合金格栅天棚

C. 藻井式天棚　　D. 胶合板格栅天棚

E. 木格栅天棚

五、简答题

1. 天棚抹灰工程量怎样计算?

2. 吊顶天棚工程量怎样计算?

六、综合训练

1. 如图 3-7-20、图 3-7-21 所示，某阶梯教室采用井式楼板，墙厚 300 mm，轴线居中。试计算天棚水泥砂浆抹灰工程量。

2. 某钢筋混凝土天棚如图 4-3-5 所示，已知板厚 100 mm。试计算天棚水泥砂浆抹灰工程量。

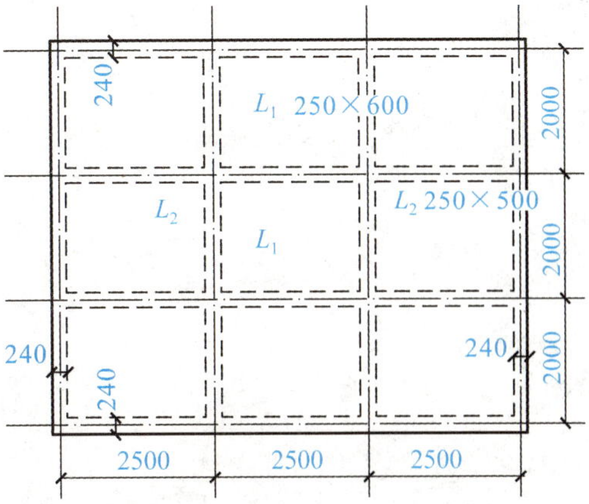

图 4-3-5　天棚示意图

3. 某办公室顶棚吊顶如图 4-3-6 所示，已知顶棚采用不上人型装配式 U 形轻钢龙骨，石膏板面层，面层规格为 600 mm×600 mm，9 mm 厚胶合板基层。试计算吊顶工程量。

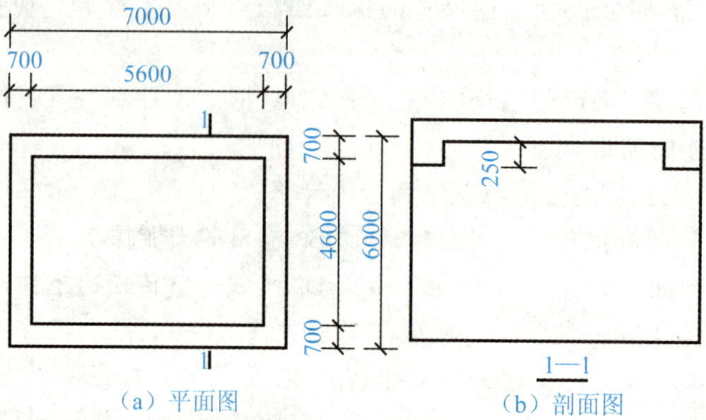

图 4-3-6 吊顶示意图

学习情境3

工程造价的计算

任务5　定额计价法下工程造价的计算

5.1　措施项目费计算

学习目的

通过对措施项目费相关内容的学习，学生体验完成具体工作任务必须依据的规范和原则，感受任务实施对知识、能力、素质的需求，理解完成本项任务的流程，最终能根据《甘肃省建筑与装饰工程预算定额》第二十章措施项目的工程量计算规则，列项并计算各定额措施费的工程量。

知识目标

1. 掌握《甘肃省建筑与装饰工程预算定额》第二十章措施项目包含内容，定额项目适用范围、划分方法及常用定额项目名称、计量单位、工作内容。

2. 掌握《甘肃省建筑与装饰工程预算定额》第二十章措施项目的工程量计算规则。

重点难点

根据施工图纸和施工方案，列项并计算各项定额措施项目的工程量。

措施项目费是指为完成建设工程施工，发生于该工程施工前和施工过程中的技术、生活、安全、环境保护等方面的费用。

措施项目费一般包括两类：一类是可以计算工程量的项目费用(定额措施费)，如模板费、脚手架费、垂直运输费、超高增加费、施工降水排水费及大型机械设备进出场及安拆费；另一类是不能计算工程量的项目费用(费率措施费)，如环境保护费、安全施工费、文明施工费、临时设施费、夜间施工增加费、二次搬运费、冬雨季施工费、已完工程及设备保护费、工程定位复测费、特殊地区增加费。本节主要介绍可以计算工程量的措施项目的工程量计算规则。

5.1.1 模板

模板是保证混凝土浇筑成型的模型，钢筋混凝土结构的模板系统由模板、支架(撑)及紧固件等组成。模板按其功能及用料大致分为：竹(木)胶合板，组合钢模板，钢、木大模板，钢框木(竹)胶合板，塑料模板等。其中竹胶合板因其制作拼装随意，尤适用于浇筑外形复杂的混凝土结构或构件。此外，因竹胶合板导热系数低，混凝土冬季施工时，有一定的保温养护作用。竹胶合板的弯曲性能优于木胶合板，竹胶合板可在一定范围内弯曲，因此可做成不同弧度的曲面模板，高层建筑的弧形、筒仓、水塔，以及桥梁工程的圆形墩柱均可使用。胶合板是国际上用量较大的一种模板材料，也是我国今后具有发展前途的一种新型模板。

甘肃省模板定额工程中，模板子目按构件来进行划分，梁、板、柱、墙等除注明外，均按竹胶合板钢支撑设置，小型构件除注明外均采用钢模板钢支撑。竹胶合板的摊销量是按照平均 5 次进行周转使用来考虑的。

1. 定额项目划分

模板分为现浇构件混凝土模板、预制构件混凝土模板、构筑物模板三部分，共 125 个子目。

(1)现浇构件混凝土模板

按构件名称划分为基础，柱、梁，墙、板，楼梯、台阶及其他四部分。

①基础。

基础划分为带形基础、独立基础、杯形基础、设备基础、满堂基础、独立式桩承台、井桩(桩孔以上)、混凝土垫层等定额项目，如 20-1 现浇构件混凝土模板　带形基础有肋式。

②柱、梁。

柱、梁划分为矩形柱、异形柱、圆形柱、构造柱、柱支撑高度超过 3.6 m 每增加 1 m、基础梁、圈梁(直形)、圈梁(弧形)、矩形单梁、连系梁、过梁、拱形梁、弧形梁、异形梁、梁支撑高度超过 3.6 m 每增加 1 m 等定额项目，如 20-11 现浇构件混凝土模板　矩形柱。

③墙、板。

墙、板划分为电梯井壁，大钢模板墙，直形墙，弧形墙，墙支撑高度超过 3.6 m 每增加1 m，有(无)梁板，平板，拱形板，板支撑高度超过3.6 m每增加1 m，后浇带增加费(地下室底板)，后浇带增加费(梁、板)，后浇带增加费(墙)等定额项目，如20-30 现浇构件混凝土模板　有(无)梁板。

④楼梯、台阶及其他。

楼梯、台阶及其他划分为直形楼梯、弧形楼梯、台阶、线条、扶手、池槽、门框、压顶、挑檐、天沟、直形悬挑板、弧形悬挑板、栏板、地沟、小型构件、升板柱帽、叠合梁等定额项目，如20-37 现浇构件混凝土模板　直形楼梯。

(2)预制构件混凝土模板

预制构件混凝土模板包括桩、柱，梁、屋架，板及其他构件三部分。

①桩、柱。

桩、柱划分为方桩、桩尖、矩形柱、工字柱、双肢柱、围墙柱等定额项目，如20-52 预制构件混凝土模板　方桩。

②梁、屋架。

梁、屋架划分为矩形梁，异形梁，过梁，门窗框，T形吊车梁，托架梁，鱼腹式梁，拱形、梯形、折线形屋架，组合屋架，锯齿形屋架，薄腹梁屋架，门式刚架，天窗架，天窗端壁，檩条、支撑、天窗上下档，管道架等定额项目，如20-62 预制构件混凝土模板　过梁钢模板。

③板及其他构件。

板及其他构件划分为槽形板、肋形板、空心板、平板、大型屋面板、天沟板、挑檐板、地沟盖板、升板、梯段板(实心)、梯段板(空心)、烟道、通风道、池槽、隔板、窗台板等定额项目，如20-82 预制构件混凝土模板　地沟盖板。

(3)构筑物模板(略)

2. 定额项目的适用范围

模板定额项目适用于建筑物、构筑物各构件的模板制作安装和拆除。

3. 工程量计算规则

现浇构件混凝土模板工程量除注明外，均按模板与混凝土接触面积以平方米计算，不扣除柱与梁、梁与梁连接重叠部分和后浇带的面积，后浇带侧面积不增加。

现浇混凝土墙及板上单孔面积在0.30 m^2以内时，不扣除孔洞所占模板面积，孔洞侧壁模板也不增加，单孔面积在0.30 m^2以外时，应扣除孔洞所占模板面积，孔洞侧壁模板应并入墙、板模板面积内计算。

现浇混凝土楼梯模板工程量(包括踏步、休息平台、楼梯与楼层连接梁；不扣除宽度500 mm以内的楼梯井)按设计图示尺寸水平投影面积以平方米计算。梁式楼梯的模板应扣除斜梁的水平投影面积，其斜梁另按矩形单梁定额项目计算。

现浇混凝土悬挑板及台阶的模板工程量均按水平投影面积以平方米计算。台阶与平台连接时，其投影面积应以最上层踏步外沿加0.30 m计算。

无梁楼板的柱帽模板并入楼板模板内计算。

构造柱的模板按下列规定分别计算：凡嵌入墙内的构造柱，其混凝土与砌体间竖向缝隙的宽度在5 cm以内者，按构造柱的支模高度以米计算；构造柱混凝土有一面、二面、三面露明者，或混凝土与砌体间竖向缝隙的宽度在5 cm以外者，应以混凝土与模板接触面积按矩形柱模板定额计算。

大钢模板工程量按墙长乘墙高以平方米计算，不扣除门窗洞口所占模板面积，侧壁也不增加。

地沟模板不分沟底、沟壁均以模板与混凝土接触面积合并计算。

现浇混凝土柱、梁、板、墙的支撑高度(即室外地坪至板底或板面至板底之间的高度)以3.60 m以内为准，超过3.60 m时，应另增加支撑项目，其工程量按超过部分的模板面积计算。当支撑高度超过3.60 m且不足1 m时，仍按相应每增加1 m定额执行。

混凝土线条展开宽度在30 cm以内的模板以延长米计算，30 cm以外的模板面积以平方米计算。

现浇混凝土水塔塔身、水塔水箱、贮水池及化粪池的模板，均按混凝土实体积计算。

液压滑升钢模板施工的烟囱筒身、水塔塔身及贮仓圆形筒仓的模板，均按混凝土实体积以立方米计算。贮仓的顶板、隔离板及非滑模施工的仓壁模板按模板与混凝土的接触面积以平方米计算。

预制混凝土构件模板工程量均按构件实体积以立方米计算。

后浇带模板增加费按延长米计算。

混凝土扶手模板工程量按延长米计算。

砖平碹、砖过梁模板工程量按门窗洞口宽度乘砖平碹、砖过梁宽度以平方米计算。

分格缝模板工程量按单面接触面积以平方米计算。

4. 说明

混凝土散水及垫层的模板按垫层模板计算。

井桩模板用于井口以上外露桩身模板。

砖胎膜按砌体工程中的零星砖砌体项目计算。

地下部分剪力墙模板定额中不包括对拉止水螺栓，发生时应另行计算。

施工实际使用模板与定额不同时，不得调整。

砖平碹、砖过梁模板套用小型构件模板项目计算。

滑模定额项目内已包括了提升支撑杆的用量，设计规定利用支撑杆代替结构钢筋时，应在计算钢筋用量时，扣除支撑杆的质量，需要拔出支撑杆时，其拔杆费用和支撑杆回收费用均不计算。支撑杆的定额用量可按实际调整。

5. 典型案例分析

【例5.1.1】有一室外地沟(具体尺寸如图5-1-1所示)长100 m，盖板为预制，每块板宽0.5 m，厚60 mm。试计算该地沟的模板工程量(已知$H=800$ mm)。

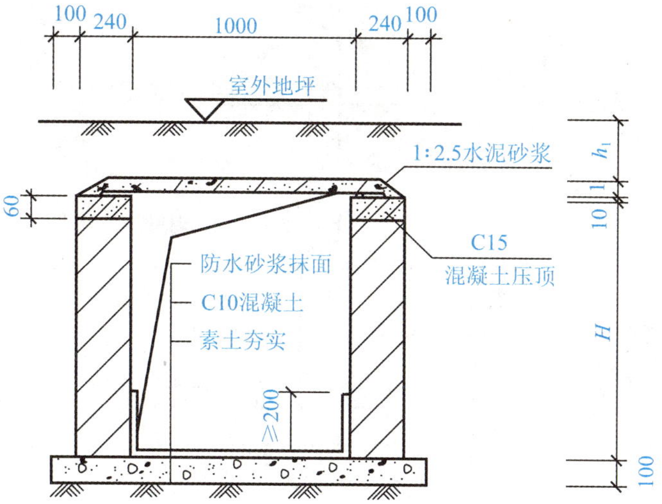

图 5-1-1　室外地沟剖面图

【解】地沟模板工程量应分别计算。

地沟垫层模板工程量＝0.1×100×2＝20 m²。

地沟压顶模板工程量＝0.06×100×4＝24 m²。

预制地沟盖板模板工程量＝(1＋0.12×2)×0.5×0.06×(100÷0.5)＝7.44 m³。

计算结果见表 5-1-1。

表 5-1-1　定额项目表

序号	定额编号	定额名称	计量单位	工程量
1	20-10	现浇构件混凝土模板　混凝土垫层	100 m²	0.20
2	20-43	现浇构件混凝土模板　压顶	100 m²	0.24
3	20-79	预制构件混凝土模板　平板	10 m³	0.744

【例 5.1.2】某现浇钢筋混凝土带形基础如图 5-1-2 所示，长度为 50 m，采用竹胶合板模板钢支撑。试分别计算垫层及带形基础模板定额工程量。

【解】模板工程量按模板与现浇混凝土构件的接触面积计算。

垫层模板工程量＝0.1×50×2＝10 m²。

带形基础模板工程量＝(0.3＋1.2)×50×2＝150 m²。

计算结果见表 5-1-2。

表 5-1-2　定额项目表

序号	定额编号	定额名称	计量单位	工程量
1	20-1	现浇构件混凝土模板　带形基础有肋式	100 m²	1.50
2	20-10	现浇构件混凝土模板　混凝土垫层	100 m²	0.10

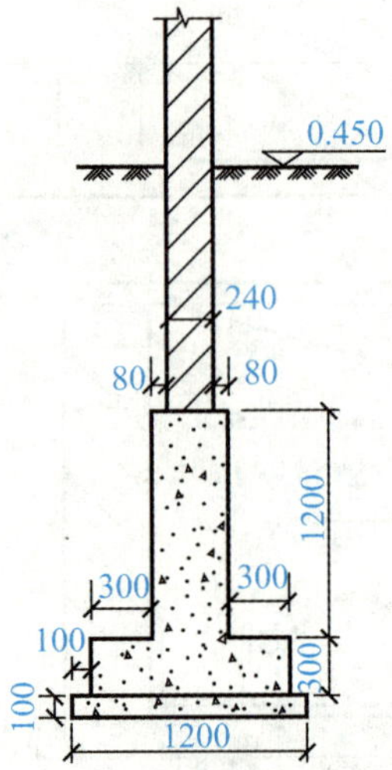

图 5-1-2　钢筋混凝土带形基础示意图

【例 5.1.3】已知某现浇钢筋混凝土墙，墙厚为 200 mm，长度为 50 m，高度为 4.0 m，墙上有一个 2000 mm×1500 mm 的窗洞，采用竹胶合板模板木支撑。试计算该钢筋混凝土墙模板工程量。

【解】现浇钢筋混凝土墙模板工程量按模板与现浇混凝土构件的接触面积计算，单孔面积在 0.30 m^2 以外时，应扣除孔洞所占模板面积，孔洞侧壁模板应并入墙、板模板面积内计算。因支撑高度为 4.0 m>3.6 m，故还应计算支撑超高增加费，当支撑高度超过 3.60 m 且不足 1 m 时，仍按相应每增加 1 m 定额执行。

墙上窗洞面积 $S_1=2\times1.5=3\ m^2>0.3\ m^2$，应扣除。

窗洞侧壁模板面积 $S_2=(1.5+2)\times2\times0.2=1.4\ m^2$。

墙模板工程量 $S=(50\times4-3)\times2+1.4=395.4\ m^2$

墙超高增加$=(4-3.6)\times50\times2=40\ m^2$。

计算结果见表 5-1-3。

表 5-1-3　定额项目表

序号	定额编号	定额名称	计量单位	工程量
1	20-27	现浇构件混凝土模板　墙直形墙	100 m^2	3.954
2	20-29	现浇构件混凝土模板　墙支撑高度超过 3.6 m 每增加 1 m	100 m^2	0.4

【例 5.1.4】某砖混结构房屋底层平面图如图 5-1-3(a)所示，墙厚为 240 mm，轴线居中，现浇混凝土构造柱 GZl 如图 5-1-3(b)所示，采用竹胶合板模板钢支撑。试计算该构造柱模板定额工程量。

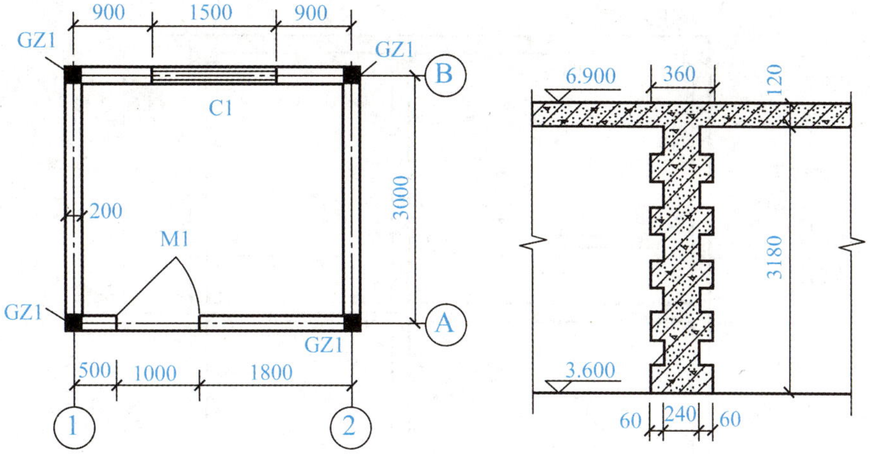

（a）底层平面图　　（b）现浇混凝土构造柱GZ1

图 5-1-3　某砖混结构房屋底层平面图和构造柱

【解】根据施工图，构造柱宽同墙宽(240 mm)，马牙槎宽为 60 mm，构造柱混凝土有一面、二面、三面露明者或混凝土与砌体间竖向缝隙的宽度在 5 cm 以外者，应以混凝土与模板接触面积按矩形柱模板定额计算。

$$构造柱高\ H=6.9-3.6-0.12=3.18\ \text{m}。$$

$$S=[(0.24+0.06)\times 2]\times 3.18\times 4=7.63\ \text{m}^2。$$

计算结果见表 5-1-4。

表 5-1-4　定额项目表

序号	定额编号	定额名称	计量单位	工程量
1	20-11	现浇构件混凝土模板　矩形柱	100 m^2	0.076

【例 5.1.5】某单层现浇框架结构屋面配筋图如图 5-1-4 所示，KZl 为 400 mm×400 mm，基础顶标高为－1.50 m，室外地坪标高为－0.450 m，屋面板的厚度为 120 mm，屋面板板顶标高 4.0 m，采用竹胶合板钢支撑。试分别计算该屋面现浇混凝土梁、板及柱模板的定额工程量。

【解】该屋面现浇混凝土构件包括梁、板。因为梁、板整体浇筑，所以该屋面梁、板的模板应按有梁板计算。

(1)柱模板。

$$S=0.4\times 4\times (1.5+4)\times 6=52.8\ \text{m}^2。$$

柱支撑高度＝4.45 m＞3.6 m，需计算柱支撑高度超过 3.6 m 每增加 1 m 的工程量。

(2)柱超高增加＝$(4.45-3.6)\times 4\times 0.4\times 6=8.16\ \text{m}^2$。

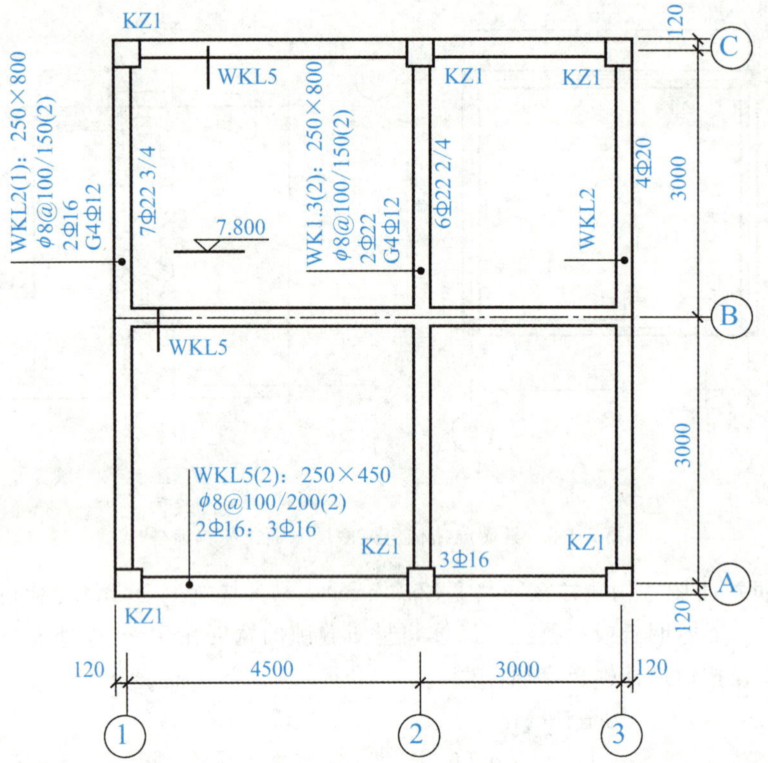

图 5-1-4　某单层现浇框架结构屋面配筋图

(3)有梁板梁模板。

WKL5 侧模工程量$=(4.5+3+0.12\times2-0.4\times3)\times(0.45-0.12+0.45)\times2+(4.5+3+0.12\times2-0.25\times3)\times(0.45-0.12)\times2$

$=10.202+4.613$

$=14.815\ m^2$。

WKL3 侧模工程量$=[3\times2-(0.4-0.12)\times2]\times(0.8-0.12)\times2$

$=7.398\ m^2$。

WKL2 侧模工程量$=(3\times2+0.12\times2-0.4\times2)\times(0.8-0.12+0.8)\times2$

$=16.102\ m^2$。

梁底模＋板底模工程量$=(4.5+3+0.12\times2)\times(3\times2+0.12\times2)=48.298\ m^2$。

合计：有梁板模板工程量$=14.815+7.398+16.102+48.298=86.61\ m^2$。

(4)梁超高增加 WKL5：$(4.5+3+0.12\times2-0.4\times3)\times(0.45-0.12+0.45+0.25)\times2+(4.5+3+0.12\times2-0.25\times3)\times[(0.45-0.12)\times2+0.25]$

$=13.472+6.361$

$=19.833\ m^2$。

WKL3：$(3\times2+0.12\times2-0.4\times2)\times[(0.8-0.12\times2)\times2+0.25]=7.453\ m^2$。

WKL2：$(3+3+0.12\times2-0.4\times2)\times(0.8-0.12+0.8+0.25)\times2=18.822\ m^2$。

梁超高增加$=19.833+7.453+18.822=46.11\ m^2$。

(5)板超高增加$=(4.5-0.13-0.125)\times(3-0.13-0.125)\times2$

$+(3-0.13-0.125)\times(3-0.13-0.125)\times2$

$=23.305+15.07$

$=38.38\ m^2$。

计算结果见表 5-1-5。

表 5-1-5　定额项目表

序号	定额编号	定额名称	计量单位	工程量
1	20-11	现浇构件混凝土模板　矩形柱	100 m^2	0.528
2	20-15	现浇构件混凝土模板　柱支撑高度超过 3.6 m 每增加 1 m	100 m^2	0.082
3	20-30	现浇构件混凝土模板　有梁板	100 m^2	0.866
4	20-33	现浇构件混凝土模板　板支撑高度超过 3.6 m 每增加 1 m	100 m^2	0.384
5	20-24	现浇构件混凝土模板　梁支撑高度超过 3.6 m 每增加 1 m	100 m^2	0.461

【例 5.1.6】某单层建筑施工图如图 5-1-5 所示，内外墙厚均为 240 mm，轴线居中，门窗洞口的尺寸分别为：M1 为 900 mm×2100 mm，M2 为 1200 mm×2100 mm，M3 为 1000 mm×2100 mm，C1 为 1500 mm×1500 mm，C2 为 1800 mm×1500 mm，C3 为 2400 mm×1500 mm。门窗过梁采用预制钢筋混凝土过梁；若门窗洞口的宽度≤1500 mm，其上过梁高度 120 mm，门窗洞口的宽度>1500 mm，其上过梁高度 180 mm；过梁长度为(洞口宽度+500 mm)，过梁宽度等于墙厚，模板采用竹胶合板模板。试计算该工程预制过梁模板定额工程量。

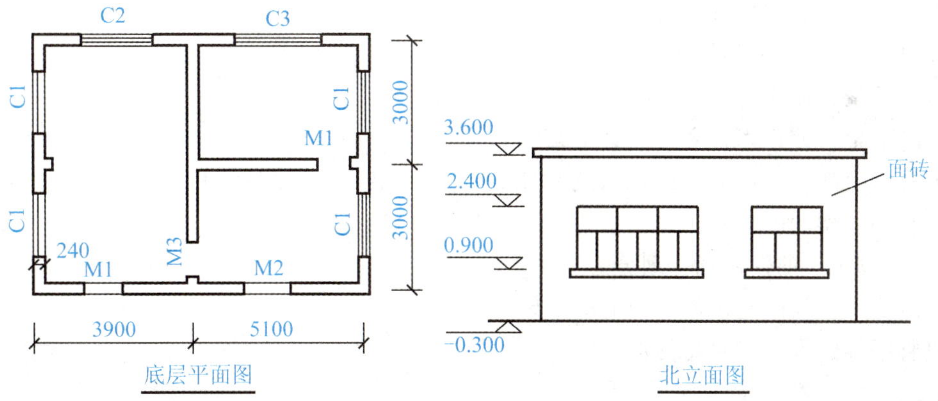

图 5-1-5　某单层建筑施工图

【解】根据定额规定，预制钢筋混凝土构件模板工程量均按混凝土实体体积以立方米计算。

$$V=[(0.9+0.5)\times2+(1.2+0.5)+(1+0.5)+(1.5+0.5)\times4]\times0.12\times0.24+[(1.8+0.5)+(2.4+0.5)]\times0.18\times0.24=0.63\ m^3。$$

计算结果见表 5-1-6。

表 5-1-6 定额项目表

序号	定额编号	定额名称	计量单位	工程量
1	20-62	预制构件混凝土模板 过梁钢模板	m^3	0.63

5.1.2 脚手架

1. 脚手架的分类

(1)按脚手架的用途划分

操作脚手架：为施工操作提供高处作业条件的脚手架，包括结构作业脚手架和装修作业脚手架。

防护用脚手架：只作为安全防护的脚手架，包括各种护栏、棚架。

承重、支撑用脚手架：用于材料转运、存放、支撑以及其他承载用途的脚手架，如受料台、转运栈桥(平台)、模板支撑等。

(2)按脚手架的设置形式划分

单排脚手架：只有一排立杆的脚手架，其横向平杆的另一端搁置在墙体结构上。

双排脚手架：具有两排立杆的脚手架。

满堂脚手架：按施工作业范围满设的、两个方向各有 3 排以上立杆的脚手架。

特形脚手架：具有特殊平面和空间造型的脚手架，如用于烟囱、水塔、冷却塔以及其他圆形、环形、多边形和上扩、上缩等特殊形式的脚手架。

(3)按脚手架的材料划分

竹脚手架：使用竹竿搭设的脚手架。

木脚手架：使用木杆搭设的脚手架。

钢管脚手架：使用钢管或钢管构件搭设的脚手架。钢管脚手架按连接形式可分为扣件式钢管脚手架和碗扣式钢管脚手架。

(4)按脚手架的使用场合划分

外脚手架：设于建筑场外部的脚手架。

里脚手架：设于建筑物内部的脚手架。

2. 定额项目划分

脚手架定额项目包括综合脚手架和单项脚手架两部分，共 83 个子目。凡能计算建筑面积的，执行综合脚手架定额，凡不能计算建筑面积的，执行单项脚手架定额。

(1)综合脚手架

综合脚手架按高度划分为高度在 6 m 以内、12 m 以内、15 m 以内、20 m 以内、30 m 以内、40 m 以内、50 m 以内、60 m 以内、70 m 以内、80 m 以内、90 m 以内、100 m 以内、110 m 以内、120 m 以内、130 m 以内、140 m 以内、150 m 以内、160 m 以内、170 m 以内、180 m 以内、190 m 以内、200 m 以内，另外还设置了 200 m 以上每增加 10 m、综合脚手架增加费定额子目。例如，20-129 综合脚手架　高度 20 m 以内。

(2)单项脚手架

单项脚手架划分为外脚手架、里脚手架、架空通道、满堂脚手架、悬空脚手架、依附斜道、单独斜道、烟囱脚手架、电梯井字架、悬挑脚手架、挑脚手架、内墙面粉饰脚手架、吊篮脚手架、电动吊篮、活动脚手架等定额项目。例如，20-154 外脚手架　搭设高度 50 m 以内　双排。

其中外脚手架分为单排和双排两种，单排外脚手架设置搭设高度 15 m 以内 1 个子目，双排外脚手架定额项目按搭设高度分为 24 m 以内、30 m 以内、50 m 以内、70 m 以内、90 m 以内、110 m 以内 6 个子目。

里脚手架分为砌筑架高度 3.6 m 以内、3.6 m 以上 2 个子目。

架空通道设置高度在 3 m 以内 1 个子目。

满堂脚手架设置基本层和增加层 2 个子目。

悬空脚手架单列 1 个子目。

依附斜道按斜道高设置不同列 8 个子目。

单独斜道按斜道高设置不同列 8 个子目。

电梯井字架按搭设高度不同分列 7 个子目。

悬挑脚手架单列 1 个子目，挑脚手架单列 1 个子目。

内墙面粉饰脚手架(高度在 3.6 m 以上)按高度设置 6 m 以内、10 m 以内、20 m 以内 3 个子目。

吊篮脚手架按搭设高度设置高度在 30 m 以内和 80 m 以内 2 个子目。

电动吊篮(外墙装饰面)单列 1 个子目。

活动脚手架设置墙柱面活动脚手架和天棚活动脚手架 2 个子目。

3. 定额项目适用范围

脚手架定额项目适用于建筑物、构筑物的脚手架搭拆。

4. 工程量计算规则

(1)综合脚手架

凡能计算建筑面积的，执行综合脚手架定额。

综合脚手架工程量，按建筑物的总建筑面积以平方米计算。

建筑物层高超过 4.50 m 时，可按建筑面积另行计算综合脚手架增加费。

(2)单项脚手架

凡不能计算建筑面积的，执行单项脚手架定额。

外脚手架、吊篮脚手架工程量按外墙外边线长度乘设计室外地坪至外墙顶的高度以平方米计算，不扣除门窗洞口、空圈等所占的面积。突出墙外面宽度在 24 cm 以内的墙垛、附墙烟囱等不展开计算，宽度超过 24 cm 时按图示尺寸展开计算，并入外脚手架工程量。同一建筑物各墙面的高度不同，且不在同一定额步距内时，应分别计算工程量。

里脚手架工程量按墙面垂直投影面积以平方米计算。

独立柱按单排外脚手架定额项目计算，其工程量按图示柱结构外围周长另加 3.60 m 乘高度以平方米计算。

室内天棚装饰面距设计室内地坪在 3.60 m 以上时，应计算满堂脚手架，计算满堂脚手架后，墙面装饰工程则不再计算脚手架费用。满堂脚手架工程量按室内净面积以平方米计算，其高度为 3.60～5.20 m 时，计算基本层，超过 5.20 m 时，每增加 1.20 m 按增加一层计算，不足 0.60 m 的不作为一个增加层计算。增加层计算式为：满堂脚手架增加层数=[室内净高度－5.20(m)]/1.20(m)。计算结果如果是小数，采用四舍五入的方法取整。

架空通道工程量按搭设长度以延长米计算。

悬空脚手架工程量按搭设水平投影面积以平方米计算。

斜道工程量按不同高度以座计算。

烟囱及水塔脚手架工程量按筒径和高度以座计算。

电梯井脚手架工程量按单孔以座计算。

悬挑脚手架工程量按搭设面积以平方米计算。

内墙面粉饰脚手架，按内墙面垂直投影面积以平方米计算，不扣除门窗洞口的面积。

外墙电动吊篮、电动桥式、升降式、盘销式脚手架工程量按外墙垂直投影面积以平方米计算。

独立柱装饰脚手架，按柱周长加 3.60 m 乘高度以平方米计算。

挑脚手架工程量按搭设长度以延长米计算。

5. 说明

同一建筑物高度不同时，应按不同高度分别计算。

外脚手架单排、双排按以下规则取定：高度在 15 m 以下的按单排脚手架计算；高度在 15 m 以上的或砌筑高度虽不足 15 m，但外墙门窗及装饰面积超过外墙表面积 60%时，按双排脚手架计算。

外脚手架定额中综合了上料平台、护卫栏杆等。

烟囱脚手架综合了垂直运输架、斜道、缆风绳、地锚等。

滑升模板施工的钢筋混凝土烟囱筒身、水塔塔身及筒仓，不得再计算脚手架。

砌筑贮仓，按双排外脚手架计算。

贮水(油)池池壁高度超过 1.20 m 时，应按里脚手架计算；水池内池顶及池壁抹面应按满堂脚手架计算，其池壁抹面不得再计算脚手架。

钢结构工程脚手架按单项脚手架计算。

护坡脚手架按双排脚手架计算。

墙、柱、天棚高度在 3.60 m 以下时套用活动脚手架定额项目。

内墙面有装饰饰面层时，其脚手架按装饰用外脚手架相应定额项目计算。

适用于单独承包装饰工程需重新搭设的脚手架按相应定额计算。

6. 典型案例分析

【例 5.1.7】某建筑的平面图及正立面图如图 5-1-6 所示，屋面板厚为 120 mm，墙厚为 200 mm，轴线居中，层高 3.6 m，施工时采用钢管扣件式脚手架。①试计算该建筑综合脚手架的定额工程量。②试分别计算该建筑单项脚手架的定额工程量。

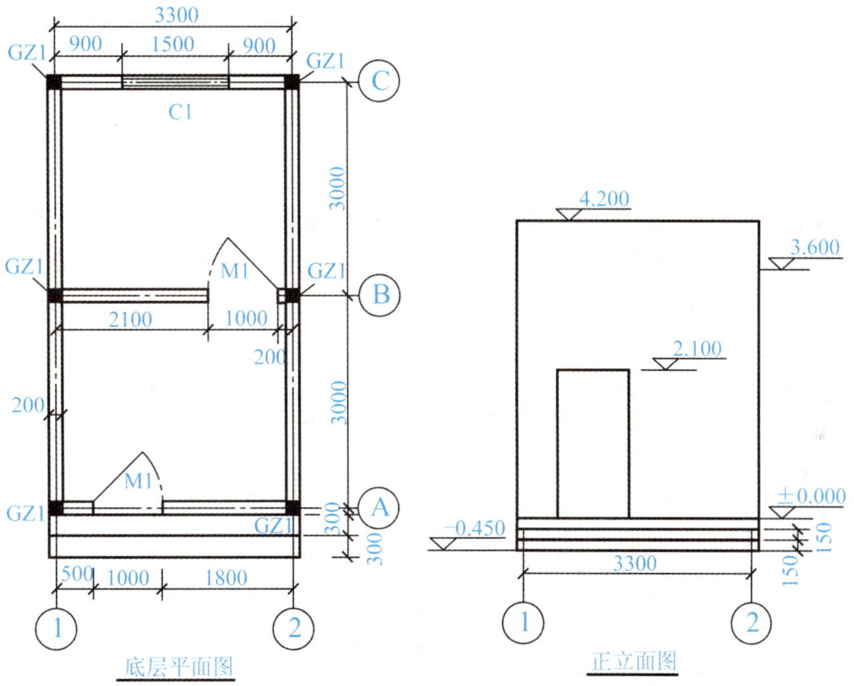

图 5-1-6　某建筑的平面图及正立面图

【解】(1)综合脚手架的定额工程量。

凡能计算建筑面积的，执行综合脚手架定额。综合脚手架工程量，按建筑物的总建筑面积以平方米计算。

综合脚手架工程量＝(3.3＋0.1×2)×(3＋3＋0.1×2)＝21.7 m^2。

计算结果见表 5-1-7。

表 5-1-7 定额项目表

序号	定额编号	定额名称	计量单位	工程量
1	20-126	综合脚手架 高度 6 m 以内	10 m^2	2.17

(2)该建筑依单项脚手架列项，应列外脚手架、里脚手架两项，高度在 15 m 以下的按单排脚手架计算。

外脚手架工程量＝(3.3＋0.1×2＋3×2＋0.1×2)×2×(4.2＋0.45)＝90.21 m^2。

只有Ⓑ为内墙，则：

里脚手架工程量＝(3.3－0.1×2＋3－0.1×2)×2×(3.6－0.12)×2＝82.13 m^2。

计算结果见表 5-1-8。

表 5-1-8 定额项目表

序号	定额编号	定额名称	计量单位	工程量
1	20-150	外脚手架 搭设高度 15 m 以内 单排	10 m^2	9.021
2	20-158	里脚手架 砌筑架 3.6 m 以内	10 m^2	8.213

【例 5.1.8】某建筑单层工业厂房的层高为 9 m，建筑面积为 800 m^2，室内净面积为 750 m^2，采用钢管扣件式脚手架。试计算该建筑满堂脚手架定额工程量。

【解】满堂脚手架工程量计算：根据计算规则，其高度为 3.60～5.20 m 时，计算基本层，超过 5.20 m 时，每增加 1.20 m 按增加一层计算，不足 0.60 m 的不作为一个增加层计算。因为层高为 9 m＞3.6 m，故应计算满堂脚手架的基本层和增加层。

满堂脚手架基本层工程量＝室内净面积＝750 m^2。

满堂脚手架增加层的层数 N＝(9－5.2)/1.2≈3.17，按照四舍五入取整数，取 3 个增加层，满堂脚手架增加层工程量＝750×3＝2250 m^2。

计算结果见表 5-1-9。

表 5-1-9 定额项目表

序号	定额编号	定额名称	计量单位	工程量
1	20-161	单项脚手架 满堂脚手架基本层	m^2	750
2	20-162	单项脚手架 满堂脚手架增加层	m^2	2250

5.1.3 垂直运输

1. 定额项目划分

垂直运输分为建筑垂直运输和装饰垂直运输，其中建筑垂直运输 192 个子目，装饰垂直运输 37 个子目，共设置 229 个子目。

(1)建筑垂直运输

建筑垂直运输分为檐高 20 m 以下卷扬机施工、檐高 20～30 m 卷扬机施工、檐高

20 m以下塔式起重机施工、檐高20 m以上塔式起重机施工、构筑物垂直运输等几部分。

①檐高20 m以下卷扬机施工。

以砌体结构、框架结构两种不同结构的住宅、教学及办公用房、医院、宾馆、图书馆、影剧院、商场、多层厂房、科研用房及其他服务用房(指城镇、街道、居民区具有较小规模综合服务功能的设施，其建筑面积不超过1000 m^2，层数不超过三层的建筑，如副食店、百货店、饮食店等)等零星建筑划分定额项目。对单层厂房按砌体结构、框架结构、排架结构等三种结构划分定额项目(预制钢筋混凝土柱、钢屋架的单层厂房按预制排架定额计算)，共设置22个子目，如20-29　檐高20 m以下卷扬机施工　住宅砌体结构。

②檐高20～30 m卷扬机施工。

以框架结构的住宅、教学及办公用房、医院、宾馆、图书馆、影剧院、商场、多层厂房、科研用房及其他划分定额项目，共设置7个子目，如20-231　檐高20～30 m卷扬机施工　住宅框架结构。

③檐高20 m以下塔式起重机施工。

以砌体结构、框架结构、其他结构等不同结构的住宅、教学及办公用房、医院、宾馆、图书馆、商场、多层厂房、科研用房及其他划分定额项目。另外，定额中还列入了砌体结构和框架结构的影剧院定额项目，共设置20个子目，如20-238　檐高20 m以下塔式起重机施工　住宅砌体结构。

④檐高20 m以上塔式起重机施工。

按建筑物不同檐高、不同层数、不同结构形式、不同用途来划分定额项目，共设置133个子目，如20-258　檐高20 m以上塔式起重机施工　住宅框架及框剪结构檐高30 m以内　层数7～10。

垂直运输定额项目划分是以建筑物的檐高及层数两个指标界定的，凡檐高达到上限而层数未达到时，以檐高为准；如层数达到上限而檐高未达到时以层数为准。

⑤构筑物垂直运输。

构筑物垂直运输定额项目共设置10个子目。

(2)装饰垂直运输

装饰垂直运输分为机械垂直运输、人工垂直运输两部分。

①机械垂直运输。

机械垂直运输是以建筑物檐高及垂直运输高度按多层和单层建筑物配备不同的垂直运输机械来分项的。

多层建筑物。多层建筑物机械垂直运输以间距20 m的垂直运输高度并按20 m、40 m、60 m、80 m、100 m、120 m、200 m的不同建筑物檐高划分定额项目，共31个子目，如20-401　多层建筑物　建筑物檐高20 m以内　垂直运输高度20 m以内。

单层建筑物。单层建筑物机械垂直运输按20 m以内和20 m以外的建筑物檐高划分定额项目，共2个子目，如20-433　单层建筑物　建筑物檐高20 m以外。

②人工垂直运输。

人工垂直运输按建筑物层数及高度设置3层(10 m以内)、3～6层(20 m以内)、6～9

层(30 m 以内)、每增一层 4 个子目，如 20-435　人工垂直运输 3～6 层(20 m 以内)。

人工垂直运输定额项目工作内容包括各种材料垂直运输。

2. 定额项目的适用范围

垂直运输定额项目适用于建筑物、构筑物的建筑和装饰工程垂直运输。

3. 工程量计算规则

住宅、教学及办公用房、医院、宾馆、图书馆、影剧院、商场、厂房、科研用房及其他建筑物的垂直运输工程量，按建筑面积以平方米计算。

烟囱、水塔、筒仓的垂直运输工程量按不同高度以座计算。

装饰楼面(包括楼层所有装饰工程量)，按不同的垂直运输高度(单层建筑物系檐口高度)的装饰楼层工程的定额工日，分别计算。

4. 调整系数

由一个施工单位总承包的单位工程均应执行垂直运输定额。有若干个施工单位分别承包建筑工程和装饰装修工程时，其装饰装修工程垂直运输工程量按装饰工程措施费定额项目执行；其建筑垂直运输工程量则按表 5-1-10 至表 5-1-13 调整。

表 5-1-10　檐高 20 m 以下卷扬机施工

结构类型		混合结构	框架结构	预制排架
调整系数/%	住宅	74.68	80.68	
	教学及办公用房	75.61	79.59	
	医院、宾馆、图书馆	76.85	80.39	
	影剧院	83.74	84.37	
	商场	66.99	67.50	
	多层厂房	76.85	85.34	
	科研用房及其他	77.35	78.17	
	多层厂房	75.44	80.89	80.79

表 5-1-11　檐高 20～30 m 卷扬机施工

结构类型		混合结构	框架结构
调整系数/%	住宅	80.40	79.94
	教学及办公用房	81.13	80.38
	医院、宾馆、图书馆	79.08	81.08
	影剧院	83.74	84.37
	商场	69.37	68.44
	多层厂房	80.62	79.43
	科研用房及其他	76.25	81.98

表 5-1-12 檐高 20 m 以下塔式起重机施工

结构类型		混合结构	框架结构	预制排架
调整系数/%	住宅	74.68	80.68	71.43
	教学及办公用房	75.61	79.59	74.36
	医院、宾馆、图书馆	76.85	80.39	79.31
	影剧院	83.74	84.37	
	商场	66.99	67.50	63.45
	多层厂房	76.85	85.34	86.84
	科研用房及其他	77.35	78.17	77.78

表 5-1-13 檐高 20 m 以上塔式起重机施工

结构类型		框架及框剪结构	剪力墙结构	框剪及剪力墙结构	其他结构
调整系数/%	住宅	79.73	70.46		75.87
	教学及办公用房	78.99			74.01
	医院、宾馆、图书馆	80.91	77.25		80.99
	影剧院	86.26			
	商场	69.01			64.79
	多层厂房	78.52			84.50
	科研用房及其他	80.47			80.16
	综合楼	76.29		72.58	

定额中框架结构指柱、梁全部为现浇的钢筋混凝土框架结构。柱、梁及楼板全部现浇时，按框架结构定额乘系数 1.04；柱、梁部分现浇时按框架结构定额乘系数 0.96。

定额是按Ⅰ类厂房为准编制的，Ⅱ类厂房按厂房定额乘系数 1.09。Ⅰ类厂房指机械加工，机械维修，五金缝纫，一般纺织(粗纺、制条、洗毛等)及无特殊要求的车间。Ⅱ类厂房指厂房内设备基础及工艺要求较复杂，建筑设备标准较高的车间，如铸造、锻压、电镀、酸碱、电子、仪表、手表、电视、医药、食品等车间。

5. 说明

垂直运输定额项目是在合理工期内完成全部工程项目所需的垂直运输机械台班。

同一建筑物多种用途或多种结构，按不同用途或结构分别计算。

室外地坪至檐口标高 3.60 m 以内的单层建筑，不计算垂直运输。

构筑物高度超过定额规定高度时，再按每增高 1 m 定额项目计算，其高度不足 1 m 时，亦按 1 m 计算。

垂直运输定额是按泵送混凝土编制的，实际采用现场搅拌混凝土不泵送时，应按相应定额项目乘表 5-1-14 系数计算。

表 5-1-14　现场搅拌混凝土系数表

结构形式	系数
砌体结构	1.09
框架(剪)结构、剪力墙结构	1.15
其他结构	1.03

装饰工程一层超过 3.60 m，或地下室超过两层时，可计取垂直运输费。

原有建筑二次装饰可以利用原有建筑物电梯时，其垂直运输按实计算。

5.1.4　超高增加费

建筑工程的设计室外地坪至屋面檐口顶面或屋面女儿墙、栏杆及栏板顶面的高度超高 20 m(不包括 20 m)时，方可计算建筑工程超高费。突出屋面的楼梯间、电梯间、水箱间、塔楼及瞭望台等不作为超高高度计算。

1. 定额项目划分

超高增加费定额项目分为建筑超高增加费和装饰超高增加费，共设置 59 个子目。

(1)建筑超高增加费

建筑超高增加费是按超高部分无建筑面积和超高部分有建筑面积分项的。

超高部分无建筑面积的，按高度在 20 m 以上至屋面檐口顶面或女儿墙、栏杆及栏板顶面以下的高度大于 1 m 小于 2 m 和大于 2 m 分项，共 2 个子目。例如，20-438　建筑物高度大于 1 m 小于 2 m；20-439　超高部分无建筑面积　建筑物高度 20 m 以上至屋面檐口顶面或女儿墙、栏杆及栏板顶面大于 2 m。

超高部分有建筑面积按建筑物高度在 20 m 以上至 200 m 以下分项，每 10 m 一个步距，共 18 个子目，如 20-440　超高部分有建筑面积　建筑物高度 30 m 以内。

(2)装饰超高增加费

装饰超高增加费是按多层建筑物、单层建筑物、建筑物超高加压水泵台班来划分的。

多层建筑物是按建筑物檐高分项的，从 30 m 至 200 m，每 10 m 一个步距，共设置 18 个子目。

单层建筑物按建筑物檐高分项，分为檐高 30 m 以内、40 m 以内、50 m 以内，共设置 3 个子目。

建筑物超高加压水泵台班按建筑物檐高分项，从 30 m 至 200 m，每 10 m 一个步距，共设置 18 个子目。

2. 定额项目的工作内容

(1)建筑超高增加费

建筑超高增加费定额项目工作内容均包括人工降效、脚手架使用延长增加摊销量和脚手架超高加固，水压不足所发生的加压用水泵台班。

(2)装饰超高增加费

多层建筑物装饰超高增加费和单层建筑物装饰超高增加费定额项目的工作内容均包括：工人上下班降低功效、上楼工作前休息及自然增加的时间；由于人工降效引起的机械降效。

建筑物超高加压水泵台班。建筑物超高加压水泵台班定额项目的工作内容包括由于水压不足所发生的加压用水泵台班。

3. 定额项目的适用范围

超高增加费定额项目适用于建筑物、构筑物高度超高 20 m 的增加费用计算。

4. 工程量计算规则

建筑工程超高费应以建筑物高度 20 m 以上部分的建筑面积计算。当建筑物高度在 20 m 以上至屋面檐口顶面或屋面女儿墙、栏杆及栏板顶面以下的高度大于 1 m 没楼层无建筑面积可算时按顶层建筑面积计算。

建筑工程的设计室外地坪至屋面檐口顶面或屋面女儿墙、栏杆及栏板顶面的高度超高 20 m(不包括 20 m)时，方可计算建筑工程超高费。突出屋面的楼梯间、电梯间、水箱间、塔楼及瞭望台等不作为超高高度计算。

超高部分有高有低时，应按不同高度划分建筑面积，当高度超过 20 m 时，套用相应子目计算。

装饰工程超高费应以人工、机械降效系数进行计算，其人工、机械降效按装饰工程直接工程费的人工费、机械费之和乘定额系数计算，不包括各项脚手架和垂直运输中的人工费、机械费。

装饰工程建筑物施工用水加压增加的水泵台班，按±0.00 m 以上的建筑面积以平方米计算。

5. 说明

建筑物高度在 20 m 以上至屋面檐口顶面或屋面女儿墙、栏杆及栏板顶面以下的高度小于 1 m 时不计算超高费。

同一建筑物檐高不同时，按不同檐高的建筑面积，分别按相应项目计算。

计算超高费用时，包括建筑物的全部工程项目，不包括各类构件的水平运输、措施项目中的垂直运输及各项脚手架。

建筑超高增加费所发生的停滞台班费，按《甘肃省建筑与装饰工程预算定额》计价附录中的停滞台班计算。

6. 典型案例分析

【例 5.1.9】某宾馆为柱、梁、板现浇的框架结构，如图 5-1-7 所示，空白部分为 30 层，建筑面积 15000 m^2，阴影部分 5 层，建筑面积 5000 m^2，混凝土采用泵送，由某建筑工程公司承担主体工程，某装饰工程公司全部承担装饰工程，该工程主楼与裙楼层高相同。试计算建筑工程公司计取的垂直运输费用和超高增加费。(以兰州为例)

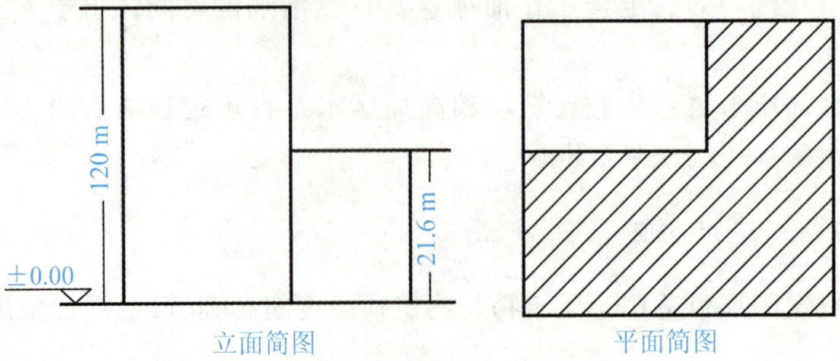

图 5-1-7　某建筑立面及平面简图

【解】(1)垂直运输费用＝垂直运输工程量×地区基价

＝(15000＋5000)×80.91%×1.04×地区基价[20-305]

＝16829.28×121.34

＝2042064.84 元。

(2)超高增加费：层高＝120÷30＝4 m。

不超高层数＝20÷4＝5 层。

空白部分超高面积＝15000－(15000÷30)×5＝12500 m^2。

阴影部分无超高面积，但由室内地坪至屋顶已 21.6 m，可按顶层面积计算。

超高增加费＝12500×地区基价[20-449]＋(5000÷5)×地区基价[20-438]

＝12500×60.5＋1000×3.05

＝756250＋3050

＝759300 元。

计算结果见表 5-1-15。

表 5-1-15　定额项目表

序号	定额编号	定额名称	计量单位	工程量(含税)
1	20-305	檐高 20 m 以上塔式起重机施工　医院、宾馆、图书馆框架及框剪结构檐高 120 m 以内层数 35～37	元	2042064.84
2	20-438	建筑物高度大于 1 m 小于 2 m	元	3050
3	20-449	超高部分有建筑面积　建筑物高度 120 m 以内	元	756250

5.1.5　施工降水排水

1. 定额项目划分

施工降水排水分为抽水机降水和管井降水两部分，共设置 6 个子目。

(1)抽水机降水

抽水机降水按降水深度设置 1 m 以内、2 m 以内、3 m 以内 3 个子目，如 20-499　抽水机降水　降水深度 3 m 以内。

(2)管井降水

管井降水按施工工艺分为机械成孔和抽水使用。其中机械成孔设置管井深度 7.5 m 以内和管井深度每增减 2.5 m 两个定额子目，抽水使用(每昼夜)单列 1 个子目，共设置 3 个子目。例如，20-500　管井降水　机械成孔管井深度 7.5 m 以内。

2. 定额项目的适用范围

施工降水排水定额项目适用于建筑物、构筑物施工中的降水、排水。

3. 工程量计算规则

抽水降水按不同深度按槽底面积以平方米计算。

管井降水以每口井为单位计算，使用按每昼夜计算。

管井深度以 7.5 m 为准计算，小于 7.5 m 或大于 7.5 m 时，小于部分或大于部分按每增减 2.5 m 为单位计算。

4. 说明

每昼夜以 24 时计算，使用天数按施工组织设计的天数计算，工程结算时，按实际调整。

降水管井是按钢筋混凝土管编制的，实际采用不同时可进行换算。

管井成孔的土壤类别是综合确定的，无论实际是几类土壤，仍按定额执行。

5.1.6　大型机械设备进出厂及安拆费

大型机械设备进出厂及安拆费指《甘肃省施工机械台班地区基价》说明中第五条规定的关于地区基价内单独计算的费用，具体包括以下费用。

1. 塔式起重机的基础费用

塔式起重机基础及轨道安拆费中轨道以直线为准。

固定式基础未考虑打桩。

定额未包括轨道和枕木之间增加其他型钢或钢板的轨道、自升式塔式起重机行走轨道、不带配重的自升式塔式起重机固定式基础、施工电梯和混凝土搅拌机的基础。

2. 机械安拆费

安装拆卸费用中包括机械安装后的试运转费用。

安装拆卸费用中自升式塔式起重机是以塔高 45 m 确定的。

3. 场外运输费

场外运输费已包括机械的回程费用。

场外运输费为运距 25 km 以内的机械进出场费用。

以塔式起重机为例，基础费用、安拆费、场外运输费如表 5-1-16 所示。

表 5-1-16　甘肃省施工机械台班地区基价(节选)　　单位：元

定额编号	定额项目	兰州(含税)	定西(含税)	天水(含税)	平凉(含税)
9946221	塔式起重机每次安拆费起重力矩 60 kN・m	10251.19	10260.93	10256.52	10265.34
9946231	塔式起重机每次安拆费起重力矩 80 kN・m	14811.11	14822.05	14816.00	14827.22
9946241	塔式起重机每次安拆费起重力矩 150 kN・m	34018.83	34043.02	34036.60	34053.10
9946251	塔式起重机每次安拆费起重力矩 250 kN・m	101704.56	101777.13	101761.96	101811.46
9946381	塔式起重机每次场外运费起重力矩 250 kN・m 内	33358.25	33640.96	33528.88	33665.00
9946371	塔式起重机每次场外运费起重力矩 150 kN・m 内	21397.56	21586.68	21511.30	21603.39
9946351	塔式起重机每次场外运费起重力矩 60 kN・m 内	11713.98	11725.11	11714.04	11736.03
9946361	塔式起重机每次场外运费起重力矩 80 kN・m 内	15006.20	15104.23	15063.11	15115.90
9946391	自升式塔式起重机每次场外运费	27067.50	27089.93	27067.62	27112.00
9946521	塔式起重机固定基础带配重	6638.06	6346.55	6688.91	6151.69
9946531	塔式起重机轨道基础	296.75	298.09	297.12	292.50

【例 5.1.10】某工程采用塔式起重机(起重力矩 80 kN・m 内)作为垂直运输机械，固定基础。试计算其大型机械设备进出厂及安拆费。(兰州地区)

【解】塔式起重机需计算基础费用、安拆费、场外运输费。

基础费用＝6638.06 元。

安拆费=14811.11 元。

场外运输费=15006.20 元。

合计：6638.06+14811.11+15006.20=36455.37 元。(含税)

复习思考题

一、填空题

1. 现浇构件模板工程量除注明外，均按__________以平方米计算，不扣除________连接重叠部分和后浇带的面积，后浇带侧面积不增加。

2. 现浇混凝土悬挑板及台阶的模板工程量均按________以平方米计算。台阶与平台连接时，其投影面积应以最上层踏步外沿________计算。

3. 现浇混凝土墙及板上单孔面积在 0.30 m^2 以内时，________所占模板面积，孔洞侧壁模板也不增加，单孔面积在 0.30 m^2 以外时，应________模板面积，孔洞侧壁模板应并入墙、板模板面积内计算。

4. 构造柱混凝土有一面、二面、三面露明者，或混凝土与砌体间竖向缝隙的宽度在 5 cm 以外者，应以__________定额计算。

5. 大钢模板工程量按墙长乘墙高以平方米计算，不扣除________所占模板面积，________也不增加。

6. 混凝土线条展开宽度 30 cm 以内的模板以________计算，30 cm 以外的模板面积以________计算。

7. 综合脚手架工程量，按建筑物的________计算。

8. 混凝土散水及垫层的模板按________计算。

9. 单项脚手架：凡________的，执行单项脚手架定额。

10. 独立柱按单排外脚手架定额项目计算，其工程量按__________乘高度以平方米计算。

11. 室内天棚装饰面距__________时，应计算满堂脚手架，计算满堂脚手架后，墙面装饰工程则________费用。

12. 内墙面粉饰脚手架，均按内墙面垂直投影面积以平方米计算，不扣________的面积。

13. 住宅、教学及办公用房、医院、宾馆、图书馆、影剧院、商场、厂房、科研用房及其他建筑物的垂直运输工程量，按________计算。

14. 垂直运输定额中框架结构指________全部为现浇的钢筋混凝土框架结构。柱、梁及楼板全部现浇时，按框架结构定额乘系数________；柱、梁部分现浇时按框架结构定额乘系数________。

15. 建筑工程超高费应以建筑物高度________的建筑面积计算。当建筑物高度在 20 m 以上至屋面檐口顶面或屋面女儿墙、栏杆及栏板顶面以下的高度大于 1 m 没楼层无建筑面积可算时按________计算。

二、判断题

1. 建筑物层高超过 4.50 m 时，可按建筑面积另行计算综合脚手架增加费。（　　）

2. 无梁楼板的柱帽模板并入柱模板内计算。（　　）

3. 凡嵌入墙内的构造柱，其混凝土与砌体间竖向缝隙的宽度在 5 cm 以内者，按构造柱的支模高度以米计算。（　　）

4. 地沟模板不分沟底、沟壁均以模板与混凝土接触面积合并计算。（　　）

5. 现浇混凝土柱、梁、板、墙的支撑高度(即室外地坪至板底或板面至板底之间的高度)以 4.0 m 以内为准。（　　）

6. 现浇混凝土贮水池及化粪池的模板，均按混凝土与模板的接触面积计算。（　　）

7. 悬空脚手架工程量按搭设水平投影面积以平方米计算。（　　）

8. 内墙面粉饰脚手架，均按内墙面垂直投影面积以平方米计算，扣除门窗洞口的面积。（　　）

9. 室外地坪至檐口标高 3.60 m 以内的单层建筑，不计算垂直运输工程量。（　　）

10. 电梯井脚手架工程量按单孔以座计算。（　　）

11. 烟囱、水塔、筒仓的垂直运输工程量以座计算。（　　）

12. 建筑工程超高费应以建筑物高度 20 m 以上部分的建筑面积计算。（　　）

13. 建筑工程的设计室外地坪至屋面檐口顶面或屋面女儿墙、栏杆及栏板顶面的高度超高 20 m(不包括 20 m)时，方可计算建筑工程超高费。（　　）

14. 施工降水排水中抽水降水按不同深度按槽底面积以平方米计算。（　　）

三、单选题

1. 以费率形式出现的措施费是(　　)。

A. 模板费　　B. 安全施工费

C. 大型机械设备进出场及安拆费　　D. 脚手架费

2. 以下费用属建筑安装工程造价中措施费的是(　　)。

A. 施工机械修理费　　B. 材料采购和保管费

C. 综合脚手架费　　D. 生产工人基本工资

3. 以下分部工程中，属于施工技术措施项目的是(　　)。

A. 基础工程　　B. 模板工程　　C. 屋面工程　　D. 门窗工程

4. 垂直运输定额项目划分是以建筑物的檐高及层数两个指标界定的，凡檐高达到上限而层数未达到时，以(　　)为准。

A. 檐高　　B. 层数　　C. 二者均可　　D. 其他指标

5. 垂直运输定额项目划分是以建筑物的檐高及层数两个指标界定的，如层数达到上限而檐高未达到时，以(　　)为准。

A. 檐高　　B. 层数　　C. 二者均可　　D. 其他指标

6. 室外地坪至檐口标高(　　)以内的单层建筑，不计算垂直运输工程量。

A. 3 m　　B. 3.6 m　　C. 4.5 m　　D. 6 m

7. 下列有关措施项目工程量计算规则，叙述正确的是(　　)。

A. 某多层建筑物的层数为 6 层(含地下室层数)，可计算超高增加费

B. 设计室外地坪至屋面檐口顶面高度超高 20 m 时，可计算超高增加费

C. 排、降水的计量单位是天

D. 大型机械设备进出场及安拆的计量单位是台班

8. 抽水降水按不同深度按(　　)计算。

A. 槽底面积以平方米　　B. 天

C. 抽水体积　　D. 抽水机台班

9.(　　)的单层建筑，不计算垂直运输。

A. 室内地坪至檐口标高 3.60 m 以内　　B. 室内地坪至檐口标高 3.60 m 以上

C. 室外地坪至檐口标高 3.60 m 以内　　D. 室外地坪至檐口标高 3.60 m 以上

10. 凡嵌入墙内的构造柱，其混凝土与砌体间竖向缝隙的宽度在 5 cm 以内者，按构造柱的支模高度以(　　)计算。

A. 平方米　　B. 米　　C. 混凝土体积　　D. 构造柱数量

四、多选题

1. 下列费用属于建筑定额措施费的有(　　)。

A. 施工机械使用费　　B. 施工排水降水费

C. 二次搬运费　　D. 垂直运输费

E. 模板费

2.(　　)按垫层模板计算。

A. 混凝土散水模板　　B. 基础垫层模板

C. 室外地坪以下柱模板　　D. 基础梁模板

E. 满堂基础模板

3. 以下属于定额措施费项目，可按预算定额计价的是(　　)。

A. 工程排污费　　B. 缩短工程增加费

C. 二次搬运费　　D. 大型机械设备进出场及安拆费

E. 脚手架费

4. 建筑工程超高费包括(　　)等全部所需的费用。

A. 人工降效　　B. 脚手架使用期延长增加摊销量

C. 各类构件的水平运输　　D. 脚手架超高加固

E. 超高加压水泵台班

5. 垂直运输中的预制排架结构指(　　)的单层厂房。

A. 预制钢筋混凝土柱　　B. 柱、梁、板全现浇

C. 钢屋架　　D. 现浇钢筋混凝土柱

E. 钢屋架的多层厂房

五、综合训练

1. 计算图 5-1-8 所示的基础模板工程量。

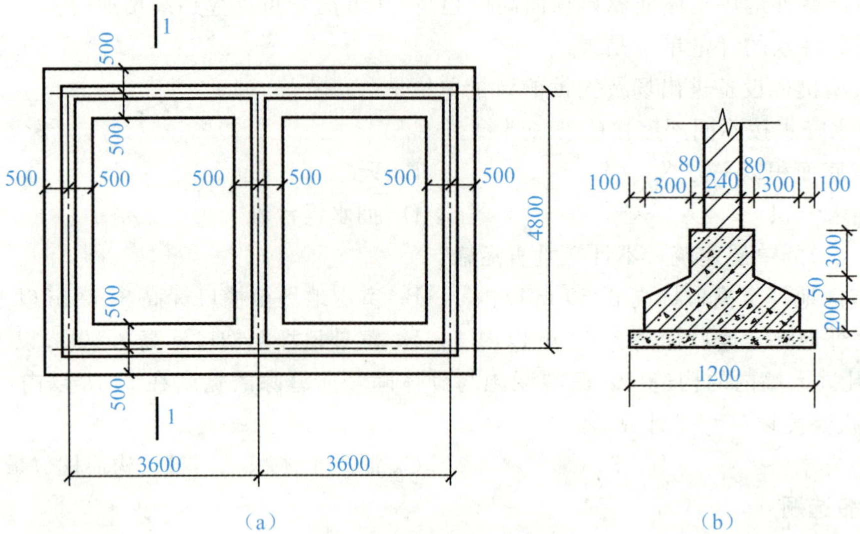

图 5-1-8　基础平面及剖面图

2. 某加油库如图 5-1-9 所示，三类工程，全现浇框架结构，柱、梁、板混凝土均为现场搅拌，C25 混凝土，模板采用复合木模板。柱为 500 mm×500 mm，L1 为 300 mm×550 mm，L2 为 300 mm×500 mm，现浇板厚为 100 mm。柱、梁、墙轴线居中，墙厚 240 mm。

(1)试计算柱、梁、板模板工程量。

(2)计算脚手架工程量。

(3)若垂直运输机械采用固定基础塔式起重机(起重力矩 60 kN · m)，试计算垂直运输工程量和大型机械设备进出场及安拆费。

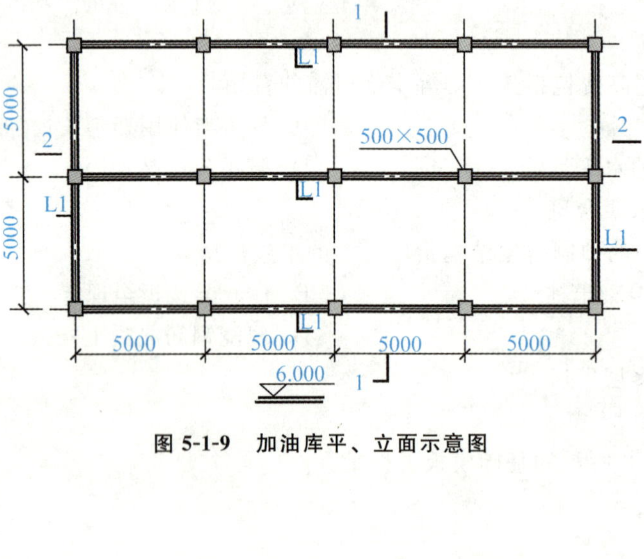

图 5-1-9　加油库平、立面示意图

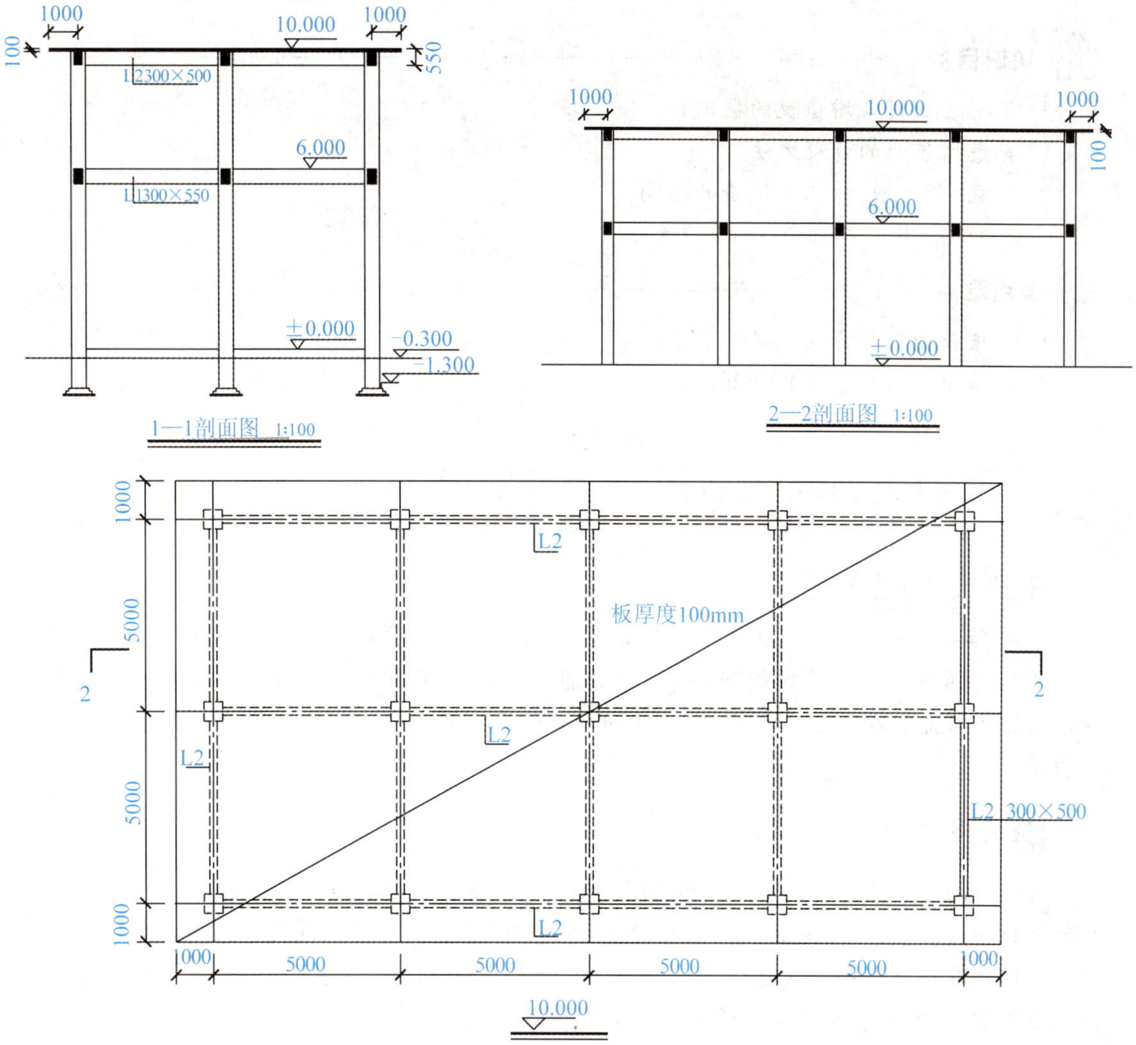

图 5-1-9　加油库平、立面示意图(续)

5.2 增值税概述

学习目的

通过对增值税相关内容的学习，学生理解营业税与增值税的征税范围、计税方法等方面的区别，掌握增值税的计税方法及增值税下工程造价的计算。

知识目标

1. 了解营业税与增值税的区别。
2. 熟悉增值税的计税方法。
3. 掌握“营改增”对工程造价的影响。

重点难点

1. 增值税的计税方法。
2. 增值税下工程造价的计算。

5.2.1 营改增政策与现状

1. 营改增的概念

1994年我国税制改革，确立了我国流转税的两大主要税种——营业税和增值税。营改增就是将现行征收营业税的应税劳务(交通运输业、建筑业、金融保险业、邮电通信业、文化体育业、娱乐业、服务业7项劳务)，转让无形资产或销售不动产由营业税改征增值税。

2. 营改增进程

2009年1月1日，《中华人民共和国增值税暂行条例》实施。

2011年11月1日，《关于修改〈中华人民共和国增值税暂行条例实施细则〉和〈中华人民共和国营业税暂行条例实施细则〉的决定》实施；同年11月16日印发《营业税改征增值税试点方案》通知，先从交通运输业与部分现代服务业试点。

2012年1月1日上海试点；同年7月31日，试点扩大至北京等地。

2013年8月1日起全国试点。

2014年1月1日起，全国铁路运输和邮政服务业纳入营改增试点；同年6月1日，电信业纳入试点。

2015年5月18日，国务院批转发改委《关于2015年深化经济体制改革重点工作的意见》，文件指出：力争全面完全营改增，将营改增范围扩大到建筑业、房地产业、金融业和生活服务业等领域。

2015年年底，财政部部长楼继伟在全国财政工作会议上表示，2016年将全面推开营改增改革，将建筑业、房地产业、金融业和生活服务业纳入试点范围。

2016年2月22日，住房和城乡建设部发布《关于做好建筑业营改增建设工程计价依据调整准备工作的通知》，明确建筑业的增值税税率拟为11%。各部门要在2016年4月底前完成计价依据的调整准备。

5.2.2　营业税与增值税的区别

1. 营业税的征税范围

营业税的征税范围包括在中国境内提供应税劳务、转让无形资产或销售不动产。试点前，营业税应税劳务包括交通运输业、建筑业、金融保险业、邮电通信业、文化体育业、娱乐业、服务业七大行业提供的劳务。营业税的税目税率见表 5-2-1。

表 5-2-1　营业税的税目税率

序号	税目	税率	序号	税目	税率
（一）	交通运输业	3%	（六）	娱乐业	5%～20%
（二）	建筑业	3%	（七）	服务业	5%
（三）	金融保险业	5%	（八）	转让无形资产	5%
（四）	邮电通信业	3%	（九）	销售不动产	5%
（五）	文化体育业	3%			

2. 营业税的计税方法

营业税从属性划分属于价内税，计税方法简便，应纳税额以营业额乘相应税率计算，营业额中包括应纳税额。应纳税额计算公式为：应纳税额＝营业额×税率。

例如，某工程的营业额是 1000 万元，应纳税额＝1000 万×3%＝30 万元。

3. 增值税的征税范围

营改增试点前，增值税的征税范围包括在中华人民共和国境内销售货物或者提供加工、修理修配劳务以及进口货物。自 2014 年 1 月 1 日起，交通运输业、邮政业以及部分现代服务业已在全国范围内开展营改增试点。营改增试点的部分现代服务业包括研发和技术服务、信息技术服务、文化创意服务、物流辅助服务、有形动产租赁服务、鉴证咨询服务、广播影视服务等。2016 年 5 月 1 日起，在全国范围内全面推开营业税改增值税试点，将建筑业、房地产业、金融业和生活服务业等全部营业税纳税人，纳入试点范围，由缴纳营业税改为缴纳增值税。

4. 增值税的计税方法

增值税从属性划分属于价外税，计税方法分一般计税方法和简易计税方法。

一般纳税人销售货物或者提供加工修理修配劳务和应税服务适用一般计税方法计税。一般纳税人销售财政部和国家税务总局规定的特定货物或提供财政部和国家税务总局规定的特定应税服务，可以选择适用简易计税方法计税，但一经选择，36 个月内不得变更。小规模纳税人销售货物或提供加工修理修配劳务或应税服务适用简易计税方法计税。

(1)一般计税方法

一般计税方法应纳税额，是指当期销项税额抵扣当期进项税额后的余额。当期销项税额小于当期进项税额不足抵扣时，其不足部分可以结转下期继续抵扣。应纳税额计算公式：应纳税额=当期销项税额－当期进项税额。进项税额，是指纳税人购进货物或者接受增值税应税劳务和服务而支付或者负担的增值税额。销项税额，是指纳税人提供应税服务按照销售额和增值税税率计算的增值税额。销项税额为增值税纳税人销售货物和应交税劳务，按照销售额和适用税率计算并向购买方收取的增值税税额；进项税额是指纳税人购进货物或应税劳务所支付或者承担的增值税税额。

销项税额计算公式：销项税额=销售额×税率。

一般计税方法的销售额不包括销项税额，纳税人采用销售额和销项税额合并定价方法的，按照下列公式计算销售额：销售额=含税销售额÷(1+税率)。增值税(一般计税)的税目税率见表 5-2-2。

表 5-2-2　增值税(一般计税)的税目税率

序号	税目	税率
(一)	销售或进口(二)以外的货物	17%
(二)	销售或进口下列货物： 1. 粮食、食用植物油 2. 自来水、暖气、冷水、热水、煤气、石油液化气、天然气、沼气、居民用煤炭制品 3. 图书、报纸、杂志 4. 饲料、化肥、农药、农机、农膜 5. 国务院规定的其他货物 (1)农产品 (2)音像制品 (3)电子出版物 (4)二甲醚	13%
(三)	出口货物，国务院另有规定的除外	0
(四)	提供加工、修理修配劳务	17%
(五)	提供交通运输业、邮政业服务和基础电信服务	11%
(六)	提供有形动产租赁服务	17%
(七)	提供研发和技术服务、信息技术服务、文化创意服务、物流辅助服务、鉴证咨询服务、广播影视服务以及增值电信	6%

【例 5.2.1】某商店为增值税一般纳税人，2012 年 6 月零售粮食、食用植物油、各种蔬菜和水果取得含税收入 500000 元，销售酸奶、奶油取得含税收入 80000 元，销售其他商品取得含税收入 240000 元，本月购进货物取得增值税专用发票 30 张，共计税金 85000 元，本月购进税控收款机抵扣信息的扫描器具一批，取得增值税普通发票，发票注明价款为 3000 元，则该商店应缴纳的增值税税额为多少元？

【解】应纳增值税 ＝500000÷(1＋13％)×13％＋(80000＋240000)÷(1＋17％)×17％－85000＝19017.85 元。

(2)简易计税方法

简易计税方法的应纳税额，是指按照销售额和增值税征收率计算的增值税额，不得抵扣进项税额。应纳税额计算公式：应纳税额＝销售额×征收率。

简易计税方法的销售额不包括其应纳税额，纳税人采用销售额和应纳税额合并定价方法的，按照下列公式计算销售额：销售额＝含税销售额÷(1＋征收率)。增值税(简易计税)的税目税率见表 5-2-3。

表 5-2-3　增值税(简易计税)的税目税率

序号	税　　目	税率
(一)	小规模纳税人	3％
(二)	一般纳税人销售自产的下列货物： 1. 县级及县级以下小型水力发电单位生产的电力 2. 建筑用和生产建筑材料所用的砂、土、石料 3. 以自己采掘的砂、土、石料或其他矿物连续生产的砖，瓦，石灰(不含黏土实心砖、瓦) 4. 用微生物、微生物代谢产物、动物毒素、人或动物的血液或组织制成的生物制品 5. 自来水 6. 商品混凝土(仅限于以水泥为原料生产的水泥混凝土)	6％

5. 营业税与增值税的区别

(1)征税范围不同

营业税与增值税是我国长期共存的两大流转税税种，分别适用不同的征税范围，且征税范围既相互排斥又互为补充，即同一应税对象要么适用营业税，要么适用增值税，不会既征营业税又征增值税。

(2)计税方法不同

比较分析营业税与增值税的计税方法，两者呈现两项显著性差异。

①计税依据的差异。

营业税属价内税，应纳税额的计算依据——营业额包括应纳税额；增值税属价外税，应纳税额的计算依据——销售额不包括销项税额或应纳税额，即使销售货物或提供增值税应税劳务和服务采用“价税合并”定价方法，含税销售额也要折减为不含税销售额。折减计算式为：销售额＝含税销售额÷(1＋税率)或销售额＝含税销售额÷(1＋征收率)。

②进项抵扣的差异。

营业税计税简便，不需要抵扣，应纳税额相对于营业额税负比率为“定值”，不受购进货物或接受增值税应税劳务和服务的影响。而增值税一般计税方法计税相对复杂，需要进行进项税额抵扣，应纳税额相对于销售额税负比率为“变值”，不仅与销项税额相关，而且受购进货物或接受增值税应税劳务和服务而取得的进项税额的影响；增值税简易计税方法与营业税计算方法基本一致，只是计算依据为不含税的销售额，而不是含税的营业额。营业税与增值税差异对比见表 5-2-4。

表 5-2-4　营业税与增值税差异对比

税种	计税方法		成本核算	营业收入核算	应纳税额核算
营业税	应纳税额＝营业额×税率		以“含税金额”进行成本核算(包括进项税额)	包括营业税额	营业税应纳税额参与了当期损益核算，计算营业利润时需要从营业收入中扣减应纳税额
增值税	一般计税方法	应纳税额＝销项税额－进项税额 销项税额＝销售额×税率	成本费用不包括可抵扣的进项税额	不包括进项税额和销项税额	增值税应纳税额不参与当期损益核算，计算营业利润时不需要扣除应纳税额
	简易计税方法	应纳税额＝销售额×征收率			

注：①进项税额指纳税人购进货物或者接受增值税应税劳务和服务而负担的增值税额。

②销售额指增值税下的销售额，特指不含应交税金额。

(3)财务核算不同

财务核算方面的差异由营业税与增值税分别属于价内税与价外税的本质属性差异所决定，是财务核算对税制属性差异的反应，是研究工程计价规则的基础。

①成本费用核算的差异。

营业税与增值税两种税制在成本费用核算方面的本质差异在于：购进货物或接受劳务和服务的可抵扣进项税额是否计入成本费用核算。营业税下成本费用以包括可抵扣进项税额的含税价格核算，成本费用项目包括可抵扣的进项税额；增值税下成本费用核算以扣除可抵扣进项税额的不含税价格核算，成本费用项目不包括可抵扣的进项税额。简言之，营业税下成本费用包括进项税额，增值税下成本费用不包括进项税额。

②应纳税额核算的差异。

营业税与增值税两种税制在应纳税额核算方面的本质差异在于：应纳税额是否计入当期损益核算，是否影响营业利润。营业税下应纳税额计入当期损益核算，营业收入扣减应纳税额后计算营业利润，应纳税额影响营业利润。增值税下应纳税额不计入当期损益核算，通过债务类科目“应交税金——应交增值税”核算，营业利润的核算与应纳税额无关，应纳税额不影响营业利润。简言之，营业税下营业利润扣减应纳税额，增值税下营业利润不扣减应纳税额。

③营业收入核算的差异。

营业税与增值税两种税制在营业收入核算方面的本质差异在于：营业收入核算是否包括应纳税额或销项税额。营业税下以营业额核算营业收入，包括应纳税额。增值税下以销售额核算营业收入，销售额不包括销项税额或应纳税额。简言之，营业税下营业收入包括应纳税额，增税下营业收入不包括销项税额或应纳税额。

5.2.3 营改增的意义

1. 避免重复征税，减轻企业负担

改变营业税的“道道征收、全额征税”模式，仅对商品生产、流通、劳务服务中的“增值部分”征税，减少重复征税。

2. 服务业和制造业税制统一

完善和打通第二、第三产业增值税抵扣链条，促进社会分工协作，使我国财税制度更加符合市场经济的发展要求，提高市场效率。

3. 有效避免偷税漏税

增值税形成的“环环征收，层层抵扣”链条，可以形成上下游产业之间的相互监督与督促，有效避免偷税漏税。

5.2.4 营改增对建筑业的影响

建筑业营改增已经纳入了试点行业范围，营改增的计税方式变化，建筑业营改增势必对工程造价产生影响，所以我们需了解营改增，了解它对建筑业工程造价带来的影响。

1. 营改增的关键

增值税下费用项目“价税分离”是产品定价的前提，是计价规则的核心，是现行计价规则的本质变化，是适应税制变化的根本要求。

工程计价时，实行“价税分离”，税金以税前造价乘税率计算，关键是要合理计算人、材、机、管理费的除税价格，合理分析与计算进项税额。

实际纳税时实行预缴销项税额，定期核算增值税，关键是要尽量取得当期的进项增值税额进行抵扣。

2. 资质共享、联营挂靠、混合经营、资质、合同等经营模式会受到影响

①进销项税无法匹配，无法抵扣进项税：合同签订主体与实际施工主体不一致，销项税主体是合同签约方(资质企业)，进销税主体是实际施工方(挂靠方)，进销项不匹配。

②无法建立增值税抵扣链条，不能实现分包成本进项税抵扣：一是内部总分包时，中标单位与实际施工单位之间无合同关系，不开具发票，影响进项抵扣；二是外部挂靠时，中标单位与实际施工单位未按照总分包进行核算，无法建立增值税抵扣链条。

③物资采购的影响。

商品混凝土可抵扣进项税额：一是一般纳税人销售自产的生产原料中掺兑废渣比例不低于30%的混凝土，免征增值税；二是一般纳税人销售自产的商品混凝土，可按照简易办法征收3%的增值税；三是其他企业按照17%。目前一般是前两种居多。

沙石土料难以取得进项税额：一是按照简易办法征收3%的增值税，建筑业只能按照3%抵扣；二是就地取材，从个人手中购买，尤其是偏远地区，这种情况无法取得发票。

甲乙双方争夺大宗材料获取进项抵扣：甲方直接向材料商采购可获得增值税发票，可抵扣自身的销项税额，降低税负。而施工单位从甲方获得材料，甲方无法开具17%的材料专用发票，施工企业自然无法抵扣。

④分包管理。

劳务分包费税收和抵扣政策不明朗：建筑劳务成本越来越高，如果按照管理规定是不能抵扣的，这必将加大企业负担；如果按照现有规定，劳务分包开具3%的增值税发票，总包企业实际税负依然上升；如果劳务企业税率到6%或11%，劳务企业难以获取进项税额，必然转嫁成本给总包企业，劳务费将出现大幅度涨价。

分包商的选择难度增加：分包商资格选择将直接影响企业税负水平。

⑤工程造价组成的变化。

增值税下的工程造价与营业税的不同，营业税下的工程造价如图5-2-1所示，增值税下的工程造价如图5-2-2所示。

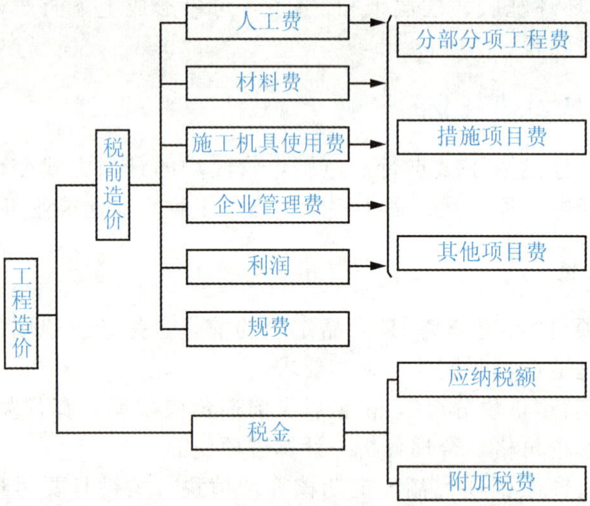

图5-2-1　营业税下的工程造价

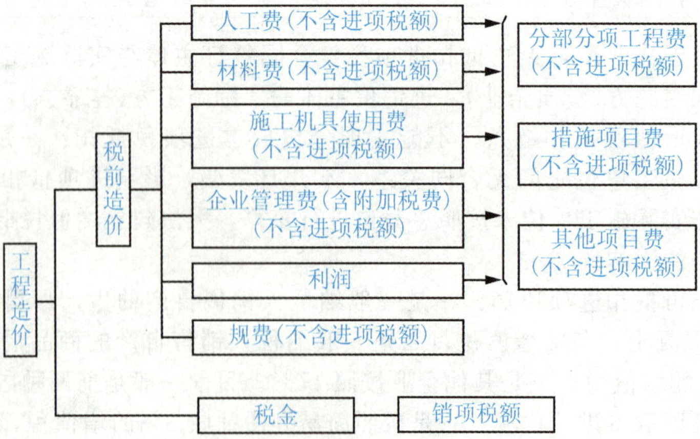

图5-2-2　增值税下的工程造价

通过一个工程在营业税与增值税两者税制下造价计算为例说明工程计价规则的应用，计算案例见表 5-2-5。

分部分项工程费及措施项目费：营业税下以包括进项税额的含税金额计算，进项业务所支付的不含税价款、进项税额，两者之和为直接费含税金额；增值税下以不含进项税额的不含税价款计算直接费。其中水费按市场不能取得增值税专用发票考虑，进项税额为“0”；人工费按工资总额计算，不包括进项税额。

表 5-2-5　计算案例

序号	项目	营业税下/万元	增值税下/万元
一	分部分项工程费及措施项目费	446	400
(一)	人工费	60	60
(二)	材料费	344	304
1	钢筋	200＋34＝234	200
2	商品混凝土	100＋6＝106	100
3	水(无票)	4＋0＝4	4
(三)	机械费	36＋6＝42	36
二	企业管理费	(60＋42)×26%＝26.5	(60＋36)×25.56%＝24.5
三	利润	(60＋42)×15.62%＝15.9	(60＋36)×15.62%＝15
四	规费	60×25.21%＝15.1	60×25.21%＝15.1
五	税前造价	446＋26.5＋15.9＋15.1＝503.5	400＋24.5＋15＋15.1＝454.6
六	税金	503.5×3%＝15.1	454.6×11%＝50
七	工程造价	498＋15.1＝513.1	451＋50＝501

企业管理费(依二类工程计算)：营业税下根据费用定额规定以(人工费＋机械费)为基数乘 26%计算；增值税下企业管理费水平根据《关于建筑业营业税改征增值税调整甘肃省建设工程计价依据的实施意见》以(人工费＋机械费)为基数乘 25.56%计算。

利润(依二类工程计算)：营业税下根据现行费用定额规定以(人工费＋机械费)为基数乘 15.62%计算，增值税下无变化。

规费(依二类工程计算)：营业税下根据现行费用定额规定以人工费为基数乘 25.21%计算；增值税下无变化。

税金均未考虑附加税费：营业税下以税前造价计算，计算税率＝3%；增值税下以不含进项税额的税前造价计算，计算税率＝增值税税率＝11%。

复习思考题

一、填空题

1. 增值税按属性划分属于价外税，计税方法分________和________。

2. ________与________是我国长期共存的两大流转税税种。

3. 一般纳税人销售货物或者提供加工修理修配劳务和应税服务适用________计税。

4. 一般纳税人销售财政部和国家税务总局规定的特定货物或提供财政部和国家税务总局规定的特定应税服务，可以选择适用简易计税方法计税，但一经选择，________内不得变更。

5. 小规模纳税人销售货物或提供加工修理修配劳务或应税服务适用________。

6. 简易计税方法的应纳税额，是指按照销售额和增值税征收率计算的增值税额，不得________________。

7. 增值税下费用项目________是产品定价的前提，是计价规则的核心，是现行计价规则的本质变化，是适应税制变化的根本要求。

8. 一般计税方法应纳税额，是指当期销项税额抵扣当期进项税额后的余额。应纳税额计算公式：应纳税额＝____________________。

9. 简易计税方法的应纳税额，是指按照销售额和增值税征收率计算的增值税额，不得抵扣进项税额。应纳税额计算公式：应纳税额＝____________________。

二、简答题

1. 营改增的意义有哪些？

2. 营改增的关键是什么？

3. 增值税计税方法的适用范围是什么？

三、综合训练

某建筑工程收到工程款1000万元，确认成本费用900万元，其中：外购材料550万元(450万元有增值税专用发票，税率17%，100万元有普通增值税发票，税率3%)；工程分包100万元(有增值税专用发票，税率11%)；外购沙石等100万元(无增值税票)；其他费用50万元(无增值税票)；其他管理费用财务费用等50万元。若征收增值税，应交增值税是多少？若征收营业税，应交营业税是多少？

5.3 定额计价法下工程造价的计算

学习目的

通过对《甘肃省建筑安装工程费用定额》(甘建价〔2013〕585号)费用内容、计算规则以及取费标准的学习，学生理解和掌握费率措施费、企业管理费、利润、价差、税金的计取，掌握工程类别划分方法、取费标准以及不可竞争费用包含的内容及取费标准和计算方法、工程造价计算程序，能正确进行项目取费、计算工程造价。

知识目标

1. 理解工程类别划分及工程取费标准的划分。

2. 掌握工程项目费用组成及工程造价计算程序。
3. 掌握分部分项工程费、定额措施费包含的内容及计算方法。
4. 掌握费率措施费包含的内容及计算方法。
5. 掌握企业管理费、利润包含的内容及计算方法。
6. 掌握价差的组成及取费标准。
7. 掌握规费和税金的组成及取费标准。

重点难点

1. 根据相关规定划分工程类别。
2. 确定工程造价的组成。
3. 区分不可竞争费用并能正确取费。
4. 正确确定取费费率。

本节内容依据《甘肃省建筑安装工程费用定额》及《关于建筑业营业税改征增值税调整甘肃省建设工程计价依据的实施意见》编写。

5.3.1　《甘肃省建筑安装工程费用定额》简介

1. 定额适用范围

本定额适用于新建、扩建和改建的建筑与装饰工程、安装工程、市政工程、仿古建筑工程、园林绿化和抗震加固及维修工程等。

建筑与装饰工程：适用于一般工业与民用建筑与装饰的新建、扩建、改建工程。

安装工程：适用于《甘肃省安装工程预算定额》所规定的机械设备安装工程，电气设备安装工程，工业管道安装工程，给排水、采暖、消防、燃气管道及器具安装工程，静置设备与工艺金属结构制作安装工程，通风空调安装工程，自动化控制仪表安装工程，火灾自动报警及建筑智能化系统设备安装工程，热力设备安装工程，炉窑砌筑工程，刷油、防腐蚀、绝热工程等安装工程。

市政工程：适用于道路、桥涵、给水、排水、燃气与集中供热、路灯等工程。

仿古建筑工程：适用于新建和扩建的仿古建筑工程。

园林绿化工程：适用于园林绿化、堆砌假山及塑假石山、园路、园桥及园林小品工程。

抗震加固及维修工程：适用于甘肃省抗震加固及维修工程预算定额所规定的抗震加固及维修工程。

大规模土石方工程：适用于一个单位工程内挖方或填方工程量在10000 m^3以上或单独编制工程预算的场地平整、土石方处理(包括挖方或填方)、堤坝、沟渠、水池、运动场、机场、管道沟等的土石方工程。

包工不包料工程：适用于按定额只包人工不包材料、机械的工程。

外购构件工程：适用于外购的预制混凝土构件、钢筋混凝土构件及金属构件等工程。

单独装饰装修工程：适用于单独承分包且执行《甘肃省建筑与装饰工程预算定额》的装饰装修工程。

2. 建筑安装工程费用项目的组成

《甘肃省建筑安装工程费用定额》内容按照工程造价形成划分，由分部分项工程费、措施项目费、其他项目费、规费和税金组成；按照费用构成要素划分，由人工费、材料费、施工机具使用费、企业管理费、利润、规费和税金组成。其中，安全文明施工费，规费、税金为不可竞争费，应按规定标准计取。具体内容见 1.3 节，此处不再重复介绍。

3. 工程类别划分标准

建筑与装饰工程类别划分见表 5-3-1。

表 5-3-1 建筑与装饰工程类别划分

项目				一类	二类	三类
工业建筑	钢结构		跨度	≥30 m	≥15 m	<15 m
			建筑面积	≥12000 m^2	≥4000 m^2	<4000 m^2
	其他结构	单层	檐高	≥20 m	≥15 m	<15 m
			跨度	≥24 m	≥15 m	<15 m
		多层	檐高	≥24 m	≥15 m	<15 m
			建筑面积	≥8000 m^2	≥4000 m^2	<4000 m^2
民用建筑	公共建筑		檐高	≥36 m	≥20 m	<20 m
			建筑面积	≥7000 m^2	≥4000 m^2	<4000 m^2
			跨度	≥30 m	≥15 m	<15 m
	居住建筑		檐高	≥56 m	≥20 m	<20 m
			层数	≥20 层	≥7 层	<7 层
			建筑面积	≥12000 m^2	≥7000 m^2	<7000 m^2

①以单位工程为类别划分单位，在同一类别工程中有几个特征时，凡符合其中之一者，即为该类工程。

②一个单位工程有几种工程类型组成时，符合其中较高工程类别指标部分的建筑面积若不低于工程总建筑面积的 50%，该工程可全部按该指标确定工程类别；若低于 50%，但该部分建筑面积又大于 1500 m^2，则可按其不同工程类别分别计算。

③建筑物檐高：有挑檐者，是指设计室外地坪标高至建筑物挑檐上皮的高度；无挑檐者，是指设计室外地坪标高至屋顶板面标高的高度；如有女儿墙的，其高度算至女儿墙顶面；构筑物的高度，以设计室外地坪标高至构筑物的顶面高度为准。

④跨度是指建筑物中，梁、拱券两端的承重结构之间的距离，即两支点中心之间的

距离，多跨建筑物按主跨的跨度划分工程类别。

⑤建筑面积小于标准层 30%的顶层和建筑物内的设备管道夹层，不计算层数。

⑥超出屋面封闭的楼梯出口间、电梯间、水箱间、塔楼、瞭望台，不计算高度、层数。

⑦建筑面积大于一个标准层的 50%且层高在 2.2 m 及以上的地下室，计算层数；面积小于标准层 50%或层高不足 2.2 m 的地下室，不计算层数。

⑧居住建筑指住宅、宿舍、公寓等建筑物。

⑨公共建筑指为满足人们物质文化生活需要和进行社会活动而设置的非生产性建筑物，如综合楼、办公楼、教学楼、实验楼、图书馆、医院、酒店、宾馆、商店、车站、影剧院、礼堂、体育馆、纪念馆、独立车库等以及相类似的工程。

⑩对声、光、超净、恒温、无菌等有特殊要求的工程，其建筑面积超过总建筑面积的 40%时，建筑工程类别可按对应标准提高一类核定。

单独装饰装修工程类别划分见表 5-3-2。

表 5-3-2　单独装饰装修工程类别划分标准

一类工程	1. 单位工程符合建筑与装饰工程类别划分一类的建筑整体装饰装修 2. 单项建筑装饰装修工程造价 1000 万元以上 3. 建筑装饰装修工程每平方米造价 2000 元以上 4. 幕墙高度大于 60 m 的工程
二类工程	1. 单位工程符合建筑与装饰工程类别划分二类的建筑整体装饰装修 2. 单项建筑装饰装修工程造价 500 万元以上，1000 万元以下 3. 建筑装饰装修工程每平方米造价 1000 元以上 2000 元以下 4. 幕墙高度大于 30 m 的工程
三类工程	一、二类工程以外的工程

4. 对定额的其他说明

房屋建筑与装饰、安装、市政、仿古建筑、园林绿化和抗震加固及维修等工程的人工工日单价，应由发、承包双方参照各市、州建设行政主管部门发布的人工费指导价格，结合市场价格确定，并在签订工程发、承包合同时约定，其“人工单价”与各专业预算(消耗量)定额地区基价附表中“人工单价”的价差除计取税金外，不再计取其他任何费用。各市、州建设行政主管部门应结合当地实际，及时测算、发布人工费指导价格。

安全文明施工费、规费、税金为不可竞争费，应在工程总价中单独列项。安全文明施工费、税金应按照本定额规定标准计取，规费应按照《甘肃省建设工程费用标准证书》中核定的标准计取。

夜间施工费、二次搬运费、冬雨季施工费、生产工具用具使用费、工程定位复测费、已完工程及设备保护费、施工因素增加费、特殊地区增加费按费用定额的费率标准计取。

施工排水、施工降水发生的费用按照各专业工程预算(消耗量)定额有关项目计算。

地上、地下设施，建筑物的临时保护设施费的具体计算方法应在施工合同中约定。

本定额中未包括的措施费用按照各专业工程预算(消耗量)定额及有关规定计算。

预算(消耗量)定额中包括的预制混凝土构件、钢筋混凝土构件及金属构件等，均应执行相应预算(消耗量)定额子目基价。如承包人需外购上述构件时，应事先征得发包人同意，方可计算价差。其价差应以外购凭证结算价减预算制作价之差单独计算。该价差除计取税金外，不计取任何费用。

在有害气体环境中施工时，如在同一环境中建设单位职工享有特殊保健津贴时，建筑业企业进入现场施工的职工应与建设单位职工享受同等待遇。其费用按实际参加有害健康施工人数及规定标准由建设单位支付，并列入工程造价，作为计取税金的基础。

发包人若将承包主体工程的承包人有资质承担的单位工程中的分项工程单独分包时，应对承包主体工程的承包人支付总承包服务费。该费用除计取税金外，不再计取其他费用。

承包工程范围以内的签证用工，按照70.00元/工日的价格进行签证，该费用列入分部分项工程费。

企业管理费中的检验试验费，不包括新结构、新材料的试验费，对构件做破坏性试验及其他特殊要求检验试验的费用和发包人委托检测机构进行检测的费用，对此类检测发生的费用，由发包人在工程建设其他费用中列支。但对承包人提供的材料和工程设备经检测不符合合同约定的质量标准，发包人应立即要求承包人更换，由此增加的费用应由承包人承担。对发包人要求检测承包人已具有合格证明的材料、工程设备，但经检测证明该材料、工程设备符合合同约定的质量标准，发包人应承担由此增加的费用，并向承包人支付合理利润。

5.3.2 工程造价计算程序

定额计价法下工程造价计算程序如表5-3-3所示。

表5-3-3 定额计价法下工程造价计算程序

序号	费用名称		计算公式
1	分部分项工程费及定额措施项目费		工程量×基价
	其中	①人工费	人工消耗量×人工单价
		②材料费(除税)	材料消耗量×材料单价
		③机械费(除税)	机械消耗量×机械台班单价
2	措施项目费用(费率措施费)		(人工费或+机械费)×费率
3	企业管理费		(人工费或+机械费)×费率
4	利润		(人工费或+机械费)×费率

续表

序号	费用名称		计算公式
5	价差调整	人工费调整	人工费×调整系数
		材料价差	
		其中：实物法材料价差	按照实物法调差规定计算
		系数法材料价差	定额材料费×调整系数
		机械费调整	机械费×调整系数
6	规费		社会保险费＋住房公积金＋工程排污费
	其中	①社会保险费	人工费×费率
		②住房公积金	
		③工程排污费	
7	税　　金		(1＋2＋3＋4＋5＋6)×增值税率
8	工程造价		1＋2＋3＋4＋5＋6＋7

按照国家及甘肃省有关规定，安全文明施工费、规费及税金为不可竞争性费用，招投标时应单独列项，其不可竞争性费用计算程序见表 5-3-4。

表 5-3-4　不可竞争性费用计算程序

序号	项目名称	计算公式
1	安全文明施工费	(人工费或＋机械费)×费率
	①环境保护费	
	②文明施工费	
	③安全施工费	
	④临时设施费	
2	规费	人工费×费率
	①社会保险费	
	②住房公积金	
	③工程排污费	
3	税金	(1＋2)×税金率
4	工程造价	1＋2＋3

1. 分部分项工程费及定额措施项目费

(1)人工费

按现行定额中的单价计算人工费。

(2)材料费

材料价格的组成内容，包括材料原价、运杂费、运输损耗费、采购及保管费等。

①增值税下材料价格与营业税下组成内容及计算方法相同，计算公式：

材料价格=(材料原价+材料运杂费+运输损耗费)×(1+采购及保管费率)。

②根据各项费用组成内容适用的增值税税率或征收率计算出不含进项税额的材料价格。营改增后材料价格计算公式:

材料价格=不含税材料原价+不含税运杂费+不含税运输损耗费+不含税采购及保管费。

③现行材料费按照乘系数0.8725调整。

除税材料费=现行定额材料费×调整系数。

④指导价、市场价按不含进项税价格发布。

(3)施工机具使用费

施工机具使用费包括施工机械和仪器仪表的使用费或其租赁费。现行机械台班使用费按照乘系数0.9073调整。

除税施工机具使用费=现行定额施工机具使用费×调整系数。

2. 费率措施费

费率措施费根据组成内容及人工、材料、机械的“价税分离”调整办法,以及由于计费基数的变化导致的费率变化,进行综合调整。

建筑与装饰工程,抗震加固及维修(拆除及建筑)工程,大规模土石方(机械施工)工程,市政(道路、桥涵)工程,园林绿化(堆砌假山及塑假石山、园路、园桥及园林小品)工程,仿古建筑工程,外购构件工程费率措施费计取标准见表5-3-5。

表5-3-5 建筑与装饰等工程费率措施费计取标准

序号	费用项目名称	计算基础	建筑与装饰工程/%	抗震加固及维修(拆除及建筑)工程/%	大规模土石方(机械施工)工程/%	市政(道路、桥涵)工程,园林绿化(堆砌假山及塑假山、园路、园桥及园林小品)工程/%	仿古建筑工程/%	外购构件工程/%
1	环境保护费	人工费+机械费	0.76	0.96	0.37	0.79	0.79	0.21
2	文明施工费		1.22	1.55	0.60	1.07	1.07	0.31
3	安全施工费		8.72	6.09	4.28	6.70	7.42	4.25
4	临时设施费		4.09	5.20	2.01	2.24	2.24	1.95
5	夜间施工增加费		1.83	2.32	0.89	1.65	1.65	0.79
6	二次搬运费		2.40	3.06	1.18	2.24	2.24	2.38
7	已完工程及设备保护费		0.1	0.13	0.05	0.09	0.09	0.10
8	冬雨季施工增加费		2.40	3.06	1.18	2.19	2.19	1.12
9	工程定位复测费		0.49	0.63	0.25	0.41	0.41	0.26
10	施工因素增加费					1.70	1.70	

续表

序号	费用项目名称		计算基础	建筑与装饰工程/%	抗震加固及维修(拆除及建筑)工程/%	大规模土石方(机械施工)工程/%	市政(道路、桥涵)工程，园林绿化(堆砌假山及塑假山、园路、园桥及园林小品)工程/%	仿古建筑工程/%	外购构件工程/%
11	特殊地区增加费	沙漠及边缘地区		6.96					
		高原 2000～3000 m		4.82					
		高原 3001～4000 m		14.20					

安装工程，市政(集中供热、燃气、给排水、路灯)工程，抗震加固及维修(单独拆除、拆除及安装)工程，大规模土石方(人工施工)工程，包工不包料工程，园林绿化(绿化)工程、单独装饰装修工程费率措施费计取标准见表 5-3-6。

表 5-3-6　安装等工程费率措施费计取标准

序号	费用项目名称		计算基础	安装工程/%	市政(集中供热、燃气、给排水、路灯)工程/%	抗震加固及维修(单独拆除、拆除及安装)工程/%	大规模土石方(人工施工)工程，包工不包料工程/%	园林绿化(绿化)工程/%	单独装饰装修工程/%
1	环境保护费		人工费	1.28	1.25	1.53	0.61	1.25	0.92
2	文明施工费			2.08	1.81	2.45	0.97	1.81	1.21
3	安全施工费			10.19	13.14	9.11	3.97	14.07	8.99
4	临时设施费			8.07	4.30	7.68	3.06	4.30	5.55
5	夜间施工增加费			3.11	2.75	3.66	1.46	2.75	2.75
6	二次搬运费			1.07					0.68
7	已完工程及设备保护费			0.17	0.08	0.05	0.02	0.08	0.15
8	冬雨季施工增加费			4.13	3.66	4.83	1.92	3.66	2.94
9	工程定位复测费			0.89	0.68	1.01	0.41	0.68	0.62
10	施工因素增加费				2.70			2.70	
11	特殊地区增加费	沙漠及边缘地区		8.10					
		高原 2000～3000 m		8.19					
		高原 3001～4000 m		24.58					

3. 企业管理费

营改增后增加城市维护建设税、教育费附加和地方教育附加等管理费用，并根据企业管理费的组成内容调整费率。企业管理费计取标准见表 5-3-7。

表 5-3-7　企业管理费计取标准

序号	工程项目		计算基础	工程类别		
				一类	二类	三类
				取费标准/%		
1	建筑与装饰工程		人工费＋机械费	28.05	25.56	24.33
2	安装工程		人工费	38.08	34.34	32.17
3	大规模土石方(机械施工)工程		人工费＋机械费	5.28		
4	大规模土石方(人工施工)工程		人工费	10.63		
5	抗震加固及维修工程	单独拆除	人工费	15.47	12.26	11.16
		拆除及安装	人工费	30.31	27.58	25.24
		拆除及建筑	人工费＋机械费	28.06	25.42	24.05
6	市政工程	道路、桥涵	人工费＋机械费	23.40	21.24	20.16
		集中供热、燃气、给排水、路灯	人工费	35.46	32.34	29.73
7	园林绿化工程	绿化工程	人工费	22.90	20.13	
		堆砌假山及塑假石山、园路、园桥及园林小品工程	人工费＋机械费	20.15	18.26	
8	仿古建筑工程		人工费＋机械费	22.85	20.30	18.67
9	包工不包料工程		人工费	15.97	12.76	11.69
10	外购构件工程		人工费＋机械费	12.51	10.93	10.15
11	单独装饰装修工程		人工费	23.81	21.80	20.31

4. 利润

利润计取标准见表 5-3-8。

表 5-3-8　利润计取标准

序号	工程项目	计算基础	工程类别		
			一类	二类	三类
			取费标准/%		
1	建筑与装饰工程	人工费＋机械费	19.73	15.62	11.20
2	安装工程	人工费	33.88	27.62	18.28

续表

序号	工程项目		计算基础	工程类别		
				一类	二类	三类
				取　费　标　准/%		
3	大规模土石方(机械施工)工程		人工费+机械费	2.69		
4	大规模土石方(人工施工)工程		人工费	7.84		
5	抗震加固及维修工程	单独拆除	人工费	24.35	19.86	13.14
		拆除及安装、包工不包料工程	人工费	24.35	19.86	13.14
		拆除及建筑	人工费+机械费	18.35	14.53	10.42
6	市政工程	道路、桥涵	人工费+机械费	13.08	9.42	7.28
		集中供热、燃气、给排水、路灯	人工费	27.48	19.78	15.29
7	园林绿化工程	绿化工程	人工费	18.58	7.74	
		堆砌假山及塑假石山、园路、园桥及园林小品工程	人工费+机械费	8.71	3.85	
8	仿古建筑工程		人工费+机械费	14.95	8.25	4.78
9	单独装饰装修工程		人工费	20.85	16.96	11.33

5. 价差调整

价差调整包括人工费调整、材料费调整和机械费调整。

(1)人工费调整

人工费的调整由省建设工程造价管理总站根据市场变化的实际情况不定期发布人工费调整系数或人工费指导价，甲、乙双方可参照发布的人工费调整系数或人工费指导价在签订工程发承包合同时约定，约定的人工单价价差除计取工程定额测定费、税金外，不再计取其他任何费用。

(2)材料费的调整

材料费的调整区分一类材料和二类材料，分别采用实物法和系数法进行调整。

①实物法调整。

一类材料(指影响工程造价大、价格变化快及定额基价中未包括的材料)采取实物法调整价差，此价差除税金外不计取其他费用，调整材料的品种范围见表5-3-9。

表 5-3-9　实物法调整材料品种目录表

序号	材料名称	序号	材料名称
1	砖、砖块	11	贴面装饰材料
2	琉璃砖瓦	12	混凝土制品
3	水泥	13	暖卫器具
4	石灰、砂、石	14	管件、阀门
5	木材及木材制品	15	电线、电缆
6	钢材(钢筋、管材、型材、板材)及钢制品(门窗、龙骨)	16	电杆
7	铝合金型材及制品(门窗、扶手、幕墙、龙骨等)	17	电工器材、灯具
8	沥青	18	防腐保温材料
9	油毡	19	耐火材料
10	玻璃		

一类材料以建设工程季度完成的实物工作量中相应定额规定的材料消耗量为计算基础，以各地区公布的指导价同现行材料预算价格或综合材料预算价格进行调整，计算价差。计算式如下：

一类材料单项价差=[指导价－材料预算价格(综合材料预算价格)]×定额材料消耗量。

②系数法调整。

二类材料(指影响工程造价小、价格变化小，实物法调整以外及安装工程定额基价中包括的材料)采用系数法调整价差，此价差除税金外，暂不计取其他任何费用。如需作为计算基础时由省建设厅统一发布。

二类材料以建设工程完成的直接工程费中的材料费为基础，按各地区公布的材料价差调整系数进行调整，计算价差。

材料价差调整系数的测定可按定额分类或工程类别取定。

(3)机械费调整

机械费的调整按照省建设厅不定期统一公布的机械台班价或机械台班费用调整。

6. 规费

规费项目费率计取标准见表 5-3-10。

表 5-3-10　规费项目费率计取标准

序号	规费名称	计算基础	取费标准/%
1	社会保险费	人工费	核定标准
2	住房公积金		核定标准
3	工程排污费		0.21

以上社会保险费、住房公积金按照《甘肃省建设工程费用标准证书》中的标准计取。

社会保险费、住房公积金在编制招标控制价(或最高限价)时参照表5-3-11标准计取。

表5-3-11　社会保险费、住房公积金招标控制价计取标准

序号	费用项目名称	计算基础	建筑与装饰工程、安装工程、大规模土石方工程、抗震加固及维修工程、市政工程、仿古建筑工程、园林绿化工程、包工不包料工程、外购构件工程、单独装饰装修工程
			费率标准/%
1	社会保险费(含养老、失业、医疗、工伤、生育保险费)	人工费	18.00
2	住房公积金		7.00

7. 税金

税金计取增值税，计取标准见表5-3-12。

表5-3-12　税金计取标准

序号	项目名称	计费基数	税率/%
1	税金	税前工程造价	11.00

复习思考题

一、填空题

1.《甘肃省建筑安装工程费用定额》适用于________________的建筑与装饰工程、安装工程、市政工程、仿古建筑工程、园林绿化和抗震加固及维修工程。

2. 外购构件工程适用于外购的____________、____________及金属构件等工程。

3. 大规模土石方工程适用于一个单位工程内挖方或填方工程量在____________或____________的场地平整、土石方处理(包括挖方或填方)、堤坝、沟渠、水池、运动场、机场、管道沟等的土石方工程。

4. 建筑物檐高：有挑檐者，是指________________至建筑物挑檐上皮的高度；无挑檐者，是指____________至____________的高度；如有女儿墙的，其高度算至____________；构筑物的高度，以设计室外地坪标高至构筑物的顶面高度为准。

5. 建筑与装饰工程计算费率措施费，计费基础是________________。

6. 多跨建筑物按____________划分工程类别。

7. 按照国家及甘肃省有关规定，____________、____________及____________为不可竞争性费用，招投标时应单独列项。

8. 材料费的调整区分____________和____________，分别采用实物法和系数法进行调整。

二、单选题

1. 某施工企业承担6层住宅楼工程，此工程为(　　)工程。

A. 一类　　B. 二类　　C. 三类　　D. 四类

2. 社会保障费的计算基数是(　　)。

A. 人工费　　B. 综合工日　　C. 定额直接费　　D. 工程造价

3. 下列费用中，属于间接费的是(　　)。

A. 工程保险费　　B. 工程监理费

C. 建设单位管理费　　D. 固定资产使用费

4. 建筑安装工程费用由(　　)构成。

A. 人工费、材料费、施工机械使用费　　B. 直接费、间接费、利润、税金

C. 直接工程费、间接费、利润、税金　　D. 直接费、间接费、计划利润、税金

5.(　　)指住宅、宿舍、公寓等建筑物。

A. 公共建筑　　B. 居住建筑　　C. 工业建筑　　D. 民用建筑

6. 我国现行建筑安装工程造价的构成中间接费不包括(　　)。

A. 企业管理费　　B. 企业财务费用

C. 规费　　D. 现场管理费

7. 建筑与装饰工程费用定额中的间接费费率按(　　)而取得。

A. 施工单位资质　　B. 工程造价的高低

C. 上级主管部门的规定　　D. 工程类别

8. 在我国现行的建筑安装工程费用项目组成中，环境保护费属于(　　)。

A. 措施费　　B. 直接工程费　　C. 规费　　D. 企业管理费

9. 甘肃省现行的建筑安装工程造价中的税金组成是(　　)。

A. 增值税

B. 营业税、城市维护建设税、教育费附加、所得税

C. 营业税、固定资产投资方向调节税、所得税、水利基金

D. 营业税、教育费附加、城市维护建设税、地方教育费附加

10. 以费率形式出现的措施费是(　　)。

A. 模板费　　B. 安全施工费

C. 大型机械设备进出场及安拆费　　D. 脚手架费

11. 以下费用属建筑安装工程造价中费率措施费的是(　　)。

A. 施工机械修理费　　B. 材料采购和保管费

C. 二次搬运费　　D. 生产工人基本工资

三、多选题

1. 我国现行建筑安装工程造价中，利润的计取基础通常有(　　)。

A. 直接费+间接费

B. 直接工程费＋间接费
C. 人工费＋材料费＋施工机械使用费
D. 人工费＋材料、设备价值
E. 人工费＋施工机械使用费
2. 规费项目包括(　　)。
A. 社会保险费
B. 工程排污费
C. 工会经费
D. 住房公积金
E. 职工教育经费
3. 下列费用属于建筑安装工程企业管理费的有(　　)。
A. 劳动保险费
B. 劳动保护费
C. 工会经费
D. 住房公积金
E. 职工教育经费
4. 建筑安装工程费用中，(　　)属于规费。
A. 工程排污费
B. 养老保险费
C. 劳动保险费
D. 缩短工期增加费
5. 在建筑工程费用定额中，下列中的(　　)属于一类工程。
A. 跨度 24 m 以上或檐高 18 m 以上的单层工业建筑
B. ≥20 层的住宅
C. 单项建筑装饰装修工程造价 1000 万元以上
D. 建筑装饰装修工程每平方米造价 2000 元以上
E. 檐高 35 m 以上多层工业建筑

四、简答题

1. 甘肃省建筑安装工程费用项目组成是什么?
2. 按照国家及甘肃省有关规定不可竞争性费用有哪些?
3. 材料价格的组成是什么?
4. 规费项目的组成有哪些?

案例实训　建筑工程施工图预算编制

结合实际案例工程“××办公楼”，完成案例工程施工图预算书的编制。

一、实训要求

教师给定具体施工图纸(图 1 至图 16)，学生根据提供的施工图纸，计算工程造价，编制施工图预算书。

二、训前准备

学生应准备如下的基本资料。

①2013 版《甘肃省建筑与装饰工程预算定额》及配套的费用定额。

②相关的标准图集。

③造价软件(套价工作利用广联达 GBQ4.0 完成)。

④市场价文件。

⑤计算器等常用工具。

三、实训组织

时间安排：教师根据图纸的难易程度可将实训时间定为 3～5 天。

实训的主要组织形式：可以集中安排，也可以分散安排，可以分组进行，也可以每个人独立完成。

实训的管理：由任课教师负责实训指导与检查、督促与验收。

四、成绩评定

由教师根据每个人的表现、在过程中所起的作用、实训报告等评定，具体可参照表1来执行。

表1　项目实训成绩评定

序号	评定内容	分值	评定标准	得分
1	任务前期准备情况	10	熟悉相关知识；熟悉任务书内容及要求并按要求准备好所需资料、工具	
2	出勤率	15	按时出勤，无缺课迟到现象	
3	团队协作、沟通协调能力	10	积极参与小组的任务统筹，服从组长的安排，与成员配合良好，沟通顺畅	
4	学习态度	5	认真踏实、勤学好问	
5	任务成果完成情况	25	数据计算准确，基本不漏项；定额套用、换算正确，书写工整	
6	成果答辩	10	思路清晰、概念明确、回答准确	
7	发现问题、解决问题的能力	10	能够在自审、互审中发现问题、解决问题	
8	上交资料	15	上交资料符合要求	

五、任务分解

1. 分部分项工程工程量计算

(1)实训目的

掌握分部分项工程的定额计算规则，结合图纸，根据《甘肃省建筑与装饰工程预算定额》的计算规则正确的列项，并计算工程量。

能结合工程实际情况，根据定额计算规则的规定进行相应的换算。

(2)分部分项工程量计算的一般步骤

仔细阅读招标文件，了解招标文件中有关投标报价的要求。

详细了解并识读施工图纸和施工说明：了解结构类型，抗震等级，室内外标高，土壤类别等基本数据；查看基础类型；查看砌体类型，查找有关砌体材质及砌筑砂浆的相关说明，注意砌体中的构造柱、圈梁、过梁、门窗分布情况；查看混凝土构件类型与种类、混凝土强度等级和供应方式等基本情况；查看有关门窗的相关说明；查看有关室内装饰的相关说明及构造做法；查看屋面类型，了解屋面构造组成情况；查看室外保温工程量及装饰面层情况，注意其类型、材料种类。

结合图纸，根据《甘肃省建筑与装饰工程预算定额》的计算规则正确的列项，并计算工程量。

2. 钢筋工程量计算

(1)实训目的

教师给定具体图纸，要求学生根据提供的图纸进行手工钢筋翻样，提交一份钢筋计算表。

(2)训前准备

应准备如下的基本资料。

①钢筋混凝土结构设计规范。

②16 G101 系列平法图集。

③相关的标准构造图集。

(3)实训步骤及方法

熟悉并认真研究结构图，读懂平法标注，研究分析集中标注、原位标注。

确定房屋的抗震等级。

确定混凝土强度等级、各类构件的混凝土保护层厚度。

确定钢筋的连接方式。

确定柱钢筋的顶部节点。

研究相关的钢筋构造平法图集。

熟记常见的各类构件钢筋的类型和构造。

掌握各类构件钢筋的手工算量方法。

进行钢筋汇总、列项并正确套用地区基价。

3. 措施项目费计算

(1)实训目的

掌握模板、脚手架等定额措施费计算，会结合实际工程和施工方案进行其他措施费的确定。

掌握费率措施费的计算。

(2)实训目标

会按接触面积计算模板工程量。

会计算脚手架工程量。

会计算垂直运输工程量。

会判断大型机械进出场及安拆费的计取条件，并正确计算。

会正确计算费率措施费。

4. 企业管理费、利润、规费的计取

依据《甘肃省建筑安装工程费用定额》及《关于建筑业营业税改征增值税调整甘肃省建设工程计价依据的实施意见》，正确判断工程类别，计取相应的费率、利润率。

5. 价差的计取

按照《关于印发〈二〇一六年九至十月实物法调整的综合材料预算指导价格〉的通知》(兰建发〔2016〕261 号)结合市场价调整。

6. 税金的计取

建筑业企业营业税改增值税调整依据《甘肃省住房和城乡建设厅关于印发〈关于建筑业营业税改征增值税调整甘肃省建设工程计价依据的实施意见〉的通知》(甘建价〔2016〕119 号)执行。

六、预算练习任务书

1. 练习目的

根据甘肃省建筑工程造价现行管理办法计算××办公楼工程造价。

2. 练习依据

①××办公楼图纸。

②《甘肃省建筑与装饰工程预算定额》及地区基价。

③《甘肃省建筑安装工程费用定额及造价管理文件汇编》(甘建价〔2013〕585 号)、《甘肃省住房和城乡建设厅关于印发〈关于建筑业营业税改征增值税调整甘肃省建设工程计价依据的实施意见〉的通知》(甘建价〔2016〕119 号)及《关于印发〈二〇一六年九至十月实物法调整的综合材料预算指导价格〉的通知》(兰建发〔2016〕261 号)。

④工程建设条件。

a. 土质类别：三类土，人工开挖；土方运输采用人工挖土自卸汽车运土，土方外运或取土运距为 5 km。

b. 现场垂直运输机械采用塔式起重机，起重力矩 60 kN·m。

c. 混凝土采用现场搅拌混凝土。

d. 楼梯栏杆扶手由甲方指定。

e. 本工程施工占地面积(包括道路)约 550 m^2。

3. 练习内容

合理准确列出该工程土建、装饰全部分项工程项目，并正确计算工程量。

合理准确列出该工程定额措施项目，并正确计算工程量。

合理列出该工程费率措施项目，并正确计算费率措施费。

判断工程类别，正确计取企业管理费率、利润率。

合理计算材料价差。

正确计算企业管理费、利润、规费。

正确计算增值税，汇总工程造价。

4. 练习要求

每人独立完成办公楼土建、装饰工程量的计算，利用套价软件汇总计算工程造价。手工算量要求做到熟悉图纸，列项合理，项目齐全，工程量计算准确，书写整洁；利用套价软件要求正确计取各项费率，正确调整人工差和材料差；经审核后装订成册。

装订顺序：封面、编制说明、费用计算表、工程预算表、定额措施费汇总表、费率措施费汇总表、人材机价差表、人材机汇总表、三材汇总表，工程量计算式。

建筑设计说明

一、设计依据(略)

二、工程概况

1. 本建筑物建设地点位于兰州市城关区，为某公司培训楼，总建筑面积约为171.85 m^2。

2. 本建筑为二层框架结构，层高3.6 m，室内地面标高±0.00 m相当于绝对高程现场定，室内外高差为450 mm。

3. 本工程为低层建筑，耐火等级为二级，抗震设计按8度设防，设计使用年限为50年。

4. 本工程仅供教学参考。

三、建筑设计

1. 本工程设计范围包括建筑、结构，不包括给排水(消防)、采暖、电气、散水以外的其他工程；本工程除总平面尺寸及标高尺寸以米为单位，其余均以毫米为单位。

2. 屋面防水等级为Ⅱ级，屋面采用SBS改性沥青防水卷材，二道设防。

3. 本建筑地面以上框架部分外墙砌体结构为370 mm厚MU10级蒸压粉煤灰砖墙体，内墙砌体结构为240 mm厚MU10级蒸压粉煤灰砖墙体，M5混合砂浆砌筑。

四、节能设计

1. 外墙外保温35 mm厚的聚苯颗粒保温砂浆复合墙体，传热系数<0.7。

2. 本建筑物窗均采用铝合金中空玻璃，传热系数<3.0。

3. 本建筑物屋面均采用50 mm厚聚苯乙烯保温板，导热系数<0.03。

五、消防设计(略)

六、门窗表

门窗表如表2。

表 2　门窗表

门窗编号	门窗类型		洞口尺寸		数量/樘	门窗选型
			宽/mm	高/mm		
M2427	铝合金地弹门		2400	2700	1	甲方自定
M0924	镶板门		900	2400	4	甲方自定
M0921	镶板门		900	2100	2	甲方自定
MLC2427	铝合金门连窗	门	900	2700	1	甲方自定
		窗	1500	1800		
C1518	铝合金窗		1500	1800	8	甲方自定
C1818	铝合金窗		1800	1800	2	甲方自定

七、工程做法

工程做法如表 3。

表 3　工程做法

类别	名称	做法	部位
屋面	不上人屋面	甘 02J01-172-屋Ⅱ4，50 mm 厚聚苯乙烯保温板	屋面
顶棚	矿棉吸声板吊顶（吊顶高度 3000 mm）	甘 02J01-148-棚 24	一层培训室、接待室、办公室
	涂料顶棚	甘 02J01-141-棚 5	二层培训室、接待室、办公室，楼梯间
内墙面	乳胶漆内墙面	甘 02J01-121-内 19	所有房间
外墙面	贴面砖墙面	甘 02J01-28-外 21	外墙面、阳台内外侧、挑檐反边
地面	防滑地砖地面	甘 02J01-47-地 28，规格 600 mm×600 mm	一层所有房间
楼面	水泥砂浆楼面	甘 02J01-61-楼 3	二层所有房间、楼梯、阳台
踢脚	水泥砂浆踢脚	甘 02J01-90-踢 4，高度 100 mm	二层培训室、接待室、办公室、楼梯
	地砖踢脚	甘 02J01-95-踢 20，高度 100 mm	一层所有房间
散水	混凝土散水	甘 02J01-19-散 3	
台阶	铺地砖台阶	甘 02J01-11-台 3，地砖规格 600 mm×600 mm	

八、其他

屋面、阳台雨水管采用ϕ50U排水钢管，无组织排水。

九、甘02J01 建筑用料及做法(节选)

(一)室外装修设计

1. 屋面：屋面为不上人屋面(甘02J01-172-屋Ⅱ4)。

①4厚SBS改性沥青卷材(带保护层)一道。

②3厚SBS改性沥青防水卷材一道。

③25厚1∶3水泥砂浆找平。

④50厚聚苯乙烯保温板。

⑤1∶6水泥炉渣找坡最薄处30厚。

⑥钢筋混凝土屋面板。

2. 外墙面：贴面砖墙面(甘02J01-28-外21)。

①1∶1水泥砂浆(细砂)勾缝。

②粘贴8厚面砖400×600。

③4厚聚合物水泥砂浆黏接层。

④6厚1∶2.5水泥砂浆找平。

⑤12厚1∶3水泥砂浆打底扫毛。

(二)室内装修设计

1. 地面1：防滑地砖地面(600×600)(甘02J01-47-地28)。

①10厚防滑地砖，干水泥擦缝。

②5厚水泥砂浆黏结层(内掺建筑胶)。

③20厚1∶3干硬水泥砂浆结合层(内掺建筑胶)

④水泥浆一道(内掺建筑胶)。

⑤60厚C15混凝土垫层。

⑥150厚3∶7灰土。

⑦素土夯实。

2. 楼面1：水泥砂浆楼面(甘02J01-61-楼3)。

①20厚1∶2水泥砂浆压实抹光。

②水泥浆一道(内掺建筑胶)。

③钢筋混凝土楼板随打随抹平。

3. 踢脚。

踢脚1：水泥砂浆踢脚(高度100)(甘02J01-90-踢4)。

①5厚1∶2.5水泥砂浆罩面压实赶光。

②5厚1∶0.5∶2.5水泥石灰膏砂浆木抹子抹平。

③8厚1∶1∶6水泥石灰膏砂浆打底扫毛。

④刷加气混凝土界面处理剂一道。

踢脚2：地砖踢脚(600×600，高度100)(甘02J01-95-踢20)。

①10厚地砖踢脚，素水泥浆擦缝。

②6厚1∶2水泥砂浆(内掺建筑胶)黏结层。

③6厚1∶1∶6水泥石灰膏砂浆打底扫毛。

④刷加气混凝土界面处理剂一道。

4. 内墙面1：乳胶漆内墙面(甘02J01-121-内19)。

①刷白色乳胶漆。

②5厚1∶0.3∶2.5水泥石灰膏砂浆抹面，压实赶光。

③6厚1∶1∶6水泥石灰膏砂浆打底扫毛。

④6厚1∶0.5∶4水泥石灰膏砂浆打底扫毛。

⑤刷加气混凝土界面处理剂一道。

5. 顶棚1：涂料顶棚(甘02J01-141-棚5)。

①刷白色乳胶漆。

②5厚1∶2.5水泥砂浆抹面找平。

③5厚1∶3水泥砂浆打底。

④刷素水泥浆一道(内掺建筑胶)。

⑤现浇钢筋混凝土楼板。

6. 吊顶1：矿棉吸声板吊顶(甘02J01-148-棚24)。

①12厚矿棉吸声板面层，规格592×592。

②T形铝合金小龙骨⊥22×22，中距600。

③T形铝合金中龙骨⊥35×22，中距600，找平后与钢筋吊杆固定。

④ϕ8螺栓吊杆，双向中距≤1200，与钢筋吊环固定。

⑤现浇钢筋混凝土板底预留ϕ10钢筋吊环，双向中距≤1200。

7. 木门油漆(甘02J01-156-油6)。

①调和漆二度。

②底油一度。

③满刮腻子。

8. 混凝土散水(甘02J01-19-散3)。

①60厚C15混凝土，水泥砂浆1∶2，压实抹光。

②150厚3∶7灰土垫层。

③素土夯实，向外坡4%。

混凝土分块浇筑，每块长度不超过6 m，分格缝宽10，散水与外墙间设道长缝，缝宽10，沥青砂浆嵌缝。

9. 铺地砖台阶(600×600)(甘02J01-11-台3)。

①10厚铺地砖面层1∶1水泥砂浆勾缝。

②5厚1∶1水泥细砂浆结合层。

③20 厚 1∶3 水泥砂浆找平层向外坡 1%。

④水泥砂浆结合层一道。

⑤60 厚 C15 混凝土台阶面向外坡 1%。

⑥300 厚 3∶7 灰土垫层分两层夯实。

⑦素土夯实。

结构设计说明

一、工程概况

本工程结构采用钢筋混凝土全现浇结构，设防烈度 8 度，抗震等级为二级；本工程采用阶梯形钢筋混凝土基础。

二、建筑安全结构等级及设计使用年限

①建筑结构设计安全等级：二级。结构设计使用年限：50 年。

②建筑抗震设防类别：丙类。地基基础设计等级：丙级。

③混凝土结构环境类别：一类。

三、设计依据(略)

四、主要结构材料

①钢筋：$d \leqslant 12$ mm 时，为 HPB300 级钢筋；

$d > 12$ mm 时，为 HRB335 级钢筋。

②混凝土：±0.00 m 以下采用 C30 混凝土，±0.00 m 以上采用 C25 混凝土；C15 混凝土垫层。

五、钢筋混凝土结构构造

①混凝土的保护层厚度：基础 40 mm，柱、梁 25 mm，板 15 mm；且均不小于受力钢筋的直径。

②钢筋接头形式及要求：柱、梁主筋采用电渣压力焊的接头形式，接头位置宜设在受力较小处；$d \leqslant 18$ mm，采用绑扎连接，$d > 18$ mm，采用电渣压力焊。

③现浇板未注明的厚度均为 100 mm，板内分布筋为 $\phi 8@250$。

④门窗洞口设置钢筋混凝土过梁，过梁配筋见结施 9，门窗洞口宽度<1500 mm，过梁高为 120 mm(GL120)；门窗洞口宽度≥1500 mm，过梁高为 180 mm(GL180)。

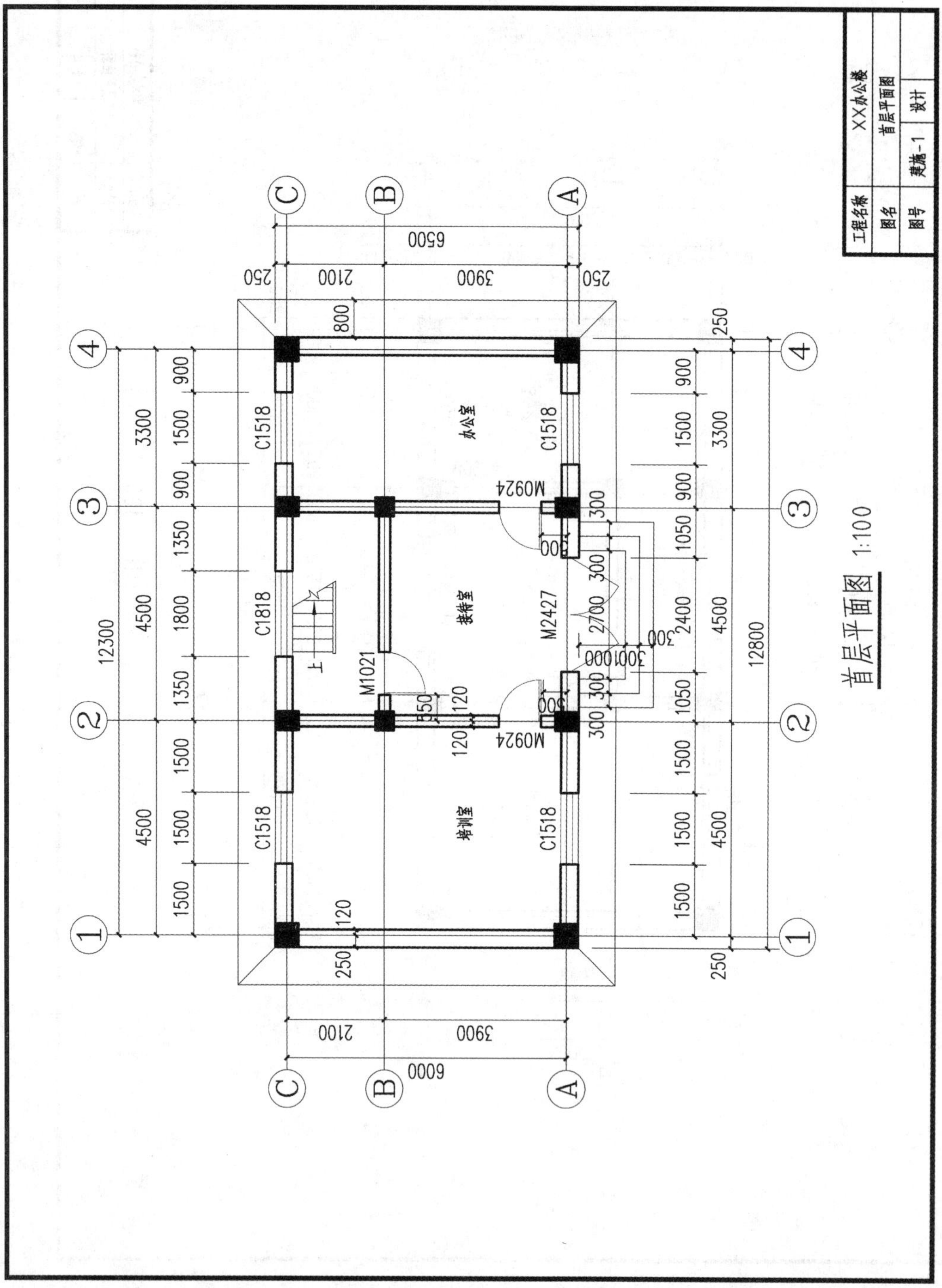
工程名称
XX办公楼
图名
首层平面图
图号
建施-1
设计
首层平面图 1:100
办公室
接待室
培训室
C1518
C1818
M0924
M2427
M1021
12300
12800
6500
6000

图1　首层平面图

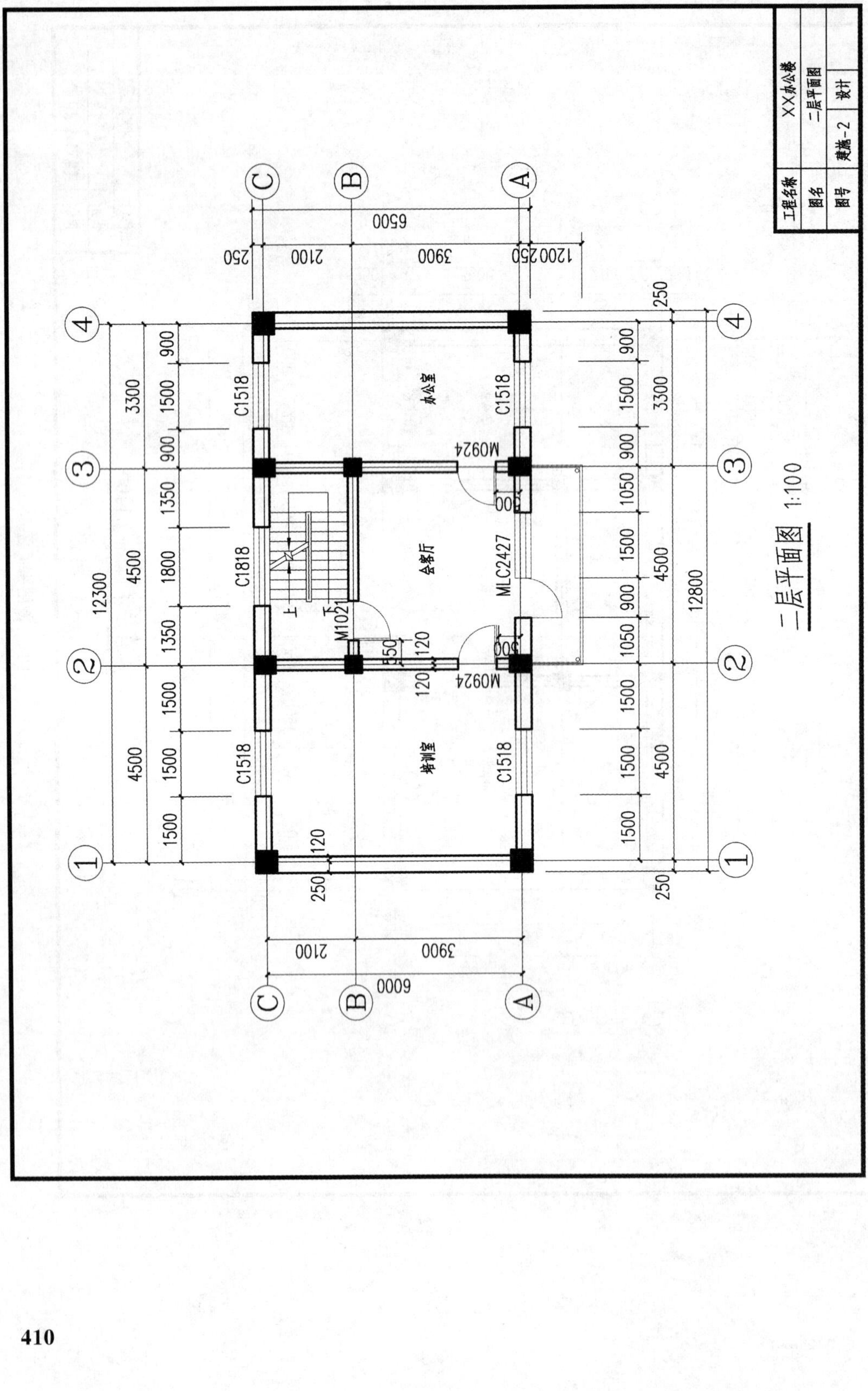
工程名称
XX办公楼
图名
二层平面图
图号
建施-2
设计
二层平面图 1:100
办公室
会客厅
培训室
C1518
C1818
M0924
MLC2427
M1021
上
12300
12800
6500
6000
4500
3300
3900
2100
1500
900
1350
1800
1050
1200
250
120

图2 二层平面图

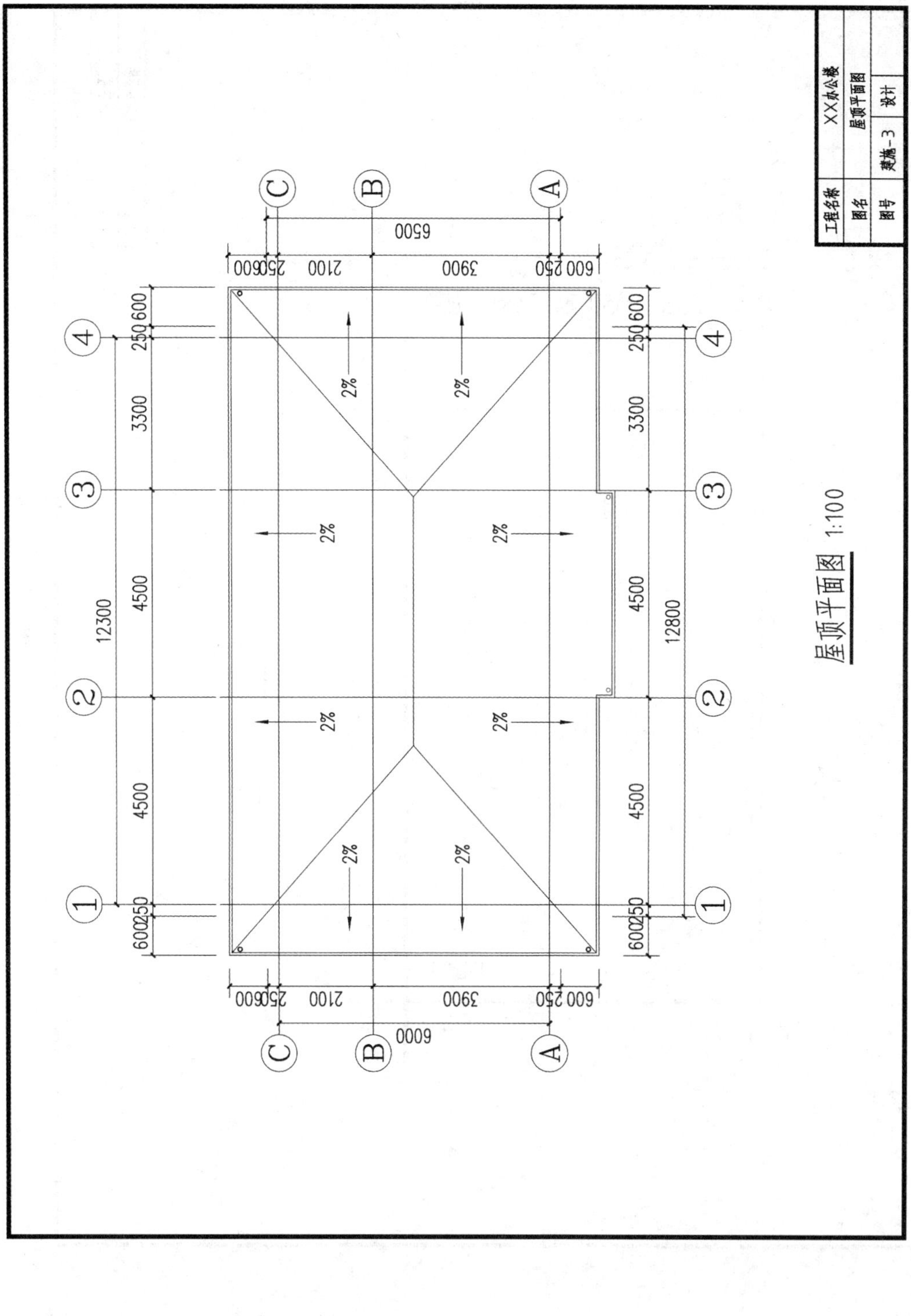

工程名称
XX办公楼
图名
屋顶平面图
图号
建施-3
设计
屋顶平面图 1:100
12300
12800
6500
6000
4500
3300
3900
2100
250
600
2%

图3　屋顶平面图

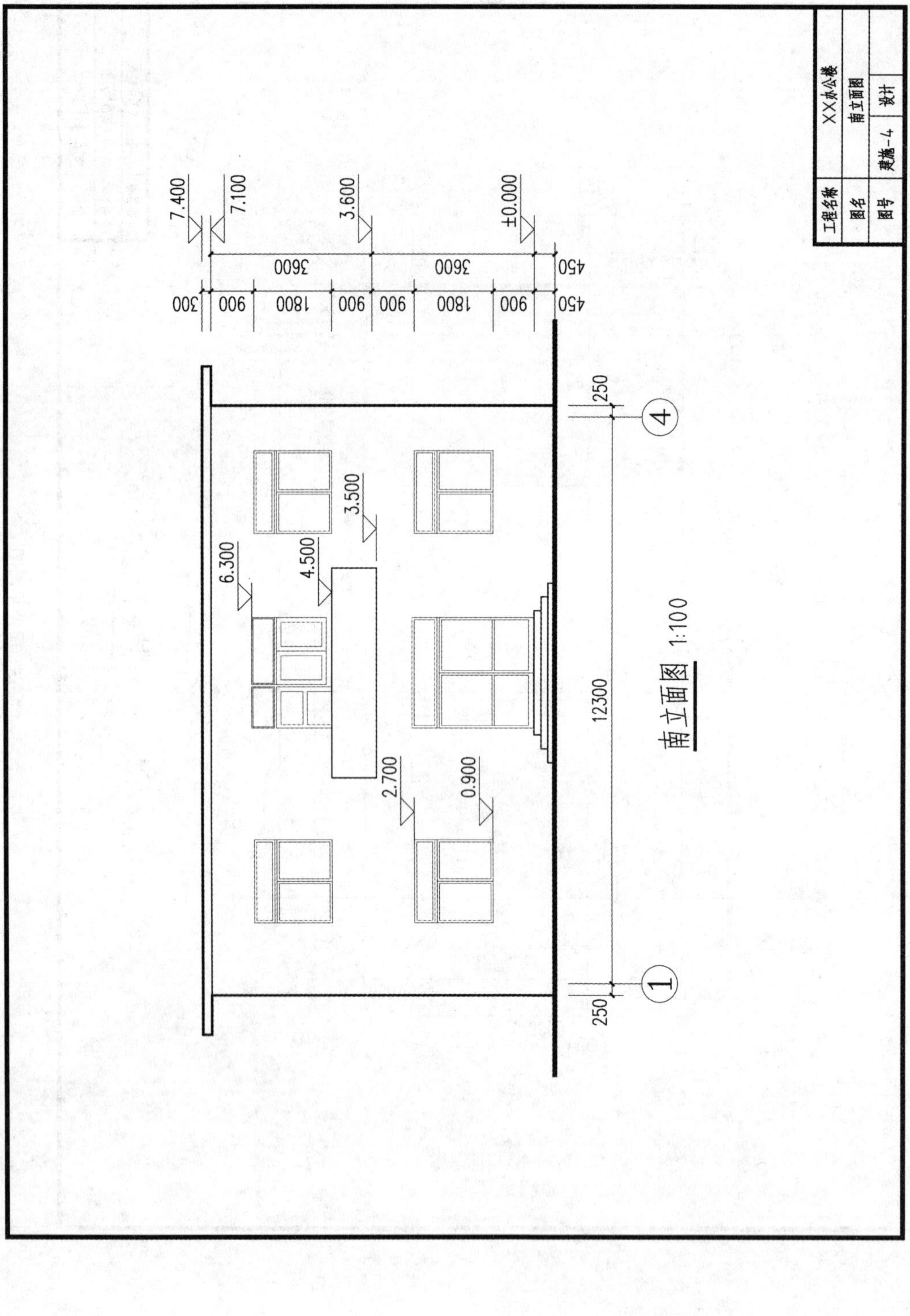
工程名称
XX办公楼
图名
南立面图
图号
建施-4
设计
南立面图 1:100
7.400
7.100
3.600
±0.000
6.300
4.500
3.500
2.700
0.900
300
900
1800
900
900
1800
900
450
3600
3600
450
250
12300
250
4
1

图4 南立面图

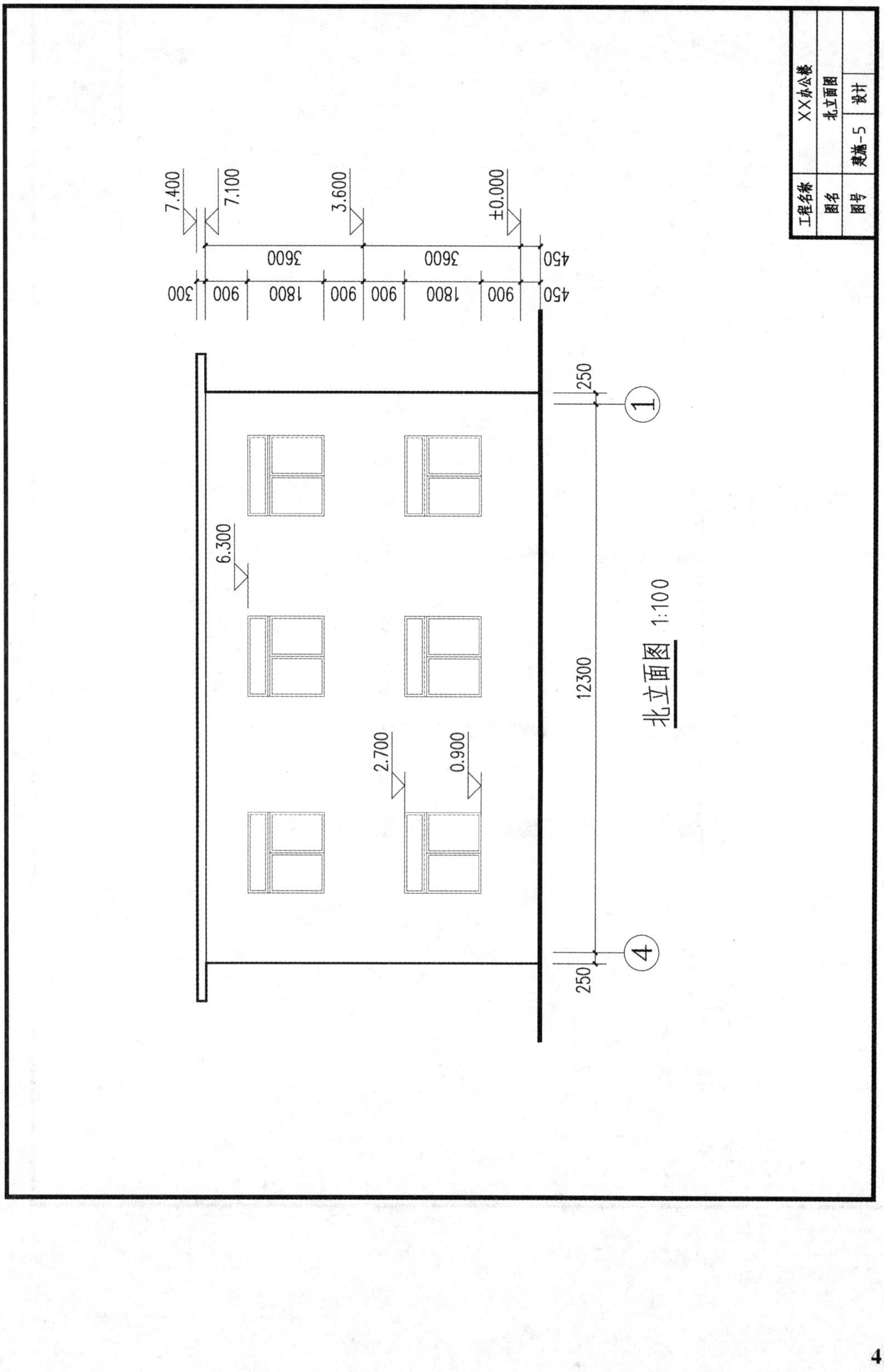
工程名称
XX办公楼
图名
北立面图
图号
建施-5
设计
7.400
7.100
3.600
±0.000
6.300
2.700
0.900
3600
3600
450
300
900
1800
900
900
1800
900
450
250
12300
250
①
④
北立面图 1:100

图5　北立面图

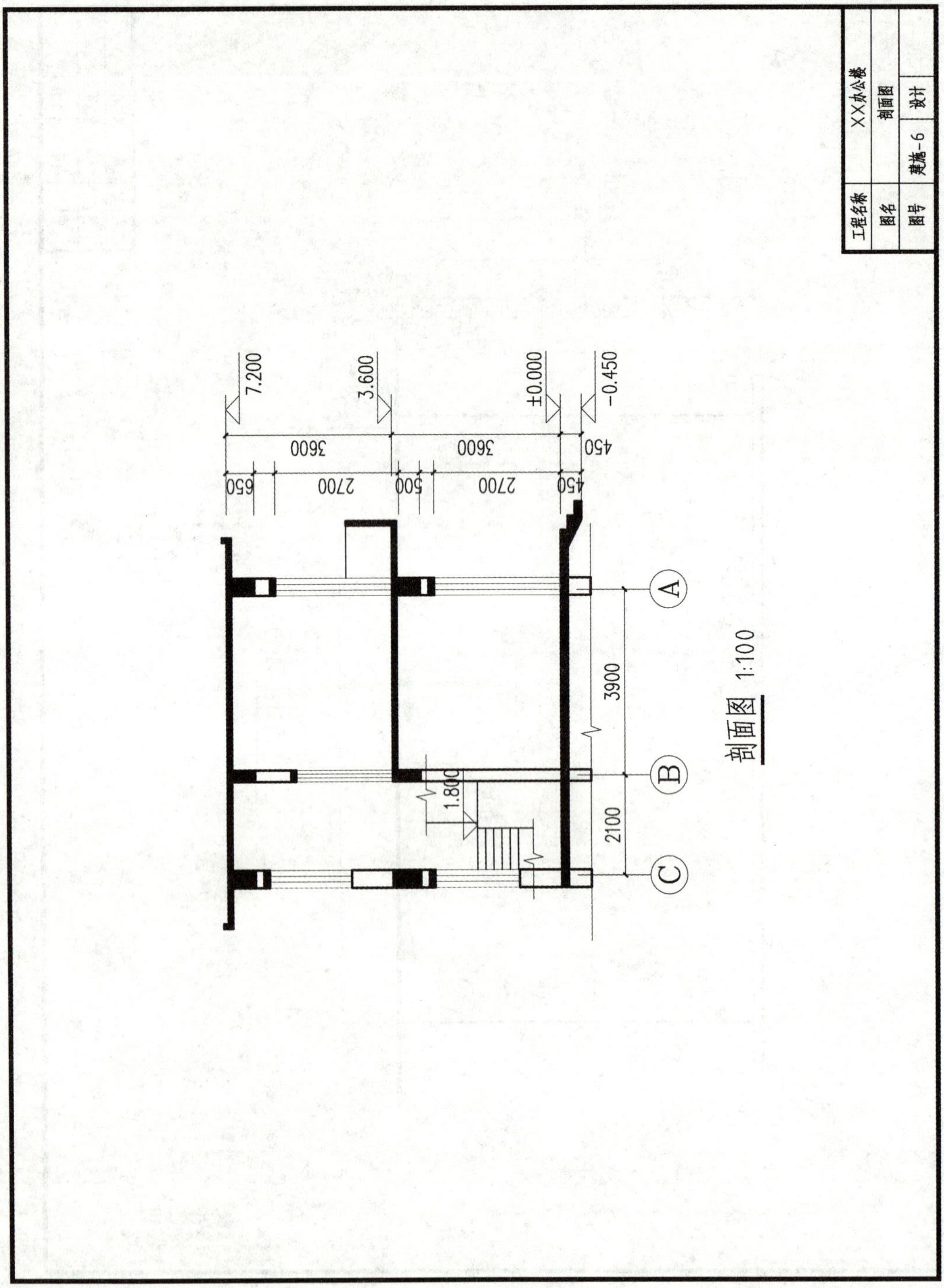
工程名称
XX办公楼
图名
剖面图
图号
建施-6
设计
剖面图 1:100
7.200
3.600
±0.000
-0.450
3600
3600
450
650
2700
500
2700
450
3900
2100
1.800
A
B
C

图6 剖面图

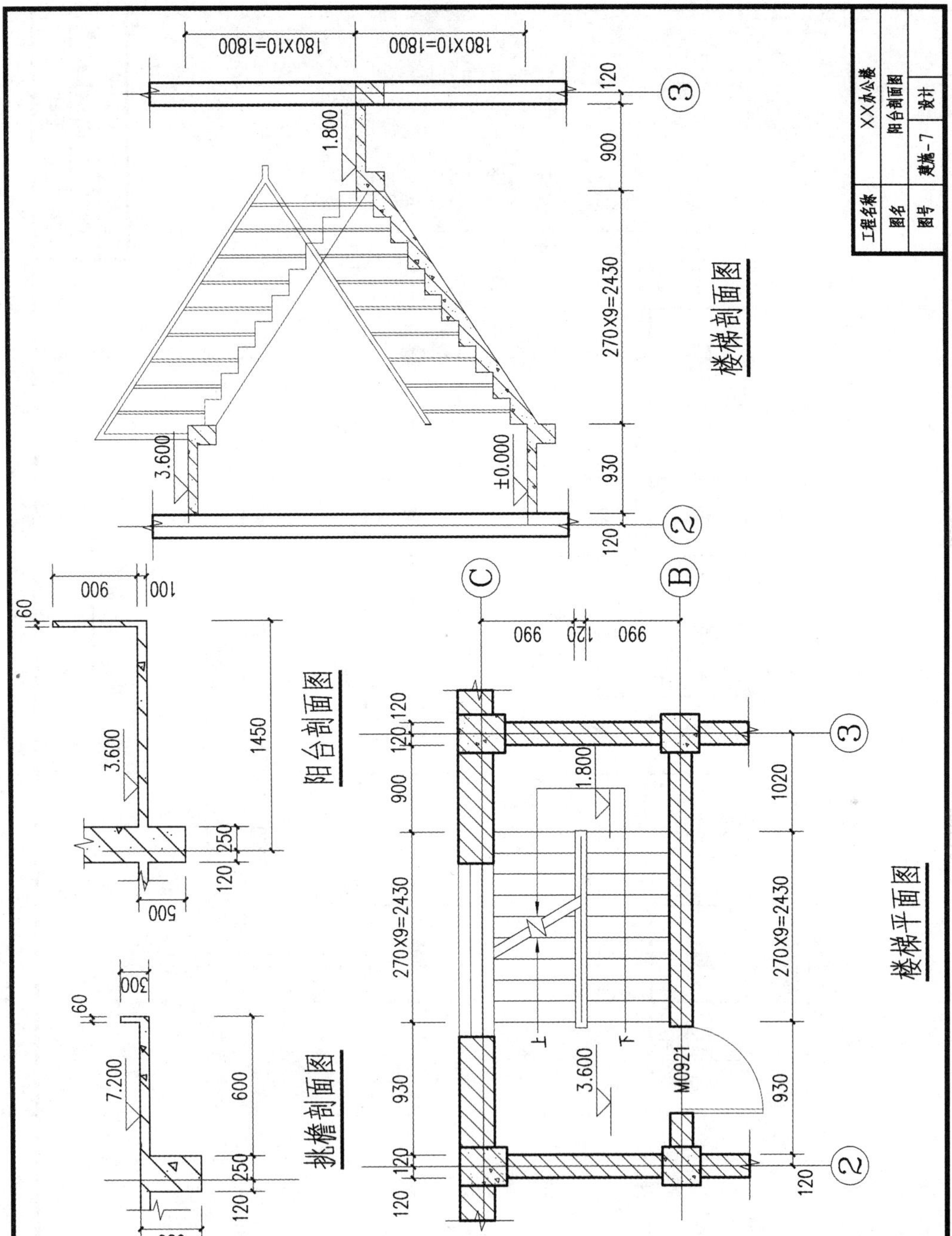
楼梯剖面图
180X10=1800
180X10=1800
270X9=2430
900
930
120
1.800
3.600
±0.000
楼梯平面图
270X9=2430
1020
930
990
M0921
上
下
阳台剖面图
3.600
1450
250
120
500
900
100
60
挑檐剖面图
7.200
600
300
650
工程名称
XX办公楼
图名
阳台剖面图
图号
建施-7
设计

图7　阳台剖面图

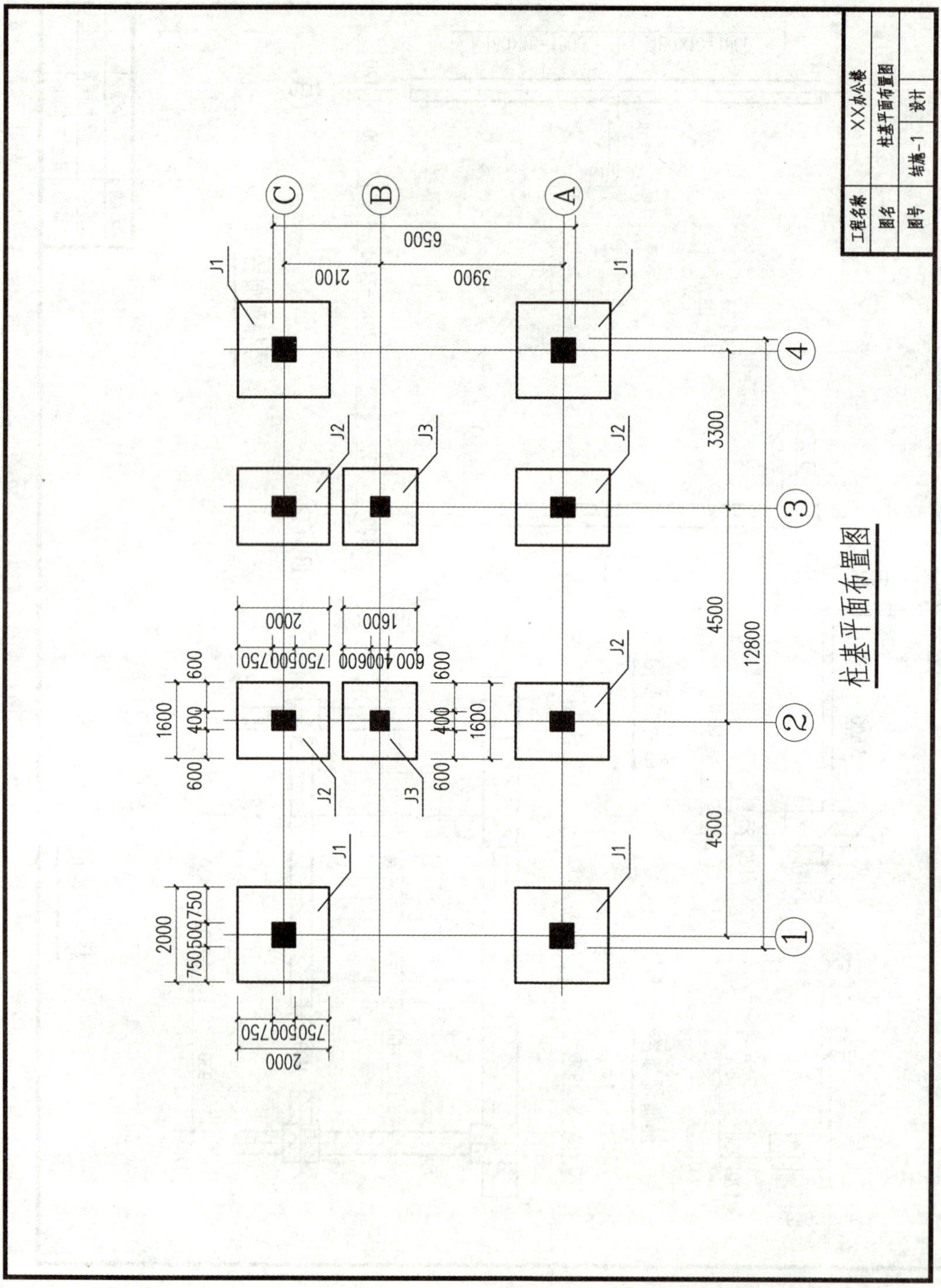
工程名称 XX办公楼
图名 柱基平面布置图
图号 结施-1
设计
柱基平面布置图
J1
J2
J3
A
B
C
1
2
3
4
6500
2100
3900
4500
4500
3300
12800
2000
750500750
1600
600
400

图8 柱基平面布置图

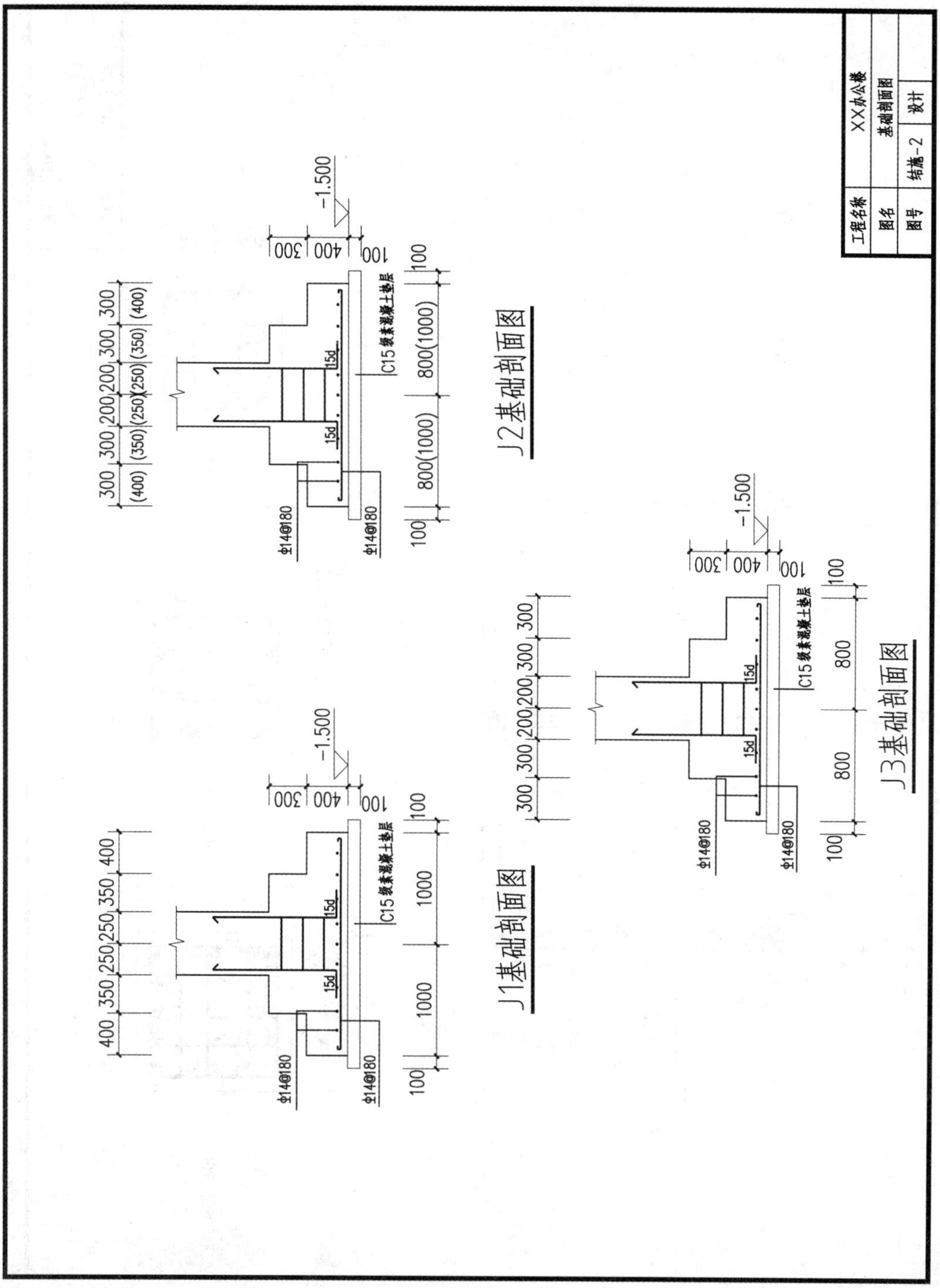
工程名称
XX办公楼
图名
基础剖面图
图号
结施-2
设计
J1基础剖面图
J2基础剖面图
J3基础剖面图
C15素混凝土垫层
Φ14@180
15d
-1.500

图9　基础剖面图

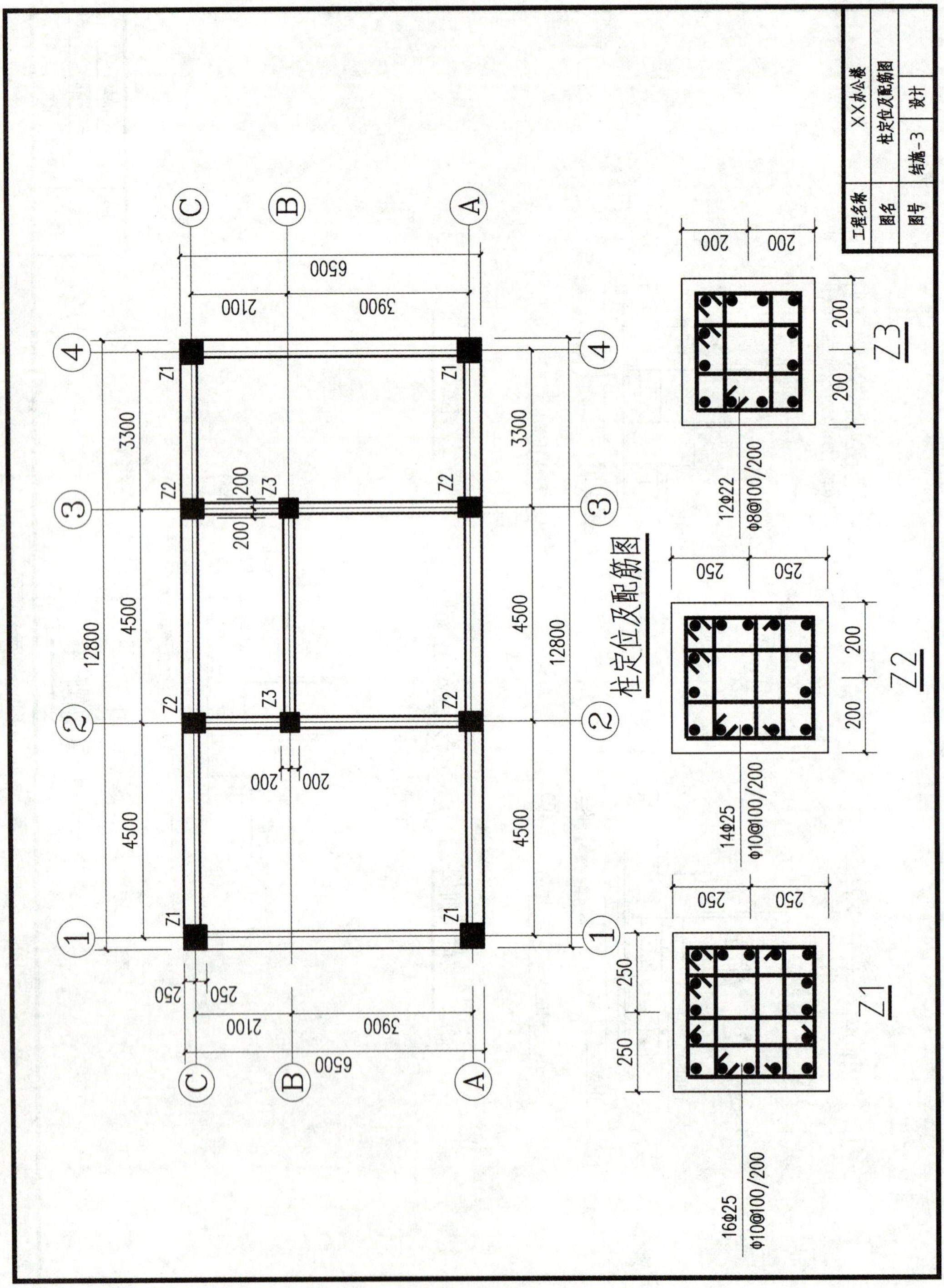

柱定位及配筋图
工程名称
XX办公楼
图名
柱定位及配筋图
图号
结施-3
设计
Z1
16Φ25
Φ10@100/200
Z2
14Φ25
Φ10@100/200
Z3
12Φ22
Φ8@100/200
6500
3900
2100
12800
4500
3300
250
200

图10 柱定位及配筋图

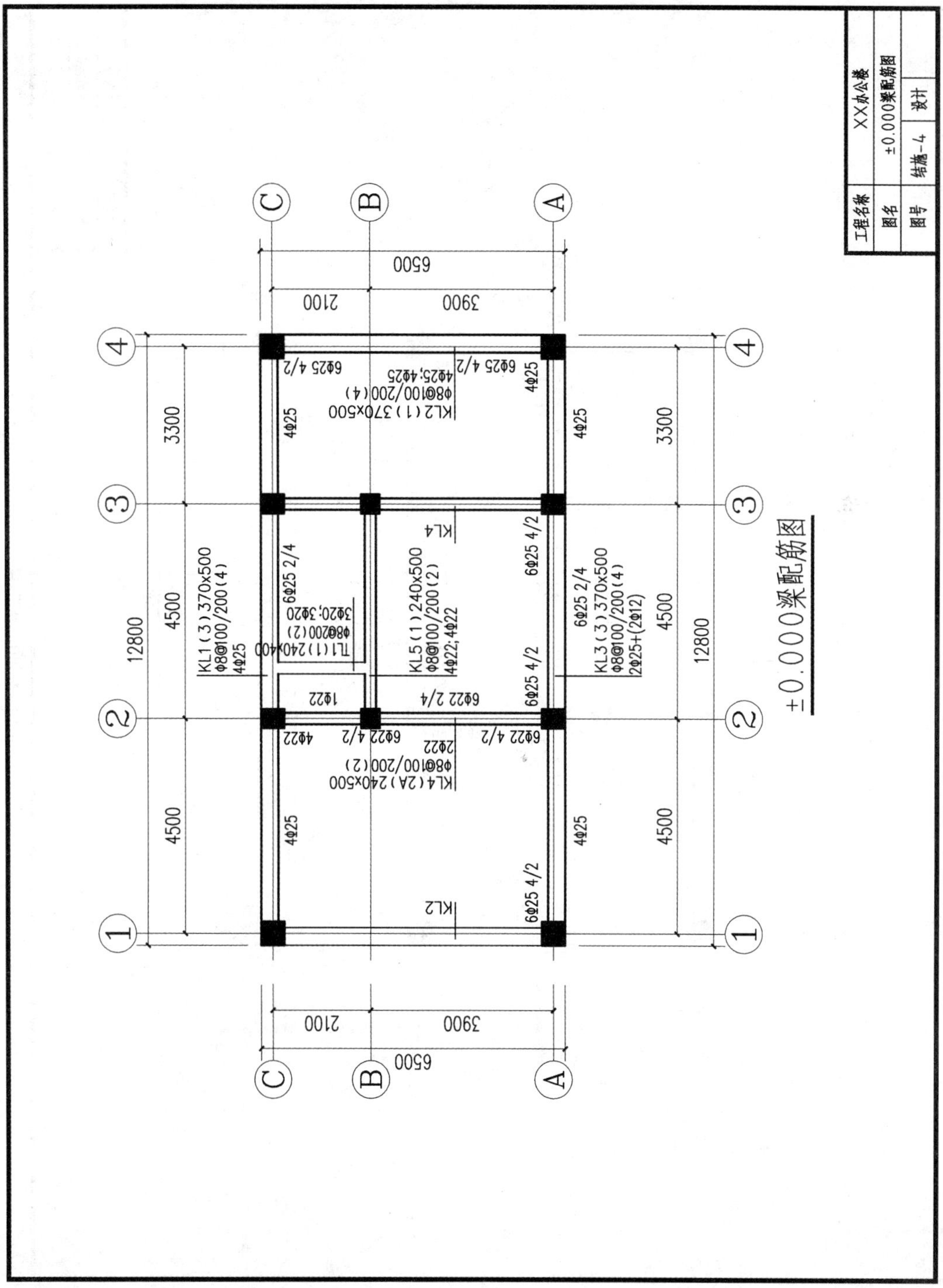

图11　±0.000梁配筋图

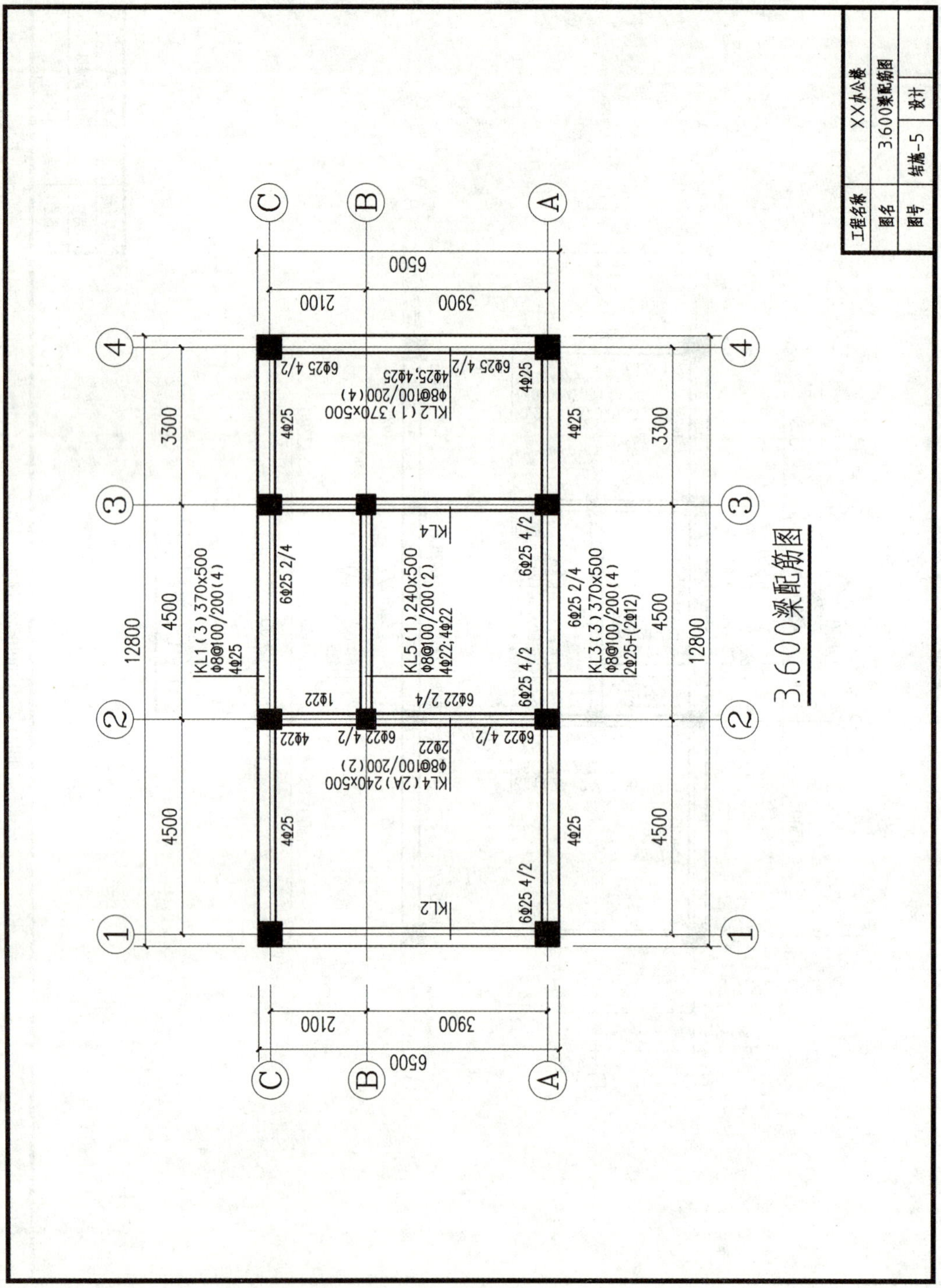

图12 3.600梁配筋图

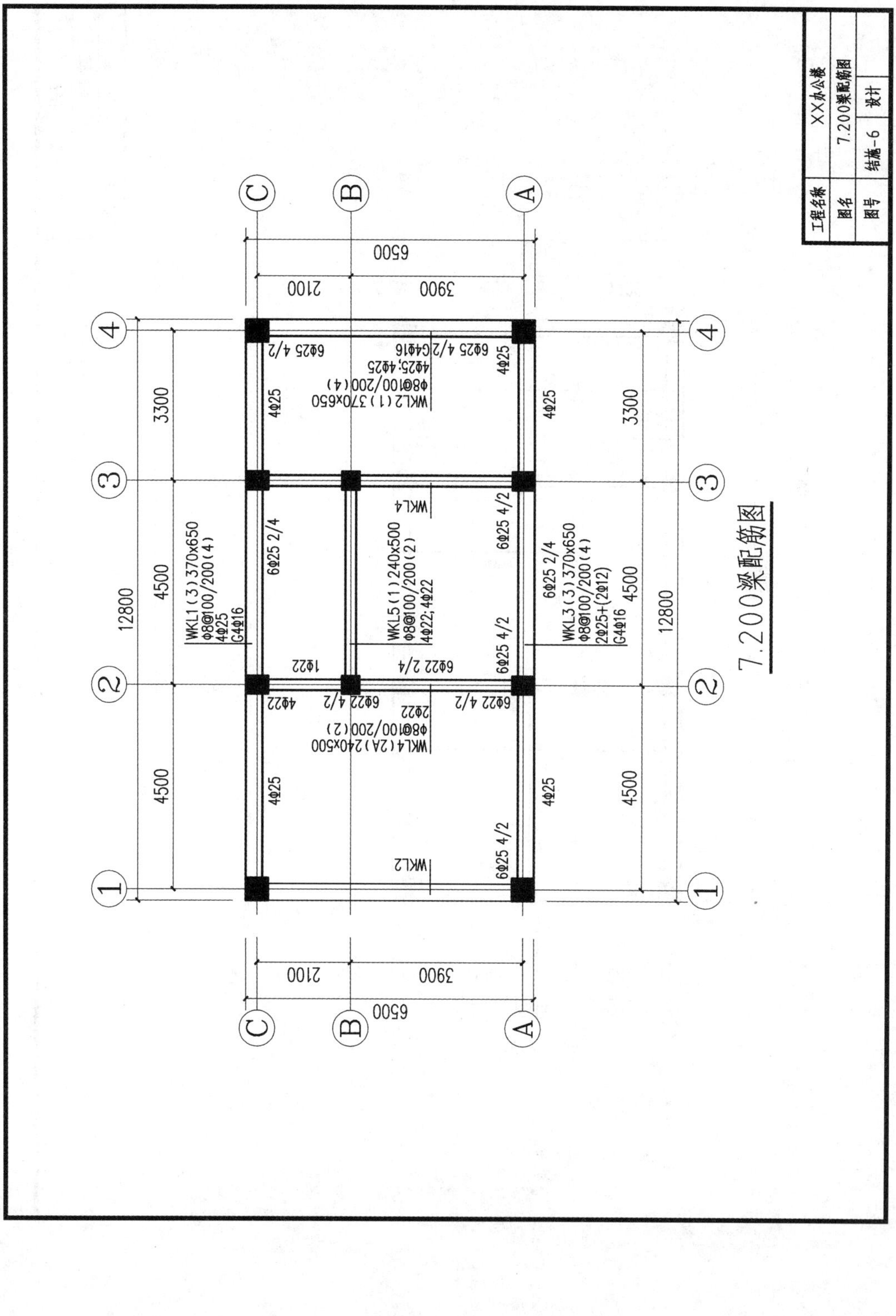

图13　7.200梁配筋图

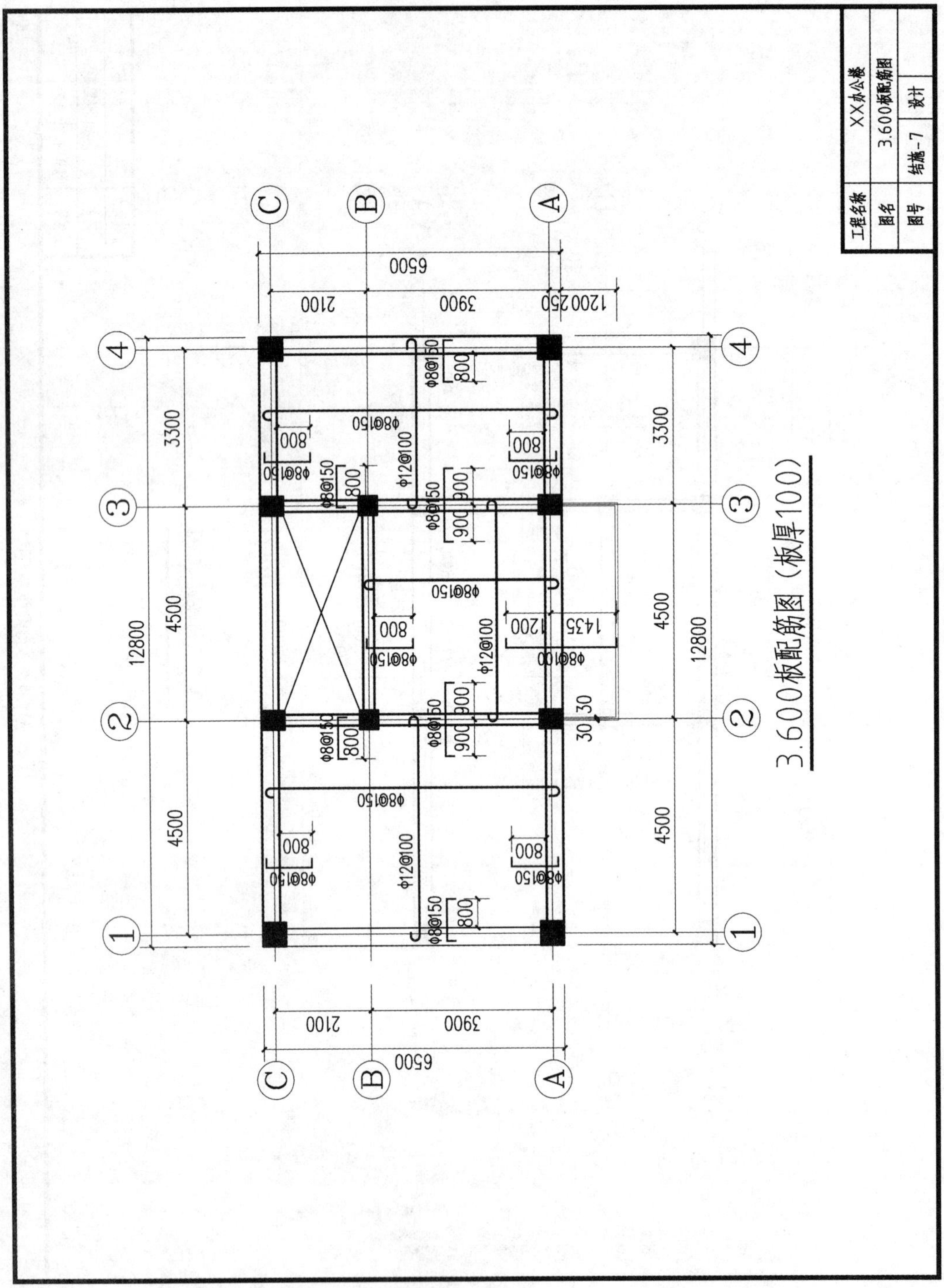

图14 3.600板配筋图

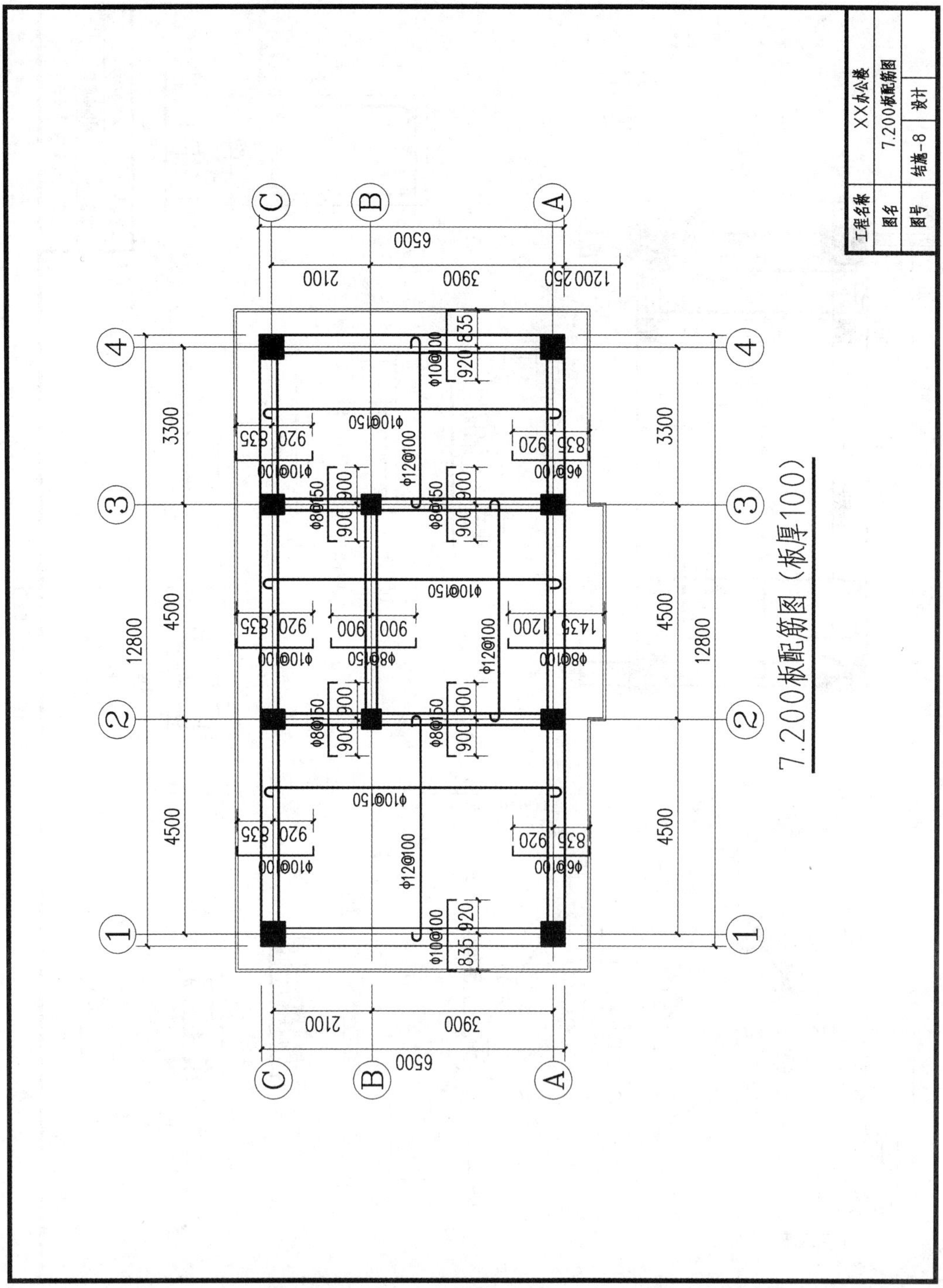

图15　7.200板配筋图

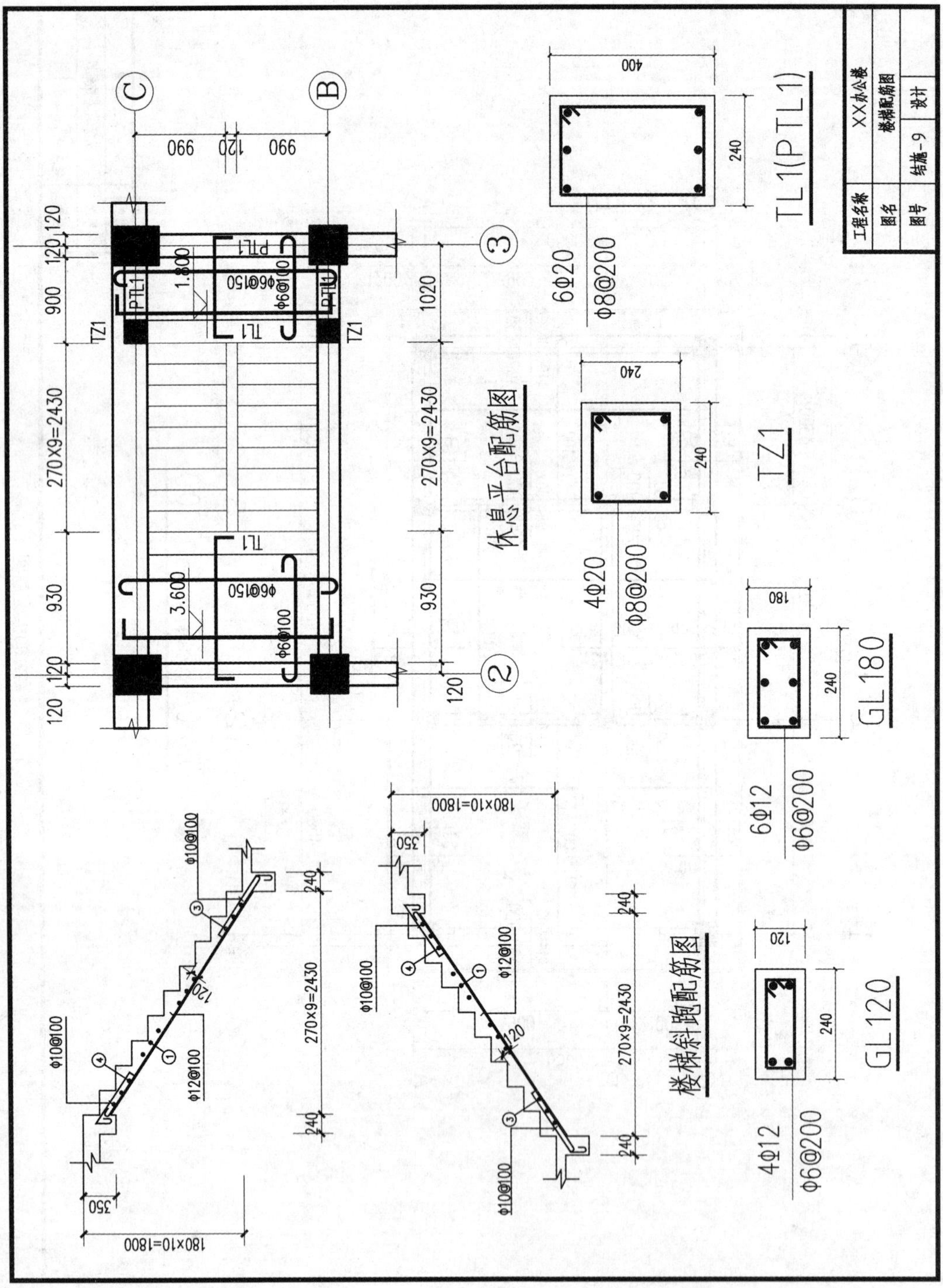
休息平台配筋图
楼梯斜跑配筋图
TL1(PTL1)
6Φ20
Φ8@200
TZ1
4Φ20
Φ8@200
GL180
6Φ12
Φ6@200
GL120
4Φ12
Φ6@200
270×9=2430
180×10=1800
工程名称
XX办公楼
图名
楼梯配筋图
图号
结施-9
设计

图16 楼梯配筋图

工程预算书

工程名称：××办公楼 ______

建筑面积：171.85 m^2 ______

编制单位：______

建设单位：______

工程造价：463300.61 元 ______

单方造价：2695.96 元/平方米 ______

编制人：______

审核人：______

编制日期：______

审核日期：______

编制说明

1. 本工程位于兰州市城关区××路，建筑面积171.85 m^2，二层全现浇框架结构，混凝土采用现场拌制。

2. 现场土质类别：三类土，人工开挖；土方运输采用人工挖土自卸汽车运土，土方外运或取土运距为5 km；现场垂直运输机械采用塔式起重机，起重力矩60 kN·m。

3. 本报价参照《甘肃省建筑与装饰工程预算定额》(DBJD 25—44—2013)、《甘肃省建筑与装饰工程预算定额地区基价》(DBJD 25—51—2013)。

(1)取费标准：按三类工程计取。

(2)本工程符合二次搬运费的计取条件，计算二次搬运费。

(3)规费依据《甘肃省建筑安装工程费用定额》(甘建价〔2013〕585号)中规定的费率标准计算，计入投标报价中。

(4)人工费市场价按一类工91元/工日，二类工85元/工日，三类工70元/工日计取。

(5)材料价差按照兰建发〔2016〕261号《关于印发〈二〇一六年九至十月实物法调整的综合材料预算指导价格〉的通知》结合市场价调整。

(6)税金执行：按建筑业企业营业税改增值税调整依据甘建价〔2016〕119号文《甘肃省住房和城乡建设厅关于印发〈关于建筑业营业税改征增值税调整甘肃省建设工程计价依据的实施意见〉的通知》执行。

4. 本工程未计算楼梯栏杆扶手。

费用计算表

工程名称：××办公楼

序号	费用项名称	费用代号	费率(%)	计算式	费用金额
一	分部分项工程费及定额措施项目费	A		工程量×基价	323186.78
	其中：人工费	A1		人工消耗量×人工单价	77432.75
	其中：材料费	A2		材料消耗量×材料单价	216986.48
	其中：机械费	A3		机械消耗量×机械台班单价	28767.55
二	措施项目费用(费率措施费)	B		(人工费＋机械费)×费率	23374.69
三	企业管理费	C	24.33	(人工费＋机械费)×费率	25838.53
四	利润	D	11.2	(人工费＋机械费)×费率	11894.43
五	价差调整	E			13572.71
	人工费调整	E1		人工费×调整系数	22283.05
	材料价差	E2			−8710.34
	其中：实物法材料价差	E21		按照实物法调差规定计算	−8710.34
	其中：系数法材料价差	E22	0	定额材料费×调整系数	
	机械费调整	E3	0	机械费×调整系数	
六	规费	F			19520.8
	其中：社会保险费	F1	18	人工费×费率	13937.9
	其中：住房公积金	F2	7	人工费×费率	5420.29
	其中：工程排污费	F3	0.21	人工费×费率	162.61

续表

序号	费用项名称	费用代号	费率(%)	计算式	费用金额
七	税金	G	11	(一+二+三+四+五+六)×费率	45912.67
八	工程造价	H		一+二+三+四+五+六+七	463300.61

法定代表人：　　　编制单位(盖章)：　　　编制日期：

工程计价表

工程名称：××办公楼

定额编号	分项工程名称	单位	数量	单价	合价	其中							
						人工费		材料费		主材费		机械费	
						单价	合价	单价	合价	单价	合价	单价	合价
0101	土石方工程				3469.32		3221.3		2.86				245.22
1-29	人工挖地坑　三类土深度 1.5 m 以内	m^3	80.22	24.66	1978.23	24.66	1978.2						
1-79	夯填土	m^3	71.43	15.4	1100.02	13.4	957.16	0.04	2.86			1.96	140
1-84	平整场地	m^2	176.4	1.43	252.25	1.43	252.25						
1-89	土方运输　运输距离 1000 m 以上 1000 m	m^3	5.5	17.24	94.82	6.11	33.61					11.13	61.22
1-90 * 4	土方运输　运输距离 1000 m 以上　每增 1000 m 子目 * 4	m^3	5.5	8	44							8	44
0103	砌筑工程				23211.09		6600.9		16311.68				296.73
3-4-6	1 砖墙　水泥石灰膏砂浆 M5.0	m^3	17.84	313.73	5596.94	90.79	1619.69	219.1	3908.74			3.84	68.51
3-5-6	$1\frac{1}{2}$砖墙　水泥石灰膏砂浆 M5.0	m^3	56.49	311.81	17614.15	88.21	4982.98	219.56	12402.94			4.04	228.22
0104	混凝土工程				25295.79		7020.24		16231.04				2044.53
4-52-2	现浇混凝土垫层 C15	m^3	4.17	244.36	1018.98	60.52	252.37	166.22	693.14			17.62	73.48
4-52-2	现浇混凝土垫层 C15（散水混凝土）	m^3	1.82	244.4	444.74	60.52	110.15	166.22	302.52			17.62	32.07
4-52-2	现浇混凝土垫层 C15	m^3	4.03	244.36	984.77	60.52	243.9	166.22	669.87			17.62	71.01

续表

定额编号	分项工程名称	单位	数量	单价	合价	其中							
						人工费		材料费		主材费		机械费	
						单价	合价	单价	合价	单价	合价	单价	合价
4-60-2 H1-36 1-37	现浇独立基础及设备基础 混凝土 C20 换为【卵石最大粒径 40 mm 混凝土抗压强度等级 C25】	m^3	17.34	243.65	4224.89	52.27	906.36	173.13	3002.07			18.25	316.46
4-65-2	现浇矩形柱 混凝土 C25	m^3	15.47	293.73	4544	106.9	1653.74	175.62	2716.84			11.21	173.42
4-65-3	现浇矩形柱 混凝土 C30	m^3	1.7	305.21	518.86	106.9	181.73	187.1	318.07			11.21	19.06
4-67-3	现浇基础梁 混凝土 C30	m^3	7.82	263.62	2061.51	65.89	515.26	186.74	1460.31			10.99	85.94
4-68-2	现浇单梁(休息平台梁)混凝土 C25	m^3	0.45	262.5	118.13	76.62	34.48	174.89	78.7			10.99	4.95
4-79-2	现浇有梁板 混凝土 C25	m^3	30.45	253.8	7728.21	64.56	1964.85	178.25	5427.71			10.99	334.65
4-83-2	现浇挑檐、天沟 混凝土 C25	m^3	3.27	330.74	1081.52	122.91	401.92	190.39	622.58			17.44	57.03
4-88-2	现浇楼梯 板式 直形 混凝土 C25	m^2 投影面积	6.64	64.37	427.42	23.81	158.1	37.59	249.6			2.97	19.72
4-91-1	现浇台阶 混凝土 C15	m^2 投影面积	4.77	50.52	240.98	19.76	94.26	28.49	135.9			2.27	10.83
4-93-3	现浇栏板 混凝土 C25	m^3	0.37	350.34	129.63	151.6	56.09	181.3	67.08			17.44	6.45
4-131-2	预制过梁 混凝土 C25	m^3	2.03	291.41	591.56	75.14	152.53	186.96	379.53			29.31	59.5
4-175	预制混凝土构件运输 Ⅰ类构件 运输距离 50 km 以内	m^3	2.03	378.19	767.73	34.71	70.46	10.75	21.82			332.73	675.44

续表

定额编号	分项工程名称	单位	数量	单价	合价	其中							
						人工费		材料费		主材费		机械费	
						单价	合价	单价	合价	单价	合价	单价	合价
4-257	过梁　每个构件体积0.4 m^3 以内安装高度(三层以内)塔式起重机	m^3	2	172.76	345.52	96.13	192.26	25.38	50.76			51.25	102.5
4-388	过梁	m^3 构件	2	33.67	67.34	15.39	30.78	17.27	34.54			1.01	2.02
0105	钢筋工程				100380.77		14106.88		82839.06				3434.84
5-2	现浇构件非预应力钢筋　圆钢 ϕ5 mm以上	t	6.634	5080.31	33702.78	716.26	4751.67	4247.44	28177.52			116.61	773.59
5-4	现浇构件非预应力钢筋　螺纹钢Ⅱ级	t	12.544	5059.46	63465.87	695.4	8723.1	4247.45	53280.01			116.61	1462.76
5-10	预制构件非预应力钢筋　圆钢 ϕ5 mm以上	t	0.043	4875.08	209.63	576.4	24.79	4149.1	178.41			149.58	6.43
5-11	预制构件非预应力钢筋　螺纹钢筋Ⅱ级	t	0.158	4863.4	758.69	576.4	89.92	4145.6	646.72			141.39	22.06
5-36	电渣压力焊接　钢筋直径25 mm以内	个接头	260	8.63	2243.8	1.99	517.4	2.14	556.4			4.5	1170
0106	金属结构工程				147.05		14.42		81.8				50.84
6-10	铁件制作　钢管为主(排水钢管)	t	0.02	7310.02	146.2	717.24	14.34	4077.87	81.56			2514.91	50.3
6-78	金属构件运输　Ⅱ类构件　运输距离1 km以内(排水钢管)	t	0.02	42.72	0.85	3.93	0.08	11.92	0.24			26.87	0.54
0108	屋面与防水工程				11274.37		805.88		10466.21				2.29

续表

定额编号	分项工程名称	单位	数量	单价	合价	其中							
						人工费		材料费		主材费		机械费	
						单价	合价	单价	合价	单价	合价	单价	合价
8-35	改性沥青卷材(SBS-I)满铺　厚度 3 mm	m^2	116.46	47.13	5488.76	3.29	383.15	43.84	5105.61				
8-36	改性沥青卷材(SBS-I)满铺　厚度 4 mm	m^2	116.46	49.13	5721.68	3.29	383.15	45.84	5338.53				
8-222	沥青砂浆(散水嵌缝)	m^3	0.03	2131.08	63.93	1319.18	39.58	735.6	22.07			76.3	2.29
0109	保温隔热工程				12805.45		1615.91		10971.5				218.04
9-19	干铺聚苯乙烯板　厚度 50 mm	m^3	5.39	307.42	1656.99	33.67	181.48	273.75	1475.51				
9-6-1	水泥炉渣 1∶6(找坡层)	m^3	7.32	203.59	1490.28	48.5	355.02	155.09	1135.26				
9-40	聚苯颗粒保温砂浆　厚度 50 mm	m^2	269.18	51.87	13962.37	10.76	2896.38	40	10767.2			1.11	298.79
9-41＊−3	聚苯颗粒保温砂浆　厚度　每增减 5 mm　子目＊−3	m^2	269.18	−15.99	−4304.19	−6.75	−1816.95	−8.94	−2406.47			−0.3	−80.75
0111	普通楼地面工程				5103.89		2207.93		2763.66				132.3
11-1-3	灰土 3∶7　打夯机夯实(散水垫层)	m^3	4.55	102.68	467.19	40.64	184.91	60.96	277.37			1.08	4.91
11-1-3	灰土 3∶7　打夯机夯实	m^3	10.29	102.68	1056.58	40.64	418.19	60.96	627.28			1.08	11.11
11-28-3	水泥砂浆 1∶3 在填充材料上　厚度 20 mm	m^2	116.7	11.08	1290.38	4.9	570.65	5.75	669.65			0.43	50.08
11-29-3	水泥砂浆 1∶3　厚度每增减 5 mm	m^2	116.46	2.12	247.9	0.87	101.32	1.16	135.09			0.09	10.48
11-32-1	楼地面　水泥砂浆 1∶2	m^2	64.1	17.89	1146.75	6.45	413.45	11.1	711.51			0.34	21.79

续表

定额编号	分项工程名称	单位	数量	单价	合价	其中							
						人工费		材料费		主材费		机械费	
						单价	合价	单价	合价	单价	合价	单价	合价
11-34-1	加浆抹光随捣随抹水泥砂浆1∶2(散水面层)	m^2	30.32	11.98	363.23	4.74	143.72	6.33	191.93			0.91	27.59
11-35-2	踢脚板　水泥砂浆1∶2.5	m	66.95	3.98	266.46	3.14	210.22	0.79	52.89			0.05	3.35
11-36-1	楼梯　水泥砂浆1∶2	m^2	6.64	40.12	266.4	24.92	165.47	14.75	97.94			0.45	2.99
0112	普通抹灰工程				8432.04		5930.16		2316.33				185.54
12-12	砖墙面、墙裙　水泥石灰膏砂浆	m^2	394.41	15.94	6286.9	11.05	4358.23	4.5	1774.85			0.39	153.82
12-93	现浇混凝土天棚　水泥砂浆底面	m^2	109.39	19.61	2145.14	14.37	1571.93	4.95	541.48			0.29	31.72
0113	门窗工程				10153.24		1277		8876.23				
13-5	安装镶板门　带亮子	m^2 洞口面积	8.64	132.04	1140.83	20.81	179.8	111.23	961.03				
13-6	安装镶板门　不带亮子	m^2 洞口面积	3.78	112.33	424.61	18.09	68.38	94.24	356.23				
13-55	安装铝合金平开门　半玻	m^2 洞口面积	2.43	245.37	596.25	45.94	111.63	199.43	484.61				
13-59	安装铝合金弹簧门	m^2 洞口面积	6.48	273.86	1774.61	40.13	260.04	233.73	1514.57				

续表

定额编号	分项工程名称	单位	数量	单价	合价	其中							
						人工费		材料费		主材费		机械费	
						单价	合价	单价	合价	单价	合价	单价	合价
13-62	安装铝合金推拉窗　单玻	m^2 洞口面积	30.78	201.98	6216.94	21.35	657.15	180.63	5559.79				
0114	装饰楼地面工程				7828.19		1441.74		6344.11				42.34
14-30	陶瓷地砖　楼地面(每块周长 mm)2400 以内　干铺	m^2	68.24	95.13	6491.67	16.53	1128.01	78.04	5325.5			0.56	38.21
14-33	陶瓷地砖　踢脚板	m^2	6.01	102.03	613.2	28.66	172.25	73.19	439.87			0.18	1.08
14-35	陶瓷地砖　台阶	m^2	4.77	151.64	723.32	29.66	141.48	121.34	578.79			0.64	3.05
0115	装饰墙柱面工程				39056.13		8567.43		30389.59				99.11
15-70	陶瓷块料　水泥砂浆结合层　墙面(块料周长 mm)2400 以内灰缝	m^2	272.64	124.07	33826.44	25.83	7042.29	97.92	26696.91			0.32	87.24
15-86	陶瓷块料　水泥砂浆结合层　零星项目(块料周长 mm)2400 以内灰缝	m^2	37.09	141	5229.69	41.12	1525.14	99.56	3692.68			0.32	11.87
0116	装饰天棚工程				6774.67		909.72		5864.95				
16-29	平面天棚龙骨　铝合金龙骨装配式 T 形　不上人型　面层规格 mm 600×600 平面	m^2	57.76	80.12	4627.73	8.93	515.8	71.19	4111.93				
16-65	天棚面层　矿棉板搁放在龙骨上	m^2	57.76	37.17	2146.94	6.82	393.92	30.35	1753.02				

续表

定额编号	分项工程名称	单位	数量	单价	合价	其中							
						人工费		材料费		主材费		机械费	
						单价	合价	单价	合价	单价	合价	单价	合价
0119	油漆涂料裱糊工程				7721.33		4256.22		3465.11				
19-1	木材面油漆　调和漆二遍单层木门	100 m^2	0.1416	2017.37	285.66	1129.46	159.93	887.91	125.73				
19-72 R*1.2	内墙涂料　乳胶漆抹灰面二遍 人工*1.2	100 m^2	1.0939	1576.07	1724.06	922.52	1009.14	653.55	721.92				
19-72	内墙涂料　乳胶漆抹灰面二遍	100 m^2	4.0157	1422.32	5711.61	768.77	3087.15	653.55	2624.46				
	合计：				261653.33		57977.45		196924.1				6751.78

法定代表人：　　　　编制单位(盖章)：　　　　编制日期：

定额措施费汇总表

工程名称：××办公楼

序号	编号	名称	单位	单价	数量	合价	人工		材料		机械	
							单价	合价	单价	合价	单价	合价
1		模板				27597.41		12825.63		13430.47		1341.34
	20-3	现浇构件混凝土模板 独立基础矩形	100 m^2	3749.98	0.4288	1607.99	1304.38	559.32	2290.43	982.14	155.17	66.54
	20-10	现浇构件混凝土模板 混凝土垫层	100 m^2	3624.08	0.0816	295.72	828.37	67.59	2744.46	223.95	51.25	4.18
	20-10	现浇构件混凝土模板 混凝土垫层(散水)	100 m^2	3624.08	0.0558	202.22	828.37	46.22	2744.46	153.14	51.25	2.86
	20-11	现浇构件混凝土模板 矩形柱	100 m^2	4026.53	1.5066	6066.37	1967.71	2964.55	1862.33	2805.79	196.49	296.03
	20-15	现浇构件混凝土模板 柱支撑高度超过 3.6 m 每增加 1 m	100 m^2	272.19	0.0828	22.54	202.58	16.77	61.41	5.08	8.2	0.68
	20-19	现浇构件混凝土模板 矩形单梁、连系梁	100 m^2	4969.55	0.5143	2555.84	2408.52	1238.7	2335.28	1201.03	225.75	116.1
	20-24	现浇构件混凝土模板 梁支撑高度超过 3.6 m 每增加 1 m	100 m^2	444.06	0.3641	161.68	336.65	122.57	85.85	31.26	21.56	7.85
	20-30	现浇构件混凝土模板 有(无)梁板	100 m^2	4493.29	2.5194	11320.39	2071.79	5219.67	2140.5	5392.78	281	707.95

续表

序号	编号	名称	单位	单价	数量	合价	人工		材料		机械	
							单价	合价	单价	合价	单价	合价
	20-33	现浇构件混凝土模板 板支撑高度超过 3.6 m 每增加 1 m	100 m^2	482.66	0.6451	311.36	383.35	247.3	73.83	47.63	25.48	16.44
	20-37	现浇构件混凝土模板 楼梯直形	100 m^2	12275.72	0.0664	815.11	5727.64	380.32	6214.07	412.61	334.01	22.18
	20-39	现浇构件混凝土模板 台阶	100 m^2	3195.42	0.0477	152.42	1664.49	79.4	1482.94	70.74	47.99	2.29
	20-44	现浇构件混凝土模板 挑檐、天沟	100 m^2	5660.3	0.4954	2804.11	2897.43	1435.39	2624.69	1300.27	138.18	68.45
	20-47	现浇构件混凝土模板 栏板	100 m^2	7260.44	0.1192	865.44	1641.61	195.68	5509.38	656.72	109.45	13.05
	20-62	预制构件混凝土模板 过梁钢模板	10 m^3	2081.1	0.2	416.22	1260.76	252.15	736.64	147.33	83.7	16.74
2		脚手架				2184.21		791.2		1216.01		177.01
	20-127	综合脚手架　高度 (12 m)以内	10 m^2	127.1	17.185	2184.21	46.04	791.2	70.76	1216.01	10.3	177.01
3		垂直运输				5800.06						5800.06
	20-241	檐高 20 m 以下塔式起重机施工　教学及办公用房砌体结构	m^2	28.22	205.53	5800.06					28.22	5800.06

续表

序号	编号	名称	单位	单价	数量	合价	人工		材料		机械	
							单价	合价	单价	合价	单价	合价
4		大型机械进出场				25951.7		5838.47		5415.87		14697.36
	9946221	塔式起重机　每次安拆费　起重力矩(kN·m) 60	台次	9300.9	1	9300.9	3538.47	3538.47	594.28	594.28	5168.15	5168.15
	9946351	塔式起重机　每次场外运费　起重力矩(kN·m)内　60 内	台次	10628.09	1	10628.09	707.69	707.69	531.45	531.45	9388.95	9388.95
	9946521	塔式起重机　固定基础带配重	台次	6022.71	1	6022.71	1592.31	1592.31	4290.14	4290.14	140.26	140.26
		合计				61533.38		19455.3		20062.35		22015.77

法定代表人：　　　　编制单位(盖章)：　　　　编制日期：

费率措施费汇总表

工程名称：××办公楼

序号	名称	单位	计算基数	费率(%)	合价	备注
1	环境保护费	项	人工费＋机械费＋定额措施项目人工费＋定额措施项目机械费	0.76	820.69	(人工费＋机械费)×费率
2	文明施工费	项	人工费＋机械费＋定额措施项目人工费＋定额措施项目机械费	1.22	1295.64	(人工费＋机械费)×费率
3	安全施工费	项	人工费＋机械费＋定额措施项目人工费＋定额措施项目机械费	8.72	9260.67	(人工费＋机械费)×费率
4	临时设施费	项	人工费＋机械费＋定额措施项目人工费＋定额措施项目机械费	4.09	4343.59	(人工费＋机械费)×费率
5	夜间施工增加费	项	人工费＋机械费＋定额措施项目人工费＋定额措施项目机械费	1.83	1943.47	(人工费＋机械费)×费率
6	二次搬运费	项	人工费＋机械费＋定额措施项目人工费＋定额措施项目机械费	2.4	2548.81	(人工费＋机械费)×费率
7	已完工程及设备保护费	项	人工费＋机械费＋定额措施项目人工费＋定额措施项目机械费	0.1	106.2	(人工费＋机械费)×费率
8	冬雨季施工增加费	项	人工费＋机械费＋定额措施项目人工费＋定额措施项目机械费	2.4	2548.81	(人工费＋机械费)×费率
9	工程定位复测费	项	人工费＋机械费＋定额措施项目人工费＋定额措施项目机械费	0.49	520.38	(人工费＋机械费)×费率
10	施工因素增加费	项	人工费＋机械费＋定额措施项目人工费＋定额措施项目机械费	0		(人工费＋机械费)×费率
11	特殊地区增加费	项	人工费＋机械费＋定额措施项目人工费＋定额措施项目机械费	0		(人工费＋机械费)×费率
	措施项目合计				23374.69	

法定代表人：　　　　编制单位(盖章)：　　　　编制日期：

人材机价差表

工程名称：××办公楼

序号	材料编号	材料名称及规格	单位	数量	定额价(元)	市场价(元)	价差(元)	价差合计(元)	备注
一	人工								
1	0003002	一类工	工日	352.017217	70	91	21	7392.36	
2	0003003	二类工	工日	545.245021	65	85	20	10904.9	
3	0003004	三类工	工日	221.432641	52	70	18	3985.79	
二	材料								
1	0101081-J	钢筋	kg	396	4.18	2.58	−1.6	−633.6	
2	0101092	螺纹钢	t	13.14216	4024.41	2397	−1627.41	−21387.68	
3	0109057	圆钢	t	0.0042	4113.84	2396.39	−1717.45	−7.21	
4	0109079	圆钢	t	6.91005	4024.41	2396.39	−1628.02	−11249.7	
5	0211214	聚苯乙烯板	m^3	5.4978	268.38	413.08	144.7	795.53	
6	0401008	普通硅酸盐水泥	kg	18996.11752	0.38	0.289	−0.09	−1728.65	
7	0401008-J	普通硅酸盐水泥	kg	3268	0.39	0.289	−0.1	−330.07	
8	0401072	普通硅酸盐水泥	kg	18317.5897	0.39	0.337	−0.05	−970.83	
9	0403003	砂	m^3	98.638318	59.92	92.31	32.39	3194.9	
10	0403051	粗砂	m^3	5.816	66.03	92.31	26.28	152.84	
11	0405071	碎石 40 mm	m^3	9.2	63.24	82.6	19.36	178.11	
12	0405216	卵石	m^3	76.236945	55.45	82.6	27.15	2069.83	
13	0409021	生石灰	kg	4046.868	0.17	0.24	0.07	283.28	
14	0413001	标准砖	千块	39.845046	331.55	490.53	158.98	6334.57	
15	0501059	圆木	m^3	0.003437	1641.96	1419.97	−221.99	−0.76	
16	0503031	板方材	m^3	2.942523	1776.1	1592.08	−184.02	−541.48	

续表

序号	材料编号	材料名称及规格	单位	数量	定额价(元)	市场价(元)	价差(元)	价差合计(元)	备注
17	0533003	竹胶板	m^2	83.98556	42.93	49.64	6.71	563.54	
18	0601001	平板玻璃	m^2	0.800928	14.6	55.84	41.24	33.03	
19	0662031	瓷质抛光砖	m^2	70.2872	62.6	80	17.4	1223	
20	0663014	墙面砖	m^2	315.161151	84.07	90	5.93	1868.91	
21	0665001	陶瓷地砖	m^2	13.613376	62.6	80	17.4	236.87	
22	0901058	镶板门不带亮子	m^2	3.691548	71.55	400	328.45	1212.49	
23	0901061	镶板门带亮子	m^2	8.437824	80.49	400	319.51	2695.97	
24	0909035	铝合金弹簧门	m^2	6.265512	230.09	500	269.91	1691.12	
25	0909037	铝合金单玻推拉窗	m^2	29.130192	176	309.81	133.81	3897.91	
26	0909040	铝合金半玻平开门	m^2	2.247993	197.46	331.33	133.87	300.94	
27	1101014	乳胶漆	kg	144.996075	8.43	11	2.57	372.64	
28	1155011	石油沥青	kg	7.3932	1.99	2.803	0.81	6.01	
29	1157092	改性沥青卷材(SBS-I) 3 mm 厚	m^2	129.8529	28.62	32.05	3.43	445.4	
30	1157093	改性沥青卷材(SBS-I) 4 mm 厚	m^2	129.8529	30.41	35	4.59	596.02	
31	1401020	焊接钢管	t	0.096236	3711.4	2816.95	−894.45	−86.08	
32	1403100	钢管	t	0.017	2836.76	2816.95	−19.81	−0.34	
33	8047003	抗裂防水砂浆	m^3	1.103638	263.39	330	66.61	73.15	
价差合计(元):								13572.71	

法定代表人：　　　　编制单位(盖章)：　　　　编制日期：

人材机汇总表

工程名称：××办公楼

序号	材料编号	材料名称	规格型号	产地	厂家	单位	数量	定额价(元)	合价	备注
		人工							77434.67	
1	0003002	一类工				工日	352.017217	70	24641.21	
2	0003003	二类工				工日	545.245021	65	35440.98	
3	0003004	三类工				工日	221.432641	52	11514.5	
4	9946003	人工				工日	99	58.97	5838.03	
		材料							217036.21	
1	0100012	型钢	(综合)			t	0.000406	4078.07	1.66	
2	0101081-J	钢筋				kg	396	4.18	1655.28	
3	0101092	螺纹钢				t	13.14216	4024.41	52889.44	
4	0103091	镀锌低碳钢丝ϕ4.0				kg	10	7.35	73.5	
5	0105023	钢丝绳	ϕ9 mm			kg	0.429625	6.53	2.81	
6	0105024	钢丝绳	ϕ12.5 mm			kg	0.05113	6.53	0.33	
7	0109057	圆钢	HPB300			t	0.0042	4113.84	17.28	
8	0109079	圆钢	ϕ5 mm 以上			t	6.91005	4024.41	27808.87	
9	0211214	聚苯乙烯板	50 mm B2 级			m^3	5.4978	268.38	1475.5	
10	0219325	聚苯颗粒				m^3	2.15344	26.83	57.78	
11	0227010	棉纱头				kg	3.910396	9.86	38.56	
12	0229051	麻绳				kg	0.01	11.18	0.11	
13	0233021	草袋片				片	47.247696	10.47	494.68	
14	0233022	草袋				片	20	10.89	217.8	

续表

序号	材料编号	材料名称	规格型号	产地	厂家	单位	数量	定额价(元)	合价	备注
15	0235061	白布				m^2	0.95088	6.26	5.95	
16	0235065	安全网	尼龙 3000 mm×6000 mm			m^2	5.731198	11.45	65.62	
17	0301081	铁钉				kg	1.527603	6.26	9.56	
18	0305861	U 形螺栓 M10×108				10 个	28	18.6	520.8	
19	0307162	膨胀螺栓	M8×80			套	118.408	0.63	74.6	
20	0327001	木砂纸				张	85.40448	0.72	61.49	
21	0341159	电焊条				kg	187.4224	4.02	753.44	
22	0345030	焊剂	771 型			kg	127.14	3.01	382.69	
23	0351043	铁钉	<ϕ70			kg	43.076921	6.26	269.66	
24	0355242	平网				m	309.557	2.02	625.31	
25	0355243	角网				m	161.508	2.69	434.46	
26	0357004	镀锌铁丝	8#			kg	20.249618	5.37	108.74	
27	0357005	镀锌铁丝 8#(ϕ4.0)				kg	5	5.58	27.9	
28	0357008	镀锌铁丝	12#			kg	86.337629	5.55	479.17	
29	0357017	镀锌铁丝	18#(ϕ1.2)			kg	0.372	6.08	2.26	
30	0357020	镀锌铁丝	22#			kg	138.235916	6.08	840.47	
31	0359021	垫铁				kg	3.698	10.47	38.72	
32	0363044	小五金费				元	276.680124	0.9	249.01	
33	0363091	零星卡具				kg	109.924866	6.26	688.13	
34	0365039	射钉				百个	1.1552	26.83	30.99	
35	0365291	石料切割锯片				片	14.29281	32.2	460.23	
36	0401007	白水泥				kg	8.43146	0.64	5.4	
37	0401008	普通硅酸盐水泥	32.5			kg	18996.11752	0.38	7218.52	

续表

序号	材料编号	材料名称	规格型号	产地	厂家	单位	数量	定额价(元)	合价	备注
38	0401008-J	普通硅酸盐水泥	32.5			kg	3268	0.39	1274.52	
39	0401072	普通硅酸盐水泥	42.5			kg	18317.5897	0.39	7143.86	
40	0403003	砂				m^3	98.638381	59.92	5910.41	
41	0403051	粗砂				m^3	5.816	66.03	384.03	
42	0405071	碎石 40 mm				m^3	9.2	63.24	581.81	
43	0405216	卵石				m^3	76.236945	55.45	4227.34	
44	0407021	炉渣				m^3	9.389364	44.72	419.89	
45	0409002	白灰				kg	1840	0.17	312.8	
46	0409008	普通土				m^3	17.23666	12.75	219.77	
47	0409021	生石灰				kg	4046.868	0.17	687.97	
48	0409113	石灰膏				kg	5618.438492	0.16	898.95	
49	0409211	羧甲基纤维素				kg	30.6576	7.39	226.56	
50	0409321	石膏粉				kg	11.128872	0.25	2.78	
51	0409392	粉煤灰				kg	5174.01286	0.04	206.96	
52	0413001	标准砖	240 mm×115 mm×53 mm			千块	39.845046	331.55	13210.63	
53	0501059	圆木				m^3	0.003437	1641.96	5.64	
54	0503031	板方材				m^3	2.942523	1776.1	5226.22	
55	0503261	垫木				m^3	0.003437	1373.66	4.72	
56	0525015	灰板条	1000 mm×38 mm×7.6 mm			百根	0.491346	80.49	39.55	
57	0533003	竹胶板				m^2	83.98556	42.93	3605.5	
58	0601001	平板玻璃	厚 3 mm			m^2	0.800928	14.6	11.69	

续表

序号	材料编号	材料名称	规格型号	产地	厂家	单位	数量	定额价(元)	合价	备注
59	0662031	瓷质抛光砖	600 mm×600 mm			m^2	70.2872	62.6	4399.98	
60	0663014	墙面砖	500 mm×500 mm			m^2	315.161151	84.07	26495.6	
61	0665001	陶瓷地砖	(综合)			m^2	13.613376	62.6	852.2	
62	0807004	矿棉板				m^2	60.648	28.62	1735.75	
63	0835009	铝合金龙骨不上人型	600 mm×600 mm			m^2	58.6264	61.71	3617.84	
64	0901058	镶板门不带亮子				m^2	3.691548	71.55	264.13	
65	0901061	镶板门带亮子				m^2	8.437824	80.49	679.16	
66	0909035	铝合金弹簧门				m^2	6.265512	230.09	1441.63	
67	0909037	铝合金单玻推拉窗				m^2	29.130192	176	5126.91	
68	0909040	铝合金半玻平开门				m^2	2.247993	197.46	443.89	
69	1101014	乳胶漆	内用			kg	144.85716	8.43	1221.15	
70	1103141	防锈漆				kg	8.532353	22.81	194.62	
71	1111058	调和漆				kg	2.856072	14.62	41.76	
72	1111102	无光调和漆				kg	3.61788	20.57	74.42	
73	1141211	防腐油				kg	1.571238	10.67	16.77	
74	1141261	熟桐油				kg	0.324264	6.8	2.2	
75	1143011	滑石粉				kg	14.1804	0.36	5.1	
76	1143052	漆片				kg	0.009912	32.96	0.33	
77	1143161	大白粉				kg	1328.496	0.87	1155.79	
78	1143191	嵌缝料				kg	10.15168	8.94	90.76	
79	1155011	石油沥青	30#			kg	7.3932	1.99	14.71	

续表

序号	材料编号	材料名称	规格型号	产地	厂家	单位	数量	定额价(元)	合价	备注
80	1157092	改性沥青卷材(SBS-I) 3 mm 厚				m^2	129.8529	28.62	3716.39	
81	1157093	改性沥青卷材(SBS-I) 4 mm 厚				m^2	129.8529	30.41	3948.83	
82	1159141	油灰				kg	0.702432	0.9	0.63	
83	1171004	聚氨脂	乙料			kg	29.068416	11.05	321.21	
84	1171006	聚氨脂	甲料			kg	19.378944	11.89	230.42	
85	1203002	油漆溶剂油				kg	1.295217	6.35	8.22	
86	1209018	汽油				kg	55.9008	8.16	456.15	
87	1233021	隔离剂				kg	63.88468	2.69	171.85	
88	1233040	催干剂				kg	0.116112	7.15	0.83	
89	1235007	乙醇				kg	0.05664	7.15	0.4	
90	1235042	胶粉料				kg	269.18	22.69	6107.69	
91	1237001	氧气				m^3	0.66	3.58	2.36	
92	1237062	乙炔气				m^3	0.286	14.31	4.09	
93	1241067	108 建筑胶				kg	213.643897	8.29	1771.11	
94	1241101	白乳胶				kg	245.2608	2.69	659.75	
95	1241291	改性沥青黏结剂				kg	129.8529	11.63	1510.19	
96	1241351	改性沥青乳胶				kg	69.876	3.76	262.73	
97	1301361	石棉垫				kg	8.84	8.29	73.28	
98	1307151	玻璃纤维网格布				m^2	296.098	2.86	846.84	
99	1401020	焊接钢管	$\phi 48\times 3.5$ mm			t	0.096236	3711.4	357.17	

续表

序号	材料编号	材料名称	规格型号	产地	厂家	单位	数量	定额价(元)	合价	备注
100	1403100	钢管				t	0.017	2836.76	48.22	
101	1431311	塑料管				m	202.09	2.69	543.62	
102	1539001	底座				个	0.455403	11.63	5.3	
103	2261091	吊杆				kg	18.4832	13.42	248.04	
104	2625009	镀锌固定件				个	268.43562	0.9	241.59	
105	3005008	铁件				kg	23.104	6.08	140.47	
106	3113063	胶带				m	176.358	0.44	77.6	
107	3115001	水				m^3	163.205682	3.13	510.83	
108	3115002	其他材料费				元	17.357458	1	17.36	
109	3201006	混凝土地模				m^2	0.118	40.25	4.75	
110	3201031	组合钢模板				kg	24.109146	5.28	127.3	
111	3202006	梁卡具	模板用			kg	27.225441	8.5	231.42	
112	3202011	回转扣件				个	0.96236	5.81	5.59	
113	3203012	支撑钢管及扣件				kg	263.340047	7.15	1882.88	
114	3203014	直角扣件				个	19.21283	5.81	111.63	
115	3203031	木脚手板				m^3	0.17185	1919.5	329.87	
116	3203091	对接扣件				个	2.629305	5.81	15.28	
117	3209045	组合钢支撑				kg	12.808	7.6	97.34	
118	8047003	抗裂防水砂浆				m^3	1.103638	263.39	290.69	
119	9946131	其他材料费				元	810.158731	1	810.16	
120	CLFTZ	材料费调整				元	−2.6918	1	−2.69	
121	JXF	架线费				次	0.7	408.29	285.8	

续表

序号	材料编号	材料名称	规格型号	产地	厂家	单位	数量	定额价(元)	合价	备注
		机械							28847.92	
1	9909276	汽车式起重机	提升质量(t)16			台班	0.20909	911.62	190.61	
2	9907236	载货汽车装载质量(t)15				台班	2	877.35	1754.7	
3	9909261	汽车式起重机	提升质量(t)8			台班	13.0004	618.48	8040.49	
4	9907261	自卸汽车	装载质量(t)8			台班	0.1738	604.92	105.14	
5	9907221	载货汽车	装载质量(t)8			台班	5.0006	483.25	2416.54	
6	9909401	塔式起重机	起重力矩(kN·m)60			台班	5.092963	440.64	2244.16	
7	9907216	载货汽车	装载质量(t)6			台班	2.384027	428.97	1022.68	
8	9909251	汽车式起重机	提升质量(t)5			台班	1.062943	415.89	442.07	
9	9907211	载货汽车	装载质量(t)5			台班	0.000828	403.99	0.33	
10	9907206	载货汽车	装载质量(t)4			台班	0.028	312.75	8.76	
11	9949061	沥青熔化炉	XLL-0.5t			台班	0.0078	293.47	2.29	
12	9925221	电渣焊机	电流(A)1000			台班	4.16	280.98	1168.88	
13	9909581	单笼施工电梯	提升质量 1 t 提升高度(m)75			台班	15.106455	251.4	3797.76	
14	9925201	点焊机	容量(kV·A)长臂 75			台班	0.079202	240.16	19.02	
15	9925021	交流电焊机	容量(kV·A)40			台班	7.210381	223.4	1610.8	
16	9925301	对焊机	容量(kV·A)75			台班	1.289469	217.92	281	
17	9907461	皮带运输机	带长×带宽(m) 15×0.5			台班	0.05075	187.75	9.53	

续表

序号	材料编号	材料名称	规格型号	产地	厂家	单位	数量	定额价(元)	合价	备注
18	9925011	交流电焊机	容量(kV·A)30			台班	0.54987	187.04	102.85	
19	9905101	单卧轴式混凝土搅拌机	出料容量(L)350			台班	5.78182	174.41	1008.41	
20	9907351	机动翻斗车	装载质量(t)1			台班	1.48041	146.72	217.21	
21	9905691	灰浆搅拌机	拌筒容量(L)200			台班	9.566844	100.96	965.87	
22	9917031	钢筋切断机	直径(mm)40			台班	2.970651	41.33	122.78	
23	9921071	木工压刨床	刨削宽度单面(mm)600			台班	0.008	36.61	0.29	
24	9917051	钢筋调直机	直径(mm)40			台班	3.700125	34.26	126.77	
25	9921111	木工圆锯机	直径(mm)500			台班	1.73667	25.43	44.14	
26	9927021	电焊条烘干箱	容积(cm^3)60×50×75			台班	0.0178	25.01	0.45	
27	9913161	夯实机	电动夯击能力(N·m)20-62			台班	6.353074	24.52	155.78	
28	9917021	钢筋弯曲机	直径(mm)40			台班	6.659448	22.99	153.1	
29	3113008	其他机械费				元	140.963528	1	140.96	
30	HCF	回程费				元	2125.62325	1	2125.62	
31	JXFTZ	机械费调整				元	0.11	1	0.11	
32	9907391	平板拖车组	装载质量(t)40			台班	0.36134	1341.76	484.83	

法定代表人：　　　编制单位(盖章)：　　　编制日期：

单位工程三材汇总表

工程名称：××办公楼

序号	材料名称	单位	数量
1	钢材	t	20.0837
2	钢筋	t	20.0565
3	木材	m^3	
4	水泥	t	37.3221
5	商砼	m^3	
6	商品砂浆	m^3	

法定代表人：　　　　编制单位(盖章)：　　　　编制日期：

工程量计算式

工程名称：××办公楼

序号	定额编号	项目名称	单位	工程量	工程量计算式
		基数			一、二层(12.8+0.035×2)×(6.5+0.035×2)×2=169.112 阳台(4.5+0.06)×1.2×1/2=2.736 合计：171.85
		建筑面积	m^2	171.85	
		$L_{外}$	m	38.6	(12.8+6.5)×2=38.6
		$L_{中}$	m	37.12	38.6−4×0.37=37.12
		$L_{内}$	m	16.02	(6−0.12×2)+4.5−0.12×2=16.02
1	1-84	平整场地	m^2	176.4	(12.8+4)×(6.5+4)=176.4
2	1-29	人工挖地坑　三类土深度 1.5 m 以内	m^3	80.22	挖土深度 H=1.6−0.45=1.15 m　不放坡　工作面 300 mm J1　(1×2+0.1×2+0.3×2)×(1×2+0.1×2+0.3×2)×1.15×4=36.064 J2　(0.8×2+0.1×2+0.3×2)×(2+0.1×2+0.3×2)×1.15×4=30.912 J3　(0.8×2+0.1×2+0.3×2)×(0.8×2+0.1×2+0.3×2)×1.15×2=13.248 合计：80.22
3	4-52-2	现浇混凝土垫层 C15	m^3	4.17	J1　$(1×2+0.1×2)^2$×0.1×4=1.936 J2　(0.8×2+0.1×2)×(1×2+0.1×2)×0.1×4=1.584 J3　$(0.8×2+0.1×2)^2$×2×0.1=0.648 合计：4.17
4	20-10	现浇构件混凝土模板混凝土垫层	m^2	8.16	J1　2.2×4×0.1×4=3.52 J2　(2.2+1.8)×2×0.1×4=3.2 J3　1.8×4×0.1×2=1.44 合计：8.16

续表

序号	定额编号	项目名称	单位	工程量	工程量计算式
5	4-60-2 换	现浇独立基础及设备基础 混凝土 C25	m^3	17.34	J1 [(1×2)²×0.4+(0.35×2+0.25×2)×(0.35×2+0.25×2)×0.3]×4=8.128 J2 [(0.8×2)×(1×2)×0.4+(1×1.2)×0.3]×4=6.56 J3 (0.8×2)²×0.4+1.0×1.0×0.3]×2=2.648 合计：17.34
6	20-3	现浇构件混凝土模板 独立基础矩形	m^2	42.88	J1 (2×4×0.4+1.2×4×0.3)×4=18.56 J2 [(2+1.6)×2×0.4+(1.2+1)×2×0.3)]×4=16.8 J3 (1.6×4×0.4+1×4×0.3)×2=7.52 合计：42.88
7	4-65-3	现浇矩形柱 混凝土 C30	m^3	1.7	±0.00 以下 Z1 0.5×0.5×0.8×4=0.8 Z2 0.4×0.5×0.8×4=0.64 Z3 0.4×0.4×0.8×2=0.256 合计：1.70 其中：−0.45 以下 Z1 0.5×0.5×0.35×4=0.35 Z2 0.4×0.5×0.35×4=0.28 Z3 0.4×0.4×0.35×2=0.112 小计：0.742
8	4-65-2	现浇矩形柱 混凝土 C25	m^3	15.47	Z1 0.5×0.5×7.2×4=7.2 Z2 0.4×0.5×7.2×4=5.76 Z3 0.4×0.4×7.2×2=2.304 TZ 0.24×0.24×1.8×2=0.207 合计：15.47

续表

序号	定额编号	项目名称	单位	工程量	工程量计算式
9	20-11	现浇构件混凝土模板 矩形柱	m^2	150.66	Z1　0.5×4×(7.2+0.8)×4=64 Z2　(0.5+0.4)×2×(7.2+0.8)×4=57.6 Z3　0.4×4×(7.2+0.8)×2=25.6 TZ　0.24×4×2×1.8=3.456 合计：150.66
10	20-15	现浇构件混凝土模板 柱支撑高度超过 3.6 m 每增加 1 m	m^2	8.28	本工程首层室外地坪至板底之间的高度为 3.95 m，超过 3.60 m，应另按增加支撑项目；超高部分算至板顶：3.6+0.45−3.6=0.45 m Z1　0.5×4×0.45×4=3.6 Z2　(0.4+0.5)×2×0.45×4=3.24 Z3　0.4×4×0.45×2=1.44 合计：8.28
11	1-79	夯填土	m^3	71.43	基础回填：80.22−垫层 4.17−基础 17.34−(−0.45 以下柱)0.742=57.97 房心回填：回填厚度为 0.45−(0.15+0.06+0.02+0.005+0.01)=0.205 m 培训室(4.5−0.12×2)×(6−0.12×2)×0.205=5.03 办公室(3.3−0.12×2)×(6−0.12×2)×0.205=3.61 接待室(4.5−0.12×2)×(3.9−0.12×2)×0.205=3.20 楼梯间(2.1−0.12×2)×(4.5−0.12×2)×0.205=1.62 房心回填：5.03+3.61+3.2+1.62=13.46 合计：71.43
12	(1−89)+(1−90)×4	土方运输　运输距离 1000 m 以上　1000 m	m^3	5.5	80.22−71.43×1.2(系数)=−5.50(取土)

续表

序号	定额编号	项目名称	单位	工程量	工程量计算式
13	4-67-3	现浇基础梁 混凝土 C30	m^3	7.82	KL1 0.37×0.5×(12.8−0.5×2−0.4×2)=2.035 KL2 0.37×0.5×(6.5−0.5×2)×2=2.035 KL3 0.37×0.5×(12.8−0.5×2−0.4×2)=2.035 KL4 0.24×0.5×(6.5−0.5×2−0.4)×2=1.224 KL5 0.24×0.5×(4.5−0.2×2)=0.492 合计：7.82
14	4-68-2	现浇单梁(休息平台梁)混凝土 C25	m^3	0.45	[(1.02−0.24−0.2)×2+2.1−0.2−0.25]×0.4×0.24=0.27 ±0.00 处 TL1：0.4×0.24×(2.1−0.24)=0.18 合计：0.45
15	20-19	现浇构件混凝土模板 矩形单梁、连系梁	m^2	51.43	±0.00 处 KL1 0.5×2×(12.8−0.5×2−0.4×2)=11 KL2 0.5×2×(6.5−0.5×2)×2=11 KL3 0.5×2×(12.8−0.5×2−0.4×2)=11 KL4 0.5×2×(6.5−0.5×2−0.4)×2=10.2 KL5 0.5×2×(4.5−0.2×2)=4.1 休息平台梁[(1.02−0.24−0.2)×2+2.1−0.2−0.25]×[(0.4−0.1)+0.4+0.24]=2.64 ±0.00 处 TL1：0.4×2×(2.1−0.24)=1.49 合计：51.43
16	4-79-2	现浇有梁板 混凝土 C25	m^3	30.45	3.6 m 处 [12.8×6.5−0.5×0.5×4−0.5×0.4×4−0.4×0.4×2]×0.1=8.108 扣楼梯(2.43+1.02+0.24−0.12)×(2.1−0.12×2)×0.1=0.664 加KL1 0.37×(0.5−0.1)×(12.80−0.5×2−0.4×2)=1.628 KL2 0.37×(0.5−0.1)×(6.5−0.5×2)×2=1.628 KL3 0.37×(0.5−0.1)×(12.80−0.5×2−0.4×2)=1.628 KL4 0.24×(0.5−0.1)×(6.5−0.5×2−0.4)×2=0.979 KL5 0.24×(0.5−0.1)×(4.5−0.2×2)=0.394 加阳台板砼 1.2×(4.5+0.06)×0.1=0.547

续表

序号	定额编号	项目名称	单位	工程量	工程量计算式
					小计：8.108－0.664＋(1.628＋1.628＋1.628＋0.979＋0.394)＋0.547＝14.248 7.2 m处　(12.8×6.5－0.5×0.5×4－0.4×0.4×2－0.4×0.5×4)×0.1＝8.108 WKL1 0.37×(0.65－0.1)×(12.80－0.5×2－0.4×2)＝2.239 WKL2 0.37×(0.65－0.1)×(6.5－0.5×2)×2＝2.239 WKL3 0.37×(0.65－0.1)×(12.80－0.5×2－0.4×2)＝2.239 WKL4 0.24×(0.5－0.1)×(6.5－0.5×2－0.4)×2＝0.979 WKL5 0.24×(0.5－0.1)×(4.5－0.2×2)＝0.394 小计：8.108＋2.239×3＋0.979＋0.394＝16.2 合计：30.45
17	20-30	现浇构件混凝土模板有(无)梁板	m^2	251.94	3.6 m处　12.8×6.5－(2.43＋1.02＋0.24－0.12)×(2.1－0.12×2)＝76.56 KL1　(0.5＋0.4)×(12.8－0.5×2－0.4×2)＝9.9 KL2　(0.5＋0.4)×(6.5－0.5×2)×2＝9.9 KL3　(0.5＋0.4)×(12.8－0.5×2－0.4×2)＝9.9 KL4　0.4×2×(6.5－0.5×2－0.4)×2＝8.16 KL5　0.4×2×(4.5－0.4)＝3.28 小计：117.70 7.2 m处　12.8×6.5＝83.2 WKL1　(0.65＋0.55)×(12.8－0.5×2－0.4×2)＝13.2 WKL2　(0.65＋0.55)×(6.5－0.5×2)×2＝13.2 WKL3　(0.65＋0.55)×(12.8－0.5×2－0.4×2)＝13.2 WKL4　0.4×2×(6.5－0.5×2－0.4)×2＝8.16 WKL5　0.4×2×(4.5－0.4)＝3.28 小计：134.24 合计：251.94

续表

序号	定额编号	项目名称	单位	工程量	工程量计算式
18	20-24	现浇构件混凝土模板 梁支撑高度超过 3.6 m 每增加 1 m	m^2	36.41	3.6 m 处梁模板超高：外侧超高 0.45 m，内侧超高 0.35 m (0.45+0.35)×(12.8−0.5×2−0.4×2)×2=17.6 (0.45+0.35)×(6.5−0.5×2)×2=8.8 0.35×2×(6.5−0.5×2−0.4)×2=7.14 0.35×2×(4.5−0.4)=2.87 合计：36.41
19	20-33	现浇构件混凝土模板 板支撑高度超过 3.6 m 每增加 1 m	m^2	64.51	3.6 m 处板模板超高： (4.5−0.12×2)×(6.5−0.37×2)=24.538 (3.3−0.12×2)×(6.5−0.37×2)=17.626 (4.5−0.12×2)×(3.9−0.12×2)=15.592 楼层平台板：(0.93−0.24)×(2.1−0.24)=1.28 阳台板：1.2×4.56=5.472 合计：64.51
20	4-88-2	现浇楼梯　板式　直形 混凝土 C25	m^2	6.64	(2.43+1.02+0.24−0.12)×(2.1−0.12×2)=6.64
21	11-36-1	楼梯　水泥砂浆 1∶2	m^2	6.64	6.64
22	20-37	现浇构件混凝土模板 楼梯直形	m^2	6.64	6.64
23	4-83-2	现浇挑檐　混凝土 C25	m^3	3.27	平面部分($L_{外}$+0.6×4)×0.6×0.1+0.6×(4.5+0.06)×0.1=2.734 反边部分[(12.8+0.6×2−0.06+6.5+0.6×2−0.06)×2+0.6×2]×0.2×0.06=0.532 合计：3.27

续表

序号	定额编号	项目名称	单位	工程量	工程量计算式
24	20-44	现浇构件混凝土模板挑檐	m^2	49.54	平面部分($L_外$+0.6×4)×0.6+(4.5+0.06)×0.6=27.336 反边外侧($L_外$+0.6×8+0.6×2)×0.3=13.38 反边内侧($L_外$+0.6×8−0.06×8+0.6×2)×0.2=8.824 合计：49.54
25	4-93-3	阳台栏板 C25	m^3	0.37	[4.5+(1.2−0.03)×2]×0.9×0.06=0.37
26	20-47	现浇构件混凝土模板栏板	m^2	11.92	外侧(1.2×2+4.56)×1=6.96 内侧[(1.2−0.06)×2+4.5−0.06]×(1−0.1)=6.048 合计：11.92
27	11-34-1	加浆抹光随捣随抹水泥砂浆 1∶2(散水面层)	m^2	30.32	[($L_外$+4×0.8−(2.7+0.3×4)]×0.8=30.32
28	4-52-2	现浇混凝土垫层 C15(散水混凝土)	m^3	1.82	[($L_外$+4×0.8−(2.7+0.3×4)]×0.8×0.06=1.82
29	11-1-3	灰土 3∶7　打夯机夯实(散水)	m^3	4.55	[($L_外$+4×0.8−(2.7+0.3×4)]×0.8×0.15=4.55
30	8-222	沥青砂浆(散水嵌缝)	m^3	0.03	混凝土分块浇筑，每块长度不超过 6 m，分格缝宽 10 mm，散水与外墙间设道长缝，缝宽 10 mm 散水与外墙间缝长为 $L_外$；混凝土分块浇筑，每块长度不超过 6 m，则散水上共计 6 个缝；散水四个转角处共 4 个斜缝 ($L_外$+0.8×6+0.8×1.414×4)×0.01×0.06=0.03
31	20-10	现浇构件混凝土模板混凝土垫层(散水)	m^2	5.58	[$L_外$+(12.8+0.8×2+6.5+0.8×2)×2+0.8×6+0.8×1.414×4]×0.06=5.58
32	4-91-1	现浇台阶　混凝土 C15	m^2	4.77	(2.7+0.3×4)×(1+0.3×2)−(2.7−0.3×2)×(1−0.3)=4.77
33	14-35	陶瓷地砖　台阶	m^2	4.77	4.77
34	20-39	现浇构件混凝土模板台阶	m^2	4.77	4.77

续表

序号	定额编号	项目名称	单位	工程量	工程量计算式
35	4-131-2	预制过梁　混凝土 C25	m^3	2.03	M2427　(2.4＋0.25×2)×0.18×0.37＝0.193 M0924　(0.9＋0.25×2)×0.12×0.24×4＝0.161 M0921　(0.9＋0.25×2)×0.12×0.24×2＝0.081 C1518　(1.5＋0.25×2)×0.18×0.37×8＝1.066 C1818　(1.8＋0.25×2)×0.18×0.37×2＝0.306 MLC2427　(2.4＋0.25×2)×0.18×0.37＝0.193 合计：(0.193＋0.161＋0.081＋1.066＋0.306＋0.193)×1.015(系数)＝2×1.015＝2.03
36	4-176	预制混凝土构件运输　Ⅱ类构件　运输距离 1 km 以内	m^3	2.03	2×1.013(系数)＝2.03
37	4-257	过梁　每个构件体积 0.4 m^3 以内　安装高度(三层以内)塔式起重机	m^3	2	2
38	4-388	过梁(接头灌缝)	m^3	2	2
39	20-62	预制构件混凝土模板过梁钢模板	m^3	2	2
40	3-5-6	1　1/2 砖墙　水泥石灰膏砂浆 M5.0	m^3	56.49	一层　(12.8－0.5×2－0.4×2＋6.5－0.5×2)×2×(3.6－0.5)×0.365＝37.34 扣 MC　(1.5×1.8×4＋1.8×1.8＋2.4×2.7)×0.365＝7.49 扣过梁　(1.5＋0.25×2)×0.18×0.365×4＝0.526 (1.8＋0.25×2)×0.18×0.365×1＝0.151 (2.4＋0.25×2)×0.18×0.365×1＝0.191 扣休息平台梁　(1.02－0.24－0.2)×0.4×0.24＝0.056 扣梯柱　0.24×0.24×1.8＝0.104 小计：37.34－7.49－(0.526＋0.151＋0.191)－0.056－0.104＝28.822 二层　(12.8－0.5×2－0.4×2＋6.5－0.5×2)×2×(3.6－0.65)×0.365＝35.53 扣 MC　(1.5×1.8×4＋1.8×1.8＋0.9×2.7＋1.5×1.8)×0.365＝6.997

续表

序号	定额编号	项目名称	单位	工程量	工程量计算式
					扣过梁 (1.5+0.25×2)×0.18×0.365×4=0.526 (1.8+0.25×2)×0.18×0.365=0.151 (2.4+0.25×2)×0.18×0.365=0.191 小计：35.53−6.997−(0.526+0.151+0.191)=27.665 合计：56.49
41	3-4-6	1 砖墙 水泥石灰膏砂浆 M5.0	m^3	17.84	一层 [(6.5−0.5×2−0.4)×2+4.5−0.4]×(3.6−0.5)×0.24=10.639 扣 MC (0.9×2.4×2+0.9×2.1)×0.24=1.490 扣过梁 (0.9+0.25×2)×3×0.12×0.24=0.121 扣休息平台梁 [(1.02−0.24−0.2)+2.1−0.2−0.25]×0.4×0.24=0.214 扣梯柱 0.24×0.24×1.8=0.104 小计：10.639−1.490−0.121−0.214−0.104=8.814 二层 [(6.5−0.5×2−0.4)×2+4.5−0.4]×(3.6−0.5)×0.24=10.639 扣 MC (0.9×2.4×2+0.9×2.1)×0.24=1.490 扣过梁 (0.9+0.25×2)×0.12×0.24×3=0.121 小计：10.639−1.490−0.121=9.028 合计：17.84
42	6-10	铁件制作 钢管为主(屋面排水钢管)	t	0.02	0.5×8 根(屋面 6 根，阳台 2 根)×4.88 kg/m=19.52 kg=0.020 t
43	6-78	金属构件运输 Ⅱ类构件 运输距离 1 km 以内(屋面排水钢管)	t	0.02	0.02
44	9-6-1	水泥炉渣 1∶6 找坡	m^3	7.32	平均厚度=0.03+(6+0.85×2−0.06×2)×2%×1/4=0.0679 [(12.3+0.85×2−0.06×2)×(6+0.85×2−0.06×2)+(4.56−0.06×2)×0.6]×0.0679=7.32

续表

序号	定额编号	项目名称	单位	工程量	工程量计算式
45	9-19	干铺聚苯乙烯板　厚度 50 mm	m^3	5.39	[(12.3+0.85×2−0.06×2)×(6+0.85×2−0.06×2)+(4.56−0.06×2)×0.6]×0.05=5.39
46	(11−28−3)+(11−29−3)	25 厚 1∶3 水泥砂浆找平层　在填充料上	m^2	116.46	平面部分(12.3+0.85×2−0.06×2)×(6+0.85×2−0.06×2)+(4.56−0.06×2)×0.6=107.874 挑檐反边上卷(12.3+0.85×2−0.06×2+6+0.85×2−0.06×2)×2×0.2=8.584 合计：116.46
47	8-35	改性沥青卷材(SBS-I)满铺　厚度 3 mm	m^2	116.46	116.46
48	8-36	改性沥青卷材(SBS-I)满铺　厚度 4 mm	m^2	116.46	116.46
49	(9−40)−3×(9−41)	聚苯颗粒保温砂浆　厚度 35 mm	m^2	269.18	($L_{外}$+4×0.035)×(7.2+0.45−0.1)=292.49 扣 MC　1.5×1.8×8+1.8×1.8×2+2.4×2.7+0.9×2.7+1.5×1.8=39.69 扣台阶侧壁　2.7×0.15+(2.7+0.3×2)×0.15+(2.7+0.3×4)×0.15=1.485 加洞口侧壁保温　C1518：(1.5−0.035×2+1.8−0.035×2)×2×(0.185+0.035)×8=11.123 C1818：(1.8−0.035×2+1.8−0.035×2)×2×(0.185+0.035)×2=3.045 M2427：[2.4−0.035×2+(2.7−0.035)×2]×(0.185+0.035)=1.685 MLC2427：[2.4−0.035×2+(2.7−0.035)×2+1.5]×(0.185+0.035)=2.015 小计：11.123+3.045+1.685+2.015=17.868 合计：292.49−39.69−1.485+17.868=269.18

续表

序号	定额编号	项目名称	单位	工程量	工程量计算式
50	15-70	陶瓷块料　水泥砂浆结合层　墙面(块料周长 mm)2400 以内　灰缝	m^2	272.64	结合层、保温层及面层厚度为 65 mm 块料表面积：($L_{外}$+0.065×8)×(7.2+0.45−0.1)=295.356 扣门窗洞口：C1518：(1.5−0.065×2)×(1.8−0.065×2)×8=18.303 C1818：(1.8−0.065×2)×(1.8−0.065×2)×2=5.578 M2427：(2.4−0.065×2)×(2.7−0.065)=5.981 MLC2427：(0.9−0.065×2)×(2.7−0.065)+1.5×(1.8−0.065×2)=4.534 小计：18.303+5.578+5.981+4.534=34.396 扣台阶侧壁　(2.7+0.3×4)×0.15+(2.7+0.3×2)×0.15+2.7×0.15=1.485 加阳台栏板：栏板不做保温，结合层及面层厚度为 30 mm 栏板外侧：[4.56+0.03×2+(1.2+0.03)×2]×(0.9+0.1)=7.08 栏板内侧：[4.56−0.06×2−0.03×2+(1.2−0.06−0.03)×2]×0.9=5.94 栏板顶面：[4.5+(1.2−0.03)×2]×(0.06+0.03×2)=0.821 小计：7.08+5.94+0.821=13.841 扣栏板与外墙面相交处：(0.9+0.1−0.05)×(0.06+0.03×2)×2+4.5×0.1=0.678 合计：295.365−34.396−1.485+13.841−0.678=272.64
51	15-86	陶瓷块料　水泥砂浆结合层　零星项目(块料周长 mm)2400 以内　灰缝	m^2	37.09	门窗洞口侧壁　C1518：(1.5−0.065×2+1.8−0.065×2)×2×(0.185+0.065)×8=12.16 C1818：(1.8−0.065×2+1.8−0.065×2)×2×(0.185+0.065)×2=3.34 M2427：[(2.4−0.065×2)+(2.7−0.065)×2]×(0.185+0.065)=1.885 MLC2427：[(2.4−0.065×2)+(2.7−0.065)×2+1.5]×(0.185+0.065)=2.26 小计：19.645

续表

序号	定额编号	项目名称	单位	工程量	工程量计算式
					挑檐反边立面：($L_{外}$+0.6×8+0.03×8+0.6×2)×0.3=13.452 挑檐反边顶面：($L_{外}$+0.6×8+0.6×2−0.06×4)×(0.06+0.03)=3.992 合计 37.09
52	11-1-3	灰土 3∶7　打夯机夯实	m^3	10.29	[12.8×6.5−$L_{中}$×0.37−$L_{内}$×0.24]×0.15=65.68×0.15=9.85 加台阶平台　[(2.7−0.3×2)×(1−0.3)]×0.3=0.44 合计 10.29
53	4-52-2	现浇混凝土垫层 C15	m^3	4.03	[12.8×6.5−$L_{中}$×0.37−$L_{内}$×0.24]×0.06=65.68×0.06=3.94 加台阶平台　[(2.7−0.3×2)×(1−0.3)]×0.06=0.088 合计 4.03
54	14-30	陶瓷地砖　楼地面(每块周长 mm)2400 以内　干铺	m^2	68.24	培训室　(4.5−0.12×2)×(6−0.12×2)=24.538 扣 Z1　$(0.5-0.37)^2$×2=0.0338 扣 Z2　(0.5−0.37)×(0.2−0.12)×2=0.0208 扣 Z3　(0.2−0.12)×0.4=0.032 加门洞口　0.9×0.12=0.108 小计：24.56 办公室　(3.3−0.12×2)×(6−0.12×2)=17.626 扣 Z1　$(0.5-0.37)^2$×2=0.0338 扣 Z2　(0.5−0.37)×(0.2−0.12)×2=0.0208 扣 Z3　(0.2−0.12)×0.4=0.032 加门洞口　0.9×0.12=0.108 小计：17.647 接待室　(4.5−0.12×2)×(3.9−0.12×2)=15.592 扣 Z2　(0.5−0.37)×(0.2−0.12)×2=0.0208 扣 Z3　(0.2−0.12)×(0.2−0.12)×2=0.0128

续表

序号	定额编号	项目名称	单位	工程量	工程量计算式
					加门洞口　0.9×0.12×3+2.4×0.37=1.212 小计：16.77 楼梯间　(2.1−0.12×2)×(4.5−0.12×2)=7.9236 扣 Z2　(0.5−0.37)×(0.2−0.12)×2=0.0208 扣 Z3　(0.2−0.12)×(0.2−0.12)×2=0.0128 扣 TL　(0.99−0.12)×0.24=0.2088 加门洞口　0.9×0.12=0.108 小计：7.79 台阶平台(2.7−0.3×2)×(1−0.3)=1.47 合计：68.24
55	14-33	陶瓷地砖　踢脚板	m^2	6.01	培训室　[(6−0.12×2+4.5−0.12×2)×2+0.08×2−0.9+0.12×2]×0.1=1.954 接待室　[(4.5−0.12×2+3.9−0.12×2)×2−2.4−0.9×3+0.12×2×3+0.185×2)]×0.1=1.183 办公室　[(6−0.12×2+3.3−0.12×2)×2−0.9+0.12×2)+0.08×2]×0.1=1.714 楼梯间　[(2.1−0.12×2+4.5−0.12×2)×2−0.9+0.12×2]×0.1=1.158 合计：6.01
56	11-32-1	楼地面　水泥砂浆 1∶2	m^2	64.1	二层培训室　(6−0.12×2)×(4.5−0.12×2)=24.538 二层办公室　(6−0.12×2)×(3.3−0.12×2)=17.626 二层会客厅　(4.5−0.12×2)×(3.9−0.12×2)=15.592 楼层平台　(2.1−0.12×2)×(0.93−0.24)=1.283 阳台　(4.5−0.06)×(1.2−0.06)=5.062 合计：64.10

续表

序号	定额编号	项目名称	单位	工程量	工程量计算式
57	11-35-2	踢脚板　水泥砂浆1：2.5	m	66.95	二层培训室　$(6-0.12\times2+4.5-0.12\times2)\times2=20.04$ 二层办公室　$(6-0.12\times2+3.3-0.12\times2)\times2=17.64$ 二层会客厅　$(4.5-0.12\times2+3.9-0.12\times2)\times2=15.84$ 楼梯　$(2.1-0.12\times2)\times2+(1.02-0.12)\times2+0.93\times2+2\times\sqrt{2.43^2+1.8^2}=13.43$ 合计：66.95
58	16-29	平面天棚龙骨　铝合金龙骨装配式T形　不上人型　面层规格 mm 600×600 平面	m^2	57.76	$(4.5-0.12\times2)\times(6-0.12\times2)=24.538$ $(3.3-0.12\times2)\times(6-0.12\times2)=17.626$ $(4.5-0.12\times2)\times(3.9-0.12\times2)=15.592$ 合计：57.76
59	16-65	天棚面层　矿棉板搁放在龙骨上	m^2	57.76	57.76
60	12-93	现浇混凝土天棚　水泥砂浆底面	m^2	109.39	二层培训室　$(4.5-0.12\times2)\times(6-0.12\times2)=24.538$ 二层办公室　$(3.3-0.12\times2)\times(6-0.12\times2)=17.626$ 二层会客厅　$(4.5-0.12\times2)\times(3.9-0.12\times2)=15.592$ 二层楼梯间　$(2.1-0.12\times2)\times(4.5-0.12\times2)=7.924$ 小计：65.68 楼梯：休息平台底　$(2.1-0.12\times2)\times(1.02-0.12)=1.674$ 梯梁侧　$(2.1-0.12\times2)\times(0.4-0.1)\times4=2.232$ 楼层平台底　$(2.1-0.12\times2)\times0.93=1.730$ 梯段底　$(0.99-0.12)\times2\times\sqrt{2.43^2+1.8^2}=5.262$ 小计：10.898 挑檐底　$0.6\times(L_{外}+4\times0.6)+4.56\times0.6=27.336$ 阳台底　$4.56\times1.2=5.472$ 合计：109.39

续表

序号	定额编号	项目名称	单位	工程量	工程量计算式
61	19-72 人工＊1.2	内墙涂料　乳胶漆抹灰面二遍人工＊1.2(天棚乳胶漆)	m^2	109.39	109.39
62	12-12	砖墙面、墙裙　水泥石灰膏砂浆	m^2	394.41	一层为吊顶天棚，高度 3.0 m； 洞口侧壁、顶面的抹灰工程量按设计结构尺寸的抹灰面积乘系数 0.7。 一层培训室　[4.5－0.12×2＋6－0.12×2＋柱侧(0.2－0.12)]×2×(3.0＋0.1)＝62.62 扣 MC　1.5×1.8×2＋0.9×2.4＝7.56 加洞口侧壁　[(1.5＋1.8)×2×2×0.185＋(0.9＋2.4×2)×0.12]×0.7(系数)＝3.126×0.7(系数)＝2.188 小计：57.248 一层接待室　(4.5－0.12×2＋3.9－0.12×2)×2×(3.0＋0.1)＝49.104 扣 MC　2.4×2.7＋0.9×2.4×2＋0.9×2.1＝12.69 加洞口侧壁　[(2.4＋2.7×2)×0.185＋(0.9＋2.4×2)×2×0.12＋(0.9＋2.1×2)×0.12]×0.7(系数)＝3.423×0.7(系数)＝2.396 小计：38.81 一层办公室　[3.3－0.12×2＋6－0.12×2＋柱侧(0.2－0.12)]×2×(3.0＋0.1)＝55.18 扣 MC　1.5×1.8×2＋0.9×2.4＝7.56 加洞口侧壁　[(1.5＋1.8)×2×2×0.185＋(0.9＋2.4×2)×0.12]×0.7(系数)＝3.126×0.7(系数)＝2.188 小计：49.808 一层楼梯间　(4.5－0.12×2＋2.1－0.12×2)×2×3.6＝44.064 扣 MC　1.8×1.8＋0.9×2.1＝5.13 加洞口侧壁　[(1.8＋1.8)×2×0.185＋(0.9＋2.1×2)×0.12]×0.7(系数)＝1.944×0.7(系数)＝1.361 小计：40.295

续表

序号	定额编号	项目名称	单位	工程量	工程量计算式
					二层培训室　[4.5－0.12×2＋6－0.12×2＋柱侧(0.2－0.12)]×2×(3.6－0.1)＝70.70 扣 MC　1.5×1.8×2＋0.9×2.4＝7.56 加洞口侧壁　[(1.5＋1.8)×2×2×0.185＋(0.9＋2.4×2)×0.12]×0.7(系数)＝3.126×0.7(系数)＝2.188 小计：65.328 二层会客厅　(4.5－0.12×2＋3.9－0.12×2)×2×(3.6－0.1)＝55.44 扣 MC　0.9×2.7＋1.5×1.8＋0.9×2.4×2＋0.9×2.1＝11.34 加洞口侧壁　[(0.9＋2.7×2)×0.185＋(1.5×2＋1.8)×0.185＋(0.9＋2.4×2)×2×0.12＋(0.9＋2.1×2)×0.12]×0.7(系数)＝4.034×0.7(系数)＝2.823 小计：46.923 二层办公室　(3.3－0.12×2＋6－0.12×2＋0.08)×2×(3.6－0.1)＝62.3 扣 MC　1.5×1.8×2＋0.9×2.4＝7.56 加　[(1.5＋1.8)×2×2×0.185＋(0.9＋2.4×2)×0.12]×0.7(系数)＝3.126×0.7(系数)＝2.188 小计：56.928 二层楼梯间　(4.5－0.12×2＋2.1－0.12×2)×2×(3.6－0.1)＝42.84 扣 MC　1.8×1.8＋0.9×2.1＝5.13 加洞口侧壁　[(1.8＋1.8)×2×0.185＋(0.9＋2.1×2)×0.12]×0.7(系数)＝1.944×0.7(系数)＝1.361 小计：39.071 合计：394.41

续表

序号	定额编号	项目名称	单位	工程量	工程量计算式
63	19-72	内墙涂料　乳胶漆抹灰面二遍	m^2	401.57	一层培训室　62.62－门窗洞口 7.56＋洞口侧壁 3.126＝58.186 一层接待室　49.104－门窗洞口 12.69＋洞口侧壁 3.423＝39.837 一层办公室　55.18－门窗洞口 7.56＋洞口侧壁 3.126＝50.746 一层楼梯间　44.064－门窗洞口 5.13＋洞口侧壁 1.944＝40.878 二层培训室　70.70－门窗洞口 7.56＋洞口侧壁 3.126＝66.266 二层会客厅　55.44－门窗洞口 11.34＋洞口侧壁 4.034＝48.134 二层办公室　62.3－门窗洞口 7.56＋洞口侧壁 3.126＝57.866 二层楼梯间　42.84－门窗洞口 5.13＋洞口侧壁 1.944＝39.654 合计：401.57
64	13-59	安装铝合金弹簧门	m^2	6.48	2.4×2.7＝6.48
65	13-55	安装铝合金平开门　半玻	m^2	2.43	0.9×2.7＝2.43
66	13-6	安装镶板门　不带亮子	m^2	3.78	0.9×2.1×2＝3.78
67	13-5	安装镶板门　带亮子	m^2	8.64	0.9×2.4×4＝8.64
68	19-1	木材面油漆　调和漆二遍单层木门	m^2	14.16	(0.9×2.4×4＋0.9×2.1×2)×1.14(系数)＝14.16
69	13-62	安装铝合金推拉窗　单玻	m^2	30.78	1.5×1.8＋1.5×1.8×8＋1.8×1.8×2＝30.78
70	20-127	综合脚手架　高度(12 m)以内	m^2	171.85	建筑面积 171.85
71	20-242	檐高 20 m 以下塔式起重机施工　教学及办公用房框架结构	m^2	205.53	垂直运输定额是按泵送混凝土编制的，实际采用现场搅拌混凝土不泵送时，框架结构乘 1.15 系数，柱、梁及楼板全部现浇时，按框架结构定额乘系数 1.04； 建筑面积 171.85×1.04(系数)×1.15(系数)＝205.53
72	5-10	预制构件非预应力钢筋圆钢 ϕ5 mm 以上	t	0.043	见构件汇总信息分类统计表计算结果(过梁钢筋)0.042×1.015(系数)＝0.043

续表

序号	定额编号	项目名称	单位	工程量	工程量计算式
73	5-11	预制构件非预应力钢筋 螺纹钢筋Ⅱ级	t	0.158	见构件汇总信息分类统计表计算结果(过梁钢筋)0.156×1.015(系数)=0.158
74	5-36	电渣压力焊接　钢筋直径 25 mm 以内	个	260	见钢筋接头汇总表计算结果
75	5-2	现浇构件非预应力钢筋 圆钢 ϕ5 mm 以上	t	6.634	见钢筋级别直径汇总表计算结果　6.676−0.042=6.634
76	5−4	现浇构件非预应力钢筋 螺纹钢Ⅱ级	t	12.544	见钢筋级别直径汇总表计算结果　12.7−0.156=12.544
77		塔式起重机　每次安拆费 起重力矩(kN·m)60	台次	1	
78		塔式起重机　每次场外运费　起重力矩(kN·m)内 ϕ60 内	台次	1	
79		塔式起重机　固定基础带配重	台次	1	

法定代表人：　　　　编制单位(盖章)：　　　　编制日期：

钢筋级别直径汇总表(包含措施筋)

工程名称：××办公楼　　　　单位：t

级别	合计	6	8	10	12	14	16	20	22	25
HPB300	6.676	0.172	2.349	2.812	1.343					
HRB335	12.7				0.178	0.472	0.234	0.272	2.294	9.25
合计	19.376	0.172	2.349	2.812	1.521	0.472	0.234	0.272	2.294	9.25

法定代表人：　　　　编制单位(盖章)：　　　　编制日期：

构件汇总信息分类统计表

工程名称：××办公楼　　　　单位：t

汇总信息	HPB300					HRB335						
	6	8	10	12	合计	12	14	16	20	22	25	合计
板负筋		0.382	0.241		0.623							
板受力筋	0.028	0.17	0.266	1.153	1.617							
独立基础							0.472					0.472
梁		1.184			1.184	0.015		0.234	0.217	1.634	4.849	6.948
楼梯		0.021	0.031	0.067	0.119							
其他	0.102	0.371	0.366	0.122	0.962	0.007						0.007
过梁	0.042				0.042	0.156						0.156
柱		0.221	1.908		2.129				0.055	0.66	4.401	5.117
合计	0.172	2.349	2.812	1.343	6.676	0.178	0.472	0.234	0.272	2.294	9.25	12.7

法定代表人：　　　　编制单位(盖章)：　　　　编制日期：

钢筋接头汇总表

工程名称：××办公楼　　　　单位：个

搭接形式	楼层名称	构件类型	20	22	25
电渣压力焊	基础层	梁			6
		合计			6
	首层	柱	8	24	120
		梁			6
		合计	8	24	126
	第 2 层	柱		24	120
		梁			8
		合计		24	128
	整楼	—	8	48	260

法定代表人：　　　　编制单位(盖章)：　　　　编制日期：

钢筋明细表(略)

习题答案

学习情境1　建筑工程计量计价概述

任务1　工程造价基础知识

1.1　概述

复习思考题

一、填空题

1. 新建、扩建、改建、再生产以及相关的其他
2. 建筑工程、设备安装工程、设备购置
3. 酝酿、提出、决策、竣工验收
4. 一个或几个单位工程、建设单位
5. 单项工程、单位工程、分部工程、分项工程

二、判断题

1.×　2.√　3.√　4.×　5.√

三、单选题

1.C　2.A　3.B　4.D　5.D　6.C　7.B

四、多选题

1.BE　2.ABCD　3.BCDE　4.CD

五、简答题

（略）

1.2 我国建设项目投资及工程造价的构成

复习思考题

一、填空题

1. 建设投资、建设期利息、流动资金
2. 建设投资、建设期利息
3. 工程费用、工程建设其他费用、预备费
4. 价差预备费
5. 量

二、多选题

1. DE　2. AB　3. DE　4. ABE　5. ABC

三、简答题

(略)

1.3 建筑安装工程费用构成

复习思考题

一、填空题

1. 费用构成要素、造价形成
2. 措施项目费
3. 暂估价
4. 省级政府和省级有关权力部门
5. 施工使用占地面积除以单位工程外墙外边线周长小于 15 m
6. 抗雨施工、暖棚法

二、单选题

1. B　2. C　3. A　4. D　5. D　6. B

三、多选题

1. ABDE　2. ABDE　3. ABCD　4. ACD　5. ABCD

四、简答题

(略)

1.4 建设工程计价方法

复习思考题

简答题

(略)

任务2 建筑工程定额解析

2.1 定额概述

复习思考题

一、单选题

1. D　2. B　3. A　4. D　5. A　6. B　7. C　8. C　9. A　10. A　11. C

二、多选题

1. ABCD　2. BCDE　3. ABC　4. ABD　5. BCD

三、简答题

（略）

2.2　施工定额人工、材料及机械台班消耗量的编制

复习思考题

一、单选题

1. A　2. D　3. C　4. D　5. B　6. C　7. B　8. A　9. B　10. D

二、多选题

1. AB　2. ADE　3. ABC　4. AB　5. CD

三、简答题

（略）

四、综合训练

1.【解】每 100 m^2 瓷砖墙面中瓷砖的净用量

$$=\frac{100}{(0.15+0.002)\times(0.15+0.002)}=4328.25\text{ 块。}$$

每 100 m^2 瓷砖墙面中瓷砖的总消耗量＝4328.25×(1＋1.5%)＝4393.17 块。

每 100 m^2 瓷砖墙面中结合层砂浆净用量＝100×0.01＝1 m^3。

每 100 m^2 瓷砖墙面中灰缝砂浆净用量＝[100－(4328.25×0.15×0.15)]×0.005

＝0.013 m^2。

每 100 m^2瓷砖墙面中水泥砂浆总消耗量＝(1＋0.013)×(1＋1%)＝1.02 m^3。

2.【解】(1)计算 1 m^3 1 砖墙厚砖的净用量。

标准砖尺寸为 240 mm×115 mm×53 mm，灰缝的厚度为 0.01 m。

$$\text{砖数净用量}=\frac{\text{墙厚的砖数}\times2}{\text{墙厚}\times(\text{砖长}+\text{灰缝})\times(\text{砖厚}+\text{灰缝})}$$

$$=\frac{1\times2}{0.24\times(0.24+0.01)\times(0.053+0.01)}=529\text{ 块。}$$

(2)计算 1 m^3 1 砖墙厚砂浆的净用量。

砂浆净用量＝1－砖数×每块砖体积＝1－529×0.24×0.115×0.053

＝1－0.7738＝0.2262 m^3。

(3)计算 1 m^3 1 砖墙厚砖和砂浆的消耗量。

砖的消耗量＝529/(1－1%)＝534 块。

砂浆的消耗量＝0.2262/(1－1%)＝0.2285 m^3。

2.3　建筑安装工程人工、材料及机械台班单价

复习思考题

一、单选题

1. B　2. D　3. D　4. B　5. A

二、多选题

1. ABCD　2. ABDE　3. ACDE　4. ABCD　5. ABCD

三、简答题

（略）

2.4　预算定额的编制及应用

复习思考题

综合训练

1. 熟悉《甘肃省建筑与装饰工程预算定额》，根据《甘肃省建筑与装饰工程预算定额》查表 2-4-11 中分项工程的定额编号及计量单位。

序号	定额编号	分项工程名称	单位
1	1-1	人工挖土方　一二类土深度　1.5 m 以内	m^3
2	1-18	人工挖地槽、地沟　三类土深度　3 m 以内	m^3
3	1-79	夯填土	m^3
4	1-87	土方运输　运输距离　1000 m 以内　500 m	m^3
5	1-88	土方运输　运输距离　1000 m 以内　每增 100 m	m^3
6	1-106	平整场地	m^3
7	3-1-1	砖基础　水泥砂浆 M5.0	m^3
8	3-4-6	1 砖墙　水泥石灰膏砂浆 M5.0	m^3
9	4-6	柱　商品混凝土	m^3
10	4-37	泵送　泵送高度　20 m 以内	m^3
11	4-52-1	现浇混凝土垫层 C10	m^3
12	4-62-2	现浇满堂基础　有梁式　混凝土 C25	m^3
13	4-65-2	现浇矩形柱　混凝土 C25	m^3
14	4-73-2	现浇墙　墙厚　300 mm 以内　混凝土 C25	m^3
15	4-79-3	现浇有梁板　混凝土 C30	m^3
16	4-88-2	现浇楼梯　板式　直形　混凝土 C25	m^2 投影面积
17	4-91-2	现浇台阶　混凝土 C20	m^2 投影面积
18	4-131-1	预制过梁　混凝土 C20	m^3
19	4-184	预制混凝土构件运输　Ⅲ类构件　运输距离　1 km 以内	m^3
20	4-257	过梁每个构件体积 0.4 m^3 以内安装高度(三层以内)塔式起重机	m^3
21	4-388	过梁(接头灌缝)	m^3 构件
22	5-4	现浇构件非预应力钢筋　螺纹钢Ⅱ级	t
23	5-5	现浇构件非预应力钢筋　螺纹钢Ⅲ级	t
24	5-35	电渣压力焊接　钢筋直径　20 mm 以内	个接头

续表

序号	定额编号	分项工程名称	单位
25	8-36	改性沥青卷材(SBS-I)满铺　厚度　4 mm	m^2
26	12-1	内墙、柱面抹灰　砖墙面、墙裙　水泥砂浆	m^2
27	12-93	现浇混凝土天棚　水泥砂浆底面	m^2
28	13-12	安装夹板门　不带亮子	m^2 洞口面积
29	13-50	安装塑钢推拉窗　中空玻璃	m^2 洞口面积
30	14-1	大理石　楼地面(每块周长 mm)2400 以内	m^2
31	14-62	水磨石　楼地面　普通水泥白石子	m^2
32	19-72	内墙涂料　乳胶漆抹灰面二遍	100 m^2
33	20-7	现浇构件混凝土模板　满堂基础	100 m^2
34	20-129	综合脚手架　高度(20 m)以内	10 m^2

2.【解】根据分项工程定额工料单价的组成，编制安装二芯塑料护套线的工料单价。即：

安装二芯塑料护套线工料单价＝安装人工费＋安装材料费。

其中：安装人工费＝人工消耗量×人工工日单价，

安装材料费＝$\sum$(安装材料消耗量×相应材料的预算价格)。

令：人工消耗量＝基本用工＋其他用工＝x，

则，$x=1.84+10\%x$

$(1-10\%)x=1.84$

$x=\frac{1.84}{(1-10\%)}=2.044$ 工日。

安装人工费＝2.044×30.50＝62.34 元。

安装材料费＝$\sum$(材料消耗量×相应的材料预算价格)。

其中：二芯塑料护套线消耗量＝(100＋10.4)×(1＋1.8%)＝112.39 m。

安装材料费＝112.39×2.56＋13×2.5＋0.12×2.8＋5.6

＝287.72＋32.5＋0.34＋5.6＝326.16 元。

安装二芯塑料护套线工料单价＝62.34＋326.16＝388.50 元/100 米。

3.【解】问题(1)：

①人工时间定额的确定。

假定砌筑每立方米毛石护坡的工作延续时间为 x，则

$x=7.9+(3\%+2\%+2\%+16\%)x$

$x=7.9+23\%x$

$x=\frac{7.9}{1-23\%}=10.26$ 工时。

每工日按 8 工时计算，则

砌筑毛石护坡的人工时间定额 $=\frac{x}{8}=\frac{10.26}{8}=1.283$ 工日/米^3。

②人工产量定额的确定。

砌筑毛石护坡的人工产量定额 $=\frac{1}{1.283}=0.779$ 米^3/工日。

问题(2)：

①根据时间定额确定预算定额的人工消耗指标，计算人工费。

预算定额的人工消耗指标＝基本用工＋其他用工。

式中，基本用工＝人工时间定额。

所以，预算定额的人工消耗指标＝基本用工×(1＋其他用工占比例)×定额计量单位

＝1.283×(1＋12%)×10＝14.37 工日/10 米^3

预算人工费＝预算定额人工消耗指标×人工工日单价

＝14.37×25＝359.25 元/10 米^3。

②根据背景资料，计算材料费和机械费。

预算材料费＝3.93×95.51＋11.22×58＋0.79×1.85＝375.35＋650.76＋1.46

＝1027.57 元/10 米^3。

预算机械费＝0.66×51.41＝33.93 元/10 米^3。

③该分项工程预算工料机单价＝人工费＋材料费＋机械费

＝359.25＋1027.57＋33.93＝1420.75 元/10 米^3。

问题(3)：

M10 水泥砂浆毛石护坡单价＝M5 毛石护坡单价＋砂浆用量×(M10 单价－M5 单价)

＝1420.75＋3.93×(111.20－95.51)＝1482.41 元/10 米^3。

4.【解】问题(1)：

以兰州地区为例，其基本运距 1000 m，基价为 18.38 元/米^3，增加运距 2000 m，即 2 个 1000 m，增加运距定额部分基价为 2×2.20 元/米^3。

换算后基价＝18.38＋2×2.20＝22.78 元/米^3。

问题(2)：

以兰州地区为例，其基本厚度，基价为 12.26 元/米^2，增加厚度 5 mm，增加运距定额部分基价为 1×2.59 元/米^2。

换算后基价＝12.26＋2.59＝14.85 元/米^2。

问题(3)：

以兰州地区为例，其人工费、机械费不发生变化，材料用量按比例调整。

换算后基价＝3.14＋18/15×0.98＋0.06＝4.376 元/米。

2.5 施工图预算的编制

复习思考题

简答题

(略)

学习情境2 建筑与装饰工程工程量计算

任务3 土建工程工程量计算

3.1 土建算量工程图纸及业务分析

复习思考题

简答题

(略)

3.2 工程计量计价概述

复习思考题

一、单选题

1. A 2. A 3. A 4. B 5. C

二、多选题

1. ABE 2. ADE 3. ACDE 4. ABC 5. AE

三、简答题

(略)

四、综合训练

1.【解】$L_{外}=(23.8+0.24+11.8+0.24)\times 2=72.16$ m。

$L_{中}=(23.8+11.8)\times 2=71.2$ m。

$L_{内}=(23.8-0.24)\times 2-(3.4-0.24)+(5-0.24)\times 12=101.08$ m。

2.【解】$L_{中}=(12.00+8.00)\times 2=40$ m。

$L_{外}=L_{中}+4\times 0.24=40.96$ m。

$L_{内}=6-0.24+8-0.24=13.52$ m。

3.【解】基数$L_{中}=(10.8+12+2.7+4.2+2.1+4.2)\times 2=72$ m。

$L_{外}=L_{中}+4\times 0.3=72+1.2=73.2$ m。

3.3 建筑面积的计算

复习思考题

一、填空题

1. 外墙结构外围水平面积、2.20 m及以上者、1/2面积
2. 楼面或地面结构层上表面、上部结构层上表面
3. 围护结构外围水平面积、结构底板水平面积
4. 2.10 m及以上、1.20～2.10 m的、1.20 m

5. 楼面或地面结构层上表面、上部结构层下表面

6. 低跨面积内

7. 结构外围水平

8. 一层、2.20 m 及以上、不足 2.20 m 者

9. 其围护结构外围水平面积的 1/2

10. 1/2 面积

11. 计算全面积、1/2 面积

12. 结构板水平投影面积 1/2、2.10 m 及以上者、2.1 m 以下

13. 并入建筑物自然层、按一层

14. 自然层、水平投影面积的 1/2

15. 全面积、1/2

16. 保温隔热层外边线

17. 2.20 m 及以上、2.20 m

18. 幕墙外边线

二、判断题

1. × 2. × 3. √ 4. × 5. × 6. √ 7. √ 8. √ 9. √ 10. ×

三、单选题

1. C 2. B 3. A 4. D 5. C 6. D 7. A 8. C 9. A 10. C 11. D 12. A

[解析]该题的面积＝7×4000(因展览馆为 7 层、层高 3 m)－36×24×2(扣除门厅、大厅面积，因其高 8.9 m，而层高 3 m，所以扣除二层的面积)＋110×2.4×2(增加回廊面积，因是两层回廊，所以乘 2)＝26800 m^2。

13. A

[解析]该题在两端墙外各增设一个封闭疏散楼梯，封闭的楼梯属于室内楼梯应按自然层计算建筑面积。所以建筑面积＝18000＋16×6×2＝18192 m^2。

14. A 15. A 16. C 17. D 18. D

四、多选题

1. ABC 2. ABCD 3. AD 4. CE 5. CDE 6. ABD 7. BE 8. AB

五、简答题

(略)

六、综合训练

1.【解】该综合车间建筑物建筑面积 $=286+\frac{12.8}{2}+4\times\frac{6.4}{2}+\frac{24.8}{2}+272\times4=1405.6\ m^2$。

2.【解】一层建筑面积：$3.6\times(3.9+2.1+0.24)+(3.6+0.24)\times(12.9-1.2+0.24)+3.14\times1.5^2\times1/2+(3.6-0.24)\times(3+3+1.5+0.24)+(4.5+1.2+0.24)\times(12.9-1.2+0.24)+1.2\times(3+0.24)=172.664\ m^2$。

二层建筑面积：$(3.6+0.24)\times(12.9-1.2+0.24)+3.14\times1.5^2\times1/2+(3.6-0.24)\times$

(3+3+1.5+0.24)+(4.5+1.2+0.24)×(12.9−1.2+0.24)+1.2×(3+0.24)=150.2 m^2。

阳台：(2.4+1.2−0.24)×1.8=6.048 m^2。

雨篷：(2.4−0.12)×4.5×1/2=5.13 m^2。

合计：172.664+150.2+6.048+5.13=334.04 m^2。

3.【解】《建筑工程建筑面积计算规范》(GB/T 50353—2013)：多层建筑物首层应按其外墙勒脚以上结构外围水平面积计算，二层及以上楼层应按其外墙结构外围水平面积计算；层高在2.20 m及以上者应计算全面积，层高不足2.20 m者应计算1/2面积；保温隔热层的建筑面积以保温隔热材料的厚度来计算。

其建筑面积为：

$$S=[(4.2+4.2+0.24+0.05\times2)\times(9.9+0.24+0.05\times2)+(4.8+0.24+0.05\times2)\times3.3]\times3$$
$$=(89.50+16.96)\times3$$
$$=319.38\ m^2。$$

3.4 基础工程工程量计算

复习思考题

一、填空题

1. 外墙中心线长度、内墙大放脚基础以上
2. 设计室内地坪、地下室室内地坪
3. 砖基础、石基础、钢筋混凝土基础
4. 柱、墙、梁、板
5. 立方米、大放脚T形接头处的重叠部分、0.3 m^2、靠墙暖气沟的挑砖
6. 钢筋、铁件

二、单选题

1.D 2.A 3.C 4.A 5.D 6.A 7.B 8.A

三、多选题

1.ACE 2.AB 3.CD 4.ABCD 5.ACD 6.ABCD

四、简答题

(略)

五、综合训练

1.【解】工程量计算过程：$L_{中}$=(14.4+12)×2=52.8 m。

外墙下带形基础工程量 $V_{外}$=[1.4×0.25+(0.6+1.4)×0.35/2]×52.8=36.96 m^3。

②③轴线带形基础工程量：[1.4×0.25×(12−1.4)+(0.6+1.4)×0.35/2×(12−1)]×2=15.12 m^3。

B轴线带形基础工程量：1.4×0.25×(4.8−1.4)+(0.6+1.4)×0.35/2×(4.8−1)=2.52 m^3。

混凝土基础工程量合计：V=36.96+15.12+2.52=54.60 m^3。

混凝土垫层工程量：$1.6\times0.1\times[52.8+(12-1.6)\times2+4.8-1.6]=12.288\ m^3$。

定额项目表

定额编号	定额名称	计量单位	工程量
4-52-1	现浇混凝土垫层　C10	m^3	12.288
4-57-2 换	现浇带形基础　混凝土 C25	m^3	54.60

在《甘肃省建筑与装饰工程预算定额地区基价》中现浇带形基础混凝土能够直接套用的有 C15 和 C20，C25 需换算套用。

2.【解】该井桩由小圆柱体 V_1 和球缺体 V_2 组成。

$V_1=\pi\times0.5^2\times(8.75-0.15)=6.751\ m^3$。

$V_2=1/6\times\pi\times0.15\times(3\times0.5^2+0.15^2)=0.061\ m^3$。

圆井桩混凝土工程量 $V=6.751+0.061=6.812\ m^3$。

定额项目表

序号	定额编号	定额名称	计量单位	工程量
1	4-55-1	现浇井桩　混凝土 C15	m^3	6.812

3.5　土石方工程工程量计算

复习思考题

一、填空题

1. ±0.30 m 以内、2 m
2. 立方米
3. 设计室外地坪
4. 余土外运、土方回运(取土)
5. 25%、人工用量
6. 设计图示尺寸以平方米
7. 7 m 以上、150 m^2 以上、挖地坑
8. 7、3
9. 平均深度
10. 0.10 m、0.20 m

二、判断题

1.×　2.√　3.√　4.√　5.×　6.√　7.×　8.×　9.×　10.×

三、单选题

1.B　2.D　3.D　4.A　5.D　6.D　7.C　8.B　9.C　10.B

四、多选题

1.ABCD　2.ACD　3.CD　4.ACE　5.AB

五、简答题

(略)

六、综合训练

1.【解】①平整场地 $S=(14.4+0.24+4)\times(12+0.24+4)=302.71\ m^2$。

②挖土深度 $H=1.7-0.15+0.1=1.65\ m>$放坡起点深度 1.5 m，需考虑放坡。

槽底宽 $=0.7\times2+0.1\times2+0.3\times2=1.6+0.6=2.2\ m$。

外槽长 $=L_{中}=(14.4+12)\times2=52.8\ m$。

内槽净长 $L_{内净}=(12-2.2)\times2+4.8-2.2=22.2\ m$。

挖地槽工程量 $V=(1.6+0.3\times2+0.33\times1.65)\times1.65\times(52.8+22.2)=339.63\ m^3$。

定额项目表

序号	定额编号	定额名称	计量单位	工程量
1	1-84	平整场地	m^2	302.71
2	1-18	人工挖地槽、地沟　三类土深度 3 m 以内	m^3	339.63

2.【解】分析：首先要了解该建筑物存在几种形式的挖土。根据前面讲述土方工程的有关规定，独立基础下挖土列挖地坑，条形基础下挖土列挖地槽；因此该建筑物的挖土有人工挖沟槽和人工挖基坑两种情况，其工程量应分别计算，并按有关规定考虑放坡。

(1)基坑挖土的计算。

混凝土垫层工作面为 300 mm，放坡系数 $K=0.33$，挖土深度 $h=2.5-0.3=2.2\ m$，从混凝土垫层底开始留工作面、放坡。

$$\begin{aligned}\text{ZJ1 基坑挖土 } V_1&=(a+2c+kh)\times(b+2c+kh)\times h+\frac{1}{3}k^2h^3\\&=(1.9+2\times0.3+0.33\times2.2)\times(1.9+2\times0.3+0.33\times2.2)\times2.2+\\&\quad\frac{1}{3}\times0.33^2\times2.2^3\\&=23.282\ m^3\end{aligned}$$

$$\begin{aligned}\text{ZJ2 基坑挖土 } V_2&=(a+2c+kh)\times(b+2c+kh)\times h+\frac{1}{3}k^2h^3\\&=(2.5+2\times0.3+0.33\times2.2)\times(2.5+2\times0.3+0.33\times2.2)\times2.2+\\&\quad\frac{1}{3}\times0.33^2\times2.2^3\\&=32.591\ m^3\end{aligned}$$

基坑挖土 $V=4\times23.282+2\times32.591=158.31\ m^3$。

(2)沟槽挖土的计算。

混凝土基础工作面为 300 mm，放坡系数 $K=0.33$，砖基础下为混凝土垫层，按规定应从混凝土垫层底开始留工作面，挖土深度 $h=2.5-0.3=2.2\ m$。

计算沟槽挖土的长度，要扣减基坑所占的长度，即坑底长度。ZJ1 坑底边长 $1.9+0.6=2.5\ m$，ZJ2 坑底边长 $2.5+0.6=3.1\ m$。

沟槽的长度 $L=2\times(7.2-2.5-3.1)+2\times(5.4-2.5)+(5.4-3.1)=11.3\ m$。

沟槽挖土量 $V=(a+2c+kh)\times h\times L$

$=(0.8+2\times0.3+0.33\times2.2)\times2.2\times11.3=52.85\ m^3$。

(3)垫层混凝土体积。

独立基础下C10混凝土垫层 $V=1.9\times1.9\times0.1\times4+2.5\times2.5\times0.1\times2=2.69\ m^3$。

条形基础下C10混凝土垫层 $V=0.8\times0.3\times[2\times(7.2-1.7-2.3)+2\times(5.4-1.7)+(5.4-2.3)]=4.06\ m^3$。

垫层混凝土体积合计：$2.69+4.06=6.75\ m^3$。

(4)混凝土独立基础体积。

由图可知，ZJ1和ZJ2的下底边分别为1700 mm×1700 mm，2300 mm×2300 mm，上底边均为600 mm×700 mm。

ZJ1体积 $=\{1.7\times1.7\times0.2+0.2/6\times[1.7^2+0.6\times0.7+(1.7+0.6)\times(1.7+0.7)]\}\times4=3.489\ m^3$。

ZJ2体积 $=\{2.3\times2.3\times0.2+0.2/6\times[2.3^2+0.6\times0.7+(2.3+0.6)\times(2.3+0.7)]\}\times2=3.077\ m^3$。

混凝土独立基础体积 $=3.489+3.077=6.57\ m^3$。

(5)砖基础体积。

-0.3 m以下砖基础体积 $=[(7.2-0.4-0.5+5.4-0.4)\times2+5.4-0.4]\times(2.5-0.3-0.3+0.066)=54.26\ m^3$。

-0.3 m以上砖基础体积 $=[(7.2-0.4-0.5+5.4-0.4)\times2+5.4-0.4]\times0.3=8.28\ m^3$。

砖基础体积合计：$54.26+8.28=62.54\ m^3$。

(6)基础回填土体积。

$$(158.31+52.85)-(2.69+4.06+6.57+54.26)=143.58\ m^3。$$

(7)运土体积。

$$(158.31+52.85)-143.58\times1.2=38.86\ m^3。$$

定额项目表

序号	定额编号	定额名称	计量单位	工程量
1	1-30	人工挖地坑　三类土　深度3 m以内	m^3	158.31
2	1-18	人工挖地槽、地沟　三类土深度3 m以内	m^3	52.85
3	4-52-1	现浇混凝土垫层C10	m^3	6.75
4	4-60-2	现浇独立基础及设备基础　混凝土C20	m^3	6.57
5	3-1-1	砖基础　水泥砂浆M5.0	m^3	62.54
6	1-79	夯填土	m^3	143.58
7	1-89	土方运输　运输距离　1000 m以上　1000 m	m^3	38.86
8	1-90×5	土方运输　运输距离　1000 m以上　每增1000 m	m^3	38.86

3.【解】人工挖土混凝土灌注桩的上部承台土方为圆形地坑，按圆台计算，执行挖地

坑定额；下部桩孔土方，由圆柱、圆台、球缺组成，应分别按圆柱、圆台和球缺计算，所以应分列两项计算。

(1)人工挖地坑，放坡系数 $K=0.33$，工作面 $c=0.30$ m。

下底面半径 $r=2.6/2+0.3=1.6$ m。

上底面半径 $R=1.6+0.33\times1.95=2.24$ m。

$1/3\times3.14\times1.95\times(1.6^2+2.24^2+1.6\times2.24)=22.78$ m^3。

(2)人工挖桩孔土方体积有四部分组成。

①桩身部分。

$3.14\times1^2\times9.7=30.46$ m^3。

②圆台部分。

$1/3\times3.14\times2\times(0.8^2+1.3^2+0.8\times1.3)=7.05$ m^3。

③大圆柱部分。

$3.14\times1.3^2\times0.5=2.65$ m^3。

④球冠部分。

$1/6\times3.14\times0.2\times(3\times1.3^2+0.2^2)=0.53$ m^3。

人工挖桩孔体积 $=30.46+7.05+2.65+0.53=40.69$ m^3。

定额项目表

序号	定额编号	定额名称	计量单位	工程量
1	1-46	人工挖桩孔　三类土　深度 15 m 以内	m^3	40.69
2	1-30	人工挖地坑　三类土　深度 3 m 以内	m^3	22.78

3.6　钢筋工程工程量计算

复习思考题

一、填空题

1. 最外层钢筋外边缘、构件表面
2. 垫层的顶面、小于 40 mm
3. 单位长度的理论质量；已包括在定额损耗量中，不再计算
4. 大写字母 N
5. 12d
6. 易受扰动
7. 环境类别、构件类型、混凝土强度等级、结构设计年限

二、单选题

1. A　2. B　3. D　4. C　5. B　6. A　7. A　8. B　9. D　10. C　11. B　12. B　13. C　14. C　15. A　16. A　17. D　18. C　19. B　20. C

三、多选题

1. ABCD　2. ABC　3. ABD　4. ABD　5. ABCD　6. ABC　7. AB　8. ACD　9. ABC　10. ABCD

四、简答题

（略）

五、综合训练

1.【解】KZ1 钢筋环境：二级抗震，混凝土 C25，保护层厚度 25 mm，$l_{aE}=38d$，$l_{abE}=38d$，纵筋 16Φ25，箍筋 ϕ10@100/200，5×5 肢箍。查表得：每米质量Φ25 为 3.85 kg/m，ϕ10 为 0.617 kg/m。

需要计算的钢计量：纵筋 16Φ25(KZ1 为角柱，外侧 9Φ25，内侧 7Φ25)和箍筋的长度及根数。

1. 纵筋。

外侧纵筋：$[15d+(0.7-0.04)+(0.8+7.2-0.65)+1.5\times38d]\times9\times3.85$

$=9.81\times9\times3.85$

$=339.92$ kg。

内侧纵筋：$[15d+(0.7-0.04)+(0.8+7.2-0.025)+12d]\times7\times3.85$

$=9.31\times7\times3.85$

$=250.90$ kg。

钢筋接头：16×2=32 个。

2. 箍筋。

(1)基础内：3 根非复合箍筋(依外皮长度计算)。

$[(0.5+0.5)\times2-8\times0.025+2\times11.9d]\times3\times0.617$

$=2.038\times3\times0.617$

$=3.77$ kg。

(2)5×5 肢箍单根长度计算。

5×5 肢箍分解为：1 个大箍，2 个相同的中箍，2 个相同的单肢箍。

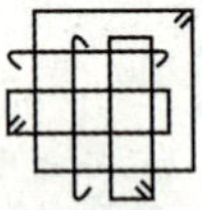

5×5

大箍长度=2.038 m。

中箍长度(2 个)$=\{[(0.5-0.025\times2-0.01\times2-0.025)/4+0.025+0.01\times2+0.5-0.025\times2]\times2+2\times11.9\times0.01\}\times2=1.431\times2=2.862$ m。

单肢箍长度(2 个)$=(0.5-0.025\times2+0.01+2\times11.9\times0.01)\times2=0.698\times2$

$=1.396$ m。

5×5 肢箍单根长度=2.038+2.862+1.396=6.296 m。

(3)箍筋根数计算。

①基础顶−0.8～±0.00 m 处，全高加密。

根数=0.8/0.1+1=9 根。

②±0.00～3.6 m 处：$H_n=3.6-0.5=3.1$ m。

±0.00 m 梁上加密区根数=(3.1/6)/0.1+1=7 根。

3.6 m 梁下加密区根数=(3.1/6)/0.1+1=7 根。

3.6 m 梁内加密区根数=0.5/0.1=5 根。

非加密区根数=(层高-加密区范围)/0.2-1

=(3.6-0.5-3.1/6-3.1/6)/0.2-1=10 根。

一层根数合计为：7+7+5+10=29 根。

③3.6～7.2 m 处，H_n=3.6-0.65=2.95 m。

3.6 m 梁上加密区根数=0.5/0.1+1=6 根。

7.2 m 梁下加密区根数=6 根。

7.2 m 梁内加密区根数=0.65/0.1=7 根。

非加密区根数=(层高-加密区范围)/0.2-1

=(3.6-0.65-0.5×2)/0.2-1=9 根。

二层根数合计为：6+6+7+9=28 根。

箍筋工程量=6.296×(9+29+28)×0.617+3.77

=6.296×66×0.617+3.77

=260.16 kg。

KZ1 共 4 个。

合计：一级钢　260.16×4=1040.64 kg。

二级钢　(339.92+250.90)×4=2363.28 kg。

电渣压力焊接头Φ25　32×4=128 个。

【解】KZ2 钢筋环境：二级抗震，混凝土 C25，保护层厚度 25 mm，$l_{aE}=38d$，$l_{abE}=38d$，纵筋 14Φ25，箍筋 ϕ10@100/200，4×5 肢箍。查表得：每米质量Φ25 为 3.85 kg/m，ϕ10 为 0.617 kg/m。

需要计算的钢计量：纵筋 14Φ25(KZ2 为边柱，外侧 4Φ25，内侧 10Φ25)和箍筋的长度及根数。

1. 纵筋。

外侧纵筋：[15d+(0.7-0.04)+(0.8+7.2-0.65)+1.5×38d]×4×3.85

=9.81×4×3.85

=151.07 kg。

内侧纵筋：[15d+(0.7-0.04)+(0.8+7.2-0.025)+12d]×10×3.85

=9.31×10×3.85

=358.44 kg。

钢筋接头：14×2=28 个。

2. 箍筋。

(1)基础内：3 根非复合箍筋(依外皮长度计算)。

[(0.5+0.4)×2-8×0.025+2×11.9d]×3×0.617

=1.838×3×0.617

=3.4 kg。

(2)4×5 肢箍单根长度计算。

4×5 肢箍分解为：1 个大箍、2 个不同的中箍，1 个单肢箍。

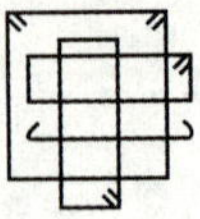

4×5

大箍长度=1.838 m。

中箍长度(垂直方向)=[(0.4−0.025×2−0.01×2−0.025)/3+0.025+0.01×2+0.5−0.025×2]×2+2×11.9×0.01=1.431 m。

中箍长度(水平方向)=[(0.5−0.025×2−0.01×2−0.025)/4+0.025+0.01×2+0.4−0.025×2]×2+2×11.9×0.01=1.231 m。

单肢箍长度(水平方向)=0.4−0.025×2+0.01+2×11.9×0.01=0.598 m。

4×5 肢箍单根长度=1.838+1.431+1.231+0.598=5.098 m。

(3)箍筋根数计算。

①基础顶−0.8～±0.00 m 处，全高加密。

根数=0.8/0.1+1=9 根。

②±0.00～3.6 m 处：H_n=3.6−0.5=3.1 m。

±0.00 m 梁上加密区根数=(3.1/6)/0.1+1=7 根。

3.6 m 梁下加密区根数=(3.1/6)/0.1+1=7 根。

3.6 m 梁内加密区根数=0.5/0.1=5 根。

非加密区根数=(层高−加密区范围)/0.2−1

=(3.6−0.5−3.1/6−3.1/6)/0.2−1=10 根。

一层根数合计为：7+7+5+10=29 根。

③3.6～7.2 m 处，H_n=3.6−0.5=3.1 m。

二层根数同一层，合计为：29 根。

箍筋工程量=5.098×(9+29+29)×0.617+3.4

=5.098×67×0.617+3.4

=214.15 kg。

KZ2 共 4 个。

合计：一级钢　214.15×4=856.6 kg。

二级钢　(151.07+358.44)×4=2038.04 kg。

电渣压力焊接头Φ25　28×4=112 个。

【解】KZ3 钢筋环境：二级抗震，混凝土 C25，保护层厚度 25 mm，$l_{aE}=38d$，$l_{abE}=38d$，纵筋 14Φ22，箍筋 ϕ8@100/200，4×4 肢箍。查表得：每米质量Φ22 为 2.98 kg/m，ϕ8 为 0.395 kg/m。

需要计算的钢计量：纵筋 12Φ22(KZ3 为中柱)，箍筋的长度及根数。

1. 纵筋。

$[15d+(0.7-0.04)+(0.8+7.2-0.025)+12d]\times12\times2.98$

$=9.229\times12\times2.98$

$=330.03$ kg。

钢筋接头：12×2=24 个。

2. 箍筋。

(1)基础内：3 根非复合箍筋(依外皮长度计算)。

$[(0.4+0.4)\times2-8\times0.025+2\times11.9\times0.008]\times3\times0.395$

$=1.59\times3\times0.395$

$=1.88$ kg。

(2)4×4 肢箍单根长度计算。

4×4 肢箍分解为：1 个大箍、2 个相同的中箍。

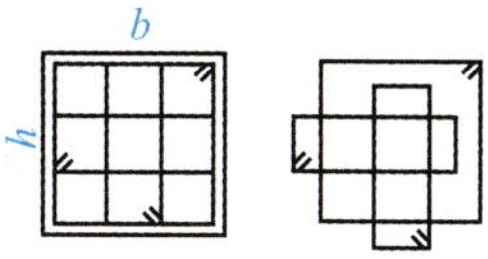

4×4

大箍长度=1.59 m。

中箍长度(2 个)$=\{[(0.4-0.025\times2-0.008\times2-0.022)/3+0.022+0.008\times2+0.4-0.025\times2]\times2+2\times11.9\times0.008\}\times2=1.174\times2=2.348$ m。

4×4 肢箍单根长度=1.59+2.348=3.938 m。

(3)箍筋根数计算。

①基础顶−0.8～±0.00 m 处，全高加密。

根数=0.8/0.1+1=9 根。

②±0.00～3.6 m 处：$H_n=3.6-0.5=3.1$ m。

±0.00 m 梁上加密区根数=(3.1/6)/0.1+1=7 根。

3.6 m 梁下加密区根数=(3.1/6)/0.1+1=7 根。

3.6 m 梁内加密区根数=0.5/0.1=5 根。

非加密区根数=(层高−加密区范围)/0.2−1

=(3.6−0.5−3.1/6−3.1/6)/0.2−1=10 根。

一层根数合计为：7+7+5+10=29 根。

③3.6 m～7.2 m 处，$H_n=3.6-0.5=3.1$ m。

3.6 m 梁上加密区根数=(3.1/6)/0.1+1=7 根。

7.2 m 梁下加密区根数=7 根。

7.2 m 梁内加密区根数=0.5/0.1=5 根。

非加密区根数=(层高−加密区范围)/0.2−1

=(3.6−0.5−3.1/6×2)/0.2−1=10 根。

二层根数合计为：7+7+5+10=29 根。

箍筋工程量=3.938×(9+29+29)×0.395+1.88

=3.938×67×0.395+1.88

=106.10 kg。

KZ3 共 2 个。

合计：一级钢　106.10×2=212.20 kg。

二级钢　330.03×2=660.06 kg。

电渣压力焊接头Φ22　24×2=48 个。

汇总得框架柱钢筋工程量。

一级钢：1040.64+856.6+212.20=2019.44 kg=2.109 t。

二级钢：2363.28+2038.04+660.06=5061.38 kg=5.061 t。

电渣压力焊接头(钢筋直径 25 以内)：128+112+48=288 个。

定额项目表

序号	定额编号	定额名称	计量单位	工程量
1	5-2	现浇构件非预应力钢筋　圆钢 $\phi 5$ 以上	t	2.109
2	5-4	现浇构件非预应力钢筋　螺纹钢Ⅱ级	t	5.061
3	5-36	电渣压力焊　钢筋直径 25 以内	个接头	288

2.【解】KL3 钢筋环境：二级抗震，混凝土 C25，保护层厚度 25 mm，$l_{aE}=38d$，$l_{abE}=38d$，箍筋 $\phi 8$@100/200，4 肢箍。查表得：每米质量Φ25 为 3.85 kg/m，$\phi 8$ 为 0.395 kg/m，Φ12 为 0.888 kg/m。

1. 上通筋 2Φ25。

支座宽−保护层=0.5−0.025=0.475 m，$l_{aE}=38\times 0.025=0.95$，为弯锚。

[(4.5×2+3.3)−0.5+(0.5−0.025+15×0.025)×2]×2×3.85

=(12.3−0.5+0.85×2)×2×3.85

=13.5×2×3.85

=103.95 kg。

电渣压力焊接头：2×2=4 个。

2. 负筋。

(1)①轴端支座负筋第一排 2Φ25。

经判断，负筋在①轴端支座处为弯锚，则：

[(4.5−0.25−0.2)/3+(0.5−0.025+15×0.025)]×2×3.85

=2.2×2×3.85

=16.94 kg。

(2)①轴端支座负筋第二排 2Φ25。

[(4.5−0.25−0.2)/4+(0.5−0.025+15×0.025)]×2×3.85

=1.863×2×3.85

=14.345 kg。

(3)②轴中间支座负筋第一排 2Φ25。
中间支座处的 l_n 取相邻两跨的大跨，即(4.5－0.4)m，
[(4.5－0.4)/3×2＋0.4]×2×3.85
＝3.133×2×3.85
＝24.12 kg。
(4)②轴中间支座负筋第二排 2Φ25。
[(4.5－0.4)/4×2＋0.4]×2×3.85
＝2.45×2×3.85
＝18.87 kg。
(5)③轴中间支座负筋第一排 2Φ25。
中间支座处的 l_n 取相邻两跨的大跨，即(4.5－0.4)m，
同②轴中间支座负筋第一排 24.12 kg。
(6)③轴中间支座负筋第二排 2Φ25。
同②轴中间支座负筋第二排 18.87 kg。
(7)④轴端支座负筋第一排 2Φ25。
经判断，负筋在④轴端支座处为弯锚，则：
[(3.3－0.25－0.2)/3＋(0.5－0.025＋15×0.025)]×2×3.85
＝1.8×2×3.85
＝13.86 kg。
负筋合计：16.94＋14.345＋24.12＋18.87＋24.12＋18.87＋13.86＝131.13 kg。
3. 架立筋 2Φ12。
(1)第一跨　净跨长＝4.5－0.25－0.2＝4.05 m。
(4.05－4.05/3－4.1/3＋0.15×2)×2×0.888＝2.9 kg。
(2)第二跨　净跨长＝4.5－0.2－0.2＝4.1 m。
(4.1－4.1/3×2＋0.15×2)×2 根×0.888 kg/m＝2.96 kg。
(3)第三跨　净跨长＝3.3－0.2－0.25＝2.85 m。
(2.85－4.1/3－2.85/3＋0.15×2)×2×0.888＝1.47 kg。
架立筋合计：2.9＋2.96＋1.47＝7.33 kg。
4. 下部非贯通筋。
(1)第一跨 4Φ25。
[4.05＋(0.5－0.025＋15×0.025)＋38×0.025]×4×3.85
＝5.85×4×3.85
＝90.09 kg。
(2)第二跨 6Φ25。
(4.1＋38×0.025×2)×6×3.85
＝6×6×3.85
＝138.6 kg。

(3)第三跨 4Φ25。

[2.85+(0.5−0.025+15×0.025)+38×0.025]×4×3.85

=4.65×4×3.85

=71.61 kg。

下部非贯通筋合计：90.09+138.6+71.61=300.3 kg。

5. 箍筋。

单根长度=(0.37+0.5)×2−8×0.025+2×11.9×0.008+[(0.37−0.025×2−0.008×2−0.025)/3+0.025+0.008×2+0.5−0.025×2]×2+2×11.9×0.008

=1.73+1.358=3.088 m。

第一跨根数=[(1.5×0.5−0.05)/0.1+1]×2+(4.05−1.5×0.5×2)/0.2−1

=16+12=28 根。

第二跨根数=[(1.5×0.5−0.05)/0.1+1]×2+(4.1−1.5×0.5×2)/0.2−1

=16+12=28 根。

第三跨根数=[(1.5×0.5−0.05)/0.1+1]×2+(2.85−1.5×0.5×2)/0.2−1

=16+6=22 根。

箍筋合计：3.088×(28+28+22)×0.395 kg/m=95.14 kg。

汇总得KL3 钢筋工程量：

一级钢：95.14 kg=0.095 t。

二级钢：103.95+131.13+7.33+300.3=542.71 kg=0.543 t。

电渣压力焊接头(钢筋直径 25 以内)：4 个。

定额项目表

序号	定额编号	定额名称	计量单位	工程量
1	5-2	现浇构件非预应力钢筋　圆钢 ϕ5 以上	t	0.095
2	5-4	现浇构件非预应力钢筋　螺纹钢Ⅱ级	t	0.543
3	5-36	电渣压力焊　钢筋直径 25 以内	个接头	4

3.7　混凝土工程工程量计算

复习思考题

一、填空题

1. 立方米、钢筋、铁件
2. 柱高乘柱的断面积
3. 柱基上表面
4. 墙高、柱身体积内
5. 圈梁、基础梁
6. 不带梁直接与柱支撑的板
7. 单个面积 0.3 m^2
8. 梁(包括主、次梁)；板和梁的体积之和

9. 外墙皮、梁侧面

10. 水平投影面积以平方米、0.30 m

11. 水平投影面积

12. 实体积、0.3 m×0.3 m、空心板孔洞

13. 实体积

14. 并入墙体积内、门窗洞口、单个面积 0.30 m^2 以外孔洞、单个面积 0.30 m^2 以内的孔洞

二、判断题

1. √ 2. × 3. √ 4. √ 5. × 6. × 7. × 8. × 9. √ 10. ×

三、单选题

1. A 2. B 3. D 4. C 5. A 6. B 7. C 8. B 9. A 10. C

四、多选题

1. AB 2. ABCD 3. ABC 4. CDE 5. CD 6. ACD 7. BC 8. ABCD 9. ABCDE 10. ABCD

五、简答题

(略)

六、综合训练

1.【解】分析：由已知条件可知，本题设计的钢筋混凝土构件有框架柱(KZ)、框架梁(KL)、梁(L)及板，按相关工程量计算规则计算过程如下。

混凝土工程量＝构件实体体积

①矩形柱混凝土工程量＝柱断面面积×柱高度×柱根数。

KZ1：0.6×0.6×(4.17＋0.7)×4＝7.01 m^3。

KZ2：0.5×0.5×(4.17＋0.7)×4＝4.87 m^3。

合计：7.01＋4.87＝11.88 m^3。

②有梁板，包括梁和板的工程量。

梁的混凝土工程量＝梁宽度×梁高度×梁长度×根数。

KL1：0.3×(0.55－0.1)×(14－0.5×2－0.6＋7.2－0.6＋7.2－0.5)×2＝6.94 m^3。

L1：0.25×(0.45－0.1)×(6－0.3)＝0.50 m^3。

L2：0.25×(0.35－0.1)×(5－0.15－0.125)＝0.30 m^3。

梁混凝土工程量＝6.94＋0.50＋0.30＝7.74 m^3。

板混凝土工程量＝板长度×板宽度×板厚度－应扣体积

＝[(14＋0.3)×(7.2＋0.3)－(0.6－0.15)×(0.6－0.15)×4－0.5×(0.5－0.1)×4]×0.1＝10.56 m^2。

有梁板混凝土工程量＝7.74＋10.56＝18.30 m^3。

③挑檐，挑檐宽 0.85 m。

{[(14＋0.3＋7.2＋0.3)×2＋4×0.85]×0.85－[0.6×0.6－(0.6－0.15)×(0.6－0.15)]×4－0.5×0.1×4}×0.1＝3.91 m^2。

定额项目表

序号	定额编号	定额名称	计量单位	工程量
1	4-65-3	现浇矩形柱　混凝土 C30	m^3	11.88
2	4-79-3	现浇有梁板　混凝土 C30	m^3	18.3
3	4-83-3	现浇挑檐　混凝土 C30	m^3	3.91

2.【解】板工程量＝(14.4＋0.15×2)×(10.8＋0.15×2)×0.1＝16.317 m^3。

梁工程量＝0.3×0.5×(10.8＋0.15×2)×5＋0.3×0.5×(3.6－0.15×2)×16

＝16.245 m^3。

有梁板工程量＝板工程量＋梁工程量＝16.317＋16.245＝32.56 m^3。

定额项目表

序号	定额编号	定额名称	计量单位	工程量
1	4-79-2	现浇有梁板　混凝土 C25	m^3	32.56

3.【解】S＝3.21×1.81－(1.0－0.3)×(2.4－0.3)＝5.81－1.47＝4.34 m^2。

定额项目表

序号	定额编号	定额名称	计量单位	工程量(含税)
1	4—91—3	现浇台阶　混凝土 C25	m^2	4.34

3.8　门窗工程工程量计算

复习思考题

一、填空题

1. 设计洞口尺寸、扇外围尺寸
2. 门洞口高度增加 0.60 m 乘门洞宽度
3. 樘、米、套
4. 分别、门框外边
5. 外边框展开面积
6. 扇外围面积
7. 木框玻璃门；钢框、不锈钢框玻璃门

二、判断题

1.√　2.×　3.×　4.×　5.×　6.√

三、单选题

1.A　2.D　3.A　4.A　5.C

四、多选题

1.AE　2.ABC　3.ABCD　4.BCD　5.BD

五、综合训练

1.【解】木窗工程量＝$(1.2\times0.9+1/2\times3.1416\times0.6^2)\times20=32.91\ m^2$。

定额项目表

序号	定额编号	定额名称	计量单位	工程量
1	13－1	木窗　安装单层玻璃窗	m^2	32.91

2.【解】带亮胶合板门工程量＝$0.7\times2.7\times80=151.2\ m^2$。

定额项目表

序号	定额编号	定额名称	计量单位	工程量
1	13－13	安装夹板门下带百页　带亮子	m^2	151.2

3.9　砌筑工程工程量计算

复习思考题

一、填空题

1. 设计室内地坪
2. 门窗洞口、过人洞、空圈
3. 立方米
4. 365
5. 最上层踏步外沿加 0.3 m
6. 0.6 m^2以内
7. 包括在定额项目内
8. 砖墙定额项目
9. 外墙中心线长度，内墙大放脚基础以上净长度
10. 门窗洞口、钢筋混凝土过梁、圈梁

二、判断题

1.√　2.×　3.√　4.√　5.×　6.×　7.×　8.×　9.×　10.√

三、单选题

1.C　2.A　3.B　4.D　5.A　6.A　7.B　8.D　9.B　10.C　11.D

四、多选题

1.AB　2.ABCD　3.ABE　4.ABCD　5.ABD　6.ABD

五、简答题

（略）

六、综合训练

1.【解】外墙中心线：$L_{中}=(3.6\times4+2.4+4.2)\times2=42$ m。

内墙净长线：$L_{内}=2.4+4.2-0.24+3.6\times3-0.24+(4.2-0.24)\times2=24.84$ m。

门窗洞口面积：

C1：1.8×2.1×4=15.12 m^2。

C2：2.0×2.1×2=8.4 m^2。

C3：3.0×2.1=6.3 m^2。

M1：1.0×2.1=2.1 m^2。

M2：0.9×2.1×4=7.56 m^2。

门窗总面积：15.12+8.4+6.3+2.1+7.56=39.48 m^2。

圈梁体积：(42+24.84)×0.24=16.04 m^3。

门过梁体积：(1+0.5)×0.24×0.25+(0.9+0.5)×0.24×0.25×4=0.43 m^3。

内、外砖墙体积：42×0.24×(3.3−0.12)+24.84×0.24×3.3−(门窗洞口体积)39.48×0.24−(圈梁体积)16.04−(过梁体积)0.43=25.78 m^3。

女儿墙体体积：42×0.8×0.24=8.06 m^3。

砖墙工程量：25.78+8.06=33.84 m^3。

定额项目表

序号	定额编号	定额名称	计量单位	工程量
1	3-4-6	1砖墙　水泥石灰膏砂浆 M5.0	m^3	33.84

2.【解】框架间墙体长度取柱间净长，墙高算至框架梁底。

外墙墙高：3.57−0.5=3.07 m。

外墙长度：(11.6−2×0.6−2×0.5+6.5−2×0.5)×2=29.8 m。

门窗洞口面积：2.4×2.7+4×1.5×1.8+1.8×1.8=20.52 m^2。

应扣过梁体积(过梁长度门窗洞口宽度加 500 mm)：

0.37×0.24×2.9+0.37×0.18×(2×4+2.3)=0.94 m^3。

外墙体积：

$V_{外}$=(29.8×3.07−20.52)×0.37−0.94−1.37=23.95 m^3。

内墙墙高：3.57−0.5=3.07 m。

内墙长度：6.5−2×0.5−0.4+4.5−0.5=9.1 m。

门窗洞口面积：2×0.9×2.4+0.9×2.1=6.21 m。

应扣过梁体积：0.24×0.12×(1.4×2+1.4)=0.12 m^3。

内墙体积体积：$V_{内}$=(9.1×3.07−6.21)×0.24−0.12−0.41=4.68 m^3。

定额项目表

序号	定额编号	定额名称	计量单位	工程量
1	3-4-7	1砖墙　水泥石灰膏砂浆 M7.5	m^3	4.68
2	3-5-7	$1\frac{1}{2}$砖墙　水泥石灰膏砂浆 M7.5	m^3	23.95

3.10 屋面及防水工程工程量计算

复习思考题

一、填空题

1. 水平投影面积、亦不增加

2. 30 cm、50 cm

3. 延长米、个

4. 不同管径、不扣除

5. 平方米、凸出地面的构筑物、30 cm 以内者、30 cm

6. 设计的展开面积以平方米、延长米、缝的中心线长度以延长米、金属结构工程铁件安装项目

7. 金属结构工程中的铁件安装

二、判断题

1. √　2. ×　3. √　4. √　5. ×　6. ×　7. ×　8. √

三、单选题

1. C　2. C　3. B　4. C　5. D　6. A　7. B　8. C　9. A　10. C　11. B

四、简答题

（略）

五、综合训练

【解】屋面水平投影面积＝(72.75－0.24)×(12－0.24)＝852.72 m^2。

女儿墙内侧周长＝(72.75－0.24＋12－0.24)×2＝168.54 m。

①屋面坡度为 1∶4 时，延尺系数 C＝1.0308，则：

屋面防水层工程量＝水平投影面积×延尺系数＋女儿墙内侧上卷面积

＝852.72×1.0308＋168.54×0.25

＝921.12 m^2。

20 mm 厚 1∶2 水泥砂浆找平层工程量＝921.12 m^2。

定额项目表

序号	定额编号	定额名称	计量单位	工程量
1	8-31	普通卷材屋面　二毡三油	m^2	921.12
2	11-27-1	水泥砂浆 1∶2　在混凝土或硬基层上　厚度 20 mm	m^2	921.12

②当有女儿墙，屋面坡度为 2%时，延尺系数近似为 1，忽略不计。

屋面防水层工程量＝水平投影面积＋女儿墙内侧上卷面积

＝852.72＋168.54×0.25

＝894.86 m^2。

20 mm 厚 1∶2 水泥砂浆找平层工程量＝894.86 m^2。

定额项目表

序号	定额编号	定额名称	计量单位	工程量
1	8-31	普通卷材屋面　二毡三油	m^2	894.86
2	11-27-1	水泥砂浆 1∶2　在混凝土或硬基层上　厚度 20 mm	m^2	894.86

③当无女儿墙有挑檐，坡度为2%时，延尺系数近似为1，忽略不计。

屋面防水层工程量＝水平投影面积

＝(72.75＋0.24＋0.5×2)×(12＋0.24＋0.5×2)＝979.63 m^2。

20 mm 厚 1∶2 水泥砂浆找平层工程量＝979.63 m^2。

定额项目表

序号	定额编号	定额名称	计量单位	工程量
1	8-31	普通卷材屋面　二毡三油	m^2	979.63
2	11-27-1	水泥砂浆 1∶2 在混凝土或硬基层上　厚度 20 mm	m^2	979.63

3.11　保温隔热工程工程量计算

复习思考题

一、填空题

1. 隔热材料(不包括胶结材料)净
2. 围护结构墙体间净面积；柱、垛
3. 墙面的保温隔热
4. 隔热层中心线的展开长度
5. 石灰矿渣、石灰炉渣、水泥石灰矿渣、水泥石灰炉渣等

二、判断题

1. ×　2. ×　3. √　4. √　5. ×

三、单选题

1. B　2. B　3. A　4. B　5. B

四、多选题

1. ABCD　2. ABC　3. CDE　4. BCDE

五、简答题

(略)

六、综合训练

1.【解】(1)列项：20 mm 厚 1∶2.5 水泥砂浆找平层；SBS 卷材防水；PVC 雨水口、ϕ100PVC 水落管、PVC 水斗，1∶10 水泥炉渣找坡层。

(2)计算工程量。

①20 mm 厚 1∶2.5 水泥砂浆找平层：

屋面平面：(14.6－0.24)×(9.6－0.24)＝134.41 m^2。

上卷部分：[(14.6－0.24)＋(9.6－0.24)]×2×0.3＝14.23 m^2。

合计：134.41＋14.23＝148.64 m^2。

②计算 SBS 卷材防水层。

与找平层工程量相同，即 148.64 m^2。

③计算屋面排水落水工程量。

落水管：(10＋0.3)×6＝61.8 m。

④PVC 雨水口 6 个。

⑤PVC 水斗 6 个。

⑥1∶10 水泥炉渣找坡层。

找坡层平均厚度＝0.03＋2%×(9.6－0.24)/4＝0.0768 m。

找坡层体积＝(14.6－0.24)×(9.6－0.24)×0.0768＝10.32 m^3。

定额项目表

序号	定额编号	定额名称	计量单位	工程量
1	9-6-3	水泥炉渣 1∶10	m^3	10.32
2	11-28-2	水泥砂浆 1∶2.5 在填充材料上　厚度 20 mm	m^2	148.64
3	8-35	改性沥青卷材(SBS-I)满铺　厚度 3 mm	m^2	148.64
4	8-120	塑料落水管(PVC)直径　100 mm	m	61.8
5	8-122	塑料雨水口(PVC)方形　100 mm	个	6
6	8-124	塑料水斗(PVC)直径　100 mm	个	6

2.【解】(1)墙面保温(不计门框)工程量：

(8－0.24－0.2＋5.2－0.24－0.2)×2×(4.2－0.1－0.1－0.1)－0.9×2.1＝94.21 m^2。

(2)地面保温工程量：

(8－0.24)×(5.2－0.24)＝38.49 m^2。

(3)天棚保温工程量：

(8－0.24)×(5.2－0.24)＝38.49 m^2。

任务 4　装饰装修工程工程量计算

4.1　楼地面工程工程量计算

复习思考题

一、填空题

1. 平方米；主墙间设计尺寸的面积；柱、墙垛、间壁墙
2. 主墙间图示尺寸；构筑物、设备基础、室内铁道
3. 水平投影面积；宽度 500 mm 以内

4. 延长米；洞口、空圈长度
5. 设计图示的实铺面积
6. 设计图示尺寸的面积；柱、墙垛、间壁墙、附墙烟囱
7. 0.015、个、不扣除

二、判断题

1. √ 2. √ 3. √ 4. × 5. × 6. × 7. √ 8. √

三、单选题

1. A 2. B 3. A 4. B 5. A 6. A 7. D 8. A 9. C 10. A

四、多选题

1. ABCD 2. ABCD 3. ABCE4. ABD 5. ACD

五、简答题

(略)

六、综合训练

1.【解】木地板工程量＝(4.2－0.24)×(4.2－0.24)×2＋(3.6－0.24)×(6.3－0.24)＋(4.2－0.24)×(8.4－0.24)－(2.1×4.2)＋(0.9×0.24)×3＋(0.9×0.12)×3＋1.2×0.12
＝76.33 m^2。

陶瓷锦砖工程量＝(2.4－0.24)×(2.1－0.24)＋(1.8－0.24)×(2.1－0.24)＋(3.6－0.12－0.06)×(2.1－0.12－0.06)＋(0.9×0.12)×3
＝13.81 m^2。

成品木踢脚线工程量＝(4.2－0.24＋4.2－0.24)×2×2＋(3.6－0.24＋6.3－0.24)×2＋(4.2－0.24＋8.4－0.24)×2－0.9×6－1.2
＝68.16 m。

定额项目表

序号	定额编号	定额名称	计量单位	工程量
1	14-79	实木地板铺在水泥地面(或基层板)上	m^2	76.33
2	14-39	陶瓷锦砖(陶瓷马赛克)楼地面　拼花	m^2	13.81
3	14-84	踢脚板实木成品	m	68.16

2.【解】(1)室内地面面积＝(4.2－0.12)×(4.8－0.24)×2＋(4.2－0.24)×(4.8－0.24)×2＋(4.2＋2.1－0.24)×(6.3－0.24)＋(2.1－0.24)×10.5
＝37.21＋36.12＋36.72＋19.53
＝129.58 m^2。

室外平台面积＝(3.6－0.3×2)×(1.5－0.3)＝3.6 m^2。

水磨石地面面层＝20 mm厚1∶2水泥砂浆找平层＝129.58＋3.6＝133.18 m^2。

(2)C15混凝土垫层＝133.18×0.06＝7.99 m^3。

(3)3∶7 灰土垫层＝133.18×0.15＝19.98 m^3。

(4)C15 混凝土台阶＝(3.6＋0.3×6)×(1.5＋0.3×3)－(3.6－0.3×2)×(1.5－0.3)

＝5.4×2.4－3×1.2

＝9.36 m^2。

(5)水磨石台阶面层＝9.36 m^2。

定额项目表

序号	定额编号	定额名称	计量单位	工程量
1	14-62	水磨石　楼地面　普通水泥白石子	m^2	133.18
2	4-52-2	现浇混凝土垫层 C15	m^3	7.99
3	11-1-3	灰土 3∶7　打夯机夯实	m^3	19.98
4	4-91-1	现浇台阶　混凝土 C15	m^2	9.36
5	14-68	水磨石　台阶　普通水泥白石子	m^2	9.36

3.【解】(1)大理石地面面层＝室内地面面积＋门洞面积＋室外平台面积－120 墙所占面积

＝129.58＋(2.7×0.24)＋(1.8×0.24)×4＋3.6－(4.8－0.24)×0.12

＝135.01 m^2。

(2)C15 混凝土垫层＝133.18×0.06＝7.99 m^3。

(3)3∶7 灰土垫层＝133.18×0.15＝19.98 m^3。

(4)C15 混凝土台阶＝9.36 m^2。

(5)大理石台阶面层＝9.36 m^2。

定额项目表

序号	定额编号	定额名称	计量单位	工程量
1	14-2	大理石　楼地面(每块周长 mm)3200 以内	m^2	135.01
2	4-52-2	现浇混凝土垫层 C15	m^3	7.99
3	11-1-3	灰土 3∶7　打夯机夯实	m^3	19.98
4	4-91-1	现浇台阶　混凝土 C15	m^2	9.36
5	14-7	大理石　台阶	m^2	9.36

4.2　墙柱面工程工程量计算

复习思考题

一、填空题

1. 门窗洞口、踢脚板、0.3 m^2 以内的孔洞、洞口侧壁

2. 室内地面或楼面至天棚底面的、墙裙顶面至天棚底面的、室内地面或楼面至天棚底面另加 0.1 m

3. 门窗洞口、并入外墙抹灰面积

4. 墙裙、墙面；门窗洞口、门窗套及腰线；亦不增加

5. 实贴面积、饰面外围尺寸的实贴面积

二、判断题

1. √ 2. × 3. √ 4. √ 5. √ 6. × 7. × 8. √ 9. × 10. ×

三、单选题

1. B 2. B 3. C 4. A 5. D 6. C 7. A 8. D 9. B 10. A 11. B 12. D 13. A 14. B 15. D 16. B

四、简答题

(略)

五、综合训练

1.【解】(1)内墙抹灰工程量计算。

①左边有挂镜线房间，抹灰高度 3.6 m。

(3－0.24＋4－0.24)×2×3.6－(1.5×1.8×2＋0.9×2)＝39.744 m^2。

②右边板条天棚房间，抹灰高度＝3＋0.1＝3.1 m(有钉板天棚高度加 10 cm)。

[(6－0.24＋4－0.24)×2＋0.25×4]×3.1－(1.5×1.8×3＋0.9×2＋1×2)＝50.224 m^2。

③窗洞洞口预制水磨石内窗台板长 1.55 m、宽 0.10 m，门窗框居中，框的宽度按 0.1 m 考虑。

门窗洞侧壁抹灰＝(0.24－0.1)÷2×[(1.5＋1.8×2)×5＋(1＋2×2)]＋(0.24－0.1)×(0.9＋2×2)＝2.821 m^2。

内墙抹灰工程量＝39.744＋50.224＋2.821×0.7＝91.94 m^2。

(2)C1 为成品木窗套，只抹灰，不做乳胶漆面层。

门洞侧壁乳胶漆＝(0.24－0.1)÷2×(1＋2×2)＋(0.24－0.1)×(0.9＋2×2)＝1.036 m^2。

内墙涂料乳胶漆＝39.744＋50.224＋1.036＝91.00 m^2。

(3)预制水磨石窗台板 1.55×0.1×5＝0.78 m^2。

(4)结合层及面层厚度为 30 mm，则外墙陶瓷块料工程量为：

外墙表面积＝[(3×3＋0.24＋4×0.24)×2＋0.03×8]×(3.6＋0.3)＝80.50 m^2。

扣门窗洞口面积：

C1：(1.5－0.03×2)×(1.8－0.03×2)×5＝12.528 m^2。

M1：(1－0.03×2)×(2－0.03×2)＝1.82 m^2。

墙洞：0.3×0.3＝0.09 m^2。

扣台阶侧壁面积：(1.5＋0.3×2)×0.15＋1.5×0.15＝0.54 m^2。

合计：80.50－(12.528＋1.82＋0.09)－0.54＝65.52 m^2。

(5)洞口侧壁零星块料面积：

C1：[(1.5－0.03×2)＋(1.8－0.03×2)]×2×[(0.24－0.1)/2＋0.03]×5＝3.18 m^2。

M1：[(1－0.03×2)＋(2－0.03)×2]×[(0.24－0.1)/2＋0.03]＝0.488 m^2。

合计：3.18+0.488=3.67 m^2。

(6)成品窗套(1.5+1.8×2)×5=25.5 m。

定额项目表

序号	定额编号	定额名称	计量单位	工程量
1	12-1	内墙、柱面抹灰　砖墙面、墙裙　水泥砂浆	m^2	91.94
2	19-72	内墙涂料　乳胶漆抹灰面二遍	m^2	91.00
3	17-25	窗台板　预制水磨石板	m^2	0.78
4	15-70	陶瓷块料　水泥砂浆结合层　墙面(块料周长 mm)2400 以内　灰缝	m^2	65.52
5	15-86	陶瓷块料　水泥砂浆结合层　零星项目(块料周长 mm)2400 以内　灰缝	m^2	3.67
6	17-13	门窗套　木门窗套　成品窗套	m	25.5

2.【解】大理石墙面工程量=(5.8−0.9)×0.8=3.92 m^2。

榉木板面层工程量=5.8×1.85−(2−0.15−0.8)×0.9=9.79 m^2。

木龙骨、木工板基层工程量同榉木板面层工程量。

木龙骨工程量=9.79 m^2。

木工板基层工程量=9.79 m^2。

定额项目表

序号	定额编号	定额名称	计量单位	工程量
1	15-33	粘贴大理石水泥砂浆结合层墙面	m^2	3.92
2	15-97	墙面木龙骨　平均中距 mm 以内　300	m^2	9.79
3	15-109	墙面基层　细木工板	m^2	9.79
4	15-123	墙面面层　胶合板	m^2	9.79

4.3　天棚工程工程量计算

复习思考题

一、填空题

1. 天棚龙骨、基层、面层

2. 平面天棚、跌级天棚

3. 木龙骨、轻钢龙骨、铝合金龙骨

4. 藻井天棚、吊挂式天棚、阶梯形天棚、锯齿形天棚

5. 平面、造型

6. 独立柱及与天棚相连窗帘盒的面积；间壁墙、墙垛、附墙烟囱、检查口和管道所占的面积；带梁天棚、梁两侧抹灰面积

二、判断题

1. √ 2. × 3. √ 4. √ 5. ×

三、单选题

1. A 2. A 3. C 4. D 5. B 6. C 7. A 8. C 9. B 10. D 11. A 12. B

四、多选题

1. BCD 2. ABC 3. CDE 4. DE 5. ABCE 6. ABCD 7. ABDE

五、简答题

（略）

六、综合训练

1.【解】天棚抹灰工程量＝板底水平投影面积＋梁侧抹灰面积

$=(14.4-0.15\times2)\times(10.8-0.15\times2)+(3.6-0.15\times2)\times0.5\times24\times2$

$=227.25\ m^2$。

定额项目表

序号	定额编号	定额名称	计量单位	工程量
1	12-93	现浇混凝土天棚　水泥砂浆底面	m^2	227.25

2.【解】主墙间净面积$=(2.5\times3-0.24)\times(2\times3-0.24)=41.82\ m^2$。

L_1 的侧面抹灰面积

$=[(2.5-0.12-0.125)\times2+(2.5-0.125\times2)]\times2\times(0.6-0.1)\times2$

$=6.76\times2\times0.5\times2=13.52\ m^2$。

L_2 的侧面抹灰面积

$=[(2-0.12-0.125)\times2+(2-0.125\times2)]\times2\times(0.5-0.1)\times2$

$=5.26\times2\times0.4\times2=8.42\ m^2$。

L_1、L_2 相交时，主梁下方应增加抹灰面积

$0.25\times(0.6-0.5)\times8$ 个相交接头$=0.2\ m^2$。

天棚抹灰工程量＝主墙间净面积＋L_1、L_2 的侧面抹灰面积＋L_1、L_2 相交时主梁下方应增加抹灰面积

$=41.82+13.52+8.42+0.2=63.96\ m^2$。

定额项目表

序号	定额编号	定额名称	计量单位	工程量
1	12-93	现浇混凝土天棚　水泥砂浆底面	m^2	63.96

3.【解】根据定额有关说明，龙骨与面层应分别列项。

(1)轻钢龙骨工程量$=6\times7=42\ m^2$。

(2)石膏板面层工程量＝基层工程量

$=7\times6+0.25\times(4.6+5.6)\times2=47.10\ m^2$。

定额项目表

序号	定额编号	定额名称	计量单位	工程量
1	16-12	平面天棚龙骨　轻钢龙骨装配式 U 形　不上人型　面层规格 mm　600×600　跌级	m^2	42
2	16-67 换	天棚面层　石膏板安装在基层板上	m^2	47.10
3	16-49 换	天棚基层　胶合板厚度 9 mm	m^2	47.10

注：跌级天棚基层、面层人工消耗量系数乘 1.1

学习情境 3　工程造价的计算

任务 5　定额计价法下工程造价的计算

5.1　措施项目费计算

复习思考题

一、填空题

1. 模板与混凝土接触面积；柱与梁、梁与梁
2. 水平投影面积、加 0.30 m
3. 不扣除孔洞、扣除孔洞所占
4. 混凝土与模板接触面积按矩形柱模板
5. 门窗洞口、侧壁
6. 延长米、平方米
7. 总建筑面积以平方米
8. 垫层模板
9. 不能计算建筑面积
10. 图示柱结构外围周长另加 3.60 m
11. 设计室内地坪在 3.60 m 以上；不再计算脚手架
12. 门窗洞口
13. 建筑面积以平方米
14. 柱、梁；1.04；0.96
15. 20 m 以上部分；顶层建筑面积

二、判断题

1. √　2. ×　3. √　4. √　5. ×　6. ×　7. √　8. ×　9. √　10. √　11. ×　12. √　13. √　14. √

三、选择题

1. B　2. B　3. B　4. A　5. B　6. B　7. B　8. A　9. C　10. B

四、多选题

1. BDE　2. AB　3. DE　4. ABDE　5. AC

五、综合训练

1.【解】从 $L_中$ 的含义可以知道，用 $L_中$ 计算外墙下模板工程量时，$L_中$ 相对于外墙外侧的模板长度偏短，相对于外墙内侧的模板长度偏长，而其偏长数值等于偏短数值，故计算较为简便。但需注意的是，在纵横交接处不支模，不应计算模板工程量。则有

$L_中$＝(3.6×2＋4.8)×2＝24 m。

外墙基础模板工程量＝外墙基础底板模板工程量＋外墙基础梁模板工程量

＝(24×0.2－1×0.2＋24×0.3－0.4×0.30)×2(两侧)

＝23.36 m^2。

内墙基础模板工程量＝内墙基础底板模板工程量＋内墙基础梁模板工程量

＝(4.8－0.5×2)×2×0.2＋(4.8－0.2×2)×2×0.3

＝4.16 m^2。

基础模板工程量＝外墙基础模板工程量＋内墙基础模板工程量

＝23.36＋4.16＝27.52 m^2。

定额项目表

序号	定额编号	定额名称	计量单位	工程量
1	20-1	现浇构件混凝土模板　带形基础有肋式	m^2	27.52

2.【解】(1)模板工程量。

①矩形柱模板：4×0.5×(10＋1.3)×15＝339 m^2。

②6.0 m 处矩形梁模板。

L_1 梁模板：首层无板，梁模板包括底模和侧模。

横梁 3 道：

(5×4－0.5×4)×(0.55×2＋0.3)×3＝75.6 m^2。

纵梁 2 道：

(5×2－0.5×2)×(0.55×2＋0.3)×2＝25.2 m^2。

L_1 梁模板合计：75.6＋25.2＝100.8 m^2。

10.0 m 处有梁板模板：L_2 梁模板＋板底模。

L_2 梁模板：

[(5×4－0.5×4)×3＋(5×2－0.5×2)×5]×[(0.5－0.1)×2＋0.3]＝108.9 m^2。

二层板底模：(5－0.3)×(5－0.3)×8＝176.72 m^2。

有梁板模板合计：108.9＋176.72＝285.62 m^2。

③挑檐模板。

挑檐底模＝挑檐中心线长度×挑檐宽

＝[(5×4＋0.3＋5×2＋0.3)×2＋4×(1－0.15)]×(1－0.15)＝54.91 m^2。

④柱超高支撑：柱高 10＋0.3＝10.3 m，计算超高 10.3－3.6＝6.7 m。

4×0.5×6.7×15＝201 m^2。

⑤梁超高支撑：6.0 m 处梁 6＋0.3＝6.3 m，计算超高 100.8 m^2。

10.0 m 处梁 10+0.3=10.3 m，计算超高 108.9 m^2。

⑥板超高支撑：10.0 m 处板 10+0.3=10.3 m，计算超高 176.72 m^2。

(2)脚手架工程量。

综合脚手架工程量=(5×4+0.24)×(5×2+0.24)=207.26 m^2。

综合脚手架增加费=207.26 m^2。

(3)垂直运输工程量。

=207.26×1.04×1.15=247.88 m^2。

(4)塔式起重机需计算基础费用、安拆费、场外运输费，查表 5-1-16。

基础费用=6638.06 元。

安拆费=10251.19 元。

场外运输费=11713.98 元。

定额项目表

序号	定额编号	定额名称	计量单位	工程量
1	20-11	现浇构件混凝土模板　矩形柱	m^2	339
2	20-30	现浇构件混凝土模板　有(无)梁板	m^2	285.62
3	20-44	现浇构件混凝土模板　挑檐、天沟	m^2	54.91
4	20-15×7	现浇构件混凝土模板　柱支撑高度超过 3.6 m 增加 7 m	m^2	201
5	20-24×3	现浇构件混凝土模板　梁支撑高度超过 3.6 m 增加 3 m	m^2	100.8
6	20-24×7	现浇构件混凝土模板　梁支撑高度超过 3.6 m 增加 3 m	m^2	108.9
7	20-33×7	现浇构件混凝土模板　板支撑高度超过 3.6 m 增加 7 m	m^2	176.72
8	20-127	综合脚手架　高度(12 m)以内	m^2	207.26
9	20-256	檐高 20 m 以下塔式起重机施工　科研用房及其他框架结构	m^2	247.88
10		塔式起重机　每次安拆费　起重力矩(kN·m)60	元	10251.19
11		塔式起重机　每次场外运费　起重力矩(kN·m)内　60 内	元	11713.98
12		塔式起重机　固定基础　带配重	元	6638.06
13	20-149	综合脚手架增加费	m^2	207.26

5.2　增值税概述

复习思考题

一、填空题

1. 一般计税方法、简易计税方法

2. 营业税、增值税
3. 一般计税方法
4. 36 个月
5. 简易计税方法计税
6. 抵扣进项税额
7.“价税分离”
8. 当期销项税额－当期进项税额
9. 销售额×征收率

二、简答题

（略）

三、综合训练

【解】(1)需要缴纳的增值税。

销售额＝1000/(1＋11％)＝900.90 万元。

销项税额＝900.90×11％＝99.10 万元。

进项税额＝450×17％＋100×11％＝87.5 万元。

应交增值税＝99.10－87.5＝11.6 万元。

(2)需要缴纳的营业税。

营业税＝1000×3％＝30 万元。

5.3　定额计价法下工程造价的计算

复习思考题

一、填空题

1. 新建、扩建和改建
2. 预制混凝土构件、钢筋混凝土构件
3. 10000 m^3以上、单独编制工程预算
4. 设计室外地坪标高、设计室外地坪标高、屋顶板面标高、女儿墙顶面
5. 人工费＋机械费
6. 主跨的跨度
7. 安全文明施工费、规费、税金
8. 一类材料、二类材料

二、单选题

1. C　2. A　3. D　4. C　5. B　6. D　7. D　8. C　9. A　10. B　11. C

三、多选题

1. CE　2. ABD　3. BCE　4. ABC　5. BCD

四、简答题

（略）

参考文献

[1]全国造价工程师执业资格考试培训教材编审委员会. 2013年版建设工程计价(2014年修订)[M]. 北京：中国计划出版社，2014.

[2]中国建筑标准设计研究院. 混凝土结构施工图平面整体表示方法制图规则和构造详图(现浇混凝土框架、剪力墙、梁、板)[M]. 北京：中国计划出版社，2016.

[3]甘肃省住房和城乡建设厅. 甘肃省建筑与装饰工程预算定额[M]. 北京：中国建材工业出版社，2013.

[4]甘肃省住房和城乡建设厅. 甘肃省建筑与装饰工程预算定额地区基价[M]. 北京：中国建材工业出版社，2013.

[5]朱溢镕，阎俊爱，韩红霞. 建筑工程计量与计价[M]. 北京：化学工业出版社，2016.

[6]赵勤贤，徐秀维. 建筑工程计量与计价(第二版)[M]. 北京：中国建筑工业出版社，2016.

[7]李文娟，安德锋. 建筑工程计量与计价实务[M]. 北京：北京理工大学出版社，2015.

[8]王全杰，胡一杰，祁巧艳. 建筑工程计量与计价实训教程(甘肃版)[M]. 重庆：重庆大学出版社，2015.

[9]北京广联达软件技术有限公司. 透过案例学算量：建筑工程实例算量和软件应用[M]. 北京：中国建材工业出版社，2006.